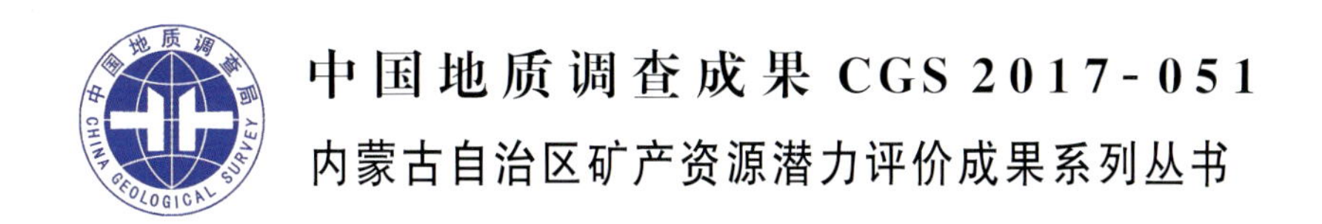

内蒙古自治区金矿资源潜力评价

NEIMENGGU ZIZHIQU JINKUANG ZIYUAN QIANLI PINGJIA

张 彤 许立权 贺 锋 康小龙 徐 国 等著

图书在版编目(CIP)数据

内蒙古自治区金矿资源潜力评价/张彤等著. —武汉：中国地质大学出版社，2019.1
(内蒙古自治区矿产资源潜力评价成果系列丛书)
ISBN 978-7-5625-4473-9

Ⅰ.①内…
Ⅱ.①张…
Ⅲ.①金矿床-矿产资源-资源潜力-资源评价-研究-内蒙古
Ⅳ.①P618.510.522.6

中国版本图书馆 CIP 数据核字(2019)第 020077 号

内蒙古自治区金矿资源潜力评价		张 彤 许立权 贺 峰 康小龙 徐 国 **等著**
责任编辑：舒立霞	选题策划：毕克成 刘桂涛	责任校对：龙昭月
出版发行：中国地质大学出版社(武汉市洪山区鲁磨路 388 号)		邮编：430074
电 话：(027)67883511	传 真：(027)67883580	E-mail：cbb@cug.edu.cn
经 销：全国新华书店		http://cugp.cug.edu.cn
开本：880 毫米×1 230 毫米 1/16		字数：792 千字 印张：25
版次：2019 年 1 月第 1 版		印次：2019 年 1 月第 1 次印刷
印刷：武汉中远印务有限公司		印数：1—900 册
ISBN 978-7-5625-4473-9		定价：268.00 元

如有印装质量问题请与印刷厂联系调换

《内蒙古自治区矿产资源潜力评价成果》

出版编撰委员会

《内蒙古自治区金矿资源潜力评价》

编委会

主　　编:张　彤　许立权

编著人员:张　彤　许立权　贺　锋　康小龙　徐　国　夏　冬
许　燕　弓贵斌　郭灵俊　赵　磊　张永清　杨　波
韩建刚　韩宗庆　罗忠泽　魏雅玲　李雪娇

技术顾问:陈毓川　叶天竺　邵和明　王全明　肖克炎

项目负责单位:中国地质调查局　内蒙古自治区国土资源厅

编撰单位:内蒙古自治区国土资源厅

主编单位:内蒙古自治区地质调查院
内蒙古自治区煤田地质局
内蒙古自治区地质矿产勘查院
内蒙古自治区第十地质矿产勘查开发院
内蒙古自治区国土资源勘查开发院
内蒙古自治区国土资源信息院
中化地质矿山总局内蒙古自治区地质勘查院

序

2006年，国土资源部为贯彻落实《国务院关于加强地质工作决定》中提出的“积极开展矿产远景调查评价和综合研究，科学评估区域矿产资源潜力，为科学部署矿产资源勘查提供依据”的精神要求，在全国统一部署了“全国矿产资源潜力评价”项目，“内蒙古自治区矿产资源潜力评价”项目是其子项目之一。

“内蒙古自治区矿产资源潜力评价”项目2006年启动，2013年结束，历时8年，由中国地质调查局和内蒙古自治区人民政府共同出资完成。为此，内蒙古自治区国土资源厅专门成立了以厅长为组长的项目领导小组和技术委员会，指导监督内蒙古自治区地质调查院、内蒙古自治区地质矿产勘查开发局、内蒙古自治区煤田地质局以及中化地质矿山总局内蒙古自治区地质勘查院等7家地勘单位的各项工作。我作为自治区聘请的国土资源顾问，全程参与了该项目的实施，亲历了内蒙古自治区新老地质工作者对内蒙古自治区地质工作的认真与执着。他们对内蒙古自治区地质的那种探索和不懈追求精神，给我留下了深刻的印象。

为了完成“内蒙古自治区矿产资源潜力评价”项目，先后有270多名地质工作者参与了这项工作，这是继20世纪80年代完成的《内蒙古自治区地质志》《内蒙古自治区矿产总结》之后集区域地质背景、区域成矿规律研究，物探、化探、自然重砂、遥感综合信息研究以及全区矿产预测、数据库建设之大成的又一巨型重大成果。这是内蒙古自治区国土资源厅高度重视、完整的组织保障和坚实的资金支撑的结果，更是内蒙古自治区地质工作者8年辛勤汗水的结晶。

“内蒙古自治区矿产资源潜力评价”项目共完成各类图件万余幅，建立成果数据库数千个，提交结题报告百余份。以板块构造和大陆动力学理论为指导，建立了内蒙古自治区大地构造构架。研究和探讨了内蒙古自治区大地构造演化及其特征，为全区成矿规律的总结和矿产预测奠定了坚实的地质基础。其中提出了“阿拉善地块”归属华北陆块，乌拉山岩群、集宁岩群的时代以及对孔兹岩系归属的认识、索伦山-西拉木伦河断裂厘定为华北板块与西伯利亚板块的界线等，体现了内蒙古自治区地质工作者对内蒙古自治区大地构造演化和地质背景的新认识。项目对内蒙古自治区煤、铁、铝土矿、铜、铅锌、金、钨、锑、稀土、钼、银、锰、镍、磷、硫、萤石、重晶石、菱镁矿等矿种，划分了矿产预测类型；结合全区重力、磁测、化探、遥感、自然重砂资料的研究应用，分别对其资源潜力进行了科学的潜力评价，预测的资源潜力可信度高。这些数据有力地说明了内蒙古自治区地质找矿潜力巨大，寻找国家急需矿产资源，内蒙古自治区大有可为，成为国家矿产资源的后备基地已具备了坚实的地质基础。同时，也极大地增强了内蒙古自治区地质找矿的信心。

"内蒙古自治区矿产资源潜力评价"是内蒙古自治区第一次大规模对全区重要矿产资源现状及潜力进行摸底评价，不仅汇总整理了原1∶20万相关地质资料，还系统整理补充了近年来1∶5万区域地质调查资料和最新获得的矿产、物探、化探、遥感等资料。期待着"内蒙古自治区矿产资源潜力评价"项目形成的系统的成果资料在今后的基础地质研究、找矿预测研究、矿产勘查部署、农业土壤污染治理、地质环境治理等诸多方面得到广泛应用。

2017年3月

前 言

为了贯彻落实《国务院关于加强地质工作的决定》中提出的"积极开展矿产远景调查和综合研究，科学评估区域矿产资源潜力，为科学部署矿产资源勘查提供依据"的要求和精神，国土资源部部署了全国矿产资源潜力评价工作，并将该项工作纳入国土资源大调查项目。"内蒙古自治区矿产资源潜力评价"是该计划项目下的一个工作项目，工作起止年限为2007—2013年，项目由内蒙古自治区国土资源厅负责，承担单位为内蒙古自治区地质调查院，参加单位有内蒙古自治区地质矿产勘查开发局、内蒙古自治区地质矿产勘查院、内蒙古自治区第十地质矿产勘查开发院、内蒙古自治区煤田地质局、内蒙古自治区国土资源信息院、中化地质矿山总局内蒙古自治区地质勘查院等6家单位。

项目的目标是全面开展内蒙古自治区重要矿产资源潜力预测评价，在现有地质工作程度基础上，基本摸清本自治区重要矿产资源"家底"，为矿产资源保障能力和勘查部署决策提供依据。

项目的具体任务为：①在现有地质工作程度基础上，全面总结内蒙古自治区基础地质调查和矿产勘查工作成果和资料，充分应用现代矿产资源预测评价的理论方法和GIS评价技术，开展本自治区非油气矿产煤炭、铁、铜、铝、铅、锌、钨、锡、金、锑、稀土、磷等的资源潜力预测评价，估算本自治区有关矿产资源潜力及其空间分布，为研究制定我区矿产资源战略与国民经济中长期规划提供科学依据。②以成矿地质理论为指导，深入开展本自治区范围的区域成矿规律研究；充分利用地质、物探、化探、遥感和矿产勘查等综合成矿信息，圈定成矿远景区和找矿靶区，逐个评价成矿远景区资源潜力，并进行分类排序；编制本自治区成矿规律与预测图，为科学合理地规划和部署矿产勘查工作提供依据。③建立并不断完善本自治区重要矿产资源潜力预测相关数据库，特别是成矿远景区的地学空间数据库、典型矿床数据库，为今后开展矿产勘查的规划部署研究奠定扎实的信息基础。

项目共分为3个阶段实施，第一阶段为2007—2011年3月，2008年完成了全区1∶50万地质图数据库、工作程度数据库、矿产地数据库及重力、航磁、化探、遥感、重砂等基础数据库的更新与维护；2008—2009年开展典型示范区研究；2010年3月，提交了铁、铝两个单矿种资源潜力评价成果；2010年6月编制完成全区1∶25万标准图幅建造构造图、实际材料图，全区1∶50万、1∶150万物探、化探、遥感及自然重砂基础图件；2010—2011年3月完成了铜、铅、锌、金、钨、锑、稀土、磷及煤等矿种的资源潜力评价工作。经过验收后修改、复核后，已将各类报告、图件及数据库向全国项目组及天津地质调查中心进行了汇交。第二阶段为2011—2012年，完成银、铬、锰、镍、锡、钼、硫、萤石、菱镁矿、重晶石等10个矿种的资源潜力评价工作及各专题成果报告。第三阶段为2012年6月—2013年10月，以Ⅲ级成矿区带为单元开展了各专题研究工作，并编写地质背景、成矿规律、矿产预测、重力、磁法、遥感、自然重砂、综合信息专题报告，在各专题报告基础上，编写内蒙古自治区矿产资源潜力评价总体成果报告及工作报告。2013年6月，完成了各专题汇总报告及图件的编制工作，6月底，由内蒙古自治区国土资源厅组织对各专题综合研究及汇总报告进行了初审，7月全国项目办召开了各专题汇总报告验收会议，项目组提交了各专题综合研究成果，均获得优秀。

内蒙古自治区金矿资源潜力评价工作为第一阶段工作。项目下设成矿地质背景，成矿规律，矿产预测，物探、化探、遥感、自然重砂应用，综合信息集成等5个课题。

2011年1月—3月，在系统进行铅锌矿种区域地质背景及区域成矿规律研究基础上，开展金矿预测成果报告编写、建库及汇总工作。最终统稿工作由张彤、李雪娇完成。报告编写人员详见表1。

表 1　报告编写人员组织一览表

<table>
<tr><th>序号</th><th>姓名</th><th colspan="2">职责分工</th></tr>
<tr><td>1</td><td>许立权</td><td colspan="2">项目负责，负责核查工作实施、人员调配，协调各课题工作，组织开展项目工作，成矿区带划分。
金厂沟梁式复合内生型金矿金厂沟梁预测工作区</td></tr>
<tr><td>2</td><td>张彤</td><td colspan="2">项目负责，负责技术培训、指导，金矿预测资源量潜力分析，金矿成矿规律总结，未来勘查工作部署，成果报告统稿。
朱拉扎嘎式层控内生型金矿朱拉扎嘎预测工作区</td></tr>
<tr><td>3</td><td>许燕</td><td rowspan="13">定位预测，资源量核实说明书、预测工作区报告编写</td><td>十八顷壕式层控内生型金矿十八顷壕预测工作区</td></tr>
<tr><td>4</td><td>徐国</td><td>浩尧尔忽洞式层控内生型金矿浩尧尔忽洞预测工作区</td></tr>
<tr><td>5</td><td>康小龙</td><td>赛乌素式层控内生型金矿赛乌素预测工作区
小伊诺盖沟式侵入岩体型金矿八道卡预测工作区
小伊诺盖沟式侵入岩体型金矿兴安屯预测工作区</td></tr>
<tr><td>6</td><td>弓贵斌</td><td>老硐沟式层控内生型金矿老硐沟预测工作区</td></tr>
<tr><td>7</td><td>夏冬</td><td>乌拉山式复合内生型金矿乌拉山预测工作区
乌拉山式复合内生型金矿卓资县预测工作区
白乃庙式复合内生型金矿白乃庙预测工作区</td></tr>
<tr><td>8</td><td>郭灵俊</td><td>巴音温都尔式复合内生型金矿巴音温都尔预测工作区</td></tr>
<tr><td>9</td><td>赵磊</td><td>巴彦温多尔式复合内生型金矿红格尔预测工作区</td></tr>
<tr><td>10</td><td>贺锋</td><td>毕力赫式侵入岩体型金矿毕力赫预测工作区
四五牧场式火山岩型金矿四五牧场预测工作区
古利库式古利库式火山岩型金矿预测工作区</td></tr>
<tr><td>11</td><td>张永清</td><td>小伊诺盖沟式侵入岩体型金矿小伊诺盖沟预测工作区</td></tr>
<tr><td>12</td><td>杨波</td><td>碱泉子式侵入岩体型金矿碱泉子预测工作区</td></tr>
<tr><td>13</td><td>韩建刚</td><td>巴音杭盖式侵入岩体型金矿巴音杭盖预测工作区</td></tr>
<tr><td>14</td><td>韩宗庆</td><td>三个井式侵入岩体型金矿三个井预测工作区</td></tr>
<tr><td>15</td><td>罗忠泽</td><td>新地沟式变质型金矿新地沟预测工作区</td></tr>
<tr><td>16</td><td>魏雅玲</td><td></td><td>陈家杖子式火山岩型金矿陈家杖子预测工作区</td></tr>
<tr><td>17</td><td>李雪娇</td><td></td><td>成果报告统稿</td></tr>
<tr><td>18</td><td colspan="2">闫洁、韩宏宇、巩智镇、武利文、李四娃、赵文涛、苏美霞、任亦萍、张青、吴之理、方曙、张浩、陈信民、贾金福、贾和义、柳永正、李新仁、郝先义、郑武军、王挨顺、赵小佩、李杨、张爱、胡雯、陈晓宇、佟卉、安艳丽、刘小女、王晓娇、田俊</td><td>各专题图件编制、数据库建设</td></tr>
</table>

著者

2018 年 8 月

目 录

第一章 内蒙古自治区金矿资源概况 …… (1)
第一节 时空分布规律 …… (1)
一、空间分布特征 …… (1)
二、主要形成时代 …… (4)
三、所在成矿区带 …… (5)
第二节 控矿因素 …… (5)
第二章 内蒙古自治区金矿床类型 …… (8)
第一节 金矿床成因类型及主要特征 …… (8)
一、岩浆热液型金矿床 …… (8)
二、火山岩型金矿床 …… (9)
三、斑岩型金矿床 …… (9)
四、绿岩型金矿床 …… (9)
五、砂金矿床 …… (10)
第二节 预测类型、矿床式及预测工作区的划分 …… (10)
第三章 朱拉扎嘎式沉积-热液改造型金矿预测成果 …… (12)
第一节 典型矿床特征 …… (12)
一、典型矿床地质特征及成矿模式 …… (12)
二、典型矿床地球物理特征 …… (16)
三、典型矿床地球化学特征 …… (19)
四、典型矿床预测模型 …… (20)
第二节 预测工作区研究 …… (21)
一、区域地质特征 …… (21)
二、区域地球物理特征 …… (23)
三、区域地球化学特征 …… (23)
四、区域遥感影像及解译特征 …… (24)
五、区域预测模型 …… (25)
第三节 矿产预测 …… (27)
一、综合地质信息定位预测 …… (27)
二、综合信息地质体积法估算资源量 …… (29)
第四章 浩尧尔忽洞式热液型金矿预测成果 …… (32)
第一节 典型矿床特征 …… (32)
一、典型矿床地质特征及成矿模式 …… (32)

二、典型矿床地球物理特征 …………………………………………………………………… (35)
三、典型矿床地球化学特征 …………………………………………………………………… (36)
四、典型矿床预测模型 ………………………………………………………………………… (36)
第二节 预测工作区研究 ……………………………………………………………………… (38)
一、区域地质特征 ……………………………………………………………………………… (38)
二、区域地球物理特征 ………………………………………………………………………… (39)
三、区域地球化学特征 ………………………………………………………………………… (40)
四、区域重砂特征 ……………………………………………………………………………… (40)
五、区域遥感影像及解译特征 ………………………………………………………………… (40)
六、区域预测模型 ……………………………………………………………………………… (41)
第三节 矿产预测 ……………………………………………………………………………… (43)
一、综合地质信息定位预测 …………………………………………………………………… (43)
二、综合信息地质体积法估算资源量 ………………………………………………………… (45)
第五章 赛乌素式热液型金矿预测成果 …………………………………………………… (49)
第一节 典型矿床特征 ………………………………………………………………………… (49)
一、典型矿床地质特征及成矿模式 …………………………………………………………… (49)
二、典型矿床地球物理特征 …………………………………………………………………… (52)
三、典型矿床地球化学特征 …………………………………………………………………… (53)
四、典型矿床预测模型 ………………………………………………………………………… (53)
第二节 预测工作区研究 ……………………………………………………………………… (55)
一、区域地质特征 ……………………………………………………………………………… (55)
二、区域地球物理特征 ………………………………………………………………………… (56)
三、区域地球化学特征 ………………………………………………………………………… (57)
四、区域遥感影像及解译特征 ………………………………………………………………… (57)
五、区域自然重砂特征 ………………………………………………………………………… (57)
六、区域预测模型 ……………………………………………………………………………… (58)
第三节 矿产预测 ……………………………………………………………………………… (60)
一、综合地质信息定位预测 …………………………………………………………………… (60)
二、综合信息地质体积法估算资源量 ………………………………………………………… (64)
第六章 十八顷壕式破碎-蚀变岩型金矿预测成果 ……………………………………… (68)
第一节 典型矿床特征 ………………………………………………………………………… (68)
一、典型矿床地质特征及成矿模式 …………………………………………………………… (68)
二、典型矿床地球物理特征 …………………………………………………………………… (70)
三、典型矿床地球化学特征 …………………………………………………………………… (72)
四、典型矿床预测模型 ………………………………………………………………………… (73)

第二节　预测工作区研究 …………………………………………………………………………（74）
一、区域地质特征 ………………………………………………………………………………（74）
二、区域地球物理特征 …………………………………………………………………………（75）
三、区域地球化学特征 …………………………………………………………………………（76）
四、区域遥感影像及解译特征 …………………………………………………………………（77）
五、区域预测模型 ………………………………………………………………………………（77）
第三节　矿产预测 ………………………………………………………………………………（79）
一、综合地质信息定位预测 ……………………………………………………………………（79）
二、综合信息地质体积法估算资源量 …………………………………………………………（81）
第七章　老硐沟式热液-氧化淋滤型金矿预测成果 ……………………………………………（84）
第一节　典型矿床特征 …………………………………………………………………………（84）
一、典型矿床地质特征及成矿模式 ……………………………………………………………（84）
二、典型矿床地球物理特征 ……………………………………………………………………（87）
三、典型矿床地球化学特征 ……………………………………………………………………（88）
四、典型矿床遥感特征 …………………………………………………………………………（88）
五、典型矿床预测模型 …………………………………………………………………………（89）
第二节　预测工作区研究 ………………………………………………………………………（91）
一、区域地质特征 ………………………………………………………………………………（91）
二、区域地球物理特征 …………………………………………………………………………（92）
三、区域地球化学特征 …………………………………………………………………………（93）
四、区域遥感影像及解译特征 …………………………………………………………………（93）
五、区域预测模型 ………………………………………………………………………………（94）
第三节　矿产预测 ………………………………………………………………………………（96）
一、综合地质信息定位预测 ……………………………………………………………………（96）
二、综合信息地质体积法估算资源量 …………………………………………………………（99）
第八章　乌拉山式热液型金矿预测成果 ……………………………………………………（102）
第一节　典型矿床特征 …………………………………………………………………………（102）
一、典型矿床地质特征及成矿模式 ……………………………………………………………（102）
二、典型矿床地球物理特征 ……………………………………………………………………（105）
三、典型矿床地球化学特征 ……………………………………………………………………（105）
四、典型矿床预测模型 …………………………………………………………………………（106）
第二节　预测工作区研究 ………………………………………………………………………（108）
一、区域地质特征 ………………………………………………………………………………（108）
二、区域地球物理特征 …………………………………………………………………………（111）
三、区域地球化学特征 …………………………………………………………………………（113）

四、区域遥感影像及解译特征 …………………………………………………………………… (113)
五、区域预测模型 ……………………………………………………………………………… (115)
第三节 矿产预测………………………………………………………………………………… (118)
一、综合地质信息定位预测 …………………………………………………………………… (118)
二、综合信息地质体积法估算资源量 ………………………………………………………… (124)
第九章 巴音温都尔式热液型金矿预测成果……………………………………………………… (129)
第一节 典型矿床特征…………………………………………………………………………… (129)
一、典型矿床地质特征及成矿模式 …………………………………………………………… (129)
二、典型矿床地球物理特征 …………………………………………………………………… (132)
三、典型矿床地球化学特征 …………………………………………………………………… (133)
四、典型矿床预测模型 ………………………………………………………………………… (133)
第二节 预测工作区研究………………………………………………………………………… (135)
一、区域地质特征 ……………………………………………………………………………… (135)
二、区域地球物理特征 ………………………………………………………………………… (137)
三、区域地球化学特征 ………………………………………………………………………… (138)
四、区域遥感影像及解译特征 ………………………………………………………………… (139)
五、区域预测模型 ……………………………………………………………………………… (142)
第三节 矿产预测………………………………………………………………………………… (145)
一、综合地质信息定位预测 …………………………………………………………………… (145)
二、综合信息地质体积法估算资源量 ………………………………………………………… (150)
第十章 白乃庙式热液型金矿预测成果…………………………………………………………… (155)
第一节 典型矿床特征…………………………………………………………………………… (155)
一、典型矿床地质特征及成矿模式 …………………………………………………………… (155)
二、典型矿床地球物理特征 …………………………………………………………………… (158)
三、典型矿床地球化学特征 …………………………………………………………………… (159)
四、典型矿床预测模型 ………………………………………………………………………… (159)
第二节 预测工作区研究………………………………………………………………………… (161)
一、区域地质特征 ……………………………………………………………………………… (161)
二、区域地球物理特征 ………………………………………………………………………… (162)
三、区域地球化学特征 ………………………………………………………………………… (163)
四、区域遥感影像及解译特征 ………………………………………………………………… (163)
五、区域自然重砂特征 ………………………………………………………………………… (164)
六、区域预测模型 ……………………………………………………………………………… (164)
第三节 矿产预测………………………………………………………………………………… (167)
一、综合地质信息定位预测 …………………………………………………………………… (167)

二、综合信息地质体积法估算资源量 ……………………………………………………………… (169)
第十一章　金厂沟梁式热液型金矿预测成果 ……………………………………………………… (173)
第一节　典型矿床特征 ………………………………………………………………………………… (173)
一、典型矿床地质特征及成矿模式 ……………………………………………………………… (173)
二、典型矿床地球物理特征 ……………………………………………………………………… (176)
三、典型矿床地球化学特征 ……………………………………………………………………… (177)
四、典型矿床预测模型 …………………………………………………………………………… (178)
第二节　预测工作区研究 ……………………………………………………………………………… (179)
一、区域地质特征 ………………………………………………………………………………… (179)
二、区域地球物理特征 …………………………………………………………………………… (180)
三、区域地球化学特征 …………………………………………………………………………… (182)
四、区域遥感影像及解译特征 …………………………………………………………………… (182)
五、区域预测模型 ………………………………………………………………………………… (183)
第三节　矿产预测 ……………………………………………………………………………………… (184)
一、综合地质信息定位预测 ……………………………………………………………………… (184)
二、综合信息地质体积法估算资源量 …………………………………………………………… (188)
第十二章　毕力赫式斑岩型金矿预测成果 ……………………………………………………… (193)
第一节　典型矿床特征 ………………………………………………………………………………… (193)
一、典型矿床地质特征及成矿模式 ……………………………………………………………… (193)
二、典型矿床地球物理特征 ……………………………………………………………………… (196)
三、典型矿床地球化学特征 ……………………………………………………………………… (196)
四、典型矿床预测模型 …………………………………………………………………………… (198)
第二节　预测工作区研究 ……………………………………………………………………………… (199)
一、区域地质特征 ………………………………………………………………………………… (199)
二、区域地球物理特征 …………………………………………………………………………… (200)
三、区域地球化学特征 …………………………………………………………………………… (201)
四、区域遥感影像及解译特征 …………………………………………………………………… (201)
五、区域自然重砂特征 …………………………………………………………………………… (202)
六、区域预测模型 ………………………………………………………………………………… (202)
第三节　矿产预测 ……………………………………………………………………………………… (204)
一、综合地质信息定位预测 ……………………………………………………………………… (204)
二、综合信息地质体积法估算资源量 …………………………………………………………… (206)
第十三章　小伊诺盖沟式热液型金矿预测成果 ………………………………………………… (210)
第一节　典型矿床特征 ………………………………………………………………………………… (210)
一、典型矿床地质特征及成矿模式 ……………………………………………………………… (210)

二、典型矿床地球物理特征 …………………………………………………………………………… (214)
三、典型矿床地球化学特征 …………………………………………………………………………… (215)
四、典型矿床预测模型 ………………………………………………………………………………… (215)
第二节 预测工作区研究…………………………………………………………………………………… (216)
一、区域地质特征 ……………………………………………………………………………………… (216)
二、区域地球物理特征 ………………………………………………………………………………… (222)
三、区域地球化学特征 ………………………………………………………………………………… (224)
四、区域遥感影像及解译特征 ………………………………………………………………………… (225)
五、区域预测模型 ……………………………………………………………………………………… (226)
第三节 矿产预测…………………………………………………………………………………………… (230)
一、综合地质信息定位预测 …………………………………………………………………………… (230)
二、综合信息地质体积法估算资源量 ………………………………………………………………… (238)
第十四章 碱泉子式热液型金矿预测成果……………………………………………………………… (243)
第一节 典型矿床特征……………………………………………………………………………………… (243)
一、典型矿床地质特征及成矿模式 …………………………………………………………………… (243)
二、典型矿床地球物理特征 …………………………………………………………………………… (246)
三、典型矿床地球化学特征 …………………………………………………………………………… (247)
四、典型矿床预测模型 ………………………………………………………………………………… (247)
第二节 预测工作区研究…………………………………………………………………………………… (249)
一、区域地质特征 ……………………………………………………………………………………… (249)
二、区域地球物理特征 ………………………………………………………………………………… (250)
三、区域地球化学特征 ………………………………………………………………………………… (252)
四、区域遥感影像及解译特征 ………………………………………………………………………… (252)
五、区域预测模型 ……………………………………………………………………………………… (253)
第三节 矿产预测…………………………………………………………………………………………… (254)
一、综合地质信息定位预测 …………………………………………………………………………… (254)
二、综合信息地质体积法估算资源量 ………………………………………………………………… (257)
第十五章 巴音杭盖式热液型金矿预测成果…………………………………………………………… (260)
第一节 典型矿床特征……………………………………………………………………………………… (260)
一、典型矿床地质特征及成矿模式 …………………………………………………………………… (260)
二、典型矿床地球物理特征 …………………………………………………………………………… (265)
三、典型矿床地球化学特征 …………………………………………………………………………… (265)
四、典型矿床预测模型 ………………………………………………………………………………… (265)
第二节 预测工作区研究…………………………………………………………………………………… (267)
一、区域地质特征 ……………………………………………………………………………………… (267)

二、区域地球物理特征 …………………………………………………………………………… (269)
三、区域地球化学特征 …………………………………………………………………………… (270)
四、区域遥感影像及解译特征 …………………………………………………………………… (271)
五、区域预测模型 ………………………………………………………………………………… (272)
第三节 矿产预测……………………………………………………………………………… (274)
一、综合地质信息定位预测 ……………………………………………………………………… (274)
二、综合信息地质体积法估算资源量 …………………………………………………………… (278)
第十六章 三个井式热液型金矿预测成果……………………………………………… (282)
第一节 典型矿床特征………………………………………………………………………… (282)
一、典型矿床地质特征及成矿模式 ……………………………………………………………… (282)
二、典型矿床地球物理特征 ……………………………………………………………………… (283)
三、典型矿床地球化学特征 ……………………………………………………………………… (284)
四、典型矿床预测模型 …………………………………………………………………………… (284)
第二节 预测工作区研究……………………………………………………………………… (286)
一、区域地质特征 ………………………………………………………………………………… (286)
二、区域地球物理特征 …………………………………………………………………………… (287)
三、区域地球化学特征 …………………………………………………………………………… (288)
四、区域遥感影像及解译特征 …………………………………………………………………… (288)
五、区域预测模型 ………………………………………………………………………………… (290)
第三节 矿产预测……………………………………………………………………………… (291)
一、综合地质信息定位预测 ……………………………………………………………………… (291)
二、综合信息地质体积法估算资源量 …………………………………………………………… (295)
第十七章 新地沟式绿岩型金矿预测成果……………………………………………… (297)
第一节 典型矿床特征………………………………………………………………………… (297)
一、典型矿床地质特征 …………………………………………………………………………… (297)
二、典型矿床地球物理特征 ……………………………………………………………………… (299)
三、典型矿床地球化学特征 ……………………………………………………………………… (300)
四、典型矿床预测模型 …………………………………………………………………………… (301)
第二节 预测工作区研究……………………………………………………………………… (303)
一、区域地质特征 ………………………………………………………………………………… (303)
二、区域地球物理特征 …………………………………………………………………………… (303)
三、区域地球化学特征 …………………………………………………………………………… (305)
四、区域遥感影像及解译特征 …………………………………………………………………… (305)
五、区域预测模型 ………………………………………………………………………………… (307)
第三节 矿产预测……………………………………………………………………………… (308)

一、综合地质信息定位预测 …………………………………………………………………………… (308)
二、综合信息地质体积法估算资源量 ………………………………………………………………… (310)
第十八章　四五牧场式隐爆角砾岩型金矿预测成果 ………………………………………………… (313)
第一节　典型矿床特征 ……………………………………………………………………………… (313)
一、典型矿床地质特征及成矿模式 ………………………………………………………………… (313)
二、典型矿床地球物理特征 ………………………………………………………………………… (315)
三、典型矿床地球化学特征 ………………………………………………………………………… (317)
四、典型矿床预测模型 ……………………………………………………………………………… (318)
第二节　预测工作区研究 …………………………………………………………………………… (319)
一、区域地质特征 …………………………………………………………………………………… (319)
二、区域地球物理特征 ……………………………………………………………………………… (320)
三、区域地球化学特征 ……………………………………………………………………………… (320)
四、区域遥感影像及解译特征 ……………………………………………………………………… (321)
五、区域预测模型 …………………………………………………………………………………… (322)
第三节　矿产预测 …………………………………………………………………………………… (323)
一、综合地质信息定位预测 ………………………………………………………………………… (323)
二、综合信息地质体积法估算资源量 ……………………………………………………………… (327)
第十九章　古利库式火山岩型金矿预测成果 ………………………………………………………… (330)
第一节　典型矿床特征 ……………………………………………………………………………… (330)
一、典型矿床地质特征及成矿模式 ………………………………………………………………… (330)
二、典型矿床地球物理特征 ………………………………………………………………………… (332)
三、典型矿床地球化学特征 ………………………………………………………………………… (333)
四、典型矿床预测模型 ……………………………………………………………………………… (334)
第二节　预测工作区研究 …………………………………………………………………………… (335)
一、区域地质特征 …………………………………………………………………………………… (335)
二、区域地球物理特征 ……………………………………………………………………………… (337)
三、区域地球化学特征 ……………………………………………………………………………… (337)
四、区域遥感影像及解译特征 ……………………………………………………………………… (338)
五、区域自然重砂特征 ……………………………………………………………………………… (339)
六、区域预测模型 …………………………………………………………………………………… (339)
第三节　矿产预测 …………………………………………………………………………………… (340)
一、综合地质信息定位预测 ………………………………………………………………………… (340)
二、综合信息地质体积法估算资源量 ……………………………………………………………… (343)
第二十章　陈家杖子式火山隐爆角砾岩型金矿预测成果 …………………………………………… (347)
第一节　典型矿床特征 ……………………………………………………………………………… (347)

一、典型矿床地质特征及成矿模式 …………………………………………………………… (347)
二、典型矿床地球物理特征 ……………………………………………………………………… (349)
三、典型矿床地球化学特征 ……………………………………………………………………… (350)
四、典型矿床预测模型 …………………………………………………………………………… (350)
第二节 预测工作区研究………………………………………………………………………… (352)
一、区域地质特征 ………………………………………………………………………………… (352)
二、区域地球物理特征 …………………………………………………………………………… (354)
三、区域地球化学特征 …………………………………………………………………………… (354)
四、区域遥感影像及解译特征 …………………………………………………………………… (354)
五、区域预测模型 ………………………………………………………………………………… (355)
第三节 矿产预测………………………………………………………………………………… (356)
一、综合地质信息定位预测 ……………………………………………………………………… (356)
二、综合信息地质体积法估算资源量 …………………………………………………………… (359)
第二十一章 内蒙古自治区金单矿种资源总量潜力分析……………………………………… (363)
第一节 金单矿种预测资源量与资源现状对比………………………………………………… (363)
第二节 预测资源量潜力分析…………………………………………………………………… (365)
第三节 勘查部署建议…………………………………………………………………………… (366)
一、部署原则 ……………………………………………………………………………………… (366)
二、主攻矿床类型 ………………………………………………………………………………… (367)
三、找矿远景区工作部署建议 …………………………………………………………………… (367)
第二十二章 结论………………………………………………………………………………… (375)
主要参考文献…………………………………………………………………………………… (376)

第一章　内蒙古自治区金矿资源概况

内蒙古自治区金矿床分布广泛，截至2009年，全区已探明的岩金矿床(点)有160处，其中大型矿床10处，中型矿床27处，探明储量585t，砂金矿床25处，探明储量39t，另有伴生金矿床28处，探明储量49t，累计探明各类金矿床储量673t。

第一节　时空分布规律

一、空间分布特征

内蒙古自治区境内已探明的金矿床多分布在华北陆块北缘深断裂带的南侧华北陆块区内，在兴蒙造山系额济纳旗-北山弧盆系有零星分布，砂金矿床则沿额尔古纳河及内蒙古自治区中部黄河流域分布(表1-1，图1-1)。

表1-1　内蒙古自治区主要金矿床分布一览表

一级	二级	三级	矿产地个数[含矿(化)点](个)	大型(个)	中型(个)	小型(个)
Ⅰ天山-兴蒙造山系	Ⅰ-1大兴安岭弧盆系	Ⅰ-1-2 额尔古纳岛弧(Pt_3)	11	主要为砂金矿床		
		Ⅰ-1-3 海拉尔-呼玛弧后盆地(O、D_3、C)	3		1	1
	Ⅰ-7 索伦山-林西结合带	Ⅰ-7-2 林西残余盆地(P_2—T_2)	10		2	1
		Ⅰ-7-5 查干乌拉俯冲增生杂岩带(Pt_2)	2	1		1
	Ⅰ-8 包尔汉图-温都尔庙弧盆系	Ⅰ-8-2 温都尔庙俯冲增生杂岩带(Pt_2—P)	28	2	4	9
		Ⅰ-8-3 宝音图岩浆弧(Pz_2)	4		1	2
	Ⅰ-9 额济纳旗-北山弧盆系	Ⅰ-9-3 明水岩浆弧(C)	2		1	
		Ⅰ-9-6 哈特布其岩浆弧(Pz_2)	5		1	1
Ⅱ华北陆块区	Ⅱ-3 冀北古弧盆系(Ar_3—Pt_1)	Ⅱ-3-1 恒山-承德-建平古岩浆弧(Ar_3—Pt_1)	61	4	8	15
	Ⅱ-4 狼山-阴山陆块	Ⅱ-4-1 固阳-兴和陆核(Ar_{1-2})	23	1	4	12
		Ⅱ-4-2 色尔腾山-太仆寺旗古岩浆弧(Ar_3)	24		2	11
		Ⅱ-4-3 狼山-白云鄂博裂谷(Pt_2)	19	2	3	4
	Ⅱ-7 阿拉善陆块	Ⅱ-7-1 迭布斯格岩浆弧(Pz_2)	3			1
Ⅲ塔里木陆块区	Ⅲ-2 敦煌陆块	Ⅲ-2-1 柳园裂谷(C—P)	3		1	

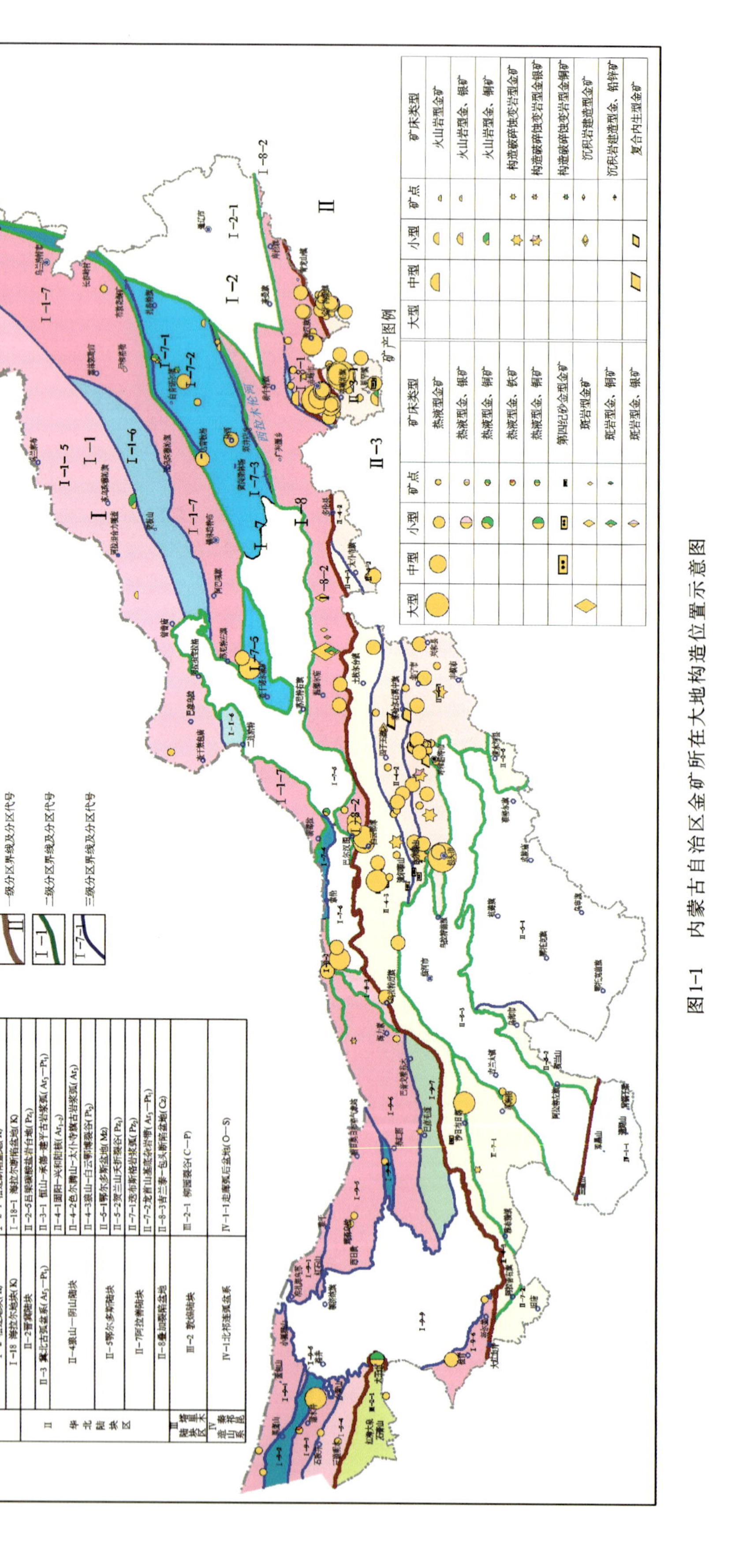

图1-1 内蒙古自治区金矿所在大地构造位置示意图

(一)华北陆块区

该区域主要分布在狼山-阴山陆块、冀北古弧盆系内。

1. 狼山-阴山陆块

(1)固阳-兴和陆核:含金地质体主要为乌拉山岩群黑云角闪斜长片麻岩、黑云二长片麻岩、混合岩夹磁铁石英岩透镜体。受区域深大断裂的次一级断裂构造所派生的容矿断裂带(群)控制,矿床成因与多期的混合热液作用过程中的钠质和钾质交代密切相关,成矿是在晚期的硅化、钾长石化阶段,成矿时代为印支期—燕山早期的钾长花岗岩脉和石英脉,形成乌拉山式热液型金矿床。

(2)色尔腾山-太仆寺旗岩浆弧:区域上分布新太古界色尔腾山岩群,其原岩建造由中基性火山岩及陆源碎屑岩、碳酸盐岩组成,火山活动提供了金物质来源,沉积环境的变迁形成金的矿源层,经变形变质作用及多期成矿作用形成不同类型的金矿床。与强变质变形作用有关,变质流体参与金的迁移富集,由于新太古代末期至古元古代早期的韧脆性剪切变形变质带控制,该期变质变形形成了新地沟式变质热液型金矿床;燕山早期中粒钾长花岗岩在色尔腾山岩群中的构造破碎蚀变带中形成十八顷壕式破碎蚀变岩型金矿。

(3)狼山-白云鄂博裂谷:西部狼山-渣尔泰山裂谷内分布的阿古鲁沟组一段中部为金元素含量较高的变质钙质粉砂岩、变质钙质石英粉砂岩,由于岩石疏松多孔,有利于矿液的运移和储集。一段下部为板岩、变质石英粉砂岩、变质石英粉砂岩夹白云岩,一段上部为变质粉砂岩、板岩。这些岩石相对致密,孔隙度低而渗透性差,即形成了所谓的“屏障层”,相对不利于发生矿化;新元古代在含矿层附近侵入的隐伏闪长岩体提供了热源,使得金元素在阿古鲁沟组一段中富集成矿,形成朱拉扎嘎式沉积-热液改造型金矿。

白云鄂博裂谷内分布的白云鄂博群在区域上为富铁及贵金属层位。白云鄂博群尖山组含金丰度值较高,高出地壳克拉克值1~3个数量级,亦为金的主要矿源层;比鲁特岩组下部第一、二岩性段为富含大量金属硫化物的沉积物。加里东晚期,受构造应力的作用,白云鄂博群褶皱变形,形成紧密的线型褶皱和深大断裂带。由于各岩层之间抗压强度的差异,形成一些层间滑动和断裂,使地壳深源物质沿应力形成的软弱面或断裂通道侵入。海西期构造作用,使该区断裂活动加剧,发生大面积的岩浆侵入。富含金属硫化物的含金成矿热液沿构造断裂通道向上迁移,在比鲁特岩组第一、二岩段,以硫化物-石英细脉的形式沿岩层的片理、层理和裂隙沉淀,富集形成浩尧尔忽洞式层控型金矿;海西期的“S”型重熔型花岗岩在含金丰度值较高的尖山组中形成赛乌素式热液型层控内生型金矿。

2. 冀北古弧盆系

矿化石英脉分布于混合岩化斜长角闪片麻岩中,成矿热液主矿元素有Au、Pb、Zn、S等,大部分来源于含矿围岩——乌拉山岩群片麻岩,经多次活化转移,发生局部富集;到燕山期在强烈构造-岩浆活动影响下,围岩中矿质元素再一次活化转移,为岩浆热液所攫取,沿有利的构造上升、交代、充填,并叠加于早期矿脉上富集,形成含金石英脉或含金蚀变岩。矿床是在前寒武纪混合岩化-构造变质成矿基础上,后经燕山期花岗闪长岩体及次火山岩相的改造叠加富集作用,形成金厂沟梁式热液型金矿床;在同期的火山作用下形成的火山机构中赋存陈家杖子式隐爆角砾岩型金矿。

（二）天山-兴蒙造山系

1. 大兴安岭弧盆系

该区域古亚洲构造成矿域与环太平洋构造成矿域的叠加、复合和转换，使大兴安岭地区的成矿地质条件优越，成矿期次多、强度大，矿床类型也复杂多样，区域成矿特征十分复杂。燕山期是该区的主要成矿期，晚侏罗世—早白垩世的岩浆、火山活动受北东向、北北东向断裂的控制，在不同地区形成了与岩浆、火山活动有关的不同类型的金矿床：四五牧场、古利库火山岩型金矿床，小伊诺盖沟式热液型金矿床。

2. 包尔汉图-温都尔庙弧盆系

该地区分布的白乃庙群含金丰度值较高，金矿源来自基性—中酸性火山岩及其碎屑岩。海西晚期岩浆活动强烈，受南北向挤压应力作用形成东西向片理化带，受强烈动力变质及热液蚀变作用，形成含金石英脉-破碎蚀变带，在其中形成白乃庙式热液型金矿。海西期—印支期，区域构造活动强烈，挤压应力较强，在大石寨组中形成韧性剪切带，提供了良好的流体通道，是金的运移、沉淀、富集的有利空间，并对金的活化和富集起着热力和动力作用，由于断裂长期多次活动伴随岩浆上侵，金在断裂中运移、富集、沉积成矿。

3. 额济纳旗-北山弧盆系

由于海西晚期岩体的侵入及构造作用，圆藻山群下岩组大理岩、钙质白云质大理岩，由于海西晚期黑云二长花岗岩、斑状二长花岗闪长岩及大量的闪长玢岩脉、斜长花岗斑岩脉等沿近东西向、北西—北北西向断裂侵入，尤其受闪长玢岩脉的影响，在裂隙及破碎带处形成热液蚀变岩型金多金属矿体，后经长期氧化-淋滤，原生含金硫化物分解，金析出后随流体向下迁移而再次富集，形成次生淋滤富集带，而形成老硐沟式热液-氧化淋滤型金矿；下石炭统白山组由于斜长花岗岩体的侵入形成矿化蚀变带，矿化带中压扭性断裂裂隙发育，沿层间断裂裂隙发生强烈而普遍的蚀变，在蚀变带中多形成三个井式热液型金矿，在同期侵入的石英闪长岩、花岗斑岩内形成碱泉子式岩浆热液型金矿。

二、主要形成时代

新太古代末期至古元古代早期（吕梁期），沿华北陆块北缘近东西向展布的韧性剪切带中的变质变形作用使得色尔腾山岩群发生顺层剪切变质变形，色尔腾山岩群基性—中酸性火山-沉积岩层作为矿源层，变质流体参与了金的迁移富集和成矿，形成了新地沟式变质热液型（绿岩型）金矿。

早古生代（加里东期），华北陆块区阿拉善陆块发生强烈的岩浆活动，热液活动不仅活化了中—新元古界中丰富的金，同时与深部带来的成矿物质一同对围岩进行交代蚀变，形成了金的矿化作用，从而在渣尔泰山群阿古鲁沟组中形成了朱拉扎嘎式层控内生型金矿。

海西期—燕山期，是内蒙古自治区金矿的主要成矿时期，境内与岩浆热液有关（包括层控内生型、复合内生型、侵入岩体型）的金矿多数集中在海西期—燕山期，表现为矿体赋存在距岩体一定距离的围岩地层中或直接赋存在岩体内。矿体和近矿围岩具有较强烈的热液蚀变现象和较复杂的矿石矿物共生组合。该类型金矿化较为普遍，在华北陆块区、天山-兴蒙造山带均有分布。但是具有工业价值和较有远景的矿点，主要集中分布在陆块区。

海西期发生大规模岩浆-构造活动，在全区范围内均有金矿化发生，额济纳旗北山弧盆系形成了三个井、碱泉子、特拜、老硐沟式金矿；大兴安岭弧盆系形成了巴音温都尔、白乃庙、巴音杭盖式金矿；华北陆块区形成了浩尧尔忽洞、赛乌素式金矿。

印支期—燕山期由于较深源岩浆侵入及其后的钙碱性火山岩构成同一岩浆系列，它们在空间上伴生，岩石多为黑云母花岗岩、钾长花岗岩等，华北陆块区晚古生代—中生代的花岗岩系列反映了地壳活化的区域性特点，在内蒙古自治区中西部地区形成了与印支期花岗岩类有关的乌拉山式层控内生型金矿、十八顷壕式复合内生型金矿，在大兴安岭弧盆系及华北陆块区则形成了毕力赫式斑岩型金矿、金厂沟梁式复合内生型金矿及燕山晚期形成的与火山岩有关的四五牧场、古利库、陈家杖子式火山岩型金矿。

三、所在成矿区带

与大地构造位置相对应，内蒙古自治区60%以上的金矿床及资源储量主要分布在华北陆块北缘深断裂带的南侧华北地台北缘东、西段成矿带内（Ⅲ-10、Ⅲ-11）（图1-2、图1-3）。

第二节　控矿因素

（1）大地构造对成矿环境的控制：由于内蒙古自治区处于华北板块与西伯利亚板块的接合部，古构造及板间缝合带主要近东西向展布，因此古老深成岩带的展布亦受东西向构造的控制。南部属华北陆块北缘，老的中深变质岩构成基底主体，并受一级近东西向构造所控制。因此，构成了巨大的东西向金矿蕴矿带。在造山带内，发育在其基底上的较古老近东西向构造重复活动所形成构造带或隆起带，常常保留有较老地层的片段，是含金物质的成矿地带。

（2）成矿期：内蒙古自治区中西部地区自古元古代以来，长期在发育的近东西向深断裂带和韧性剪切带中初始活化的金物质，至海西期在岩浆热液的催动下再次活化、迁移，并在次一级的较开放的北西向或北东向构造中聚集成矿，形成的金矿床赋存在距岩体一定距离的元古宙及太古宙围岩地层中或直接赋存在岩体内；大兴安岭火山侵入岩带构成环太平洋巨型矿带的内带，中生代以来受到太平洋板块向西俯冲的影响，形成北北东向巨型火山-侵入岩带，以侏罗纪中酸性火山岩为主体，其后形成的燕山早期侵入岩（中深成—浅成）与华北陆块区及大兴安岭弧盆系中的岩浆热液型金矿及同系列的火山岩型、火山热液型金矿有密切的成因联系。

（3）岩浆热液控制：不同矿源层中的金元素的活化受到深断裂作用、韧性剪切作用、退变质作用，变质流体以及岩浆热液的多重影响，其中，最重要的是构造作用和岩浆热液。各构造旋回期间的深断裂，虽控制了各旋回岩浆岩带的展布，但与金矿床最密切相关的岩体是含挥发组分较高的中酸—酸性岩浆岩，在成因上常表现为重熔型和过渡类型，侵入深度中等或浅成。其本身除对金物质有活化、迁移作用外，还同时摄取部分金物质而转入其岩浆，因此它本身也是金矿床的物源之一。

（4）赋矿层位：层控内生型金矿、复合内生型金矿多数分布在太古宙乌拉山岩群、色尔腾山岩群及元古宙白云鄂博群、渣尔泰山群、圆藻山群、白乃庙群中，其中含有较富的易活化的金元素，丰度值较高，在成岩时得到初始预富集，为以后不同地质时期的成矿作用而活化、迁移、富集提供丰富的成矿物源。

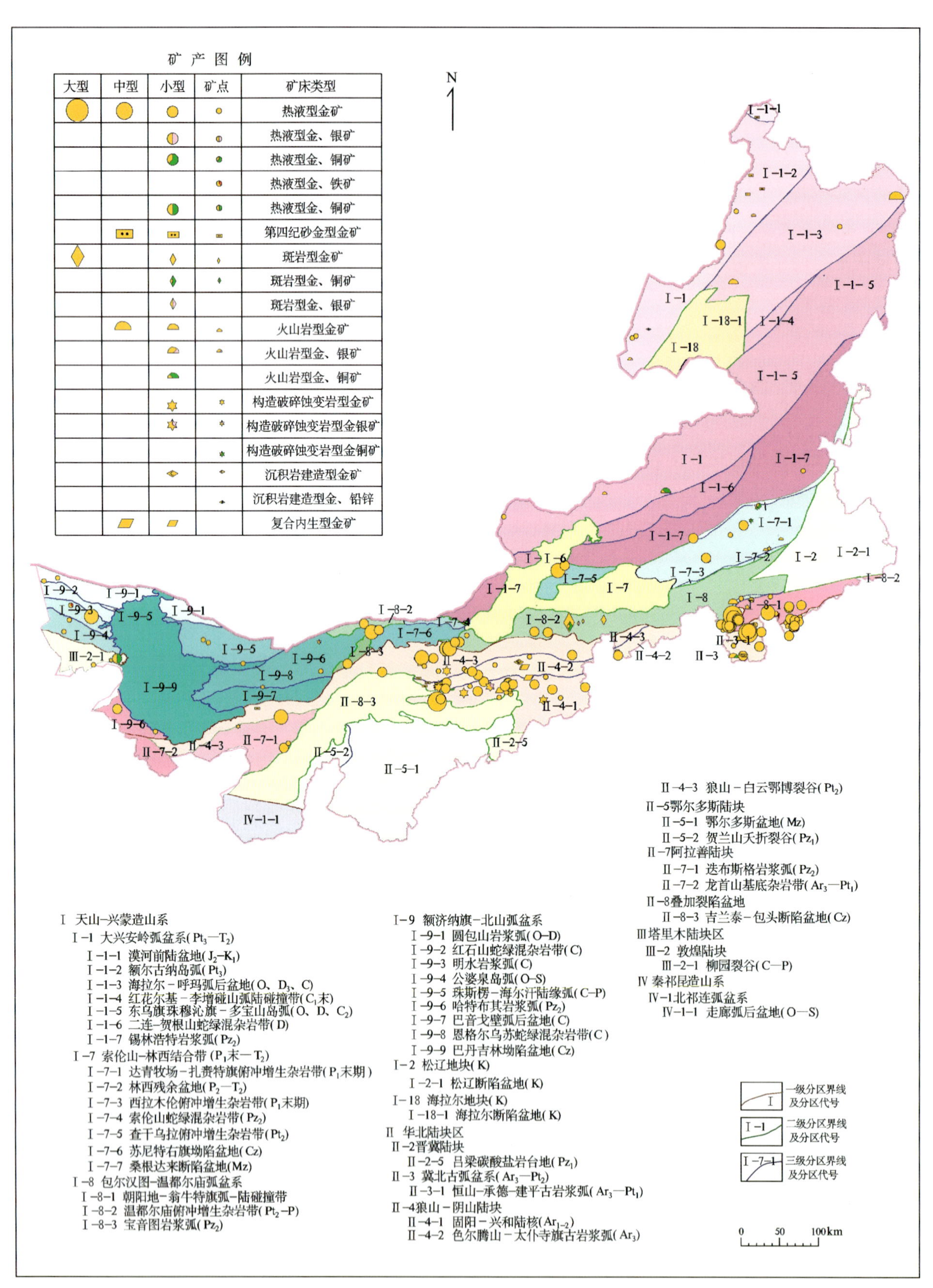

图 1-2　内蒙古自治区金矿所在成矿区带示意图

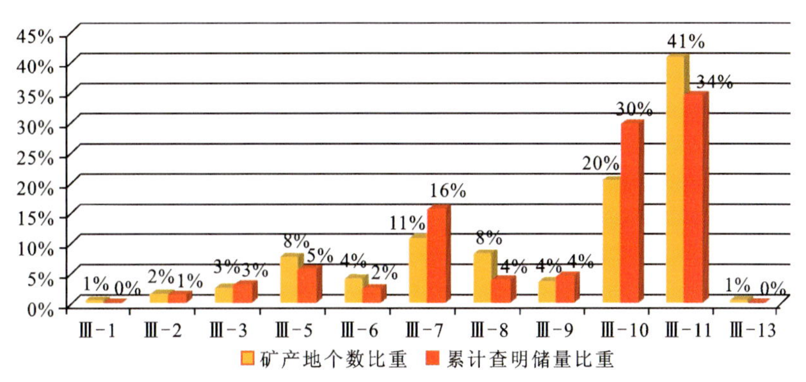

图 1-3　内蒙古自治区Ⅲ级成矿区带金矿产地、资源量结构图

第二章　内蒙古自治区金矿床类型

第一节　金矿床成因类型及主要特征

内蒙古自治区大地构造位置隶属天山-兴蒙造山系、华北陆块区、塔里木陆块区和秦祁昆造山系4个Ⅰ级构造单元之中(图1-1)。由于受多期次的构造变动和频繁的岩浆活动影响,致使本区形成极为复杂的构造格架。岩浆活动表现为多旋回、多期次的特点。特别是海西期、燕山期酸性、中酸性岩浆岩分布广泛,其规模亦较大。这些条件是形成各成因类型的金矿产的重要因素。内蒙古自治区内原生金矿集中分布在华北地台北缘东、西段成矿带中,主要矿床类型有岩浆热液型、火山岩型、斑岩型、绿岩型及砂金矿。空间上多沿华北陆块北缘深断裂带、临河-固阳-察右中旗深断裂带以及石崩大断裂带、额尔古纳河大断裂带之两侧分布。

一、岩浆热液型金矿床

该类型金矿与侵入岩体有着密切的关系,矿体赋存在距岩体一定距离的围岩地层中或直接赋存在岩体内或岩体的内外接触带中。矿体和近矿围岩具有较强烈的热液蚀变现象和较复杂的矿石矿物共生组合。该类型金矿化较为普遍,在陆块区、造山带均有分布。具有工业价值和较有远景的矿点,主要集中分布在陆块区。陆块区内太古宇—元古宇含金元素较高的地层受加里东期—燕山期岩浆活动的影响,在地层中富集成矿,赋存于太古宙地层中的金矿主要有乌拉山岩群中的金厂沟梁金矿、乌拉山金矿及色尔腾山岩群中的十八顷壕金矿,元古宙地层中的金矿主要有白云鄂博群中的赛乌素金矿、浩尧尔忽洞金矿及渣尔泰山群中的朱拉扎嘎金矿;造山带中的岩浆热液型金矿主要形成于古生代地层中,如巴音温都尔金矿、碱泉子金矿、巴音杭盖金矿等。

与金矿化有关的侵入岩,在内蒙陆块及其北缘增生带与大兴安岭中生代火山-侵入岩带的复合地区,主要为燕山早期花岗岩、花岗闪长岩、花岗斑岩及其杂岩体。在内蒙古中西部地区,少数则与海西期、印支期花岗岩类有关。

岩浆热液型金矿床主要为不同的围岩在不同时期岩浆热液的作用下形成的受一定层位控制的矿床,其矿石类型主要有含金石英脉型、含金蚀变岩型,反映了不同物源不同构造条件和不同温压条件下形成的内生金矿床的共同特征。

(1)含金石英脉型:是最常见的金矿类型。矿体形态变化多端,多数受一定裂隙控制,具有膨胀、收缩、分支复合、尖灭再现或尖灭侧现现象。呈透镜状、扁豆状。脉状含金石英脉,多含一定的硫化物,并且形成含不同硫化物组合的石英脉矿石。该类矿石是各类型矿床中含金最富的矿石。但含金品位往往变化较大,可以从含微量金至特高金品位。

(2)含金蚀变岩型:纯蚀变岩型金矿体,仅见于少数矿区的个别矿脉中。其典型矿脉为金厂沟梁矿区26号脉。矿石由富含浸染状黄铁矿的各蚀变矿物组成。矿脉按蚀变矿物组分,分为绿泥石型、高岭土型、硅化绢云母型等。

(3)含金石英脉-蚀变岩混合型:区内多数矿脉系由含金石英脉及含金蚀变带共同组成。即使那些以含金石英脉为主体的矿脉中,在石英脉的两盘或两个石英脉扁豆体之间的空间,都由蚀变带相连接。一般矿体厚度大,且连续性较好。石英脉-蚀变岩混合型矿脉,已成为工业矿石的主要来源。

二、火山岩型金矿床

该类型金矿分布于大兴安岭地区,该区域处于古亚洲构造成矿域与环太平洋构造成矿域的叠加、复合部位,成矿地质条件优越,成矿期次多、强度大。

该类型金矿与中生代火山活动,尤其是晚侏罗世火山活动有着密切的联系。主要形成于火山爆破角砾岩筒内,与火山机构关系密切。矿体(矿化)直接赋存在火山岩内,可见玉髓状非晶质胶体石英以及角砾状、梳状、晶洞晶簇状构造,碳酸盐、萤石、冰长石等低温矿物。其蚀变现象为典型的青磐岩化。金呈不均匀窝状富集。目前已发现的矿点、矿化点虽然不多,探明的储量亦不大,如四五牧场金矿、古利库金矿、陈家杖子金矿等,但是区内中生代火山活动强烈,火山岩分布广泛,该类型矿床具有浅成低温热液的特征,有良好的成矿地质条件和进一步找矿前景。

三、斑岩型金矿床

哈达庙、毕力赫等斑岩型金矿分布在锡林浩特岩浆弧内,燕山期东西向和北东向深大断裂构造的复活和上地幔安山质熔浆上涌所引起的区域热流值升高可造成基底岩石(地层)——早古生代优地槽火山喷发沉积岩的深熔,进而形成大面积分布的闪长玢岩、石英闪长岩和花岗闪长岩。岩浆的结晶分异作用、气液分异作用和多期次侵位,不仅使石英闪长岩内广泛分布有花岗岩岩株、岩枝、岩脉和火山角砾岩脉群,而且可促使金在一些斑岩体顶部富集。岩体附近的围岩白乃庙群、温都尔庙群金的平均丰度很高,发生深熔作用后,提供了金矿的物质来源。在花岗斑岩与石英闪长岩的接触带上,由于岩浆的冷凝收缩可产生大量的张裂隙构造,特别是岩浆期后多期次构造活动使这样的张裂隙系统更为发育,为含矿热液的上升和沉淀富集创造了良好的条件,同时广泛发育的硅化、电气石化、绢英岩化和黄铁矿化,形成了中温热液斑岩型金矿床。

四、绿岩型金矿床

华北陆块区大青山东段油篓沟、新地沟等金矿床(点)属层控(顺层)绿岩型金矿床,主要赋存在色尔腾山岩群柳树沟岩组绿泥绢云石英片岩、糜棱岩、千糜岩、花岗质糜棱岩中。色尔腾山岩群中含金丰度值比其他时代地层高出数倍,变异系数及离差较高,为重要的含金层位。早期顺层剪切使矿源层内金元素活化并初步富集,形成矿化层,随后该矿化层发生了叠加褶皱变形;后期较浅层次下韧性-韧脆性剪切带的形成及绿片岩相退变质和构造作用形成的大量流体活动,为从矿源层中汲取有用组分提供了极好的条件,而带内的张性空间为矿液的沉淀提供了有利场所。韧性剪切变形既是控矿构造,又是容矿构造。韧性剪切变形之后,地壳抬升,构造运动以脆性断裂和宽缓褶皱为主,海西晚期至燕山期推覆构造均对矿体产生破坏作用。

该类型矿床具有矿体规模大、品位低的特点。含矿岩石为绿泥石英片岩,顶底板为薄层大理岩。矿体呈层状、似层状、脉状、似脉状及透镜状,与容矿围岩呈渐变过渡关系,矿体产状与岩层产状完全一致,随岩层产状变化而变化,随岩层褶皱而褶皱。矿体多数分布在褶皱翼部近核部附近。蚀变主要有硅化、黄铁矿化、绢云母化等。矿化带较连续,但带内成矿期后小的断裂褶皱较发育,使得矿体连续性受到破坏。

五、砂金矿床

内蒙古自治区砂金主要集中在内蒙古自治区中部及呼伦贝尔市北部额尔古纳河一带两个地区。

砂金分布及富集具有以下特征:

(1)砂金的分布与富集严格受砂金的物质来源及有利于形成砂金的地貌控制,即山间碟形、勺形洼地出水口附近的冲沟,其次是第四系堆积地貌区。

(2)砂金的富集与河谷的宽窄、谷底的起伏有关,河谷转弯处、缓坡沉积物堆积岸、河谷变宽处、沉积陡崖侵蚀岸、河谷出口处,均为砂金分布与富集地区。

(3)有的砂金的形成与冰碛层有关。冰碛层普遍含金,但因品位低未能形成工业矿体,而在冰碛层分布的沟谷发育区则形成了再沉积的砂金矿床,距含金冰碛层由近到远,砂金品质由富变贫。

(4)受外部营力作用控制,沉积物近距离搬运,有利于砂金富集。含金砂砾层的砾级越粗或分选性越差,砂金品位有变富的趋势。

综上所述,砂金的分布与富集严格受地貌控制,由于自治区具有悠久的采金历史,据历史资料记载,大规模的采金,始于清光绪十七年(1891 年),随着采金工作的开展,有利于砂金形成的地貌与现存的地形图、地质图相比有了很大的改变,利用现有资料进行砂金的资源量估算无法客观地分析资源量分布情况,故本次工作不对砂金类矿床进行资源量估算。

第二节 预测类型、矿床式及预测工作区的划分

根据《重要矿产预测类型划分方案》(陈毓川等,2010),内蒙古自治区金矿共划分了 18 个矿产预测类型,确定 5 种预测方法类型。根据矿产预测类型及预测方法类型共划分了 22 个预测工作区(表 2-1,图 2-1)。

表 2-1 内蒙古自治区金单矿种预测类型及预测方法类型划分一览表

预测方法类型	矿床式及矿产预测类型	预测工作区
层控内生型	朱拉扎嘎式沉积-热液改造型金矿	朱拉扎嘎预测工作区
	浩尧尔忽洞式热液型金矿	浩尧尔忽洞预测工作区
	赛乌素式热液型金矿	赛乌素预测工作区
	十八顷壕式破碎-蚀变岩型金矿	十八顷壕预测工作区
	老硐沟式热液-氧化淋滤型金矿	老硐沟预测工作区
复合内生型	乌拉山式热液型金矿	乌拉山预测工作区
		卓资县预测工作区
	巴音温都尔式热液型金矿	巴音温都尔预测工作区
		红格尔预测工作区
	白乃庙式热液型金矿	白乃庙预测工作区
	金厂沟梁式热液型金矿	金厂沟梁预测工作区

续表 2-1

预测方法类型	矿床式及矿产预测类型	预测工作区
侵入岩体型	毕力赫式斑岩型金矿	毕力赫预测工作区
	小伊诺盖沟式热液型金矿	小伊诺盖沟预测工作区
		八道卡预测工作区
		兴安屯预测工作区
	碱泉子式热液型金矿	碱泉子预测工作区
	巴音杭盖式热液型金矿	巴音杭盖预测工作区
	三个井式热液型金矿	三个井预测工作区
变质型	新地沟式绿岩型金矿	新地沟预测工作区
火山岩型	四五牧场式隐爆角砾岩型金矿	四五牧场预测工作区
	古利库式火山岩型金矿	古利库预测工作区
	陈家杖子式火山隐爆角砾岩型金矿	陈家杖子预测工作区

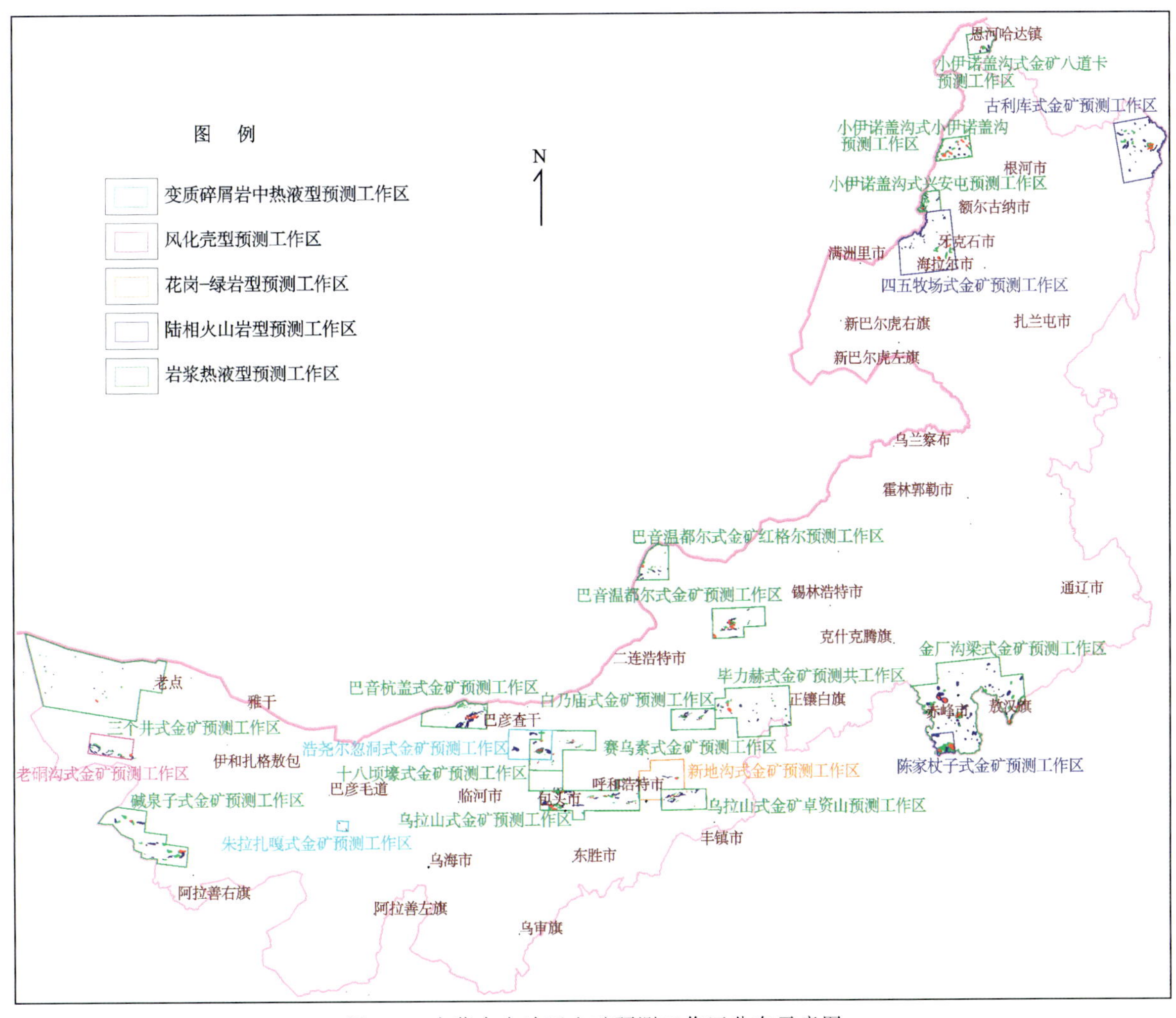

图 2-1 内蒙古自治区金矿预测工作区分布示意图

第三章　朱拉扎嘎式沉积-热液改造型金矿预测成果

第一节　典型矿床特征

一、典型矿床地质特征及成矿模式

（一）典型矿床特征

1. 矿区地质

朱拉扎嘎矿区主要出露中元古界蓟县系渣尔泰山群增隆昌组（Jx*z*）和阿古鲁沟组（Jx*a*）。金矿层主要赋存于阿古鲁沟组一段中部含钙质的浅变质碎屑岩类中，主要岩性为灰色粉砂质绢云母板岩、纹层状阳起石变质钙质粉砂岩、变质钙质粉砂岩、变质粉砂岩夹阳起石微晶大理岩透镜体（图 3-1）。

朱拉扎嘎矿区位于中元古代沙布根次-朱拉扎嘎毛道坳陷带内朱拉扎嘎毛道近南北向背斜褶皱轴部及朱拉扎嘎毛道北北西向断裂构造的南段。矿区位于巴彦西别-朱拉扎嘎毛道近南北向背斜中。该背斜构造的南东翼转折部位，具体表现为总体倾向南东（120°）的单斜构造。该单斜构造中一系列层间滑动层、层间断裂发育，为矿液运动与沉淀提供了空间条件。矿区断裂构造十分发育，主要有两组，即北东向（30°左右）和北西向（340°左右）。北北西向的 F6 正断层规模较大，延伸出矿区外数十千米，为矿区内的主干断层，并具有多期活动的特点。其他断层均为该断层派生的次级断裂构造。该断层将矿区分为东西两部分，断层东部（即下盘）以露头矿为主，西部（即上盘）以隐伏矿体为主，这是由北东向的 F1 和北北西向的 F6 两组断裂构造共同作用的结果。

矿区内岩浆岩出露较少，仅分布在矿区南侧和东南侧。加里东期辉长辉绿岩株和岩脉侵入阿古鲁沟组而被燕山期花岗斑岩脉侵入错断，同时沿北东向和北西向的张裂隙发育一系列派生的闪长岩脉，反映了该期拉张环境下地壳深处岩浆的上涌。此次岩浆活动对矿质的运移和聚积有一定的作用，而且也为含矿溶液的进一步活化提供了热源。燕山期花岗斑岩继承了早期岩浆活动的特点，多呈北东向脉群分布，且与地层构造线一致，该期岩浆活动对金矿的进一步富集可能亦有一定的作用。另外，根据围岩普遍出现的热接触变质现象，以及矿区激电测量成果，推断矿区深部有较大的隐伏岩体存在，为金矿的富集提供了热源。

矿区内岩（矿）石中常见的绿泥石化、绢云母化、硅化、阳起石化、透闪石化等都是热液蚀变作用的产物。热液蚀变与金矿化有着密切的关系。

2. 矿床特征

根据断裂构造带的展布特征、矿（化）体分布情况及综合物探资料，大致可以划分为两个矿带。

Ⅰ号矿带：分布于矿区南东部，位于 F1 断裂构造带的南东侧。地表无露头矿体分布，钻孔中发现隐

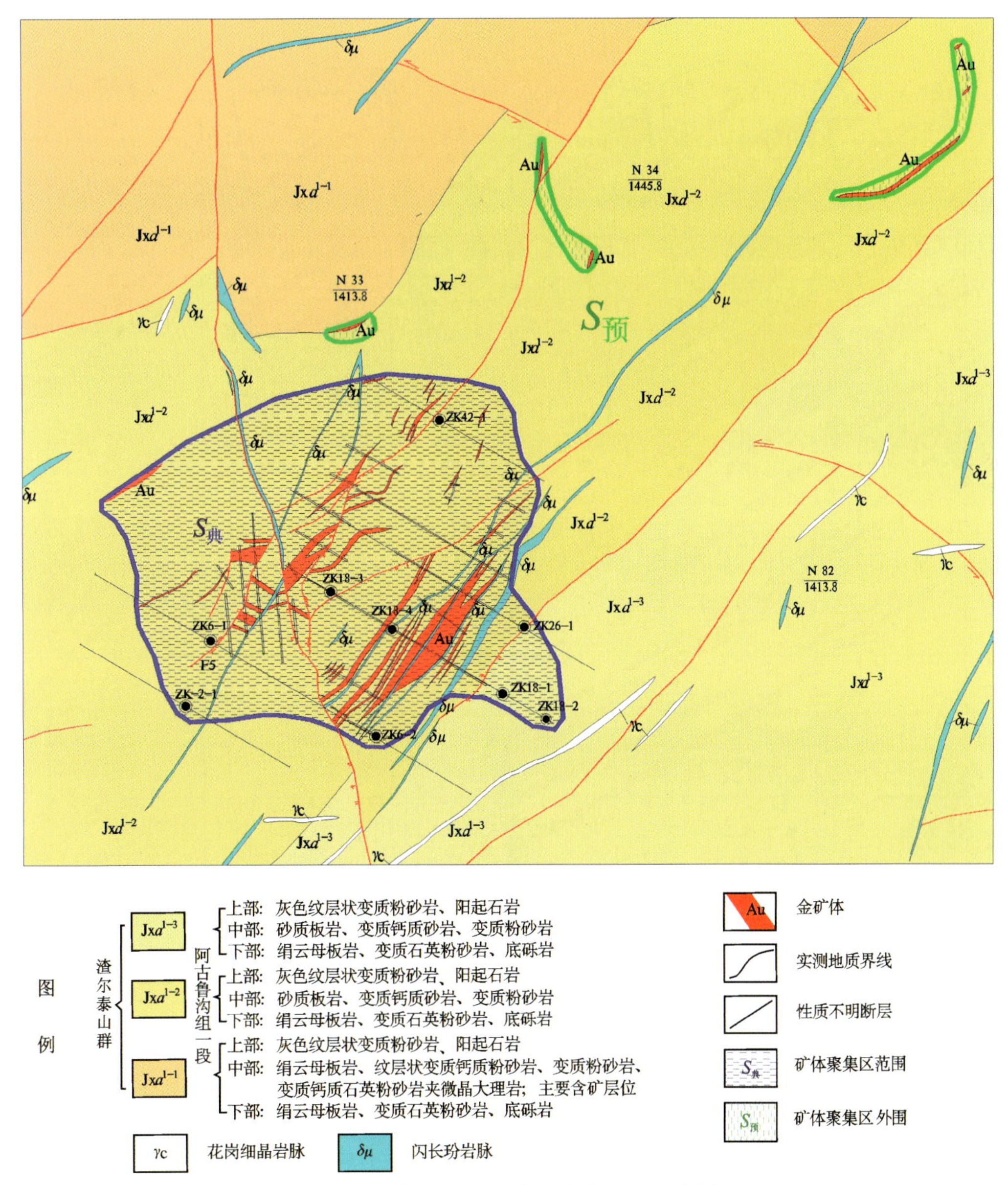

图 3-1　朱拉扎嘎金矿典型矿床矿区地质图

（据《内蒙古自治区阿拉善左旗朱拉扎嘎及外围金矿评价报告》，内蒙古自治区地质调查院，2001 修编）

伏矿体 7 个。

Ⅱ号矿带：分布于矿区中部及西部，位于 F1 断裂构造带西侧。地表由 12 个露头矿体组成。矿带总体走向 30°左右，与地层走向基本一致。

矿体形态主要为似层状，矿体似层状特征明显，与地层的产状相一致。另外，在矿区北部地层裂隙内可见小型脉状矿体分布。脉状矿体受构造裂隙的控制，与地层层位无关。

矿区内主要工业矿体呈似层状产出，在走向和延深方向上有变厚或尖灭、尖灭再现的现象。朱拉扎嘎矿区内矿体一般呈层状顺层产出，与控矿地层的产状相一致。矿体倾向为南东 120°～190°，总体倾向 130°左右，倾角为 30°～45°，平均 40°左右，具有明显的层控特征（图 3-2）。从图中可以看出，含矿层主体厚度达 270m，矿体具明显的向南倾伏特征。

朱拉扎嘎金矿床其矿体顶板为阿古鲁沟组一段顶部（Jxa^{1-3}）的变质粉砂岩、粉砂质板岩；底板为阿古鲁沟组一段底部（Jxa^{1-1}）的绢云母板岩、变质石英粉砂岩夹微晶白云岩；变质粉砂岩夹微晶大理岩透

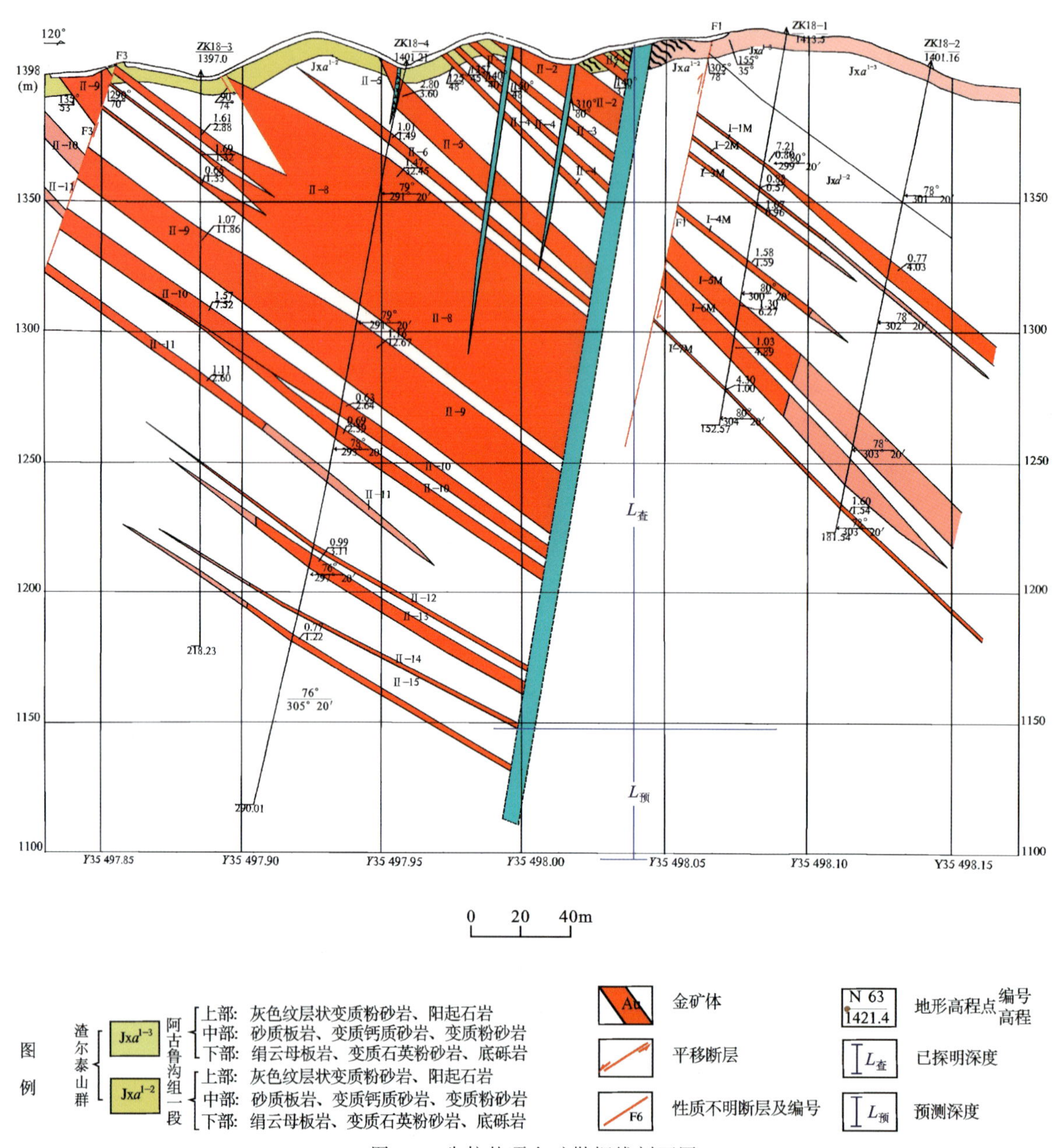

图 3-2　朱拉扎嘎金矿勘探线剖面图

（据《内蒙古自治区阿拉善左旗朱拉扎嘎及外围金矿评价报告》，内蒙古自治区地质调查院，2001）

镜体及粉砂质板岩等常常作为金矿体内的夹石出现。

3. 矿石特征

矿区内矿石根据构造大致分为两大类：一类为微细粒浸染状金矿石；另一类为脉状-网脉状金矿石，以前者为主。根据矿石中金属硫化物和金属氧化物的比例，可以分为氧化矿石和原生矿石。

金矿床矿石矿物主要为自然金、磁黄铁矿、毒砂、黄铁矿、黄铜矿、方铅矿、褐铁矿、铜蓝等；脉石矿物主要有石英、斜长石、阳起石、绿泥石、绿帘石、绢云母和角闪石等。石英和斜长石主要以矿物碎屑的形式出现。

与金矿化关系密切的是磁黄铁矿和毒砂，磁黄铁矿是矿石中分布最广、数量最多的矿石矿物，约占矿石矿物总量的80%以上。单矿物分析Au含量一般小于1×10^{-6}，但由于磁黄铁矿数量多，所以它的大量出现实际也反映了金的相对富集；毒砂多以脉体的形式穿切富磁黄铁矿和黄铁矿的矿石，是形成较晚的硫化物。单矿物分析Au含量一般为74×10^{-6}。因此，毒砂脉体发育的部位，矿石中Au含量普遍较高；其他硫化物中很少发现金矿物，电子探针分析，金含量非常低。

矿区内矿石以微细浸染状矿石为主，金的品位一般为$(0.5\sim4)\times10^{-6}$，平均1.6×10^{-6}，Ⅱ-1、Ⅱ-11金矿体的平均品位稍高，分别为4.03×10^{-6}和4×10^{-6}。

4. 矿石结构构造

矿区内矿石的结构主要有微细粒结构、交代结构、他形粒状结构。微细粒结构：矿石中矿石矿物呈微细粒状杂乱地分布于矿石中，以磁黄铁矿为主，毒砂、黄铁矿次之；交代结构：矿石矿物中常见交代和被交代现象，如毒砂和黄铁矿交代石英，而又被磁黄铁矿交代的现象。

矿石的构造主要有致密块状构造、浸染状构造、稀疏（或稠密）浸染状构造、条带状构造和脉状构造等。条带状构造是矿石中常见的一种构造形式，主要表现为矿石矿物呈条带状定向分布，并且与矿石中残留的原始沉积层理相一致。脉状构造：矿石中矿石矿物（主要为黄铁矿和毒砂）呈脉状充填于矿石的裂隙内。此种细脉具有穿插和切割上述条带状矿石矿物的特点。具有此种构造的矿石，其含金品位往往较高，说明成矿后期的热液叠加对矿床的富集起到了重要的作用。浸染状构造：矿石矿物呈浸染状分布于矿石中。根据矿石矿物的含量，分为稀疏浸染状构造和稠密浸染状构造。

5. 矿床成因及成矿时代

朱拉扎嘎金矿床具有多期、多种成因的特点。中元古代沉积的渣尔泰山群阿古鲁沟组一段中部金元素含量较高的变质钙质粉砂岩、变质钙质石英粉砂岩中，由于岩石疏松多孔，有利于矿液的运移和储集。一段下部为板岩、变质石英粉砂岩、变质石英粉砂岩夹白云岩，一段上部为变质粉砂岩、板岩。这些岩石相对致密，孔隙度低而渗透性差，即形成了所谓的"屏障层"，相对不利于发生矿化；新元古代在矿区附近侵入的隐伏闪长岩体提供了热源，使得金元素在阿古鲁沟组一段中富集成矿。根据成矿地质条件、矿体的形态和产状、矿石的结构构造等特征，矿床的成因类型及矿产预测类型为沉积-热液改造型。成矿时代为新元古代。

（二）矿床成矿模式

朱拉扎嘎金矿的矿床成因具有以下特征：

（1）矿体主要赋存在中元古界渣尔泰山群阿古鲁沟组一段中，矿化体沿走向分布稳定，区域延伸可达十余千米。矿体沿走向、倾向均与地层产状一致，呈似层状或透镜状产出，具有尖灭再现及尖灭侧现的现象。

（2）矿石中常见热液蚀变矿物阳起石、绿泥石和绿帘石等，并被后期热液叠加成矿作用形成的金属硫化物脉或硫化物-石英脉、硫化物-方解石-石英脉切穿，这些后期形成的脉体受构造裂隙控制明显。金矿化与磁黄铁矿化、黄铁矿化、毒砂和黄铜矿化等呈正相关关系。

（3）矿床具有含金品位低[$(0.5\sim4)\times10^{-6}$]、元素单一、规模大的特点，矿石中金主要以自然金的形式出现，而且以微细粒金为主，矿石中常见金及金属硫化物主要呈微细粒浸染状、纹层状、细脉状分布，产状与地层层理面相一致。

（4）综合物探测量成果表明，在朱拉扎嘎矿区西南有一隐伏岩体存在，为朱拉扎嘎金矿床的叠加成矿作用提供了成矿热源和物源。矿石中的剩余磁化率较高，说明矿石的后期热液叠加比较强烈。

(5)朱拉扎嘎矿区位于朱拉扎嘎近北北西向叠加褶皱构造的轴部,巴彦西别-乌兰内哈沙推覆构造的下盘,区内褶皱、断裂构造十分发育。这些断裂构造与金矿化有着密切的关系。成矿前的断裂构造对矿液的运移和富集起着主要的作用(如 F6 断层),而成矿后的断裂构造对矿体有破坏作用。

通过对上述特点的分析与归纳,朱拉扎嘎式金矿的成矿模式如图 3-3 所示。

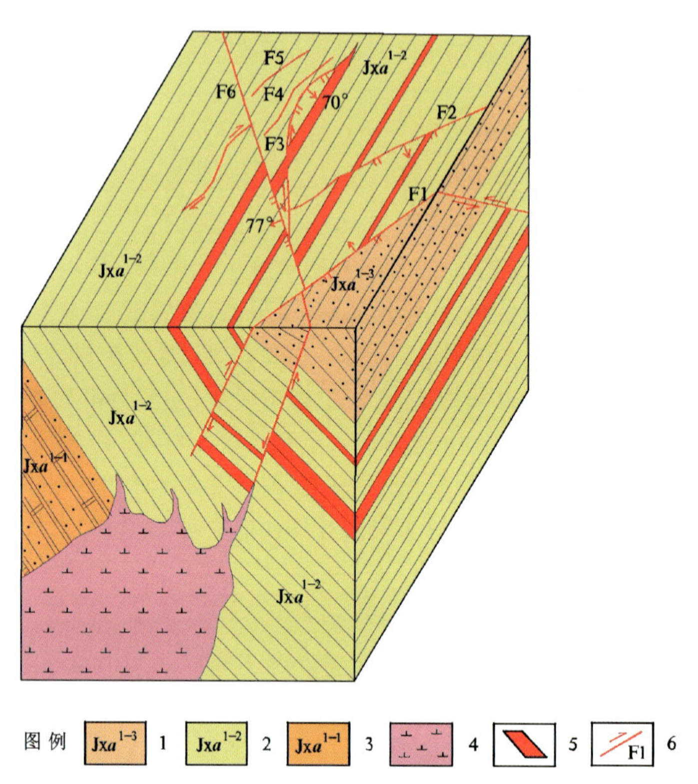

图 3-3 朱拉扎嘎金矿典型矿床成矿模式图

(据《内蒙古自治区阿拉善左旗朱拉扎嘎及外围金矿评价报告》,内蒙古自治区地质调查院,2001 修编)

1.阿古鲁沟组一段顶部;2.阿古鲁沟组一段中部;3.阿古鲁沟组一段底部;

4.闪长岩;5.金矿体;6.断裂及其编号

二、典型矿床地球物理特征

(一)矿床所在位置航磁特征

1∶5 万航磁平面等值线图显示,磁场变化平缓,异常极值 140nT,形态近似圆形。1∶5000 电法平面等值线图显示,高阻围岩中呈现低阻异常带,呈南北走向(图 3-4)。

矿区内磁异常明显,大致以 18 勘探线为界,分为南北两个正磁异常区。

南部磁异常在 P10 线 45 点形成异常中心,异常向西、北两侧等值线梯度较大,而向东、南两侧梯度变小,并向南延伸未封闭,异常中心最大值 135.1nT,一般为 10~50nT,经过钻探验证为金矿体所致。

北部磁异常宽缓,异常中心未封闭,向北延伸出测区,异常总体表现出宽缓特征,经过钻探验证主要由金矿化引起,如 ZK42-01 钻孔(图 3-5)。

总之,磁异常在该矿区找矿效果明显,其主要原因是因为矿石中富含磁性矿物磁黄铁矿,而且磁黄铁矿的含量与矿石中金品位呈正相关关系。

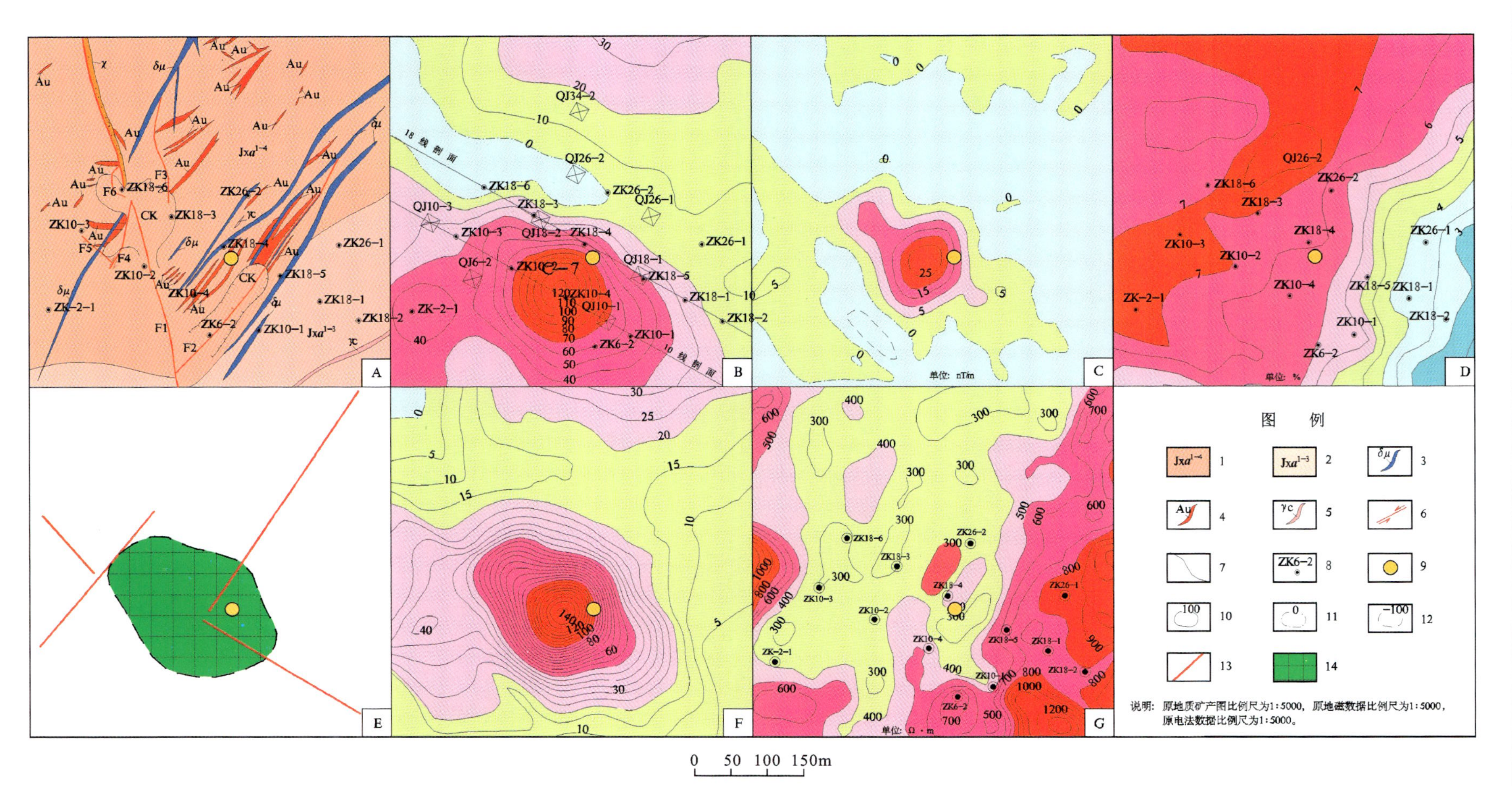

图 3-4　朱拉扎嘎金矿典型矿床所在位置物化探剖析图

A. 地质矿产图；B. 航磁 ΔT等值线平面图；C. 航磁 ΔT化极垂向一阶导数等值线平面图；D. 电法视极化率η_s等值线平面图；E. 推断地质构造图；F. 航磁 ΔT化极等值线平面图；G. 电法视电阻率ρ_s等值线平面图。

1. 蓟县系阿古鲁沟组：深灰色粉砂质绢云母板岩、绿泥粉砂岩、变质粉砂岩夹薄层石英岩、结晶灰岩夹蚀变流纹岩；2. 蓟县系阿古鲁沟组：灰色含叠层石细晶白云岩、细晶灰岩夹薄层状石英岩、变质泥岩、粉砂质板岩；3. 闪长玢岩脉；4. 脉状金矿体；5. 花岗细晶岩脉；6. 平移断层；7. 实测地质界线；8. 钻孔位置及编号；9. 金矿点位置；10. 正等值线及注记；11. 零等值线及注记；12. 负等值线及注记；13. 推断断裂；14. 磁法推断磁黄铁矿、黄铁矿矿化体

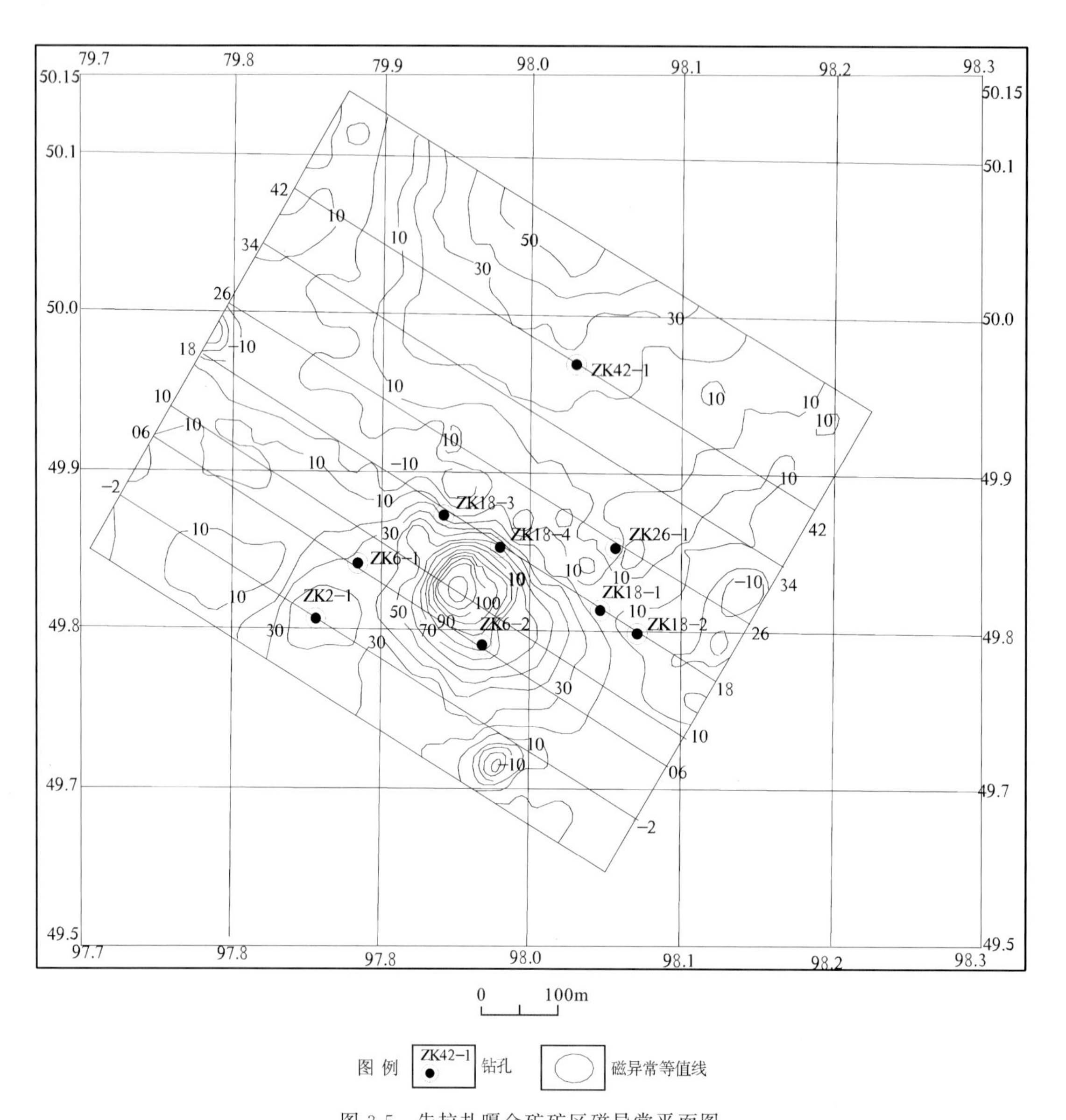

图 3-5　朱拉扎嘎金矿矿区磁异常平面图

（据《内蒙古自治区阿拉善左旗朱拉扎嘎及外围金矿评价报告》，内蒙古自治区地质调查院，2001 修编）

（二）矿床所在区域重力特征

朱拉扎嘎金矿床位于布格重力异常相对高值区，布格重力异常值为 Δg -170×10^{-5} m/s^2 ～ -161.87×10^{-5} m/s^2。形成一个似椭圆状等值线封闭圈。朱拉扎嘎金矿位于该重力异常南侧边部，其附近布格重力异常值为 Δg -162.26×10^{-5} m/s^2。

从剩余重力异常图可见，朱拉扎嘎金矿位于 G 蒙-754 号剩余重力正异常区内，Δg 1.0×10^{-5} m/s^2 ～ 8.13×10^{-5} m/s^2，其极大值为 Δg_{max} -8.13×10^{-5} m/s^2。金矿所在位置的剩余重力异常等值线值约为 4×10^{-5} m/s^2。

剩余重力异常和布格重力异常的展布形态、分布范围基本一致，主要与元古宇老基底隆起有关。而朱拉扎嘎金矿主要赋存于中元古界渣尔泰山群阿古鲁沟组中，说明朱拉扎嘎金矿所在区域的重力正异常反映了其成矿地质环境。

（三）朱拉扎嘎金矿重力定量反演成果

由前述知，朱拉扎嘎地区岩浆活动为金矿形成提供了热源，且依据矿区所在电法资料推断有隐伏岩体存在。通过朱拉扎嘎金矿选取一条剖面进行了重力定量反演，在朱拉扎嘎以南出露有酸性岩体，朱拉扎所在位置为元古宙地层分布区。重力反演显示，在该套地层之下有酸性隐伏岩体存在。其埋深为500～700m（图3-6）。这一成果为该区金矿预测成矿深度提供了依据。

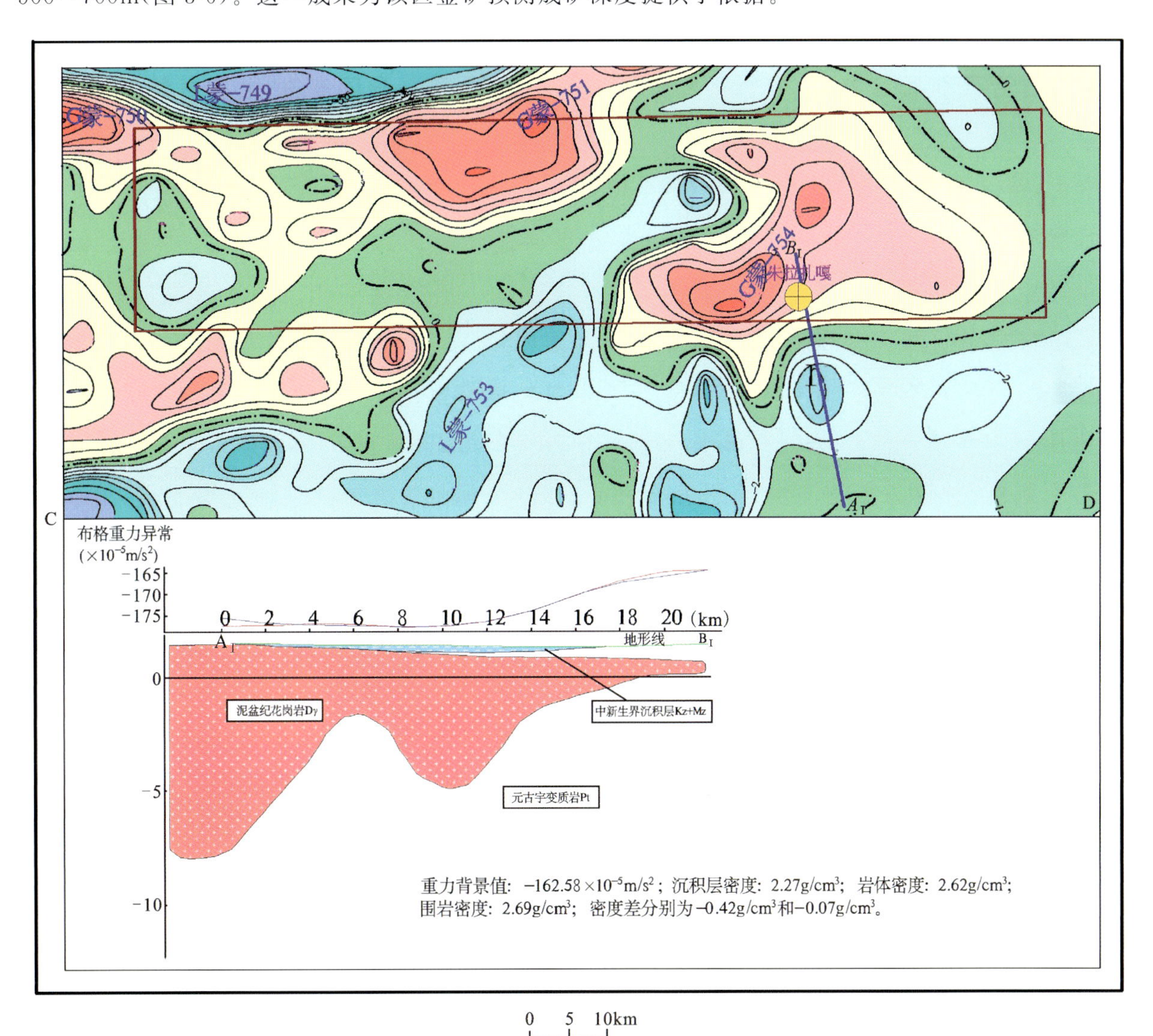

图3-6　朱拉扎嘎金矿重力反演模型图

三、典型矿床地球化学特征

典型矿床处化探异常位于巴音诺日公东北朱拉扎嘎毛道一带，1∶20万区域化探异常编号为AS28（甲1），异常面积126km²，呈等轴状，为由Au、Ag、Cu、Pb、Zn、Sb、Bi、Hg、W、Be、Li、Co、Fe_2O_3等元素或氧化物组成的综合异常，Au峰值17×10^{-9}，面积36km²，单点样分析Au峰值170×10^{-9}，面积缩至

20km²。总之，该异常面积大，强度高，各元素异常浓集中心明显且吻合较好，反映了强地球化学作用下的地球化学异常特征（图 3-7）。

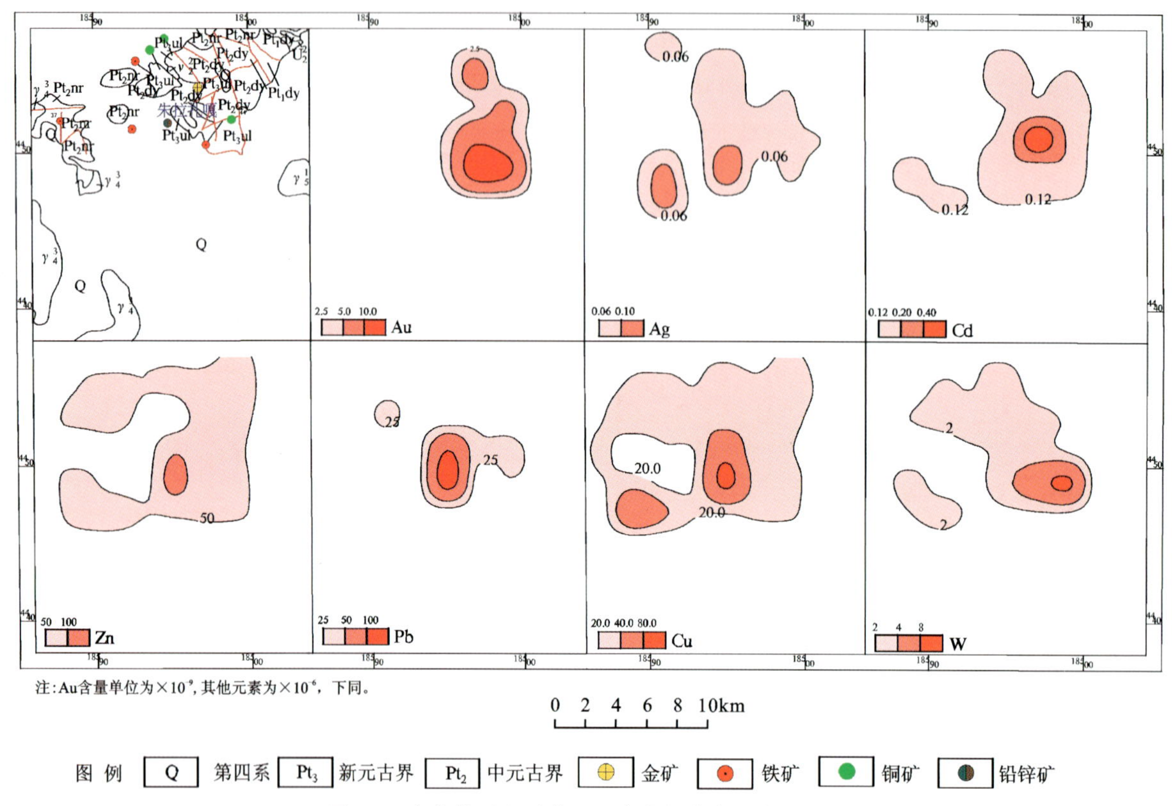

图 3-7 朱拉扎嘎金矿典型矿床化探综合异常剖析图

四、典型矿床预测模型

以典型矿床成矿要素图为基础，综合研究重力、航磁、化探、遥感、自然重砂等综合致矿信息，总结典型矿床预测要素表（表 3-1）。

表 3-1 朱拉扎嘎式沉积-热液改造型金矿典型矿床预测要素表

<table>
<tr><td colspan="2" rowspan="3">典型矿床预测要素</td><td colspan="4">内容描述</td><td rowspan="3">要素类别</td></tr>
<tr><td>储量</td><td>小型 12 605kg</td><td>平均品位</td><td>4.22×10⁻⁶</td></tr>
<tr><td>特征描述</td><td colspan="3">沉积-热液改造型</td></tr>
<tr><td rowspan="3">地质环境</td><td>构造背景</td><td colspan="4">华北陆块区，阿拉善陆块，迭布斯格-阿拉善右旗陆缘岩浆弧</td><td>必要</td></tr>
<tr><td>成矿环境</td><td colspan="4">蓟县系阿古鲁沟组一岩性段的条带状砂质板岩夹钙质砂岩层是本区重要矿源层。构造线呈北西向和北东向展布，与地层走向基本一致。断裂构造极发育，主要为近东西向或近北东东向，小型的层间裂隙、层间滑动带与脉状-网脉状矿体形成有直接关系；岩浆岩出露较少，仅矿区东南部见印支期花岗岩，综合物探测量成果表明，在朱拉扎嘎矿区西南有一隐伏岩体存在，为朱拉扎嘎金矿床的叠加成矿作用提供了成矿热源和物源</td><td>必要</td></tr>
<tr><td>成矿时代</td><td colspan="4">新元古代</td><td>必要</td></tr>
</table>

续表 3-1

<table>
<tr><td colspan="3" rowspan="3">典型矿床预测要素</td><td colspan="4">内容描述</td><td rowspan="3">要素类别</td></tr>
<tr><td>储量</td><td>小型 12 605kg</td><td>平均品位</td><td>4.22×10^{-6}</td></tr>
<tr><td>特征描述</td><td colspan="3">沉积-热液改造型</td></tr>
<tr><td rowspan="7">矿床特征</td><td colspan="2">矿体形态</td><td colspan="4">矿体呈似层状，部分呈脉状</td><td>重要</td></tr>
<tr><td colspan="2">岩石类型</td><td colspan="4">条带状砂质板岩夹钙质砂岩层</td><td>重要</td></tr>
<tr><td colspan="2">岩石结构</td><td colspan="4">清晰变质层理构造，石英颗粒次生加大、胶织物重结晶</td><td>次要</td></tr>
<tr><td colspan="2">矿物组合</td><td colspan="4">矿石矿物：磁黄铁矿、黄铁矿及少量黄铜矿、方铅矿和毒砂，自然金（粒度极细，0.004mm）；脉石矿物：石英、斜长石、角闪石、绿泥石、绿帘石和绢云母等</td><td>重要</td></tr>
<tr><td colspan="2">结构构造</td><td colspan="4">结构：变余粉砂、变余砂质、显微鳞片微粒变晶、微粒镶嵌变晶结构；构造：块状、变余纹层状、板状、碎裂状、角砾状、网脉状构造</td><td>次要</td></tr>
<tr><td colspan="2">蚀变特征</td><td colspan="4">绿泥石化、绿帘石化、阳起石化、绢云母化、硅化、褐铁矿外，有褪色化。矿层顶底板围岩中热液蚀变微弱</td><td>次要</td></tr>
<tr><td colspan="2">控矿条件</td><td colspan="4">1. 新元古界蓟县系阿古鲁沟组。
2. 矿区位于朱拉扎嘎近北北西向叠加褶皱构造的轴部。成矿前的断裂构造对矿液的运移和富集起着主要的作用，而成矿后的断裂构造对矿体有破坏作用。
3. 矿区内仅出露数条闪长玢岩脉和花岗斑岩脉，矿区西南部隐伏岩体的存在，不仅提供了成矿热源，也是引起矿区内岩石发生蚀变的主要原因</td><td>必要</td></tr>
<tr><td rowspan="3">物化探特征</td><td rowspan="2">地球物理特征</td><td>重力</td><td colspan="4">矿区重力场密度基本稳定，没有明显的重力异常反映</td><td>次要</td></tr>
<tr><td>航磁</td><td colspan="4">矿区地磁异常与矿化相关，矿石中富含磁性矿物磁黄铁矿，而且磁黄铁矿的含量与矿石中金品位呈正相关关系；视极化率异常面积大、规律性强、清晰、明显，异常走向同磁异常排列方向基本一致</td><td>重要</td></tr>
<tr><td>地球化学特征</td><td colspan="5">1. 朱拉扎嘎金矿化探异常为以 Au 为主的 Au-As-Sb-W 综合异常。异常具有面积大、强度高、元素套合好的特点，特别是异常的地质背景是阿古鲁沟组一段分布区时，是重要的找矿标志。
2. Au 异常强度最高，规模最大，出现了多个浓集中心，Au 峰值最高的 3 处分别为 380×10^{-9}、270×10^{-9} 和 150×10^{-9}；在峰值 380×10^{-9} 处发现了朱拉扎嘎金矿，在其他几处发现了金矿化脉</td><td>必要</td></tr>
</table>

第二节 预测工作区研究

一、区域地质特征

（一）成矿地质背景

朱拉扎嘎金矿区域大地构造位置位于华北陆块北缘中元古代渣尔泰山裂陷槽西段，其北东部为天山-兴蒙造山系额济纳旗-北山弧盆系。成矿区带属Ⅲ-3 阿拉善（台隆）Cu-Ni-Pt-Fe-REE-P-石墨-芒硝-盐成矿亚带中的图兰泰-朱拉扎嘎成矿亚带。

预测工作区内地层主要有中元古界渣尔泰山群书记沟组中厚层状石英岩，增隆昌组中厚层状微晶白云岩、石英岩、千枚状板岩和阿古鲁沟组浅变质碎屑岩，白垩系乌兰苏海组泥岩、砂砾岩，第三系(古近系+新近系)清水营组砂岩、粉砂岩，第四系全新统以冲积物、洪积物、湖积物及风成砂为主，其中中元古界阿古鲁沟组一段是主要的金矿含矿层位，主要岩性为深灰色、灰色、灰绿色纹层状绿帘变质钙质粉砂岩、阳起石岩、变质粉砂岩夹绿帘阳起石岩、灰色砂质绢云母板岩、深灰色纹层状阳起石变质钙质粉砂岩、变质钙质粉砂岩、变质钙质石英粉砂岩夹微晶大理岩、绢云母板岩、变质钙质石英粉砂岩夹含叠层石细晶白云岩。

区内岩浆活动强烈，延续时间长，从元古宙的吕梁期一直到中生代燕山晚期，其中以海西晚期岩浆活动最为强烈，且岩浆岩分布广泛。岩浆岩岩性从超基性到酸性均有，以酸性为主。岩浆活动方式多样，伴随着强烈的岩浆活动，区域上还分布有大量不同时代的脉岩。

区内断裂构造发育，且具有多期活动的特点。主要有朱拉扎嘎毛道一带的北东向和北北西向断裂。在平面上形成了“入”字形。

区内分布的褶皱构造主要为巴彦西别-朱拉扎嘎毛道背斜，该背斜因后期构造破坏而支离破碎。核部由增隆昌组一段灰黑色砂质板岩组成，翼部依次由增隆昌组二段白云岩，阿古鲁沟组一段变质钙质粉砂岩、变质石英粉砂岩、粉砂质板岩和阿古鲁沟组二段白云岩夹少量粉砂质板岩组成，为宽缓型褶皱。

在朱拉扎嘎金矿西北部乌兰内哈沙一带分布有一推覆构造，由典型的飞来峰和构造窗组成。飞来峰为增隆昌组二段白云岩，构造窗为阿古鲁沟组一段变质粉砂岩、石英岩、粉砂质板岩等。

(二)区域成矿模式

朱拉扎嘎金矿区域大地构造位置位于华北陆块北缘中元古代渣尔泰山裂陷槽西段，其基底为太古宙变质岩系片麻岩、混合片麻岩等。中元古界渣尔泰山群阿古鲁沟组为容矿层位，其由基性—中酸性火山岩及其碎屑岩、陆源细碎屑岩、碳酸盐岩组成。晚古生代中酸性岩浆岩发育，并与Fe、Cu、Pb、Zn等元素成矿相关(图3-8)。

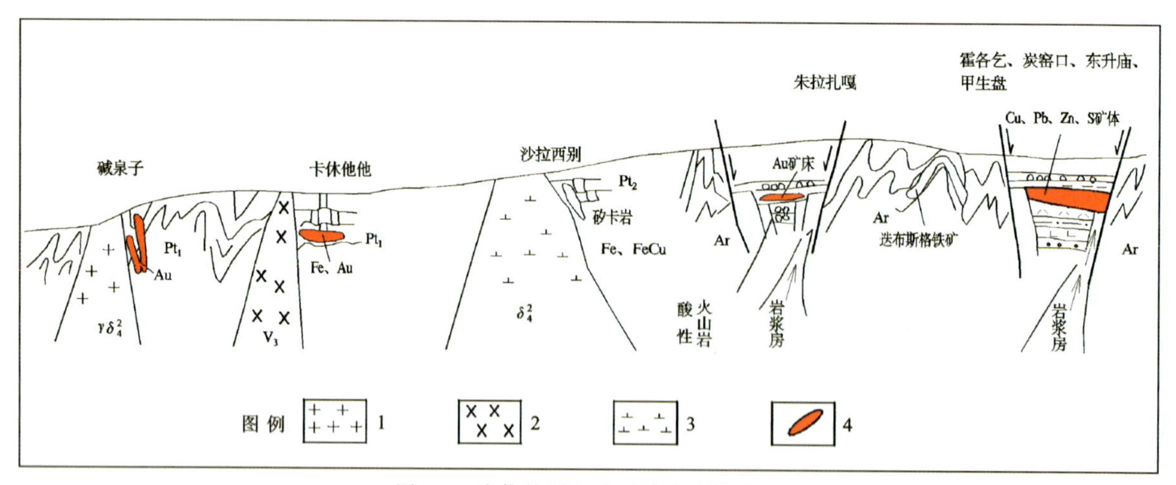

图 3-8 朱拉扎嘎金矿区域成矿模式图

(据《内蒙古自治区阿拉善左旗朱拉扎嘎及外围金矿评价报告》，内蒙古自治区地质调查院，2001 修编)

1.花岗岩；2.基性岩；3.闪长岩；4.矿体

二、区域地球物理特征

（一）磁法

在航磁 ΔT 等值线平面图上朱拉扎嘎预测区磁异常幅值范围为 0～200nT，无明显磁异常，为低缓磁异常区。朱拉扎嘎金矿区位于预测区东南部，处在 0nT 等值线附近的平静磁场上。

据本预测区磁法推断地质构造图所示，预测区南部推断有一条北西向的断裂。参考地质出露情况，预测区内的低缓正磁异常认为主要由变质岩地层引起。

根据磁异常特征，朱拉扎嘎金矿预测工作区磁法推断断裂构造 1 条，变质岩地层 2 个。

（二）重力

朱拉扎嘎预测工作区布格重力异常在区域上表现为相对低值带，正处在全区解释推断的酸性岩浆岩带分布区。由预测区地质构造建造图可见，预测区内亦有多处酸性岩体出露。

在预测工作区内，布格重力异常特征，总体为东部区布格重力异常值相对高，西部区相对低，其极值由东到西呈逐渐降低趋势。

根据剩余重力异常图，在预测工作区内东部，形成两处剩余重力正异常，处在布格重力异常高值带上，推测均与元古宇基底隆起有关，且为朱拉扎嘎金矿所赋存的元古宙地层；在预测区南侧形成剩余重力负异常，处在布格重力异常相对低值带上，地表主要分布二叠纪、三叠纪酸性花岗岩，局部地区被第四系覆盖，综合分析推测该处剩余重力异常主要与酸性侵入岩有关。

从布格重力异常和剩余重力异常特征及金矿所处地质环境综合分析，G 蒙-751 号正剩余重力异常是朱拉扎嘎金矿的赋矿地层分布区，为找金矿预测区重力靶区。

预测工作区内北北西向断裂发育，矿区北北西向断裂控制了朱拉扎嘎金矿体的分布，派生的次级北东—北北东向和近南北向断裂中充填有后期脉岩。布格重力异常显示的北西向和南北向重力等值线梯级带反映了北西向及近南北向区域断裂的存在，但这些断裂主要影响岩体地层的分布状态。

三、区域地球化学特征

区域上分布有 Au、Cd、W、As、Sb 等元素组成的高背景区带，在高背景区带中有以 Au、Cd、W、As、Sb 为主的多元素局部异常。预测区内共有 10 个 Ag 异常，11 个 As 异常，16 个 Au 异常，7 个 Cd 异常，6 个 Cu 异常，8 个 Mo 异常，13 个 Pb 异常，8 个 Sb 异常，13 个 W 异常，5 个 Zn 异常。

预测工作区存在 Au 高背景区，浓集中心明显，异常强度高；As、Sb 元素在朱拉扎嘎地区呈高背景分布，浓集中心明显，异常强度高；Ag、Cu 在预测区呈低背景分布，存在个别局部异常；Pb、Zn 在预测区中部呈低异常分布，在朱拉扎嘎地区呈局部高背景分布；Cd 元素在预测区北西部呈高背景分布，存在明显的局部异常；W 元素在预测区呈背景、高背景分布，在高背景区有两处浓集中心，位于朱拉扎嘎和乌兰达巴地区；Mo 元素在预测区中部呈高背景分布，与 W 异常套合较好。

预测工作区中元素异常套合较好，异常元素有 Au、Pb、Zn、Ag、Cd，位于朱拉扎嘎地区，Au 元素异常范围较大，Pb、Zn、Ag、Cd 套合较好，分布于 Au 异常区。

四、区域遥感影像及解译特征

预测工作区内解译出1条大型断裂带——乌兰沙河东断裂带，该断裂带呈北东方向横跨整个图幅，与地层走向一致。另外解译出2条中型断裂带，呈北西向展布。这两组断裂带造成地层走向不连续（图3-9）。

本预测工作区内的小型断裂比较发育，并且以北西向和北东向为主，它控制了朱拉扎嘎金矿体的分布，并派生了一系列北北东—北东向次级断裂构造。

不同方向断裂交会部位以及北西向弧形断裂是重要的多金属矿成矿地段。

本预测工作区内的环形构造比较发育，共圈出11个环形构造，它们在空间分布上有明显的规律，其中有9个隐伏岩体引起的环形构造。

本预测工作区内共解译出色调异常2处，均为青磐岩化引起，它们在遥感图像上均显示为深色色调异常，呈细条带状分布；带要素13处，是渣尔泰山群阿古鲁沟组含矿地层。

综合上述遥感特征，朱拉扎嘎金矿预测工作区划分出7个遥感最小预测区（图3-10）。

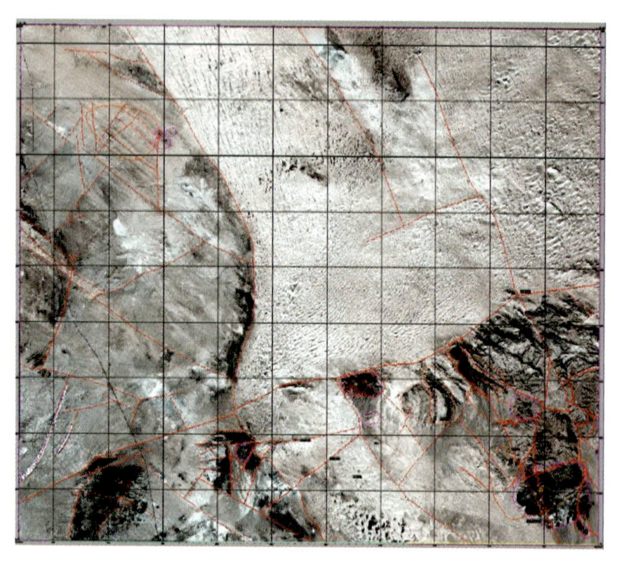

图3-9　朱拉扎嘎金矿所在区域影像及解译图（图面网格为2km×2km网格）
（红色线为线要素；粉色圈为环要素）

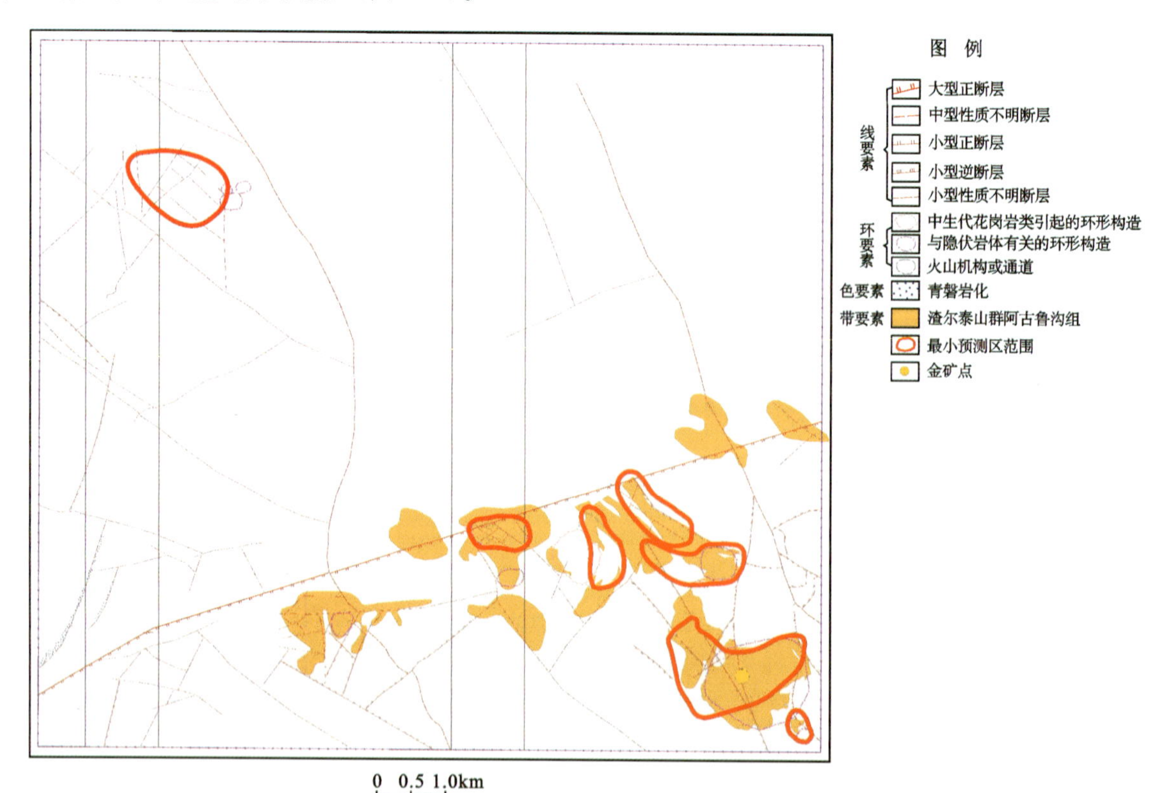

图3-10　朱拉扎嘎金矿预测工作区遥感最小预测区划分图

(1)准噶顺北最小预测区:该区内以北西向断裂为主,北东向断裂次之,近南北向的两条断裂控制了该区域。这两组断裂交会部位,往往是成矿有利地段。该区覆盖较厚,影像图效果不明显,但有一化探异常与此特别吻合。

(2)海生哈日最小预测区:该区内以北西向断裂为主,北东向断裂次之,这两组断裂交会部位,是成矿有利地段。

(3)乌兰内河苏最小预测区:该预测区是隐伏的火山机构。遥感羟基和铁染异常分布特别集中区。

(4)乌兰内河苏正东最小预测区:该预测区有一隐伏的火山机构。遥感羟基和铁染异常分布特别集中区。

(5)巴彦希博西南最小预测区:该区内以北西向断裂为主,北东向断裂次之,这两组断裂交会部位,是成矿有利地段。

(6)朱拉扎嘎毛道最小预测区(Ⅵ):朱拉扎嘎金矿位于该区域内。区内褶皱、断裂构造十分发育。这些断裂构造与金矿化有着密切的关系。成矿前的断裂构造对矿液的运移和富集起着主要的作用,而成矿后的断裂构造对矿体有破坏作用。

(7)呼和浩特南最小预测区(Ⅶ):该预测区有一隐伏的火山机构。遥感羟基和铁染异常分布特别集中区。

五、区域预测模型

根据预测工作区区域成矿要素和航磁、重力、遥感及自然重砂等特征,建立了本预测工作区的区域预测要素,并编制预测工作区预测要素表和预测模型图。

区域预测要素以区域成矿要素为基础,综合研究重力、航磁、化探、遥感、自然重砂等综合致矿信息,总结区域预测要素(表3-2),预测模型图则是将综合信息各专题异常曲线叠加在区域地质剖面图上(图3-11)。

预测模型图的编制,以地质剖面图为基础,叠加区域航磁及重力剖面图而形成,简要表示预测要素内容及其相互关系,以及时空展布特征(图3-11)。

表3-2　朱拉扎嘎式层控内生型金矿朱拉扎嘎预测工作区预测要素表

区域成矿(预测)要素		描述内容	要素类别
地质环境	大地构造位置	华北陆块区,阿拉善陆块,迭布斯格-阿拉善右旗陆缘岩浆弧	必要
	成矿区(带)	古亚洲成矿域,华北西部(地台)成矿省,阿拉善(台隆)Cu-Ni-Pt-Fe-REE-P-石墨-芒硝-盐成矿亚带,图兰泰-朱拉扎嘎成矿亚带,朱拉扎嘎金矿集区	必要
	区域成矿类型及成矿期	层控内生型,成矿时代为新元古代	必要
控矿地质条件	赋矿地质体	中元古界渣尔泰山群阿古鲁沟组一段中部变质钙质粉砂岩、变质钙质石英粉砂岩中,由于岩石疏松多孔,有利于矿液的运移和储集	必要
	控矿侵入岩	隐伏岩体的存在不仅提供了成矿热源,也是引起矿区内岩(矿)石发生蚀变的主要原因	重要
	主要控矿构造	位于近北北西向叠加褶皱构造的轴部,褶皱、断裂构造十分发育。这些断裂构造与金矿化有着密切的关系。成矿前的断裂构造对矿液的运移和富集起着主要的作用,而成矿后的断裂构造对矿体有破坏作用	重要
区内相同类型矿产		成矿区带内有1个金矿点	重要

续表 3-2

区域成矿(预测)要素			描述内容	要素类别
物化探特征	地球物理特征	重力	剩余重力起始值＞4×10^{-5} m/s^2	次要
		航磁	航磁化极值＞0nT 的范围	重要
	地球化学特征		1. Au 元素异常具有面积大，强度高，浓集中心明显，反映了强地球化学作用下的地球化学异常特征。 2. A 级起始值＞5.8×10^{-9}，B 级起始值＞3.5×10^{-9}，C 级起始值＞2.3×10^{-9}，并提取 Au-Ab-Sb-W 综合异常	必要
遥感特征			环要素(推测隐伏岩体)	次要

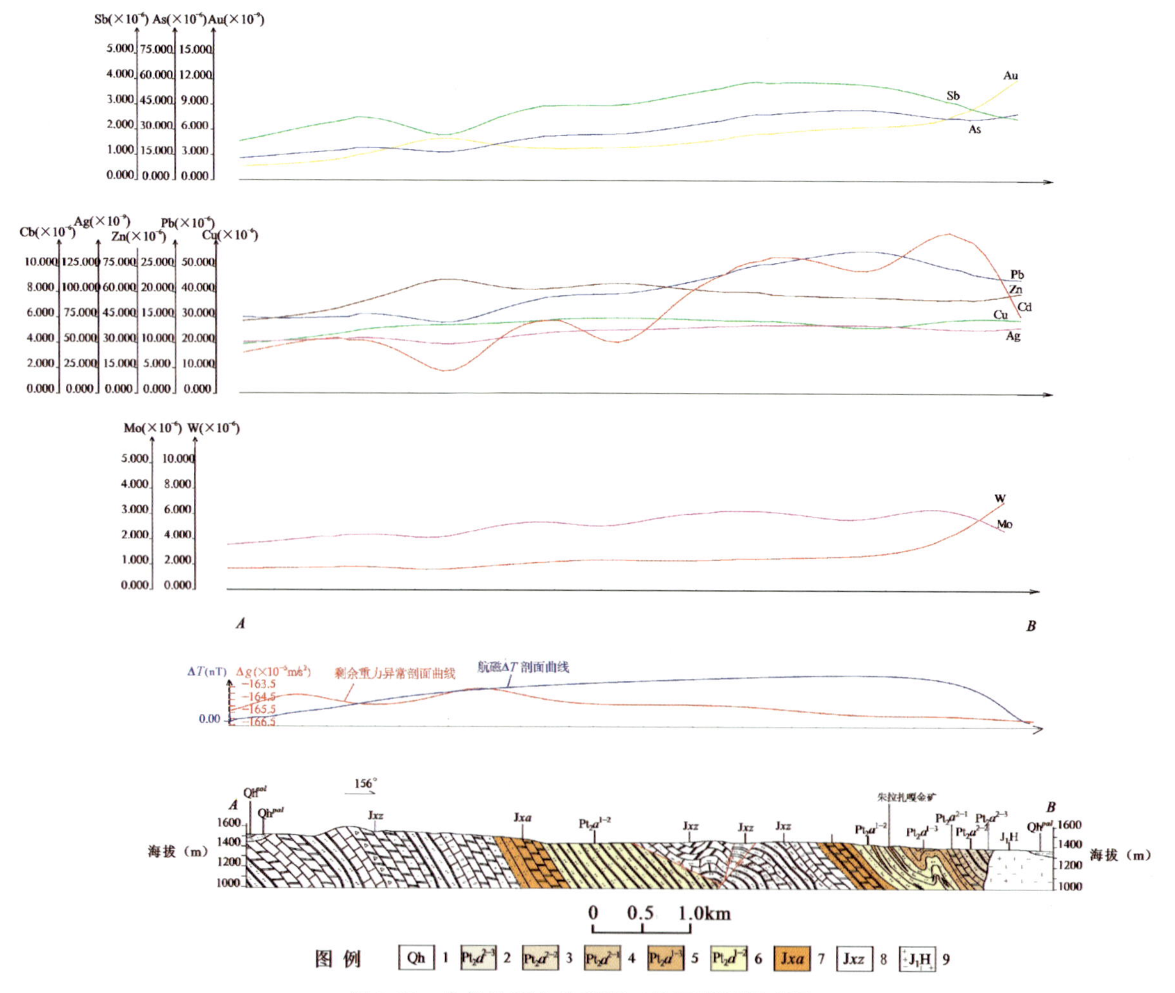

图 3-11 朱拉扎嘎金矿预测工作区预测模型图

1. 第四系全新统；2. 阿古鲁沟组二岩段结晶灰岩-大理岩建造；3. 阿古鲁沟组二岩段变质石英粉砂岩-变质粉砂岩-粉砂质绢云母板岩建造；4. 阿古鲁沟组二岩段白云岩-白云质大理岩-结晶灰岩-石英岩建造；5. 阿古鲁沟组一岩段粉砂质板岩-变质粉砂岩-钠长绿泥石岩建造；6. 阿古鲁沟组一岩段含黄铁矿变质粉砂岩-粉砂质绢云母板岩-石英岩建造；7. 阿古鲁沟组一岩段白云岩-石英岩-粉砂质板岩-粉砂质绢云母板岩建造；8. 增隆昌组二岩段灰黄色微晶白云岩含菱铁矿，夹砂质板岩；9. 早侏罗世呼和浩特单元花岗斑岩

第三节　矿产预测

一、综合地质信息定位预测

（一）变量提取及优选

根据典型矿床及预测工作区研究成果，进行综合信息预测要素提取，本次选择网格单元法作为预测单元，根据预测底图比例尺确定网格间距为500m×500m，图面为20mm×20mm。

地质体、断层、遥感环要素进行单元赋值时采用区的存在标志；化探、剩余重力、航磁化极则求起始值的加权平均值，在变量二值化时利用异常范围值人工输入变化区间。

在上述提取的变量中，提取航磁化极异常范围对预测无明显意义，故在优选过程中剔除。

（二）最小预测区圈定及优选

选择朱拉扎嘎典型矿床所在的最小预测区为模型区，模型区内出露的地质体为阿古鲁沟组一段中部含黄铁矿变质粉砂岩-粉砂质绢云母板岩夹石英岩，根据典型矿床研究确定Au元素化探异常起始值，模型区内有1条规模较大、与成矿有关的北北西向断层，西南及东南方向各有1处闪长岩体出露，西南方向有1处遥感环要素，指示隐伏岩体的存在。

由于预测工作区内只有一个同预测类型的矿床，故采用少模型预测工程进行预测，预测过程中先后采用了特征分析、聚类分析、神经网络分析等方法进行空间评价，形成的色块图，叠加各预测要素，对色块图进行人工筛选，圈定最小预测区分布图（图3-12）。

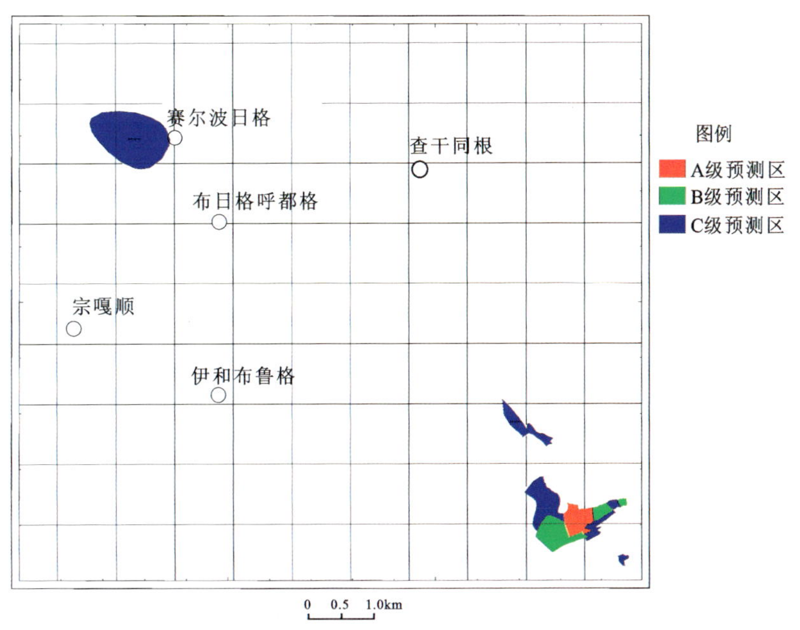

图3-12　朱拉扎嘎式层控内生型金矿最小预测区优选分布图

(三)最小预测区圈定结果

本次工作共圈定最小预测区10个,其中A级1个,面积0.79km²,B级3个,总面积1.33km²,C级6个,总面积6.07km²(表3-3)。

朱拉扎嘎预测工作区预测底图精度为1∶5万,并根据成矿有利度(含矿地质体、控矿构造、矿(化)点、找矿线索及物化探异常)、地理交通及开发条件和其他相关条件,将工作区内最小预测区级别分为A、B、C 3个等级。各级别面积分布合理,且已知矿床(点)分布在A级预测区内,说明预测区优选分级原则较为合理;最小预测区圈定结果表明,预测区总体与区域成矿地质背景和物化探异常等吻合程度较好。

表3-3 朱拉扎嘎式层控内生型金矿最小预测区成矿条件及找矿潜力评价表

最小预测区编号	最小预测区名称	最小预测区成矿条件及找矿潜力
A1511501001	朱拉扎嘎	出露的地质体为阿古鲁沟组一段中部,Au元素化探异常起始值>5.8×10^{-9},模型区内有一条规模较大、与成矿有关的北北西向断层,西南及东南方向各有一处闪长岩体出露,西南方向有一遥感环要素,指示隐伏岩体的存在。找矿潜力巨大
B1511501001	呼布和特北	出露的地质体为阿古鲁沟组一段中部,有Au元素化探异常,有一条与成矿有关的闪长玢岩脉,遥感环要素指示隐伏岩体的存在。具有较好的找矿潜力
B1511501002	朱拉扎嘎东	出露的地质体为阿古鲁沟组一段中部,Au元素化探异常起始值>5.8×10^{-9},遥感环要素指示隐伏岩体的存在。具有很大找矿潜力
B1511501003	朱拉扎嘎南西	出露的地质体为阿古鲁沟组一段中部及上部层位,Au元素化探异常起始值>11×10^{-9},遥感环要素指示隐伏岩体的存在。具有较好的找矿潜力
C1511501001	赛尔波日格	地表为第四系覆盖,Au元素化探异常起始值>11×10^{-9},为化探异常浓集中心。具有一定的找矿潜力
C1511501002	乌兰达巴南	出露的地质体为阿古鲁沟组一段中部及上部层位,有Au元素化探异常。具有一定的找矿潜力
C1511501003	乌兰达巴北	出露的地质体为阿古鲁沟组一段中部及上部层位,有Au元素化探异常。具有一定的找矿潜力
C1511501004	朱拉扎嘎南东	出露的地质体为阿古鲁沟组一段中部及上部层位,有Au元素化探异常。具有一定的找矿潜力
C1511501005	呼布和特北西	出露的地质体为阿古鲁沟组一段中部及上部层位,有Au元素化探异常。具有一定的找矿潜力
C1511501006	呼布和特南	出露的地质体为阿古鲁沟组一段中部及上部层位,有Au元素化探异常。具有一定的找矿潜力

(四)最小预测区地质评价

预测工作区属内蒙古自治区阿拉善盟额济纳旗管辖,为中纬度低山丘陵区,区内沟谷较发育,地形较复杂,为构造剥蚀堆积与山前荒漠戈壁和风沙区。自然环境十分恶劣,为沙漠和戈壁区,夏季炎热(最高38℃左右),冬季寒冷(−36℃),温差变化大,全年多风少雨。区内交通不便,劳动力缺乏,生产和生活用品均从外地调入。氧化矿适宜露天开采,原生矿也以大规模机械化露天开采为宜,有利于降低采矿成本。各最小预测区成矿条件及找矿潜力见表3-3。

二、综合信息地质体积法估算资源量

(一)典型矿床深部及外围资源量估算

朱拉扎嘎金矿典型矿床储量来源于内蒙古自治区国土资源厅2010年编写的《内蒙古自治区矿产资源储量表:贵重金属矿产分册》。典型矿床面积根据《内蒙古自治区阿拉善左旗朱拉扎嘎及外围金矿评价报告》1∶5000矿区地形地质图圈定(图3-1),典型矿床深度根据矿区勘探线剖面(图3-2),矿区钻孔最深见矿深度为270m。查明矿床体重、最大延深、金品位依据来源于内蒙古自治区国土资源勘查开发院1999年5月编写的《内蒙古自治区阿拉善左旗朱拉扎嘎金矿区地质普查报告》及内蒙古自治区地质调查院2001年12月提交的《内蒙古自治阿拉善左旗朱拉扎嘎及外围金矿评价报告》。

根据朱拉扎嘎金矿区勘探线剖面图已见矿钻孔资料及推测矿体的封闭情况,向深部推测50m,计算矿区深部预测资源量。

根据已知矿体走向、赋存层位、勘探线剖面图中矿体的封闭情况及矿区外围零星出露的矿体,圈定外围预测范围,预测深度根据钻孔中矿体产状,沿最深深度下推50m,即320m计算。

朱拉扎嘎金矿典型矿床深部及外围资源量估算结果见表3-4。

表3-4 朱拉扎嘎金矿典型矿床深部及外围资源量估算一览表

典型矿床		深部及外围		
已查明资源量	12 605kg	深部	面积	174 350m²
面积	174 350m²		深度	50m
深度	270m	外围	面积	8372m²
品位	1.62×10^{-6}		深度	320m
密度	2.65g/cm³	预测资源量		2 353.73kg+723.34kg
体积含矿率	0.000 27kg/m³	典型矿床资源总量		15 682.07kg

(二)模型区的确定、资源量及估算参数

模型区为典型矿床所在的最小预测区。朱拉扎嘎典型矿床查明资源量12 605kg,按本次预测技术要求计算模型区资源总量为15 682.07kg。模型区内无其他已知矿点存在,则模型区总资源量=典型矿床总资源量,模型区面积为依托MRAS软件采用少模型工程神经网络法优选后圈定,延深根据典型矿床最大预测深度确定。模型区圈定时参照了含矿建造地质体,因此含矿地质体面积参数为1。由此计算含矿地质体含矿系数(表3-5)。

表3-5 朱拉扎嘎式层控内生型金矿预测工作区模型区预测资源量及其估算参数表

编号	名称	模型区总资源量(kg)	模型区面积(m²)	延深(m)	含矿地质体面积(m²)	含矿地质体面积参数
A1511501001	朱拉扎嘎	15 682.07	792 012.5	320	792 012.5	1

（三）最小预测区预测资源量

朱拉扎嘎式层控内生型金矿预测工作区最小预测区资源量定量估算采用地质体积法进行估算（表 3-6）。

1. 估算参数的确定

最小预测区面积是依据综合地质信息定位优选的结果；延深的确定是在研究最小预测区含矿地质体地质特征、含矿地质体的形成深度、断裂特征、矿化类型的基础上，并对比典型矿床特征的基础上综合确定的；相似系数的确定，主要依据 MRAS 生成的成矿概率及与模型区的比值，参照最小预测区地质体出露情况、化探和重砂异常规模及分布、物探解译隐伏岩体分布信息等进行修正。

2. 最小预测区预测资源量估算结果

本次预测资源总量为 60 099.28kg，其中不包括预测工作区已查明资源总量 12 605kg，详见表 3-6。

表 3-6　朱拉扎嘎式层控内生型金矿预测工作区最小预测区估算成果表

最小预测区编号	最小预测区名称	$S_{预}$(km²)	$H_{预}$(m)	K(kg/m³)	α	$Z_{预}$(kg)	资源量级别
A1511501001	朱拉扎嘎	0.79	320	0.000 27	1	3 077.07	334-1
B1511501001	呼布和特北	0.07	166	0.000 062	0.7	504.31	334-2
B1511501002	朱拉扎嘎东	0.23	166	0.000 062	0.7	1 657.01	334-2
B1511501003	朱拉扎嘎南西	1.03	345	0.000 062	0.7	15 422.19	334-2
C1511501001	赛尔波日格	3.77	166	0.000 062	0.4	15 520.34	334-2
C1511501002	乌兰达巴南	1.14	345	0.000 062	0.5	12 192.30	334-2
C1511501003	乌兰达巴北	0.65	436	0.000 062	0.4	7 028.32	334-2
C1511501004	朱拉扎嘎南东	0.32	375	0.000 062	0.5	3 720.00	334-2
C1511501005	呼布和特北西	0.10	166	0.000 062	0.5	514.60	334-2
C1511501006	呼布和特南	0.09	166	0.000 062	0.5	463.14	334-2
合计						60 099.28	

注：$S_{预}$ 指预测区面积；$H_{预}$ 指预测区延深；K 指模型区矿床的含矿系数；α 指相似系数；$Z_{预}$ 指预测区预测资源量；下同。

（四）预测工作区资源总量成果汇总

朱拉扎嘎层控内生型金矿预测工作区地质体积法预测资源量，依据资源量级别划分标准，根据现有资料的精度，可划分为 334-1、334-2 两个资源量精度级别；朱拉扎嘎层控内生型金矿预测工作区中，根据各最小预测区内含矿地质体、物化探异常及相似系数特征，预测延深参数均在 500m 以浅。

根据矿产潜力评价预测资源量汇总标准，朱拉扎嘎层控内生型金矿预测工作区按精度、预测深度、可利用性、可信度统计分析结果见表3-7。

表3-7　朱拉扎嘎式层控内生型金矿预测工作区资源量估算汇总表　　单位：kg

深度	精度	可利用性		可信度			合计
		可利用	暂不可利用	≥0.75	≥0.5	≥0.25	
500m以浅	334-1	1 680.73	1 396.34	3 077.07	3 077.07	3 077.07	3 077.07
	334-2	31 146.11	25 876.10	17 593.80	34 473.55	57 022.21	57 022.21
合计							60 099.28

第四章　浩尧尔忽洞式热液型金矿预测成果

第一节　典型矿床特征

一、典型矿床地质特征及成矿模式

(一)典型矿床特征

1. 矿区地质

浩尧尔忽洞矿区大地构造位置为华北地台北缘白云鄂博台缘拗陷带的中部。构造位于高勒图断裂带和合教-石崩断裂带的夹持区,具有较为特殊的地质构造环境。区内出露的地层主要有中元古界白云鄂博群尖山组、哈拉霍疙特组、比鲁特岩组及第四系(图 4-1)。

区内岩浆活动频繁,主要以加里东晚期和海西中、晚期活动为主。岩浆岩则主要分布在工作区的外围。脉体发育,主要有花岗岩脉、细晶岩脉、花岗伟晶岩脉、石英脉、石英斑岩脉、闪长玢岩脉、辉长岩脉和煌斑岩脉。

2. 矿床特征

矿体严格受地层(比鲁特组第二岩段)和构造破碎带及片理化带控制。含矿岩石主要为千枚岩、片岩、千枚状板岩等。普遍不同程度发育中—低温热液蚀变,如硅化、硫化作用、黑云母化和碳酸盐化等。矿床处于浩尧尔忽洞向斜的南翼,靠近哈拉霍疙特组第三岩段(灰岩)的部位,又在高勒图断裂带向南弧形凸出的地段,属于构造应力相对集中区,故金矿化定位于与该断裂平行的一系列构造破碎带和挤压片理化带中。

浩尧尔忽洞金矿床可分为东、西两个矿带,东矿带由 28 个矿体组成,占矿床总储量的 76.95%;西矿带有 16 个矿体,占矿床总储量的 23.05%。

东矿带 E2 号矿体最大,金属量为 22 394kg,占总金属量的 54.95%。E1、E12、W1、W2、W3、W10、W11 号矿体金属量均在 500kg 以上,其余矿体金属量均小于 500kg。主矿体钻孔垂直控制延深最深 243m。矿体形态比较简单,主要为板状、似板状和大透镜状。矿体走向为北东向。东矿带倾向北西,西矿带倾向南东。倾角一般在 75°～85°之间,局部近似于直立。矿体在平面上呈雁行式或平行排列成群出现。矿体沿走向和倾向比较稳定,但具有膨胀收缩的特点。矿体平均厚度数十米至数米,最厚达 47.64m,厚度变化系数一般在 17.73%～66.84%之间。矿体中金分布比较均匀,金品位一般为(0.5～1.5)$\times10^{-6}$之间,有极个别的样品品位大于 6×10^{-6},品位变化较稳定,品位变化系数一般在 12.41%～35.44%之间。

3. 矿石特征

矿石中金属矿物除自然金外,主要有黄铁矿、磁黄铁矿及少量的毒砂、黄铜矿、方铅矿、闪锌矿等,脉

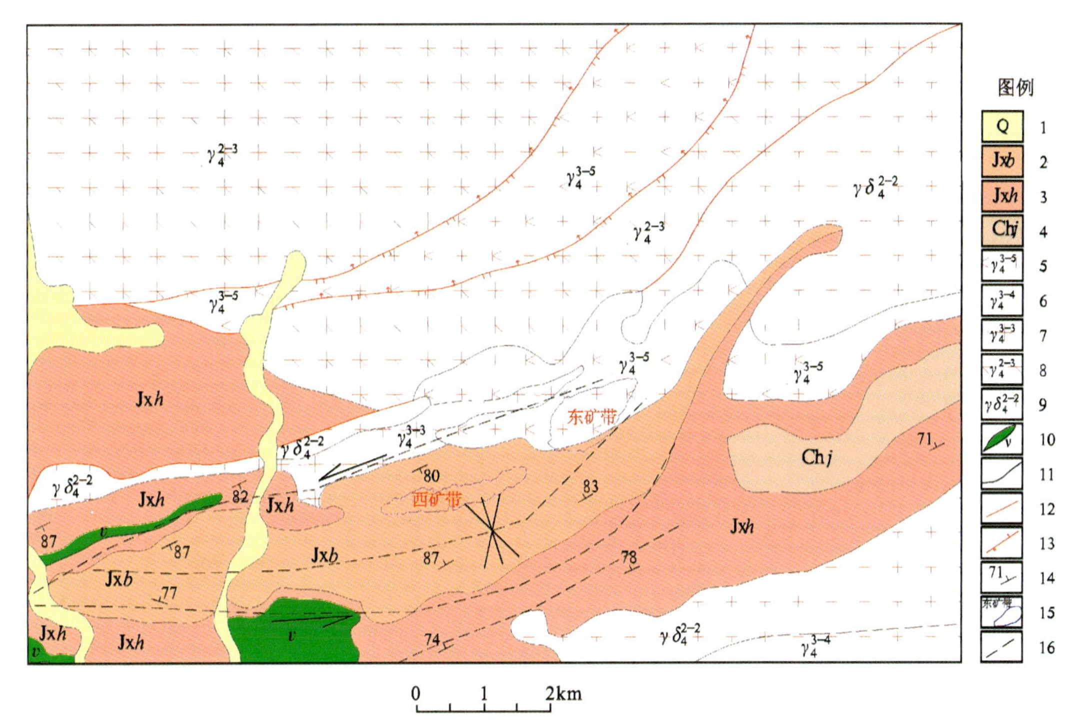

图 4-1　浩尧尔忽洞金矿典型矿床矿区地质图

（据《内蒙古自治区乌拉特中旗浩尧尔忽洞金矿详查报告》，宁夏太平矿业有限公司，2005 修编）

1. 第四系；2. 比鲁特组；3. 哈拉霍疙特组；4. 尖山组；5. 粉黄色、肉红色黑云母花岗岩、钾质花岗岩；6. 灰色黑云母花岗岩；7. 灰黄色片麻状黑云母花岗岩；8. 灰白色中细粒巨斑状黑云母花岗岩；9. 灰白色花岗闪长岩；10. 辉长岩脉；11. 实测地质界线；12. 实测性质不明断层；13. 实测逆断层；14. 产状(°)；15. 矿带及编号；16. 向斜

石矿物主要有绢云母、石英、绿泥石、钠长石及部分碳酸盐类矿物。

矿石中主要有用组分为 Au，伴生组分为 Ag、Cu、Zn、Hg 等，含量均较低。

主要矿石类型如下。

1)矿石自然类型

该矿带含矿岩石类型由石英细脉型和变质岩型(板岩、千枚岩、硅质板岩、片岩和少量的碳质板岩、断层泥)组成。其特征如下。

(1)含金石英脉：含金石英脉呈灰色，富含金属硫化物矿物。常见的有黄铁矿、磁黄铁矿、方铅矿、闪锌矿、黄铜矿、辰砂等。脉石矿物以石英为主，其次有少量的绢云母、方解石等。

(2)含矿变质岩石：主要由板岩、千枚岩、片理化板岩和少量的碳质板岩、断层泥组成。矿石中发育细脉状、膜状金属硫化物。其矿物主要为黄铁矿、磁黄铁矿和少量的黄铜矿。岩石主要由绢云母、石英、绿泥石、钠长石及部分碳酸盐类矿物组成，含微量碳。

地表见褐铁矿、铜蓝、孔雀石等次生矿物。

2)矿石工业类型

按工业类型可将含矿岩石按氧化程度分为氧化矿和原生矿两种类型，二者分界面距地表垂直深度20～70m，在此分界面上，硫化物已经强烈氧化，并大部分转化为褐铁矿。

4. 矿石结构构造

矿石中金主要产于硫化物和石英-硫化物细脉中，金品位的高低与硫化物和石英脉-硫化物细脉的发育程度和数量成正比。含矿岩石除石英细脉外，主要由变质程度较低的板岩、千枚岩、千枚状片岩、片岩等浅变质岩组成；其原岩为半深海碎屑岩建造，由泥岩、粗砂岩、玄武质砂岩、砂岩、粉砂岩、页岩、燧石和碳酸盐岩构成。

含矿岩石受后期构造作用的影响，岩层发生弯曲变形。微劈理、节理、片理化发育，并形成小的褶曲和拖曳褶皱，具有香肠状构造。石英脉呈小透镜状、网脉状发育在岩层的层理及其微劈理、节理和片理内。

矿石具有鳞片粒状变晶结构、变余粉砂状显微鳞片变晶结构。

矿石呈块状、千枚状、板状、片状构造。

5. 矿床成因及成矿时代

浩尧尔忽洞金矿床矿区位于乌拉特中旗境内新忽热地区，金矿体呈层状产于中元古界白云鄂博群比鲁特组浅变质黑色板岩、碳质板岩中，顺层产出，矿化带长约 3.0km，目前共圈定矿体 47 个，矿床平均品位 0.83×10^{-6}、厚度 2.39～66.81m，平均厚度 20.68m，目前探求得的总资源/储量已达 40 余吨，为一厚度巨大的低品位超大型金矿床。含矿岩石为黑色板岩、千枚岩、片岩，金属矿化主要为黄铁矿化，呈浸染状和细脉状分布，围岩蚀变较弱，主要为硅化、绢云母化，以及少量钾化、碳酸盐化和透闪石化。矿体与围岩的界线不明显，多呈渐变过渡关系。

对于裂谷系中金矿床的成因类型，目前认为裂谷系金矿床成因特征可概括为热水喷流沉积-热液叠加改造复合型。

从已有的同位素测年数据来看，海西期的岩浆-构造热事件是裂谷系金矿床的主要叠加改造成矿作用阶段，笔者推测中生代燕山期构造转换事件在上述金矿床的成矿作用中也可能有响应。

（二）矿床成矿模式

金矿体赋存于哈拉霍疙特组、比鲁特组中，受层位的控制，主要产于千枚岩、片理化板岩中，矿体形态多以层状、似层状为主，与地层产状一致，矿石中常见微细粒浸染状、条带状、细脉状构造，矿床具有含金品位低、规模大的特点。与金矿化有关的围岩蚀变主要有硅化、透闪石化、绿泥石化及碳酸岩化等。成矿热液来源为海西期侵入岩。浩尧尔忽洞金矿的成矿模式如图 4-2 所示。

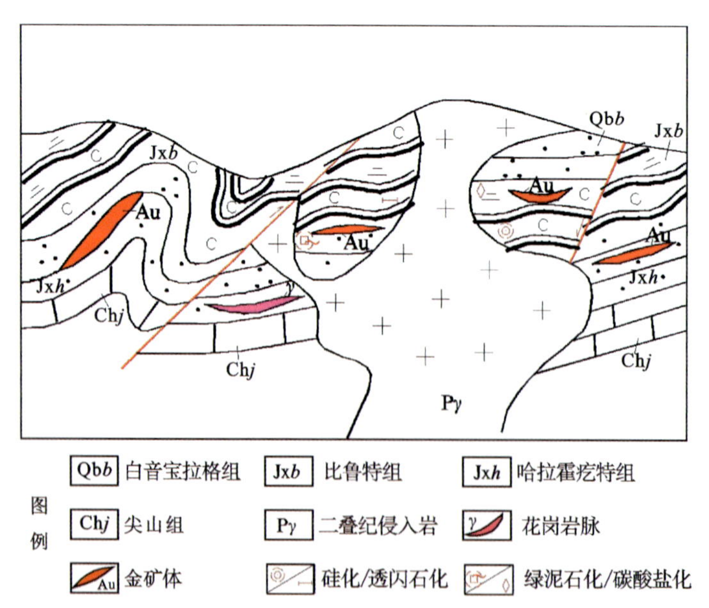

图 4-2　浩尧尔忽洞式层控内生型金矿典型矿床成矿模式图

（据《内蒙古自治区乌拉特中旗浩尧尔忽洞金矿详查报告》，宁夏太平矿业有限公司，2005 修编）

二、典型矿床地球物理特征

（一）矿床所在位置磁场特征

浩尧尔忽洞金矿床分布在哈拉霍疙特组、比鲁特组中（图 4-3A），在地磁 ΔZ 剖面平面图（图 4-3B）中清晰的反映也具有与地质构造线方向一致的特征，在 1∶5000 地磁 ΔZ 平面等值线图（图 4-3E）中，磁异常呈条带状，呈北东向展布，也与区域构造线方向一致，磁异常极大值达 300nT，已探明的金矿床分布在梯度带的拐弯处，推断的两条断裂的交会处（图 4-3D）。在地磁 ΔZ 化极垂向一阶导数等值线平面图（图 4-3C）上，已探明的浩尧尔忽洞金矿分布在梯级带上，该梯级带由北东向断裂构造引起，区域上控制着比鲁特组、哈拉霍疙特组地层分布，其外围是石炭纪酸性岩体，可见金矿处在地层与岩体的接触带上并受北东向区域断裂构造控制。

由磁法剖析图（图 4-3）可知，金矿的赋存部位与磁异常的极值没有关系，地磁资料在金矿找矿标志上可用于对区域断裂构造及石炭纪酸性岩体的推断解释。

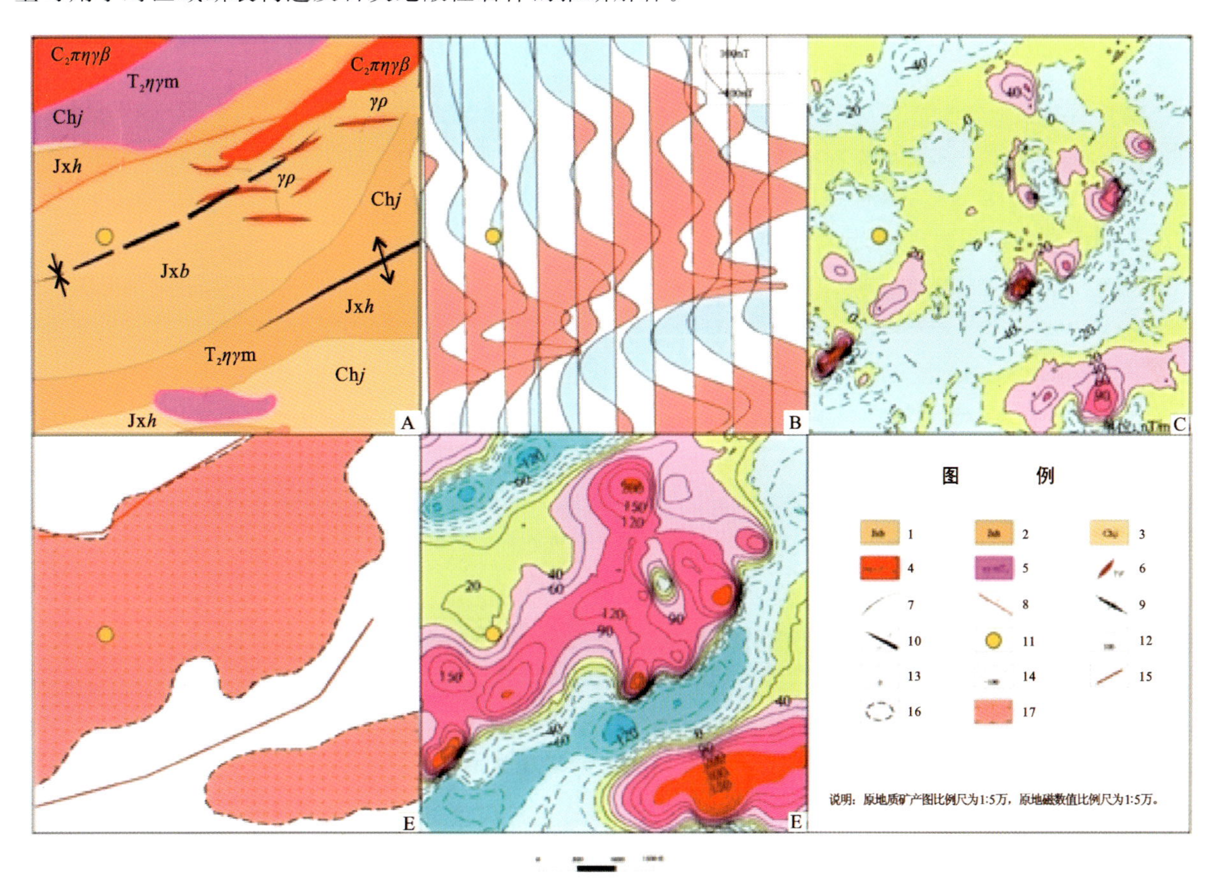

图 4-3　浩尧尔忽洞层控型金矿磁法剖析图

A. 地质矿产图；B. 地磁 ΔZ 剖面平面图；C. 地磁 ΔZ 化极垂向一阶导数等值线平面图；D. 磁法推断地质构造图；E. 地磁 ΔZ 化极等值线平面图。

1. 比鲁特组粉砂岩、泥岩；2. 哈拉霍疙特组含碳粉砂岩、泥岩；3. 尖山组粉砂岩、泥岩；4. 黑云母二长花岗斑岩；5. 二长花岗岩；6. 花岗伟晶岩脉；7. 地质界线；8. 逆断层；9. 向斜构造；10. 背斜构造；11. 层控内生型金矿矿床位置；12. 正等值线及注记；13. 零等值线及注记；14. 负等值线及注记；15. 磁法推断三级断裂；16. 磁法推断隐伏岩体边界；17. 磁法推断中酸性侵入岩体

（二）矿床所在区域重力特征

据1∶20万剩余重力异常图显示：重力正负异常呈条带状，走向东西，正异常极值达$11.8\times10^{-5}m/s^2$，负异常达$-12.86\times10^{-5}m/s^2$。据1∶50万航磁平面等值线图显示，磁场表现变化范围不大，在0～100nT之间，异常特征不明显。

三、典型矿床地球化学特征

浩尧尔忽洞式层控内生型金矿矿区周围存在以Au为主伴有Ag、Cu、Zn、Hg、Cd等元素组成的综合异常；在浩尧尔忽洞Au异常强度高，浓集中心明显；Cu、Zn、Ag、Cd在矿区呈高背景分布，有明显的浓集中心，浓集强度高，与Au异常套合较好。

四、典型矿床预测模型

根据典型矿床成矿要素和化探资料以及区域重力资料，建立典型矿床预测要素（表4-1），编制了典型矿床预测要素图。其中化探资料以等值线形式标在矿区地质图上，而重力资料由于只有1∶20万比例尺的，所以只用矿床所在地区的系列图作为角图表示（图4-4）。

预测模型图的编制，以勘探线剖面图为基础，叠加地磁的剖面图形成。

表4-1　浩尧尔忽洞式层控内生型金矿典型矿床预测要素表

<table>
<tr><td colspan="2" rowspan="3">成矿要素</td><td colspan="4">描述内容</td><td rowspan="3">要素类别</td></tr>
<tr><td>储量</td><td>40 751kg</td><td>平均品位</td><td>Au $(0.5\sim1.5)\times10^{-6}$</td></tr>
<tr><td>特征描述</td><td colspan="3">层控内生型金矿床</td></tr>
<tr><td rowspan="3">地质环境</td><td>构造背景</td><td colspan="4">华北陆块北缘狼山-白云鄂博台裂谷的中部高勒图断裂带和合教-石崩断裂带的夹持区</td><td>必要</td></tr>
<tr><td>成矿环境</td><td colspan="4">Ⅰ-4滨太平洋成矿域（叠加在古亚洲成矿域之上），Ⅱ-14华北成矿省，Ⅲ-58华北地台北缘西段Au-Fe-Nb-REE-Cu-Pb-Zn-Ag-Ni-Pt-W-石墨-白云母成矿带</td><td>必要</td></tr>
<tr><td>成矿时代</td><td colspan="4">成矿时代为加里东晚期和海西期</td><td>重要</td></tr>
<tr><td rowspan="3">控矿地质条件</td><td>控矿构造</td><td colspan="4">1.矿化严格受构造破碎带和片理化带的控制。
2.含矿构造和矿化带在空间上变化受浩尧尔忽洞褶皱和高勒图深大断裂的控制</td><td>重要</td></tr>
<tr><td>赋矿地层</td><td colspan="4">富含铁质、碳质、硫化物的白云鄂博群比鲁特组，是区内的主要金成矿目的层位</td><td>重要</td></tr>
<tr><td>控矿侵入岩</td><td colspan="4">三叠纪中酸性侵入岩</td><td>次要</td></tr>
<tr><td colspan="2">区域成矿类型</td><td colspan="4">层控内生型金矿床</td><td>重要</td></tr>
<tr><td colspan="2">预测区矿点</td><td colspan="4">2个矿点</td><td>次要</td></tr>
</table>

续表 4-1

成矿要素		描述内容				要素类别
		储量	40 751kg	平均品位	Au (0.5～1.5)×10⁻⁶	
		特征描述	层控内生型金矿床			
区域物探异常特征	重力异常特征	重力显示预测区内中部为进东西向带状高值区，两侧为负值区，金矿化主要分布在正负过渡的梯度带附近				次要
	航磁异常特征	预测区内航磁总体为低缓异常				必要
区域化探特征	化探异常特征	预测区内化探异常有3个甲类、2个乙类异常，元素组合主要为Au、Cu、Zn、Ag、Pb等，异常强度高、规模大，显示出良好的找矿潜力				次要
遥感异常特征	遥感影像特征	依据线性影像，环形影像				重要
	异常信息特征	局部有一级铁染和羟基异常				必要

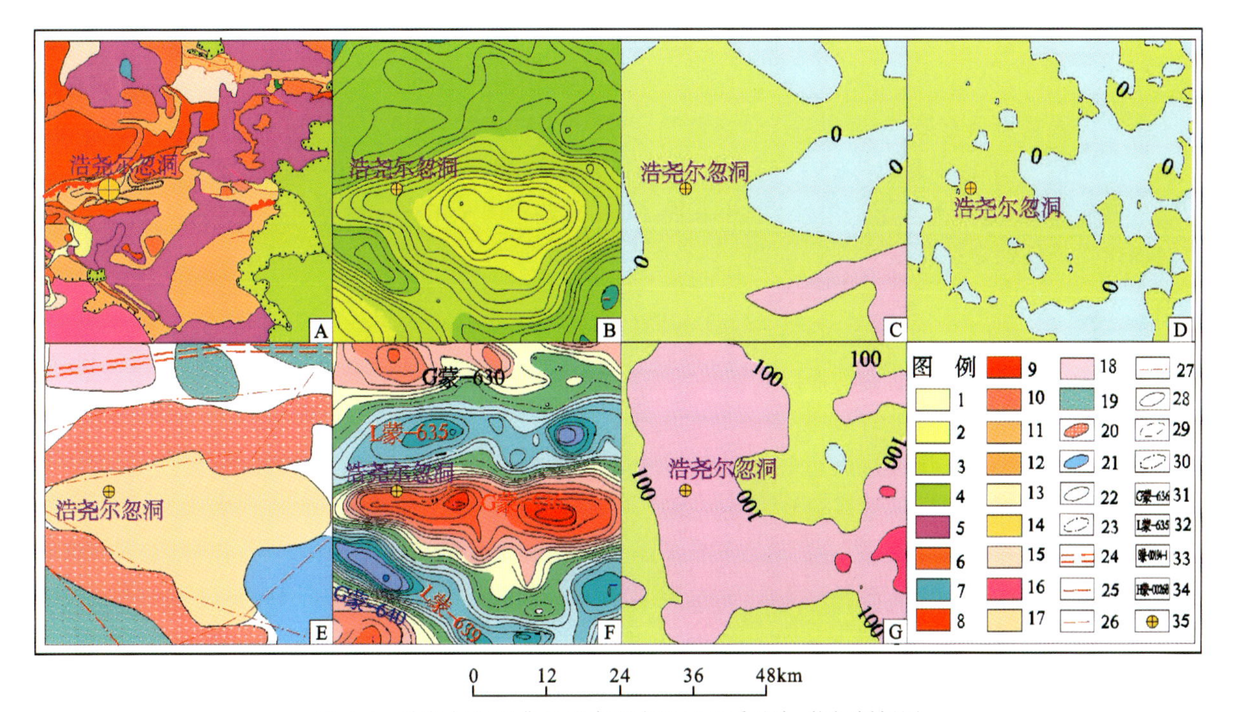

图 4-4　浩尧尔忽洞典型矿床所在地区地质矿产-物探剖析图

A. 地质矿产图；B. 布格重力异常图；C. 航磁 ΔT 等值线平面图；D. 航磁 ΔT 化极垂向一阶导数等值线平面图；E. 重力推断地质构造图；F. 剩余重力异常图；G. 航磁 ΔT 化极等值线平面图。

1. 更新统冲积；2. 中更新统；3. 白女羊盘组；4. 固阳组；5. 三叠纪二长花岗岩；6. 二叠纪花岗岩；7. 二叠纪闪长岩；8. 石炭纪花岗岩；9. 泥盆纪石英闪长岩；10. 比鲁特组；11. 哈拉霍疙特组；12. 尖山组；13. 都拉哈拉组；14. 宝音图岩群；15. 色尔腾山岩群；16. 新太古代变质深成侵入体；17. 元古宙地层；18. 太古宙地层；19. 太古宙—元古宙地层；20. 酸性—中酸性岩体；21. 盆地及边界；22. 出露岩体边界；23. 半隐伏岩体边界；24. 半隐伏重力推断一级断裂构造；25. 半隐伏重力推断二级断裂构造；26. 隐伏重力推断三级断裂构造；27. 半隐伏重力推断三级断裂构造；28. 航磁正等值线；29. 航磁负等值线；30. 零等值线；31. 剩余重力正异常编号；32. 剩余重力负异常编号；33. 酸性—中酸性岩体编号；34. 地层编号；35. 金矿点

第二节　预测工作区研究

一、区域地质特征

（一）成矿地质背景

大地构造位置处于华北地台北缘白云鄂博台缘拗陷带的中部，高勒图断裂带和合教-石崩断裂带的夹持区。

1. 地层

本区出露的地层为中元古界白云鄂博群尖山组、哈拉霍疙特组和比鲁特组。与典型的白云鄂博群剖面相对比，其岩性特征与典型剖面基本吻合，但缺失最下部的都拉哈拉组和最上部的白音宝拉格组和呼吉尔图组。

2. 岩浆活动

区域内岩浆岩分布最广，岩浆活动具多期性、多相性及产状多样性，有加里东晚期、海西期和印支期（413～205Ma）。矿区主要为海西中、晚期侵入的岩浆岩。岩性为黑云母花岗岩、钾质花岗岩和花岗闪长岩。以岩基、小岩株出露于工作区北部和南部，距比鲁特组内金矿化带数百米至数千米不等。侵入岩体内尚未发现任何金矿化。

3. 构造

区内地质构造复杂。断裂构造以高勒图断裂和合教-石崩断裂带为主，高勒图断裂带由两条向南弧形凸出的逆断层组成。合教-石崩断裂走向呈北西向，糜棱岩化发育。其次为一些与两条大断裂构造带有关的次级小构造。在该区形成北东向、北北东向和近似东西向的构造格局。褶皱运动以加里东中期白云鄂博群褶皱和燕山期侏罗系褶皱为主。加里东期褶皱使白云鄂博群岩层形成紧密线形褶皱。如大乌淀背斜、浩尧尔忽洞向斜。燕山期褶皱使侏罗系白女羊盘火山岩组岩层具有平缓波状褶皱。构造线呈北东向，但延伸不明显。

（二）区域成矿模式

预测工作区内构造发育，构造活动频繁而复杂，其中断裂构造表现最为明显的为走向近东西向、近似平行密集的一系列层间挤压破碎带。其次为近似北西向的平移断层，且切割挤压破碎带。后者晚于前者。挤压破碎带为一左侧滑动的韧性剪切带。受北部高勒图弧型逆掩断层的影响，挤压破碎带走向在东部呈北东向、中部呈东西向、西部呈北西向。主要发育在比鲁特组第一岩段和第二岩段，由数条至十几条近似平行的单个挤压破碎带和片理化带构成，总规模延伸长达4.5km、宽200m。大部分沿岩层走向展布，延伸较稳定，少数切割岩层。个别具尖灭、再现、分支、复合现象。单个破碎带宽度变化较大，最窄0.2m、最宽11m，两侧岩石片理化发育。产状与岩层产状一致，个别地段倾角变大，切割岩层。带内发育有网状、细条带状石英脉和透镜状石英团块。

矿区内北西向的平移断层是北部的高勒图逆掩断层和南部石崩-合教断裂带活动期应力叠加的产

物。切割近东西向的挤压破碎带，其断距一般在十米至上百米。并在一定范围内改变挤压破碎带的性质。

该区的断裂构造具有多期性、连续性和继承性的特征。与区域断裂构造有关。金矿化主要分布在近东西向的挤压破碎带内。在北西向的平移断层中少见。

预测工作区内与浩尧尔忽洞金矿矿床相同的矿床只有2个。根据预测区研究成矿规律研究，确定预测工作区成矿要素（表4-2），总结成矿模式（图4-5）。

表4-2　浩尧尔忽洞式层控内生型金矿浩尧尔忽洞预测工作区成矿要素表

成矿要素		描述内容	要素类别
地质环境	构造背景	华北陆块北缘狼山-白云鄂博台裂谷的中部高勒图断裂带和合教-石崩断裂带的夹持区	必要
	成矿环境	Ⅰ-4 滨太平洋成矿域（叠加在古亚洲成矿域之上），Ⅱ-14 华北成矿省，Ⅲ-58 华北地台北缘西段 Au-Fe-Nb-REE-Cu-Pb-Zn-Ag-Ni-Pt-W-石墨-白云母成矿带	必要
	成矿时代及成矿类型	燕山期，层控内生型	重要
控矿地质条件	控矿构造	矿化严格受构造破碎带和片理化带的控制，含矿构造和矿化带在空间上变化受浩尧尔忽洞褶皱和高勒图深大断裂的控制	必要
	赋矿地层	白云鄂博群比鲁特组	重要
	控矿侵入岩	三叠纪中酸性侵入岩	次要
预测区同类型矿点		2个矿点	次要

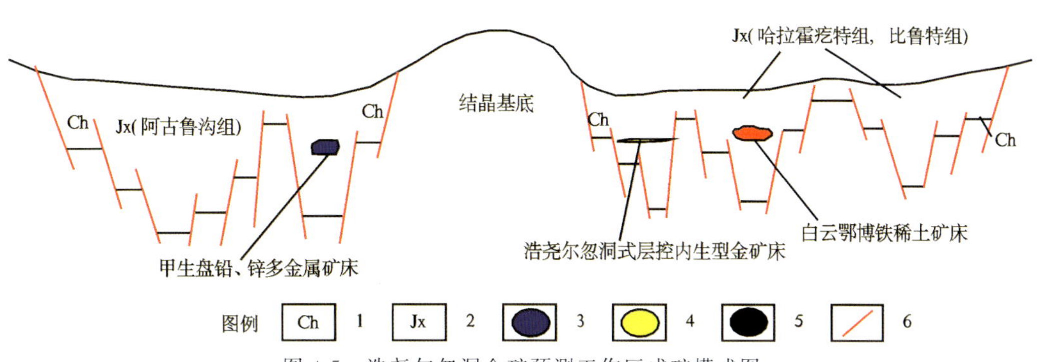

图4-5　浩尧尔忽洞金矿预测工作区成矿模式图

（据《内蒙古自治区乌拉特中旗浩尧尔忽洞金矿详查报告》，宁夏太平矿业有限公司，2005修编）

1.长城系；2.蓟县系；3.甲生盘铅锌多金属矿床；4.浩尧尔忽洞金矿床；5.白云鄂博铁稀土矿床；6.断层

二、区域地球物理特征

（一）磁法

在航磁 ΔT 等值线平面图上，浩尧尔忽洞预测工作区磁异常幅值范围为－150～100nT，整个预测工作区磁异常背景为低缓磁异常，只在预测区中部偏南区域有一强度－150nT 的负磁异常。浩尧尔忽洞金矿区位于预测工作区东部，磁场背景为 0nT 左右的平静磁场区。

（二）重力

该预测工作区，布格重力异常总体较高，且呈北低南高的变化趋势。由北到南布格重力值由 Δg $-193\times10^{-5}\,m/s^2$ 升高到 Δg $-139.10\times10^{-5}\,m/s^2$。中南侧的重力场值为 Δg $-166\times10^{-5}\,m/s^2$ ～ $-139.10\times10^{-5}\,m/s^2$，且在南侧形成两处局部重力高值区，极值分别为 Δg $-142\times10^{-5}\,m/s^2$ 和 Δg $-139.10\times10^{-5}\,m/s^2$。

三、区域地球化学特征

区域上分布有 Au、Cu、Cd、W、Pb、As、Sb 等元素组成的高背景区带，在高背景区带中有以 Au、Cu、Cd、W、As、Sb 为主的多元素局部异常。预测工作区内共有 12 个 Ag 异常，10 个 As 异常，24 个 Au 异常，6 个 Cd 异常，17 个 Cu 异常，7 个 Mo 异常，7 个 Pb 异常，2 个 Sb 异常，10 个 W 异常，11 个 Zn 异常。

预测工作区 Ag、As、Sb 呈背景、低背景分布，有个别局部异常；Au 呈背景、低背景分布，在浩尧尔忽洞、索仑格图嘎和哈太嘎查地区存在局部高背景区，有明显的浓集中心；Cu、Cd 元素呈背景、低背景分布，在浩尧尔忽洞、巴润莎拉和霍布地区存在明显的局部异常；Pb 在预测区北西部呈高背景分布，W、Mo 在预测区呈大面积低背景分布，W 元素在预测区北西部有个别局部异常；Zn 在预测区南部呈背景分布，在北部呈低背景分布。

预测工作区上元素异常套合较好的编号为 AS1，异常元素有 Au、Cu、Zn、Ag、Cd，Au 元素浓集中心明显，异常强度高，具明显的异常分带，与 Cu、Zn、Ag、Cd 异常套合较好。

四、区域重砂特征

成矿类型为浩尧尔忽洞式层控内生型金矿，主要分布在哈尼河—新忽热一带。出露有第四系中更新统含金洪积层，砂金富集Ⅰ级不对称阶地内。白云鄂博群混合岩和加里东期花岗闪长岩中石英脉极发育。

五、区域遥感影像及解译特征

预测工作区内解译出 5 条大型断裂带，以高勒图断裂和合教-石崩断裂带为主，高勒图断裂带由两条向南弧形凸出的逆断层组成；合教-石崩断裂走向呈北西向，糜棱岩化发育；另外 3 条断裂带是近东西走向的哈日额日格-高勒图张型断裂带、北东走向的阿尔嘎拉图-准苏吉张型断裂带和呼勃-义盛恒构造。这 5 条断裂带构成了预测工作区的整体构造格架（图 4-6）。

断裂构造其次为一些与 5 条大断裂构造带有关的次级小构造。在该区形成北东向、北北东向和近似东西向的构造格局。它控制了浩尧尔忽洞式层控内生型金矿的分布，并派生了一系列北北西—北西向次级断裂构造。

不同方向断裂交会部位以及北西向弧形断裂是重要的多金属矿成矿地段。

本预测工作区内的环形构造比较发育，共圈出35个环形构造。它们在空间分布上有明显的规律。其中有7个隐伏岩体引起的环形构造、由中生代花岗岩类引起的环形构造有7个、由古生代花岗岩类引起的环形构造有11个。

本预测工作区内共解译出色调异常13处，均为角岩化引起，它们在遥感图像上均显示为深色色调异常，呈细条带状分布；带要素12处，富含铁质、碳质、硫化物的白云鄂博群比鲁特组，是区内的主要金成矿目的层位。

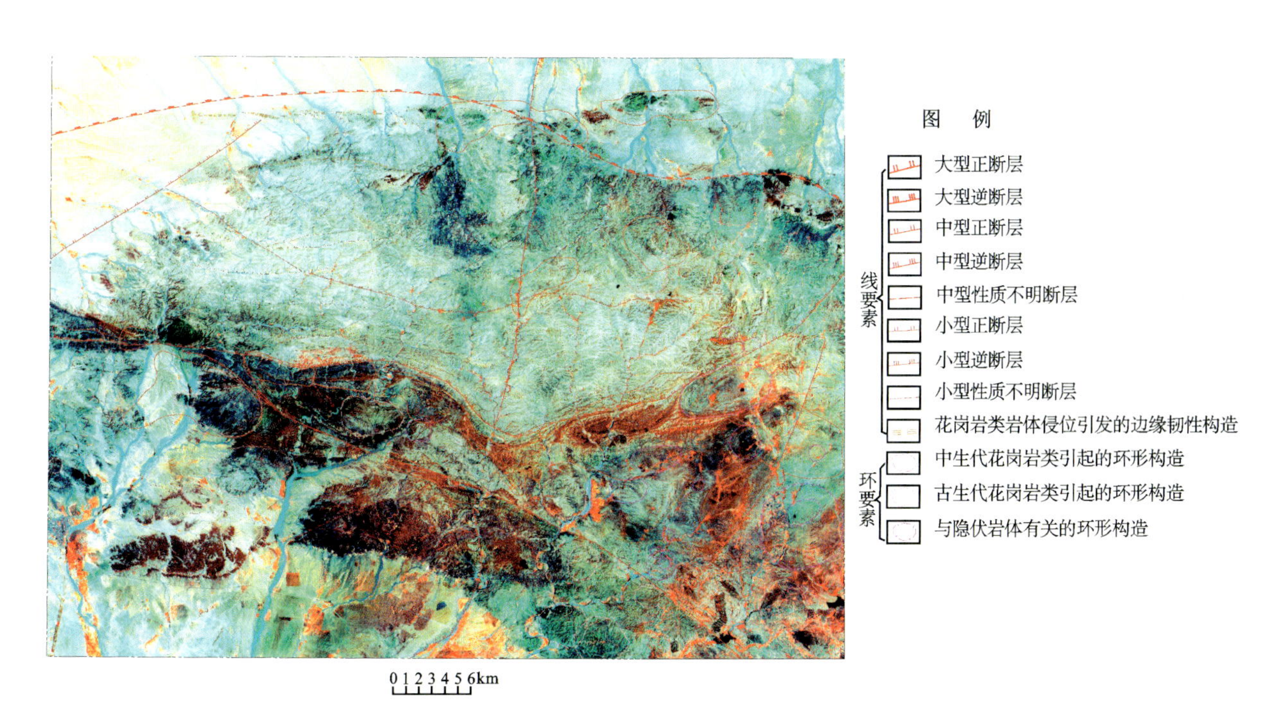

图4-6 浩尧尔忽洞金矿预测工作影像图及遥感解译图(部分)

六、区域预测模型

根据预测工作区区域成矿要素和化探、重力及自然重砂等特征，建立了本预测区的区域预测要素，编制预测工作区预测要素图和预测模型图。

预测要素图以综合信息预测要素为基础，即把物化探、自然重砂等值线的线(面)文件全部叠加在成矿要素图上。在表达时可以出单独的预测要素图，如化探的预测要素图。

预测模型图的编制，以地质剖面图为基础，叠加化探异常图及重力剖面图而形成。区域预测模型见图4-7，预测要素见表4-3。

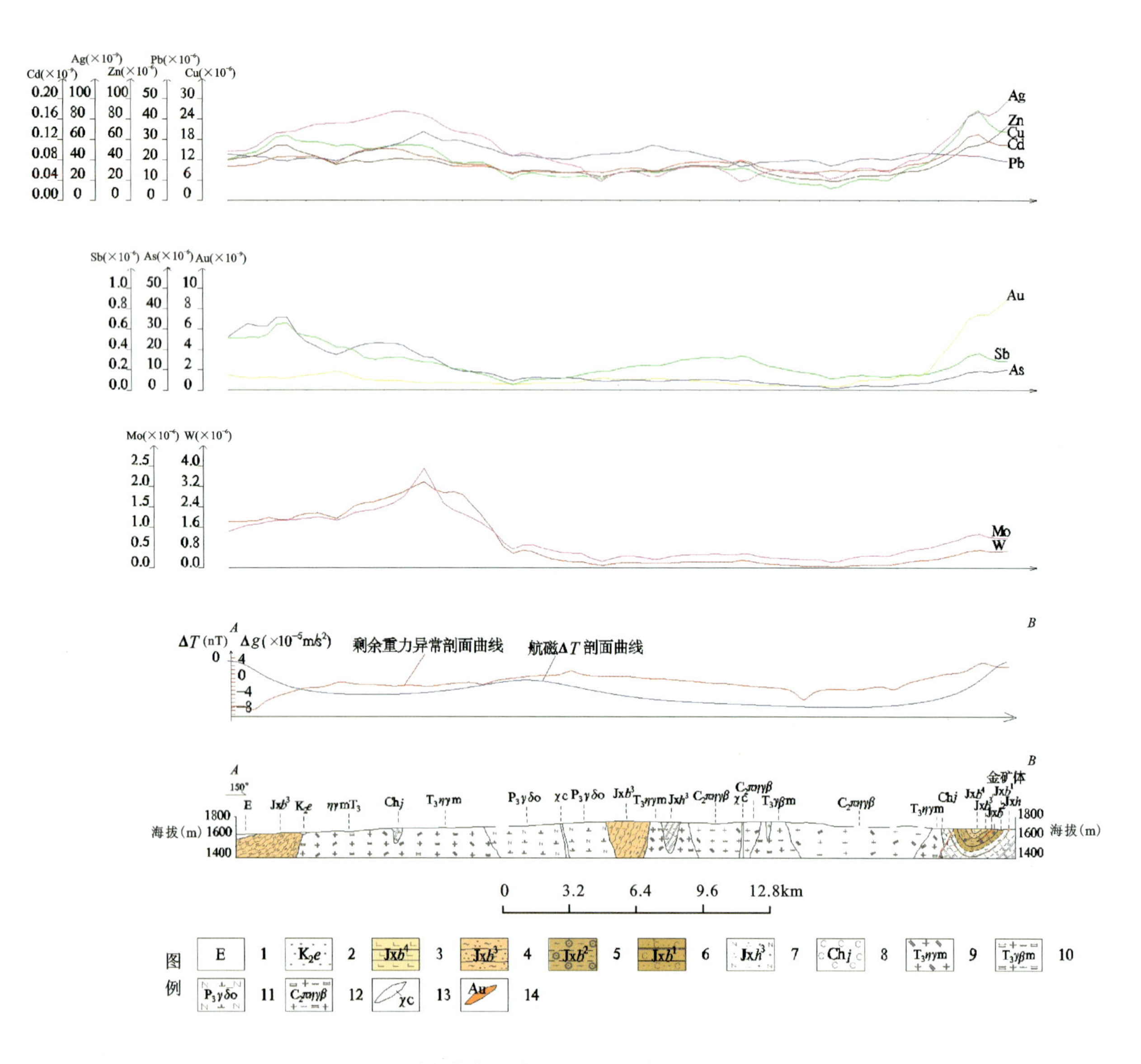

图 4-7　浩尧尔忽洞式金矿预测工作区预测模型图

1.古近系；2.白垩系二连组；3.白云鄂博群比鲁特组第四沉积建造；4.白云鄂博群比鲁特组第三沉积建造；5.白云鄂博群比鲁特组第二沉积建造；6.白云鄂博群比鲁特组第一沉积建造；7.白云鄂博群哈拉霍疙特组；8.长城系尖山组；9.晚三叠世中粗粒含白云母二长花岗岩；10.晚三叠世褐黄色中粗粒二云母花岗岩；11.晚二叠世浅灰色粗粒云英闪长岩；12.晚石炭世浅灰色巨斑状黑云母二长花岗岩；13.碳酸岩脉 14.金矿体

表 4-3　浩尧尔忽洞式层控内生型金矿预测工作区预测要素表

预测要素		描述内容	要素类别
地质环境	构造背景	华北陆块北缘狼山-白云鄂博台裂谷的中部高勒图断裂带和合教-石崩断裂带的夹持区	必要
	成矿环境	Ⅰ-4 滨太平洋成矿域(叠加在古亚洲成矿域之上)，Ⅱ-14 华北成矿省，Ⅲ-58 华北地台北缘西段 Au-Fe-Nb-REE-Cu-Pb-Zn-Ag-Ni-Pt-W-石墨-白云母成矿带	必要
	成矿时代及成矿类型	燕山期，层控内生型	重要

续表 4-3

预测要素		描述内容	要素类别
控矿地质条件	控矿构造	矿化严格受构造破碎带和片理化带的控制，含矿构造和矿化带在空间上变化受浩尧尔忽洞褶皱和高勒图深大断裂的控制	必要
	赋矿地层	白云鄂博群比鲁特组	重要
	控矿侵入岩	三叠纪中酸性侵入岩	次要
预测区同类型矿点		2 个矿点	重要
地球物探特征	重力	布格重力异常北低南高，存在明显的近东西、北西向梯度带，为断裂引起。南侧两处局部重力高对应形成剩余重力正异常，为元古宙基底隆起区。金矿位于东侧布格重力高异常的边部，剩余重力正负异常交替带正异常一侧的梯度带上。在其南北两侧存在负异常，为酸性侵入岩引起。该剩余重力正异常南侧边部是金矿成矿的重点区域	必要
	航磁	在航磁 ΔT 等值线平面图上，预测区为低缓磁异常背景区，幅值范围为 $-150\sim 100$nT。浩尧尔忽洞金矿区位于预测区东部，磁场背景为 0nT 左右的平静磁场区	必要
地球化学特征		1. Au 元素异常强度高，范围广，连续性好，反映了强地球化学作用下的地球化学异常特征。 2. 与比鲁特组地层分布范围相近或具相关性。 3. Au 元素异常大于 2.9×10^{-6}	必要
遥感特征		遥感推断最小预测区	次要

第三节　矿产预测

一、综合地质信息定位预测

（一）变量提取及优选

根据典型矿床成矿要素及预测要素，本次选择网格单元法作为预测单元。

地质体、断层、遥感环要素进行单元赋值时采用区的存在标志；化探、剩余重力、航磁化极则求起始值的加权平均值，在变量二值化时利用异常范围值人工输入变化区间。

在上述提取的变量中，提取遥感环要素范围对预测无明显意义，故在优选过程中剔除。

（二）最小预测区圈定及优选

选择查干敖包典型矿床所在的最小预测区为模型区，模型区内出露的地质体为白云鄂博群比鲁特组，金元素化探异常起始值 $>2.9\times10^{-6}$，剩余重力 $>4\times10^{-5}\,m/s^2$，航磁化极值 >100nT，模型区内成矿有关的东西向断层。

由于预测区内只有 2 个已知矿床，因此采用 MRAS 矿产资源 GIS 评价系统中无预测模型工程，利用网格单元法进行定位预测。采用空间评价中数量化理论Ⅲ、聚类分析、特征分析、神经网络分析等方法进行预测，比照各类方法的结果，确定采用特征分析法进行评价，再结合综合信息法叠加各预测要素圈定最小预测区，并进行优选。

（三）最小预测区圈定结果

本次工作共圈定各级异常区10个，其中A级2个（含已知矿体），总面积32.66km²；B级3个，总面积90.52km²；C级5个，总面积247.11km²，各级别面积分布合理，且已知矿床均分布在A级预测区内，说明预测区优选分级原则较为合理；最小预测区圈定结果表明，预测区总体与区域成矿地质背景和高化探异常、剩余重力异常吻合程度较好，见图4-8。

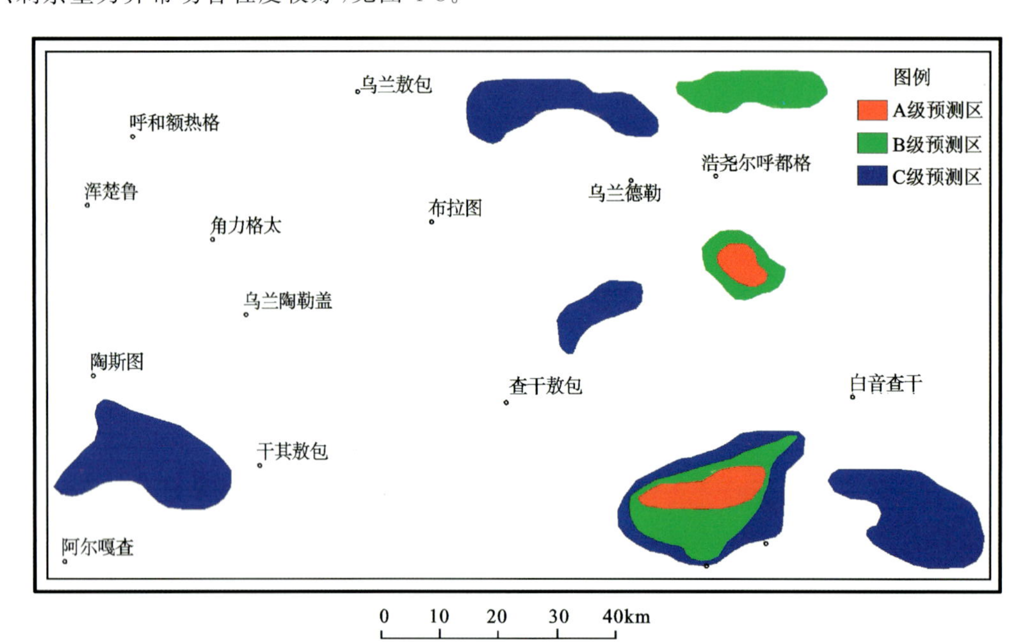

图4-8　浩尧尔忽洞金矿最小预测区优选分布图

（四）最小预测区地质评价

该区属典型的中温带季风气候，具有降水量少而不匀、寒暑变化剧烈的显著特点。冬季漫长而寒冷，多数地区冷季长达5个月至半年之久。其中1月最冷，月平均气温从南向北由零下10℃递减到零下32℃，夏季温热而短暂，多数地区仅有1～2个月，部分地区无夏季。最热月份在7月，月平均气温在16～27℃之间，最高气温为36～43℃。气温变化剧烈，冷暖悬殊甚大。降水量受地形和海洋远近的影响，自东向西由500mm递减为50mm左右。各最小预测区成矿条件及找矿潜力见表4-4。

表4-4　浩尧尔忽洞式层控内生型金矿最小预测区成矿条件及找矿潜力评价表

最小预测区编号	最小预测区名称	最小预测区成矿条件及找矿潜力
A1511502001	浩雅尔嘎查	出露地层主要为白云鄂博群比鲁特组、哈拉霍疙特组，局部可见三叠纪二长花岗岩脉岩穿入。金矿床2处，金矿体主要赋存于比鲁特组中，总体上为一向斜构造，化探异常规模大、强度高、与矿化体套合好。重力为高值区，航磁异常低缓，是进一步寻找盲矿的有利地区。有成型矿床，物化探异常套合良好。找矿潜力大

续表 4-4

最小预测区编号	最小预测区名称	最小预测区成矿条件及找矿潜力
A1511502002	特默楚鲁	以白云鄂博群哈拉霍疙特组为主，发育大量花岗伟晶岩脉，断裂构造以北西向次级裂隙为主；重力北高，向南变低，航磁低缓，未见明显化探异常。是进一步寻找盲矿的较有利地区。有一定的找矿潜力
B1511502001	特莫恩楚鲁	矿区出露地层主要为新元古界白云鄂博群哈拉霍疙特组、比鲁特组，局部可见三叠纪二长花岗岩脉岩穿入。金矿床1处，金矿体主要赋存于比鲁特组中，总体上为一向斜构造，化探异常主要分布在东侧，规模大、强度高、与矿化体套合好。重力为高值区，航磁异常低缓。是进一步寻找盲矿的有利地区
B1511502002	满都拉图	以白云鄂博群哈拉霍疙特组为主，发育大量北西向花岗伟晶岩脉，断裂构造以北西向次级裂隙为主；重力北高南低，航磁低缓，未见明显化探异常。是进一步寻找盲矿的较有利地区
B1511502003	毛呼都格	矿区出露地层主要为新元古界白云鄂博群比鲁特组、哈拉霍疙特组，局部可见二叠纪闪长岩。金矿体主要赋存于比鲁特组中，是进一步寻找新矿体矿的有利地区。是进一步寻找盲矿的有利地区
C1511502001	敖包恩格尔	矿区出露地层主要为白云鄂博群尖山组、哈拉霍疙特组，局部可见三叠纪二长花岗岩脉岩穿入。总体上为一向斜构造，化探异常规模大、强度高、与矿化体套合好。重力为高值区，航磁异常低缓，是进一步寻找盲矿的有利地区。具有一定的找矿潜力
C1511502002	布郎呼都格	矿区出露地层主要为白云鄂博群都拉哈拉组、尖山组、哈拉霍疙特组，总体位于复向斜的南东翼，局部可见三叠纪二长花岗岩脉岩穿入。化探异常主要分布于北西段，规模较大、强度较高、与矿化体套合好。重力为高值区，航磁异常低缓，是进一步寻找盲矿的有利地区。有一定的找矿潜力
C1511502003	上哈那	矿区出露地层主要为白云鄂博群比鲁特组、哈拉霍疙特组，金矿体主要赋存于比鲁特组中，总体上为一向斜构造，化探测量未见明显异常。重力为低缓正值区，航磁异常低缓，是进一步寻找盲矿的有利地区。有一定的找矿潜力
C1511502004	哈德音阿木	矿区出露地层主要为白云鄂博群比鲁特组、哈拉霍疙特组，局部可见三叠纪二长花岗岩脉岩穿入。是进一步找矿的有利地区
C1511502005	莫日格其格艾勒	地表发部分北第四系和第三系覆盖，局部可见尖山组、二叠纪闪长岩和三叠纪二长花岗岩，化探异常不明显，仅在南东部见弱金异常，重力为高值区，航磁低缓负值区，可作为找矿线索

二、综合信息地质体积法估算资源量

（一）典型矿床深部及外围资源量估算

浩尧尔忽洞金矿的查明资源储量、延深、品位、体重等数据来源于2005年6月宁夏回族自治区核工业地质勘查院编写的《内蒙古自治区乌拉特中旗浩尧尔忽洞金矿详查报告》；面积为该矿区各矿体、矿脉聚积区边界范围的面积，采用2005年6月宁夏回族自治区核工业地质勘查院编写的《内蒙古自治区乌拉特中旗浩尧尔忽洞金矿详查报告》附图(内蒙古自治区乌拉特中旗浩尧尔忽洞矿区地形地质图)(比例尺 1∶2000)在 MapGIS 软件下读取数据,然后依据比例尺计算出实际水平面积 394 531.6m^2。

延深分两个部分,一部分是已查明矿体的下延部分,已查明矿体的最大延深为 243m,结合重力异常及钻孔资料,向下预测 107m;另一部分是已知矿体附近含矿建造区预测部分,用已查明延深+预测深度确定该延深为 350(243+107)m。

预测面积分两个部分,一部分为该矿点各矿体、矿脉聚积区边界范围的下延面积,2005 年 6 月宁夏回族自治区核工业地质勘查院编写的《内蒙古自治区乌拉特中旗浩尧尔忽洞金矿详查报告》附图(内蒙古自治区乌拉特中旗浩尧尔忽洞矿区地形地质图)(比例尺 1∶2000)在 MapGIS 软件下读取数据,然后依据比例尺计算出实际水平面积 394 531.6m^2(按上下面积基本一致);另一部分为已知矿体附近含矿建造区预测部分,在 MapGIS 软件下读取数据,然后依据比例尺计算出实际水平面积[555 926−394 531.6=161 394.4(m^2)]。

体积含矿率采用上表典型矿床已查明资源量的体积含矿率 0.425t/m^3。

1. 典型矿床深部预测资源量的确定

已知矿体的下延部分的预测资源量($Q_{1\text{-}2}$)=查明资源面积×(总延深−已查明矿体延深)×体积含矿率=394 531.6×(350−243)×0.425=17 941.32(kg)。

2. 典型矿床外围预测资源量的确定

已知矿体周围外推部分的预测资源量($Q_{1\text{-}1}$)=外推面积×总延深×体积含矿率=161 394.4×350×0.425=24 007.42(kg)。

由此,浩尧尔忽洞金矿外围预测资源量=已知矿体的下延部分($Q_{1\text{-}2}$)+已知矿体周围外推部分($Q_{1\text{-}1}$)=17 941.32+24 007.42=41 948.74(kg)(表 4-5)。

表 4-5 浩尧尔忽洞金矿典型矿床深部及外围资源量估算一览表

典型矿床		深部及外围		
已查明资源量	40 751kg	深部	面积	394 531.6m^2
面积	394 531.6m^2		深度	107m
深度	243m	外围	面积	161 394.4m^2
品位	0.82%		深度	350m
密度	2.7t/m^3	预测资源量		41 948.74kg
体积含矿率	0.425t/m^3	典型矿床资源总量		82 699.74kg

(二)模型区的确定、资源量及估算参数

模型区是指典型矿床所在位置的最小预测区。浩尧尔忽洞金矿位于浩雅尔嘎查模型区内,该模型区资源总量等于典型矿床资源总量,为 82 699.74kg(本区含两处金矿床,随着工作的不断深入,两矿床范围逐步扩展合并成如今的浩尧尔忽洞超大型金矿),模型区延深与典型矿床一致(表 4-6)。

模型区面积(S_3)经 MRAS 处理后所得含典型矿床的模型区,经 MapGIS 软件读取数据后,按比例尺换算得出为 23 190 000m^2。

表 4-6　浩尧尔忽洞式层控内生型金矿模型区预测资源量及其估算参数表

编号	名称	模型区总资源量(kg)	模型区面积(m^2)	延深(m)	含矿地质体面积(m^2)	含矿地质体面积参数
A1511502001	浩雅尔嘎查	82 699 741.51	23 190 000	350	23 190 000	1

(三)最小预测区预测资源量

浩尧尔忽洞式层控内生型金矿预测工作区最小预测区资源量定量估算采用地质体积法与磁法体积法进行估算。

1. 估算参数的确定

最小预测区面积圈定依据:是根据MRAS所形成的色块区与预测工作区底图重叠区域,并结合含矿地质体、已知矿床、矿(化)点及化探等异常范围进行圈定。延深的确定是在研究最小预测区含矿地质体地质特征、岩体的形成深度、矿化蚀变、矿化类型的基础上,对比典型矿床特征的基础上综合确定的,部分由成矿带模型类比或专家估计给出。相似系数的确定,主要依据最小预测区内含矿地质体本身出露的大小、地质构造发育程度不同、化探异常强度、矿化蚀变发育程度及矿(化)点的多少等因素,由专家确定。

2. 最小预测区预测资源量估算结果

求得最小预测区资源量。本次预测资源总量为41 948.74kg,其中不包括预测工作区已查明资源总量70 441kg,详见表4-7。

表 4-7　浩尧尔忽洞式层控内生型金矿预测工作区最小预测区估算成果表

最小预测区编号	最小预测区名称	$S_{预}$(km^2)	$H_{预}$(m)	K_S	K(kg/m^3)	α	$Z_{预}$(kg)	资源量级别
A1511502001	浩雅尔嘎查	32.11	350	1.0	0.000 01	1.0	41 948.74	334-1
A1511502002	特默楚鲁	9.47	200	0.7	0.000 01	0.6	7 954.80	334-2
B1511502001	特莫恩楚鲁	42.88	400	0.3	0.000 01	0.4	20 582.40	334-3
B1511502002	满都拉图	15.68	280	0.3	0.000 01	0.4	5 268.48	334-3
B1511502003	毛呼都格	31.96	370	0.3	0.000 01	0.3	10 642.68	334-3
C1511502001	熟图	41.84	400	0.2	0.000 01	0.3	10 041.60	334-3
C1511502002	呼热图	64.16	450	0.1	0.000 01	0.2	5 774.40	334-3
C1511502003	上哈那	19.85	350	0.5	0.000 01	0.3	10 421.25	334-3
C1511502004	哈德音阿木	47.81	400	0.3	0.000 01	0.2	11 474.40	334-3
C1511502005	萨音呼都格	73.45	450	0.1	0.000 01	0.2	6 610.50	334-3

(四)预测工作区预测成果汇总

浩尧尔忽洞金矿预测工作区地质体积法预测资源量,依据资源量级别划分标准,可划分为334-1、334-2和334-3三个资源量精度级别。根据各最小预测区内含矿地质体(地层、侵入岩及构造)特征,预测深度在243～450m之间。可利用性类别的划分,主要依据:①深度可利用性(500m、1000m、2000m);②当前开采经济条件可利用性;③矿石可选性;④外部交通水电环境可利用性,按权重进行取数估算。

根据矿产潜力评价预测资源量汇总标准,浩尧尔忽洞层控内生型金矿预测工作区按精度、预测深度、可利用性、可信度统计分析结果见表4-8。

表4-8 浩尧尔忽洞层控内生型金矿预测工作区资源量估算汇总表 单位:t

深度	精度	可利用性		可信度			合计
		可利用	暂不可利用	≥0.75	≥0.5	≥0.25	
500m以浅	334-1	41.95	—	41.95	—	41.95	41.95
	334-2	7.95	—	7.95	—	7.95	7.95
合计							49.90

第五章　赛乌素式热液型金矿预测成果

第一节　典型矿床特征

一、典型矿床地质特征及成矿模式

（一）典型矿床特征

1. 矿区地质

地层：矿区出露地层为中新元古界白云鄂群尖山组、哈拉霍疙特组、呼吉尔图组。岩性为一套浅变质碎屑岩-泥质岩-碳酸盐岩组合。尖山组沿哈拉忽鸡背斜出露，地层走向近东西，与背斜轴轴向一致。矿区仅出露二、三段。前者分布在背斜轴部及北翼，后者出露在南翼。岩层经多次构造运动，片理发育，挤压揉皱强烈。哈拉霍疙特组出露于矿区外围，哈拉忽鸡背斜西倾伏端及其南翼。呼吉尔图组出露于矿区北部，岩性为结晶灰岩夹角砾状灰岩和白云质灰岩（图5-1）。

岩浆岩：主要有花岗岩、花岗闪长岩、石英闪长岩、霏细斑岩、煌斑岩、石英脉岩等。火山喷出岩：沿矿区北部边缘深大断裂分布。岩性主要为中—酸性火山岩，以流纹斑岩和英安斑岩为主，属陆相火山岩，为海西期产物。

构造：哈拉忽鸡背斜是矿区的主干构造，属达尔扎复式背斜之次一级褶皱构造。全长10余千米，轴向近东西，为一向西倾伏收敛、向东撒开的不对称鼻状构造。

成矿前断裂构造：呈近东西向展布，属张性及张扭性断裂，分布在背斜轴部及其两翼，形成于褶皱构造的晚期，属纵张性质，为石英脉和长英质岩脉充填，是成矿早期的主要控矿断裂构造，其特点是石英脉呈雁行排列。

成矿期断裂构造：该期断裂是叠加复合在早期张性、张扭性断裂之上，其形迹基本未超越早期断裂范围，是成矿的重要导矿构造，使先期贯入的石英脉遭到挤压破碎。成为含矿热液充填胶结成矿的重要通道。

成矿后期断裂构造：可分为近东西向、北东向和北西向断裂构造组，其中以前两组构造最为常见。对矿体有不同的破坏作用。

2. 矿床特征

金矿赋存于石英脉中，呈脉状产出。32号脉群从北到南由32号、28号、26号、49号等4条含金石英脉组成，呈雁行式排列，相距约100m等距分布于哈拉忽鸡背斜西倾没端偏北处，32号含金石英脉出

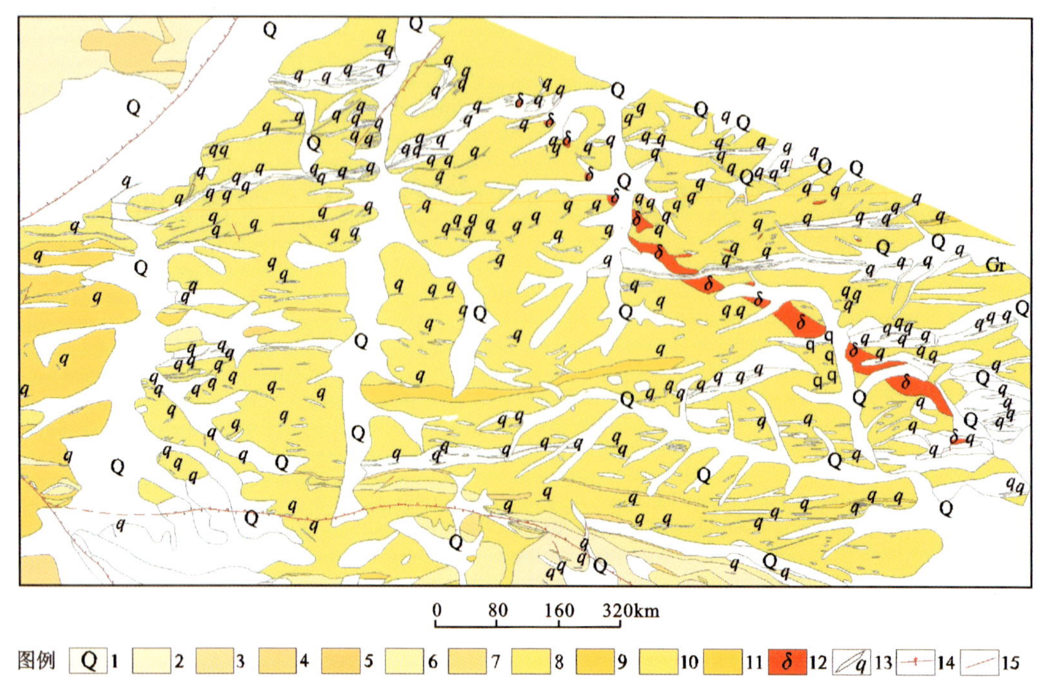

图 5-1　赛乌苏金矿典型矿床矿区地质图

(据《内蒙古达茂旗赛乌素金矿 32 号脉初步勘探地质报告》,中国人民解放军基建工程兵 00525 部队,1984 修编)

1. 第四系冲洪积物;2. 黑色碳质板岩;3. 硅化炭质板岩;4. 长石石英砂岩,石英砂岩;5. 泥质粉砂岩;6. 结晶灰岩、结晶泥质灰岩;7. 硅质灰岩;8. 石英岩;9. 变质长石石英砂岩;10. 中粗粒黑云母变质长石、石英砂岩;11. 中细粒含云母变质长石、石英砂岩;12. 蚀变闪长岩;13. 石英脉;14. 背斜轴;15. 实测断层

露长 260m,深 100～200m,含脉率为 85%,东、西两端没于河槽,走向近东西,向北倾,倾角东陡西缓,平均 46°,出露宽 1～17.3m,平均宽 3.70～4.3m,呈大透镜体状、不规则脉状产出,西段分支脉多,东段平行侧脉多,横断面形态成楔形。地表矿化好于深部,单样最高品位 143.90×10^{-6},全矿脉平均品位 9.73×10^{-6},品位变化幅度大,在纵向上品位和厚度成跳跃式变化,横向上高峰值多偏向底板一侧,平均厚 2.11m(图 5-2)。

3. 矿石特征

矿石类型:按成因划分为原生矿石和氧化矿石两大类型。按矿石和脉石矿物的组合情况分为 3 个自然类型。其一石英脉型占 80%以上;其二蚀变破碎带型占 15%左右;其三蚀变碎裂花岗岩型占 5%左右。石英脉型:分布于各矿体中,均占主体,有用矿物是自然金,银金矿少,含矿性比较好。

4. 矿石结构构造

矿石结构:压碎结构,自形—半自形晶结构及他形晶结构,胶状、交代脉状结构,包含、乳浊状、反应边结构。矿石构造:角砾状、浸染状、网脉状、块状、蜂窝状、晶洞状、晶簇状构造。

5. 矿床成因及成矿时代

时代为海西期,矿床成因为热液型。

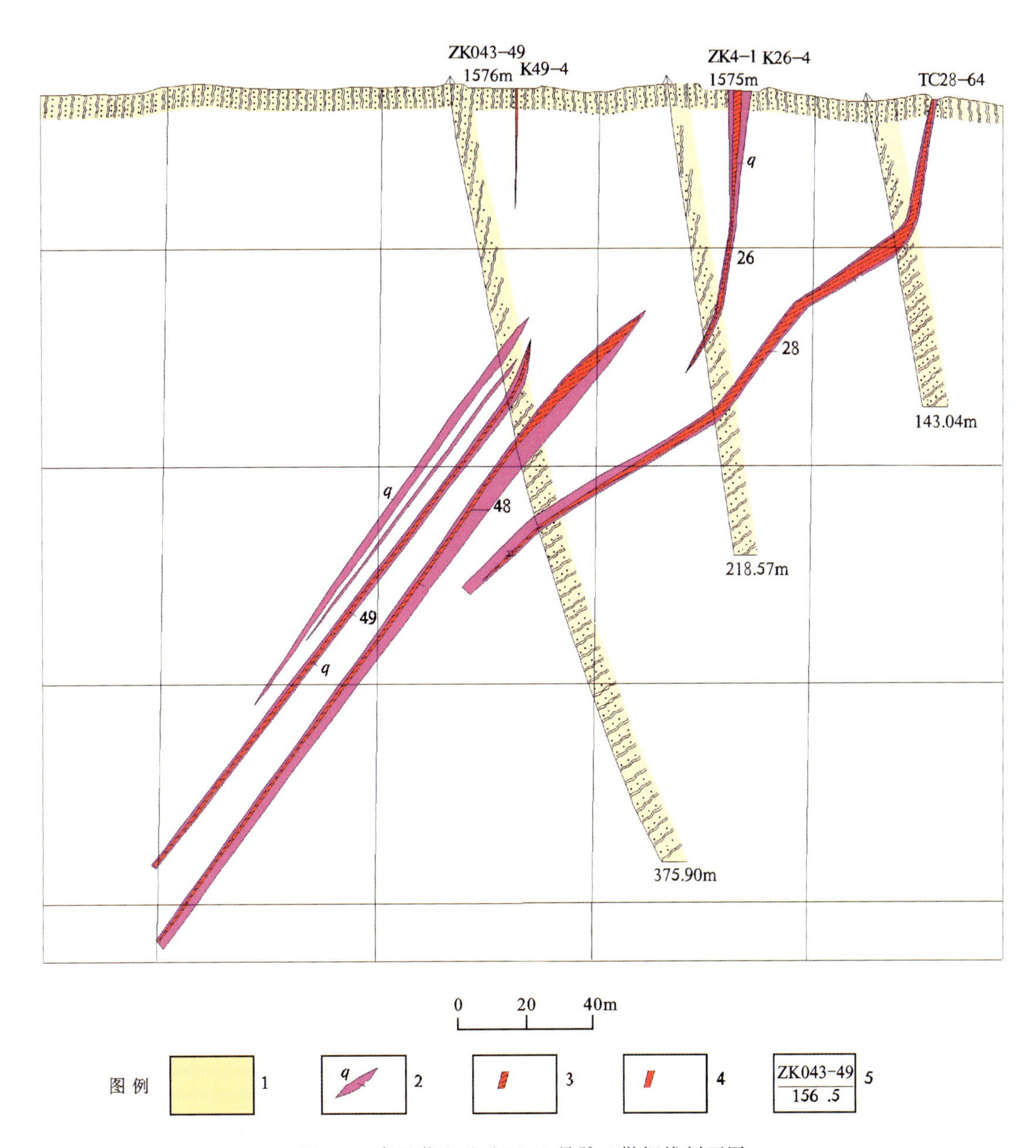

图 5-2　赛马苏金矿矿区 49 号脉 4 勘探线剖面图

（据《内蒙古达茂旗赛乌素金矿 32 号脉初步勘探地质报告》，中国人民解放军基建工程兵 00525 部队，1984 修编）

1. 元古宇白云鄂博群尖山组；2. 石英脉；3. 金矿体；4. 金矿化带；5. 钻孔位置及编号[（钻孔编号/标高(m)）]

（二）矿床成矿模式

赛乌素金矿床位于华北板块北缘、狼山-白云鄂博裂谷带白云鄂博群浅变质岩系内。本区构造变动强烈，岩浆活动频繁。海西期岩浆侵位于金背景值高白云鄂博群尖山组碎屑岩中，经热液淋滤、迁移，在背斜及其东西向和北西向次级断裂构造裂隙中富集成矿，矿体呈脉状、扁豆状，长轴近平行，断续展布。该期石英脉是矿区主要赋金矿体。赛乌素金矿典型矿床成矿模式见图 5-3。

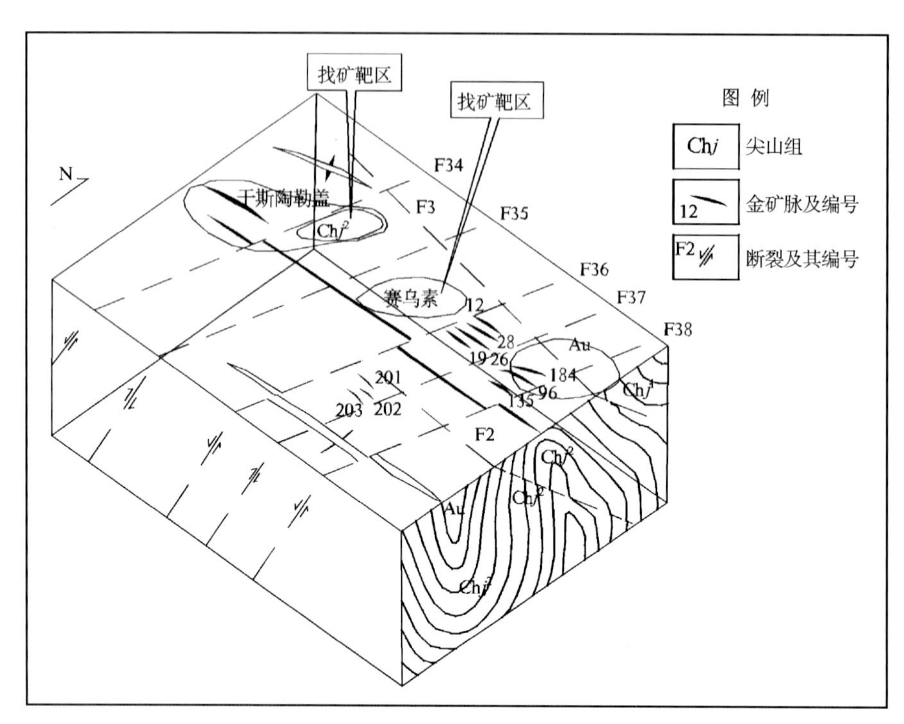

图 5-3　赛乌素金矿典型矿床成矿模式图(据胡鸿飞等,2003)

二、典型矿床地球物理特征

(一)航磁特征

据 1∶5 万航磁资料可知典型矿床北西方向呈现一个近似圆形的正异常,异常值达 900nT。航磁 ΔT 等值线平面图上,赛乌素金矿位于 0～50nT 磁异常区;航磁 ΔT 化极垂向一阶导数等值线平面图上,赛乌素金矿位于 0～50nT 磁异常区;航磁 ΔT 化极等值线平面图上,赛乌素金矿位于 100～200nT 磁异常区。从磁场特征看,赛乌素金矿区磁异常强度不高,为弱磁场区。

(二)重力特征

赛乌素金矿位于布格重力异常 G503 号相对重力高异常区,Δg $-150.97\times10^{-5}\,m/s^2$～$-162.53\times10^{-5}\,m/s^2$,异常形态呈似椭圆状。金矿处于 G503 号异常西北侧的梯级带位置,位于 Δg $-160\times10^{-5}\,m/s^2$ 等值线内侧。

在剩余重力异常图上,赛乌素金矿位于 G 蒙-630 号剩余重力正异常带上,该异常从西到东由近东西向转为北西向展布,形成 8 个局部异常,极大值变化范围为 Δg $4.74\times10^{-5}\,m/s^2$～$9.82\times10^{-5}\,m/s^2$,赛乌苏金矿恰好位于异常带转弯处,剩余重力异常在此处由宽变窄。金矿附近剩余重力异常极值为 Δg $4.74\times10^{-5}\,m/s^2$。其南侧剩余重力异常范围明显变大,极值为 Δg $9.82\times10^{-5}\,m/s^2$。由地质图可见,该局部异常区地表出露有元古宙地层,在金矿南侧存在北西向断裂沿该断裂分布有酸性侵入岩。综合分析认为,该局部异常与元古宇基底隆起有关,异常由窄变宽处推断有北东向断裂构造存在。

综上所述认为,区域上赛乌素金矿位于剩余重力异常边部,岩体与地层的接触带上。剩余重力异常由宽变窄处,异常形态的改变推测为北东向展布的断裂构造引起(图 5-4)。

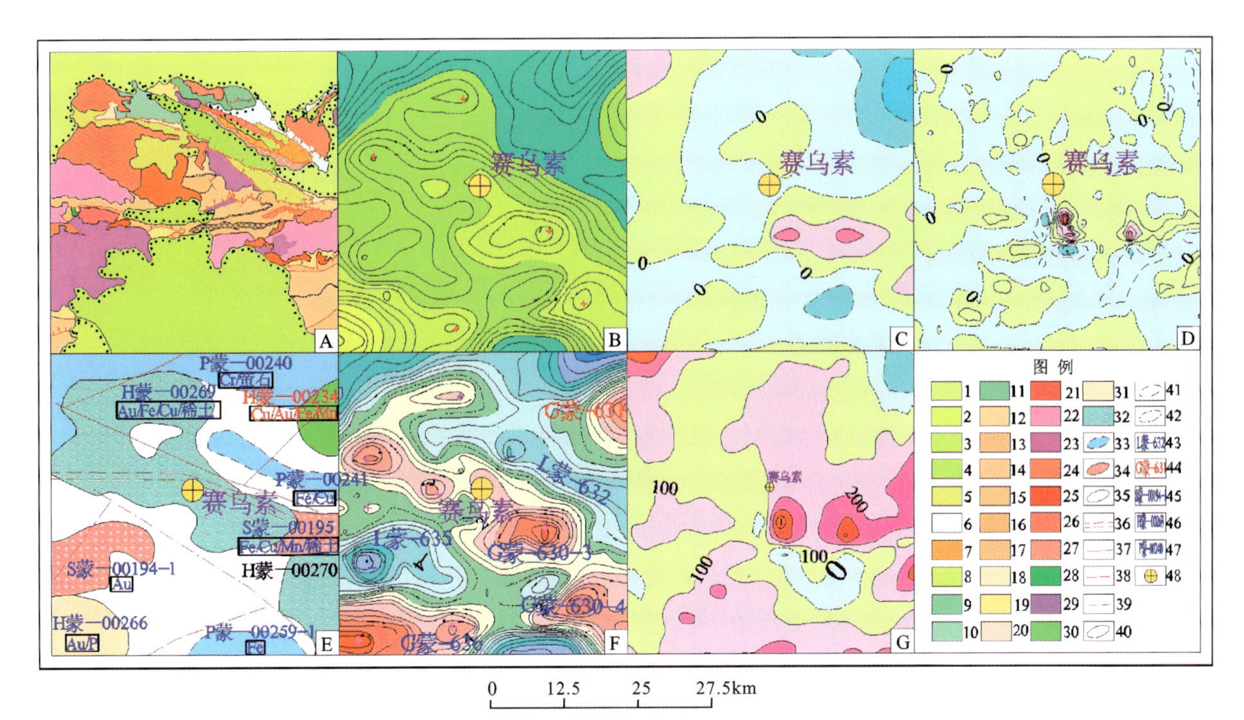

图 5-4　赛乌素金矿典型矿床物探剖析图

A. 地质矿产图；B. 布格重力异常图；C. 航磁 ΔT 等值线平面图；D. 航磁 ΔT 化极垂向一阶导数等值线平面图；E. 重力推断地质构造图；F. 剩余重力异常图；G. 航磁 ΔT 化极等值线平面图。

1. 二连组；2. 白女羊盘组；3. 固阳组；4. 李三沟组；5. 苏吉组；6. 阿木山组；7. 查干合布组；8. 西别河组；9. 哈拉组；10. 呼和艾力更组；11. 布龙山组；12. 白音布拉格组、呼吉尔图组并层；13. 比鲁特组；14. 哈拉霍疙特组；15. 尖山组；16. 白云鄂博群尖山组三段菠萝图白云岩尖山组三段；17. 都拉哈拉组；18. 阿牙登组；19. 宝音图岩群；20. 乌拉山岩群；21. 侏罗纪花岗岩；22. 三叠纪二长花岗岩；23. 三叠纪闪长岩；24. 二叠纪英云闪长岩；25. 泥盆纪英云闪长岩；26. 奥陶纪岗闪长岩；27. 奥陶纪乌德构造岩浆混杂岩；28. 中元古代辉长岩；29. 中元古代橄榄岩；30. 古生宙地层；31. 元古宙地层；32. 太古宙-元古宙地层；33. 盆地及边界；34. 酸性—中酸性岩体；35. 出露岩体边界；36. 半隐伏重力推断一级断裂构造及编号；37. 出露重力推断三级断裂构造及编号；38. 隐伏重力推断三级断裂构造及编号；39. 半隐伏重力推断三级断裂构造及编号；40. 航磁正等值线；41. 航磁负等值线；42. 零等值线；43. 剩余重力负异常编号；44. 剩余重力正异常编号；45. 酸性—中酸性岩体编号；46. 地层编号；47. 盆地编号；48. 金矿点

三、典型矿床地球化学特征

赛乌素式热液型金矿矿区周围存在以 Au 为主，伴有 Ag、Cu、As、Bi、Sb、Pb、Zn 等元素组成的综合异常；Au 为主要的成矿元素，Ag、As、Cd、Cu、Bi、Pb、Zn 为主要的伴生元素，Cu、Sb 在矿区呈高背景分布，有明显的浓集中心；Ag、As、Cd 在矿区外围呈高背景分布，浓集中心不明显。

四、典型矿床预测模型

以典型矿床成矿要素图为基础，综合研究重力、航磁、化探、遥感等综合致矿信息，总结典型矿床预测要素（表 5-1）。

预测模型图的编制，以勘探线剖面图为基础，叠加磁测、激电异常的剖面图形成。由于资料所限预测模型图不具代表性，辅以综合异常剖析图说明（图 5-5）。

表 5-1　赛乌素式层控内生型金矿典型矿床预测要素表

<table>
<tr><td colspan="2" rowspan="3">成矿要素</td><td colspan="4">描述内容</td><td rowspan="3">要素类别</td></tr>
<tr><td>储量</td><td>7060kg</td><td>平均品位</td><td>6.65×10^{-6}</td></tr>
<tr><td>特征描述</td><td colspan="3">热液型金矿床</td></tr>
<tr><td rowspan="3">地质环境</td><td>构造背景</td><td colspan="4">Ⅰ天山-兴蒙造山系，Ⅱ华北陆块区，Ⅱ-4 狼山-阴山陆块(大陆边缘岩浆弧，Ⅱ-4-3 狼山-白云鄂博裂谷</td><td>必要</td></tr>
<tr><td>成矿环境</td><td colspan="4">1.地层有新元古界白云鄂博群。
2.海西期中酸性岩浆岩十分发育。主要岩体分布于复背斜及穹隆构造之核部，其次沿北部槽台分界断裂喷出，海西期这次构造热事件，为本区金活化、迁移乃至最后富集成矿起着至关重要的作用。
3.区域构造表现为近东西向复式同斜背斜的褶皱形态。断裂有近东西向和北东向 2 组，产状严格受纵向张性、张剪性断裂控制</td><td>必要</td></tr>
<tr><td>成矿时代</td><td colspan="4">海西期</td><td>必要</td></tr>
<tr><td rowspan="7">矿床特征</td><td>岩石类型</td><td colspan="4">二叠纪花岗岩</td><td>必要</td></tr>
<tr><td>岩石结构</td><td colspan="4">糜棱-碎裂结构</td><td>次要</td></tr>
<tr><td>矿物组合</td><td colspan="4">金属矿物：褐铁矿、黄铁矿为主，有少量毒砂、白铁矿、方铅矿、铁闪锌矿、黄铜矿、赤铁矿、铜蓝，自然金、银金矿</td><td>重要</td></tr>
<tr><td>矿石结构构造</td><td colspan="4">结构：压碎结构，自形—半自形晶结构及他形晶结构，胶状、交代脉状结构，包含乳浊状、反应边结构。构造：角砾状、浸染状、网脉状、块状、蜂窝状、晶洞状、晶簇状构造</td><td>次要</td></tr>
<tr><td>蚀变特征</td><td colspan="4">围岩蚀变弱，硅化、绢云母化、绿泥石化、黄铁矿化、赤铁矿化、碳酸盐化</td><td>重要</td></tr>
<tr><td>控矿条件</td><td colspan="4">1.本区构造处于陆块衔接地带，中新元古代裂陷槽中。
2.太古宇部分地层含金丰度值高；元古宇白云鄂博群尖山组第二岩段含金丰度值高出地壳克拉克值 1～3 个数量级，亦为金的主要矿源层。
3.海西期活动的川井-镶黄旗深大断裂与海西期中酸性火山-次火山岩的岩浆穹隆的叠加部位有望找到隐爆角砾岩型金矿。深部有可能过渡为与韧脆性剪切带有关的蚀变岩型金矿。哈拉忽鸡复背斜及东西向、北西向断裂。
4.注意浅变质砂岩北缘有伸展断裂通过的化探显示有 Ag 异常地区寻找隐伏金矿床</td><td>必要</td></tr>
<tr><td colspan="2">区域成矿类型及成矿期</td><td colspan="4">海西期，层控内生型</td><td>必要</td></tr>
<tr><td rowspan="2">地球物理特征</td><td>重力</td><td colspan="4">金矿位于布格重力异常较高异常区由宽变窄处，值变化较平稳的地段。剩余重力异常由宽变窄处的零值线附近正异常一侧。该重力异常是古生代基底隆起所致</td><td>次要</td></tr>
<tr><td>航磁</td><td colspan="4">无论 1∶20 万航磁还是 1∶1 万地磁，金矿附近均显示为平稳的负磁场。磁异常值 0～50nT</td><td>重要</td></tr>
<tr><td colspan="2">地球化学特征</td><td colspan="4">存在以 Au 为主，伴有 Ag、Cu、As、Bi、Sb、Pb、Zn 等元素组成的综合异常；Au 为主要的成矿元素，Ag、As、Cd、Cu、Bi、Pb、Zn 为主要的伴生元素</td><td>必要</td></tr>
</table>

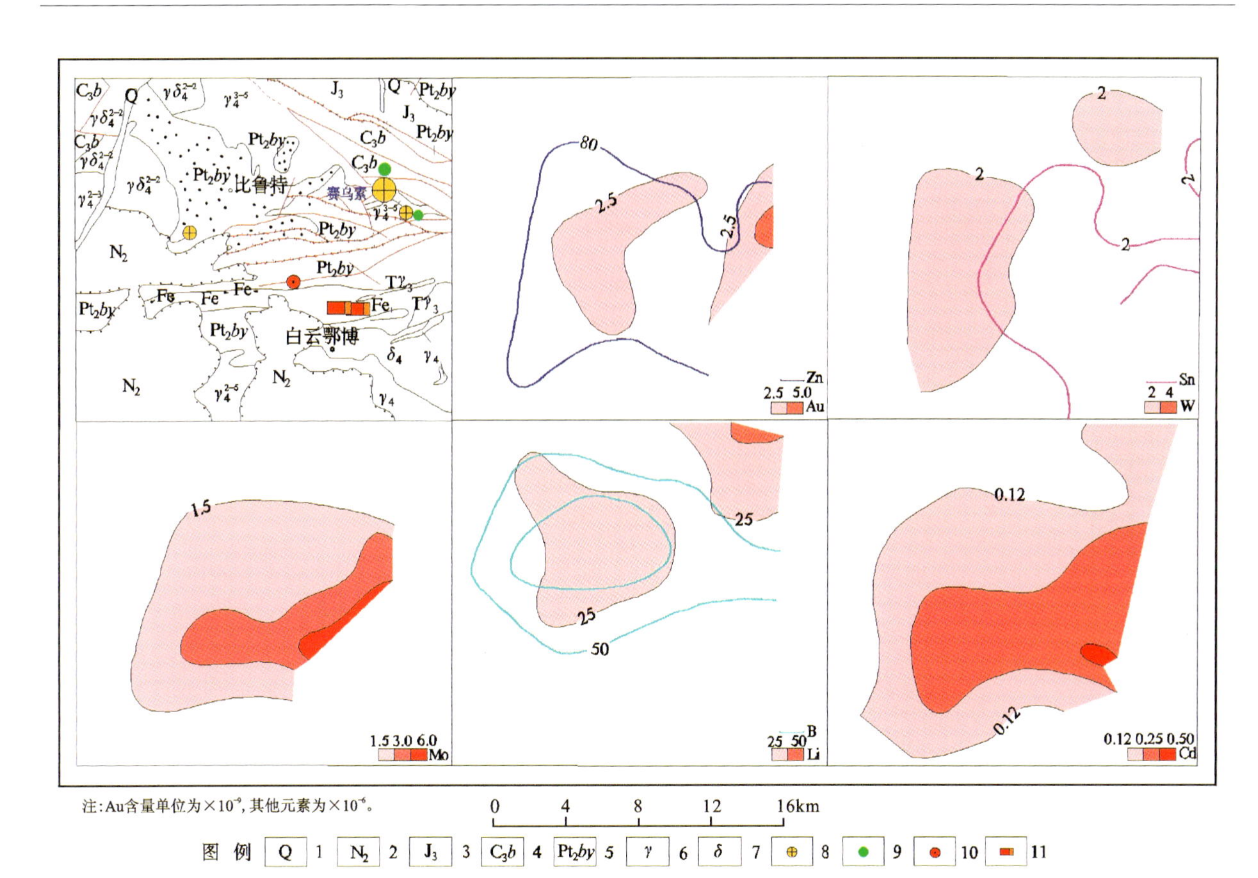

图 5-5　赛乌素金矿典型矿床化探综合异常剖析图

1. 第四系；2. 新近系上新统；3. 上侏罗统；4. 上石炭统本溪组；5. 中元古界白云鄂博群；6. 花岗岩；7. 闪长岩；8. 金矿；9. 铜矿；10. 铁矿；11. 稀土矿

第二节　预测工作区研究

一、区域地质特征

(一)成矿地质背景

大地构造位置属天山-兴蒙造山系，华北陆块区狼山-阴山陆块。区域内构造活动强烈，岩层褶曲构造发育，断裂及岩浆活动频繁，区域成矿地质背景概括如下：

预测区内地层有中元古界白云鄂博群，志留系、石炭系、侏罗系及第四系。白云鄂博群为一套浅变质的陆缘碎屑岩、泥页岩、碳酸盐岩建造，构成了白云鄂博裂谷的主体，不整合于古陆核之上，地层普遍经受了低绿片岩相变质和强烈变形改造。太古宇色尔腾山岩群、乌拉山岩群为本区最古老的地层，发育近东西向片麻理及片理构造，该岩层主要以捕虏体零星出露于穹隆核部海西期中酸性岩体中。二者构成本区基底岩系。

本区出露的岩浆岩主要为加里东期、海西期岩浆岩。加里东期岩浆岩呈中基性，沿北西西向断裂零星分布。海西期中酸性岩浆岩十分发育。主要呈岩体分布于复背斜及穹隆构造之核部，其次沿北部槽台分界断裂喷出。海西期这次构造热事件，为本区金活化迁移乃至最后富集成矿起着至关重要的作用。

区内构造为复背斜构造，它是由海西期岩浆穹隆作用叠加于线型褶皱构造之上形成的。轴向近东西，次一级褶皱也极为发育。断裂以近东西向和北东向两组为主，东西向断裂形成较早，为一组断层面北倾，走向北西西的逆断层，具有叠瓦式构造和多期活动的特点。主体构造为轴线近东西向褶皱带。

(二)区域成矿模式

赛乌素式层控内生型金矿产于华北板块北缘、狼山-白云鄂博裂谷带白云鄂博群浅变质岩系内。该区构造复杂，岩浆活动频繁。在海西期近东西向叠瓦状向北逆冲的断层控制下，形成背向斜构造及其次级东西向和北西向断裂构造，重熔S型花岗岩浆侵位于金丰度值高的老地质体，经热液淋滤、迁移形成含矿热液，热液沿先期断裂构造上升，并在裂隙中富集成矿。该类型金矿成矿模式为矿源层经重熔分异—岩浆上升侵位—成矿热液赋存构造空间。区域成矿模式如图5-6所示。

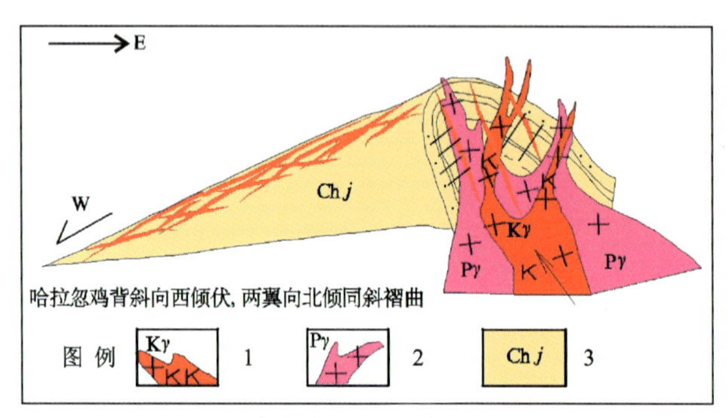

图5-6 赛乌素金矿区域成矿模式图

(据《内蒙古达茂旗赛乌素金矿32号脉初步勘探地质报告》，中国人民解放军基建工程兵00525部队，1984修编)

1.白垩纪中粒正长花岗岩；2.二叠纪似斑状黑云(二云)花岗岩；3.白云鄂博群尖山组红柱石斑点板岩、结晶灰岩、变质砂岩

二、区域地球物理特征

(一)航磁特征

预测区在航磁 ΔT 等值线平面图上磁异常幅值范围为－2880～5300nT，全预测区以0～100nT异常值为磁场背景。预测区西部主要为低缓磁异常区，无明显磁异常；预测区中南部以杂乱正磁异常为主，强度0～600nT，部分异常梯度变化较大；预测区东部强度很大、梯度变化大的东西向正负伴生磁异常带为白云鄂博矿区，该异常带东北方向有一近圆状正异常区，东南方向有一近椭圆状正异常区。赛乌素金矿区位于白云鄂博正负磁异常带西北部，磁场背景为低缓磁异常区，0nT等值线附近。

(二)重力特征

该预测工作区布格重力异常以高、低相间分布为特征，布格重力异常值变化范围为 $\Delta g-184.91\times10^{-5}$ m/s^2～$-137.50\times10^{-5}m/s^2$，形态以椭圆状、等轴状为主。形成多处局部重力高、局部重力低值区。

布格重力异常相对高值区对应形成剩余重力正异常。局部低值区与剩余重力负异常相对应。全区形成6处剩余重力正异常区，6处剩余重力负异常区。正、负异常西部呈近东西向带状展布，东部则转为北西向、北东向带状展布。局部异常形态多呈椭圆状。

赛乌素金矿位于G蒙-630异常带上呈似椭圆状异展布的一个局部异常区。该异常与元古宙、太古宙基底隆起有关。同理，在沿该带分布的另两处局部异常区也分布有元古宙、太古宙地层，故认为亦是元古宙、太古宙基底隆起所致。

G蒙-636异常区是浩尔忽洞金矿所在区域，推断该异常主要因元古宙基底隆起所致。同理推断G蒙-630西段局部异常与G蒙-640号异常、预测区东侧边部的两处局部异常区亦是主要因元古宙基底隆起所致。

预测区北部的G蒙-631号异常区主要出露有太古宙地层，所以认为该异常与太古宙基底隆起有关。

预测区南侧的几处剩余重力负异常主要是因中酸性岩引起，而北侧的条带状负异常则推断为中新生界盆地分布区。

从布格重力异常和剩余重力异常特征及所处地质环境综合分析后认为，在G蒙-630异常带上赛乌素金矿所在的局部异常区南侧的局部剩余重力异常其形态特征及所处地质环境与赛乌素金矿相似，所以这一区域可作为重要的寻找金矿的靶区。

三、区域地球化学特征

预测区上分布有Ag、Au、Cu、Cd、As、Sb等元素组成的高背景区带，在高背景区带中有以Ag、Au、Cu、Cd、As、Sb为主的多元素局部异常。预测区内共有29个Ag异常，28个As异常，59个Au异常，19个Cd异常，29个Cu异常，24个Mo异常，28个Pb异常，22个Sb异常，20个W异常，16个Zn异常。

预测区北东部分布有Ag、As的高背景区，在高背景区带存在明显的浓集中心，在赛乌苏地区Ag、As异常套合较好，Au在预测区北东部呈背景、高背景分布，在赛乌苏和达尔罕茂明安联合旗以北有多处浓集中心，浓集中心明显，异常强度高，呈串珠状分布；Cd在赛乌苏周围呈高背景分布，有明显的浓集中心；Cu在预测区呈背景、高背景分布，在赛乌苏和阿拉格敖包地区有两处明显的浓集中心；Sb在预测区北东部呈高背景分布，有明显的浓集中心；W、Mo在预测区呈背景、低背景分布，有个别局部异常；Pb、Zn呈背景、低背景分布。

预测区上异常套合好的编号为AS1和AS2，AS1的异常元素有Au、Cu、Zn、Ag，Au元素浓集中心明显，异常强度高，呈环状分布，与Cu、Zn、Ag套合较好；AS2的异常元素有Au、As、Sb，Au元素浓集中心明显，异常强度高，具明显的异常分带。

四、区域遥感影像及解译特征

预测工作区内主要近东西向区域性控矿构造带有一条：即华北陆块北缘断裂带，该断裂带在图幅北部边缘近东西展布，基本横跨整个图幅；构造在该区域显示明显的断续东西向延伸特点，线型构造两侧地层体较复杂，线型构造经过多套地层体(图5-7)。

五、区域自然重砂特征

赛乌素式热液型金矿主要分布在白云鄂博—高勒图一带，出露地层为白云鄂博群混合岩裂隙充填含金石英脉。新太古界老变质岩、古元古界石英闪长岩、二长花岗岩、片麻状花岗岩，后期脉岩发育，形成原生金矿脉。见矿率高，一般为60%～80%，含量也高，最多达到560粒/25kg。

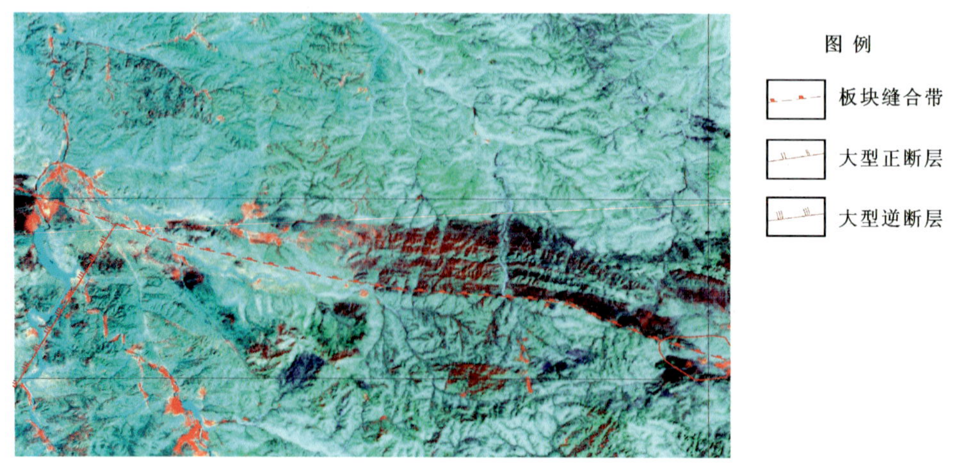

图 5-7　赛乌素金矿预测工作区内华北陆块北缘断裂带

六、区域预测模型

根据预测工作区区域成矿要素和航磁、重力、遥感等特征，建立了本预测区的区域预测要素，并编制预测工作区预测要素图和预测模型图。

区域预测要素图以区域成矿要素图为基础，综合研究重力、航磁、化探、遥感等综合致矿信息，总结区域预测要素（表 5-2），并将综合信息各专题异常曲线或区全部叠加在成矿要素图上，在表达时可以出单独预测要素如航磁的预测要素图。

预测模型图的编制，以地质剖面图为基础，叠加区域重力、区域化探剖面图而形成，简要表示预测要素内容及其相互关系，以及时空展布特征（图 5-8）。

表 5-2　赛乌素式层控内生型金矿预测工作区预测要素表

<table>
<tr><td colspan="2" rowspan="3">成矿要素</td><td colspan="4">描述内容</td><td rowspan="3">要素类别</td></tr>
<tr><td>储量</td><td>7060kg</td><td>平均品位</td><td>6.65×10⁻⁶</td></tr>
<tr><td>特征描述</td><td colspan="3">层控内生型金矿床</td></tr>
<tr><td rowspan="3">地质环境</td><td>构造背景</td><td colspan="4">Ⅰ天山-兴蒙造山系，Ⅱ华北陆块区，Ⅱ-4 狼山-阴山陆块（大陆边缘岩浆弧），Ⅱ-4-3 狼山-白云鄂博裂谷</td><td>必要</td></tr>
<tr><td>成矿环境</td><td colspan="4">Ⅰ-4 滨太平洋成矿域（叠加在古亚洲成矿域之上），Ⅱ-14 华北成矿省，Ⅲ-58 华北地台北缘西段 Au-Fe-Nb-REE-Cu-Pb-Zn-Ag-Ni-Pt-W-石墨-白云母成矿带，Ⅳ58-1 白云鄂博-商都 Au-Fe-Nb-REE-Cu-Ni 成矿亚带，Ⅴ58-11-1 白云鄂博铁、稀土、金矿集区（Pt）</td><td>必要</td></tr>
<tr><td>成矿时代</td><td colspan="4">海西期</td><td>必要</td></tr>
<tr><td rowspan="3">控矿地质条件</td><td>控矿构造</td><td colspan="4">哈拉忽鸡复背斜及东西向、北西向断裂</td><td>重要</td></tr>
<tr><td>赋矿地质体</td><td colspan="4">元古宇白云鄂博群尖山组第二岩段</td><td>必要</td></tr>
<tr><td>围岩蚀变</td><td colspan="4">硅化、绢云母化、绿泥石化、黄铁矿化、赤铁矿化、碳酸盐化</td><td>重要</td></tr>
<tr><td colspan="2">区域成矿类型及成矿期</td><td colspan="4">海西期，层控内生型</td><td>必要</td></tr>
<tr><td colspan="2">预测区矿点</td><td colspan="4">矿床（点）11 个：中型矿床 1 个，小型矿床 4 个，矿化点 6 个</td><td>重要</td></tr>
</table>

续表 5-2

成矿要素		描述内容				要素类别
		储量	7060kg	平均品位	6.65×10^{-6}	
		特征描述	层控内生型金矿床			
地球物理特征	重力	布格重力异常以高、低相间分布为特征，变化范围为 $\Delta g(-184.91\sim137.50)\times10^{-5}\mathrm{m/s^2}$，对应形成剩余重力正负异常区，呈近东西向展布。与太古宙、元古宙有关的布格重力高异常、剩余重力正异常可作为该区的预测要素。尤其注意异常的边部区域				重要
	航磁	预测区西部主要为低缓磁异常区，无明显磁异常；中南部以杂乱正磁异常为主；东部为较强的东西向正负伴生磁异常带（白云鄂博矿区）。赛乌素金矿区位于白云鄂博正负磁异常带西北部低缓磁异常区。异常值一般在 100～200nT 之间				重要
地球化学特征		预测区上分布有 Ag、Au、Cu、Cd、As、Sb 等元素组成的高背景区带，在高背景区带中有以 Ag、Au、Cu、Cd、As、Sb 为主的多元素局部异常。异常值$>2\times10^{-9}$，最大值 1800×10^{-9}				必要

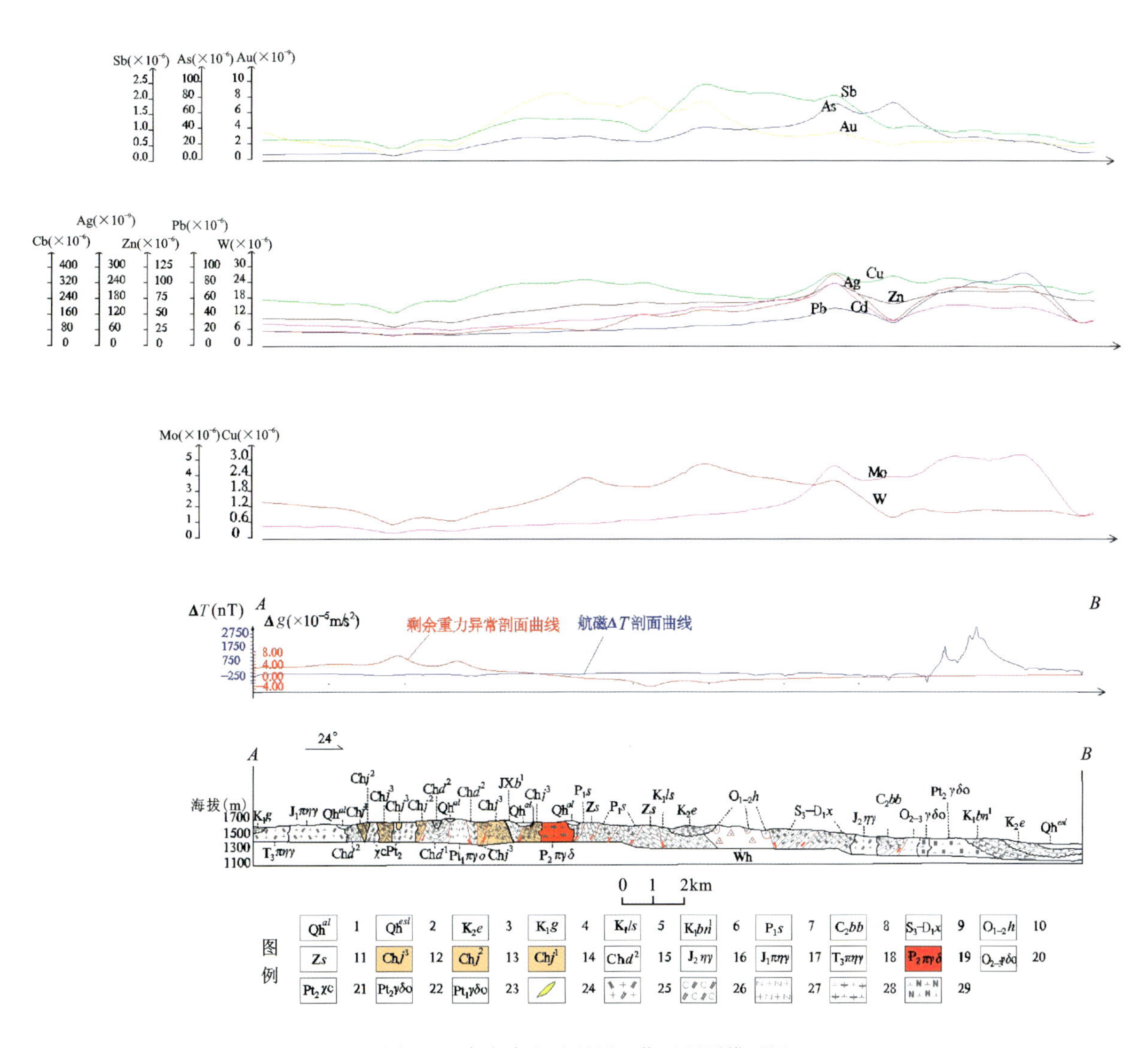

图 5-8　赛乌素金矿预测工作区预测模型图

1.第四系冲积层；2.第四系冲洪积层；3.上白垩统二连组；4.下白垩统固阳组；5.白垩系李三沟组；6.白垩系白女羊盘组；7.二叠系苏吉组；8.石炭系本巴图组；9.上志留统—下泥盆统西别河组；10.奥陶系哈拉组；11.震旦系腮林忽洞组；12.尖山组三岩段；13.尖山组二岩段；14.尖山组一岩段；15.都拉哈啦组；16.侏罗纪中粒二长花岗岩；17.侏罗纪似斑状二长花岗岩；18.三叠纪似斑状二长花岗岩；19.二叠纪似斑状花岗闪长岩；20.奥陶纪蚀变英云闪长岩；21.中元古代石英脉；22.中元古代蚀变英云闪长岩；23.古元古代蚀变英云闪长岩；24.金矿体；25.似斑状二长花岗岩；26.白云岩；27.似斑状英云闪长岩；28.似斑状花岗闪长岩；29.中粒英云闪长岩

第三节　矿产预测

一、综合地质信息定位预测

（一）变量提取及优选

在 MRAS 软件中，将揭盖后的地质体作为预测单元，实测断层、遥感断层、重砂异常区等求区的存在标志，对航磁化极、剩余重力、Au 单元素异常求起始值的加权平均值，并对以上原始变量进行构置，对预测单元赋值，形成原始数据专题。

根据已知矿床所在地区的航磁化极值、剩余重力值、Au 单元素异常起始值对原始数据专题中的航磁化极值、剩余重力值、Au 单元素异常起始值的加权平均值进行二值化处理，形成定位数据转换专题。

进行定位预测变量选取，由于遥感铁染异常区与成矿关系不密切，故在优选过程中剔除。

（二）最小预测区圈定及优选

选择赛乌素典型矿床所在的最小预测区为模型区，模型区内出露的地质体为尖山组二岩段，Au 单元素化探异常值范围为$(2.9\sim4.2)\times10^{-9}$，模型区内有一条规模较大、与成矿有关的北西向断层。

由于预测工作区内有 11 个同预测类型的矿床，故采用有模型预测工程进行预测，预测过程中先后采用了特征分析法、聚类分析法等方法进行空间评价，并采用人工对比预测要素，最终确定采用特征分析法作为本次工作的预测方法。

（三）最小预测区圈定结果

本次工作共圈定 37 个最小预测区，其中 A 级 10 个、B 级 19 个、C 级 8 个（图 5-9）。

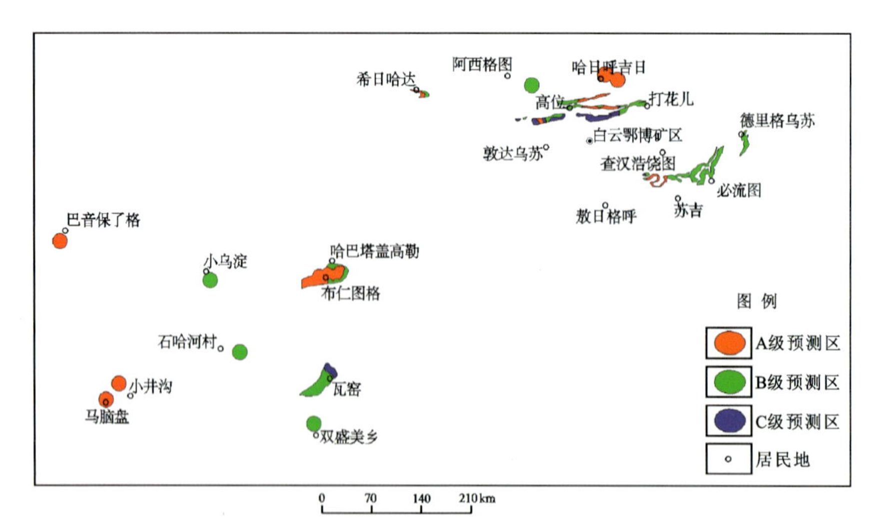

图 5-9　赛乌素金矿最小预测区优选分布图

最小预测区面积在0.09～9.21km²之间。各级别面积分布合理，且已知矿床分布在A级预测区内，说明预测区优选分级原则较为合理；最小预测区圈定结果表明，预测区总体与区域成矿地质背景和化探异常、航磁、剩余重力异常吻合程度较好。各最小预测区的地质特征、成矿特征和资源潜力评述见表5-3。

表5-3　赛乌素式层控内生型金矿最小预测区成矿条件及找矿潜力一览表

最小预测区编号	最小预测区名称	综合信息
A1511503001	哈日呼吉日	矿区近北西向分布，区内有1个中型矿床，1个矿化点，该区有磁异常显示，剩余重力异常值 Δg 在$(-1\sim3)\times10^{-5}m/s^2$之间，在化探异常范围，有重砂异常。并处于南北向与东西向断裂交会处。找矿潜力大
A1511503002	巴音保了格	矿区内有1个小型矿床，有磁异常显示，航磁 ΔT 化极异常在0～100nT之间，剩余重力异常值 Δg 在$(-2\sim0)\times10^{-5}m/s^2$之间。有化探异常。找矿潜力大
A1511503003	布仁图格	矿区近北东向展布，地表有尖山组二岩段出露，区内有1个小型矿床，预测区有磁异常显示，航磁 ΔT 化极异常值在－100～150nT之间，剩余重力异常值 Δg 在$(5\sim10)\times10^{-5}m/s^2$之间。有东西向断裂通过。有一定的找矿前景
A1511503004	查汉浩饶图西南	矿区近北东向展布，地表有尖山组二岩段出露，预测区有磁异常显示，航磁 ΔT 化极异常在0～300nT之间，剩余重力异常值 Δg 在$(3\sim5)\times10^{-5}m/s^2$之间。有东西向断裂通过。有一定的找矿前景
A1511503005	敦达乌苏北	矿区近东西向展布，地表有尖山组二岩段出露，预测区有磁异常显示，航磁 ΔT 化极异常在－800～2900nT之间，剩余重力异常值 Δg 在$(5\sim7)\times10^{-5}m/s^2$之间。在化探异常范围内，有重砂异常。有一定的找矿前景
A1511503006	高位北东	矿区近东西向展布，地表有尖山组二岩段出露，预测区有磁异常显示，航磁 ΔT 化极异常在－150～100nT之间，剩余重力异常值 Δg 在$(4\sim7)\times10^{-5}m/s^2$之间。在化探异常范围内，有东西向断裂通过。有重砂异常。有一定的找矿前景
A1511503007	高位东	矿区近东西向展布，地表有尖山组二岩段出露，预测区有磁异常显示，航磁 ΔT 化极异常主要在－400～100nT之间，剩余重力异常值 Δg 主要在$(5\sim8)\times10^{-5}m/s^2$之间。在化探异常范围内，有东西向断裂通过，有重砂异常。有一定的找矿前景
A1511503008	马脑盘	矿区内有一矿化点，有磁异常显示，航磁 ΔT 化极异常主要在100～150nT之间，剩余重力异常值 Δg 主要在$(6\sim8)\times10^{-5}m/s^2$之间。在化探异常范围内，有东西向断裂通过。有一定的找矿前景
A1511503009	希日哈达	矿区近东西向展布，地表有尖山组二岩段出露，预测区有磁异常显示，航磁 ΔT 化极异常在0～600nT之间，剩余重力异常值 Δg 在$(-1\sim0)\times10^{-5}m/s^2$之间。在化探异常范围内，有重砂异常，有东西向断裂通过。有一定的找矿前景
A1511503010	小井沟	矿区内有一矿化点，有磁异常显示，航磁 ΔT 化极异常主要在100～150nT之间，剩余重力异常值 Δg 主要在$(5\sim6)\times10^{-5}m/s^2$之间。在化探异常范围内，有东西向断裂通过。有一定的找矿前景

续表 5-3

最小预测区编号	最小预测区名称	综合信息
B1511503001	阿西格图	矿区内有1个小型矿床，有磁异常显示，航磁 ΔT 化极异常在 $-150\sim100$nT 之间，剩余重力异常值 Δg 在 $(2\sim4)\times10^{-5}$ m/s^2 之间。在化探异常范围内，有重砂异常。有一定的找矿前景
B1511503002	必流图	矿区近北东向展布，地表有尖山组二岩段出露，预测区有磁异常显示，航磁 ΔT 化极异常在 $200\sim800$nT 之间，剩余重力异常值 Δg 在 $(0\sim4)\times10^{-5}$ m/s^2 之间。有东西向、南北向断裂通过。可作为找矿线索
B1511503003	查汉浩饶图西南	矿区有磁异常显示，地表有尖山组二岩段出露，航磁 ΔT 化极异常在 $0\sim100$nT 之间，剩余重力异常值 Δg 在 $(2\sim3)\times10^{-5}$ m/s^2 之间。可作为找矿线索
B1511503004	查汉浩饶图西南	矿区为揭盖区，有磁异常显示，航磁 ΔT 化极异常在 $0\sim100$nT 之间，剩余重力异常值 Δg 在 $(3\sim4)\times10^{-5}$ m/s^2 之间。有一定的找矿前景
B1511503005	打花儿西	矿区近东西向展布，地表主要为尖山组二岩段出露，预测区有磁异常显示，航磁 ΔT 化极异常在 $150\sim1000$nT 之间，剩余重力异常值 Δg 在 $(2\sim6)\times10^{-5}$ m/s^2 之间。在化探异常范围内，有东西向、南北向断裂通过。有一定的找矿前景
B1511503006	打花儿西	矿区近东西向展布，地表有尖山组二岩段出露，预测区有磁异常显示，航磁 ΔT 化极异常主要在 $250\sim1800$nT 之间，剩余重力异常值 Δg 主要在 $(4\sim6)\times10^{-5}$ m/s^2 之间。在化探异常范围内，有东西向断裂通过。有重砂异常。有一定的找矿前景
B1511503007	德里格乌苏	矿区近北东向展布，地表有尖山组二岩段出露，预测区有磁异常显示，航磁 ΔT 化极异常在 $0\sim250$nT 之间，剩余重力异常值 Δg 在 $(6\sim8)\times10^{-5}$ m/s^2 之间。在化探异常范围内。有一定的找矿前景
B1511503008	敦达乌苏北	矿区近东西向展布，地表有尖山组二岩段出露，预测区有磁异常显示，航磁 ΔT 化极异常在 $-400\sim400$nT 之间，剩余重力异常值 Δg 在 $(6\sim8)\times10^{-5}$ m/s^2 之间。在化探异常范围内。有一定的找矿前景
B1511503009	高位	矿区近东西向展布，主体为尖山组二岩段，预测区有磁异常显示，航磁 ΔT 化极异常主要在 $-100\sim800$nT 之间，剩余重力异常值 Δg 主要在 $(7\sim8)\times10^{-5}$ m/s^2 之间。可作为找矿线索
B1511503010	高位北	矿区近北东向展布，主体为尖山组二岩段。有磁异常显示，航磁 ΔT 化极异常在 $-200\sim150$nT 之间，剩余重力异常值 Δg 在 $(6\sim8)\times10^{-5}$ m/s^2 之间。在化探异常范围内。有东西向断裂通过。可作为找矿线索
B1511503011	高位东	矿区为揭盖区，预测区有磁异常显示，航磁 ΔT 化极异常主要在 $0\sim300$nT 之间，剩余重力异常值 Δg 主要在 $(6\sim8)\times10^{-5}$ m/s^2 之间，在化探异常范围内。可作为找矿线索
B1511503012	哈巴塔盖高勒	该区为揭盖区，预测区有磁异常显示，航磁 ΔT 化极异常值在 $-150\sim100$nT 之间，剩余重力异常值 Δg 在 $(6\sim10)\times10^{-5}$ m/s^2 之间。有东西向断裂通过。可作为找矿线索

续表 5-3

最小预测区编号	最小预测区名称	综合信息
B1511503013	黑西南	该区近北东向展布，地表有尖山组二岩段出露，预测区有磁异常显示，航磁 ΔT 化极异常值在－1000～1400nT 之间，剩余重力异常值 Δg 在(4～5)×10^{-5}m/s^2之间。在化探异常范围内，有重砂异常。有一定找矿前景
B1511503014	石哈河村	矿区内有一小型矿床，预测区有磁异常显示，航磁 ΔT 化极异常主要在150～200nT 之间，剩余重力异常值 Δg 主要在(－2～0)×10^{-5}m/s^2之间。在化探异常范围内，有东西向断裂通过。有一定找矿前景
B1511503015	双盛美乡	矿区内有一矿化点，预测区有磁异常显示，航磁 ΔT 化极异常主要在150～200nT 之间，剩余重力异常值 Δg 主要在(－2～0)×10^{-5}m/s^2之间。在化探异常范围内，有东西向断裂通过。有一定找矿前景
B1511503016	苏吉	矿区近北东向展布，地表有尖山组二岩段出露，预测区有磁异常显示，航磁 ΔT 化极异常在 150～800nT 之间，剩余重力异常值 Δg 在(0～4)×10^{-5}m/s^2之间。局部有化探异常，有东西向、南北向断裂通过。可作为找矿线索
B1511503017	瓦窑	矿区近北东向展布，地表有尖山组二岩段出露，预测区有磁异常显示，航磁 ΔT 化极异常在 0～250nT 之间，剩余重力异常值 Δg 在(－2～1)×10^{-5}m/s^2之间。有一定找矿前景
B1511503018	希日哈达东	矿区为揭盖区，预测区有磁异常显示，航磁 ΔT 化极异常在 100～600nT 之间，剩余重力异常值 Δg 在(－1～0)×10^{-5}m/s^2之间。在化探异常范围内，有重砂异常，有东西向断裂通过。可作为找矿线索
B1511503019	小乌淀	矿区内有一矿化点，预测区有磁异常显示，航磁 ΔT 化极异常主要在150～200nT 之间，剩余重力异常值 Δg 主要在(4～6)×10^{-5}m/s^2之间。在化探异常范围内，有重砂异常，有东西向断裂通过。有一定找矿前景
C1511503001	白云鄂博矿区北	矿区近东西向展布，地表主要为尖山组二岩段出露，预测区有磁异常显示，航磁 ΔT 化极异常在 1000～6200nT 之间，剩余重力异常值 Δg 在(6～10)×10^{-5}m/s^2之间。在化探异常范围内，有东西向、南北向断裂通过。可作为找矿线索
C1511503002	查汉浩饶图西南	矿区为揭盖区，有磁异常显示，航磁 ΔT 化极异常在 0～100nT 之间，剩余重力异常值 Δg 在(2～3)×10^{-5}m/s^2之间。可作为找矿线索
C1511503003	打花儿西	矿区为揭盖区，预测区有磁异常显示，航磁 ΔT 化极异常主要在 800～1000nT 之间，剩余重力异常值 Δg 主要在(5～6)×10^{-5}m/s^2之间，有重砂异常。可作为找矿线索
C1511503004	敦达乌苏北	矿区为揭盖区，预测区有磁异常显示，航磁 ΔT 化极异常在－600～3500nT 之间，剩余重力异常值 Δg 在(5～6)×10^{-5}m/s^2之间。在化探异常范围内，有重砂异常。有一定的找矿前景

续表 5-3

最小预测区编号	最小预测区名称	综合信息
C1511503005	敦达乌苏北西	矿区为揭盖区，预测区有磁异常显示，航磁 ΔT 化极异常在 $-800\sim-300$nT之间，剩余重力异常值 Δg 在 $(6\sim7)\times10^{-5}$ m/s² 之间。在化探异常范围内，有重砂异常。有一定的找矿前景
C1511503006	黑西南	该区近北东向展布，地表有尖山组二岩段出露，预测区有磁异常显示，航磁 ΔT 化极异常值在 $-800\sim800$nT 之间，剩余重力异常值 Δg 在 $(3\sim4)\times10^{-5}$ m/s² 之间。在化探异常范围内，有重砂异常。有一定的找矿前景
C1511503007	红山湾	该区为揭盖区，预测区有磁异常显示，航磁 ΔT 化极异常值在 -150—100nT 之间，剩余重力异常值 Δg 在 $(6\sim10)\times10^{-5}$ m/s² 之间。有东西向断裂通过。可作为找矿线索
C1511503008	高位西南	矿区为揭盖区，预测区有磁异常显示，航磁 ΔT 化极异常在 $100\sim150$nT 之间，剩余重力异常值 Δg 在 $(-1\sim1)\times10^{-5}$ m/s² 之间。可作为找矿线索

（四）最小预测区地质评价

预测区属于半干旱大陆气候，四季分明，太阳辐射强烈，日照丰富，气温日差较大，冬季漫长而寒冷；夏季短而酷热。以农业为主，农牧林结合的经济类型区。交通较为便利，有京通铁路、国道、省道由预测区内通过。邮电通信事业发展迅速，输变电工程形成网络。

二、综合信息地质体积法估算资源量

（一）典型矿床深部及外围资源量估算

典型矿床查明矿床小体重、最大延深、品位、资源量依据来源于中国人民武装警察部队黄金第二支队2004年7月编写的《内蒙古自治区达茂旗赛乌素矿区32号脉群金矿资源量储量核实报告》。矿床面积（$S_{典}$）是根据1∶2000赛乌素金矿矿区地形地质图圈定，在MapGIS软件下读取数据。具体数据见表5-4。

表 5-4　赛乌素金矿典型矿床深部及外围资源量估算一览表

典型矿床		深部及外围		
已查明资源量	7060kg	深部	面积	1 696 408m²
面积	1 696 408m²		深度	94m
深度	376m	外围	面积	837 211m²
品位	6.12×10^{-6}		深度	450m
密度	2.69t/m³	预测资源量		6 268.41kg
体积含矿率	0.000 011 7t/m³	典型矿床资源总量		13 328.41kg

(二)模型区的确定、资源量及估算参数

赛乌素典型矿床位于哈日呼吉日模型区内,该模型区资源总量等于典型矿床资源总量,为13 328.41kg。模型区含矿地质体面积与模型区面积一致,含矿地质体面积参数为1。依据《预测资源量估算技术要求》圈定最小预测区面积、求出含矿系数(表5-5),对相似系数、延深由专家合理给出,资源量级别按补充规定给定。

表5-5 赛乌素式层控内生型金矿模型区预测资源量及其估算参数表

编号	名称	模型区预测资源量	模型区面积(m^2)	延深(m)	含矿地质体面积(m^2)	含矿地质体面积参数
A1511503301	哈日呼吉目	6 268.41kg	6.15	450	6.15	1

(三)最小预测区预测资源量

本次工作采用地质体积参数法进行资源量估算。

1. 估算参数的确定

最小预测区面积是依据综合地质信息定位优选的结果;延深的确定是在研究最小预测区含矿地质体地质特征、含矿地质体的形成深度、断裂特征、矿化类型的基础上,并对比典型矿床特征的基础上综合确定的;相似系数的确定,主要依据MRAS生成的成矿概率及与模型区的比值,参照最小预测区地质体出露情况、化探及重砂异常规模及分布、物探解译隐伏岩体分布信息等进行修正。

2. 最小预测区预测资源量估算结果

本次预测资源总量分别为26 331.35kg,不包括已查明资源量12 749kg(表5-6)。

表5-6 赛乌素式层控内生型金矿预测工作区最小预测区估算成果表

最小预测区编号	最小预测区名称	$S_预$(km^2)	$H_预$(m)	K_S	K(kg/m^3)	$Z_预$(kg)	资源量级别
A1511503001	哈日呼吉日最小预测区	6.15	450	1	0.000 004 8	6 268.41	334-1
A1511503002	巴音保了格最小预测区	3.14	450	1	0.000 004 8	194.61	334-2
A1511503003	布仁图格最小预测区	9.21	300	1	0.000 004 8	3 272.09	334-2
A1511503004	查汉浩饶图西南最小预测区	1.67	250	1	0.000 004 8	698.61	334-2
A1511503005	敦达乌苏北最小预测区	0.46	100	1	0.000 004 8	90.36	334-2
A1511503006	高位北东最小预测区	1.27	200	1	0.000 004 8	570.31	334-2
A1511503007	高位东最小预测区	1.36	200	1	0.000 004 8	536.95	334-2
A1511503008	马脑盘最小预测区	3.14	350	1	0.000 004 8	2 217.69	334-2
A1511503009	希日哈达最小预测区	0.71	150	1	0.000 004 8	178.41	334-2
A1511503010	小井沟最小预测区	3.14	350	1	0.000 004 8	2 217.69	334-2

续表 5-6

最小预测区编号	最小预测区名称	$S_{预}$（km^2）	$H_{预}$（m）	K_S	K（kg/m^3）	$Z_{预}$（kg）	资源量级别
B1511503001	阿西格图最小预测区	3.14	400	1	0.000 004 8	230.38	334-2
B1511503002	必流图最小预测区	3.75	350	1	0.000 004 8	1 829.41	334-2
B1511503003	查汉浩饶图西南最小预测区	0.21	70	1	0.000 004 8	15.31	334-2
B1511503004	查汉浩饶图西南最小预测区	0.09	40	1	0.000 004 8	6.27	334-2
B1511503005	打花儿西最小预测区	1.93	250	1	0.000 004 8	301.46	334-2
B1511503006	打花儿西最小预测区	0.21	70	1	0.000 004 8	17.82	334-2
B1511503007	德里格乌苏最小预测区	1.70	250	1	0.000 004 8	269.40	334-2
B1511503008	敦达乌苏北最小预测区	0.91	150	1	0.000 004 8	65.89	334-2
B1511503009	高位最小预测区	0.65	150	1	0.000 004 8	60.97	334-2
B1511503010	高位北最小预测区	1.21	200	1	0.000 004 8	151.60	334-2
B1511503011	高位东最小预测区	0.21	50	1	0.000 004 8	25.65	334-2
B1511503012	哈巴塔盖高勒最小预测区	2.63	300	1	0.000 004 8	1 323.31	334-3
B1511503013	黑西南最小预测区	0.10	40	1	0.000 004 8	4.63	334-2
B1511503014	石哈河村最小预测区	3.14	350	1	0.000 004 8	572.77	334-2
B1511503015	双盛美乡最小预测区	3.14	350	1	0.000 004 8	536.89	334-3
B1511503016	苏吉最小预测区最小预测区	4.23	400	1	0.000 004 8	1 060.00	334-2
B1511503017	瓦窑最小预测区	6.38	450	1	0.000 004 8	1 818.06	334-3
B1511503018	希日哈达东最小预测区	0.42	100	1	0.000 004 8	83.48	334-2
B1511503019	小乌淀最小预测区	3.14	350	1	0.000 004 8	694.77	334-2
C1511503001	白云鄂博矿区北最小预测区	3.18	350	1	0.000 004 8	536.67	334-2
C1511503002	查汉浩饶图西南最小预测区	0.17	50	1	0.000 004 8	9.09	334-2
C1511503003	打花儿西最小预测区	0.11	50	1	0.000 004 8	6.76	334-2
C1511503004	敦达乌苏北最小预测区	0.28	70	1	0.000 004 8	9.32	334-2
C1511503005	敦达乌苏北西最小预测区	0.68	150	1	0.000 004 8	94.44	334-2
C1511503006	黑西南最小预测区	0.19	50	1	0.000 004 8	4.50	334-2
C1511503007	红山湾最小预测区	1.82	250	1	0.000 004 8	288.61	334-3
C1511503008	高位西南最小预测区	0.95	150	1	0.000 004 8	68.76	334-2

（四）预测工作区预测成果汇总

赛乌素热液型金矿预测工作区地质体积法预测资源量，依据资源量级别划分标准，根据现有资料的精度，可划分为334-1、334-2两个资源量精度级别；赛乌素热液型金矿预测工作区中，根据各最小预测区内含矿地质体、物化探异常及相似系数特征，预测延深参数均在500m以浅。

根据矿产潜力评价预测资源量汇总标准，赛乌素热液型金矿预测工作区按精度、预测深度、可利用性、可信度统计分析结果见表5-7。

表5-7　赛乌素式热液型金矿预测工作区资源量估算汇总表　单位：kg

深度	精度	可利用性		可信度			合计
		可利用	暂不可利用	≥0.75	≥0.5	≥0.25	
500m以浅	334-1	6 268.41	—	6 268.41	—	6 268.41	6 268.41
	334-2	5 315.79	10 780.23	90.36	15 708.88	16 096.02	16 096.02
合计							22 364.43

第六章　十八顷壕式破碎-蚀变岩型金矿预测成果

第一节　典型矿床特征

一、典型矿床地质特征及成矿模式

（一）典型矿床特征

1. 矿区地质

十八顷壕式层控内生型金矿床大地构造位置位于华北陆块区，色尔腾山-太仆寺旗古岩浆弧。在早前寒武纪处于古陆核边缘部位，形成若干规模不等的弧后火山盆地或古火山岛弧盆地。早期多处于张性环境，有一定规模的基性火山喷发，晚期趋于稳定，有一定的海相沉积，并伴有相应的成矿作用。赋矿岩石是一套由基性、中酸性火山岩组成，经高绿片岩相至低角闪岩相为主的多期区域变质而成的变质杂岩系，并且多次遭受强烈的混合岩化作用（图 6-1）。

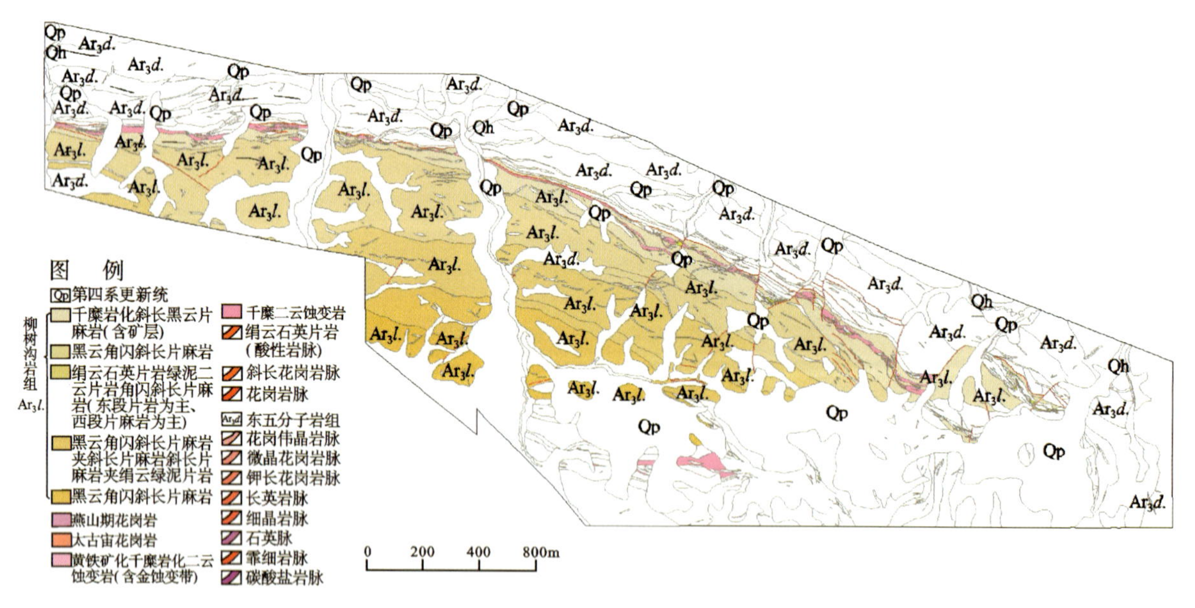

图 6-1　十八顷壕金矿典型矿床地质图

（据《内蒙古自治区固阳县十八顷壕矿区金矿勘探地质报告》，内蒙古自治区第一地质大队，1987 修编）

区域构造线呈北西西—东西向展布，由一系列褶皱、断裂带所组成，并且伴有频繁的岩浆侵入活动。褶皱构造主要有大南山复背斜和北召沟复向斜。断裂构造为多组近东西走向的断裂带，以里土沟-东五分子断裂带为代表，控制着一系列岩浆活动和金的成矿作用。值得注意的是，近年来在该矿区及外围进行遥感分析的结果表明近东西向区域性断裂带不是唯一的控矿构造，事实上还发育有一系列北东向及北西向断层，其交会部位控制了金矿化地段的分布，特别是一些近东西向延伸的韧脆性剪切带和北东向断裂的交会部位为成矿的有利环境。

十八顷壕矿区及邻区花岗岩类分布较广，类型较多，时代上从老到新均有分布，岩石成分上以钙碱性-碱钙性花岗岩类居多。矿区西、南部直接与著名的白云常合山岩体相接触。岩体主体为碱长花岗岩，在边部呈似片麻状或长英质片麻岩，其与金矿成矿作用具有空间上和成因上的密切关系。

2. 矿床特征

矿床由南、北两条含金蚀变(千糜岩化带)组成。

(1)北部蚀变带：该带位于矿床北部闪长岩和千糜岩化斜长黑云片麻岩上部，局部位于千糜岩化斜长黑云片麻岩与混合岩化黑云斜长片麻岩接触处，F3 号断层下盘岩层中。东端随总体构造而转为北北西向以至近南北走向，倾向北东，倾角 70°～85°，局部直立或倒转。蚀变带沿走向和倾向呈“S”形弯曲展布。被北东向和北西向后期断层构造切断错位(图 6-2)。

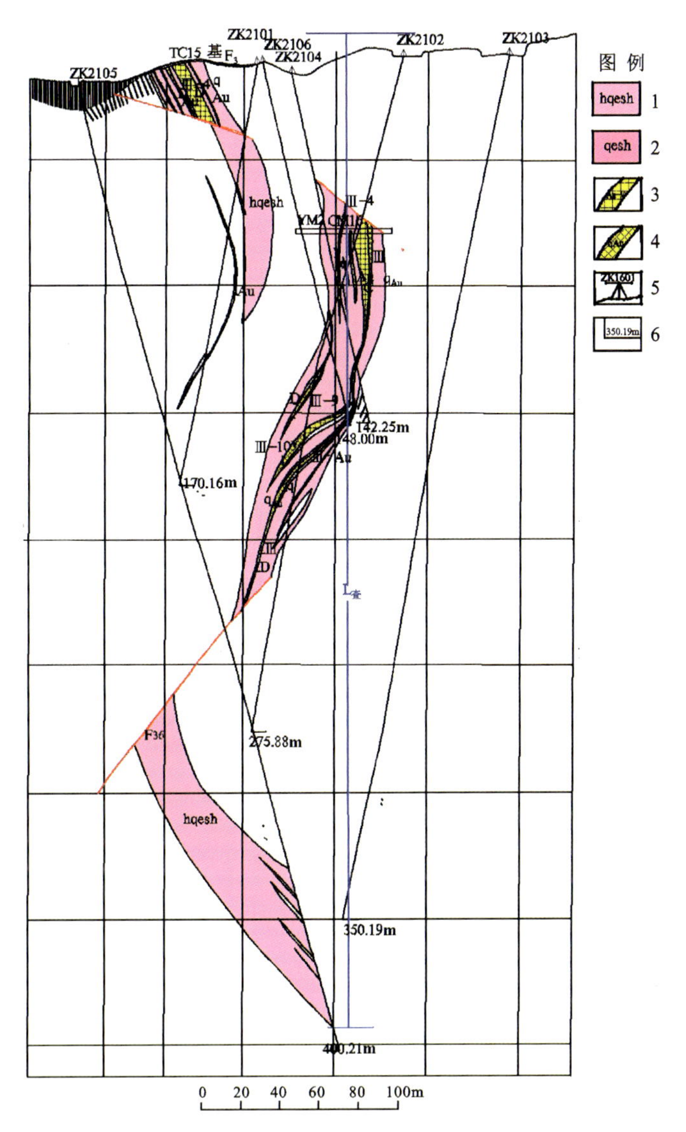

图 6-2　十八顷壕金矿矿区 21 号勘探线剖面图

(据《内蒙古自治区固阳县十八顷壕矿区金矿勘探地质报告》，内蒙古自治区第一地质大队，1987 修编)

1. 黄铁矿化千糜岩化二云蚀变岩(含金蚀变带)；2. 千糜二云蚀变岩；3. 蚀变岩型金矿体及编号；4. 石英脉型金矿体及编号；5. (剖面图)钻孔位置及编号；6. 典型矿床已控制深度

含金蚀变带内，主要岩性为千糜岩化黑云绢云蚀变岩、黄铁矿化千糜二云蚀变岩、黄铁矿化千糜二云蚀变闪长岩和石英脉。含少量金属硫化物。金属硫化物以黄铁矿为主，黄铜矿、方铅矿、闪锌矿等少量。地表为褐铁矿和孔雀石。蚀变岩呈显微鳞片变晶结构，千糜状和片状构造。主要的矿化蚀变作用有黄铁矿化、硅化、碳酸盐化、绢云母化、黑云母化、绿泥石化、绿帘石化和钾长石化。前4种蚀变与金矿化关系密切，尤以黄铁矿化最为密切。石英脉是硅化的主要形式之一，一般以细小的脉状产出，含金较好，是金矿体的组成部分。碳酸盐化多以团块状或脉状叠加于上述蚀变之上。绢云母化、绿泥石化、黑云母化则普遍发育于蚀变带中，蚀变分带现象不明显。金矿体多赋存于黄铁矿化千糜二云蚀变岩中，呈透镜状和不规则脉状产出。主矿体多分布于蚀变带下部，从属矿体多分布于蚀变带上，并具围绕主矿体成群分布的特点。

(2)南部含金蚀变带：该蚀变带产于闪长岩与混合岩接触带之第三挤压片理化带中。由千糜二云蚀变岩、千糜岩化蚀变闪长岩和石英脉组成。东部蚀变较强，黄铁矿化、碳酸盐化亦较发育，并有石英脉产出。中、西部蚀变微弱，以挤压破碎为特征，穿插少量晚期石英脉和碳酸盐脉。蚀变带走向近东西，倾向北，倾角70°左右。

3. 矿石特征

本区矿石类型以蚀变岩型为主，石英脉型次之。因为矿床中没有石英脉型矿石单独构成金矿体(主矿体)的现象，故可把含金石英脉作为硅化的一种形式。

4. 矿石结构构造

(1)矿石结构：矿石结构有他形粒状结构、溶蚀填隙结构、包含结构、残余结构、环状结构、碎裂结构等。

(2)矿石构造：矿石构造有脉状构造、星散浸染状构造、块状构造、星点聚斑状构造、揉皱构造、蜂窝状构造等。

5. 矿床成因及成矿时代

时代为印支期，矿床成因为破碎-蚀变岩型。

(二)矿床成矿模式

早期(太古宙—古元古代)大量中—酸性火山喷发-沉积，亦有古风化壳剥蚀的碎屑沉积。并含有丰度较高的金矿物，形成初始矿源层。中新元古代的区域变质作用中，由于温度、压力的升高，赋存于原岩中的各种水(层间水、封存水为主)不断析出，形成变生热液，同时不断从围岩中萃取成矿物质，成为含矿热液。在热力驱动和构造作用下，含矿热液向压力减低的构造带迁移，沉淀于构造节理、裂隙发育的有利地段，形成初具规模的金矿床。海西中—晚期，伴随内蒙古中部地区大规模的构造岩浆活动，使含金的岩浆热液沿早期构造裂隙中已形成的金矿床部位上升，使之金矿化叠加，最后形成十八顷壕金矿床(图6-3)。

二、典型矿床地球物理特征

(一)地磁特征

1. 典型矿床所在位置地磁特征

据地磁资料显示，磁场变化表现比较凌乱，正负磁场相互夹杂，异常呈串珠状(图6-4)。

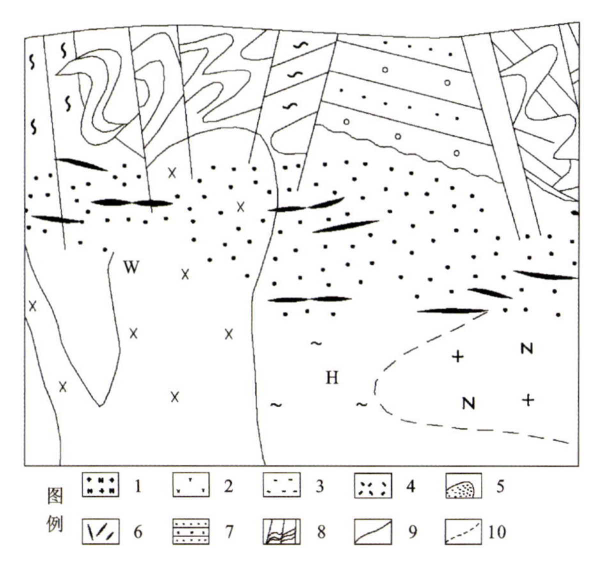

图 6-3　十八顷壕金矿典型矿床成矿模式图

(据《内蒙古自治区固阳县十八顷壕矿区金矿勘探地质报告》,内蒙古自治区第一地质大队,1987 修编)

1.新元古代斜长花岗岩类;2.晚古生代和早中生代花岗岩类;3.前寒武纪变质岩基底;4.喷出岩和浅成岩脉;5.浸染矿化或破碎带;6.细脉带;7.沉积岩及浅变质岩;8.构造变形带;9.地质体界线;10.推测地质体界线;H.十八顷壕矿床可能部位;W.乌拉山矿床可能部位

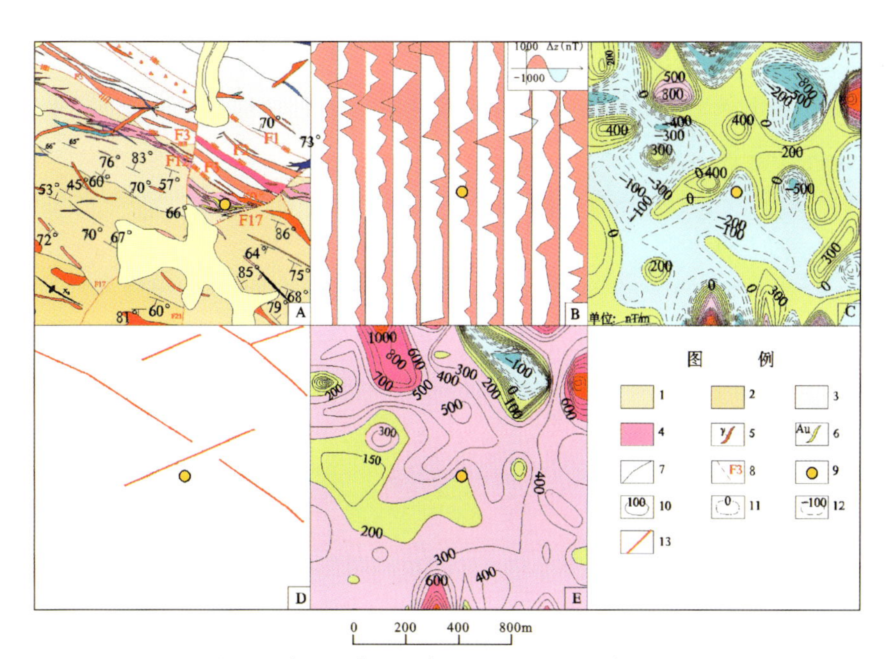

图 6-4　十八顷壕金矿典型矿床所在区域地质矿产及物探剖析图

A.地质矿产图;B.地磁 ΔZ 剖面平面图;C.地磁 ΔZ 化极垂向一阶导数等值线平面图;D.推断地质构造图;E.地磁 ΔZ 化极等值线平面图。

1.色尔腾山岩群:千糜岩化斜长黑云片麻岩(含矿层);2.色尔腾山岩群:黑云角闪斜长片麻岩;3.色尔腾山岩群:条带状混合岩;4.千糜岩化绢云母黑云蚀变岩;5.花岗岩脉;6.金矿体;7.地质界线;8.断层及注记;9.金矿点位置;10.正等值线及注记;11.零等值线及注记;12.负等值线及注记;13.推断断裂

2. 典型矿床所在区域航磁特征

据 1∶20 万剩余重力资料可知正负异常呈条带中交错出现,走向东西向,正异常极大值达 11×10^{-5} m/s^2,负异常极值 -18.77×10^{-5} m/s^2;据 1∶50 万航磁资料可知磁场表现为低缓的正磁场,没有异常的出现。

（二）重力特征

十八顷壕金矿所在区域布格重力异常总体较高，一般为 $\Delta g-166.46\times10^{-5}m/s^2\sim-131.46\times10^{-5}m/s^2$，金矿床的北侧重力值较低，极值为 $\Delta g-187.17\times10^{-5}m/s^2$。金矿床处在正负剩余重力异常交替带负异常一侧的边部等值线转弯处，其附近剩余重力异常 Δg 在 $-2\times10^{-5}m/s^2\sim-1\times10^{-5}m/s^2$ 之间，地表多为第四系、白垩系分布区，其南侧的剩余重力正异常区有元古宙、太古宙地层出露，推断该剩余重力正异常主要为元古宙、太古宙基底隆起引起。

综上所述认为，十八顷壕金矿产于构造破碎带中，并位于岩体与地层的接触带上，其重力场特征表现为，矿床所在区域为剩余重力正、负异常交替带的负异常一侧的边部转弯处，布格重力异常表现为相对低值区的边部梯级带上。

三、典型矿床地球化学特征

与预测工作区相比较，十八顷壕式破碎-蚀变岩型金矿矿区周围存在以 Au 为主，伴有 Cu、Pb、Ni、Co、As、V、Ti、Mn、Ba 等元素组成的综合异常；Au 为主要的成矿元素，Cu、Pb、Ni、Co、As、V、Ti、Mn、Ba 为主要的伴生元素。

Au 元素在十八顷壕及其周围呈高背景分布，有明显的浓集中心，异常强度高，连续性好；Cu、Pb 元素呈背景、高背景分布，浓集中心不明显（图 6-5）。

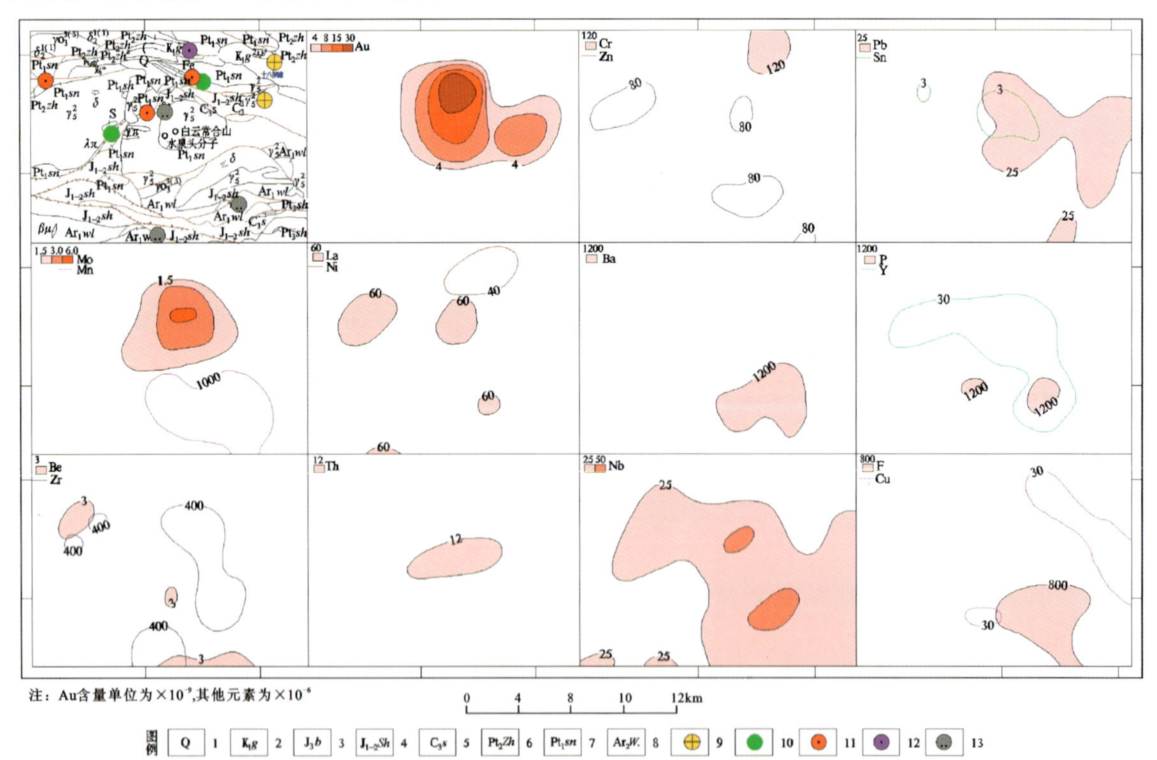

图 6-5　十八顷壕金矿典型矿床化探剖析图

1. 第四系；2. 下白垩统固阳组；3. 上侏罗统白音高老组；4. 下—中侏罗统石拐群；5. 上石炭统拴马庄组；6. 中元古界渣尔泰山群；7. 古元古界；8. 中太古界乌拉山岩群；9. 金矿；10. 铜矿；11. 铁矿；12. 锰矿；13. 稀土矿

四、典型矿床预测模型

根据典型矿床成矿要素和矿区地磁资料以及区域重力资料，确定典型矿床预测要素，以典型矿床成矿要素为基础，综合研究重力、航磁、化探、遥感等综合致矿信息，总结典型矿床预测要素表(表 6-1)。

表 6-1　十八顷壕典型矿床矿床预测要素表

<table>
<tr><td colspan="2" rowspan="3">成矿要素</td><td colspan="4">内容描述</td><td rowspan="3">预测要素类别</td></tr>
<tr><td>储量</td><td>小型 3739kg</td><td>平均品位</td><td>5.71×10^{-6}</td></tr>
<tr><td>特征描述</td><td colspan="3">破碎-蚀变岩型</td></tr>
<tr><td rowspan="3">地质环境</td><td>构造背景</td><td colspan="4">处于华北地台的内蒙地轴边缘，色尔腾山复式背斜轴部，也是阴山纬向构造带与狼山弧形构造带的复合部位</td><td>必要</td></tr>
<tr><td>成矿环境</td><td colspan="4">1. 新太古界色尔腾山岩群的柳树沟岩组是本区主要金矿的直接围岩。
2. 区内岩浆活动频繁，主要为印支期闪长岩。
3. 十八顷壕金矿产于挢家壕北由北西向转为南北向的转折端的与之平行的羊尾沟紧密褶皱背斜轴部，岩体与地层的接触带上构造破碎蚀变带中，以东西向或北西西向断裂构造控制区内岩浆活动和金矿化</td><td>必要</td></tr>
<tr><td>成矿时代</td><td colspan="4">印支期</td><td>必要</td></tr>
<tr><td rowspan="7">矿床特征</td><td>矿体形态</td><td colspan="4">金矿体多赋存在千糜二云蚀变岩中，形态呈脉状、扁豆状、分支状和不规则状等</td><td>次要</td></tr>
<tr><td>岩石类型</td><td colspan="4">蚀变闪长岩、花岗岩</td><td>重要</td></tr>
<tr><td>岩石结构</td><td colspan="4">片麻状、中粒结构</td><td>次要</td></tr>
<tr><td>矿物组合</td><td colspan="4">蚀变岩型：黄铁矿、磁铁矿、黄铜矿、方铅矿、闪锌矿、自然金；石英脉：含黄铁矿、方铅矿、褐铁矿、局部见孔雀石</td><td>重要</td></tr>
<tr><td>结构构造</td><td colspan="4">以他形粒状结构为主，亦可见溶蚀填隙结构、包含结构、残余结构；
以脉状、星散浸染状为主，少数块状构造、星点聚斑状构造</td><td>次要</td></tr>
<tr><td>蚀变特征</td><td colspan="4">黄铁矿化、硅化、碳酸盐化、绢云母化与金矿化有关系密切，尤以黄铁矿化最为密切；石英脉是硅化的主要形式之一，一般以细小脉状产出，含金较好，是金矿体的组成部分</td><td>次要</td></tr>
<tr><td>控矿条件</td><td colspan="4">1. 内蒙地轴边缘，色尔腾山复式背斜轴部，也是阴山纬向构造带与狼山弧形构造带的复合部位。
2. 主要是新太古界色尔腾山岩群柳树沟岩组。
3. 印支期中粒钾长花岗岩。
4. 金矿体产于岩体与地层的接触构造破碎蚀变带上，及紧密褶皱轴部转折端</td><td>必要</td></tr>
<tr><td rowspan="2">地球物理特征</td><td>重力</td><td colspan="4">金矿床所在区域为剩余重力正、负异常交替带的负异常一侧的边部转弯处，布格重力异常表现为相对低值区的边部梯级带上。梯级带反映了断裂构造的存在，正异常是对元古宙、太古宙基底隆起的反映</td><td>重要</td></tr>
<tr><td>磁法</td><td colspan="4">1∶1 万地磁资料显示 ΔZ 化极等值线平面图显示，金矿处在磁异常场明显变化的部位，附近磁异常值为 0～50nT，其北东侧为正负异常变化较大的区域，南西侧为较平稳的负磁场区。这一界线应是对断裂的反映，金矿位于该断裂附近</td><td>重要</td></tr>
<tr><td colspan="2">地球化学特征</td><td colspan="4">Au、Mo 异常明显，面积大，强度高，而且套合较好，有 1 处浓集中心，是重要的找矿标志</td><td>必要</td></tr>
</table>

第二节　预测工作区研究

一、区域地质特征

（一）成矿地质背景

大地构造位置位于Ⅱ-4-2色尔腾山-太仆寺旗古岩浆弧（Ar_3），成矿区带属Ⅱ-14华北成矿省，Ⅲ-58华北地台北缘西段Au-Fe-Nb-REE-Cu-Pb-Zn-Ag-Ni-Pt-W-石墨-白云母成矿带。色尔腾山岩群属于中级变质的片岩系，柳树沟岩组主要由黑云斜长片岩、黑云角闪（斜长）片岩、阳起片岩、斜长角闪岩夹云母石英片岩、大理岩组成，其原岩为中基性、中酸性火山岩。色尔腾山岩群中共划分出12种变质岩建造类型，其中含金变质岩建造4种，都在柳树沟岩组中。含金建造划分如下：

（1）云母石英片岩含金变质建造（$Ar_3l.^6$）。

（2）云英片岩-斜长片岩-变粒岩含金变质建造（$Ar_3l.^5$）。

（3）云母（斜长）片岩含金变质建造（$Ar_3l.^4$）。

（4）云英片岩-角闪片岩含金变质建造（$Ar_3l.^3$）。

（二）区域成矿模式

预测工作区内出露地层主要有中太古界乌拉山岩群，新太古界色尔腾山岩群，中元古界渣尔泰山群、部分古生界地层及第四系上更新统及全新统。金矿赋存于新太古界色尔腾山岩群柳树沟岩组中，作为成矿要素的必要要素，含金建造由下而上为：

（1）碎屑岩夹钙碱性-拉斑玄武岩系列的火山岩建造：含石榴云母石英片岩、黑云角闪片岩、黑云长英片岩、黑云阳起片岩夹大理岩、斜长角闪岩。

（2）碎屑岩-中基性火山岩建造：黑云（二云）斜长片岩、黑云母片岩、绢云母片岩夹透闪大理岩、黑云石英片岩。均糜棱岩化。

（3）碎屑岩-中基性火山岩建造：黑云（二云）石英片岩、角闪石英片岩、黑云（角闪）斜长片岩、斜长角闪片岩、含石墨黑云斜长变粒岩夹斜长角闪岩、含阳起石浅粒岩。

（4）碎屑岩-黏土岩建造：二云石英片岩、绢云石英片岩夹黑云石英片岩、含石榴二云石英片岩。

岩浆岩分布有石英闪长岩、片麻状斜长花岗岩、斜长花岗岩等。中性脉岩有粒粒闪长岩、中粒闪长岩、闪长岩脉、辉绿岩脉、闪长玢岩脉。分布在预测工作区南部的石英闪长岩、英云闪长岩与矿化关系密切。

矿区构造，在近南北向压应力作用之下，形成了轴线近东西或北西西向的韧性剪切带。

韧性剪切带对十八顷壕金矿的形成、赋存起着非常重要的作用。它被晚期的北东向及近南北向的断裂所切穿破坏。

褶皱构造：主要由大南山背斜、矿区向斜、大坝背斜等较大的褶皱组成一复式褶皱构造。矿体赋存于褶皱核部千糜岩化斜长黑云片岩中。

根据预测区研究成矿规律研究，确定预测工作区成矿要素（表6-2），总结成矿模式（图6-6）。

表 6-2　十八顷壕预测工作区成矿要素表

成矿要素		描述内容	要素类别
地质环境	大地构造位置	Ⅱ-4-2 色尔腾山-太仆寺旗古岩浆弧(Ar_3)	必要
	成矿区(带)	Ⅲ-58 华北地台北缘西段 Au-Fe-Nb-REE-Cu-Pb-Zn-Ag-Ni-Pt-W -石墨-白云母成矿带	必要
	区域成矿类型及成矿期	层控内生型,印支期	必要
控矿地质条件	赋矿地质体	新太古界色尔腾山岩群柳树沟岩组	必要
	控矿侵入岩	蚀变闪长岩、花岗岩	重要
	控矿构造	北西西向断裂	重要
区内相同类型矿产		矿床(点)3 个:中型矿床 1 个,小型矿床 1 个,矿化点 1 个	重要

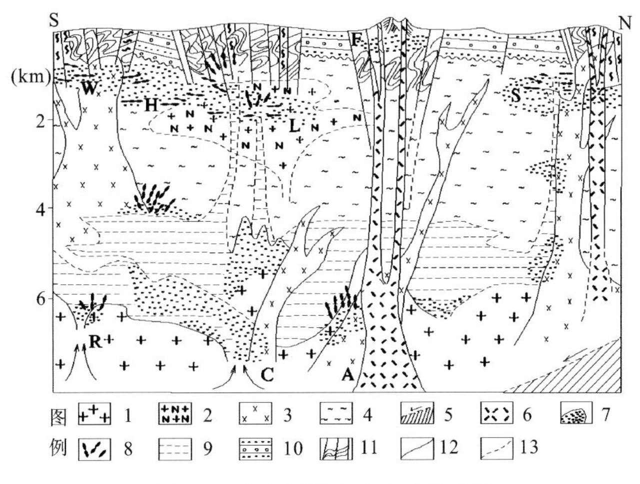

图 6-6　十八顷壕金矿成矿模式图

(据《内蒙古自治区固阳县十八顷壕矿区金矿勘探地质报告》,内蒙古自治区第一地质大队,1987 修编)

1. 变质基底及深成花岗岩;2. 新元古代斜长花岗岩类;3. 晚古生代和早中生代花岗岩类;4. 前寒武纪变质岩基底;5. 推测洋壳板块及挤压方向;6. 喷出岩和浅成岩脉;7. 浸染矿化或破碎带;8. 细脉带;9. 推测初始富集层(液态?);10. 沉积岩及浅变质岩;11. 构造变形带;12. 地质体界线;13. 推测地质体界线;A. 顶部相;C. 筒状-脉状深成相;R. 根部相,浸染-细脉带、热液变质;F. 地表相,浅成低温热液;S. 赛音乌苏矿床可能部位;L. 老羊壕矿床可能部位

二、区域地球物理特征

(一)航磁特征

在航磁 ΔT 等值线平面图上十八顷壕预测区磁异常幅值范围为－300～2000nT,预测区以－100～100nT 为磁异常背景。预测区东北部以杂乱正磁异常为主,有一定梯度变化,磁异常轴向以东西向为主;预测区西南部以大面积负磁异常区为主,梯度变化平缓;其他部分为强度 0nT 左右的平静磁场。十八顷壕金矿区位于预测区东南部,为平静磁场背景,0～100nT 等值线范围内。

磁场表现为不同磁场区分界线。预测区东北部为杂乱正磁异常，北部为变质岩地层引起，南部为火山岩地层引起。西南部大片负磁异常主要与碎屑岩和泥岩地层对应。东南部低缓正磁异常推断为变质岩地层。

十八顷壕金矿预测区磁法共推断断裂2条、变质岩地层2个、火山岩地层1个。

(二)重力特征

预测工作区，布格重力异常总体较高，布格重力值一般为 Δg $-120\times10^{-5}m/s^2\sim150\times10^{-5}m/s^2$，仅在南西端和北东端存在明显的低值区，其极值 Δg 为 $-175\times10^{-5}m/s^2\sim-196\times10^{-5}m/s^2$。

预测区中部布格重力异常较高区域分布有范围较大的不规则带状剩余重力正异常，极值为 $6\times10^{-5}m/s^2\sim10\times10^{-5}m/s^2$。这一带地表局部出露有太古宙、元古宙地层，所以推断剩余重力正异常为太古宙、元古宙地层引起。在剩余重力正异常带之间形成近东西向展布的负异常带，这一区域主要分布有白垩系，所以推断该负异常区为中生代坳陷盆地。预测区西南角的剩余重力负异常L蒙-663，极值为 $-22\times10^{-5}m/s^2$。北侧与正异常的交接带上等值线分布密集，推断存在一北西向断裂带(F蒙-02037)。该负异常区地表主要为第四系、第三系覆盖，北侧边部有元古宙地层出露，该异常为河套盆地东北端大佘太断陷盆地引起。

预测工作区北侧的两个剩余重力负异常区，地表局部出露石炭纪花岗岩，故推断该异常主要是酸性侵入岩引起。

金矿预测区，褶皱构造发育，东王分子背斜、大南山褶皱东、羊尾沟褶皱东形成重力高异常。以东西向断裂和北西西向断裂为主干断裂，控制区内岩浆活动和金矿化。布格重力异常等值线，呈梯级带和紧密线性排列，表明区内多列构造的分布特征。在该预测区布格重力异常梯级带、正负异常交替带等值线呈密集线状分布的地段认为有断裂构造存在，如F蒙-02037、F蒙-02045。在重力异常场两侧特征发生明显变化的地段，亦认为有断裂带分布，如F蒙-02044、F蒙-01295等。

区内推断4条出露断裂构造、5条半隐伏断裂构造、5条隐伏断裂构造、3个半隐伏酸性—中酸性岩体，3个半隐伏太古宙—古元古代地层和3个中生界—新生界盆地。

十八顷壕金矿位于该异常区东侧边部的正负异常交替带的负异常一侧，在其以西的剩余重力正异常的边部重力值相对较低地段($\Delta g3\times10^{-5}m/s^2\sim4\times10^{-5}m/s^2$)有多处金矿点分布，而十八顷壕金矿皆产于构造破碎蚀变带中，岩体与地层的接触带上。所以认为该处剩余重力正异常低缓地带元古宙地层与岩体的接触部位应为找金的重点区域。

三、区域地球化学特征

预测工作区上分布有Ag、Au、Cu、Cd、As、Sb、Zn等元素组成的高背景区带，在高背景区带中有以Ag、Au、Cu、Cd、As、Sb、Zn为主的多元素局部异常。预测区内共有22个Ag异常，2个As异常，19个Au异常，11个Cd异常，13个Cu异常，10个Mo异常，15个Pb异常，5个Sb异常，7个W异常，16个Zn异常。

预测工作区上Ag、Cu呈背景、高背景分布，存在明显的浓度分带和浓集中心，在甲胜盘地区Ag、Cu、As、Cd存在明显的浓集中心，强度高，异常套合较好；Au在预测区南东部呈背景、高背景分布，在北西部呈低背景分布，十八顷壕—德日斯太地区存在范围较大的浓集中心，浓集中心连续，异常强度高；Zn在预测区呈背景、高背景分布，在甲胜盘—道劳敖包和小佘太乡北东地区存在范围较大的浓集中心，浓集中心明显，异常强度高；W、Mo呈背景、低背景分布，在红壕地区存在明显的局部异常；Sb在大余太乡三五牧场—道劳敖包之间存在一条高背景区，呈北西向带状分布。

预测工作区上元素异常组合套合好的编号为AS1、AS2，AS1异常元素有Au、Sb、Pb、Zn，Au元素浓集中心明显，异常强度高，Sb、Pb、Zn呈不规则环状分布；AS2异常元素有Au、Cu、Pb、Zn、Ag、W，Au元素浓集中心明显，异常强度高，范围较大，Cu、Pb、Zn、Ag、W分布于Au异常内带，呈环状分布。

四、区域遥感影像及解译特征

工作区内解译出3条大型断裂带，以北东走向毛呼都格-大毛忽洞断裂带和北西向查干楚鲁-扫格图山前断裂带为主，将该区划分为南北两大块，是成矿前期构造，对成矿没有影响；而小井沟-东部北村断裂带则位于工作区的北部，也不是控矿构造，只是构造格架（图6-7）。

图6-7 十八顷壕金矿预测工作区影像图

本区解译出的小型断裂多达375条，以东西向或北西西向断裂为主干断裂，北北东向和北东东向断裂次之。东西向或北西西向断裂控制区内岩浆活动和金矿化。

本区在近南北向压应力作用下，形成了轴线近东西向或北西西向的韧性剪切带。该韧性剪切带对十八顷壕金矿的形成、赋存起着非常重要的作用。它被晚期的北东向及近南北向的断裂所切穿破坏。

本区内共解译出色调异常20处，均为角岩化和青磐岩化引起，它们在遥感图像上均显示为深色色调异常，呈细条带状分布；带要素31处，主要是太古宇五台群，混合岩化角闪斜长片麻岩、辉石斜长角闪片麻岩，是区内的主要金成矿目的层位。

五、区域预测模型

根据预测工作区区域成矿要素和航磁、重力、遥感及化探等特征，建立了本预测区的区域预测要素，以地质剖面图为基础，叠加区域航磁及重力剖面图，简要表示预测要素内容及其相互关系，形成预测模型（图6-8）。以区域成矿要素为基础，综合研究重力、航磁、化探、遥感等综合致矿信息，总结区域预测要素（表6-3）。

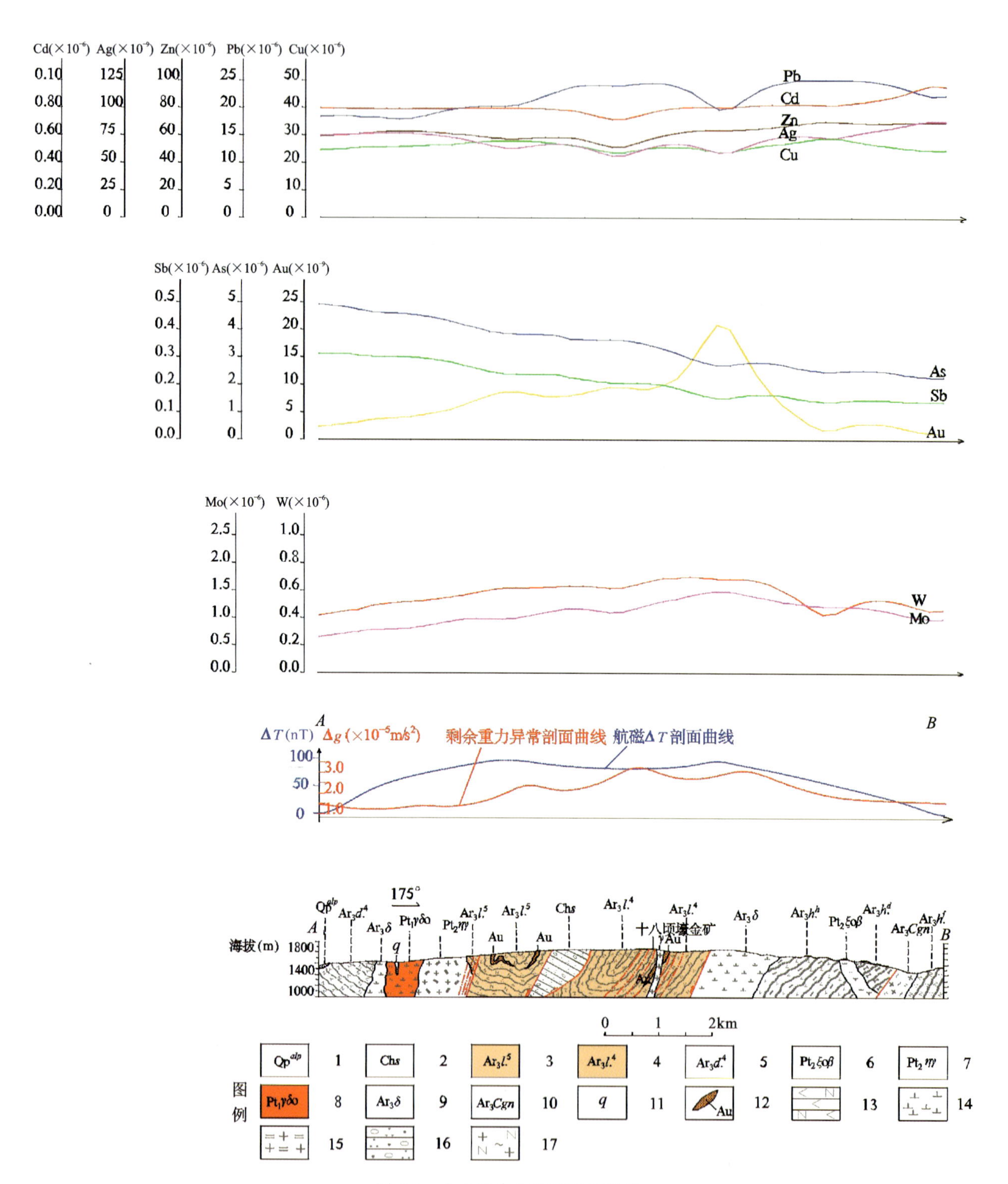

图 6-8　十八顷壕金矿预测模型图

1. 第四系；2. 书记沟组；3. 色尔腾山岩群柳树沟岩组五岩段；4. 色尔腾山岩群柳树沟岩组四岩段；5. 色尔腾山岩群东五分子岩组四岩段；6. 中元古代黑云母正长岩；7. 中元古代二长花岗岩；8. 古元古代英云闪长岩；9. 新太古代闪长岩；10. 新太古代片麻岩；11. 石英脉；12. 金矿体；13. 黑云角闪斜长岩；14. 闪长岩；15. 云母花岗岩；16. 石英砂岩；17. 角闪花岗岩

表 6-3　十八顷壕预测工作区预测要素表

成矿要素		描述内容	要素类别
地质环境	大地构造位置	Ⅱ-4-2 色尔腾山-太仆寺旗古岩浆弧(Ar_3)	必要
	成矿区(带)	Ⅲ-58 华北地台北缘西段 Au-Fe-Nb-REE-Cu-Pb-Zn-Ag-Ni-Pt-W-石墨-白云母成矿带	必要
	区域成矿类型及成矿期	层控内生型,印支期	必要
控矿地质条件	赋矿地质体	新太古代色尔腾山群柳树沟岩组	必要
	控矿侵入岩	蚀变闪长岩、花岗岩	重要
	控矿构造	北西西向断裂	重要
区内相同类型矿产		矿床(点)3个:中型1个,小型1个,矿化点1个	重要
地球物理及地球化学特征	地球物理特征	十八顷壕金矿位于预测区东侧正负异常交替带的负异常一侧,在其以西的剩余重力正异常的边部有多处金矿点分布,认为该处剩余重力正异常低缓地带为元古宙地层与岩体的接触部位,应为找金的重点区域。剩余重力起始值>0	重要
	地球化学特征	化探综合异常值$>3.5\times10^{-6}$	重要

第三节　矿产预测

一、综合地质信息定位预测

(一)变量提取及优选

根据典型矿床成矿要素及预测要素研究,以及预测区提取的要素特征,本次选择网格单元法作为预测单元。

在MRAS软件中,对揭盖后的地质体、断层(包括综合信息各专题推断断层)及褶皱缓冲区、航磁异常分布范围、遥感Ⅰ级铁染异常区等求区的存在标志,对航磁化极、剩余重力求起始值的加权平均值,并进行以上原始变量的构置,对网格进行赋值,形成原始数据专题。

(二)最小预测区圈定及优选

模型区即为典型矿床所在的最小预测区,模型区的边界是根据含矿地质体边界、重力及航磁异常边界在MapGIS上人工圈定的。

模型区含矿地层为色尔腾山岩群柳树沟岩组,其剩余重力异常值>0,化探综合异常值>3.5×10^{-6},矿区以北西西向断裂为主,区内有明显的蚀变带。

其他最小预测区是在MRAS形成的色块图上再综合各项与成矿有关的地质信息人工优选圈定的。

（三）最小预测区圈定结果

十八顷壕预测工作区预测底图精度为 1∶5，并根据成矿有利度（含矿层位、矿（化）点）、找矿线索及磁法异常、地理交通及开发条件和其他相关条件，将工作区内最小预测区级别分为 A、B、C 3 个等级，其中 A 级 1 个、B 级 2 个、C 级 4 个，最小预测区面积在 0.29～6.07km²之间（图 6-9）。

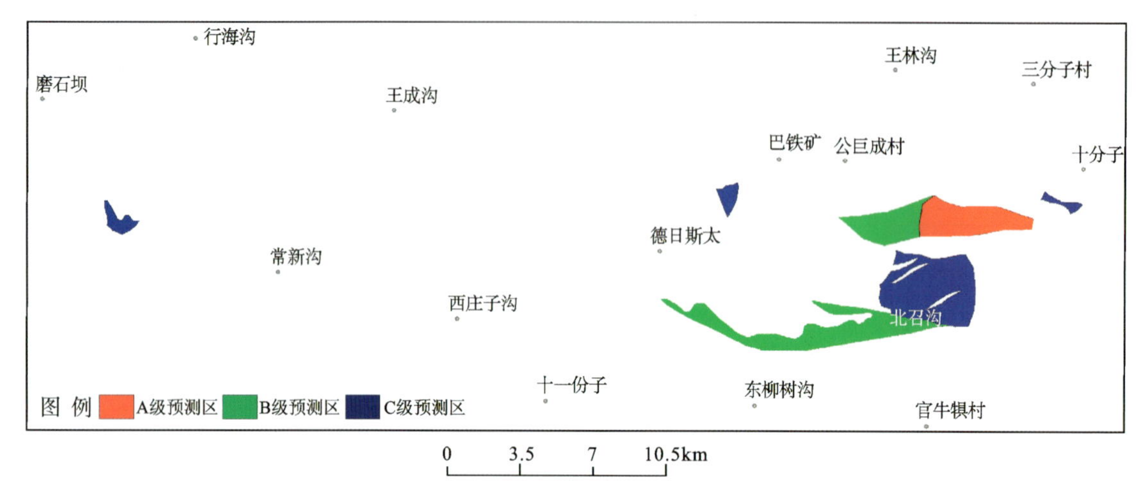

图 6-9　十八顷壕金矿预测工作区各最小预测区优选分布图

（四）最小预测区地质评价

本次工作共圈定各级异常区 7 个（表 6-4），其中 A 级 1 个，总面积 3.44km²；B 级 2 个，总面积 7.72km²；C 级 4 个，总面积 7.39km²，各级别面积分布合理，且已知矿床分布在 A 级预测区内，说明预测区优选分级原则较为合理；最小预测区圈定结果表明，预测区总体与区域成矿地质背景和磁异常、剩余重力异常、Au 化探异常吻合程度较好，但与遥感铁染异常、重砂异常吻合程度较差。金矿体产于岩体与地层的接触构造破碎蚀变带上，以及紧密褶皱轴部转折端。

表 6-4　十八顷壕式层控内生型金矿综合信息特征一览表

最小预测区编号	最小预测区名称	最小预测区成矿条件及找矿潜力
A1511504001	十八顷壕南	出露的地层为色尔腾山岩群柳树沟岩组；有北西西向断层 1 条；十八顷壕金矿小型矿床位于矿区内；航磁化极异常与重力异常套合较好；Au 异常明显，面积大，强度高，而且套合较好，有 1 处浓集中心。具有较好的找矿潜力
B1511504001	公巨成村南	出露的地层为色尔腾山岩群柳树沟岩组，有北西西向断层 1 条，航磁化极异常与重力异常套合较好；Au 异常明显，面积大，强度高，而且套合较好。有一定的找矿前景
B1511504002	北召沟	出露的地层为色尔腾山岩群柳树沟岩组，有北西西向断层 2 条，航磁化极异常与重力异常套合较好；Au 异常明显，面积大，强度高，而且套合较好。有一定的找矿前景
C1511504001	西脑包沟	出露的地层为色尔腾山岩群柳树沟岩组；有北西西向断层 1 条；航磁化极异常与重力异常套合较好；Au 异常明显。有一定的找矿前景
C1511504002	十分子南西	出露的地层为色尔腾山岩群柳树沟岩组；有北西西向断层 1 条；航磁化极异常与重力异常套合较好；Au 异常明显。有一定的找矿前景

续表 6-4

最小预测区编号	最小预测区名称	最小预测区成矿条件及找矿潜力
C1511504003	西二分村南东	出露的地层为色尔腾山岩群柳树沟岩组;有北西西向断层1条;航磁化极异常与重力异常套合较好;Au异常明显。可作为找矿线索
C1511504004	北召沟北	出露的地层为色尔腾山岩群柳树沟岩组;航磁化极异常与重力异常套合较好;Au异常明显。可作为找矿线索

二、综合信息地质体积法估算资源量

(一)典型矿床深部及外围资源量估算

矿床小体重、最大延深、金品位数据来源于内蒙古自治区第一地质大队1987年10月编写的《内蒙古自治区固阳县十八顷壕矿区金矿勘探地质报告》及内蒙古地质矿产局、地质矿产部矿床地质研究所、内蒙古地质研究队1991年3月编写的《内蒙古赛因乌苏—老羊壕—十八倾壕地区与金矿有关的花岗岩地质特征研究》。矿床资源量来源于内蒙古自治区国土资源厅2010年编写的《内蒙古自治区矿产资源储量表:有色金属矿产分册》。典型矿床面积($S_{总}$)是根据1∶1万矿区地形地质图圈定,在MapGIS软件下读取面积数据换算得出。典型矿床最大延深依据最深钻孔ZK2105终孔深度400.21m确定,具体数据见表6-5。

表 6-5 十八顷壕金矿典型矿床深部及外围资源量估算一览表

典型矿床		深部及外围		
已查明资源量	3739kg	深部	面积	167 866.745m^2
面积	167 866.74m^2		深度	100m
深度	500m	外围	面积	167 866.74m^2
品位	5.71%		深度	400m
密度	2.69kg/m^3	预测资源量		934.75kg
体积含矿率	0.000 055 684kg/m^3	典型矿床资源总量		4 673.75kg

(二)模型区的确定、资源量及估算参数

所谓模型区为含矿地质体、剩余重力异常、航磁化极异常、矿床缓冲区、北西西向断裂构造及蚀变带等共同作用所优选出的典型矿床所在的最小预测区。模型区的预测资源量等于典型矿床外围及深部的总预测资源量(表6-6),根据十八顷壕金矿床地质特征,已知矿床基本上全部包含了有利的成矿地段,故本次不再对模型区内已知矿床外围进行资源量的预测。

表 6-6 十八顷壕式层控内生型十八顷壕预测工作区典型矿床深部预测资源量表

编号	名称	预测资源量(kg)	面积(m^2)	延深(m)	体积含矿率(kg/m^3)
A1511504001	十八顷壕深部	934.75	167 866.745	100	0.000 055 684

模型区预测深度与典型矿床预测深度一致，面积为含矿地质体面积，在 MapGIS 图上人工圈出，且由于模型区内含矿地质体边界可以确切圈定，且其面积与模型区面积一致，故该区含矿地质体面积参数为 1。

（三）最小预测区预测资源量

由于预测工作区内的同类型矿床（点）很少，故采用少模型预测工程之神经网络法进行最小预测区的圈定与优选。

1. 估算参数的确定

1）最小预测区面积圈定方法

十八顷壕预测工作区预测底图比例尺精度为 1∶5 万，并根据成矿有利度（含矿层位、矿（化）点）、找矿线索及磁法异常、地理交通及开发条件和其他相关条件，将工作区内最小预测区级别分为 A、B、C 3 个等级，其中 A 级预测区 1 个、B 级最小预测区 2 个、C 级 4 个，最小预测区面积在 0.29～6.07km^2 之间。

2）延深参数的确定及结果

延深的确定是模型区深度根据典型矿床预测深度（500m）确定，其他最小预测区根据最大终孔深度（ZK2105：400.21m）及钻孔见矿情况（最大矿体埋深为 335m）适当下调。

3）品位和密度的确定

预测工作区内有已知矿点或矿化点的最小预测区，采用矿点或矿化点品位；没有已知矿点或矿化点的最小预测区品位采用典型矿床品位和密度。

2. 最小预测区预测资源量估算结果

求得最小预测区资源量，本次预测资源总量为 5 565.675kg，其中不包括预测工作区已查明资源总量 3739kg，详见表 6-7。

表 6-7　十八顷壕式层控内生型金矿预测工作区最小预测区估算成果表

最小预测区编号	最小预测区名称	$S_{预}$ (km^2)	$H_{预}$ (m)	K_S	K (kg/m^3)	α	$Z_{总}$ (kg)	$Z_{查}$ (kg)	$Z_{预}$ (kg)	资源量级别
A1511504001	十八顷壕南	3.44	500	1	0.000 002 72	1	4 673.75	3739	934.75	334-1
B1511504001	公巨成村南	2.41	335	1	0.000 002 72	0.6	1 318.29		1 318.29	334-2
B1511504002	北召沟	5.31	335	1	0.000 002 72	0.45	2 177.32	754	1 423.32	334-2
C1511504001	西脑包沟	0.56	300	1	0.000 002 72	0.4	182.61		182.61	334-2
C1511504002	十分子南西	0.29	300	1	0.000 002 72	0.4	95.40		95.40	334-2
C1511504003	西二分村南东	6.26	300	1	0.000 002 72	0.45	2 299.10	2104	195.10	334-2
C1511504004	北召沟北	6.07	300	1	0.000 002 72	0.15	743.21	580	163.21	334-2

（四）预测工作区预测成果汇总

十八顷壕式层控内生型金矿预测工作区采用地质体积法预测资源量，依据资源量级别划分标准，根据现有资料的精度，可划分为334-1、334-2两个资源量精度级别；朱拉扎嘎层控内生型金矿预测工作区中，根据各最小预测区内含矿地质体、物化探异常及相似系数特征，预测延深参数均在500m以浅。

根据矿产潜力评价预测资源量汇总标准，十八顷壕式层控内生型金矿预测工作区按精度、预测深度、可利用性、可信度统计分析结果见表6-8。

表6-8　十八顷壕式层控内生型金矿预测工作区资源量估算汇总表　　单位：kg

深度	精度	可利用性		可信度			合计
		可利用	暂不可利用	≥0.75	≥0.5	≥0.25	
500m以浅	334-1	655.10	279.65	934.75	—	—	934.75
	334-2	2 364.55	1 013.38	—	3 377.93	—	3 377.93
合计							4 312.68

第七章　老硐沟式热液-氧化淋滤型金矿预测成果

第一节　典型矿床特征

一、典型矿床地质特征及成矿模式

(一)典型矿床特征

1. 矿区地质

区内出露地层主要为中、新元古界长城系、蓟县系和青白口系,其次有零星分布的下二叠统、上侏罗统、新近系及第四系。矿区主要出露地层为中元古界长城系古硐井群上岩组(Pt_2Chg^2),浅变质石英粉砂岩、板岩、局部见灰岩透镜体(图 7-1)。

岩浆活动频繁,以海西晚期鹰嘴红山似斑状黑云二长花岗岩呈岩基近东西向沿古硐井-英雄山复背斜轴部侵入为主。岩基状、岩相分带明显,自中央向边部由粗粒渐变中细粒结构,出现 50～300m 的边缘相。外接触带常见透闪石化,局部矽卡岩化。侵入界面北倾,倾角 60°～80°,在内外接触带均未见矿化,与成矿关系大。

斑状花岗闪长岩分布矿区中部,呈不规则岩株,与蓟县系接触处,常形成矽卡岩型铜矿体。外接触带常见透闪石化,局部矽卡岩化。岩体含矿性好,与矿关系密切。还有花岗闪长岩及少量辉长岩为主,其次有少量印支期和燕山晚期的黑云母花岗岩和花岗岩等。各类脉岩发育。

闪长玢岩脉:在白云大理岩中分布最广,北北西—北西西向最发育,走向北北西者倾向南西西,倾角 50°～70°,走向北西西者向北倾,局部向南倾,倾角 60°～80°,斑状结构,蚀变强,岩石中含黄铁矿。磁铁矿较高,脉岩边部或局部脉中常形成金铅矿化或多金属细脉,与金铅矿生成密切相关。

2. 矿床特征

(1)裂隙充填-破碎带热液蚀变型矿体:由走向近东西向、北北西向及不规则矿体组成。走向近东西向的矿体为规模最大一组矿体。呈透镜状及楔形尖灭,矿体产状:走向 90°～120°,倾向 0°～30°,倾角 50°～85°;走向北北西向的矿体多为盲矿体,规模小,多呈脉状;不规则矿体则受两组裂隙或断裂组相交部位及喀斯特溶洞控制,形态极不规则,呈鸡窝状、矿柱状,为小矿体,主要见于北部一带采坑中。

(2)接触交代矽卡岩型含金-铜铁矿体:主要是隐伏矿体,分布金铅南矿带中段,产在斑状花岗闪长岩体外接触带的矽卡岩带内及长城系、蓟县系接触界线两侧。矿体呈似层状、透镜状(图 7-2)。

3. 矿石特征

矿石矿物:自然金、银金矿、辉银矿-螺状硫银矿、针铁矿、磁铁矿、黄铜矿、黄铁矿、毒砂、闪锌矿、辉

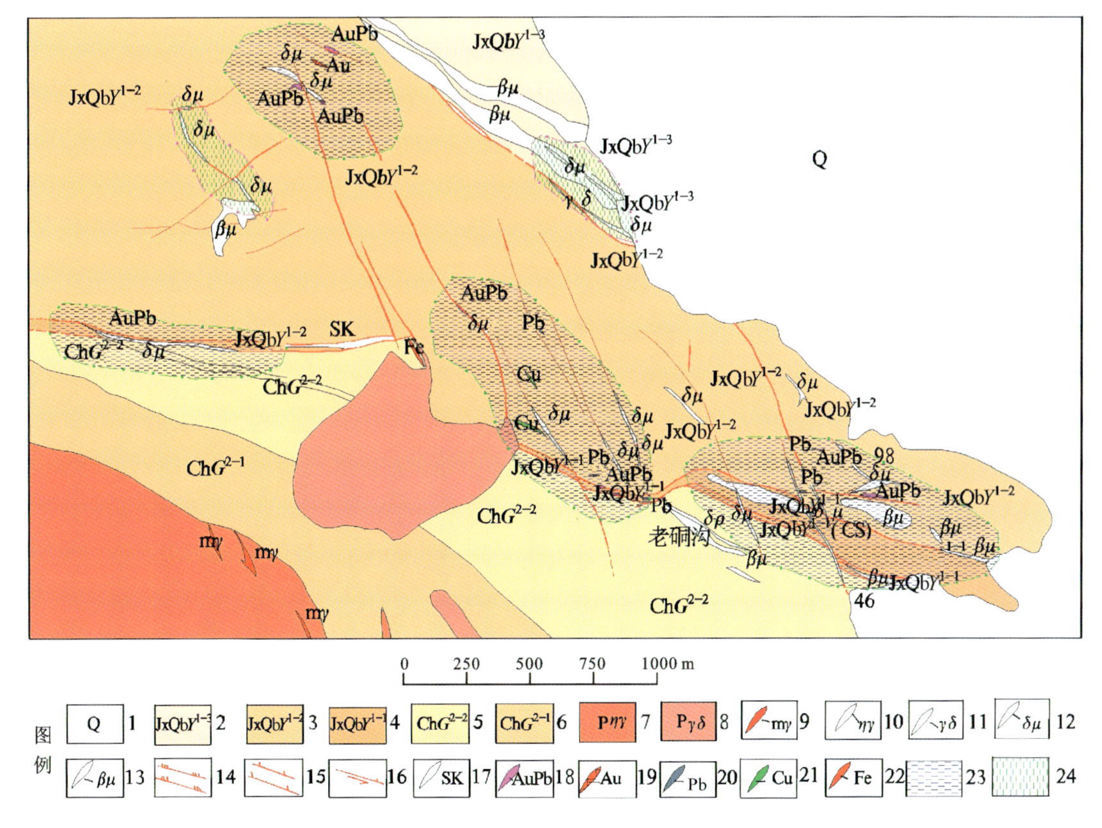

图 7-1　老硐沟金矿典型矿床矿区地质图

（据《内蒙古自治区额济纳旗老硐沟金铅矿区详查普查地质报告》，甘肃省地矿局第四地质队，1984 修编）

1.第四系冲洪积砂、砾石、黏土；2.上部钙质白云石大理岩，下部泥质板岩、结晶灰岩；3.白云石大理岩夹灰黑色白云石大理岩透镜体；4.钙质泥质板岩、结晶灰岩、钙质白云石大理岩；5.石英粉砂质泥质板岩夹变石英砂岩；6.变长石石英粉砂岩夹粉砂质泥质板岩；7.黑云二长花岗岩；8.斑状花岗闪长岩；9.蚀变花岗岩脉；10.二长花岗岩脉；11.花岗闪长岩脉；12.闪长玢岩脉；13.辉绿（玢）岩脉；14.实测及推测压扭性断裂；15.实测及推测张扭性断裂；16.实测扭性断裂；17.透辉石石榴石矽卡岩；18.金、铅多金属矿体；19.金矿体；20.铅矿体；21.铜矿体；22.铁矿体；23.典型矿床矿体聚集区；24.典型矿床外围

钼矿等。

表生期金属硫化物氧化阶段矿物：角银矿、自然银、铜蓝、孔雀石、臭葱石、褐铁矿等。

脉石矿物主要为白云石、方解石、白云石大理岩、蛇纹石化白云岩。

矿石化学成分：主成矿元素为 Au、Pb，伴生有益元素为 Cu、S、Pb、Zn。

4. 矿石结构构造

矿石结构有自形—半自形—他形粒状结构、交代结构、压碎结构和乳浊状结构、网脉状结构。矿石构造为致密块状构造、浸染状构造、细脉条带状构造。

5. 围岩蚀变

围岩蚀变有地层围岩大理岩化、红柱石化、角岩化；中酸性侵入岩黑云母化、电气石化、绿泥石化、黄铁矿化、绢云母化、硅化、矽卡岩化，分布于矿体两侧。

褐铁矿化：矿化带中的主要蚀变类型，地表呈铁帽出露，是硫化物次生变化的产物，褐铁矿呈肾状及土状构造。矿物成分为褐铁矿、石英、黄铁矿、孔雀石、蓝铜矿及少量重晶石。褐铁矿占 80%，与金矿化关系密切。

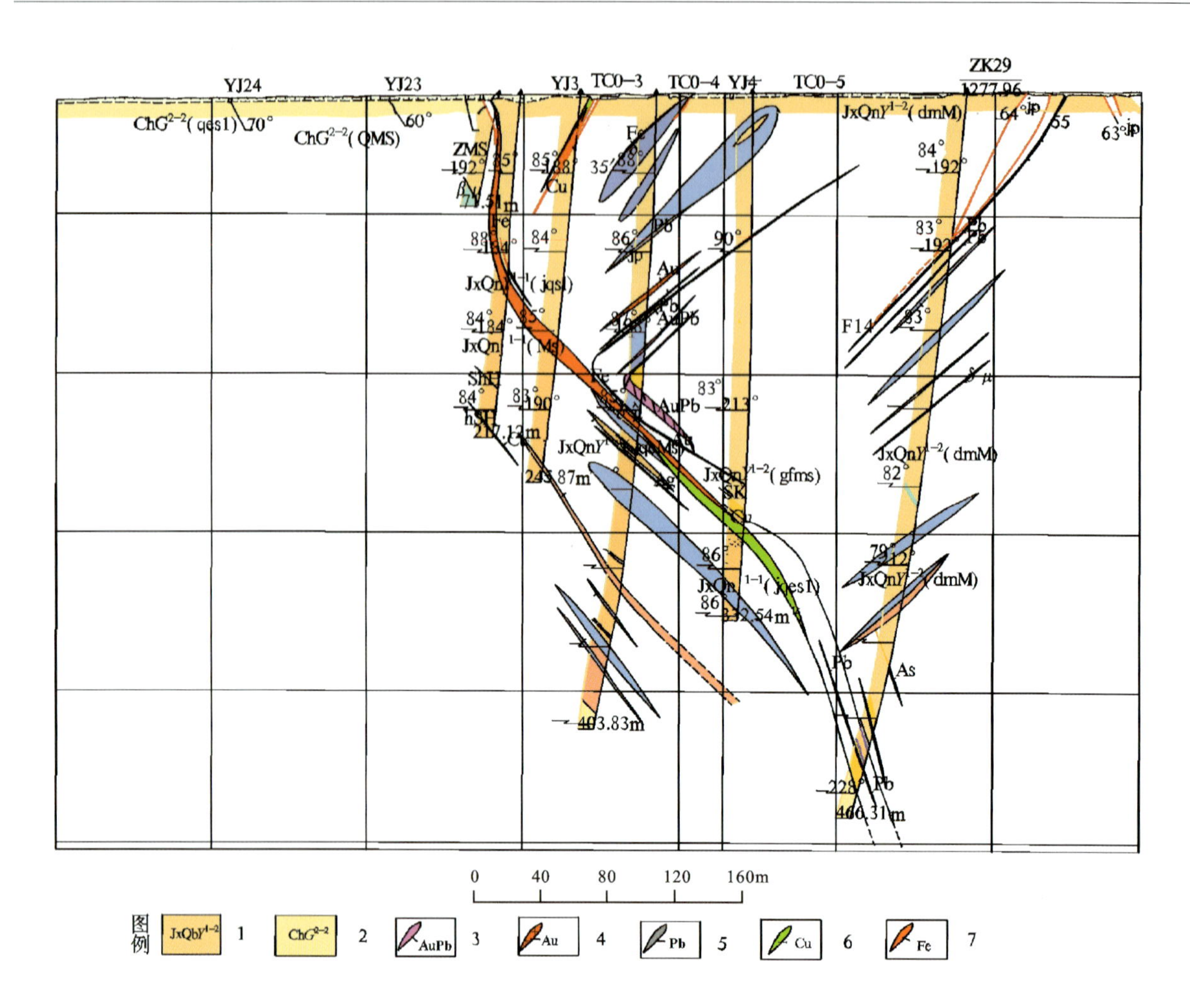

图 7-2　老硐沟金矿矿区 0 号勘探线剖面图

(据《内蒙古自治区额济纳旗老硐沟金铅矿区详查普查地质报告》,甘肃省地矿局第四地质队,1984 修编)

1.白云石大理岩夹灰黑色白云石大理岩透镜体;2.石英粉砂质泥质板岩夹变石英砂岩;

3.金、铅多金属矿体;4.金矿体;5.铅矿体;6.铜矿体;7.铁矿体

6. 矿床成因及成矿时代

矿床成因为岩浆热液型金多金属矿床,成矿时代为海西晚期。

(二)矿床成矿模式

圆藻山群下岩组钙质白云石大理岩、白云石大理岩在断裂破碎带上控制主要金铅矿体及矽卡岩型含金-铜铁矿体(图 7-3)。

古溶洞控矿:形态不规则,其接触面具风化剥蚀特点,形成次生淋滤多金属矿石,呈葡萄状、肾状、皮壳状构造。

构造控制:近东西向 F1 断裂及次级平行断裂:F2、F3 断裂控制着 7、8、78、87、88、93、94、97、98、99 等矿体产出。北北西向断裂常控制金铅矿脉及与成矿有关的闪长玢岩脉展布。

岩浆控制:铁铜矿体严格受斑状花岗内长岩与白云大理岩接触带控制,尤在岩枝发育拐弯处,产状由陡变缓部位。在岩株内及与岩脉接触带生成一些小的铜矿体,金铜、金铅矿体。

构造标志：东西向断裂破碎带，在断裂拐弯处、产状由陡变缓及两组断裂相交处和北北西向及次级羽状裂隙是控矿富集地段。

地层标志：在长城系上岩段的角岩化、红柱石化石英粉砂质板岩中具强烈黄铁矿化黄铜矿化处，可富集金矿化体。

岩浆岩标志：斑状花岗闪长岩体与长城系、蓟县系接触带，尤其是蓟县系下岩段白云石大理岩是生成矽卡岩型含金-铜铁的有利部位，矽卡岩是直接找矿标志，黄铁矿化、黄铜矿化发育有利富集金、铜小矿化体。

闪长玢岩与碳酸盐岩石接触断裂破碎带是寻找金铅多金属矿的有利地段。

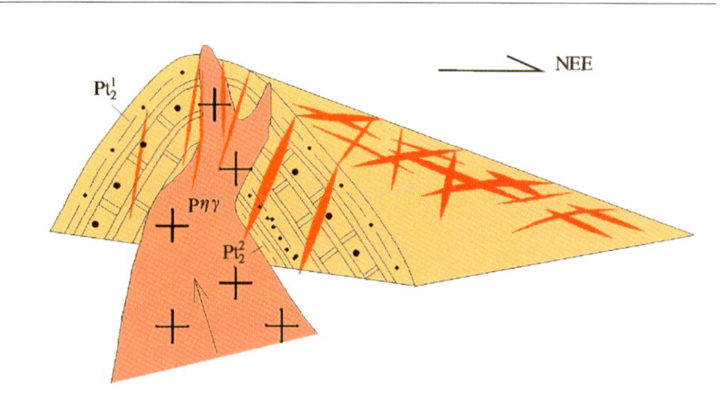

图例

$P\eta\gamma$ 鹰嘴红山似斑状黑云二长花岗岩

Pt_2^1 蓟县系圆藻山群下岩组白云石大理岩、钙质泥岩板岩(含矿地层)

Pt_2^2 中元古界长城系古硐井群上岩组浅变质碎屑岩

矿脉

图 7-3　老硐沟金矿典型矿床成矿模式图

（据《内蒙古自治区额济纳旗老硐沟金铅矿区详查普查地质报告》，甘肃省地矿局第四地质队，1984 修编）

二、典型矿床地球物理特征

（一）矿床所在位置航磁特征

据 1：5 万航磁平面等值线图，磁异常呈条带状分布，中心极值达 3200nT，走向近东西。矿点位置出现大面积高极化率异常。

矿床所在区域地球物理特征：据 1：20 万剩余重力异常资料显示，剩余重力异常总体表现比较凌乱，东部存在有椭圆形正异常，极值达 $6.7\times10^{-5}\,m/s^2$。据 1：50 万航磁平面等值线图显示，区域总体表现为低缓的负磁场，中央出现椭圆形正异常，规模不大。

（二）矿床所在区域重力特征

老硐沟金矿位于呈近南北向展布的重力梯级带上，等值线较密集。布格重力异常值为 $\Delta g-170\times10^{-5}\,m/s^2\sim-190\times10^{-5}\,m/s^2$，金矿位于 $\Delta g-184\times10^{-5}\,m/s^2$ 等值线附近。其东部布格重力异常相对较高，$\Delta g-161.62\times10^{-5}\,m/s^2\sim-170.00\times10^{-5}\,m/s^2$。西部区布格重力异常相对较低，$\Delta g-204.32\times10^{-5}\,m/s^2\sim-193.32\times10^{-5}\,m/s^2$。两侧重力高与重力低异常区在老硐沟金矿两侧等值线呈弧形展布最靠近。在老硐沟金矿的南北两侧等值线呈分散扩张式展开，是地质构造的影响所致。梯级带部位推断存在北北东向的断裂带(F 蒙-01863)。

老硐沟金矿位于剩余重力正负异常的交替带零值线附近。有正异常 G 蒙-828，重力值 $\Delta g5.85\times10^{-5}\,m/s^2\sim6.69\times10^{-5}\,m/s^2$，负异常 L 蒙-849，重力值 $\Delta g-5.79\times10^{-5}\,m/s^2\sim-6.9\times10^{-5}\,m/s^2$。G 蒙-828剩余重力正异常区局部有震旦纪地层出露，推断该异常区为元古宙基底隆起区。L 蒙-849 剩余重力异常区有大面积志留纪花岗岩出露，可见该异常是由酸性侵入岩引起的。

老硐沟金矿位于酸性侵入岩与元古宙地层的接触带上，重力场特征表现为剩余重力正负异常交替带，布格重力异常梯级带。老硐沟所在区域的航磁异常较弱，位于低背景区。

三、典型矿床地球化学特征

与预测工作区相比较，老硐沟地区老硐沟式热液-氧化淋滤型金矿矿区周围存在以 Au 为主，伴有 Ag、As、Cd、Pb、W、Mo 等元素组成的综合异常；Au 为主要的成矿元素，Ag、As、Cd、Pb、W、Mo 为主要的伴生元素。

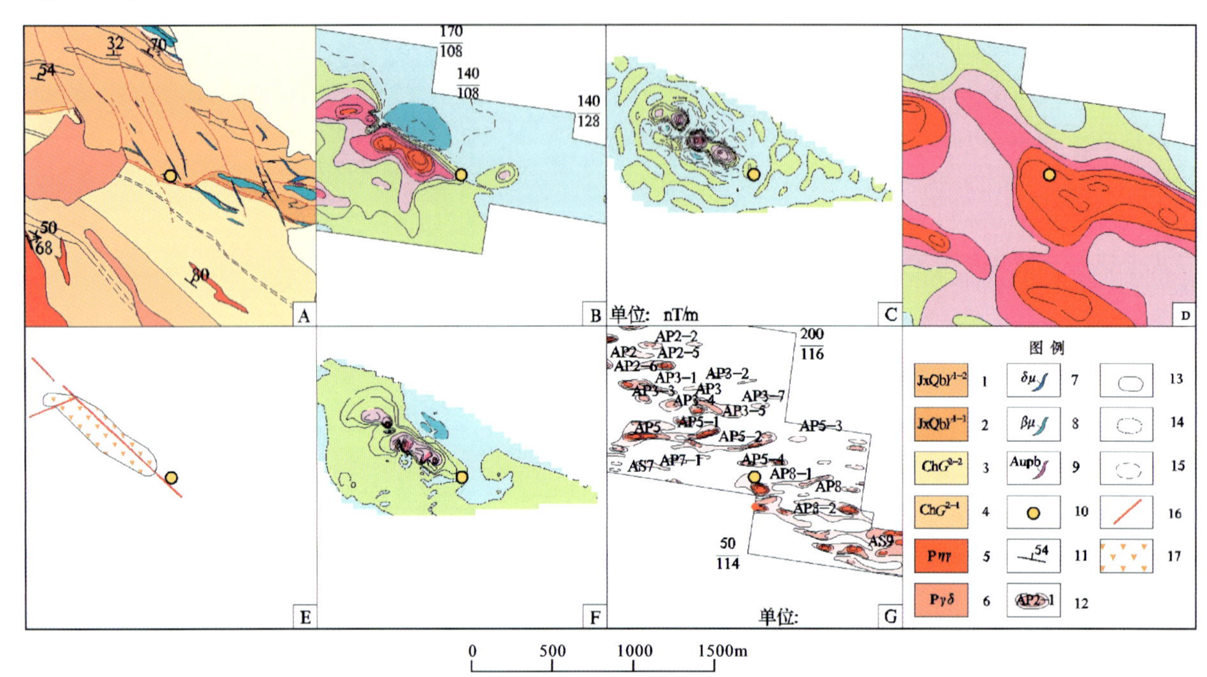

图 7-4　老硐沟金矿床所在位置地质矿产及物探剖析图

A. 地质矿产图；B. 地磁 ΔZ 等值线平面图；C. 地磁 ΔZ 化极垂向一阶导数等值线平面图；D. 电法视极化率等值线平面图；E. 推断地质构造图；F. 地磁 ΔZ 化极等值线平面图；G. 金化探异常图。

1. 蓟县系青白口系圆藻山群下岩组：白云石大理岩夹灰黑色白云石大理岩透镜体；2. 蓟县系青白口系圆藻山群下岩组：钙质泥质板岩、结晶灰岩、钙质白云石大理岩；3. 长城系古硐井群上岩组：石英粉砂质泥质板岩夹变石英砂岩；4. 长城系古硐井群上岩组：变长石石英粉砂岩夹粉砂质泥质板岩；5. 二叠纪斑状花岗闪长岩；6. 二叠纪黑云二长花岗岩；7. 闪长玢岩脉；8. 辉绿（玢）岩脉；9. 金铅多金属矿体；10. 金矿点位置；11. 产状及编号；12. 金异常范围及编号；13. 正等值线及注记；14. 零等值线及注记；15. 负等值线及注记；16. 推断断裂；17. 磁法推断蚀变带

Au 在老硐沟地区呈高背景分布，浓集中心明显，异常强度高，Ag、As、Au、Cd、W、Mo 在老硐沟地区都具有明显的浓集中心，异常强度较高。

四、典型矿床遥感特征

额济纳旗老硐沟式岩浆热液型金铅-多金属矿矿区内断裂发育，大小断裂 70 余条。北北东向、北东向断裂与北西向断裂构成了整个矿区的构造格架。近东西向断裂以压扭性断裂为主，次为张扭性断裂（图 7-5）。

近东西走向两组压扭性断裂，由西向东呈舒缓波状纵贯矿区，中间被晚期北西向断裂错移牵引，走向转为南东向，沿断裂带可见宽数米挤压破碎带、构造透镜体等构造行迹，它是矿区的主要导矿构造，又是金铅多金属矿的容矿构造。

北西向多为张扭性断裂带，是矿区主要的金铅多金属矿的容矿构造，控制着金铅矿脉及与成矿有关的闪长玢岩脉展布。

铁铜矿体受斑状花岗内长岩与白云大理岩接触带控制，尤其在岩枝发育拐弯处，产状由陡变缓部位。在岩株内及与岩脉接触带生成一些小的铜矿体、金铜、金铅矿体。

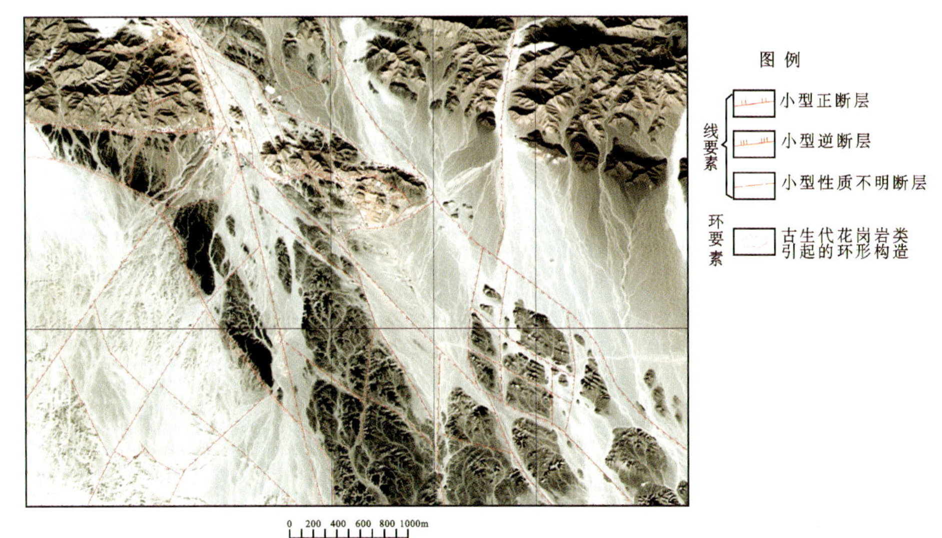

图 7-5 老硐沟金矿遥感矿产地质特征解译图

五、典型矿床预测模型

根据典型矿床成矿要素和矿区地磁资料以及区域重力资料，确定典型矿床预测要素，编制典型矿床预测要素图。由于没收集到矿区大比例尺地磁资料，只能以 1∶20 万航磁资料代替；而重力及化探资料只有 1∶20 万比例尺的，因此采用矿床所在地区的系列图表达典型矿床预测模型(图 7-6)。

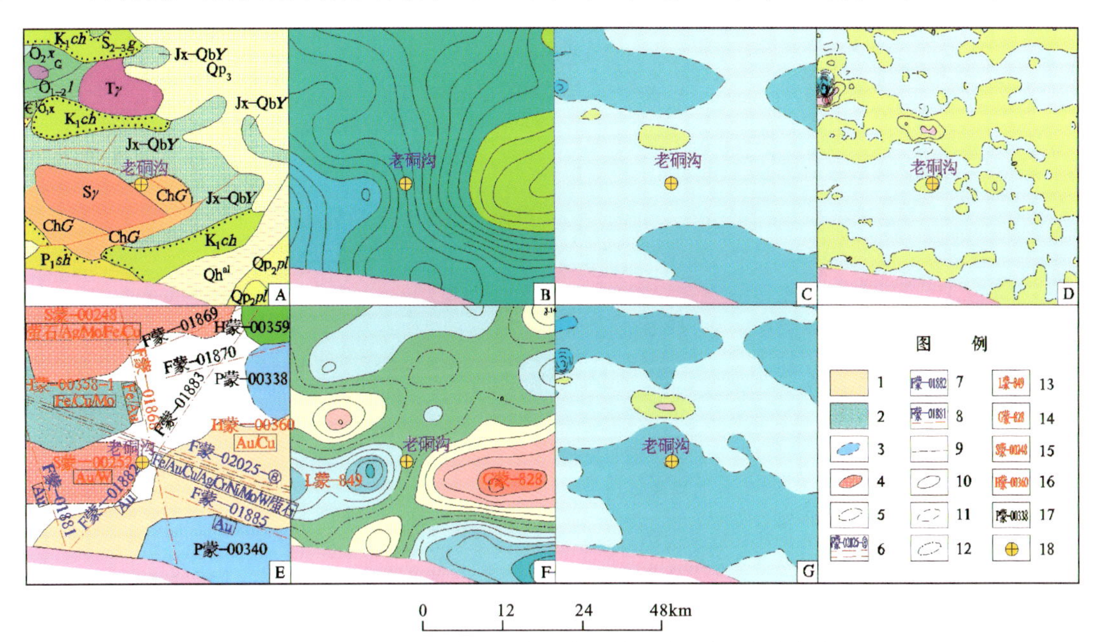

图 7-6 老硐沟金矿典型矿床所在区域地质矿产及物探剖析图

A. 地质矿产图；B. 布格重力异常图；C. 航磁 ΔT 等值线平面图；D. 航磁 ΔT 化极垂向一阶导数等值线平面图；E. 重力推断地质构造图；F. 剩余重力异常图；G. 航磁 ΔT 化极等值线平面图。

1. 元古宙地层；2. 元古宙地层—太古宙地层；3. 盆地及边界；4. 酸性—中酸性岩；5. 半隐伏岩体边界；6. 半隐伏重力推断一级断裂构造及编号；7. 半隐伏重力推断三级断裂构造及编号；8. 隐伏重力推断三级断裂构造及编号；9. 一级构造单元线；10. 航磁正等值线；11. 航磁负等值线；12. 零等值线；13. 负剩余异常编号；14. 正剩余异常编号；15. 酸性-中酸性岩体编号；16. 地层编号；17. 盆地编号；18. 金矿点

总结典型矿床综合信息特征，编制典型矿床预测要素表(表 7-1)。

表 7-1 老硐沟典型矿床预测要素表

<table>
<tr><td colspan="2" rowspan="3">预测要素</td><td colspan="4">描述内容</td><td rowspan="3">成矿要素分类</td></tr>
<tr><td>储量</td><td>中型，3.293t</td><td>平均品位</td><td>金铅矿石平均金品位 4.73×10^{-6}，金铅多金属矿石金平均品位 23.5×10^{-6}</td></tr>
<tr><td>特征描述</td><td colspan="3">岩浆热液型金铅-多金属矿床</td></tr>
<tr><td rowspan="3">地质环境</td><td>构造背景</td><td colspan="4">阴山-天山纬向构造体系中的古硐井-英雄山东西向褶断构造破碎带</td><td>必要</td></tr>
<tr><td>成矿环境</td><td colspan="4">1.中、新元古界长城系、蓟县系及青白口系，其次零星分布的下二叠统、上侏罗统、新近系和第四系。
2.岩浆活动频繁，以海西中、晚期鹰嘴红山似斑状黑云二长花岗岩和花岗闪长岩及少量辉长岩为主。
3.东西向古硐井-英雄山紧闭向东倾伏复背斜，次级褶皱明显。断裂以北西西向、北东东向断裂为主，次为北西向、北东向</td><td>必要</td></tr>
<tr><td>成矿时代</td><td colspan="4">海西晚期</td><td>重要</td></tr>
<tr><td rowspan="8">矿床特征</td><td>矿体形态</td><td colspan="4">鸡窝状、柱状、似层状、透镜状</td><td>重要</td></tr>
<tr><td>岩石类型</td><td colspan="4">似斑状黑云二长花岗岩和花岗闪长岩</td><td>重要</td></tr>
<tr><td>岩石结构</td><td colspan="4">细粒、斑状结构</td><td>次要</td></tr>
<tr><td>矿物组合</td><td colspan="4">自然金、银金矿、辉银矿-螺状硫银矿、针铁矿、磁铁矿、黄铜矿、黄铁矿、毒砂、闪锌矿、辉钼矿等。表生期金属硫化物氧化阶段矿物：角银矿、自然银、铜蓝、孔雀石、臭葱石、褐铁矿；砷酸盐矿物：菱砷铁矿、菱砷铅矾、砷铅矿、白铅矿、草黄铁矾、铅矾、铅丹、红砷锌矿等</td><td>重要</td></tr>
<tr><td>结构构造</td><td colspan="4">自形—半自形—他形粒状结构、交代结构、压碎结构和乳浊状结构、网脉状结构；致密块状构造、浸染状构造、细脉条带状构造</td><td>次要</td></tr>
<tr><td>蚀变特征</td><td colspan="4">地层围岩大理岩化、红柱石化、角岩化；中酸性侵入岩黑云母化、电气石化、绿泥石化、黄铁矿化、绢云母化、硅化、矽卡岩化</td><td>次要</td></tr>
<tr><td>控矿条件</td><td colspan="4">1.蓟县系下岩组钙质白云石大理岩、白云石大理岩在断裂破碎带上控制主要金铅矿体及矽卡岩型含金-铜铁矿体。
2.近东西向F1断裂及次级平行断裂；北北西向断裂常控制金铅矿脉及与成矿有关的闪长玢岩脉展布。
3.铁铜矿体受斑状花岗内长岩与白云大理岩接触带控制，尤其在岩枝发育拐弯处，产状由陡变缓部位。在岩株内及与岩脉接触带生成一些小的铜矿体，金铜、金铅矿体。
4.古溶洞控矿</td><td>必要</td></tr>
<tr><td colspan="5"></td></tr>
<tr><td rowspan="2">地球物理特征</td><td>重力</td><td colspan="4">典型矿区无重力异常资料，1∶20 万重力为低缓负异常</td><td>次要</td></tr>
<tr><td>航磁</td><td colspan="4">1966 年 905 航空物探大队对本区进行 1∶5 万航空磁测发现 M785、786、791、792 异常，1979 年部航空物探大队 905 队在西起黑鹰山东到额济纳旗南至湖西新村进行 1∶5 万航空磁测普查新发现 M167、M168 异常</td><td>重要</td></tr>
<tr><td>地球化学特征</td><td colspan="5">1.重砂异常：共圈出重砂异常 24 个。
2.原生晕异常：共圈定化探异常 15 个。
3.铅多金属矿的元素组合特征：若铅矿中含锰高时，往往银也高，而不利于金的富集；若铅矿中含砷高时，则含金就高</td><td>必要</td></tr>
</table>

第二节　预测工作区研究

一、区域地质特征

（一）成矿地质背景

预测工作区大地构造位置属于晚古生代天山-兴蒙构造系，额济纳旗-北山弧盆系明水岩浆弧及公婆泉岛弧接触部位。矿体赋存于阴山-天山纬向构造体系中的古硐井-英雄山东西向褶断构造破碎带中。

本预测工作区内以望旭山北侧近东西向逆断层带为界，以北为天山-兴蒙造山系之公婆泉岛孤，以南为塔里木块区之柳园裂谷。其四级构造单元分别为月牙山-花石头石山弧形挤压带和盘陀山-古硐井东西向挤压隆起带，后者为老硐沟式热液型金矿赋存构造部位，系本预测工作区之重点地段。

矿床的形成过程中，成矿流体的运移和成矿物质的沉淀、定位空间以及其形成的保存条件无不与构造息息相关。构造是成矿控制地质因素中的重要因素。

褶皱：区域性褶皱为古硐井群-英雄山复背斜。核部为长城系古硐井群，也是重要的成矿部位。

断裂：预测区内近东西向断裂规模大，与金、铅等矿化关系密切，为导矿构造，其次级断裂为容矿构造。北西向断裂与成矿也有明显的关系，也是重要的控矿构造。

含矿岩系为石中元古界长城系古硐井群上岩组，金铅矿体赋存于中元古界长城系古硐井群上岩组，第一岩性段灰色、灰黑色变石英粉砂岩夹薄层状石英粉砂质泥质板岩中。

铁铜矿体受斑状花岗内长岩与白云大理岩接触带控制，尤其在岩枝发育拐弯处，产状由陡变缓部位。在岩株内及与岩脉接触带生成一些小的铜矿体，金铜、金铅矿体。

（二）区域成矿模式

根据预测区研究成矿规律研究，确定预测区成矿要素（表 7-2），总结成矿模式（图 7-7）。

表 7-2　老硐沟岩浆热液型金、铅矿预测区成矿要素表

区域成矿要素		描述内容	要素类别
地质环境	大地构造位置	阴山-天山纬向构造体系中的古硐井-英雄山东西向褶断构造破碎带	必要
	成矿区（带）	Ⅰ-1 古亚洲成矿域，Ⅱ-4 塔里木成矿省，Ⅳ142 阿木乌苏-老硐沟 Au-W-Sb 成矿亚带，Ⅴ142-2 老硐沟金矿集区（Vl），老硐沟金矿（Vl）	必要
	区域成矿类型及成矿期	老硐沟金矿为岩浆热液型，成矿时代为海西晚期或印支期	重要
控矿地质条件	赋矿地质体	蓟县系下岩组钙质白云石大理岩、白云石大理岩在断裂破碎带上控制主要金铅矿体及矽卡岩型含金-铜铁矿体	重要
	控矿侵入岩	似斑状黑云二长花岗岩和花岗闪长岩	必要
	主要控矿构造	1. 近东西向 F1 断裂及次级平行断裂：北北西向断裂常控制金铅矿脉及与成矿有关的闪长玢岩脉展布。 2. 铁铜矿体受斑状花岗闪长岩与白云大理岩接触带控制，尤其在岩枝发育拐弯处，产状由陡变缓部位。在岩株内及与岩脉接触带生成一些小的铜矿体，金铜、金铅矿体。 3. 古溶洞控矿	必要
区内相同类型矿产		可见有索索井铁铜矿床、老硐沟铜铁金多金属砷矿床等	次要

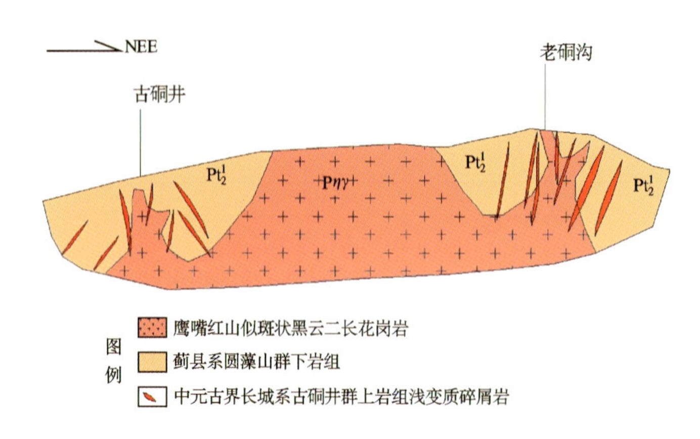

图 7-7　老硐沟金矿预测区成矿模式图

(据《内蒙古自治区额济纳旗老硐沟金铅矿区详查普查地质报告》,甘肃省地矿局第四地质队,1984 修编)

二、区域地球物理特征

(一)磁法

在航磁 ΔT 等值线平面图上(图 7-8)老硐沟预测区磁异常幅值范围为 $-2400\sim1000$nT,以 $0\sim100$nT 为磁异常背景,预测区磁异常形态规则,主要呈带状和长椭圆状,磁异常轴北西西向。区内主要异常集中在北部,以正负伴生磁异常为主,异常形态为条带状,磁异常强度 $-2400\sim1000$nT,梯度变化较大;预测区南部地区主要为强度为 $0\sim100$nT 的低缓磁异常区;在预测区东部有 $-100\sim0$nT 的低缓负磁异常区。老硐沟金矿区位于预测区南部低缓磁异常背景区,处在磁异常强度为 200nT 的正异常边缘。

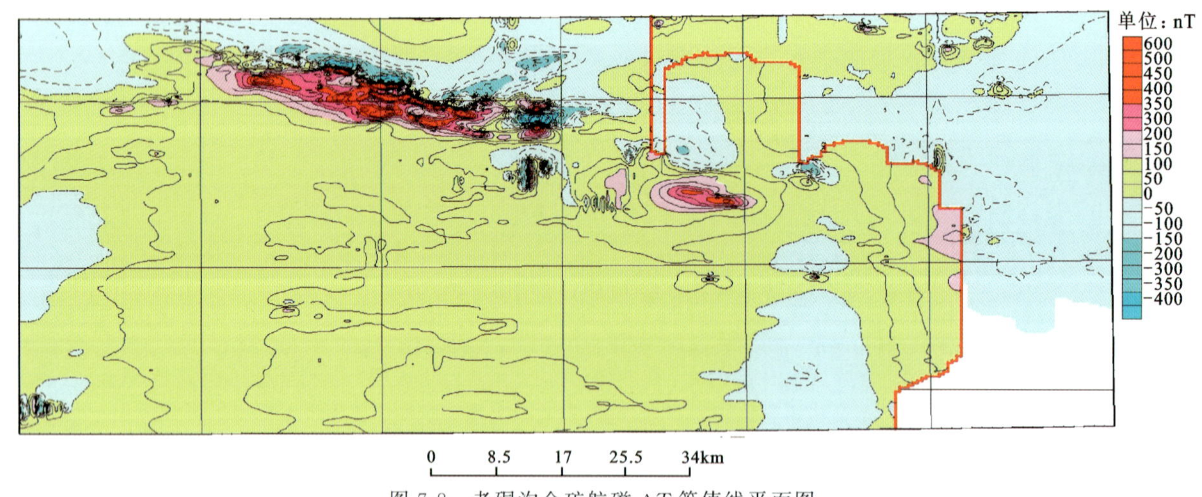

图 7-8　老硐沟金矿航磁 ΔT 等值线平面图

(二)重力

老硐沟金矿预测工作区较小,布格重力异常西部较低,东部较高。由剩余重力异常图可见,预测区中部和东侧形成明显的剩余重力正异常带 G 蒙-846、G 蒙-828。北部及西南部形成两个负异常带 L 蒙-849、L 蒙-847。

G蒙-846异常由3个局部异常组成。这一带主要出露古生代地层，所以该异常主要与古生代基底隆起有关。在该异常区的中部的局部异常最大值$\Delta g7.66\times10^{-5}m/s^2$，该区域还有基性岩出露，故认为这一地段的剩余重力正异常与基性岩及古生代基底隆起有关。G蒙-828由前述知是元古代基底隆起所至。由前述知L蒙-849为酸性侵入岩引起，同理推断L蒙-847、L蒙-845亦为酸性侵入岩引起。预测区东侧边部的带状负异常第四系普遍覆盖，是巴丹吉梦煤盆地引起。

综合分析布格重力异常和剩余重力异常后，认为G蒙-846号剩余重力正异常产于中部与基性岩有关的局部异常区，可选为找金的靶区。

三、区域地球化学特征

预测区上分布有Au、Cu、Cd、As、Sb、W等元素组成的高背景区带，在高背景区带中有以Au、Cu、Cd、As、Sb、W为主的多元素局部异常。预测区内共有21个Ag异常，6个As异常，37个Au异常，10个Cd异常，12个Cu异常，21个Mo异常，16个Pb异常，2个Sb异常，16个W异常，9个Zn异常。

预测工作区上Ag呈背景、低背景分布，在老硐沟地区存在局部异常；As在预测区呈高背景分布，有明显的浓度分带和浓集中心，在炮台山西以西10km有一处浓集中心，浓集中心明显，异常强度高，范围较大，呈面状分布；Au呈背景、高背景分布，有明显的浓度分带和浓集中心；Cd在预测区南部呈高背景分布，高背景区存在一条东西向的浓度分带，有多处浓集中心，呈串珠状分布；Cu在预测区多呈背景、低背景分布，在孟龙山地区存在两处浓集中心，浓集中心明显，异常强度高；W在预测区南部呈高背景分布，北部呈背景、低背景分布，Sb在预测区呈高背景分布，在炮台山西地区存在W、Sb局部异常，具明显的浓集中心，异常强度高，范围大，呈面状分布；预测区上Mo、Pb、Zn呈背景、低背景分布。

预测工作区上元素异常套合好的编号为AS1，异常组合元素有Au、As、Sb、Pb、Zn，Au元素浓集中心明显，异常强度高，Pb、Zn呈环状分布，与Au异常交叉分布，As、Sb分布在Au异常的外围。

四、区域遥感影像及解译特征

预测工作区内解译出巨型断裂带一条，为红柳河-洗肠井深大断裂带(图7-9)。该断裂是北山中晚海西地槽褶皱带分界，北侧为石炭纪形成的六驼山、雅干复背斜，南侧为二叠纪形成的哈珠-哈日苏亥复向斜，沿断裂有海西期辉长岩、超基性岩分布。

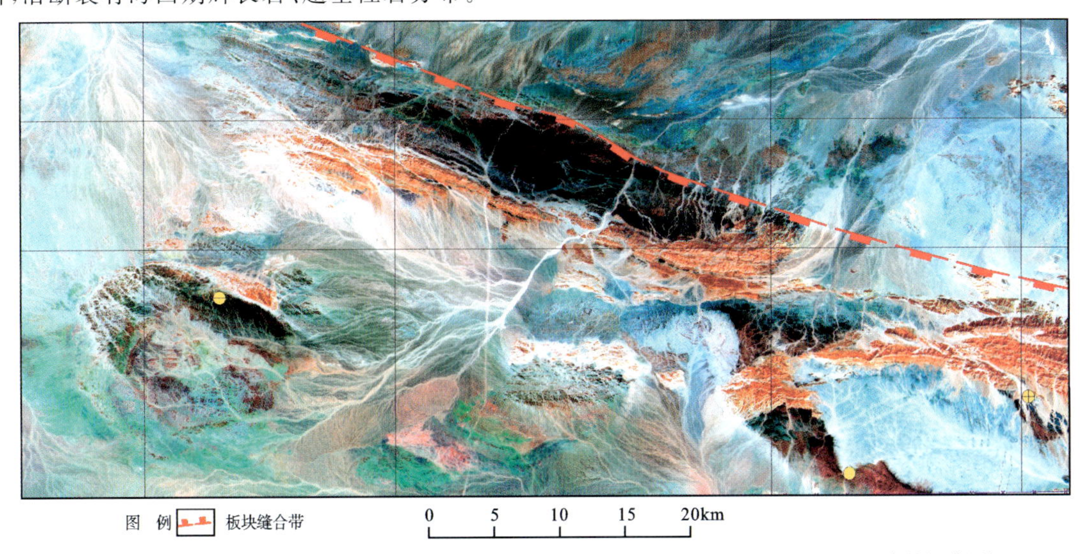

图7-9 老硐沟金矿所在预测工作区红柳河-洗肠井深大断裂带之清河口-哈珠-路井深断裂

预测工作区内共解译出3条大型断裂带，呈北西西向、近东西向和北东向分布。这些断裂带有：浩来音乌苏构造带、三零五构造带、瑙琨波日格压型构造带。这些断裂带都是控矿前构造。

预测工作区内共解译出2条中型断裂带，呈北西向、北东向与大型断裂带构成了一个整体格架。这些断裂带有：鹰嘴红山北构造和索索井压型构造。这些断裂带为各金属矿床的形成提供运营通道。

预测工作区内的小型断裂比较发育，并且以北东向和北西向为主，局部发育北北西向及近东西向小型断层，其中的北西向小型断裂多为正断层，形成时间较晚，多错断其他方向的断裂构造，其分布规律较差，仅在平顶山—哈珠—小狐狸山一带有成带特点，为一较大的弧形构造带。北东向的小型断裂多为逆断层，形成时间明显早于北西向断裂，其分布略有规律性，这些断裂带与其他方向断裂交会处，多为金-多金属成矿的有利地段。东西向断裂破碎带，在断裂拐弯处、产状由陡变缓及两组断裂相交处和北北西向及次级羽状裂隙是控矿富集地段。

由岩浆侵入、火山喷发和构造旋扭等作用引起的、在遥感图像显示出环状影像特征的地质体称为环要素。预测工作区内一共解译了8个环，按其成因，区内可分为3类环，一种为由隐伏岩体引起的环形构造，另一种为该区域内中生代花岗岩引起的环形构造，还有就是古生代花岗岩类引起的环形构造。中生代花岗岩引起的环形构造影像特征主要是影纹纹理边界清楚，花岗岩内植被发育，纹理光滑，构造隆起成山。与隐伏岩体有关的环形构造，影像上整个块体隆起，呈椭圆状，主要由环形沟谷及盆地边缘线构成，边界清晰，山脊和山沟以山顶为中心向四周呈放射状发散。

带要素主要包括赋矿地层、赋矿岩层相关的遥感信息。预测区内解译了21条带要素。

五、区域预测模型

预测工作区所利用的化探资料比例尺精度为1∶20万，物探资料比例尺为1∶20万及部分1∶5万资料，遥感为2000年ETM数据，自然重砂为1∶20万数据资料。资料精度及质量基本能满足矿产预测工作。根据预测工作区区域成矿要素和化探、航磁、重力、遥感及自然重砂等特征，建立了本预测区的区域预测要素(表7-3)，并编制预测模型图(图7-10)。

表7-3　老硐沟金矿预测工作区预测要素表

区域成矿要素		描述内容	要素类别
地质环境	大地构造位置	阴山-天山纬向构造体系中的古硐井-英雄山东西向褶断构造破碎带	必要
	成矿区(带)	Ⅰ-1古亚洲成矿域，Ⅱ-4塔里木成矿省，Ⅳ142阿木乌苏-老硐沟Au-W-Sb成矿亚带，Ⅴ142-2老硐沟金矿集区(Vl)，老硐沟金矿(Vl)	必要
	区域成矿类型及成矿期	老硐沟金矿为岩浆热液型，成矿时代为海西晚期或印支期	重要
控矿地质条件	赋矿地质体	蓟县系下岩组钙质白云石大理岩、白云石大理岩在断裂破碎带上控制主要金铅矿体及矽卡岩型含金-铜铁矿体	重要
	控矿侵入岩	似斑状黑云二长花岗岩和花岗闪长岩	必要
	主要控矿构造	1.近东西向F1断裂及次级平行断裂；北北西向断裂常控制金铅矿脉及与成矿有关的闪长玢岩脉展布。 2.铁铜矿体受斑状花岗闪长岩与白云大理岩接触带控制，尤其在岩枝发育拐弯处，产状由陡变缓部位。在岩株内及与岩脉接触带生成一些小的铜矿体，金铜、金铅矿体。 3.古溶洞控矿	必要
区内相同类型矿产		可见有索井铁铜矿床、老硐沟铜铁金多金属砷矿床等	次要
地球物理特征	重力	重力低负异常，剩余重力起始值多在$(-8\sim7)\times10^{-5}m/s^2$之间	次要
	航磁	预测区航磁ΔT化极异常强度起始值多数在$-2800\sim1800$nT之间	重要

续表 7-3

区域成矿要素	描述内容	要素类别
地球化学特征	铅多金属矿的元素组合特征：若铅矿中含锰高时，往往银也高，而不利于金的富集。若铅矿中含砷高时，则含金就高。预测区异常值在(2～395.2)×10⁻⁶之间	必要
遥感特征	共圈出2个中生代花岗岩类引起的环形构造和5个古生代花岗岩类引起的环形构造。并划出了1条板块缝合带和若干条大、中、小型断裂构造	次要

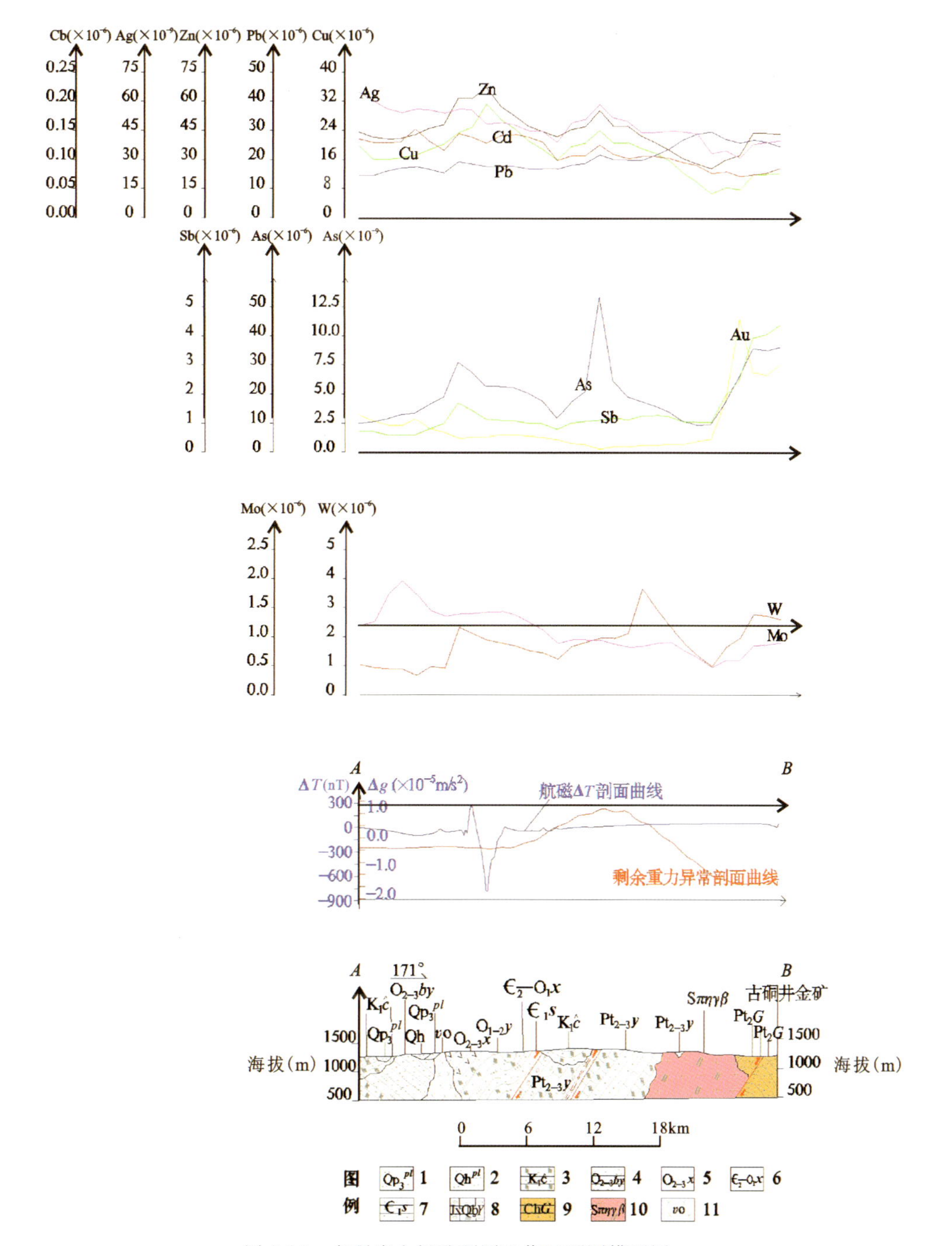

图 7-10 老硐沟金铅矿预测工作区预测模型图

1.滴哨湾组洪积层；2.洪积层；3.白垩系赤金堡组；4.奥陶系白云山组；5.奥陶系咸水湖组；6.寒武系—奥陶系西双鹰山组；7.寒武系双鹰山组；8.新元古界圆藻山群；9.新元古界古硐井群；10.志留纪中粗粒似斑状黑云二长花岗岩；11.辉长岩

充分运用了地、物、化、遥等资料，归纳区域成矿模式，主要说明如下：

(1)中元古界长城系古硐井群上岩组浅变质石英粉砂岩、板岩、局部见灰岩透镜体，在断裂破碎带上控制主要金铅矿体及矽卡岩型含金-铜铁矿体。

(2)近东西向 F1 断裂及次级平行断裂;北北西向断裂常控制金铅矿脉及与成矿有关的闪长玢岩脉展布。

(3)铁铜矿体受斑状花岗内长岩与白云大理岩、灰岩透镜体、板岩等接触带控制，尤其在岩枝发育拐弯处，产状由陡变缓部位。在岩株内及与岩脉接触带生成一些小的铜矿体，金铜、金铅矿体。

(4)古溶洞控矿。

第三节 矿产预测

一、综合地质信息定位预测

(一)变量提取及优选

根据典型矿床成矿要素及预测要素研究，本次选择规则网格单元划分方法为预测单元。

在 MRAS 软件中，对揭盖后的地质体、矿点、矿化蚀变带及遥感异常等求区的存在标志，对航磁等值线、剩余重力及化探异常求起始值的加权平均值，并进行以上原始变量的构置，对网格进行赋值，形成原始数据专题。

(二)最小预测区圈定及优选

由于典型矿床所在最小预测区，地质研究程度高，具代表性，因此，将其作为模型区，其选择方法为人工选择。本次采用特征分析方法进行矿产资源靶区定位预测，选择的变量是与成矿有关或对找矿有意义的变量。它的取值采用两种形式:二态取值或三态取值。二态取值是指变量只有两种状态，用数字表示为 1 或 0，当变量对成矿或找矿有利取值为 1，否则取值为 0；三态取值是指变量有 3 种不同状态，用数字表示为－1，0，1，当变量对成矿有利时赋值为 1，不利时赋值为－1，其他情况赋值为 0。

(三)最小预测区圈定结果

叠加所有预测要素，根据各要素边界圈定最小预测区，共圈定最小预测区 25 个(图 7-11)，其中 A 级区 2 个，面积 27.09km^2，B 级区 9 个，面积 80.46km^2，C 级区 14 个，面积 123.21km^2。

(四)最小预测区地质评价

本次所圈定的 25 个最小预测区，在含矿建造的基础上，其面积均小于 50km^2，A 级区绝大多数分布于已知矿床外围或化探铜铅锌三级浓度分带区且有已知矿点，存在或可能发现铜矿产地的可能性高，具有一定的可信度。最小预测区资源潜力评述见表 7-4。

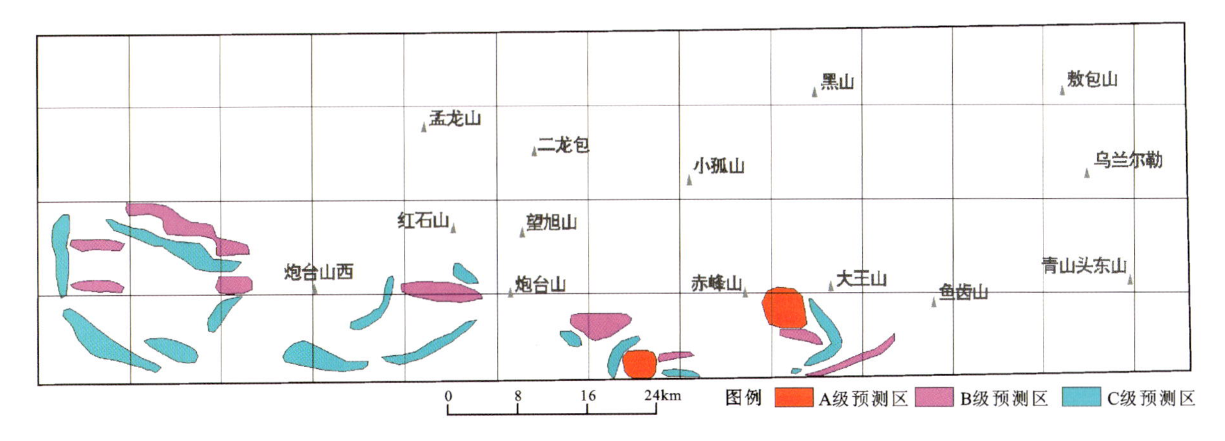

图 7-11　老硐沟金-多金属矿预测工作区最小预测区优选分布图

表 7-4　老硐沟热液型金铅矿老硐沟预测工作区预测区综合信息表

最小预测区编号	最小预测区名称	综合信息(航磁异常单位为 nT，重力异常单位为$\times10^{-5}m/s^2$)
A1511505001	赛汉陶来苏木老硐沟	矿床主要赋存在中元古界长城系古硐井群上岩组(Pt_2Chg^2)，矿体呈透镜状、层状产于大理岩、灰岩、矽卡岩中，矿石矿物为自然金、金铅铜矿石、金铅铁矿石，少量磁黄铁矿、黄铁矿、赤铁矿，局部见星点浸染状黄铜矿和方铅矿。脉石矿物主要为铁闪石、方解石、石英、阳起石、透闪石，其次有石榴石、绿泥石、黑云母、角闪石等。局部形成工业矿体。预测区局部及下游存在重砂异常，预测区有矿点。找矿潜力极大
A1511505002	古硐井	矿床主要赋存在中元古界长城系古硐井群上岩组(Pt_2Chg^2)，矿体呈透镜状、层状产于大理岩、灰岩、矽卡岩中，矿石矿物为自然金、金铅铜矿石、金铅铁矿石，少量磁黄铁矿、黄铁矿、赤铁矿，局部见星点浸染状黄铜矿和方铅矿。脉石矿物主要为铁闪石、方解石、石英、阳起石、透闪石，其次有石榴石、绿泥石、黑云母、角闪石等。局部形成工业矿体。该区内有金铅矿化点 1 处，航磁化极等值线起始值在 0 以上；重力剩余异常起始值在−2 以上；预测区局部及下游存在重砂异常。找矿潜力极大
B1511505001	炮台山西 1592 高地	矿床主要赋存在中元古界长城系古硐井群上岩组(Pt_2Chg^2)，及东西向断裂带上，矿体呈透镜状、层状产于大理岩、矽卡岩中，矿石矿物为磁黄铁矿、黄铁矿、黄铜矿和方铅矿。脉石矿物主要为铁闪石、方解石、石英、阳起石、透闪石，其次有石榴石、绿泥石、黑云母、角闪石等。局部形成工业矿体。航磁化极等值线起始值在 40 以上；重力剩余异常起始值在 15 以上；预测区见重砂、遥感铁染异常。找矿潜力极大
B1511505002	炮台山西 1641 高地	矿床主要赋存在中元古界长城系古硐井群上岩组(Pt_2Chg^2)，航磁化极等值线起始值在 0 以上；重力剩余异常起始值在−2 以上；预测区下游见重砂异常。有一定的找矿潜力
B1511505003	炮台山西 1604 高地	矿床主要赋存在中元古界长城系古硐井群上岩组(Pt_2Chg^2)，航磁化极等值线起始值在 0 以上；重力剩余异常起始值在−2 以上；有 1 个已知小型矿床和 1 个矿化点。有一定的找矿潜力
B1511505004	炮台山西 1356 高地	矿床主要赋存在中元古界长城系古硐井群上岩组(Pt_2Chg^2)，航磁化极等值线起始值在 160 以上；重力剩余异常起始值在 15 以上。有一定的找矿潜力
B1511505005	炮台山西 1440 高地	矿床主要赋存在中元古界长城系古硐井群上岩组(Pt_2Chg^2)，航磁化极等值线起始值在 160 以上；重力剩余异常起始值在 20 以上。有一定的找矿潜力

续表 7-4

最小预测区编号	最小预测区名称	综合信息(航磁异常单位为 nT,重力异常单位为$\times10^{-5}$ m/s^2)
B1511505006	炮台山东 1242 高地	矿床主要赋存在中元古界长城系古硐井群上岩组(Pt_2Chg^2),航磁化极等值线起始值在 40 以上;重力剩余异常起始值在 8 以上;预测区下游见重砂异常。有一定的找矿潜力
B1511505007	炮台山东 1275 高地	矿床主要赋存在中元古界长城系古硐井群上岩组(Pt_2Chg^2),航磁化极等值线起始值在−80 以上;重力剩余异常起始值在 0 以上;预测区下游见重砂异常。有一定的找矿潜力
B1511505008	大王山南	矿床主要赋存在中元古界长城系古硐井群上岩组(Pt_2Chg^2),航磁化极等值线起始值在−80 以上;重力剩余异常起始值在 0 以上;预测区下游见重砂异常。有一定的找矿潜力
B1511505009	凯旋村西 1362 高地	矿床主要赋存在中元古界长城系古硐井群上岩组(Pt_2Chg^2),航磁化极等值线起始值在−80 以上;重力剩余异常起始值在 0 以上;预测区下游见重砂异常。有一定的找矿潜力
C1511505001	炮台山西 1502 高地	矿床主要赋存在中元古界长城系古硐井群上岩组(Pt_2Chg^2),航磁化极等值线起始值在−80 以上;重力剩余异常起始值在 0 以上;预测区下游见重砂异常。有一定的找矿潜力
C1511505002	炮台山西 1519 高地	矿床主要赋存在中元古界长城系古硐井群上岩组(Pt_2Chg^2),航磁化极等值线起始值在 0 以上;重力剩余异常起始值在 10 以上;预测区下游见重砂异常,有遥感铁染异常。有一定的找矿潜力
C1511505003	炮台山西 1483 高地	矿床主要赋存在中元古界长城系古硐井群上岩组(Pt_2Chg^2),航磁化极等值线起始值在 0 以上;重力剩余异常起始值在−2 以上。有一定的找矿潜力
C1511505004	炮台山西 1558 高地	矿床主要赋存在中元古界长城系古硐井群上岩组(Pt_2Chg^2),航磁化极等值线起始值在−160 以上;重力剩余异常起始值在 0 以上。可能有找矿潜力
C1511505005	炮台山西 1507 高地	矿床主要赋存在中元古界长城系古硐井群上岩组(Pt_2Chg^2),航磁化极等值线起始值在 0 以上;重力剩余异常起始值在−2 以上。可能有找矿潜力
C1511505006	炮台山西 1488 高地	矿床主要赋存在渣尔泰山群阿古鲁沟组第二岩段,航磁化极等值线起始值在 0 以上;重力剩余异常起始值在−2 以上。可能有找矿潜力
C1511505007	炮台山西 1356 高地	矿床主要赋存在中元古界长城系古硐井群上岩组(Pt_2Chg^2),航磁化极等值线起始值在−40 以上;重力剩余异常起始值在−2 以上。可能有找矿潜力
C1511505008	炮台山西 1434 高地	矿床主要赋存在中元古界长城系古硐井群上岩组(Pt_2Chg^2),航磁化极等值线起始值在−40 以上;重力剩余异常起始值在−2 以上。可能有找矿潜力
C1511505009	炮台山西 1306 高地	矿床主要赋存在中元古界长城系古硐井群上岩组(Pt_2Chg^2),航磁化极等值线起始值在 40 以上;重力剩余异常起始值在 8 以上。可能有找矿潜力
C1511505010	炮台山东 1242 高地	矿床主要赋存在中元古界长城系古硐井群上岩组(Pt_2Chg^2),航磁化极等值线起始值在 40 以上;重力剩余异常起始值在 8 以上。可能有找矿潜力
C1511505011	炮台山东 1242 高地	矿床主要赋存在渣尔泰山群阿古鲁沟组第二岩段,航磁化极等值线起始值在 0 以上;重力剩余异常起始值在−2 以上。可能有找矿潜力
C1511505012	炮台山东 1275 高地	矿床主要赋存在中元古界长城系古硐井群上岩组(Pt_2Chg^2),航磁化极等值线起始值在 160 以上;重力剩余异常起始值在 10 以上。可能有找矿潜力

续表 7-4

最小预测区编号	最小预测区名称	综合信息（航磁异常单位为 nT，重力异常单位为 $\times 10^{-5}m/s^2$）
C1511505013	大王山南	矿床主要赋存在中元古界长城系古硐井群上岩组（Pt_2Chg^2），航磁化极等值线起始值在 0 以上；重力剩余异常起始值在 −2 以上。可能有找矿潜力
C1511505014	大王山南	矿床主要赋存在中元古界长城系古硐井群上岩组（Pt_2Chg^2），航磁化极等值线起始值在 0 以上；重力剩余异常起始值在 −2 以上。可能有找矿潜力

二、综合信息地质体积法估算资源量

（一）典型矿床深部及外围资源量估算

老硐沟金矿查明资源量来源于 2010 年《截至 2009 年底内蒙古自治矿产资源储量表第四册　贵重金属矿产》（内蒙古自治区国土资源厅），额济纳旗老硐沟金铅矿全矿区金矿石资源量是 47.5×10^4t，金属量为 3600t。

矿床面积为该矿床各矿体、矿脉区边界范围的面积，采用 1984 年甘肃省地矿局第四地质队《内蒙古自治区额济纳旗老硐沟金铅矿区 0 线（800m 标高以上）详细普查地质报告》附图 3（内蒙古自治区额济纳旗老硐沟金铅矿区地质图 1∶10 000）在 MapGIS 软件下读取数据，然后依据比例尺计算出实际平面积 385 023m^2。

体重、金品位、延深及依据均来源于 1984 年甘肃省地矿局第四地质队《内蒙古自治区额济纳旗老硐沟金铅矿矿区矿床 0 线（800m 标高以上）详查地质报告》，体重平均值 2.49t/m^3，品位平均值 9.24×10^{-6}，延深从“老硐沟金铅矿矿区矿床 0 线储量计算综合剖面图”上量取，为 450m，由于是陡倾斜矿体，用垂深。

老硐沟金矿典型矿床深部及外围资源量估算结果见表 7-5。

表 7-5　老硐沟金矿典型矿床深部及外围资源量估算一览表

典型矿床		深部及外围		
已查明资源量（金属量）	3600kg	深部	面积	385 023m^2
面积	385 023m^2		深度	50m
深度	450m	外围	面积	413 764m^2
品位	9.24×10^{-6}		深度	500m
密度	2.49g/cm^3	预测资源量（金属量）		4 698.59kg
体积含矿率	0.000 020 8kg/m^3	典型矿床资源总量（金属量）		8 298.59kg

（二）模型区的确定、资源量及估算参数

模型区是指典型矿床所在位置的最小预测区，老硐沟金铅矿模型区系 MRAS 定位预测后，经手工优化圈定的。老硐沟金铅矿典型矿床位于老硐沟模型区内。模型区预测资源量，此处为典型矿床总资源量（查明资源量＋预测资源量），即 4 701.75kg（金属量）。模型区面积，为最小预测区加以人工修正后的面积，在 MapGIS 软件下读取、换算后求得，为 17.43km^2。延深为典型矿床总延深（查明＋预测），即

500m。含矿地质体面积，指模型区内含矿建造的面积，在 MapGIS 软件下读取、换算后求得，为 17.43km²，与模型区面积一致。含矿地质体面积参数＝含矿地质体面积/模型区面积＝17.43/17.43＝1.00。模型区预测资源量及其估算参数见表 7-6。

表 7-6 老硐沟式热液-氧化淋滤型金矿模型区预测资源量及其估算参数表

编号	名称	模型区预测资源量（金属量，kg）	模型区面积（km²）	延深（m）	含矿地质体面积（km²）	含矿地质体面积参数
A1511505001	三十六号南西	4 701.75	17.43	500	17.43	1.00

（三）最小预测区预测资源量

老硐沟式热液-氧化淋滤型金矿预测工作区最小预测区资源量定量估算采用地质体积法进行估算。

1. 估算参数的确定

最小预测区的面积（$S_{预}$），在 MapGIS 软件下读取面积，然后换算成实际面积。延深是指含矿地质体沿倾向向下延长的深度，陡倾矿体约等于垂直深度。延深的确定是在分析最小预测区含矿地质体地质特征、岩体的形成深度、矿化蚀变、矿化类型的基础上进行的，结合典型矿床深部资料，目前钻探工程已控制到 450m 以下，但仍未控制住含矿岩系，延倾向向下还有含矿岩系存在。经专家综合分析，确定含矿地质体的延深（$H_{预}$）为 500m。相似系数（α）系从 MRAS 软件下形成的特征分析法定位预测专题（.WP）区文件属性中选取"成矿概率"作为相似系数。

2. 最小预测区预测资源量估算结果

本次预测资源总量为 21 082.83kg（不包括 3 600kg 已查明资源储量），各最小预测区预测资源量见表 7-7。

表 7-7 老硐沟式热液-氧化淋滤型金矿预测工作区最小预测区估算成果表

最小预测区编号	最小预测区名称	$S_{预}$（km²）	$H_{预}$（m）	K（kg/m³）	α	$Z_{预}$（kg）	资源量级别
A1511505001	赛汉陶来苏木老硐沟	17.43	500	0.000 000 539	1.00	4 698.59	334-1
A1511505002	古硐井	9.66	500	0.000 000 539	0.60	1 561.89	334-2
B1511505001	炮台山西 1592 高地	20.93	500	0.000 000 539	0.37	2 087.50	334-2
B1511505002	炮台山西 1641 高地	5.98	500	0.000 000 539	0.30	483.85	334-3
B1511505003	炮台山西 1604 高地	5.65	500	0.000 000 539	0.28	426.49	334-3
B1511505004	炮台山西 1356 高地	6.59	500	0.000 000 539	0.30	532.77	334-3
B1511505005	炮台山西 1440 高地	13.89	500	0.000 000 539	0.34	1 273.05	334-3
B1511505006	炮台山东 1242 高地	13.56	500	0.000 000 539	0.29	1 059.67	334-3
B1511505007	炮台山东 1275 高地	2.59	500	0.000 000 539	0.31	216.15	334-3

续表 7-7

最小预测区编号	最小预测区名称	$S_{预}$ (km²)	$H_{预}$ (m)	K (kg/m³)	α	$Z_{预}$ (kg)	资源量级别
B1511505008	大王山南	4.42	500	0.000 000 539	0.35	417.36	334-3
B1511505009	凯旋村西 1362 高地	6.84	500	0.000 000 539	0.32	589.98	334-3
C1511505001	炮台山西 1502 高地	11.51	500	0.000 000 539	0.18	558.39	334-3
C1511505002	炮台山西 1519 高地	20.99	500	0.000 000 539	0.17	961.73	334-3
C1511505003	炮台山西 1483 高地	3.23	500	0.000 000 539	0.20	174.35	334-3
C1511505004	炮台山西 1558 高地	20.14	500	0.000 000 539	0.19	1 031.04	334-3
C1511505005	炮台山西 1507 高地	9.02	500	0.000 000 539	0.13	316.06	334-2
C1511505006	炮台山西 1488 高地	5.53	500	0.000 000 539	0.10	148.98	334-3
C1511505007	炮台山西 1356 高地	6.42	500	0.000 000 539	0.22	380.36	334-3
C1511505008	炮台山西 1434 高地	15.91	500	0.000 000 539	0.16	685.93	334-3
C1511505009	炮台山西 1306 高地	9.66	500	0.000 000 539	0.16	416.61	334-2
C1511505010	炮台山东 1242 高地	2.57	500	0.000 000 539	0.10	69.23	334-3
C1511505011	炮台山东 1242 高地	5.47	500	0.000 000 539	0.17	250.57	334-2
C1511505012	炮台山东 1275 高地	2.51	500	0.000 000 539	0.18	121.65	334-2
C1511505013	大王山南	0.50	500	0.000 000 539	0.12	16.10	334-3
C1511505014	大王山南	9.75	500	0.000 000 539	0.16	420.48	334-3

(四)预测工作区预测成果汇总

老硐沟热液型金矿预测工作区地质体积法预测资源量,依据资源量级别划分标准,根据现有资料的精度,可划分为 334-1、334-2、334-3 三个资源量精度级别;根据各最小预测区内含矿地质体、物化探异常及相似系数特征,预测延深参数在 2000m 以浅。

根据矿产潜力评价预测资源量汇总标准,老硐沟金矿预测工作区按精度、预测深度、可利用性、可信度统计分析结果见表 7-8。

表 7-8 老硐沟式热液-氧化淋滤型金矿预测工作区资源量估算汇总表 单位:kg

深度	精度	可利用性		可信度			合计
		可利用	暂不可利用	≥0.75	≥0.5	≥0.25	
200m 以浅	334-1	4 698.59	—	4 698.59	4 698.98	4 698.98	4 698.98
	334-2	4 754.28	—	1 561.89	4 382.06	4 754.28	4 754.28
	334-3	9 445.88	—	—	1 978.91	9 445.88	9 445.88
合计							18 899.14

第八章　乌拉山式热液型金矿预测成果

第一节　典型矿床特征

一、典型矿床地质特征及成矿模式

(一)典型矿床特征

1. 矿区地质

矿区出露的地层主要是太古宇乌拉山岩群第三岩组的一部分。黑云角闪斜长变粒岩段,石英-钾长石脉、花岗伟晶岩脉较发育。黑云母角闪斜长片麻岩段,是东部矿体的赋存部位,有辉绿玢岩脉穿插,花岗伟晶岩脉较发育。含榴黑云斜长片麻岩段,是金矿体的主要赋存层位,有辉绿玢岩,花岗伟晶岩脉穿插。黑云角闪斜长片麻岩及黑云二长片麻岩段,发育有花岗伟晶岩、辉绿玢岩脉及石英-钾长石脉(图 8-1)。

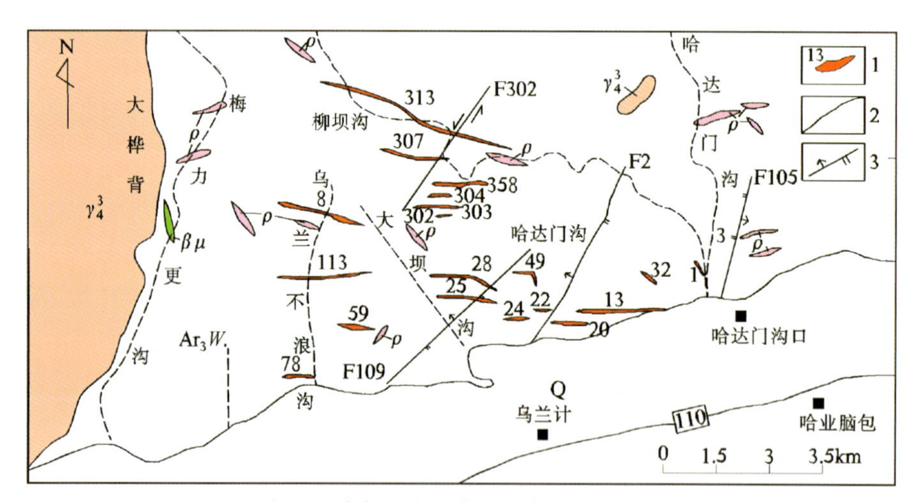

图 8-1　乌拉山金矿典型矿床矿区地质图

(据《内蒙古自治区包头市乌拉山金矿 12 号脉普查地质报告》,内蒙古地勘局第五地勘院,1998 修编)

1. 矿体;2. 地质界线;3. 逆断层

矿区属于乌拉山复背斜南翼。包头-呼和浩特深大断裂在矿区南侧通过,为南倾斜的正断层。矿区的断裂构造均为其次级构造,十分发育。从形成时间上可分为成矿前、成矿期和成矿后的断裂。成矿前的断裂多被早期花岗伟晶岩、辉绿玢岩脉充填。成矿期的断裂构造主要是矿区南部一条钾长石化破碎蚀变岩带。该断裂构造是矿区的主构造,其力学性质为张扭性。与其派生的一组近东西向的张扭性断裂带成为本区主要容矿构造。容矿构造内充填有石英-钾长石脉、石英脉及蚀变岩,是主要含金矿体。

区内可见大量海西期、印支期、燕山期中酸性岩侵入体及中基性—酸性脉岩，其中较大的岩体为大桦背黑云母钾长花岗岩和沙德盖似斑状钾长花岗岩，二者均为印支期重熔花岗岩。矿区内脉岩很发育，主要是花岗伟晶岩、辉绿玢岩、石英脉及石英-钾长石脉等。

2. 矿床特征

矿区共发现含金地质体百余条，其中有金矿化的矿脉40余条。含金地质体主要是石英脉、石英-钾长石脉和含金蚀变岩，但以石英-钾长石脉为主，石英脉穿插在石英-钾长石脉中间，蚀变岩分布在两侧。矿体长度大约在100～2200m之间，其中13号脉群是本区的主矿带。矿体全部赋存在乌拉山岩群变质岩中，严格受构造控制，以近东西向分布为主。以13号脉矿体为代表的主矿带，其倾向为164°，倾角45°～85°，总长为2200余米，延深从数十米至600m，向下呈舒缓波状。矿体品位变化有一定的规律性，无论从横向还是纵向上，矿体品位变化呈带状相间分布。

全区共发现石英-钾长石脉90多条，品位大于1×10^{-6}的40多条，按矿化特点和集中区域划分5个脉群，还有零星分布的矿脉，如32号脉、2号脉等(图8-2)。

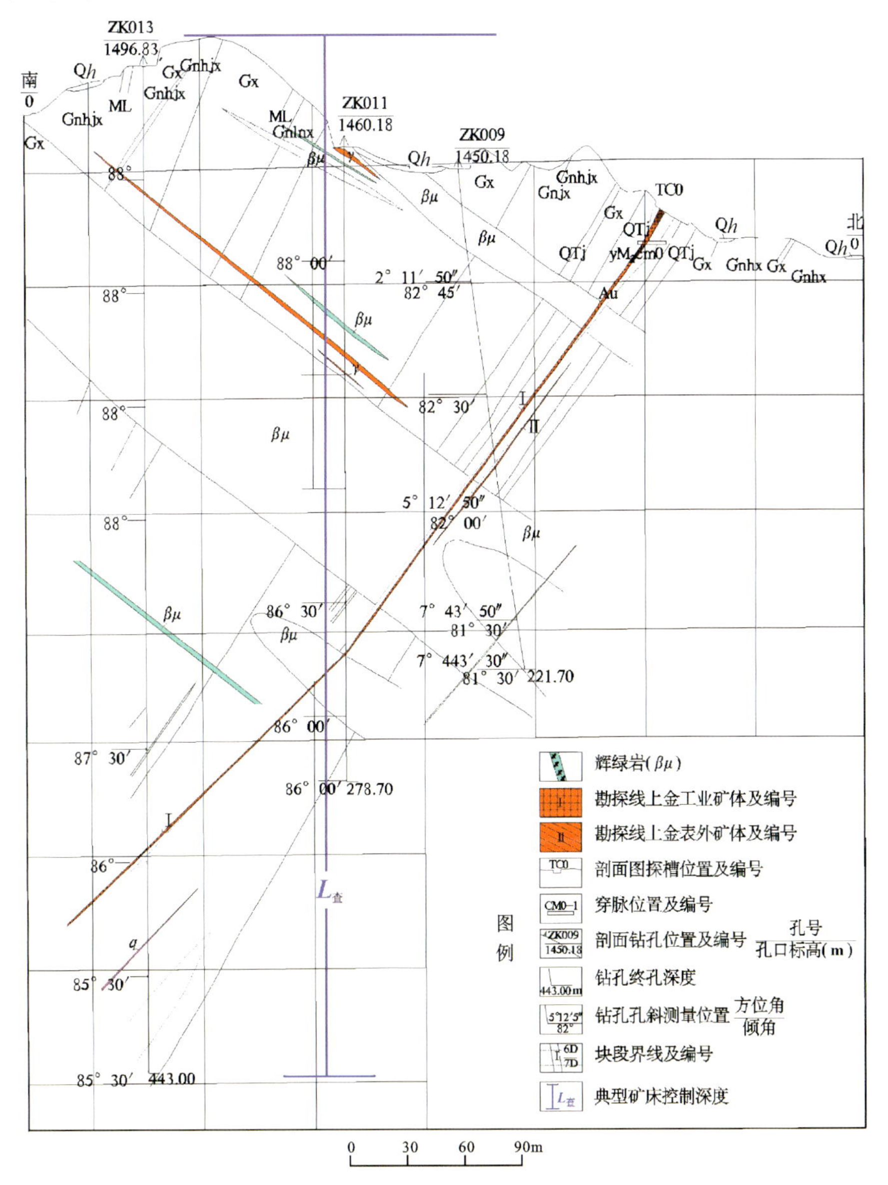

图8-2　哈达门沟金矿矿区113号脉0勘探线剖面图

3. 矿石特征

金属矿物主要是黄铁矿，其次是黄铜矿、方铅矿、闪锌矿、辉铜矿、磁铁矿、赤铁矿、镜铁矿、褐铁矿、自然金、银金矿等。非金属矿物主要是石英、斜长石、钾长石、黑云母、角闪石、白云母，其次是绢云母、石榴石、铁白云石、方解石、高岭土、绿泥石。副矿物有锆石、金红石等。

4. 矿石结构构造

矿石结构有他形细粒、压碎、交代残余、交代环边、交代假象、包含结构等。矿石构造以致密块状为主，其次是脉状、网脉状和角砾状。

5. 矿床成因及成矿时代

乌拉山岩群变质岩系在多期变质作用、混合岩化过程中可能产生 Au 的多次富集作用。研究表明，金矿成矿作用和乌拉山群含金岩系具有密切亲缘关系，在其富集成矿历史中，火山-沉积作用占重要地位，成矿作用具有层控特征。金矿脉产于新太古界变质的中基性火山熔岩、凝灰质岩-碎屑岩建造中，属中-高级变质相。各种变质岩的含金丰度值都较高，为$(7\sim313)\times10^{-9}$，一般为$(15\sim313)\times10^{-9}$，是克拉克值的 4～78 倍，而矿体附近岩体和脉岩，金丰度值都低于克拉克值，大桦背岩体含金仅 1.33×10^{-9}，沙德盖岩体金丰度值仅 1.77×10^{-9}，辉绿玢岩含金 3.67×10^{-9}。所以，乌拉山岩群变质岩是金的初始矿源层。矿体严格受构造控制，主矿体呈近东西向展布，平行于呼包大断裂。矿化范围距深大断裂 3～8km，主要矿化类型为硅化、钾长石化蚀变岩。金属硫化物较简单，以黄铁矿为主，其总量仅 2%～3%。成矿与大桦背岩体、沙德盖岩体有关的变质热液相关，主要成矿期在海西晚期到燕山早期，主成矿期的温度为 200～360℃，为硅化钾长石化蚀变岩型金矿床。

（二）矿床成矿模式

乌拉山式热液型金矿典型矿床为哈达门沟金矿，哈达门沟金矿具有以下特征：

矿区出露的地层主要为乌拉山岩群第三岩组脑包山组，为一套原始火山-碎屑岩建造的中高级变质岩，矿区内呈向南西西倾斜的单斜构造，局部发生倒转现象，受构造变动及岩浆活动影响，岩层产状变化较大，地层走向以北西西为主，倾角从 20°～85°不一。呈层状无序形式产出，根据岩石矿物组分及其分布，由北向南、由老至新可划分为 5 个岩段：黑云母角闪斜长变粒岩、黑云角闪二长片麻岩、含榴石黑云斜长片麻岩、黑云角闪斜长片麻岩及黑云二长片麻岩。

矿区属乌拉山复背斜的南翼，处于两个Ⅱ级构造单元的临界处，层间小褶曲发育，连续性的成群出现，岩层中的扭曲褶皱发育，地质构造活动强烈而复杂；呼-包断裂带发育在矿区的南侧，为南倾的区域性正断层，该断层多期活动，矿区内的断裂构造均属其次级构造，十分发育。

矿区西部主要形成了大桦背岩体及一系列和岩体有关的向四周辐射状岩脉，尤其在岩体西侧和东侧，发育有多达约 30 条的辉绿玢岩脉和多达 15 条的石英脉及石英钾长石脉，大桦背岩体呈近似等轴的圆形，岩性为中粒似斑状黑云母二长花岗岩，侵入乌拉山岩群地层中，呈肉红色，具似斑状结构，块状构造，矿物成分以钾长石、石英、斜长石、黑云母为主，为铝过饱和富碱系列岩石。北部为沙德盖岩体，侵入时期为海西晚期，主岩体近似菱形，其西部还有两个小岩体，两岩体之间还有小岩体，故有人认为其深部可能连在一起。此外，区内脉岩相当发育，且种类多样，主要有伟晶岩脉、辉绿岩脉、石英脉、石英钾长石脉、花岗岩脉等。

通过对上述特点的分析与归纳，乌拉山金矿的成矿模式如图 8-3 所示。

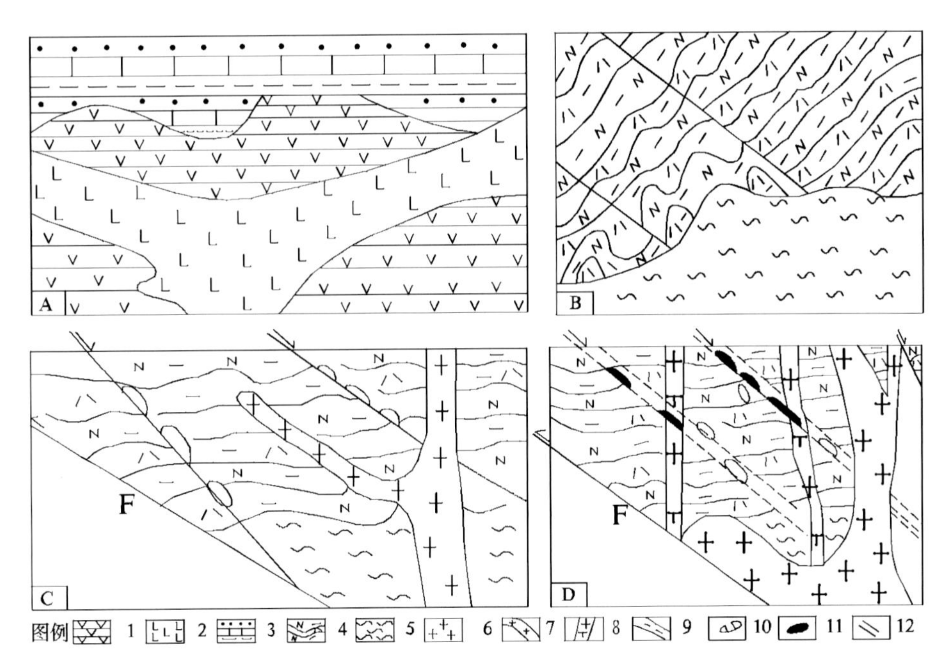

图 8-3 哈达门沟金矿矿床成矿模式示意图

(据《内蒙古自治区包头市乌拉山金矿 12 号脉普查地质报告》,内蒙古地勘局第五地勘院,1998 修编)

A.新太古代;B.元古宙;C.海西期;D.燕山早期。

1.拉斑玄武岩;2.英云闪长岩;3.陆源碎屑岩;4.斜长角闪岩、片麻岩;5.混合岩;6.花岗岩;7.伟晶岩;8.辉绿岩;9.韧性剪切变质变形带;10.含金石英脉、含金石英-钾长石脉;11.金矿体;12.深断裂(推覆体)

二、典型矿床地球物理特征

重力特征:哈达门沟金矿位于G蒙-484号重力高异常区 $\Delta g-150.60\times10^{-5}\mathrm{m/s^2}\sim-130.19\times10^{-5}\mathrm{m/s^2}$,哈达门沟金矿位于该高值区南侧变化率较大的梯级带上,布格重力异常值变化范围 $\Delta g-166\times10^{-5}\mathrm{m/s^2}\sim-142\times10^{-5}\mathrm{m/s^2}$,变化率($1\times10^{-5}\mathrm{m/s^2}$)/km。在其西南侧为布格重力异常低值区。这一梯级带为新生代断陷盆地与元古宙基底隆起的边界,该地段存在一近东西向展布的区域性大断裂F蒙-02047。金矿位于断裂带北侧元古宙地层分布区,其附近布格重力异常值为 $\Delta g-148\times10^{-5}\mathrm{m/s^2}\sim-146\times10^{-5}\mathrm{m/s^2}$。

剩余重力异常图上,哈达门沟金矿位于G蒙-665剩余重力正异常东段的局部异常区,$\Delta g 1\times10^{-5}\mathrm{m/s^2}\sim15.02\times10^{-5}\mathrm{m/s^2}$。该区域主要出露太古宇乌拉山岩群、兴和岩群。可见该剩余重力正异常是因基底隆起所致。金矿处在该局部异常的边部,附近剩余重力值为 $\Delta g 2\times10^{-5}\mathrm{m/s^2}\sim3\times10^{-5}\mathrm{m/s^2}$。在其南侧为区域上近东西向展布的负异常区,地表为第四系、第三系覆盖,是河套断陷盆地的东缘。

航磁特征:哈达门沟金矿区,航磁 ΔT 异常强度高,ΔT 100~600nT磁异常区;航磁 ΔT 化极等值线图上,ΔT 100~800nT磁异常区。乌拉山群地层含磁铁石英岩磁性最强,是引起磁异常的主要原因。金矿亦位于航磁 ΔT 化极正磁异常边部(图 8-4)。

三、典型矿床地球化学特征

与预测区相比较,乌拉山式热液型金矿矿区周围存在以Au为主,伴有Ag、Cu、Pb、Zn、W、Mo等元素组成的综合异常;Au为主要的成矿元素,Ag、As、Cd、Pb、W、Mo为主要的伴生元素。

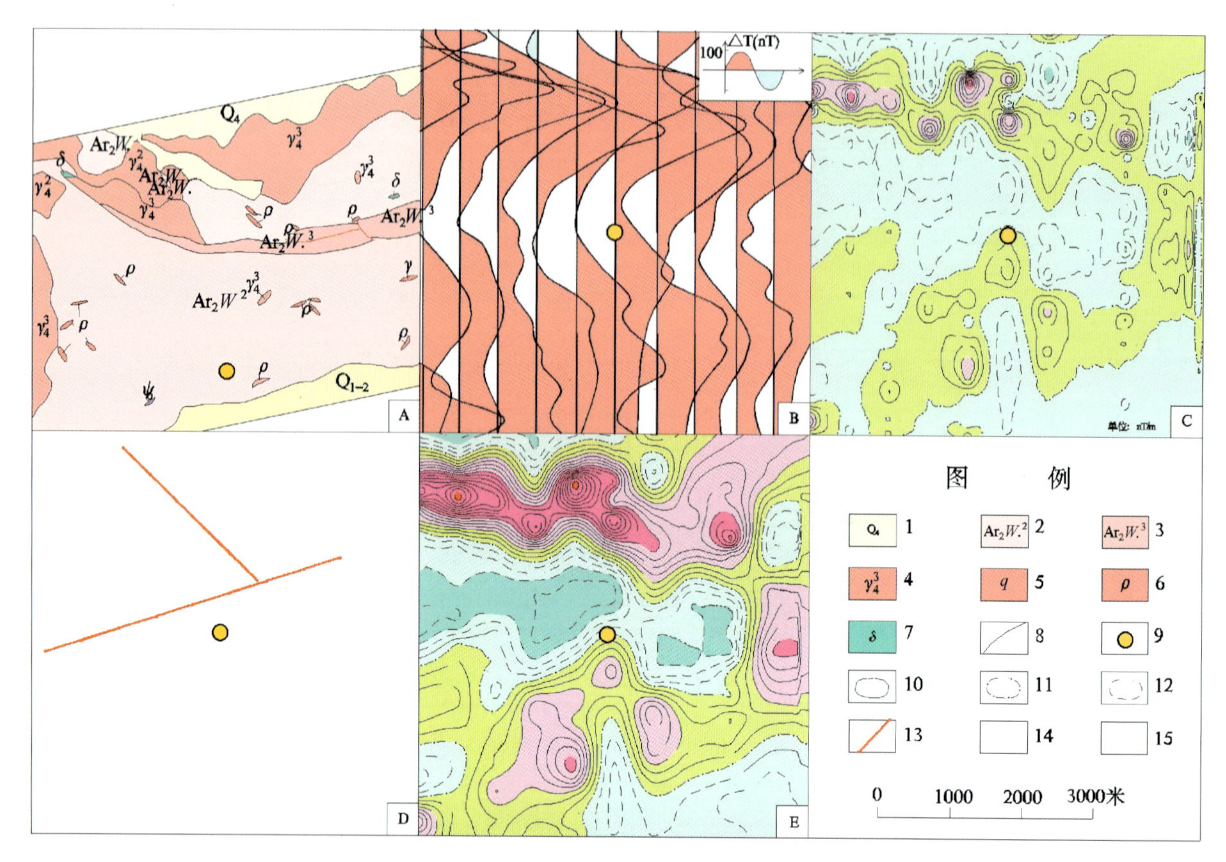

图 8-4　哈达门沟金矿典型矿床矿产地质及物探剖析图

A. 地质矿产图；B. 航磁 ΔT 等值线平面图；C. 航磁 ΔT 化极垂向一阶导数等值线平面图；D. 推断地质构造图；E. 航磁 ΔT 化极等值线平面图。

1. 第四系残坡积物；2. 太古宇乌拉山岩群二组：蛇纹石化橄榄大理岩、橄榄白云岩夹黑云斜长片麻岩；3. 太古宇乌拉山岩群三组：黑云母角闪斜长片麻岩、石榴石黑云斜长片麻岩；4. 海西中期花岗岩；5. 石英脉；6. 伟晶岩脉；7. 闪长岩脉；8. 地质界线；9. 金矿点位置；10. 正等值线；11. 零等值线；12. 负等值线；13. 推断断裂

Au 元素在哈达门沟地区呈高背景分布，浓集中心明显，异常强度高，范围较大；Ag、Cu 在哈达门沟地区呈高背景分布，但浓集中心不明显，在老硐沟地区都具有明显的浓集中心，强度较高。

四、典型矿床预测模型

据典型矿床成矿要素和矿区 1∶1 万综合物探普查资料以及区域化探、重力、遥感资料，确定典型矿床预测要素，编制了典型矿床预测要素图。乌拉山矿床所在位置地球物理特征：据 1∶50 万航磁 ΔT 平面等值线图，矿床所在位置由南北两条正异常带组成，北部呈条带状，极大值达 1500nT。南部呈串珠状异常，极大值达 700nT。据剩余重力异常图来看：矿点处于正负异常梯度带上，正异常近似长方形，极值达 $15\times10^{-5}\mathrm{m/s^2}$，负异常条带状，极值达 $-12\times10^{-5}\mathrm{m/s^2}$。磁异常出现在低缓的负磁场，出现两个条带状正异常，走向东西，极值达 600nT。根据 1∶50 万航磁 ΔT 等值线平面图、航磁 ΔT 化极等值线平面图、航磁 ΔT 化极垂向一阶导数等值线平面图、布格重力异常图、剩余重力异常图及重力推断地质构造图编制了乌拉山金典型矿床（哈达门沟矿区）所在区域地质矿产及物探剖析图（图 8-5）。

以典型矿床成矿要素图为基础，综合研究重力、航磁、化探、遥感、自然重砂等综合致矿信息，总结典型矿床预测要素（表 8-1）。

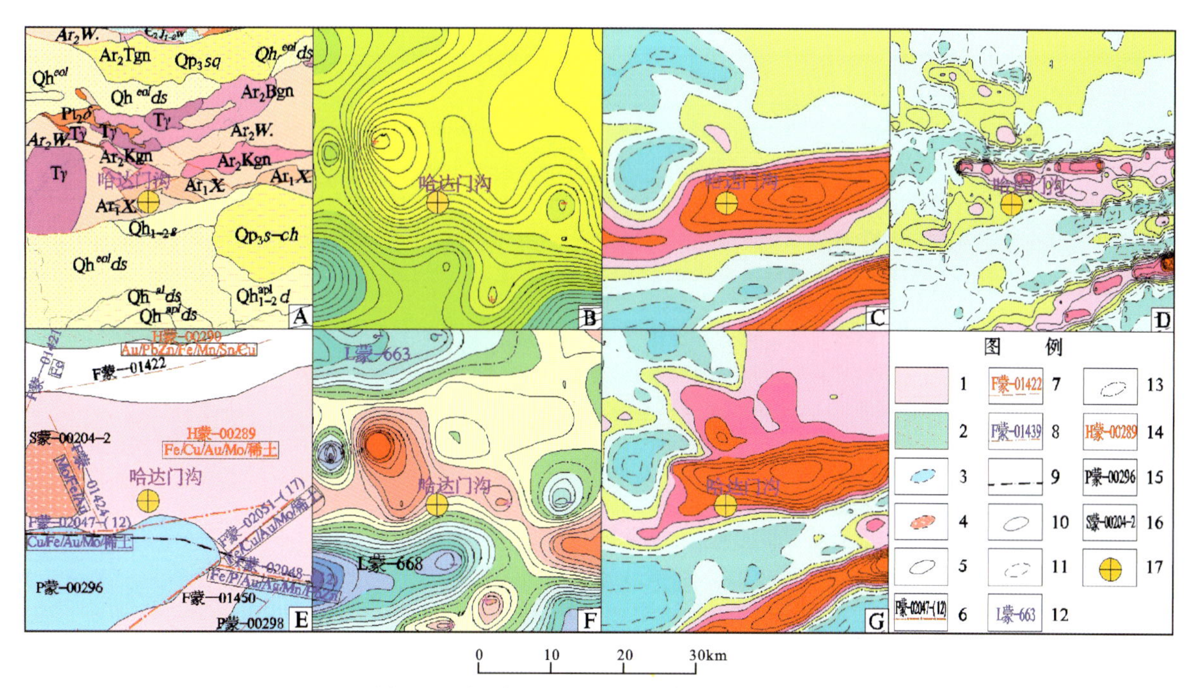

图 8-5　哈达门沟金矿地质矿产及物探剖析图

A. 地质矿产图；B. 布格重力异常图；C. 航磁 ΔT 等值线平面图；D. 航磁 ΔT 化极垂向一阶导数等值线平面图；E. 重力推断地质构造图；F. 剩余重力异常图；G. 航磁 ΔT 化极等值线平面图。

1. 太古宙地层；2. 太古宙—元古宙地层；3. 盆地及边界；4. 岩体及边界；5. 出露岩体边界；6. 半隐伏重力推断二级断裂构造及编号；7. 隐伏重力推断三级断裂构造及编号；8. 半隐伏重力推断三级断裂构造及编号；9. 二级构造单元线；10. 航磁正等值线；11. 航磁负等值线；12. 剩余重力异常编号；13. 零等值线；14. 重力高异常区；15. 重力低异常区；16. 岩体编号；17. 金矿点

表 8-1　乌拉山热液型金矿典型矿床预测要素表

预测要素		描述内容				成矿要素分级
		储量	3 363.00kg	平均品位	5.19×10^{-6}	
		特征描述	包头乌拉山区域变质-构造-岩浆叠加中高温热液型金矿床			
地质环境	构造背景	处于华北陆块区，狼山-阴山陆块，固阳-兴和陆核				重要
	成矿环境	出露地层主要为新太古界乌拉山岩群中-高级变质岩系；局部韧性剪切、动力变质作用明显。矿体赋存于乌拉山群脑包山组中。侵入岩主要有印支期大桦背黑云母二长花岗岩体，海西中晚期的沙德盖灰绿色中细粒石英闪长岩体。更皮庙岩体为出露面积很小的中细粒花岗闪长岩。矿区构造属于乌拉山复式背斜之南翼，地层褶皱复杂，脆-韧性剪切变形构造和断层发育。矿床主要受近东西向山前呼-包大断裂破碎蚀变带控制，其次北东向、北西向断裂以哈达门沟断裂、大坝沟断裂为代表				必要
	成矿时代	花岗岩中全岩铅及长石铅同位素组成与变质岩中全岩铅、矿石铅相近，利用二阶段混合铅增长模式计算，得矿化年龄为2亿年左右，与大桦背侵入体年龄相当				重要
矿床特征	矿体形态	脉状				重要
	岩石类型	含矿隐爆角砾岩体主要是隐爆含角砾晶屑岩屑凝灰岩，次为石英斑岩				重要
	岩石结构	细粒，斑状结构				次要
	矿物组合	黄铁矿、毒砂、铁闪锌矿、白铁矿，其次为银金矿、黄铜矿、方铅矿、黝铜矿，氧化带可见硫化物氧化形的褐铁矿、黄钾铁矾、自然铜等氧化物				重要

续表 8-1

<table>
<tr><td colspan="2" rowspan="3">预测要素</td><td colspan="4">描述内容</td><td rowspan="3">成矿要素分级</td></tr>
<tr><td>储量</td><td>3 363.00kg</td><td>平均品位</td><td>5.19×10^{-6}</td></tr>
<tr><td>特征描述</td><td colspan="3">包头乌拉山区域变质-构造-岩浆叠加中高温热液型金矿床</td></tr>
<tr><td rowspan="3">矿床特征</td><td>结构构造</td><td colspan="4">自形—半自形—他形晶粒状结构、乳滴状结构、交代残余结构、残余-骸晶结构、压碎结构;稀疏-稠密浸染状构造、裂隙充填构造、块状构造、胶结角砾状构造</td><td>次要</td></tr>
<tr><td>蚀变特征</td><td colspan="4">隐爆角砾岩石普遍遭受强烈的热液蚀变作用,常见有绢云母化、碳酸盐化、硅化、泥化,其次为冰长石化、绿泥石化、绿帘石化、青磐岩化,早期冰长石化-硅化阶段和晚期硅化-黄铁矿化阶段是金沉淀主要时期</td><td>重要</td></tr>
<tr><td>控矿条件</td><td colspan="4">1.新太古界中深变质岩系;中元古界长城系变质细碎屑岩-碳酸盐岩系。
2.未见大的侵入岩体,发现两个具有一定规模的隐爆角砾岩体。
3.北东向黑里河断裂是本区重要的控岩控矿构造,并常发育北东向岩脉或含金石英-硫化物矿脉</td><td>必要</td></tr>
<tr><td rowspan="3">地球物理特征</td><td>电法异常</td><td colspan="4">1.隐爆角砾岩类显示低阻高极化特征,物性参数表明高极化、低阻、低磁。
2.矿床深部存在有低阻体,推测有与矿化有关的斑岩体</td><td>重要</td></tr>
<tr><td>重力异常</td><td colspan="4">处于正负异常梯度带上,正异常近似长方形,极值达 $15\times10^{-5}\,m/s^2$,负异常条带状,极值达 $-12\times10^{-5}\,m/s^2$</td><td>次要</td></tr>
<tr><td>磁法异常</td><td colspan="4">位置由南北两条正异常带组成,北部呈条带状,极大值达 1500nT。南部呈串珠状异常,极大值达 700nT</td><td>次要</td></tr>
<tr><td>地球化学特征</td><td colspan="5">1.覆盖严重的化探异常区应用常规土壤测量来确定近地表矿体位置简便、有效。
2.化探的 Cu、Pb、Ni、Co、As、V、Ti、Mn、Ba 异常和磁力异常均反映出挤压破碎蚀变带及岩体与地层的接触带</td><td>必要</td></tr>
</table>

第二节　预测工作区研究

一、区域地质特征

(一)成矿地质背景

乌拉山、卓资县矿区大地构造位置位于华北陆块区,狼山-阴山陆块(大陆边缘岩浆弧),固阳-兴和陆核,南北两侧分别由乌拉山-大青山山前呼(市)-包(头)大断裂和临(河)-集(宁)山后深大断裂呈近北东东向控制着哈达门沟金矿区,矿床产于其次级构造内,矿体呈近东西向展布。

1. 地层

区域内出露的地层主要为太古宇乌拉山岩群,元古宇二道洼岩群、元古宇渣尔泰山群及中生界中-下侏罗统石拐群、下白垩统等,另外,元古宇什那干群、古生界寒武系、中-下奥陶统、石炭系仅零星出露在色尔腾山西南部,分布范围很小。

2. 构造

区域内构造非常复杂，褶皱、断裂构造都很发育。区内褶皱构造以苏计河槽-三分渠隐伏复背斜为主，该复背斜轴部隐伏在大佘太-茅家疙瘩新生代的断陷盆地中，背斜轴部走向东部近东西，西部为北西西，南翼由乌拉山次一级背向斜构造组成，北翼由色尔腾背向斜构造组成，两翼倾角一般在45°～80°之间，局部有倒转地层。另外，区内还发育有羊尾沟背斜向斜、沙坡子背向斜等。

区内断裂构造以东西向的乌拉山山前大断裂和临(河)-集(宁)大断裂为主，其次有北东向断裂和北西向断裂。

（二）区域成矿模式

1. 乌拉山预测工作区

预测工作区内地层主要有太古宇乌拉山岩群，元古宇二道洼岩群，元古宇渣尔泰群及中生界下—中侏罗统石拐群，下白垩统等，另外元古宇什那干群，下—中奥陶统，石炭系，仅零星出露在色尔腾山西南部，分布范围很小。含金层位主要为乌拉山岩群第三岩组；含金岩石类型主要为片麻岩；原岩类型主要为火山-碎屑岩建造的中—高级变质岩。

区域内岩浆岩发育，各期构造运动中均有岩浆侵入。新太古代的侵入岩多呈东西向带状分布，主要分布在大桦背岩体以西，吕梁运动期侵入岩主要分布在大奴气—五成沟、北泉沟一带，岩体长轴仍然以近直立为主，加里东期侵入岩分布在营盘湾东北及后毛胡洞沟，海西期侵入岩分布在矿区西北部，比较大的岩体有后梅力更岩体。其时代为海西早期的沙德盖岩体在矿区北部，距矿区6～8km，主岩体近似菱形，西部还有两个小岩体，总面积约65km^2，其岩性为中粗粒似斑状花岗岩，该岩体与大桦背岩体相似，两岩体之间还有小岩体，其同位素年龄值为270Ma，将岩体定为海西晚期第五次侵入，含金丰度值为1.77×10^{-9}，在岩体南侧有大桦背岩体，在矿区西部2～3km，出露面积在208km^2，其岩性为中粗粒似斑状黑云母花岗岩，该岩体分异作用差，其结构分为两分相带，由浅肉红色中细粒似斑状黑云母花岗岩，过渡到中心为中粗粒黑云母花岗岩。

区域内构造非常复杂，褶皱、断裂构造都很发育。褶皱构造以苏计河槽-三分渠隐伏复背斜为主，该复背斜轴部隐伏在大佘太-茅家疙瘩新生代的断陷盆地中，背斜轴部走向东部近东西，西部为北西西，南翼由乌拉山次一级背向斜构造组成，北翼由色尔腾背向斜构造组成，两翼倾角一般在45°～80°之间，局部有倒转地层。另外，区内还发育有羊尾沟背向斜，沙坡子背向斜等。断裂构造以东西向的乌拉山山前大断裂和临(河)-集(宁)大断裂为主，其次有北东向断裂和北西向断裂。

根据预测工作区成矿规律研究，确定乌拉山预测工作区成矿要素(表8-2)。

表8-2　乌拉山式复合内生型金矿乌拉山预测工作区成矿要素表

成矿要素		描述内容	要素类别
地质环境	大地构造位置	处于华北陆块区，狼山-阴山陆块，固阳-兴和陆核	重要
	成矿区(带)	华北地台北缘西段Au-Fe-Nb-REE-Cu-Pb-Zn-Ag-Ni-Pt-W-石墨-白云母成矿带，乌拉山-集宁Au-Ag-Fe-Cu-Pb-Zn-石墨-白云母成矿亚带	必要
	区域成矿类型及成矿期	复合内生型，印支期	重要

续表 8-2

成矿要素		描述内容	要素类别
控矿地质条件	赋矿地质体	主要为太古宇乌拉山岩群第三岩组脑包山组，为一套原始火山-碎屑岩建造的中—高级变质岩	必要
	控矿侵入岩	主要岩浆岩体为海西期闪长岩，燕山中晚期的细粒花岗岩、金主要产于硫化物-石英脉中，其次为旁侧的蚀变破碎带中蚀变岩-石英脉型金矿	重要
	主要控矿构造	区内存在数十米至数百米宽的钾长石化构造蚀变岩带，走向 65°，倾向北西，长达十余千米，与之派生的一组近东西向张性断裂带十分发育	必要
区域同类型矿产		预测区内同类型矿产地有 13 个	重要

2. 卓资县预测工作区

本预测工作区内变质岩建造地层有古太古界兴和岩群、中太古界乌拉山岩群及新太古界二道洼岩群、古元古界马家店群；沉积岩建造地层有侏罗系石拐群和大青山组及白垩系李三沟组、固阳组，新近系宝格达乌拉组及第四系；火山岩建造地层有下白垩统白女羊盘组和新近系汉诺坝组，与成矿有关的地层为集宁岩群和乌拉山岩群。

侵入岩有太古宙变质深成体（基性麻粒岩和酸性麻粒岩）、辉长岩、花岗岩、英云闪长岩类、重熔型花岗岩类；元古宙英云闪长岩类、闪长岩类、花岗岩类；石炭纪灰绿色中粗粒闪长岩。其中二叠纪和三叠纪，以及侏罗纪、白垩纪花岗岩类与成矿有关。

本预测区处于华北陆块区，三级构造单元为固阳-兴和陆核区。以榆林镇-碌碡坪-福生庄大断裂为界，以北为陶卜齐褶断带（旗下营以西）和中新生代构造盆地（旗下营以东），以南为大榆树褶断带。

根据预测工作区成矿规律研究，确定卓资县预测工作区成矿要素（表 8-3）。

表 8-3 乌拉山式复合内生型金矿卓资县预测工作区成矿要素表

成矿要素		描述内容	要素类别
地质环境	大地构造位置	处于华北陆块区，狼山-阴山陆块，固阳-兴和陆核	重要
	成矿区（带）	华北地台北缘西段 Au-Fe-Nb-REE-Cu-Pb-Zn-Ag-Ni-Pt-W-石墨-白云母成矿带，乌拉山-集宁 Au-Ag-Fe-Cu-Pb-Zn-石墨-白云母成矿亚带，乌拉山金矿集区（Pt、Vl）成矿单元	必要
	区域成矿类型及成矿期	复合内生型，印支期	重要
控矿地质条件	赋矿地质体	出露地层主要为中太古界乌拉山岩群中—高级变质岩系；局部韧性剪切、动力变质作用明显。主要赋矿地层为中太古界乌拉山岩群第三岩组脑包山组，为一套原始火山-碎屑岩建造的中—高级变质岩	必要
	控矿侵入岩	侵入岩主要有印支期大桦背黑云母二长花岗岩体，海西中晚期的沙德盖灰绿色中细粒石英闪长岩体。更皮庙岩体为出露面积很小的中细粒花岗闪长岩	重要
	主要控矿构造	矿区构造属于乌拉山复式背斜之南翼，地层褶皱复杂，脆-韧性剪切变形构造和断层发育。矿床主要受近东西向山前呼-包大断裂破碎蚀变带控制，其次北东向、北西向断裂以哈达门沟断裂、大坝沟断裂为代表	必要
区域同类型矿产		预测区内同类型矿产地有 3 个	重要

根据上述两个预测工作区成矿规律研究，确定乌拉山式金矿区域成矿模式(图8-6)。

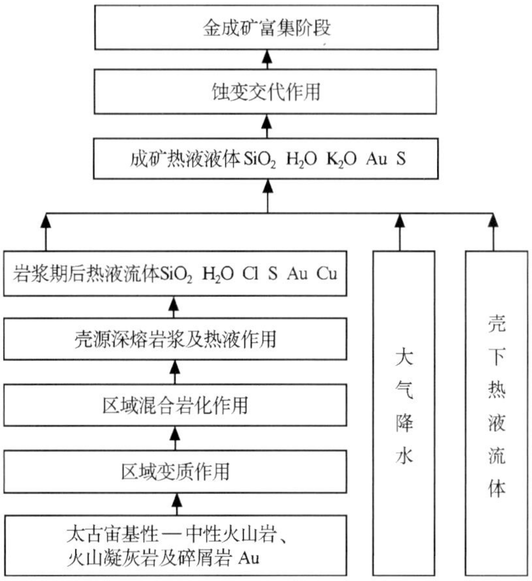

金成矿富集阶段
↑
蚀变交代作用
↑
成矿热液液体 SiO_2 H_2O K_2O Au S
↑

岩浆期后热液流体 SiO_2 H_2O Cl S Au Cu
↑
壳源深熔岩浆及热液作用
↑
区域混合岩化作用
↑
区域变质作用
↑
太古宙基性—中性火山岩、火山凝灰岩及碎屑岩 Au

大气降水

壳下热液流体

图8-6　乌拉山式金矿区域成矿模式图解

二、区域地球物理特征

(一)乌拉山预测工作区

1. 重力特征

本区域布格重力异常整体呈近东西向展布，局部异常形态呈团块状。大部分地区布格重力异常相对较高，$\Delta g-177.47\times10^{-5}m/s^2\sim-122.85\times10^{-5}m/s^2$，主要是太古宙、元古宙地层分布区。南侧边部布格重力异常迅速降低，形成明显的低值区，$\Delta g-206.68\times10^{-5}m/s^2\sim-199.53\times10^{-5}m/s^2$，为河套-呼包盆地区的北缘。二者之间形成近东西向展布的密集梯度带，布格重力异常由 $\Delta g-136\times10^{-5}m/s^2$ 迅速降到 $-196\times10^{-5}m/s^2$，变化率$[(1\sim2)\times10^{-5}m/s^2]$/km，区域性深大断裂临河-集宁断裂F蒙-02048-(12)即位于该处。

预测区内形成近东西向展布正负相间的剩余重力异常，且正异常分布面积更大。预测区南侧的剩余重力负异常区位于河套-呼包盆地的北缘，盆地中沉积着巨厚的第三系、第四系沉积物，显然该负异常是盆地引起。而剩余重力正异常主要是太古宙、元古宙、古生代基底隆起所致。

由前述知剩余重力正异常G蒙-655号异常因太古宙基底隆起引起。在其东侧的G蒙-649异常区域主要分布有太古宙地层，推测这一带的异常主要与太古宙基底隆起有关。同理，推断G蒙-598异常区的西段亦是太古宙基底隆起所致。在G蒙-598异常区东段、G蒙-588异常区内主要出露古生代地层，故认为是古生代基底隆起所致。

预测区北侧的G蒙-587剩余重力正异常，呈近东西向展布，最大值 $\Delta g10.74\times10^{-5}m/s^2$，该区域出露一套太古代地层，显然异常由太古宙基底隆起所致。在其南侧分布有剩余重力负异常L蒙-597，最低值 $\Delta g-10.97\times10^{-5}m/s^2$，异常区局部出露石炭纪花岗岩，推断该异常为酸性侵入岩引起。在该G蒙-587异常南侧的正负异常的交替带上，有两处金矿点。这一地段的地质环境及重力场特征与前述哈达门沟金矿有相似性，故认为在G蒙-587南侧边部与负异常的交替带部位是寻找金矿的有利靶区。

在哈达门沟金矿的西侧，G 蒙-665 号剩余重力正异常西段的局部异常，$\Delta g 1\times10^{-5}\mathrm{m/s^2}\sim16.59\times10^{-5}\mathrm{m/s^2}$，该异常区出露有太古宙地层，在其北侧边部，对应有金化探异常分布，所以该区域也应选为乌拉山地区找金矿的重点靶区。

2. 航磁特征

乌拉山预测工作区磁异常幅值范围为－1200～4000nT，以－100～100nT 为磁异常背景值。预测区北部区域主要以低缓负磁异常为主，夹杂小面积正异常；西南区域为梯度变化较大的正异常带，异常走向北东东向；东南部为梯度变化低缓的正异常区。乌拉山金矿区位于预测区西南部正磁异常带上。

乌拉山预测区断裂构造主要为北东向和近东西向。区内梯度变化较大的正异常主要为变质岩地层引起，夹杂少部分侵入岩体。磁法共推断断裂 9 条、侵入岩体 3 个、变质岩地层 14 个。

（二）卓资县预测工作区

1. 重力特征

该预测区布格重力异常中部较高，布格重力异常值为 $\Delta g-160\times10^{-5}\mathrm{m/s^2}\sim-134\times10^{-5}\mathrm{m/s^2}$，主要与元古宙的基底隆起有关。预测区南北两侧布格重力异常相对较低，$\Delta g-160\times10^{-5}\mathrm{m/s^2}\sim-186\times10^{-5}\mathrm{m/s^2}$，北侧低值区是盆地引起，南侧低值区则是酸性侵入岩引起。

预测区中部形成剩余重力正异常带。西侧的剩余重力正异常编号为 G 蒙-690，其极值 $\Delta g 11.63\times10^{-5}\mathrm{m/s^2}$；中部的剩余重力异常为 G 蒙-601，呈东西向带状展布，由 3 个局部异常组成，其极值分别为 $\Delta g 6.59\times10^{-5}\mathrm{m/s^2}$、$8.57\times10^{-5}\mathrm{m/s^2}$、$11.63\times10^{-5}\mathrm{m/s^2}$；沿该异常带东北端剩余重力正异常仍有延续，只是剩余重力异常值相对较低，其极值为 $4.01\times10^{-5}\mathrm{m/s^2}$。由预测区地质底图可见这一带局部出露太古宙地层，但到东北端太古宙地层只零星出露。所以推断这一区域的剩余重力正异常是因太古宙基底隆起所致。

需要特别说明的是在预测区中部，G 蒙-601 南侧的局部剩余重力正异常，呈长椭圆状展布，极值 $8.57\times10^{-5}\mathrm{m/s^2}$，该区域出露的是太古宙花岗岩类，而太古宙的酸性岩类平均密度值为 $2.71\times10^3\mathrm{kg/m^3}$，介于太古宙地层的平均密度值（$2.73\times10^3\mathrm{kg/m^3}$）和元古宙地层密度值[（2.67～2.69）$\times10^3\mathrm{kg/m^3}$]之间。故认为 G 蒙-601 号异常是由太古宙酸性侵入岩引起。紧邻该太古代引起的剩余重力正异常区的南侧是剩余重力负异常 L 蒙-602，分布范围较大，呈近东西向展布，其极值为 $\Delta g-18.22\times10^{-5}\mathrm{m/s^2}$，该异常区局部出露二叠纪、三叠纪、白垩纪酸性侵入岩，其平均密度值为（2.58～2.61）$\times10^3\mathrm{kg/m^3}$，显然低于元古宇、太古宇老地层的平均密度值，可见该异常为酸性侵入岩引起。

一般的酸性岩密度均低于老地层的平均密度值，所以会形成剩余重力负异常，只太古宙花岗岩因其密度值较高，所以会形成剩余重力正异常。

预测区北侧的负异常区内主要分布有第四系和白垩系，推测该异常为中新生代盆地引起。

在 G 蒙-601 剩余重力异常西部的局部异常北西端分布有金矿点。从该局部重力异常特征及所处地质环境分析与哈达门沟金矿所处地质环境及重力场特征有可比性，所以这一地段应是寻找金矿的有利靶区。

2. 航磁特征

卓资县乌拉山式金矿预测区磁异常幅值范围为－1000～1000nT，整个预测区以强度为－100～100nT 背景磁场，磁异常形态比较规则，呈椭圆状和条带状，异常轴向以北东向和东西向为主。预测区异常集中在预测区北部和东部，主要为条带状正异常，强度和梯度变化较大，东中部有部分串珠状磁异常；预测区西南部主要为低缓平静磁异常。

本预测区断裂走向与磁异常轴向一致，以北东向和东西向为主，以不同磁场区的分界线为标志。预测区中部有一条北西向断裂，以串珠状异常为标志，此异常推断为火山岩地层引起。参考地质出露情况，预测区西部及东部的正磁异常认为由中酸性、酸性侵入岩体引起。

根据磁异常特征，卓资县乌拉山式金矿预测工作区磁法推断断裂构造 5 条、侵入岩体 17 个、火山构造 3 个。

三、区域地球化学特征

（一）乌拉山预测工作区

预测区主要分布 Cu、Ag、Zn 等元素异常，Au 元素异常主要分布在哈达门沟地区和预测区东部，具有明显的浓度分带和浓集中心。As、Sb、W、Mo 在预测区呈背景、低背景分布，无明显异常。

（二）卓资县预测工作区

预测区主要分布 Au、Cd、Cu、Zn 等元素异常，Au 元素异常主要分布在预测区西部和南部，具有明显的浓度分带和浓集中心。As、Sb、W、Mo 在预测区异常分布范围小。

四、区域遥感影像及解译特征

（一）乌拉山预测工作区

本工作区共解译出 427 条断裂带，其中解译大型构造有 2 条，即红旗队-二相公窑村山前构造和古城湾乡-东沟（大青山前）构造，走向北东东向，在工作区南部通过（图 8-7）。

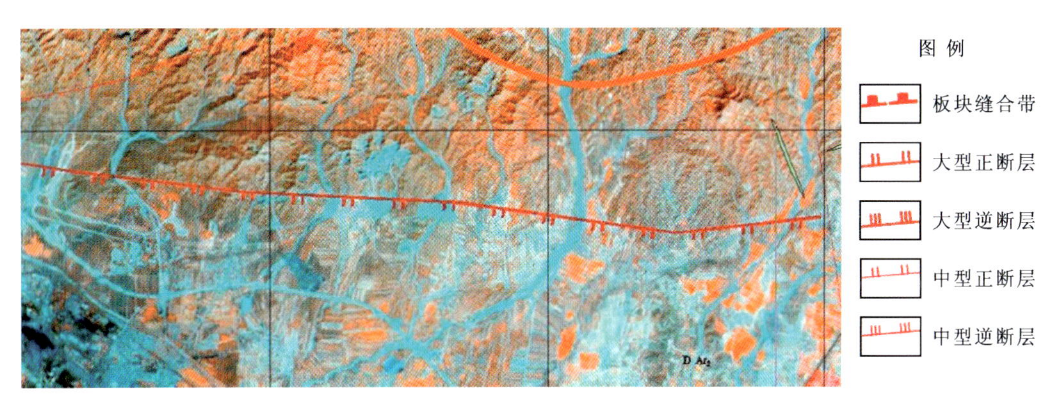

图 8-7　红旗队-二相公窑村山前构造影像图（一）

这实际上一条是山前断裂带，区域地质上称乌拉特前旗-呼和浩特深大断裂带，是凉城断隆与阴山断隆的分界，它控制着乌拉山岩群的分布，以西为内蒙台隆与鄂尔多斯台坳界线，现在为河套断陷北界，是现代地震活动带。另一条是西色气口子-上八分子构造，这条断裂与地质临河-武川深大断裂带吻合（图 8-8），方向近东西向，断裂性质经历了张—压—张的多次转变，断层面北倾，为一条逆冲推覆构造带。

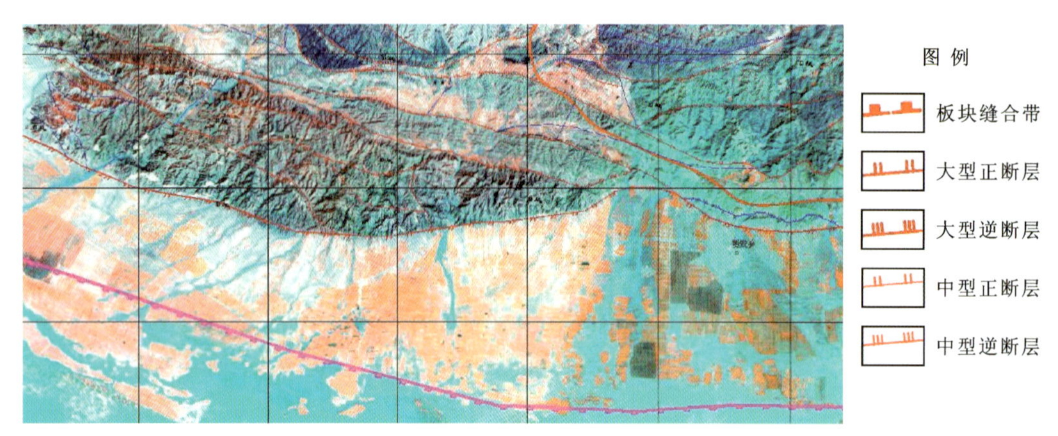

图 8-8　红旗队-二相公窑村山前构造影像图(二)

其北侧控制色尔腾山岩群、渣尔泰山群,沿断裂带有多期岩浆侵入,古太古代,南侧向北逆冲,中生代时南侧侏罗纪逆冲于北侧老地层之上,而侏罗纪末期,北侧又下沉控制固阳盆地和武川盆地,南侧则上升逐渐形成现在高耸的乌拉山和大青山。工作区断裂构造比较发育,均为深大断裂的次一级断裂。

本预测工作区内的环形构造不发育,圈出 2 个环形构造,可分为 2 种类型:中生代花岗岩类引起的环形构造和古生代花岗岩类引起的环形构造。

本预测工作区内共解译出色调异常 23 处,均为角岩化和青磐岩化引起,它们在遥感图像上均显示为深色色调异常,呈细条带状分布;带要素 106 处,为中太古界乌拉山岩群脑包山组的中上部,岩性为斜长角闪岩、黑云角闪斜长片麻岩、夹少量紫苏麻粒岩和磁铁石英角闪岩,原岩为一套中基性火山岩夹碎屑岩建造,是区内的主要金成矿围岩层位。近矿找矿标志 104 处,多为伟晶岩、石英脉、石英钾长石脉和花岗岩脉。石英脉、石英钾长石脉多为含金矿脉。

(二)卓资县预测工作区

本工作区共解译出 181 条断裂带,其中解译大型构造有 3 条,即哈朗-公忽洞构造、公忽洞构造和水泉村-贾家湾山前断裂,走向基本上呈北东向,在工作区中部通过。它们实际上属于乌拉特前旗-呼和浩特深大断裂带,是凉城断隆与阴山断隆的分界,它控制着乌拉山岩群分布,以西为内蒙台隆与鄂尔多斯台坳界线,现在为河套断陷北界,是现代地震活动带。工作区断裂构造比较发育,均为深大断裂的次一级断裂。

本预测工作区内的环形构造发育,圈出 38 个环形构造,可分为 3 种类型:中生代花岗岩类引起的环形构造不多,只有 2 个,还有 2 个火山机构引起的环形构造,其他均为与隐伏岩体有关的环形构造。这些构造的存在,说明各期构造运动中均有岩浆侵入(图 8-9)。

工作区内没有大的岩体,但脉岩相当发育,主要是花岗伟晶岩、辉绿玢岩等。花岗伟晶岩按其走向可分为北东向、北西向及近东西向 3 组,其时代包括吕梁期、加里东期和海西期,按其穿插关系可分为斜长花岗伟晶岩、钾长花岗伟晶岩、含磁铁矿钾长花岗伟晶岩及文象花岗伟晶岩 4 期,其中文象花岗伟晶岩有时被矿化并成为工业矿体。这些脉岩在影像图共发现 61 处。

本预测工作区内共解译出色调异常 4 处,均为角岩化和青磐岩化引起,它们在遥感图像上均显示为深色色调异常,呈细条带状分布;带要素 88 处,其含金层位主要为乌拉山岩群第三岩组;含金岩石类型主要为片麻岩;原岩类型主要为火山-碎屑岩建造的中-高级变质岩。混合岩化(尤其是钾质混合岩化)强烈地段易于金矿化的形成。

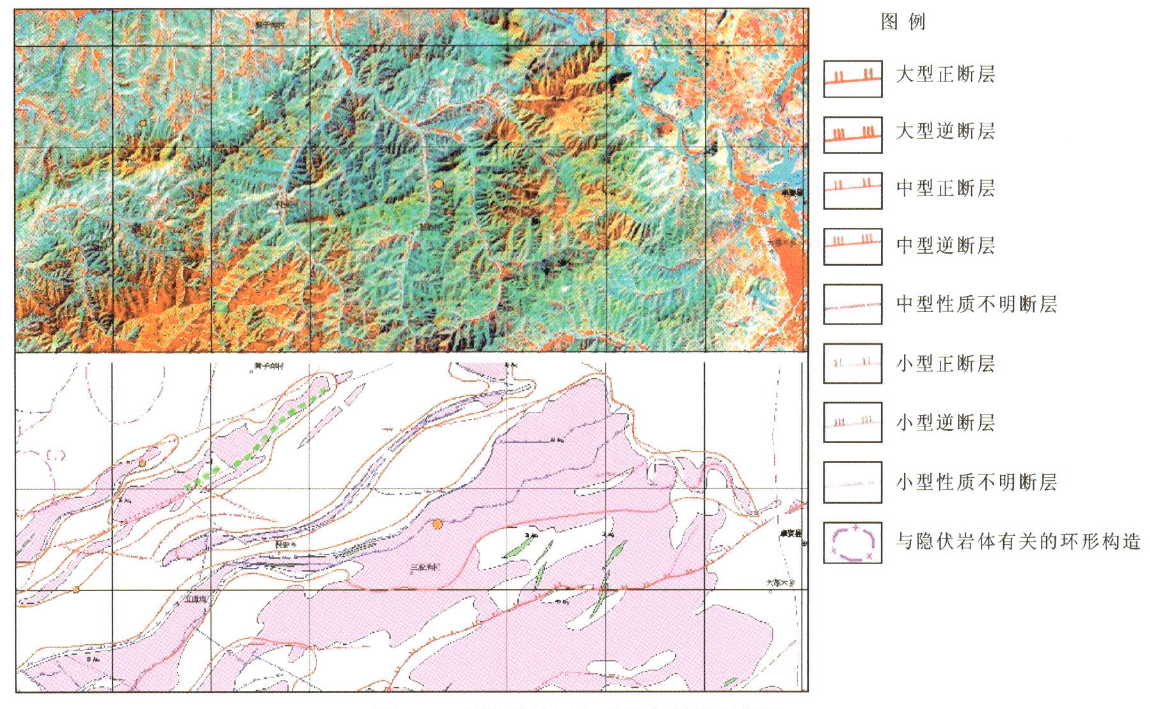

图 8-9　卓资县地区金矿影像图及解译图

五、区域预测模型

根据预测工作区区域成矿要素和航磁、重力、遥感及自然重砂等特征，建立了本预测区的区域预测要素，分别并编制了乌拉山、卓资县预测工作区预测要素图和预测模型图。

区域预测要素图以区域成矿要素图为基础，综合研究重力、航磁、化探、遥感、自然重砂等综合致矿信息，总结区域预测要素表(表 8-4、表 8-5)，并将综合信息各专题异常曲线或区全部叠加在成矿要素图上，在表达时可以出单独预测要素如航磁的预测要素图。

预测模型图的编制，以地质剖面图为基础，叠加区域航磁及重力剖面图而形成，简要表示预测要素内容及其相互关系，以及时空展布特征(图 8-10、图 8-11)。

表 8-4　乌拉山式复合内生型金矿乌拉山预测工作区预测要素表

预测要素		描述内容	要素类别
地质环境	大地构造位置	处于华北陆块区，狼山-阴山陆块，固阳-兴和陆核	重要
	成矿区(带)	华北地台北缘西段 Au-Fe-Nb-REE-Cu-Pb-Zn-Ag-Ni-Pt-W-石墨-白云母成矿带，乌拉山-集宁 Au-Ag-Fe-Cu-Pb-Zn-石墨-白云母成矿亚带，乌拉山金矿集区(Pt、Vl)成矿单元	必要
	区域成矿类型及成矿期	复合内生型，印支期	重要
控矿地质条件	赋矿地质体	主要为中太古界乌拉山岩群第三岩组脑包山组，为一套原始火山-碎屑岩建造的中-高级变质岩	必要
	控矿侵入岩	主要岩浆岩体为海西期闪长岩，燕山中晚期的细粒花岗岩，金主要产于硫化物-石英脉中，其次为旁侧的蚀变破碎带中蚀变岩-石英脉型金矿	重要
	主要控矿构造	区内存在数十米至数百米宽的钾长石化构造蚀变岩带，走向 65°，倾向北西，长达十余千米，与之派生的一组近东西向张性断裂带十分发育	必要

续表 8-4

预测要素		描述内容	要素类别
区域同类型矿产		预测区内同类型矿产地有 13 个	重要
地球物理特征	地磁特征	ΔT 等值线平面图上，磁异常幅值－1200～4000nT。北部主要以低缓负磁异常为主，夹杂小面积正异常；西南区域为梯度变化较大的正异常带，异常走向北东东向；东南部为梯度变化低缓的正异常区。乌拉山金矿区位于预测区西南部正磁异常带上	重要
	重力特征	布格重力异常整体呈近东西向展布，局部异常形态呈团块状。大部分地区布格重力异常相对较高，形成剩余重力正异常，主要是太古宙、元古宙地层分布区。南侧边部布格重力异常迅速降低，形成明显的低值区，剩余重力负异常区，为呼包盆地北缘。其间有近东西向展布的梯度带，等值线密集，对应于山前深大断裂。金矿位于该梯度带上北缘，剩余重力正异常的边部，附近值为(2～3)×10^{-5}m/s^2	重要
地球化学特征		化探 Ag 单元素异常值＞1.5×10^{-9}	必要

表 8-5　乌拉山式复合内生型金矿卓资县预测工作区预测要素表

预测要素		描述内容	要素类别
地质环境	大地构造位置	处于华北陆块区，狼山-阴山陆块，固阳-兴和陆核	重要
	成矿区(带)	华北地台北缘西段 Au-Fe-Nb-REE-Cu-Pb-Zn-Ag-Ni-Pt-W-石墨-白云母成矿带，乌拉山-集宁 Au-Ag-Fe-Cu-Pb-Zn-石墨-白云母成矿亚带，乌拉山金矿集区(Pt、Vl)成矿单元	必要
	区域成矿类型及成矿期	复合内生型，印支期	重要
控矿地质条件	赋矿地质体	出露地层主要为中太古界乌拉山岩群中-高级变质岩系，局部韧性剪切、动力变质作用明显。主要赋矿地层为中太古界乌拉山岩群第三岩组脑包山组，为一套原始火山-碎屑岩建造的中-高级变质岩	必要
	控矿侵入岩	侵入岩主要有印支期大桦背黑云母二长花岗岩体，海西中晚期的沙德盖灰绿色中细粒石英闪长岩体。更皮庙岩体为出露面积很小的中细粒花岗闪长岩	重要
	主要控矿构造	矿区构造属于乌拉山复式背斜之南翼，地层褶皱复杂，脆-韧性剪切变形构造和断层发育。矿床主要受近东西向山前呼-包大断裂破碎蚀变带控制，其次北东向、北西向断裂以哈达门沟断裂、大坝沟断裂为代表	必要
区域同类型矿产		预测区内同类型矿产地有 2 个	重要
地球物理特征	地磁特征	航磁 ΔT 等值线平面图上金矿预测区磁异常幅值范围为－1000～1000nT，整个预测区以强度为－100～100nT 背景磁场，磁异常形态比较规则。预测区异常集中在预测区北部和东部，主要为条带状正异常，强度和梯度变化较大，东中部有部分串珠状磁异常；预测区西南部分主要为低缓平静磁异常	重要
	重力特征	布格重力异常中部较高，主要与太古宙的基底隆起有关。南北两侧布格重力异常相对较低，北侧是盆地引起，南侧是酸性侵入岩引起。对应的中部形成剩余重力正异常，南北为负异常。中部剩余重力正异常边部注意金矿的寻找	重要
地球化学特征		Au 单元素≥2.0×10^{-9}	必要

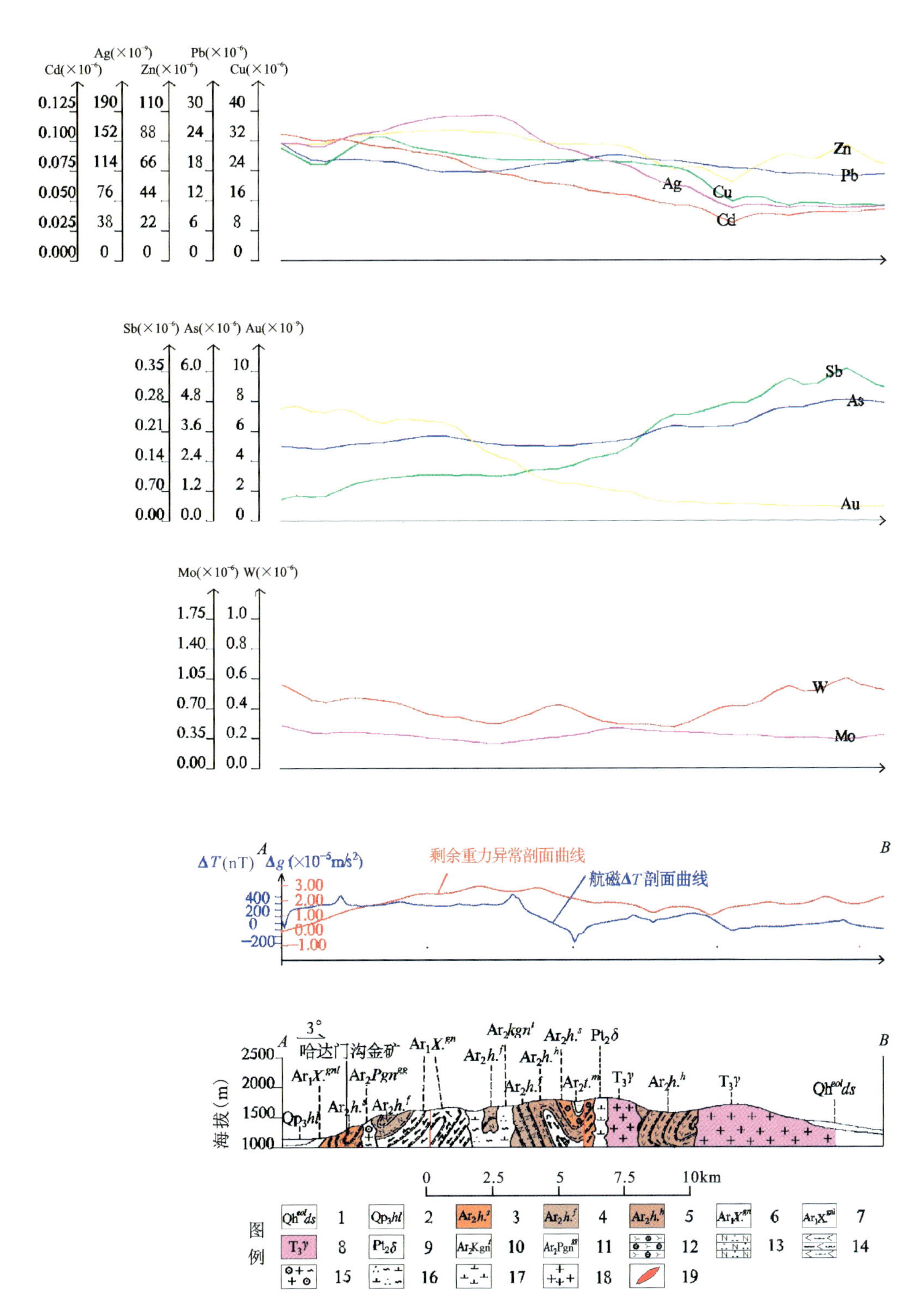

图 8-10　乌拉山金矿预测工作区预测模型图

1. 全新统；2. 上更新统；3. 哈达门沟组夕线榴石片麻岩；4. 哈达门沟组长英片麻岩；5. 哈达门沟组黑云角闪片麻岩；6. 兴和岩群辉石片麻岩；7. 兴和岩群二辉斜长麻粒岩；8. 晚三叠世中粗粒花岗岩；9. 中元古代灰绿色中粗粒闪长岩；10. 中太古代昆都仑片麻岩；11. 中太古代平方沟片麻岩；12. 矽线榴石片麻岩；13. 黑云长英片麻岩-角闪长英片麻岩-黑云二长片麻岩；14. 斜长角闪岩-黑云角闪片麻岩-磁铁石英岩；15. 石榴二长花岗质片麻岩；16. 石英闪长质-花岗闪长质片麻岩；17. 闪长岩；18. 花岗岩；19. 金矿体

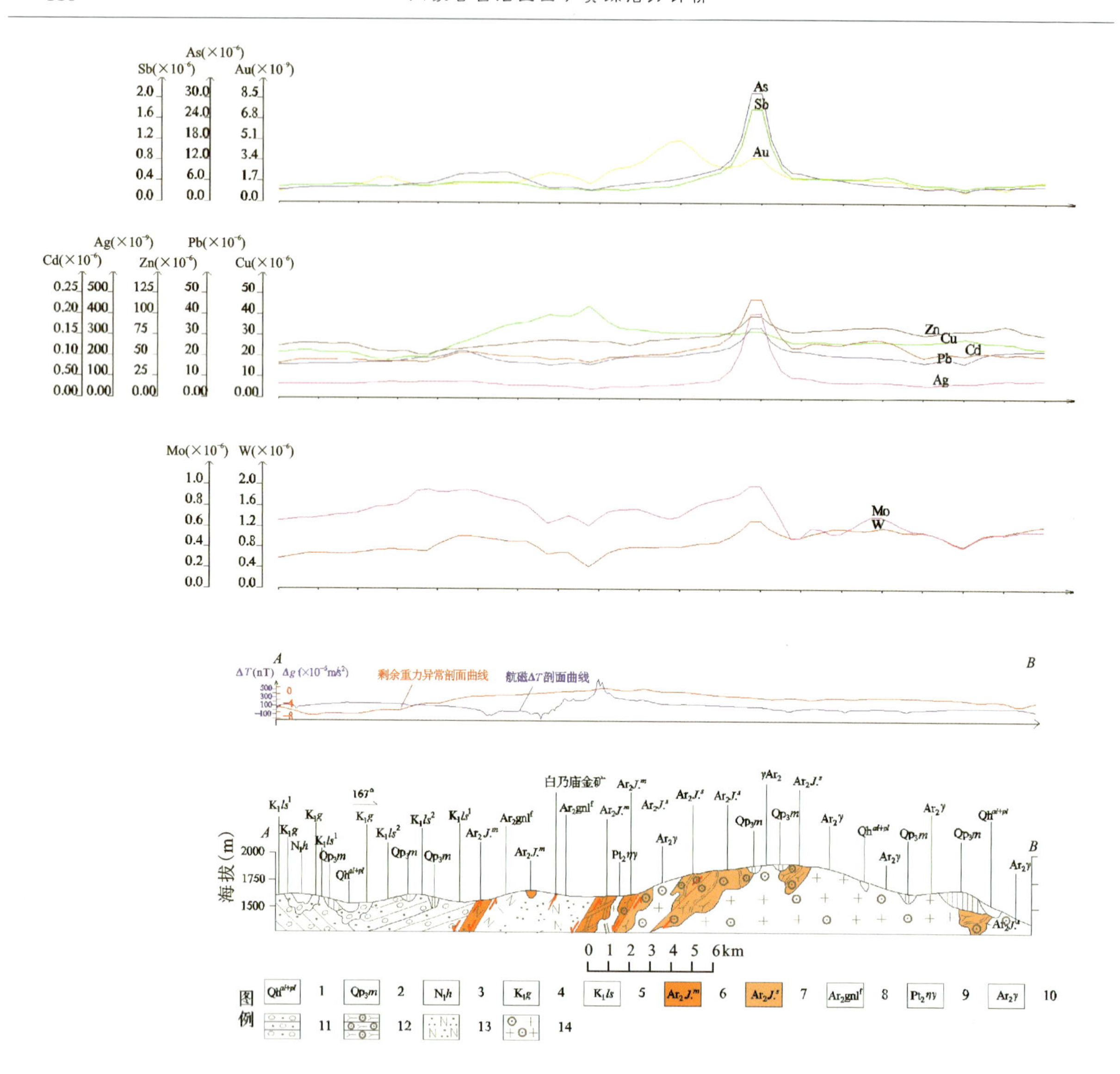

图 8-11　乌拉山金矿卓资县预测工作区预测模型图

1. 全新世；2. 晚更新世；3. 中新统汉诺坝组；4. 固阳组；5. 李三沟组；6. 集宁岩群白云大理岩组合；7. 集宁岩群矽线榴石片麻岩组合；8. 中太古代紫苏长英质麻粒岩；9. 中元古代中粗粒二长花岗岩；10. 中太古代中粗粒榴石花岗岩；11. 变质砾岩-石英片岩变质建造；12. 富铝片麻岩变质建造；13. 石英岩变质建造；14. 黑云角闪花岗岩

第三节　矿产预测

一、综合地质信息定位预测

(一)变量提取及优选

根据典型矿床成矿要素及预测要素研究，本次选择有规则网格方法作为预测单元，根据预测底图比例尺确定网格间距为 2km×2km，图面为 20mm×20mm。

乌拉山、卓资县预测工作地质变量选择基本一致，包括乌拉山岩群第三岩组，印支期大桦背花岗岩及中酸性岩脉，东西向、北东向断层500m缓冲区，矿点500m缓冲区，遥感解释断层500m缓冲区。仅仅物化变量范围不尽一致，区别如下：

乌拉山预测工作区：航磁异常范围>250nT，剩余重力>$5\times10^{-5}m/s^2$，Au单元素异常范围>1.5×10^{-9}。

卓资县预测工作区：航磁异常范围>250nT，剩余重力>$0m/s^2$，Au单元素异常范围>2.0×10^{-9}。

（二）最小预测区圈定及优选

1. 模型区选择依据

根据圈定的最小预测区范围，选择哈达门沟典型矿床所在的最小预测区为模型区，模型区内出露的地质体为太古宇乌拉山岩群第三岩组脑包山组，Au元素化探异常起始值>1.5×10^{-9}，剩余重力异常>250nT，航磁化极异常>5.0×10^{-9}，模型区内有多组与成矿有关的东西向断层，印支期花岗岩体及中酸性岩脉岩体发育。

2. 预测方法的确定

卓资县预测工作区内只有3个同预测类型的矿床，故采用少模型预测工程进行预测，而乌拉山预测工作区内有13个同预测类型的矿床，故采用有模型预测工程进行预测，预测过程中先后采用了数量化理论Ⅲ、聚类分析、特征分析神经网络分析等方法进行空间评价，并采用人工对比预测要素，比照形成的色块图，最终确定采用特征分析法作为本次工作的预测方法。

（三）最小预测区圈定结果

本次工作乌拉山预测工作区共圈定各级异常区40个，其中A级14个（含已知矿体），总面积152.80km²；B级15个，总面积257.57km²；C级11个，总面积223.76km²（图8-12）；卓资县预测工作区共圈定各级异常区20个，其中A级4个（含已知矿床或矿点），总面积12.49km²；B级5个，总面积22.23km²；C级11个，总面积115.03km²（图8-13）。

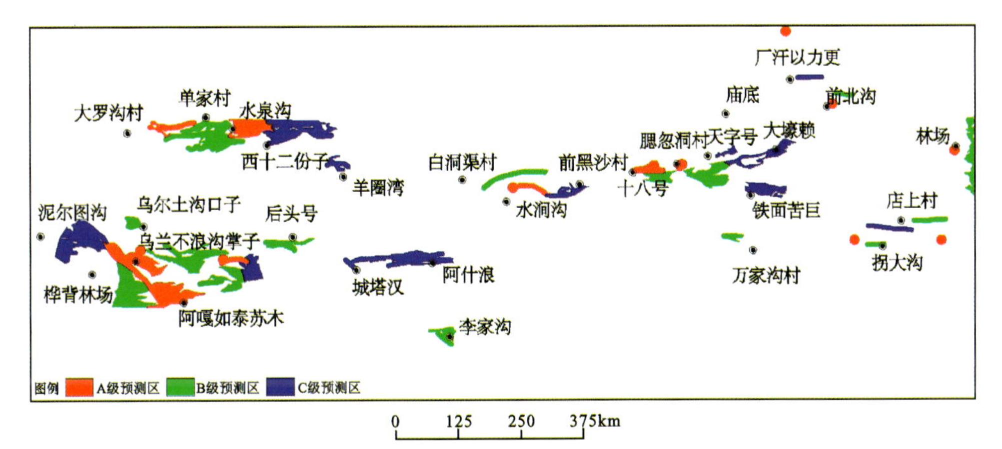

图8-12　乌拉山金矿预测工作区最小预测区优选分布图

（四）最小预测区地质评价

金矿位于乌拉山脉的东中段，介于内蒙古高原与河套平原之间，区内高山耸立，山势西高东低，南坡陡峻，北坡较缓，分水岭标高为1768～2253m，南山坡坡角标高为1100m，相对高差为668～1153m，属中度切割的中山区。山南坡岩石多裸露，北坡植被较稀少；山间沟谷发育，较大的沟谷有梅利更沟、乌兰不浪沟、大坝沟、白石头沟、西柏树沟及哈达门沟，其中哈达门沟可见常年流水，其他沟谷仅雨季偶见洪流。

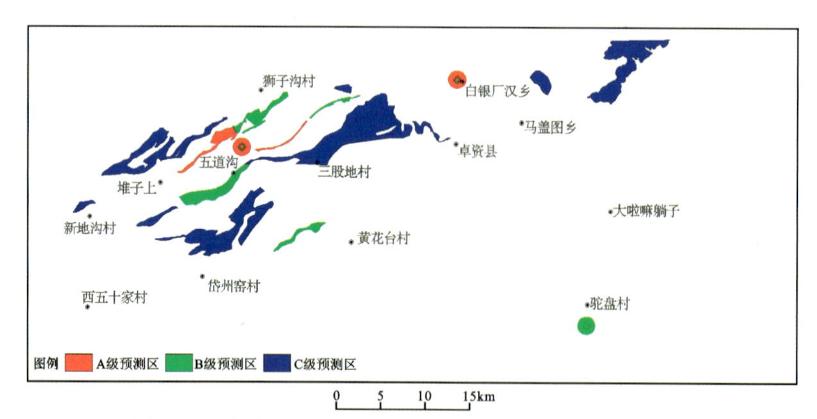

图 8-13　卓资县金矿预测工作区最小预测区优选分布图

本区气候条件属典型的温带大陆性气候，其特点是冬季严寒期长而寒冷，夏季炎热，期短而干燥，春季多风，沙尘频发。雨季多集中在7—8月份。据包头市气象资料记载，该区年平均气温在7.7℃左右，每年一月份气温最低达－24.9℃，夏季气温最高在37.5℃，冻土期长，一般从当年的十月下旬至第二年的四月中旬，长达五个半月之久。年平均降水量为281.3mm，最大降水量为650mm，但年平均蒸发量为2 038.9mm，是降水量的7.2倍，年平均湿度一般在49.7%。该区地震动峰值加速度为0.2g，对照烈度为Ⅷ度，属地震活动较强地区。各最小预测区成矿条件及找矿潜力见表8-6.

表 8-6　乌拉山式复合内生型金矿最小预测区成矿条件及找矿潜力一览表

预测区编号	最小预测区名称	最小预测区成矿条件及找矿潜力
A1511601001	阿嘎如泰苏木西	乌拉山矿区及哈达门沟矿区，出露主要为乌拉山岩群，西侧紧邻大桦背岩体，存在良好的控矿构造，主要为东西向多组次一级含矿断裂，区内分布多条含金石英脉体及花岗伟晶岩脉，存在套合良好的航磁化极、剩余重力及金单元素异常特征。具有很好的找矿潜力
A1511601002	阿嘎如泰苏木东	呈北西向带状展布，出露主要为乌拉山岩群，存在良好的控矿构造，区内存在明显的化探异常及重力异常。具有良好的找矿潜力
A1511601003	乌兰不浪沟掌子	呈东西向带状展布，出露主要为乌拉山岩群，存在显著金元素化探异常，据遥感资料推断，该区有一条东西向隐伏断层通过，具有较好的成矿构造环境。具有良好的找矿前景
A1511601004	阿嘎如泰苏木北东	出露主要为乌拉山岩群地层，存在良好的控矿构造，地球物理异常特征表现为航磁异常＞250nT、剩余重力＞5×10^{-5} m/s^2；Au单元素地球化学异常值＞1.5×10^{-9}。具有良好的找矿潜力
A1511601005	大罗沟村东	存在良好的控矿构造，地球物理异常特征表现为航磁异常＞250nT、剩余重力＞5×10^{-5} m/s^2；Au单元素地球化学异常值＞1.5×10^{-9}。具有良好的找矿潜力
A1511601006	水泉沟	区内存在已知矿点，存在明显金单元素异常，区南部有1条大致为东西向断层存在，认为对成矿具有良好的控制作用，该区东段有航磁异常。具有良好的找矿潜力
A1511601007	水涧沟东	面积不大，出露地层位乌拉山岩群，区南北部皆存在近东西向断裂构造，其中北部为推断隐伏断层，存在明显金单元素异常。具有良好的找矿潜力
A1511601008	十八号	出露地层主要为乌拉山岩群，区内存在已知矿点，该区北部有微弱的剩余重力异常，存在明显金单元素异常。具有较好的找矿潜力

续表 8-6

预测区编号	最小预测区名称	最小预测区成矿条件及找矿潜力
A1511601009	腮忽洞村	有已知矿床存在,整体呈圆形,面积不大,区内有水系发育,存在金单元素异常。具有较好的找矿潜力
A1511601010	厂汗以力更北	有已知矿床存在,整体呈圆形,存在金单元素异常。具有较好的找矿潜力
A1511601011	前北沟	有已知矿床存在,整体呈圆形,存在金单元素异常。具有较好的找矿潜力
A1511601012	林场	区内有已知矿床存在,存在金单元素异常。具有较好的找矿潜力
A1511601013	哈尔图南东	存在金单元素异常特征。具有较好的找矿潜力
A1511601014	沟门村北	有已知矿点,存在航磁化极异常。具有较好的找矿潜力
A1511601015	五道沟北	整体呈条带状北东向展布,有已知矿点,出露地层主要为乌拉山岩群,存在航磁化极异常。具有较好的找矿潜力
A1511601016	堆子山东	整体呈细条带状北东向展布,有已知矿点,出露地层主要为乌拉山岩群,存在航磁化极异常。具有较好的找矿潜力
A1511601017	五道沟北东	整体呈圆形,面积较小,存在重砂异常及局部航磁化极异常。具有较好的找矿潜力
A1511601018	白银厂汉乡	整体呈圆形,面积较小,有已知矿点,存在航磁化极异常。具有较好的找矿潜力
B1511601001	桦背林场东	出露地层为乌拉山岩群,内存在多条伟晶岩脉体,预测区东部存在金单元素异常、航磁化极、剩余重力异常。具有较好的找矿潜力
B1511601002	乌尔土沟口子	出露地层为乌拉山岩群,东部存在金单元素异常、航磁化极、剩余重力异常。具有较好的找矿潜力
B1511601003	乌兰不浪沟掌子东	大体呈东西向展布,主要出露地层为乌拉山岩群,存在金单元素异常,局部存在航磁化极、剩余重力异常。具有较好的找矿潜力
B1511601004	阿嘎如泰苏木北东	大体呈东西向展布,主要出露地层为乌拉山岩群,存在金单元素异常。具有较好的找矿潜力
B1511601005	后头号	大体呈东西向展布,主要出露地层为乌拉山岩群,存在航磁化极异常。具有一定的找矿潜力
B1511601006	单家村	大体呈东西向展布,主要出露地层为乌拉山岩群,存在金单元素化探异常,区内有一条横贯东西的断裂通过,估计对成矿控矿起到一定作用。具有一定的找矿潜力
B1511601007	李家沟	大体呈似圆状展布,存在航磁化极、剩余重力异常。具有一定的找矿潜力
B1511601008	白洞渠村东	呈长条带状东西向展布,局部出露乌拉山岩群,存在金单元素化探异常特征。具有一定的找矿潜力
B1511601009	十八号东	大体呈东西向展布,主要出露地层为乌拉山岩群,存在金单元素化探异常特征,区内蚀变作用强烈。具有一定的找矿潜力
B1511601010	土城子村北东	大体呈东西向展布,主要出露地层为乌拉山岩群,存在金单元素化探异常特征,区内蚀变作用强烈。具有一定的找矿潜力

续表 8-6

预测区编号	最小预测区名称	最小预测区成矿条件及找矿潜力
B1511601011	万家沟村北	出露地层为乌拉山岩群，预测区存在金单元素化探异常特征，局部存在航磁化极、剩余重力异常，区内有 2 条东西向断裂通过，对成矿控矿起到一定作用。具有一定的找矿潜力
B1511601012	拐大沟	大体呈东西向展布，存在已知矿点，区内有 1 条近东西向的正断层穿过，存在金单元素异常。具一定的找矿潜力
B1511601013	店上村东	大体呈东西向展布，分布面积较大，区内有 1 条近东西向的正断层穿过，存在金单元素异常。具一定的找矿潜力
B1511601014	前北沟北东	大体呈南北向展布，分布面积较大，区内有多条近南北向的正断层穿过，存在金单元素异常。具一定的找矿潜力
B1511601015	林场东	内有已知矿床存在，整体呈圆形，面积较小，发育有北东向大断裂。具有较好的找矿潜力
B1511601016	鸵盘村南	大体呈南北向展布，分布面积较大，主要出露地层为乌拉山岩群，区内有近南北向的正断层穿过，局部可见航磁化极异常。具有较好的找矿潜力
B1511601017	五道沟	大体呈北东向条带状展布，分布面积较大，主要出露地层为乌拉山岩群，局部可见蚀变带发育。具有较好的找矿潜力
B1511601018	狮子沟村南	大体呈北东向细条带状展布，分布面积较小，主要出露地层为乌拉山岩群。具有较好的找矿潜力
B1511601019	狮子沟村东	大体呈北东向细条带状展布，分布面积较小，主要出露地层为乌拉山岩群。具有较好的找矿潜力
B1511601020	黄花台村西	大体呈北东向细条带状展布，分布面积较小，主要出露地层为乌拉山岩群。具有较好的找矿潜力
C1511601001	泥尔图沟东	位于大桦背岩体的北部，分布面积大，主要出露地层为乌拉山岩群，存在金单元素化探异常特征，局部见航磁化极、剩余重力异常，区内可见多条伟晶岩脉。具有一定的找矿潜力
C1511601002	后头号南西	近方形展布，分布面积小，主要出露地层为乌拉山岩群。具有一定的找矿潜力
C1511601003	城塔汉	大体呈东西向条带状展布，分布面积较大，主要出露地层为乌拉山岩群，根据遥感资料，区内有隐伏断裂呈东西向发育，局部存在航磁化极、剩余重力异常。具有一定的找矿潜力
C1511601004	西十二份子	大体呈东西向条带状展布，分布面积较大，主要出露地层为乌拉山岩群，根据遥感资料，区内有多条隐伏断裂呈东西向发育，局部存在金单元素化探异常。具有一定的找矿潜力
C1511601005	羊圈湾	大体呈十字形展布，分布面积较小，主要出露地层为乌拉山岩群，南部可见呈东西向蚀变带发育。具有一定的找矿潜力
C1511601006	前黑沙村	大体呈东西向条带状展布，分布面积较大，主要出露地层为乌拉山岩群，且有多条断裂通过，局部存在航磁化极异常特征。具有一定的找矿潜力

续表 8-6

预测区编号	最小预测区名称	最小预测区成矿条件及找矿潜力
C1511601007	天字号	大体呈东西向条带状展布,分布面积小,主要出露地层为乌拉山岩群,存在金单元素异常特征。具有一定的找矿潜力
C1511601008	大壕赖	大体呈东西向条带状展布,分布面积较大,主要出露地层为乌拉山岩群,存在金单元素异常特征。具有一定的找矿潜力
C1511601009	铁面苦巨	大体呈东西向条带状展布,主要出露地层为乌拉山岩群,存在金单元素异常特征及航磁化极异常特征。具有一定的找矿潜力
C1511601010	店上村	大体呈东西向条带状展布,分布面积小,主要出露地层为乌拉山岩群,存在金单元素化探及剩余重力异常特征。具有一定的找矿潜力
C1511601011	厂汗以力更	大体呈东西向条带状展布,分布面积小,主要出露地层为乌拉山岩群,存在金单元素化探异常特征。具有一定的找矿潜力
C1511601012	新地沟村	大体呈北东向条带状展布,分布面积小,主要出露地层为乌拉山岩群,局部存在航磁化极异常特征。具有一定的找矿潜力
C1511601013	堆子上南	大体呈北西向条带状展布,分布面积小,主要出露地层为乌拉山岩群,局部存在航磁化极异常特征。具有一定的找矿潜力
C1511601014	岱州窑村北	大体呈东西向条带状展布,分布面积大,主要出露地层为乌拉山岩群。具有一定的找矿潜力
C1511601015	东干丈村南东	大体呈东西向带状展布,分布面积较小,主要出露地层为乌拉山岩群,局部见航磁化极异常特征。具有一定的找矿潜力
C1511601016	堆子上西	大体呈东西向带状展布,分布面积大,主要出露地层为乌拉山岩群,局部见航磁化极异常特征。具有一定的找矿潜力
C1511601017	三股地村	大体呈东西向带状展布,分布面积大,主要出露地层为乌拉山岩群,北部和中部可见贯穿全区的近东西向断层发育,局部见航磁化极异常特征。具有一定的找矿潜力
C1511601018	三股地村北	大体呈东西向带状展布,分布面积大,主要出露地层为乌拉山岩群,北部和中部可见贯穿全区的近东西向断层发育,局部见航磁化极异常特征。具有一定的找矿潜力
C1511601019	白银厂汉乡西	大体呈近圆状展布,主要出露地层为乌拉山岩群。具有一定的找矿潜力
C1511601020	卓资县西	大体呈东西向带状展布,主要出露地层为乌拉山岩群,局部见航磁化极异常特征。具有一定的找矿潜力
C1511601021	马盖图乡北东	大体呈北西向带状展布,主要出露地层为乌拉山岩群。具有一定的找矿潜力
C1511601022	印山湾村北西	大体呈北东向带状展布,主要出露地层为乌拉山岩群。具有一定的找矿潜力

二、综合信息地质体积法估算资源量

(一)典型矿床深部及外围资源量估算

由于哈达门沟金矿具有严格受构造控制及与成矿热液有关且可以用探矿工程直接控制同一条矿脉等诸多特点,因此,本次预测以乌拉山金矿作为预测模型,用大比例尺构造带脉体含矿率类比法对其进行估算。

已查明矿体(主要为113号脉群)金属量:$Q_{典}$=3363kg,数据来源于《内蒙古自治区矿产资源储量表第四册　贵金属矿产》。

矿体聚集区边界范围:$S_{查}$=2 960 000m^2,所依据附图为1:1万内蒙古包头市乌拉山式复合内生型金矿典型矿床预测要素图,包络圈定乌拉山金矿113号脉群所有已知矿体,面积数据在MapGIS软件下读取;延深$H_{典}$=450m,延深数据根据乌拉山金矿所有勘探线剖面所控制的最大深度(《内蒙古自治区包头市郊区乌拉山金矿区113号脉中矿段详查地质报告》)。哈达门沟金矿典型矿床深部及外围资源量估算结果见表8-7。

表8-7　哈达门沟金矿典型矿床深部及外围资源量估算一览表

典型矿床		深部及外围		
已查明资源量	3 363.00kg	深部	面积	2 960 000m^2
面积	2 960 000m^2		深度	150m
深度	450m	外围	面积	7 170 000m^2
品位	5.19×10^{-6}		深度	450m
相对密度	—	预测资源量		7673kg
体积含矿率	0.000 002kg/m^3	典型矿床资源总量		11 036kg

(二)模型区的确定、资源量及估算参数

模型区是指典型矿床所在位置的最小预测区,乌拉山模型区系MRAS定位预测后,经手工优化圈定的。模型区含矿地质体面积与模型区面积一致,因此含矿地质体面积参数取1;模型区含矿地质体面积$S_{模}$=15.98km^2,主要依托MRAS(矿产资源评价系统)平台,通过提取赋矿地层志留统乌拉山岩群高级变质岩段、近东西向控矿容矿断裂、海西晚期花岗岩及中酸性岩脉、区域航磁化极、剩余重力、化探及遥感等要素,生成最终1:10万内蒙古自治区乌拉山复合内生型金矿预测工作区预测单元图,之后经人工圈定后,于MapGIS软件下读取数据。

模型区含矿地质体深度$H_{模}$=800m,数据来源根据对矿区近期开展工作了解,该矿床为复合内生型,且属于壳幔混源,就矿体产状及深部延伸趋势分析,深部具有较好的成矿前景,预测深度保守下推约200m,从而确定乌拉山金矿的最大预测深度为800m。

其他已知矿床资源量:在乌拉山典型矿床外围存在多条含金矿脉,分布较稀疏,品位相对较差,其中主要脉群有12号脉,已探明金属量为491kg,该金属量数据来源于《内蒙古自治矿产资源储量表第四册　贵重金属矿产》。

模型区总资源量：$Z_{模}$＝典型矿床总资源量($Z_{典总}$)＋其他已知矿床资源量＝11 036kg＋491kg＝11 527kg(表 8-8)。

表 8-8　乌拉山式热液型金矿模型区预测资源量及其估算参数表

编号	名称	模型区总资源量(kg)	模型区面积(km^2)	延深(m)	含矿地质体面积(km^2)	含矿地质体面积参数
1	乌拉山金矿区	11 527	15.98	800	15.98	1

(三)最小预测区预测资源量

乌拉山式复合内生型金矿最小预测区资源量定量估算采用地质体积法进行估算。

1. 估算参数的确定

最小预测区面积是依据综合地质信息定位优选的结果；延深的确定是在研究最小预测区含矿地质体地质特征、岩体的形成深度、矿化蚀变、矿化类型的基础上，并对比典型矿床特征的基础上综合确定的，部分由成矿带模型类比或专家估计给出，另根据模型区乌拉山金矿钻孔控制最大垂深为 450m，以及区域构造控矿特征、含矿地质体产状、区域厚度、深部延伸趋势，同时考虑乌拉山复合内生型金矿具幔壳混源特点，深部具有很好的找矿潜力，尤其是哈达门沟金矿近期找矿有新突破，固确定乌拉山预测工作区合理下推延深为 800m，而卓资县预测工作区合理下推延伸为 600m；相似系数主要取自 MRAS 软件预测结果中，最小预测区内含矿地质体成矿概率值。

2. 最小预测区预测资源量估算结果

采用地质体积法，预测区预测资源量估算公式如下：

$$Z_{预}=S_{预}\times H_{预}\times K_S\times K\times \alpha$$

式中：$Z_{预}$——预测区预测资源量；

$S_{预}$——预测区面积；

$H_{预}$——预测区延深(指预测区含矿地质体延深)；

K_S——含矿地质体面积参数；

K——模型区矿床的含矿系数；

α——相似系数。

根据上述公式，分别求得乌拉山预测工作区和卓资县预测工作区最小预测区资源量。本次乌拉山预测工作区预测资源总量为 201 637kg，其中不包括预测区查明资源量 44 178kg，详见表 8-9；卓资县预测工作区预测资源总量分别为 20 439kg，详见表 8-10。

表 8-9　乌拉山预测工作区最小预测区估算成果表

最小预测区编号	最小预测区名称	$S_{预}$(km^2)	$H_{预}$(m)	K(kg/m^3)	α	$Z_{预}$(kg)	资源量级别
A1511601001	阿嘎如泰苏木西	15.99	600	0.000 000 8	1	7673	334-1
A1511601002	阿嘎如泰苏木东	17.43	600	0.000 000 8	1	17 333	334-1

续表 8-9

最小预测区编号	最小预测区名称	$S_{预}$ (km^2)	$H_{预}$ (m)	K (kg/m^3)	α	$Z_{预}$ (kg)	资源量级别
A1511601003	乌兰不浪沟掌子	36.11	500	0.000 000 8	0.7	10 111	334-1
A1511601004	阿嘎如泰苏木北东	7.69	300	0.000 000 8	0.9	1661	334-1
A1511601005	大罗沟村东	9.95	300	0.000 000 8	0.8	1911	334-2
A1511601006	水泉沟	26.11	500	0.000 000 8	0.6	6267	334-2
A1511601007	水涧沟东	9.39	300	0.000 000 8	0.8	1802	334-1
A1511601008	十八号	10.58	300	0.000 000 8	0.9	2285	334-1
A1511601009	腮忽洞村	3.95	300	0.000 000 8	0.6	569	334-1
A1511601010	厂汗以力更北	3.12	300	0.000 000 8	0.6	449	334-1
A1511601011	前北沟	3.12	300	0.000 000 8	0.4	300	334-1
A1511601012	林场	3.12	300	0.000 000 8	0.6	449	334-1
A1511601013	哈尔图南东	3.12	300	0.000 000 8	0.6	449	334-1
A1511601014	沟门村北	3.12	300	0.000 000 8	0.6	449	334-2
B1511601001	桦背林场东	38.06	800	0.000 000 8	0.8	19 487	334-2
B1511601002	乌尔土沟口子	6.46	600	0.000 000 8	0.8	2481	334-2
B1511601003	乌兰不浪沟掌子东	33.83	800	0.000 000 8	0.7	15 154	334-2
B1511601004	阿嘎如泰苏木北东	20.2	600	0.000 000 8	0.8	7755	334-2
B1511601005	后头号	12.7	600	0.000 000 8	0.6	3657	334-2
B1511601006	单家村	48.81	800	0.000 000 8	0.8	24 993	334-2
B1511601007	李家沟	9.73	600	0.000 000 8	0.7	3269	334-2
B1511601008	白洞渠村东	13.8	600	0.000 000 8	0.8	5299	334-2
B1511601009	十八号东	9.96	600	0.000 000 8	0.8	3826	334-2
B1511601010	土城子村北东	25.13	600	0.000 000 8	0.8	9651	334-2
B1511601011	万家沟村北	4.68	600	0.000 000 8	0.7	1572	334-2
B1511601012	拐大沟	4.06	600	0.000 000 8	0.8	1561	334-2
B1511601013	店上村东	7.14	600	0.000 000 8	0.6	2058	334-2
B1511601014	前北沟北东	4.16	600	0.000 000 8	0.6	1198	334-2
B1511601015	林场东	18.81	600	0.000 000 8	0.7	6321	334-2

续表 8-9

最小预测区编号	最小预测区名称	$S_{预}$ (km²)	$H_{预}$ (m)	K (kg/m³)	α	$Z_{预}$ (kg)	资源量级别
C1511601001	泥尔图沟东	47.04	600	0.000 000 8	0.5	11 288	334-2
C1511601002	后头号南西	15.57	500	0.000 000 8	0.5	3114	334-3
C1511601003	城塔汉	40.48	500	0.000 000 8	0.3	4858	334-3
C1511601004	西十二份子	45.62	500	0.000 000 8	0.5	9123	334-3
C1511601005	羊圈湾	8.17	300	0.000 000 8	0.5	981	334-3
C1511601006	前黑沙村	11.45	500	0.000 000 8	0.7	3207	334-3
C1511601007	天字号	4.08	300	0.000 000 8	0.6	587	334-3
C1511601008	大壕赖	19.87	500	0.000 000 8	0.4	3180	334-3
C1511601009	铁面苦巨	16.39	500	0.000 000 8	0.5	3278	334-3
C1511601010	店上村	9.5	300	0.000 000 8	0.4	912	334-3
C1511601011	厂汗以力更	5.59	500	0.000 000 8	0.5	1118	334-3

表 8-10 卓资县预测工作区最小预测区估算成果表

最小预测区编号	最小预测区名称	$S_{预}$ (km²)	$H_{预}$ (m)	K (kg/m³)	α	$Z_{预}$ (kg)	资源量级别
A1511601015	五道沟北	3.12	600	0.000 000 8	0.8	1198	334-1
A1511601016	堆子山东	4.95	500	0.000 000 8	0.6	1189	334-1
A1511601017	五道沟北东	1.3	300	0.000 000 8	0.6	187	334-1
A1511601018	白银厂汉乡	3.12	600	0.000 000 8	0.7	1048	334-1
B1511601016	鸵盘村南	3.12	400	0.000 000 8	0.5	499	334-2
B1511601017	五道沟	8.82	400	0.000 000 8	0.5	1412	334-2
B1511601018	狮子沟村南	5.59	400	0.000 000 8	0.5	894	334-2
B1511601019	狮子沟村东	1.45	400	0.000 000 8	0.5	231	334-2
B1511601020	黄花台村西	3.25	400	0.000 000 8	0.5	520	334-2
C1511601012	新地沟村	1.51	300	0.000 000 8	0.3	109	334-3
C1511601013	堆子上南	2.6	300	0.000 000 8	0.3	187	334-3
C1511601014	岱州窑村北	24.7	500	0.000 000 8	0.3	2963	334-3
C1511601015	东干丈村南东	6.7	500	0.000 000 8	0.3	804	334-3
C1511601016	堆子上西	12.34	500	0.000 000 8	0.3	1481	334-3
C1511601017	三股地村	20.34	500	0.000 000 8	0.3	2441	334-3

续表 8-10

最小预测区编号	最小预测区名称	$S_预$ (km^2)	$H_预$ (m)	K (kg/m^3)	α	$Z_预$ (kg)	资源量级别
C1511601018	三股地村北	19.17	500	0.000 000 8	0.3	2300	334-3
C1511601019	白银厂汉乡西	1.33	300	0.000 000 8	0.3	96	334-3
C1511601020	卓资县西	2.16	300	0.000 000 8	0.3	156	334-3
C1511601021	马盖图乡北东	3.71	300	0.000 000 8	0.3	267	334-3
C1511601022	印山湾村北西	20.47	500	0.000 000 8	0.3	2457	334-3

(四)预测工作区预测成果汇总

乌拉山式热液型金矿乌拉山、卓资山预测工作区地质体积法预测资源量,依据资源量级别划分标准,根据现有资料的精度,可划分为 334-1、334-2、334-3 三个资源量精度级别;可利用性类别的划分,主要依据深度可利用性(500m、1000m、2000m)、当前开采经济条件可利用性、矿石可选性、外部交通水电环境可利用性,按权重进行取数估算。

根据矿产潜力评价预测资源量汇总标准,乌拉山、卓资山预测工作区按精度、预测深度、可利用性、可信度统计分析结果见表 8-11、表 8-12。

表 8-11　乌拉山式热液型金矿乌拉山预测工作区资源量估算汇总表　单位:kg

深度	精度	可利用性		可信度			合计
		可利用	暂不可利用	≥0.75	≥0.5	≥0.25	
2000m 以浅	334-1	43 081	—	43 018	43 018	43 018	43 018
	334-2	8627	108 282	—	1 116 910	1 116 910	1 116 910
	334-3	—	41 646	—	—	41 646	41 646
合计							1 201 637

表 8-12　乌拉山式热液型金矿卓资县预测工作区资源量估算汇总表　单位:kg

深度	精度	可利用性		可信度			合计
		可利用	暂不可利用	≥0.75	≥0.5	≥0.25	
2000m 以浅	334-1	3622	—	3622	3622	3622	3622
	334-2	—	3556	—	3556	3556	3556
	334-3	—	13 261	—	—	13 261	13 261
合计							20 439

第九章　巴音温都尔式热液型金矿预测成果

第一节　典型矿床特征

一、典型矿床地质特征及成矿模式

（一）典型矿床特征

1. 矿区地质

本区出露地层主要有中元古界温都尔庙群楚鲁浩铙图岩组、呼和敖包组、上古生界下二叠统大石寨组第二段、下二叠统哲斯组第一段。

矿区内岩浆活动频繁而强烈，主要为加里东期、海西期、印支期及燕山期花岗杂岩体，与金成矿关系密切的岩体为阿萨哈独立侵入体，分粒级锆石测年表明，其U-Pb一致线年龄为220Ma，说明岩体的形成时代为三叠纪（图9-1）。

本区与金成矿关系密切的构造为北东向巴音温都尔-巴润萨拉韧性剪切带，是区域4条主要韧性剪切带之一。与其相关的北东向、近东西向压剪带、压扭性和北西向张剪性、张扭性断裂构造，是矿区重要的成矿控矿构造。巴音温都尔-巴润萨拉韧性剪切带南西起于巴音温都尔及其南部，经巴润萨拉，向北东至乌兰哈达一带，经历了海西末期（250～240Ma）、印支期（225～215Ma）和印支期末—燕山初期（209～197Ma）3个韧性变形序列，其中印支期为主变形期，形成温度约220℃、围压约270MPa，距地面约11km的地壳深部，属中低温剪切变形。

2. 矿床特征

全区共发现含金地质体54条，圈定金工业矿体8条，地质特征如下（图9-2）。

4号矿体：位于矿区东部，产于巴音温都尔-巴润萨拉韧性剪切带北东端黑云母二长花岗岩体内，为糜棱岩夹石英脉型。走向100°，倾向10°～48°，倾角21°～68°，糜棱岩发育较强的糜棱岩化，偶见褐铁矿化及黄铁矿化，具较强的硅化、高岭土化、绿泥石化蚀变。石英脉为灰白色、烟灰色，具褐铁矿化、黄铁矿化、方铅矿化、偶见黄铜矿化及孔雀石化。长512m，铅直厚度0.80～2.46m，平均铅直厚度为1.14m，厚度变化系数为41.34%。金品位为（1.43～34.78）$\times 10^{-6}$，平均金品位为10.77$\times 10^{-6}$，品位变化系数127.52%。

22号矿体：位于矿区中部，出露于巴音温都尔-巴润萨拉韧性剪切带中段，黑云母二长花岗岩体内接触带，为糜棱岩夹石英脉型，走向21°～51°，倾向北西，倾角78°～86°，糜棱岩发育较强的糜棱岩化，具有较强的褐铁矿化、黄铁矿化，具高岭土化、绿泥石化、绢云母化、硅化蚀变，尤其硅化较强，石英脉呈透镜状、舒缓波状产出，具尖灭再现，发育较强的褐铁矿化，星点状黄铁矿化，浸染状方铅矿化及孔雀石化。长641m，水平厚度0.30～4.55m，平均水平厚度2.14m，厚度变化系数为71.93%。金品位（1.47～

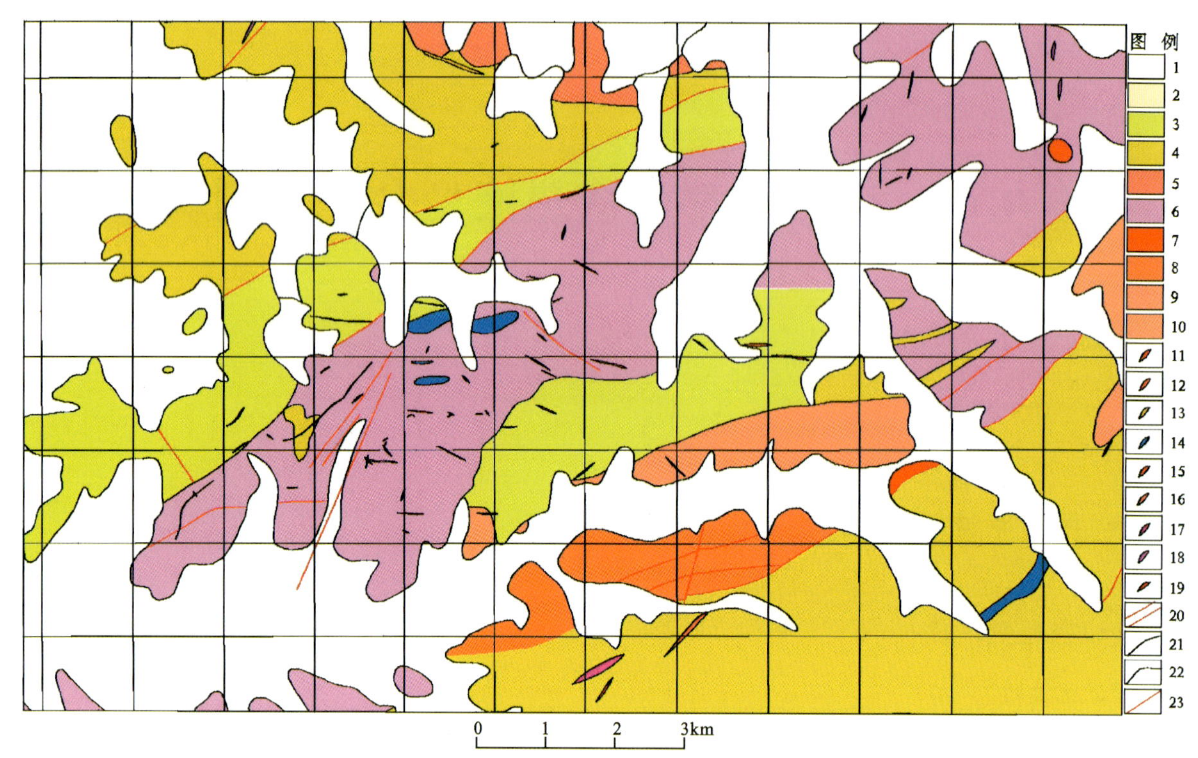

图 9-1　巴音温都尔金矿典型矿床矿区地质图

（据《内蒙古苏尼特左旗巴音温都尔矿区及外围岩金普查总结》，中国人民武装警察部队黄金第四支队，2006 修编）

1.第四系；2.新近系通古尔组：红色及灰绿色黏土岩石层；3.下二叠统哲斯组：灰色、灰绿色、紫色复成分砾岩；4.下二叠统大石寨组：灰绿色安山岩、玄武岩、安山质晶屑、岩屑凝灰岩；5.侏罗纪中粗似斑状黑云母二长花岗岩；6.三叠纪中粗似斑状黑云母二长花岗岩；7.二叠纪中细粒黑云母正长花岗岩；8.二叠纪中粒黑云母花岗闪长岩；9.二叠纪中细粒闪长-辉长岩；10.志留纪中粒黑云母二长花岗岩；11.花岗岩脉；12.石英斑岩脉；13.正长斑岩脉；14.闪长玢岩脉；15.英云闪长岩脉；16.花岗斑岩脉；17.破碎硅化带；18.石英脉；19.含金脉体及其编号；20.破碎蚀变带；21.实测地质界线；22.角度不整合地质界线；23 实测断层

5.40）$\times 10^{-6}$，平均金品位为 2.51$\times 10^{-6}$，品位变化系数为 50.90%。

3. 矿石特征

矿石中矿石矿物主要为黄铁矿、方铅矿、针铁矿、纤铁矿及少量的磁铁矿、赤铁矿、黄铜矿、毒砂、白铅矿、闪锌矿、铜蓝等，偶尔见自然金；脉石矿物以石英为主，另具有少量的长石、方解石。

4. 矿石结构构造

矿石结构主要为粒状结构、碎裂状结构，少数为骸晶结构、溶蚀结构、交代残余结构。矿石构造主要为浸染状构造、脉状构造，少数为斑点状构造、斑杂状构造及条带状构造。金赋存在构造裂隙和原生石英之中，分为裂隙金和包裹金。

5. 矿床成因及成矿时代

本矿床受巴音温都尔-巴润萨拉韧性剪切带及阿萨哈独立侵入体控制，成矿物质主要来源于地幔或下地壳，成矿热液来源于岩浆水。其主要依据为：

（1）矿石石英 H、O 同位素测试结果表明，本区不同类型石英脉流体包裹体的 H、O 同位素组成相对稳定，流体相差不大，印支末—燕山初期（209～197Ma）石英脉均一温度（样品平均值）为 172～207℃，印支期（225～215Ma）石英脉均一温度为 183～204℃。

（2）矿石石英 H、O 同位素测试结果表明，印支末—燕山初期石英脉 $\delta^{18}O_{水}$ 变化为 $-3.37‰$～

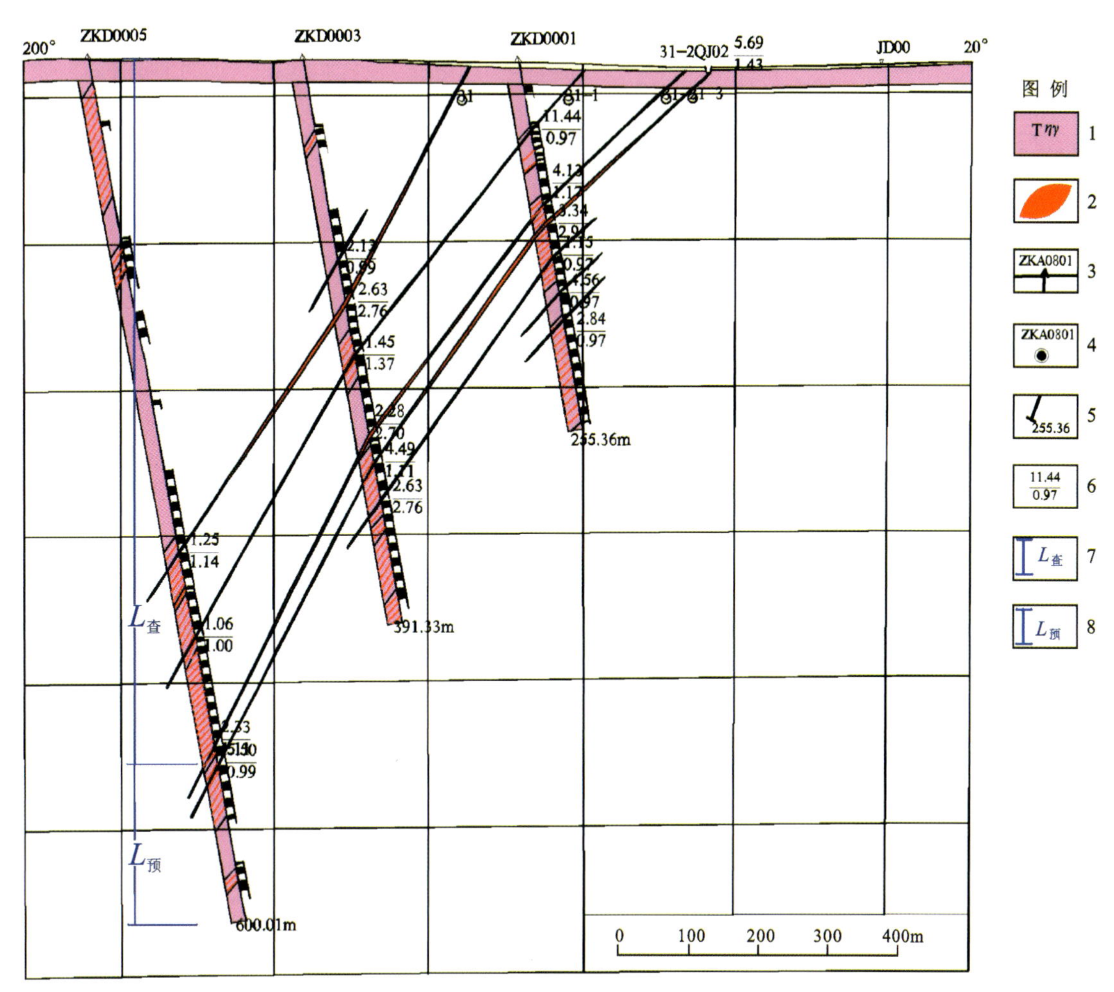

图 9-2　巴音温都尔金矿典型矿床深部延深资源量预测延伸示意图

(据《内蒙古苏尼特左旗巴彦温多尔矿区及外围岩金普查总结》,中国人民武装警察部队黄金第四支队,2006 修编)

1. 三叠纪中粗似斑状黑云母二长花岗岩;2. 矿脉;3. 钻孔剖面位置及编号;4. 钻孔平面位置及编号;5. 终孔位置及深度(m);6. 平均品位($\times10^{-9}$)/水平厚度(m);7. 典型矿床已探明深度;8. 典型矿床预测深度

0.19‰,δD 变化为−89‰~97‰,印支期石英脉 $\delta^{18}O_水$ 变化为−1.48‰~1.14‰,δD 变化为−90‰~−111‰,两种流体均位于岩浆水范围边缘,表明两期成矿流体均以岩浆水为主。因此矿床与阿萨哈侵入体具有直接的成因关系,它不仅提供了成矿的热力和动力,促进了成矿介质和成矿物质的活化、迁移和聚集,更主要的是提供了成矿介质和成矿组分,为成矿主要因素。

(3)巴音温都尔-巴润萨拉韧性剪切带与北东向断裂在区内发育,并长期多次活动,导致岩石破碎,次级断裂发育,为深部岩浆上侵及成矿提供了良好的通道及赋矿空间。因此,本区矿床成因类型为中低温岩浆热液型矿床。

经初步研究,巴音温都尔金矿的成矿期为晚二叠世—早三叠世,从同位素测年资料看,可分为海西末期(250~240Ma)、印支期(225~215Ma)和印支末期—燕山初期(209~197Ma)3 个阶段。

(二)矿床成矿模式

通过对矿区金成矿特征初步分析、研究,并根据矿体的规模、形态、产状等特征及矿体与其他地质体的关系,初步认为本区含金剪切带是由韧性剪切带和脆-韧性剪切带组成,矿床属糜棱岩夹石英脉型,受控于韧性剪切带和由之产生的次级断裂。韧性剪切带提供了良好的流体通道,是金的运移、沉淀、富集的有利空间。同时矿体又受到这些韧性剪切带再活动的改造，如本区含金石英脉是早期无金石英脉经变形作用改造而产生金的矿化作用而形成，是韧性剪切带再活动的产物。岩浆作用或变质作用而产生的流体为本区矿床的物质来源和热源（海西期、印支期花岗岩体和浅变质的二叠纪地层）。区域构造活动强烈，挤压应力较强，尤其是韧性剪切带的形成使地层、岩体变形、变质，对金的活化和富集起着热力和动力作用，由于断裂长期多次活动伴随岩浆上侵，金在断裂中运移、富集、沉积成矿。三叠纪二长花岗岩、二叠纪花岗闪长岩、北东向巴音温都尔-巴润萨拉韧性剪切带、哲斯组和大石寨组均为巴音温都尔金矿成矿之必要要素。成矿作用、成矿模式见图 9-3。

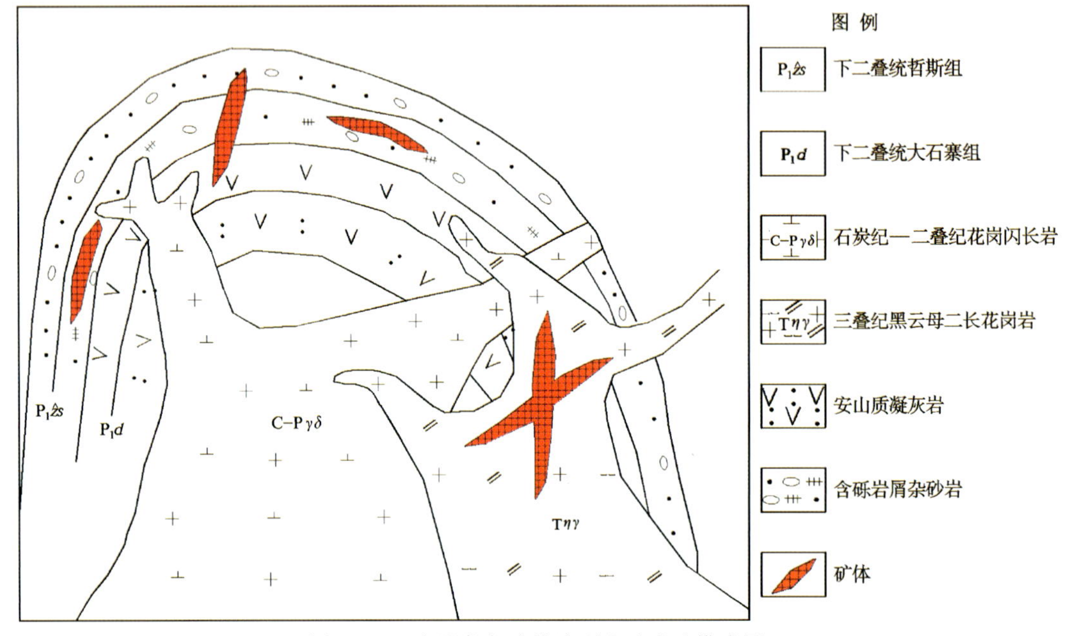

图 9-3 巴音温都尔式热液型金矿成矿模式图

（据《内蒙古苏尼特左旗巴彦温多尔矿区及外围岩金普查总结》，中国人民武装警察部队黄金第四支队，2006 修编）

二、典型矿床地球物理特征

（一）矿床所在位置航磁特征

据 1∶5 万航磁化极等值线平面图，磁场表现为低缓的正磁异常，局部有零星的正异常，极值达 360nT。

矿床所在区域地球物理特征：据 1∶50 万航磁化极等值线平面图显示，磁场总体表现为低缓的负磁场，异常特征不明显（图 9-4）。

（二）矿床所在区域重力特征

由布格重力异常图可见，巴音温都尔金矿位于几处局部重力异常交接地带。其西侧布格重力异常较高，梯度变化较大，布格重力值 $\Delta g - 132 \times 10^{-5}\,m/s^2 \sim -120 \times 10^{-5}\,m/s^2$；东侧略低，且较平缓，布格重力值 $\Delta g - 132 \times 10^{-5}\,m/s^2 \sim -128 \times 10^{-5}\,m/s^2$；南北两侧布格重力异常明显较低，且梯度变化大，布格重力值北侧 $\Delta g - 148 \times 10^{-5}\,m/s^2 \sim -132 \times 10^{-5}\,m/s^2$，南侧 $\Delta g - 150 \times 10^{-5}\,m/s^2 \sim -132 \times 10^{-5}\,m/s^2$。金矿所在位置的布格重力异常值在 $\Delta g - 132 \times 10^{-5}\,m/s^2$ 左右。

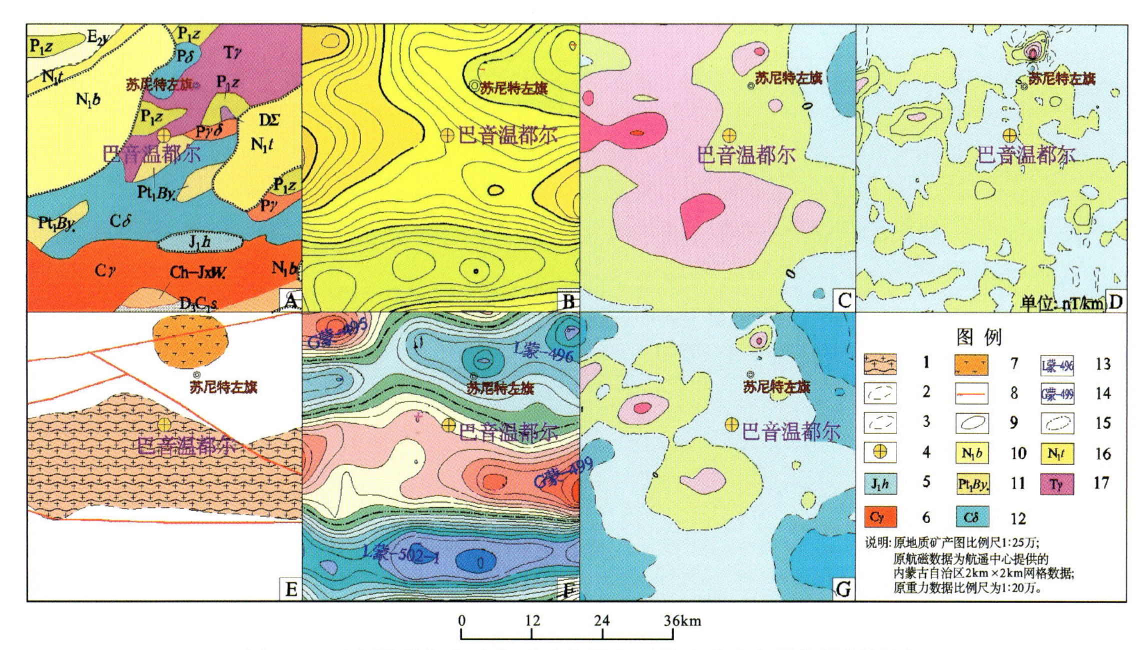

图 9-4　巴音温都尔金矿典型矿床所在区域地质矿产及物探剖析图

A. 地质矿产图；B. 布格重力异常图；C. 航磁 ΔT 等值线平面图；D. 航磁 ΔT 化极垂向一阶导数等值线平面图；E. 重磁推断地质构造图；F. 剩余重力异常图；G. 航磁 ΔT 化极等值线平面图。

1. 重磁推断变质岩地层；2. 重磁推断侵入岩体边界线(隐伏)；3. 航磁负等值线；4. 金矿点；5. 侏罗系红旗组灰白色砾岩、砂岩；6. 石炭纪花岗岩；7. 重磁推断中酸性侵入岩；8. 三级断裂构造；9. 航磁正等值线；10. 新近系宝格达乌拉组砂质泥岩；11. 古元古界宝音图岩群绿泥片岩、石英片岩；12. 石炭纪闪长岩；13. 剩余重力负异常编号；14. 剩余重力正异常编号；15. 零等值线；16. 新近系通古尔组含砾粗砂岩；17. 三叠纪花岗岩

由剩余重力异常图可见，在布格重力异常相对较高地段对应形成近东西向展布的剩余重力正异常带，由两个局部异常组成，西侧为剩余重力正异常 G 蒙-498，其极值为 $\Delta g4.21\times10^{-5}\,m/s^2\sim18.71\times10^{-5}\,m/s^2$，东侧剩余重力正异常 G 蒙-499，其极值为 $\Delta g4\times10^{-5}\,m/s^2\sim7.84\times10^{-5}\,m/s^2$。巴音温都尔金矿位于其间的过渡带上，附近剩余重力值在 $\Delta g3\times10^{-5}\,m/s^2\sim4\times10^{-5}\,m/s^2$ 之间。在该剩余重力正异常区内局部有元古宙地层出露，故推断其为元古宙基底隆起所致。

巴音温都尔金矿北侧为 L 蒙-496 号剩余重力负异常，其极值为 $\Delta g-8.84\times10^{-5}\,m/s^2\sim-5.08\times10^{-5}\,m/s^2$ 异常，南侧为 L 蒙-502-1 剩余重力负异常，其极值为 $\Delta g-12.33\times10^{-5}\,m/s^2\sim-10.51\times10^{-5}\,m/s^2$。北侧负异常区主要出露三叠纪花岗岩，南侧负异常区主要出露石炭纪花岗岩，可见两处负异常均由酸性侵入岩引起。

三、典型矿床地球化学特征

矿区存在以 Au 为主，伴有 Ag、Cu、Pb、Zn、W、Mo 等元素组成的综合异常；Au 为主要的成矿元素，Ag、Cu、Pb、Zn、W、Mo 为主要的伴生元素。

四、典型矿床预测模型

根据典型矿床成矿要素和矿区航磁资料以及区域重力，确定典型矿床预测要素，编制典型矿床预测要素图。由于没有收集到矿区大比例尺的化探资料，重力资料只有 1∶20 万比例尺的，因此采用矿床所在地区的系列图表达典型矿床预测模型。

总结典型矿床综合信息特征，编制典型矿床预测要素表(表 9-1)。

表 9-1　巴音温都尔复合内生型金矿典型矿床预测要素表

成矿要素		描述内容				要素类别
		储量	7690kg	平均品位	5.0×10^{-6}	
		特征描述	中低温岩浆热液糜棱岩型夹石英脉型金矿床			
地质环境	大地构造位置	位于Ⅰ-Ⅰ大兴安岭弧盆系，大部位于Ⅰ-Ⅰ-6 锡林浩特岩浆弧(Pz_2)，少部位于Ⅰ-Ⅰ-5 二连-贺根山蛇绿混杂岩带(Pz_2)				必要
	成矿环境	1. 出露地层有古元古界下二叠统哲斯组浅海相砂岩、大石寨组安山质凝灰岩、安山岩。 2. 海西晚期中粒黑云母花岗闪长岩、中细粒黑云母正长花岗岩，印支期中粗粒似斑状黑云母二长花岗岩，燕山早期中粒似斑状黑云母二长花岗岩。 3. 本区主体构造格架是在晚古生代至三叠纪末期形成，北部以北东向构造为主导；断裂构造由近东西向、北东东向逆断层及压性压剪性断裂组成				必要
	成矿时代	晚二叠世—三叠纪				重要
矿床特征	矿体形态	脉状				重要
	岩石类型	韧脆性剪切带中糜棱岩夹石英脉				重要
	岩石结构	糜棱面理发育、拉伸线理、组构、旋转碎斑、核幔构造、动态重结晶、显微裙皱、云母鱼等				次要
	矿物组合	矿石矿物：褐铁矿、黄铁矿、方铅矿、黄铜矿，局部见自然金；脉石矿物：石英、方解石				重要
	结构构造	晶粒结构、压碎结构、糜棱结构，少数为交代结构；块状构造、薄板状构造、蜂窝状构造、网脉状、条带状构造、片状构造				次要
	蚀变特征	硅化、绢云母化、绿泥石化、绿帘石化、高岭土化、碳酸盐化、孔雀石化。接触变质作用：红柱石-角岩化、透闪石-石榴石-符山石矽卡岩化和大理岩化				重要
	控矿条件	印支期二长花岗岩、海西晚期花岗闪长岩；下二叠统哲斯组一段、大石寨组二段；主要受巴音温都尔-巴润萨拉韧性剪切带和北东向、北西向断裂控制				重要
地球物理、地球化学特征	重力	本区金矿大部分分布于区域重力高或其边缘带、梯度带及重力低向重力高的过渡带中，而重力低区的金矿很少。位于东西向负的相对高值重力梯带上，重力异常值介于$(-132\sim-130)\times10^{-5}m/s^2$之间				重要
	航磁	无规律。有利岩体磁场类型主要为负磁场。其次为正高场和跳跃场。韧性剪切带、片理化带和钾钠交代带常显低磁或负场带特征，而区域深、大断裂带旁侧具负磁场带特征。电阻率相对低阻异常带具有低阻高极化特征。所处位置可能有金属硫化物富集，是成矿有利部位				次要
	化探	本区与金矿化有关的元素组合标志一般为 Au、Ag、Cu、Pb、Zn、As、Mo 等，其中面积较大、异常连续性好、异常值较为稳定，经岩石地球化学测量与岩屑测量结合，在巴音温都尔-巴润萨拉韧性剪切带上圈出 15 条异常带，与已知矿体及韧性剪切带走向基本一致，Au 异常出现在二叠纪砂岩、砂砾岩及板岩分布区，另外在燕山期、印支期二长花岗岩体、海西晚期花岗闪长岩体中也有较多金矿化，重砂异常规模大，分布广，强度高。异常前缘元素组合一般为 Ag、Pb、As、Ba 等低温元素；Cu、Zn、As、Mo 多在矿体附近；而 W、Sn、Se 等高温元素一般多在矿体尾部				重要

第二节　预测工作区研究

一、区域地质特征

（一）成矿地质背景

1. 巴音温都尔预测工作区

本区处于二连浩特-贺根山深大断裂南侧，为华北地台北缘中元古代巨型陆缘碰撞造山带的北侧，大地构造位置位于Ⅰ-Ⅰ大兴安岭弧盆系，大部位于Ⅰ-Ⅰ-6锡林浩特岩浆弧（Pz_2），少部位于Ⅰ-Ⅰ-5二连-贺根山蛇绿混杂岩带（Pz_2）。

1）地层

区域出露的地层主要有中元古界温多尔庙群桑达来音呼都格组和哈尔哈达组。古生界有西别河组、色日巴彦敖包组、大石寨组、哲斯组、林西组；中生界有中-下侏罗统红旗组、上侏罗统玛尼图组、下白垩统白彦花组；新生界有古近系始新统伊尔丁曼哈组、渐新统呼尔井组，新近系中新统通古尔组、上新统宝格达乌拉组。

变质程度较深的古太古代—古元古代锡林郭勒变质杂岩包括花岗片麻岩变质建造、混合岩变质建造、斜长片麻岩变质建造。

2）岩浆活动

预测区岩浆活动频繁而强烈，具多期次、多旋回特点，主要形成于加里东期、海西期、印支期、燕山期，产物为超基性、基性、中酸性深成和浅成侵入岩、火山岩，受北东向、北北东向、东西向构造控制，呈弧形展布，预测区包含两个岩浆岩带，北带称为二连浩特-西乌旗构造岩浆岩带，北东向展布；南带称为锡林浩特构造岩浆岩带，近东西向展布。其中北带侵入岩较发育，南带相对北带不发育。

3）构造

本区地处内蒙古中部，华北板块与西伯利亚板块的汇聚带上。晚古生代末期结束了地槽的发展过程而进入了造山期后阶段。由于受南北两大构造单元的控制和影响，构造活动强烈，形成了多个构造层（前海西期构造层、晚海西期—印支期构造层、燕山期构造层），构造运动及其形成的形迹复杂多样。

2. 红格尔预测工作区

二连—东苏旗以北地区，大地构造位置位于Ⅰ天山-兴蒙造山系，Ⅰ-Ⅰ大兴安岭弧盆系，Ⅰ-Ⅰ-4扎兰屯-多宝山岛弧（Pz_2）。

1）地层

区域出露地层主要有下古生界中-下奥陶统乌宾敖包组，下古生界中奥陶统巴彦呼舒组，上古生界下泥盆统泥鳅河组二段，中生界上侏罗统白音高老组、玛尼吐组、满克头鄂博组及下白垩统白彦花组等。该区奥陶系—泥盆系与古生代侵入岩接触带两侧是寻找古生代热液型多金属矿的有利层位。泥盆纪碳酸盐岩、细碎屑岩发育，是本区金、银多金属矿床的重要赋矿围岩或成矿岩石建造。

地层呈北东东向展布，其中奥陶系出露于北部，总体构成北东东向复背斜（即东乌旗复背斜）的核部；泥盆系构成两翼，而中生代火山岩零星分布于测区南北。

2）岩浆活动

区内岩浆活动频繁，有大量晚古生代石炭纪石英闪长岩、花岗闪长岩、石英正长岩、二长花岗岩、花岗岩、碱长花岗岩、角闪碱长花岗岩中酸性岩浆岩侵入，岩体受控于区域构造，呈北东向展布。

脉岩极为发育，主要为石英脉、花岗岩脉、花岗斑岩脉以及闪长玢岩脉等，多呈北东—北北东向。

本区与西延部分蒙古境内的晚古生代大中型斑岩型和矽卡岩型及热液型铜多金属矿床（察干苏布加铜矿床）具有相近的成矿地质环境。测区受滨西太平洋构造活动的影响，叠加有中生代火山岩浆岩带，侏罗纪火山岩、次火山岩及侏罗纪花岗岩、花岗斑岩发育，与大兴安岭成矿带一样，具有铜多金属成矿潜力。

火山活动及火山岩：本区在海西晚期和燕山早期都有较强烈的火山活动。海西晚期的火山活动在整个二叠纪时期都比较频繁，多为小规模间歇性喷发，形成了宝力高庙组（C_2P_1bl）的一套含火山碎屑的沉积岩和岩屑晶屑凝灰岩。燕山期燕山早期本区又出现了大规模的陆相火山喷发-溢流活动。由晚侏罗世早期的间歇性喷发开始，形成了满克头鄂博组（J_3mk）中以酸性岩为主、少量碱性岩与陆相碎屑沉积岩组成的建造；玛尼吐组（J_3mn）以溢流为主，形成了一套厚度不大的暗灰色、灰褐色基-中性熔岩，底部有少量火山角砾岩；晚侏罗世晚期的溢流-喷发活动由中基性开始向酸性岩演化，形成了白音高老组（J_3by）下部的辉石安山岩和安山岩、上部的流纹岩组合。第四纪沿断陷盆地边部又形成阿巴嘎玄武岩。

初步分析认为，本区晚古生代构造岩浆活动强烈，石炭纪中酸性花岗岩类与古生代地层接触带两侧是寻找古生代斑岩型、热液型等金、铜、钨、钼矿床的有利地区。

3）构造

本区古生代地质构造属西伯利亚板块东南大陆边缘。进入中生代，本区以拉张裂陷为主，主要表现为古生代基底断裂发生继承性活动；在早白垩世形成北北东向断裂构造；新生代仍以拉张裂陷为主，表现为前新生代基底断裂进一步复活，形成了叠置于中生代基底之上的新生代坳陷；更新世沿部分北东向与北西向基底复活断裂有幔源玄武岩喷溢。区内地层多呈北东向展布，其中以奥陶系为核部，泥盆系分布于两侧及北东，构成向北倾伏的复背斜，石炭系—二叠系顺次出露于南部。而中生代火山岩零星分布，构成大兴安岭火山岩浆岩带的西部（西坡）一部分。区内次级褶皱、断裂构造以北东（包括北东东向）向为主，次为北西向。断裂构造相互切割，构成复杂的断裂构造系统，为本区岩浆及成矿热液活动提供了良好的构造空间。

（二）区域成矿模式

1. 巴音温都尔预测工作区

本区在中晚元古代即形成了 Au 丰度高的变质基底，为后期金成矿提供了物质基础。华北板块与西伯利亚板块自晚古生代碰撞对接，区内剪切带在两大板块的对接碰撞所形成的褶皱、断裂的基础上开始活动，此时以韧性变形为主，变质基底内金元素活化、迁移，剪切带为热液活动提供通道，此时金元素发生初步富集。三叠纪，随着南北两大板块的持续挤压作用，研究区进入构造强烈活动时期，同时剪切带进入主活动期，以脆韧性变形为主，剪切作用形成脆性裂隙及各种充填脉。如透镜状、脉状石英。剪切作用的持续进行使矿物遭受压碎作用石英细粒化成糖粒状，成为金矿物的有利储集体，同时侵入岩沿剪切带侵入，此时构造-岩浆活动强度达到顶峰，岩浆活动不仅自深部携带部分金成矿物质，同时也为金成矿作用提供了热动力，导致含金络合物在剪切带的构造裂隙内再次沉淀、分解、富集，形成金矿体，此阶段也是本区金成矿的主要时期。早侏罗世，区域持续了陆内造山活动，此时剪切带以脆性变形机制为主，大量张性裂隙在剪切带中前期形成的金矿化部位发生原位重新活化，金元素在局部张裂隙内进一步富集，形成富矿体。总之，区内金矿床（点）是长期构造-岩浆演化的产物。结合苏尼特左旗地区金矿成矿时代（赵利青等，2003）（242～229Ma）及 Bonnemaison 等（1991）提出的剪切带金成矿作用 3 阶段模式可以建立巴音温都尔金矿的演化模式。主要经历了矿源层形成、韧性剪切活动及金矿化、脆韧性剪切活动及金矿化、后期脆性变形叠加及金矿化等 4 个成矿演化过程。

2. 红格尔预测工作区

红格尔预测工作区金矿床的成矿模式可概括如：本区古生界奥陶系—泥盆系为含 Au 丰度高的浅变质地层，为后期金成矿提供了物质基础。后期由于地壳的运动形成褶皱、断裂，同时孕育了浅变质地层内 Au 元素发生初步富集。石炭纪，研究区进入构造强烈活动时期，表现为大量中酸性侵入岩的主动侵入就位，同时伴随形成大量脆性裂隙及各种充填脉，如透镜状、脉状石英。岩浆活动不仅自深部携带部分金成矿物质，同时也为金成矿作用提供了热动力，导致岩浆岩内和含 Au 丰度高的浅变质地层的金在构造裂隙内再次沉淀、分解、富集，形成金矿体。石炭纪是本区金成矿的主要时期。区内金矿床(点)是长期构造-岩浆演化的产物。

二、区域地球物理特征

(一)磁法

巴音温都尔金矿预测工作区在航磁 ΔT 等值线平面图上，磁异常幅值范围为－200～1000nT，以－100～100nT 为磁异常背景值，异常形态多以椭圆和条带状正磁异常为主，异常轴向北东和北东东向。其中预测区西部以低缓正异常为主，强度和梯度变化都不大，形态较为规则；预测东部以－100～0nT 磁异常值为背景，东北部为较大面积低缓负磁异常区，东南部为小面积条带状正异常区，异常走向北东向。巴音温都尔金矿区位于预测区中西部，－100～0nT 低缓负磁异常区上(图 9-5)。

巴音温都尔预测区磁法推断地质构造图如图 9-5 所示，断裂构造呈北东和东西走向，磁场标志主要为不同磁场区分界线和磁异常梯度带。参考地质情况，预测区内正磁异常主要为侵入岩体引起。

巴音温都尔预测区磁法共推断断裂 6 条、侵入岩体 9 个、火山岩地层 1 个。

(二)重力

1. 巴音温都尔预测工作区

该预测工作区较小，重力场特征与前述典型矿床所在区域的特征类似。只是预测区范围向东延伸。布格重力异常区域上呈近东西向展布，局部异常形态呈椭圆状或条带状，中部布格重力异常较高，南北较低。对应的形成近东西向展布的剩余重力正负异常带：G 蒙-499 正异常带，为元古低基底隆起所致；L 蒙-502、L 蒙-496 负异常带，与酸性侵入岩有关。西北角的剩余重力正异常区，其极值 $\Delta g 9.32\times10^{-5}\,m/s^2 \sim 9.88\times10^{-5}\,m/s^2$，地表主要出露二叠纪地层，可见是古生代基底隆起所致。

巴音温都尔金矿位于 G 蒙-499 两个局部异常的过渡带上，在其南侧 G 蒙-499 边部，有两个金矿点分布，且附近有元古宙地层出露，所以这一区域应是寻找金矿的有利地段。

2. 红格尔预测工作区

预测区位于国境线附近，范围较小，布格重力异常相对较低，其值一般为 $\Delta g -140\times10^{-5}\,m/s^2 \sim -150\times10^{-5}\,m/s^2$，是重力推断的酸性岩浆岩带分布区。由剩余重力异常图可见，在布格重力异常相对低值区，对应形成剩余重力负异常 L 蒙-482，极值为 $\Delta g -8.42\times10^{-5}\,m/s^2$，异常呈东西向展布，形态呈较规则的长椭圆状，异常边部等值线分布均匀且较密集，地表为侏罗系，据钻孔资料其下伏一百多米见到花岗岩类，所以认为该异常是隐伏的酸性侵入岩引起。预测区南侧边部存在近东西向延伸的剩余重力正异常带，其极值 $\Delta g 4.23\times10^{-5}\,m/s^2 \sim 5.68\times10^{-5}\,m/s^2$，异常区内出露有泥盆系。故认为该正异常是古生代基底隆起所致。在 L 蒙-482 异常的北侧边部有金矿点存在，所以这一区域应是金矿形成的有

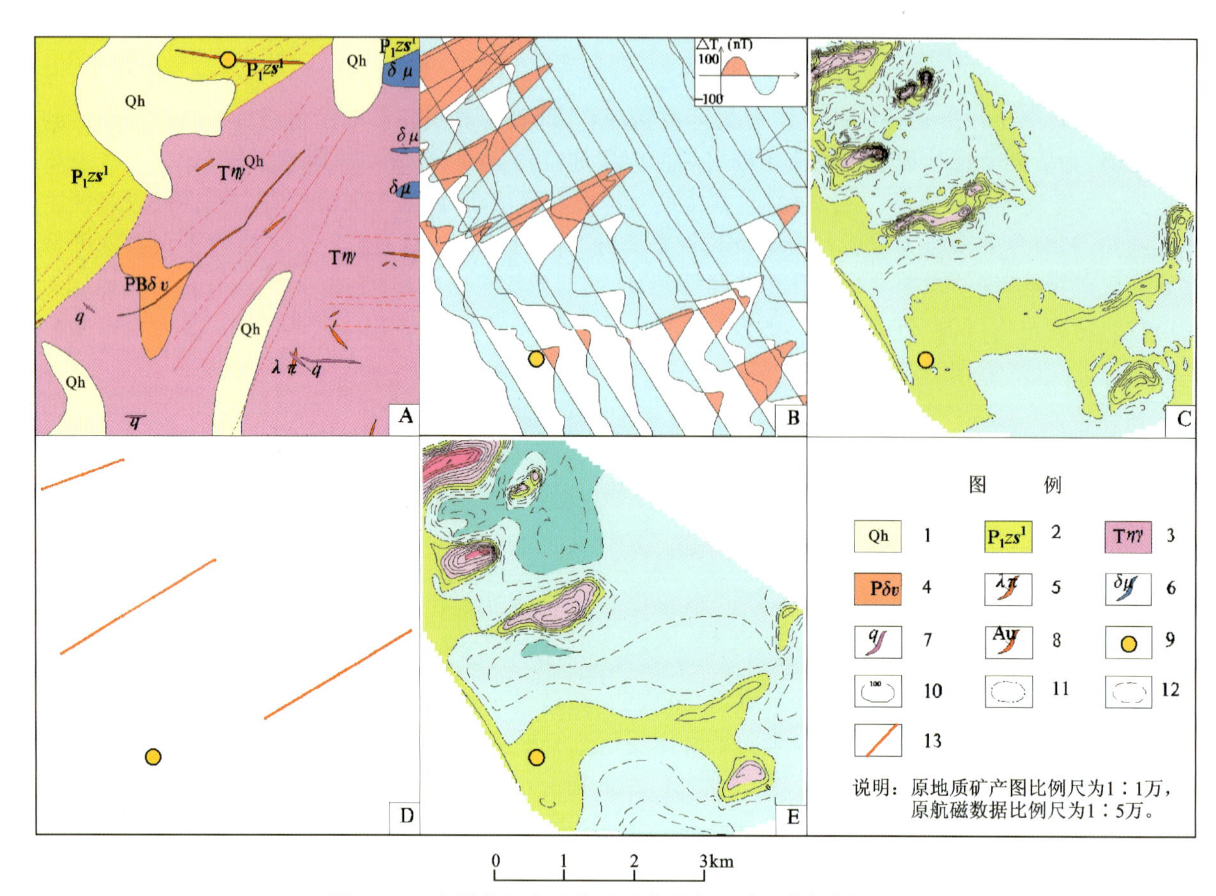

图 9-5 巴音温都尔金矿典型矿床矿产地质及物探剖析图

A. 地质矿产图；B. 航磁 ΔT 等值线平面图；C. 航磁 ΔT 化极垂向一阶导数等值线平面图；D. 推断地质构造图；E. 航磁 ΔT 化极等值线平面图。

1. 第四系松散沉积物；2. 下二叠统哲斯组：灰绿色安山岩、玄武岩、安山质晶屑、岩屑凝灰岩；3. 三叠纪中粗似斑状黑云母二长花岗岩；4. 二叠纪中细粒闪长-辉长岩；5. 石英斑岩脉；6. 闪长玢岩脉；7. 石英脉；8. 含金脉体及其编号；9. 金矿点位置；10. 正等值线；11. 零等值线；12. 负等值线；13. 推断断裂

利部位。

三、区域地球化学特征

（一）巴音温都尔预测工作区

预测区上分布有 Au、Cu、W、Mo、Sb 等元素组成的高背景区带，在高背景区带中有以 Au、Cu、W、Mo、Sb 为主的多元素局部异常。预测区内共有 17 个 Ag 异常，20 个 As 异常，40 个 Au 异常，26 个 Cd 异常，35 个 Cu 异常，21 个 Mo 异常，9 个 Pb 异常，16 个 Sb 异常，27 个 W 异常，5 个 Zn 异常。

预测区上，Au 呈高背景分布，有明显的浓度分带和浓集中心，在巴音温都尔周围有多处浓集中心，浓集中心明显，异常强度高，在巴彦诺尔苏木以北有一条东西向浓度分带，浓集中心明显，异常强度高；Ag、As 呈背景、低背景分布；在预测区北东部存在局部异常；Cu 在预测区呈背景、高背景分布，存在局部异常；W、Mo、Sb 在预测区北东部呈背景、高背景分布，存在局部异常，在南西部呈背景、低背景分布；Pb、Zn 在预测区呈背景、低背景分布。

预测区上元素异常套合较好的编号为 AS1、AS2，AS1 组合元素为 Au、As、Sb、Cu、Ag，Au 元素浓

集中心明显，异常强度高，呈环状分布，As、Sb、Cu、Ag 呈半环状分布；AS2 异常组合元素有 Au、As、Sb、Cu、Zn、Cd，Au 元素浓集中心明显，异常强度高，呈带状分布，Cu、Zn、Cd 呈环状分布，圈闭性好。

（二）红格尔预测工作区

预测区上分布有 Ag、As、Cu、W、Sb 等元素组成的高背景区带，在高背景区带中有以 Ag、As、Cu、W、Sb 为主的多元素局部异常。预测区内共有 12 个 Ag 异常，8 个 As 异常，19 个 Au 异常，17 个 Cd 异常，17 个 Cu 异常，13 个 Mo 异常，6 个 Pb 异常，11 个 Sb 异常，12 个 W 异常，8 个 Zn 异常。

预测区上 Ag、As 呈背景、高背景分布，在苏尼特左旗乌日尼图地区存在明显的浓集中心，异常强度高；Au、Cd 多呈背景分布，Cu 元素在预测区西南呈高背景分布，在北东部呈背景、低背景分布；Mo 在预测区多呈背景分布，在预测区西南部存在局部异常；W、Sb 在预测区西南部呈高背景分布，在北东部呈背景、低背景分布，在苏尼特左旗乌日尼图及其以北存在一条浓度分带，浓集中心明显，强度高，呈南北向带状分布；Pb、Zn 在预测区呈背景、低背景分布。

预测区上元素异常套合特征不明显。

四、区域遥感影像及解译特征

（一）巴音温都尔预测工作区

本幅内解译出大型断裂带 2 条，哈沙图-毕勒格音希热构造、锡林浩特地块北缘断裂带。这两条断裂带南侧即是锡林浩特地块，古生代地层沉积厚度较薄；断裂带北侧为华力西地槽，泥盆纪时洋中脊。断裂带附近的次级断裂是重要的金-多金属矿产的容矿构造（图 9-6）。

图例

巴音温都尔金矿所在地

图 9-6 巴音温都尔金矿所在地区线性断裂

本幅内的中小型断裂比较发育，有 246 条之多，并且以近东西向和北东向张性断裂为主，局部发育北北西向及北西向压性压剪性断层，其中的北西向断裂居多，形成时间较晚，多错断其他方向的断裂构造，其分布规律较差，在苏尼特左旗一带有成带特点，为一较大的弧形构造带，该带为一重要的金-多金属成矿带。北东向的小型断裂多为逆断层，形成时间明显早于北西向断裂，其分布略有规律性，这些断裂带与其他方向断裂交会处，多为金一多金属成矿的有利地段。

解译出 80 条韧性剪切带，巴音温都尔-巴润萨拉韧性剪切带发育于下二叠统火山岩系砂砾岩以及印支期岩体之中。总体走向北东60°左右，该带的韧性变形中心部位以均匀递进变形为主，而在其边部具有左行剪切与多期组构叠加特点；伴随韧性剪切作用及后期同方向的断裂作用均有金属矿化糜棱岩夹石英脉形成，主活动期的含矿性最好，可见该韧性剪切带提供了良好的流体通道，是金的运移、沉淀、富集的有利空间；同时矿体又受到这些韧性剪切带再活动的改造，如本区含金石英脉是早期无金石英脉经变形作用改造而产生金的矿化作用而形成的，是韧性剪切带再活动的产物。

本区的韧性剪切带走向为大部分北东向，影像上表现在纹理清晰(图9-7)。

由岩浆侵入、火山喷发和构造旋扭等作用引起的，在遥感图像显示出环状影像特征的地质体称为环要素。一般情况下，花岗岩类侵入体和火山机构引起的环形影像时代愈新，标志愈明显。构造型环形影像则具多边多角形，发育在多组构造的交切部位。环要素代表构造岩浆的有利部位，是遥感找矿解译研究的主要内容之一。

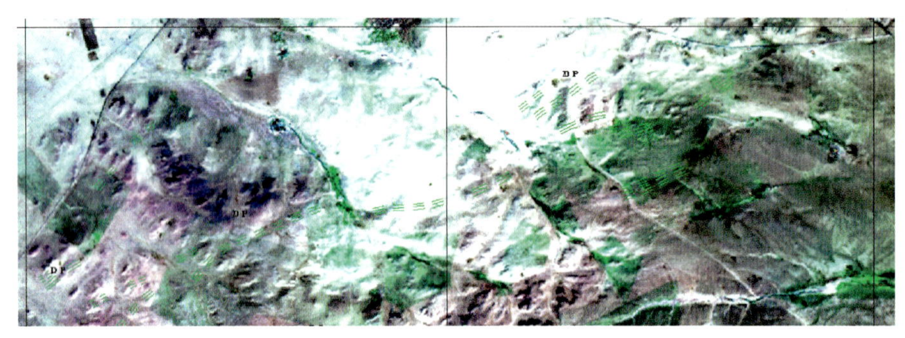

图9-7　巴音温都尔金矿所在地区韧性剪切带

预测区内一共解译了92个环，火山机构或古生代、中生代花岗岩引起的环形构造及隐伏岩体引起的环形构造。构造影像特征主要是影纹纹理边界清楚，花岗岩内植被发育，纹理光滑，构造隆起成山。构造穹隆引起的环形构造，影像上整个块体隆起，呈椭圆状，主要为环形沟谷及盆地边缘线构成，边界清晰，山脊和山沟以山顶为中心向四周呈放射状发散(图9-8)。

图9-8　巴音温都尔金矿环形构造

带要素主要包括赋矿地层、赋矿岩层相关的遥感信息。不同板块、不同地质构造单元、不同目的矿种的赋矿层位或矿源层位都不尽相同，因此带要素的具体含义亦不尽相同。预测区内解译了46条带要素。巴音温都尔式金矿的标志地层为中元古界温都尔庙群楚鲁浩饶图岩组、呼和敖包组，上古生界下二叠统大石寨组二段、哲斯组一段。

本区出露的岩体有加里东期中粒二云母二长花岗岩、中粒黑云母角闪英云闪长岩，海西晚期中粒黑云母花岗闪长岩、中细粒黑云母正长花岗岩，印支期中粗粒似斑状黑云母二长花岗岩，燕山早期中粒似斑状黑云母二长花岗岩，这些岩体是金矿形成的主要围岩，在影像图中被解译成色要素。

（二）红格尔预测工作区遥感矿产地质特征

本幅内解译出大型断裂带 2 条，阿马德日海构造、德力格尔音图-准布郎音沃博勒卓构造。这两条断裂带实际上是查干敖包-阿荣旗深大断裂带的西南部分，走向北东，张性断裂（图 9-9），南北板块缝合带的北界，中生代后控制二连盆地。断裂带附近的次级断裂是重要的金-多金属矿产的容矿构造。

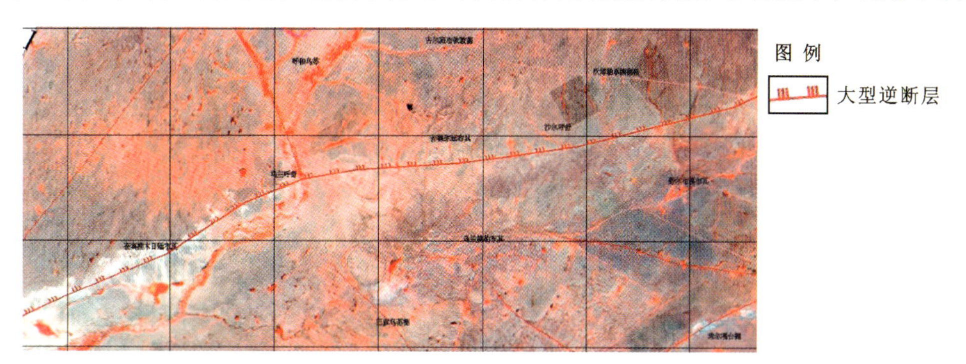

图 9-9　红格尔金矿所在地区大型线性断裂

本幅内的中小型断裂比较发育，有 162 条之多，并且以近东西向和北东向张性断裂为主，其次发育北北西向及北西向压性压剪性断层，其中的北西向断裂居多，形成时间较晚，多错断其他方向的断裂构造，其分布很规律，在哈尔陶勒盖布其一带有成带特点，为一较大的弧形构造带，该带为一重要的金-多金属成矿带。北东向的小型断裂多为逆断层，形成时间明显早于北西向断裂，其分布略有规律性，这些断裂带与其他方向断裂交会处，多为金-多金属成矿的有利地段。

解译出 14 条韧性剪切带。该韧性剪切带发育于早二叠世火山岩系砂砾岩以及印支期岩体之中。总体走向北东 60°左右，该带的韧性变形中心部位以均匀递进变形为主，而在其边部具有左行剪切与多期组构叠加特点；伴随韧性剪切作用及后期同方向的断裂作用均有金属矿化糜棱岩夹石英脉形成，主活动期的含矿性最好，可见该韧性剪切带提供了良好的流体通道，是金的运移、沉淀、富集的有利空间；同时矿体又受到这些韧性剪切带再活动的改造，如本区含金石英脉是早期无金石英脉经变形作用改造而产生金的矿化作用而形成的，是韧性剪切带再活动的产物。

本区的韧性剪切带走向为大部分北东向，影像上表现在纹理清晰（图 9-10）。

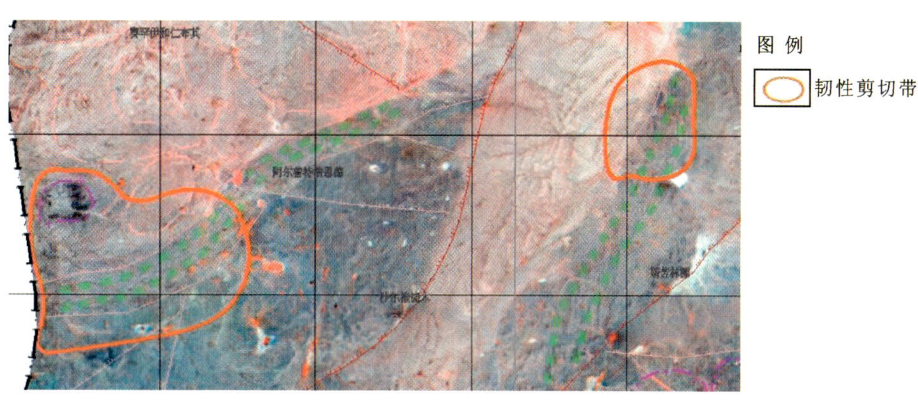

图 9-10　红格尔金矿所在地区韧性剪切带

由岩浆侵入、火山喷发和构造旋扭等作用引起的、在遥感图像显示出环状影像特征的地质体称为环要素。一般情况下，花岗岩类侵入体和火山机构引起的环形影像时代愈新，标志愈明显。构造型环形影像则具多边多角形，发育在多组构造的交切部位。环要素代表构造岩浆的有利部位，是遥感找矿解译研究的主要内容之一。

预测区内一共解译了66个环，火山机构及火山口、中生代花岗岩引起的环形构造和隐伏岩体引起的环形构造。构造影像特征主要是影纹纹理边界清楚，花岗岩内植被发育，纹理光滑，构造隆起成山。构造穹隆引起的环形构造，影像上整个块体隆起，呈椭圆状，主要为环形沟谷及盆地边缘线构成，边界清晰，山脊和山沟以山顶为中心向四周呈放射状发散（图9-11）。

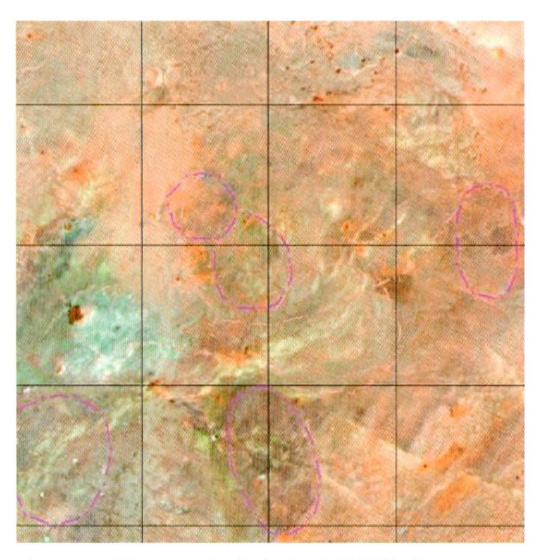

图9-11　红格尔金矿环形构造

带要素主要包括赋矿地层、赋矿岩层相关的遥感信息。不同板块、不同地质构造单元、不同目的矿种的赋矿层位或矿源层位都不尽相同，因此带要素的具体含义亦不尽相同。预测区内解译了16条带要素。红格尔金矿的标志地层为泥盆系泥鳅河组的灰色、灰绿色长石砂岩、含粉砂变泥岩为主夹板岩、岩屑砂岩、凝灰岩及灰岩透镜体，奥陶系巴彦呼舒组紫红色、灰绿色变质长石砂岩、灰黑色变质粉砂岩、变质长石石英砂岩夹变质石英砂岩。

本区出露的岩体有加里东期中粒二云母二长花岗岩、中粒黑云母角闪英云闪长岩，海西晚期中粒黑云母花岗闪长岩、中细粒黑云母正长花岗岩，印支期中粗粒似斑状黑云母二长花岗岩，燕山早期中粒似斑状黑云母二长花岗岩，这些岩体是金矿形成的主要围岩，在影像图中被解译成色要素。

五、区域预测模型

根据预测工作区区域成矿要素和航磁、化探、重力、遥感等特征，建立了巴音温都尔预测工作区和红格尔预测工作区的区域预测要素，并编制了预测工作区预测要素图和预测模型图。

区域预测要素图以区域成矿要素图为基础，综合研究重力、航磁、化探、遥感等综合致矿信息，总结区域预测要素表（表9-2、表9-3），并将综合信息各专题异常曲线全部叠加在成矿要素图上，在表达时可以出单独预测要素如航磁的预测要素图。预测模型图以地质剖面图为基础，叠加区域航磁及重力剖面图而形成，简要表示预测要素内容及其相互关系，以及时空展布特征（图9-12、图9-13）。

表 9-2 巴音温都尔复合内生型金矿巴音温都尔预测工作区预测要素表

区域成矿要素		描述内容	要素类别
地质环境	大地构造位置	位于Ⅰ-Ⅰ大兴安岭弧盆系，大部位于Ⅰ-Ⅰ-6 锡林浩特岩浆弧(Pz_2)，少部位于Ⅰ-Ⅰ-5 二连-贺根山蛇绿混杂岩带(Pz_2)	必要
	成矿区(带)	Ⅲ-48 东乌珠穆沁旗-嫩江(中强挤压区)Cu-Mo-Pb-Zn-Au-W-Sn-Cr 成矿带(Pt_3、Vm-l、Ye-m)，Ⅳ$^2_{48}$奥尤特-古利库 W-Mo-Au-Cu-Bi 成矿亚带(V、Y、Q)；Ⅲ-49 阿巴嘎-霍林河 Cr-Cu(Au)-Ge-煤-天然碱-芒硝成矿带(Ym)，Ⅳ$^5_{49}$温都尔庙-红格尔庙铁成矿亚带(Pt)	必要
	区域成矿类型及成矿期	韧(脆)性剪切带控制的复合内生型金矿床；加里东晚期—印支期三叠纪，主要为 S—D、P—T 两个主要成矿期	重要
控矿地质条件	赋矿地质体	加里东晚期—印支期三叠纪中酸性侵入岩、中元古界温多尔庙群哈尔哈达组、桑达来音呼都格组、古生界混杂岩、上泥盆统—下石炭统色日巴彦敖包组和二叠系	重要
	控矿侵入岩	加里东晚期—印支期三叠纪中酸性侵入岩	重要
	主要控矿构造	预测区分布的 4 条韧性剪切带：从北往南有北东向巴音温都尔-巴润萨拉韧性剪切带、中部近东西向祖勒格图-道勒花图格、南部近东西向白音宝力道-哈珠车根庙带和陶勒盖音郭勒棚-哈尔干尼呼都格剪切带及其派生的断裂	重要
区内相同类型矿产		巴音温都尔中型金矿床、色热古楞敖包中型金矿床、白音宝力道小型金矿床、巴彦宝力道小型金矿床、巴彦哈尔敖包小型金矿床	重要
地球物理、地球化学特征	重力异常特征	布格重力异常区域上呈近东西向展布，局部异常形态呈椭圆状或条带状，中部布格重力异常较高，南北较低。对应的形成近东西向展布的剩余重力正负异常带。金矿所在区域为近东西向展布的正负异常带。金矿位于两个局部剩余重力正异常的鞍部，对应于布格重力异常梯度带弯处，其值介于$(-132\sim-130)\times10^{-5}m/s^2$之间	重要
	航磁异常特征	磁异常幅值范围为$-200\sim1000nT$，以椭圆状、条带状北东向或北北东向展布的正磁异常为主。西部以低缓正异常为主，东北部低缓负磁异常区、东南部条带状正异常区、巴音温都尔金矿区为低缓负磁异常区	次要
	地球化学特征	Au-As-Sb 综合异常分布与北东向韧性剪切带展布密切相关，呈串珠状或宽带状展布	重要
遥感特征		线性构造较为明显，且与工作区 4 条韧性剪切带吻合较好，线性构造交会处成矿条件有利	次要

表 9-3 巴音温都尔复合内生型金矿红格尔预测工作区预测要素表

区域成矿要素		描述内容	要素类别
地质环境	大地构造位置	位于Ⅰ天山-兴蒙造山系，Ⅰ-Ⅰ大兴安岭弧盆系，Ⅰ-Ⅰ-4 扎兰屯-多宝山岛弧(Pz_2)	必要
	成矿区(带)	Ⅲ-48 东乌珠穆沁旗-嫩江(中强挤压区)Cu-Mo-Pb-Zn-Au-W-Sn-Cr 成矿带(Pt_3、Vm-l、Ye-m)，Ⅳ$^4_{48}$乌日尼图-准苏吉花 W-Mo-Cu 成矿亚带(V、Y)	必要
	区域成矿类型及成矿期	脉状热液型金矿床；石炭纪	重要

续表 9-3

区域成矿要素		描述内容	要素类别
控矿地质条件	赋矿地质体	石炭纪中酸性侵入岩和乌宾敖包组($O_{1-2}w$)、巴彦呼舒组($O_{1-2}b$)、泥鳅河组二段(D_1n^2)	重要
	控矿侵入岩	石炭纪中酸性侵入岩	重要
	主要控矿构造	区内北东(包括北东东向)向为主,次为北西向的褶皱、断裂构造为本区岩浆及成矿热液活动提供了良好的构造空间,为预测区控矿构造	重要
区内相同类型矿产		红格尔小型石英脉型金矿	
地球物理、地球化学特征	地球化学特征	金异常形态均表现为近圆形,多分布于岩体与地层接触带外带,异常值介于$2.0\times10^{-6}\sim11\times10^{-6}$之间	重要
	航磁异常特征	资料不全。正磁异常与石炭纪花岗岩吻合性好	次要
	重力异常特征	布格重力异常相对较低,其值一般为$\Delta g(-150\sim-140)\times10^{-5}\mathrm{m/s^2}$,是重力推断的酸性岩浆岩带分布区。预测区南侧边部存在近东西向延伸的剩余重力正异常带,为古生代基底隆起所致。剩余重力负异常L蒙-482,呈长椭圆状东西向展布,是隐伏的酸性侵入岩引起,该异常北侧边部是金矿形成的有利部位	重要
遥感特征		北东向和北西向线性构造发育,且与北东向主体构造线相吻合,两个方向线性构造交会处为成矿有利位置	次要

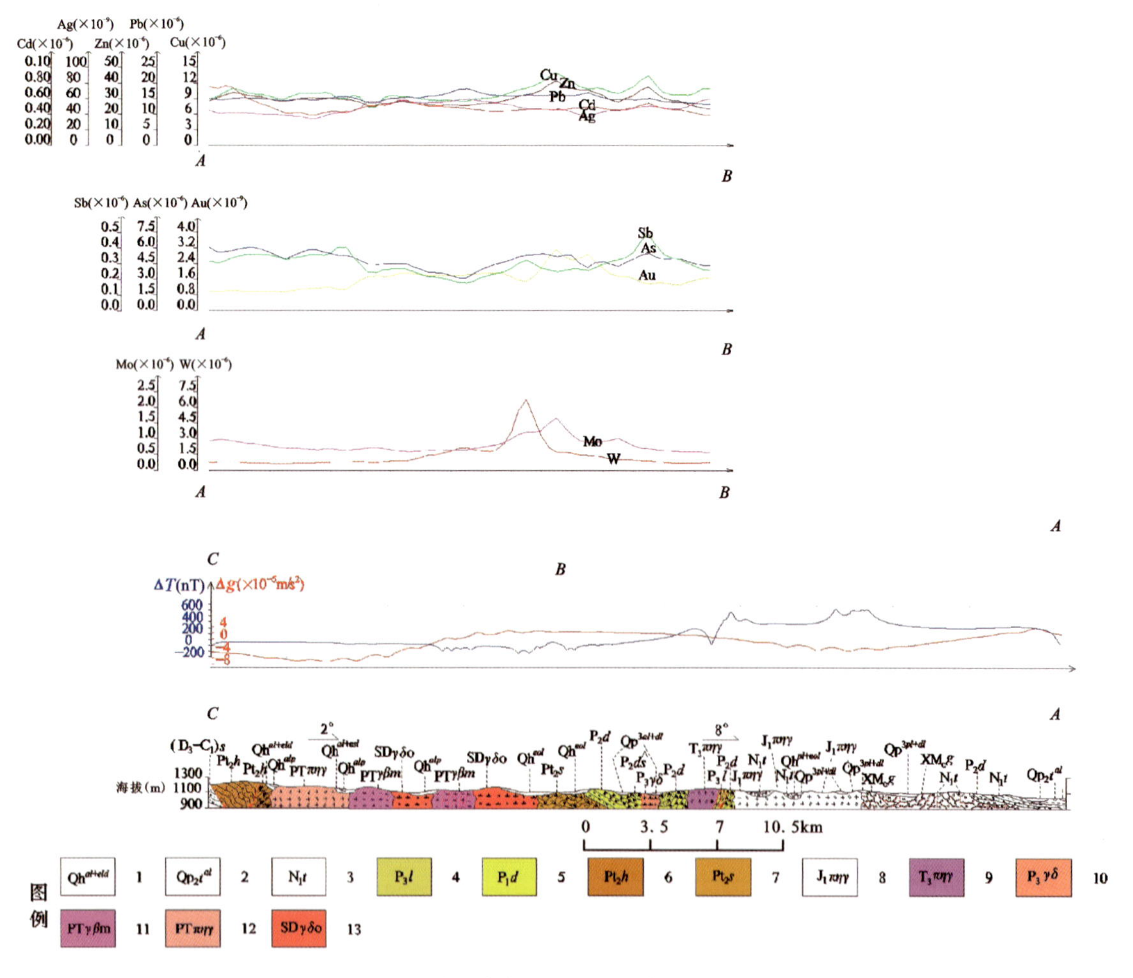

图 9-12　巴音温都尔金矿预测工作区预测模型图

1.全新统冲积、残坡积;2.中更新世冲积层;3.新近系通古尔组;4.二叠系林西组;5.二叠系大石寨组;6.温都尔庙群哈尔哈达组;7.温都尔庙群桑达来音呼都格组;8.侏罗纪斑状黑云母二长花岗岩;9.三叠纪似斑状二长花岗岩;10.二叠纪花岗闪长岩;11.二叠纪—三叠纪二云母花岗岩;12.二叠纪—三叠纪似斑状二云二长花岗岩;13.志留纪—泥盆纪花岗闪长岩

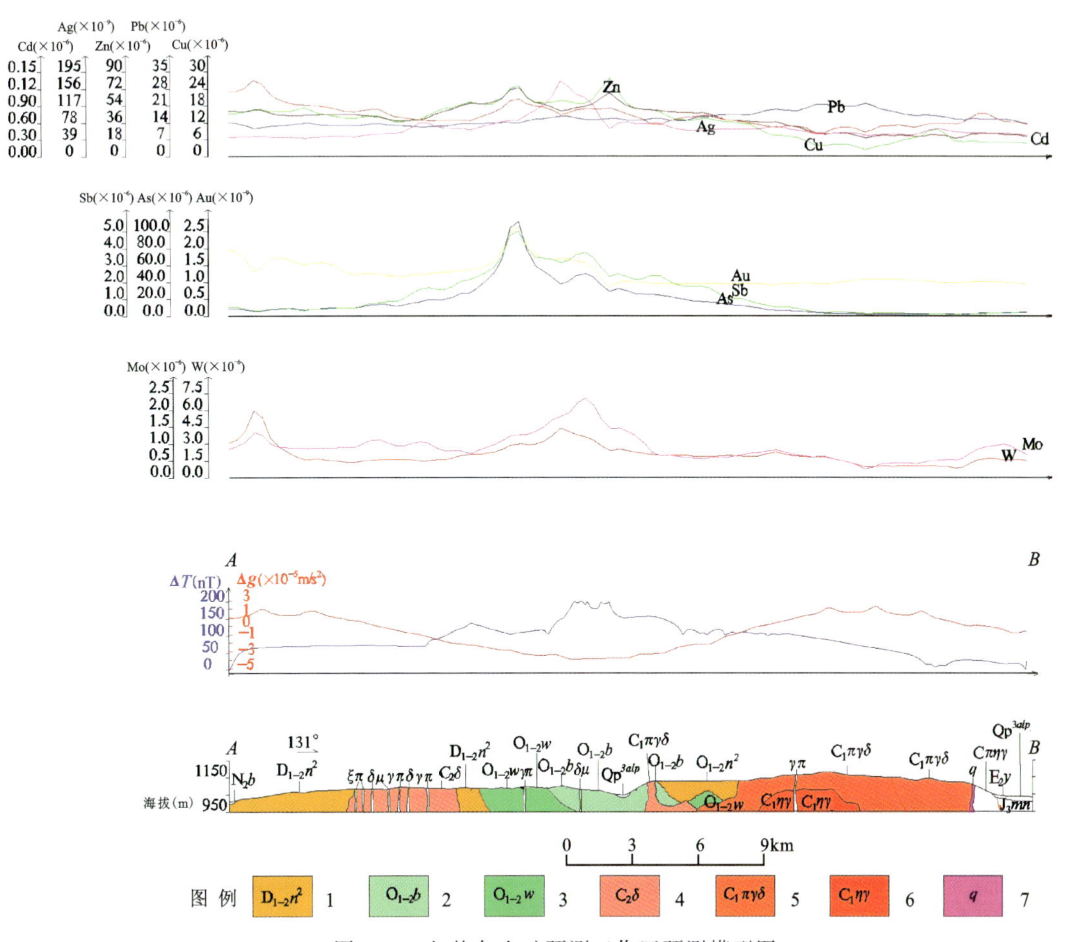

图 9-13　红格尔金矿预测工作区预测模型图

1.泥鳅河组砂岩泥岩建造;2.巴彦呼舒组长石石英砂岩粉砂岩建造;3.乌宾敖包组泥岩建造;4.晚石炭世灰绿色—暗灰绿中粗粒闪长岩;5.早石炭世灰色—灰色中粗粒似斑状花岗闪长岩、石英闪长岩、二长花岗岩;6.早石炭世灰色—灰白色中粗粒似斑状花岗闪长岩、石英闪长岩、二长花岗岩;7.石英脉

第三节　矿产预测

一、综合地质信息定位预测

(一)变量提取及优选

根据典型矿床成矿要素及预测要素研究,本次选择网格单元作为预测单元。根据典型矿床成矿要素及预测要素研究,结合现所收集的资料,巴音温都尔预测工作区选取了侵入岩,地层,已知矿床(点),断裂,韧性剪切带,金单元素化探异常,剩余重力,航磁,Au、As、Sb 综合化探异常作为预测变量;红格尔预测工作区选取了侵入岩,地层,已知矿床(点),断裂,韧性剪切带,Au、W、As、Sb、Ag、Cu、Zn 综合化探异常,Au 单元素化探异常,航磁及剩余重力作为预测变量。

（二）最小预测区圈定及优选

在 MRAS 软件中，对地层、侵入岩、断裂区、韧性剪切带、矿点区、蚀变区及 Cu、Pb、Zn 综合化探等区文件求区的存在标志，对 Au 单元素化探异常、航磁化极等值线、剩余重力求起始值的加权平均值，并进行以上原始变量的构置，对地质单元进行赋值，形成原始数据专题。根据已知矿床所在地区的化探异常值、航磁化极异常值、剩余重力值加权平均值进行二值化处理形成定位数据转换专题。

（三）最小预测区圈定结果

1. 巴音温都尔预测工作区

叠加所有预测要素变量，根据各要素边界圈定最小预测区，共圈定最小预测区 21 个，其中 A 级区 5 个，面积共 158.05km²；B 级区 9 个，面积共 83.89km²；C 级区 7 个，面积共 99.39km²（图 9-14）。各级别面积分布合理，且已知矿床分布在 A 级预测区内，说明预测区优选分级原则较为合理；最小预测区圈定结果表明，预测区总体与区域成矿地质背景和地球化学异常吻合好，与航磁异常、重力异常吻合较差。韧性剪切带通过位置及二叠纪、三叠纪侵入岩与含矿地层接触带两侧均为成矿有利地段。

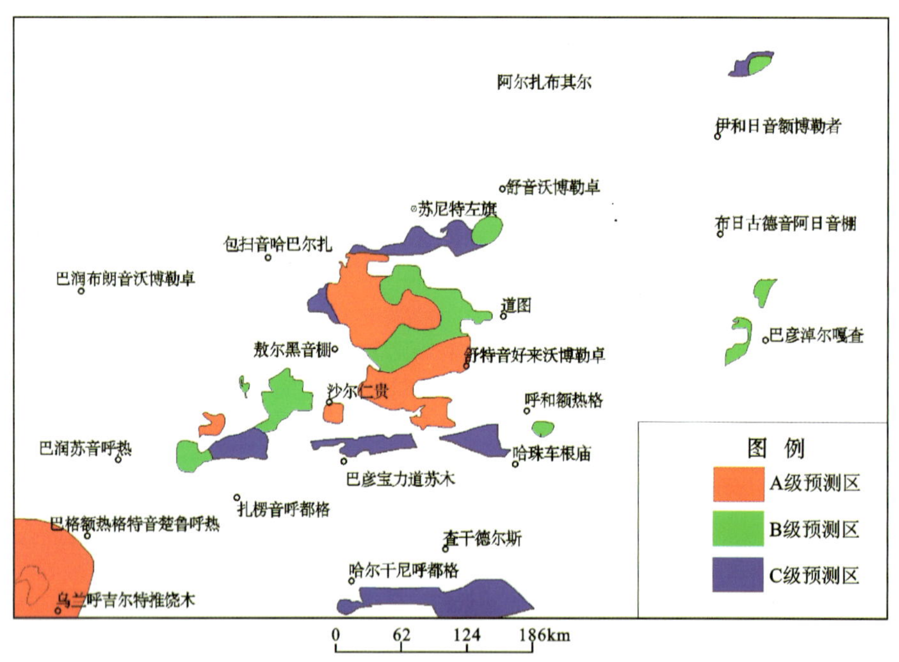

图 9-14　巴音温都尔预测工作区最小预测区优选分布图

2. 红格尔预测工作区

叠加所有预测要素变量，根据各要素边界圈定最小预测区，共圈定最小预测区 18 个，其中 A 级区 1 个，面积共 158.05km²；B 级区 8 个，面积共 83.89km²；C 级区 9 个，面积共 99.39km²（图 9-15）。各级别面积分布合理，且已知矿床分布在 A 级预测区内，说明预测区优选分级原则较为合理；最小预测区圈定结果表明，预测区总体与区域成矿地质背景和地球化学异常吻合好，与航磁异常、重力异常吻合较差。韧性剪切带通过位置及二叠纪、三叠纪侵入岩与含矿地层接触带两侧均为成矿有利地段。

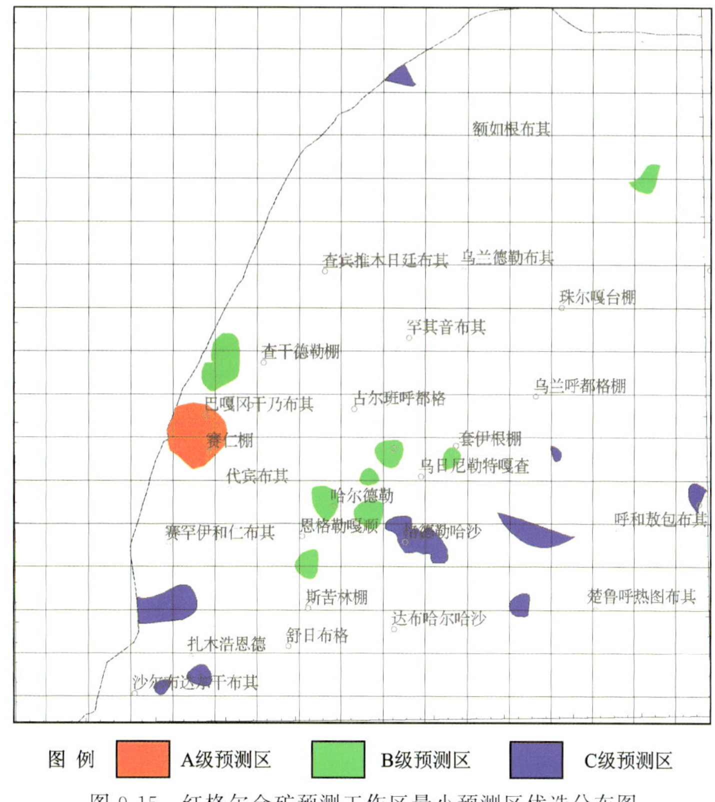

图 9-15 红格尔金矿预测工作区最小预测区优选分布图

(四)最小预测区地质评价

表 9-4、表 9-5 分别对巴音温都尔预测工作区和红格尔预测工作区最小预测区的地质特征、成矿特征和资源潜力进行了评述。

表 9-4 巴音温都尔预测工作区最小预测区成矿特征及资源潜力一览表

编 号	最小预测区名称	最小预测区成矿条件及找矿潜力
A1511602001	巴音温都尔	有二叠纪花岗闪长岩和三叠纪二长花岗斑岩分布,含巴音温都尔中型金矿,有北东向巴音温都尔-巴润萨拉韧性剪切带通过。均位于东西向宽带状展布的重力相对高的区域中。有较大找矿潜力
A1511602002	色热古楞敖包	有志留纪—泥盆纪花岗闪长岩、三叠纪二长花岗斑岩分布,含色热古楞敖包中型金矿。位于中部近东西向祖勒格图-道勒花图格和白音宝力道-哈珠车根庙两条韧性剪切带间;具 Au 单元素异常及 Au、As、Sb 综合异常。有较大找矿潜力
A1511602003	白音宝力道	有志留纪-泥盆纪石英花岗闪长岩分布,含白音宝力道小型金矿。位于中部近东西向祖勒格图-道勒花图格和白音宝力道-哈珠车根庙两条韧性剪切带间;具 Au 单元素异常及 Au、As、Sb 综合异常。有较大找矿潜力
A1511602004	巴彦宝力道	有中元古界温都尔庙群桑达来音呼都格组分布,含巴彦宝力道小型金矿。位于中部近东西向祖勒格图-道勒花图格和白音宝力道-哈珠车根庙两条韧性剪切带间;具 Au 单元素异常及 Au、As、Sb 综合异常。有较大找矿潜力

续表 9-4

编 号	最小预测区名称	最小预测区成矿条件及找矿潜力
A1511602005	巴彦哈尔敖包	有中元古界温都尔庙群桑达来音呼都格组和二叠纪—三叠纪黑云母花岗岩分布，含巴彦哈尔敖包中型金矿，具Au单元素异常。有较大找矿潜力
B1511602001	巴彦温都尔金矿	有二叠纪花岗闪长岩和三叠纪二长花岗斑岩分布，位于祖勒格图-道勒花图格与巴彦温都尔-巴润萨拉韧性剪切带之间。具Au单元素异常及Au、As、Sb综合异常。具有一定的找矿潜力
B1511602002	昌图锡力苏木西	有二叠系哲斯组，位于巴彦温都尔-巴润萨拉韧性剪切带中。具Au单元素异常及Au、As、Sb综合异常。具有一定的找矿潜力
B1511602003	白音宝力道西	有志留纪—泥盆纪石英花岗闪长岩和三叠纪二长花岗斑岩分布，位于祖勒格图-道勒花图格与白音宝力道-哈珠车根庙剪切带间。具Au单元素异常及Au、As、Sb综合异常。具有一定的找矿潜力
B1511602004	巴彦宝力道南	有中元古界温都尔庙群桑达来音呼都格组分布，位于白音宝力道-哈珠车根庙剪切带南西西延伸带上。具Au单元素异常及Au、As、Sb综合异常。具有一定的找矿潜力
B1511602005	巴彦宝力道北东	分布有三叠纪二长花岗斑岩，位于祖勒格图-道勒花图格与巴彦温都尔-巴润萨拉韧性剪切带之间。具Au单元素异常及Au、As、Sb综合异常。具有一定的找矿潜力
B1511602006	呼和额热格南	分布有二叠纪二长花岗斑岩，位于白音宝力道-哈珠车根庙剪切带向东延伸带上。具Au单元素异常及Au、As、Sb综合异常。具有一定的找矿潜力
B1511602007	阿尔音塔勒南	分布有三叠纪二长花岗斑岩。具Au单元素异常及Au、As、Sb综合异常。具有一定的找矿潜力
B1511602008	阿尔音塔勒北东	分布有三叠纪二长花岗斑岩。具Au单元素异常及Au、As、Sb综合异常。具有一定的找矿潜力
B1511602009	巴彦杭盖嘎查北	分布有三叠纪石英闪长岩和二叠系纪哲斯组。具Au单元素异常及Au、As、Sb综合异常。具有一定的找矿潜力
C1511602001	巴彦杭盖嘎查北西	分布有三叠纪石英闪长岩和二叠系哲斯组。具Au单元素异常及Au、As、Sb综合异常。可能有找矿潜力
C1511602002	苏尼特左旗南	分布有三叠纪二长花岗斑岩，Au、As、Sb综合异常，位于巴彦温多尔-巴润萨拉韧性剪切带中。可能有找矿潜力
C1511602003	巴音温都尔西	分布有三叠纪二长花岗斑岩，Au、As、Sb综合异常，位于巴彦温多尔-巴润萨拉韧性剪切带中。可能有找矿潜力
C1511602004	色热古楞敖包东南	分布有志留纪—泥盆纪花岗闪长岩和三叠纪二长花岗斑岩，位于白音宝力道-哈珠车根庙剪切带中。可能有找矿潜力
C1511602005	色热古楞敖包西南	分布有二叠纪—三叠纪黑云母花岗岩，具Au、As、Sb综合异常，位于白音宝力道-哈珠车根庙剪切带中。可能有找矿潜力
C1511602006	巴彦宝力道东南	有志留纪—泥盆纪石英花岗闪长岩，具Au、As、Sb综合异常，位于白音宝力道-哈珠车根庙剪切带西沿段中。可能有找矿潜力
C1511602007	哈尔干尼呼都格南	出露三叠纪二长花岗岩和中元古界温都尔庙群哈尔哈达组，具Au、As、Sb综合异常，位于南部陶勒盖音郭勒棚-哈尔干尼呼都格剪切带中。可能有找矿潜力

表 9-5　红格尔预测工作区最小预测区成矿特征及资源潜力一览表

编　号	最小预测区名称	最小预测区成矿条件及找矿潜力
A1511602006	红格尔	位于晚石炭世闪长岩与泥鳅河组二段接触带两侧，包含洪格尔小型石英脉型金矿床，位于Au等元素综合异常内，外接触带角岩化，北东向、北西向、北北东向及北东东向断裂交会地段，重力等值线平面图位于正异常过渡带，航磁无资料。有较大找矿潜力
B1511602010	楚鲁呼热图	位于早石炭世花岗斑岩与泥鳅河组二段接触带外带，位于北东向大断裂与北西向断裂交会处，与Au单元素异常套合，航磁和重力异常特征不明显。具有一定的找矿潜力
B1511602011	查干德勒棚	位于泥鳅河组二段内，远离晚石炭世闪长岩与泥鳅河组二段接触带，位于Au单元素异常图和Au等元素综合异常内，位于北北东向和北东东向断裂交会处，航磁和重力异常特征不明显。具有一定的找矿潜力
B1511602012	查干德尔森布其	位于北西部晚石炭世和东南部早石炭世两个中酸性岩浆岩带，侵入巴彦呼舒组和乌宾敖包组狭长接触带中，于Au等元素综合异常内，且均与单个Au异常相套合，该区域发育各个方向断裂构造，该区域位于正的航磁异常范围内，位于北东东向负重力异常区域内。具有一定的找矿潜力
B1511602013	套伊根棚	位于北西部晚石炭世和东南部早石炭世两个中酸性岩浆岩带，侵入巴彦呼舒组和乌宾敖包组狭长接触带中，于Au等元素综合异常内，且均与单个Au异常相套合，该区域发育各个方向断裂构造，该区域位于正的航磁异常范围内，位于北东东向负重力异常区域内。具有一定的找矿潜力
B1511602014	乌日尼勒特嘎查	位于北西部晚石炭世和东南部早石炭世两个中酸性岩浆岩带，侵入巴彦呼舒组和乌宾敖包组狭长接触带中，于Au等元素综合异常内，且均与单个Au异常相套合，该区域发育各个方向断裂构造，该区域位于正的航磁异常范围内，位于北东东向负重力异常区域内。具有一定的找矿潜力
B1511602015	哈尔德勒	位于北西部晚石炭世和东南部早石炭世两个中酸性岩浆岩带，侵入巴彦呼舒组和乌宾敖包组狭长接触带中，于Au等元素综合异常内，且均与单个Au异常相套合，该区域发育各个方向断裂构造，该区域位于正的航磁异常范围内，位于北东东向负重力异常区域内。具有一定的找矿潜力
B1511602016	萨音嘎顺巴润哈沙	位于北西部晚石炭世和东南部早石炭世两个中酸性岩浆岩带，侵入巴彦呼舒组和乌宾敖包组狭长接触带中，于Au等元素综合异常内，且均与单个Au异常相套合，该区域发育各个方向断裂构造，该区域位于正的航磁异常范围内，位于北东东向负重力异常区域内。具有一定的找矿潜力
B1511602017	恩格勒嘎顺	位于北西部晚石炭世和东南部早石炭世两个中酸性岩浆岩带，侵入巴彦呼舒组和乌宾敖包组狭长接触带中，于Au等元素综合异常内，且均与单个Au异常相套合，该区域发育各个方向断裂构造，该区域位于正的航磁异常范围内，位于北东东向负重力异常区域内。具有一定的找矿潜力
C1511602008	那仁哈沙图棚	位于泥鳅河组二段中，远离早石炭世二长花岗斑岩，北东向、北西向断裂构造交会处，与Au单元素异常相吻合，航磁、重力特征不明显。可能有找矿潜力
C1511602009	乌兰呼都格棚	位于早石炭世二长花岗斑岩与巴彦呼舒组接触带两侧，位于Au单元素异常图和Au等元素综合异常内，航磁、重力异常特征不明显。可能有找矿潜力

续表 9-5

编号	最小预测区名称	最小预测区成矿条件及找矿潜力
C1511602010	洪格尔苏木	位于早石炭世二长花岗岩内,位于Au单元素异常图内,位于区域性大断裂一侧,航磁、重力异常特征不明显。可能有找矿潜力
C1511602011	干其哈沙图音呼热	位于早石炭世二长花岗斑岩与巴彦呼舒组接触带内带,位于北西向断裂一侧,内部发育北西向石英脉,位于Au等化探综合异常范围边部,航磁、重力异常特征不明显。可能有找矿潜力
C1511602012	格德勒哈沙	位于早石炭世二长花岗斑岩与巴彦呼舒组接触带内带,位于北西向断裂一侧,内部发育北西向石英脉,位于Au等化探综合异常范围内,航磁、重力异常特征不明显。可能有找矿潜力
C1511602013	楚鲁呼热图布其	位于早石炭世二长花岗斑岩内,北东向、近东西向断裂交会处,位于Au单元素异常范围内,航磁、重力异常特征不明显。可能有找矿潜力
C1511602014	阿尔善特浩恩德	位于晚石炭世中粗粒碱长花岗岩和角闪碱长花岗岩与巴彦呼舒组接触带两侧,近南北向和北东向断裂交会处,航磁、重力异常特征不明显。可能有找矿潜力
C1511602015	沙尔布达尔干布其	位于乌宾敖包组内,近南北向和北东向断裂交会处,位于Au单元素异常范围内,航磁、重力异常特征不明显。可能有找矿潜力
C1511602016	扎木浩恩德	位于乌宾敖包组内,近南北向和北东向断裂交会处,位于Au单元素异常范围内,航磁、重力异常特征不明显。可能有找矿潜力

二、综合信息地质体积法估算资源量

(一)典型矿床深部及外围资源量估算

资源量、体重及金品位依据均来源于中国人民武装警察部队黄金第四支队(2006)《内蒙古苏尼特左旗巴音温都尔矿区及外围岩金普查总结》。矿床面积$S_{总}$是根据1:1万矿区地形地质图及含金矿脉聚集区段边界范围圈定,在MapGIS软件下读取数据;金估算资源量用的矿床平均工业品位为5.00×10^{-6}。金矿体延深($L_{查}$)依据2007年巴音温都尔矿区31号脉00号勘探线剖面图确定。

依31号00线最深孔ZKD0005矿体延伸,求算巴音温都尔矿床延伸(垂深)为480m。将ZKD0005所控制矿体向矿体倾向延伸由钻孔ZKD0003和ZKD0005控制矿体斜深的1/2长,即顺倾向延伸116m,由此得出矿床向下预测延伸120m。

巴音温都尔金矿床受三叠纪二长花岗岩和北东向巴音温都尔-巴润萨拉韧性剪切带控制,矿体主体赋存在三叠纪二长花岗岩中,且规模较大、延伸远,位于剪切带下盘;少量矿体分布于大石寨组和哲斯组中,但规模相对较小且延伸性差。金矿体展布方向有北东向、北西向和东西向,巴音温都尔矿区矿脉比较集中,矿脉共43条,每平方千米出露条数(称为频数)为0.000 002 2条,计算中将其当作矿脉频数相似系数,赋值“1”。因此矿区外围预测沿三叠纪二长花岗岩和韧性剪切带展布方向作为重点,兼顾地层与岩体外接触带,并对第四系进行揭盖。矿区外围矿脉较主矿区少,因此矿区外围预测矿脉频数相似系数采用0.5参与计算。由于所使用典型矿床地质矿产图范围小,外围预测区只能预测到图幅边部。外围预测面积不包含非含矿层面积，如非矿化石英脉等脉岩。关于预测区外围预测深度，此次外围预测延深采用 600m。

巴音温都尔金矿典型矿床深部及外围资源量估算结果见表 9-6。

表 9-6　巴音温都尔金矿典型矿床深部及外围资源量估算一览表

典型矿床		深部及外围		
已查明资源量	7690kg	深部	面积	19 506 916.47m^2
面积	19 506 916.47m^2		深度	120m
深度	480m	外围	面积	22 137 424.63m^2
品位	5.00×10^{-6}		深度	600m
密度	2.7g/cm^3	预测资源量		7 376.87kg
体积含矿率	$8.212\ 9\times10^{-7}$kg/m^3	典型矿床资源总量		15 066.87kg

（二）模型区的确定、资源量及估算参数

模型区：是指巴音温都尔典型矿床所在位置的最小预测区，巴音温都尔模型区系 MRAS 定位预测后，经手工结合地物化遥等相关成矿要素优化圈定的 A 级模型区。

巴音温都尔模型区资源总量即为巴音温都尔金矿床金属量 15 066.87kg；模型区延深与典型矿床一致；模型区含矿地质体面积与模型区面积一致（表 9-7），经 MapGIS 软件下读取数据为 49 890 492.36m^2。

表 9-7　巴音温都尔式复合内生型金矿模型区预测资源量及其估算参数表

编号	名称	模型区预测资源量（kg）	模型区面积（m^2）	延深（m）	含矿地质体面积（m^2）	含矿地质体面积参数
A1511602001	巴音温都尔模型区	15 066.87	49 890 492.36	600	49 890 492.36	1

（三）最小预测区预测资源量

巴音温都尔式热液型金矿预测工作区最小预测区资源量定量估算采用地质体积法进行估算。

巴音温都尔及红格尔预测工作区最小预测区的圈定与优选均采用特征分析法。首先在最小预测区内根据地、物、化、遥相关资料确定成矿构造带长度、宽度。估算典型矿床已知脉群带中体积含矿率，并建立体积资源量模型。根据典型矿床体积含矿率和体积资源量模型估算典型矿床深部及外围预测脉群带的预测资源量。对模型区控矿构造带长度、宽度、产状、延深进行估计，计算控矿构造带的含矿系数。

1. 估算参数的确定

1）巴音温都尔预测工作区

巴音温都尔预测工作区预测底图精度为 1∶10 万，并收集了巴音温都尔复合内生型金矿 1∶1 万矿区地质图和 1∶2000 勘探线剖面图，并根据成矿有利度[含矿侵入岩、含矿地层、矿床、矿（化）点、控矿剪切带、赋矿构造发育程度、化探异常、重力及航磁异常]将工作区内最小预测区级别分为 A、B、C 3 个等级。

2）红格尔预测工作区

红格尔预测工作区预测底图精度为 1∶10 万，并收集了红格尔侵入岩体型金矿地质矿产勘查项目

成果报告,根据成矿有利度(含矿侵入岩、含矿地层、矿床、矿(化)点、控矿构造发育程度、化探异常、重力及航磁异常)将工作区内最小预测区级别分为 A、B、C 3 个等级。

2. 最小预测区预测资源量估算结果

巴音温都尔预测工作区和红格尔两个预测工作区预测资源量采用地质体积法估算公式:

$$Z_{预}=S_{预}\times H_{预}\times K_S\times K\times \alpha\times \beta$$

式中:$Z_{预}$——预测区预测资源量;

$S_{预}$——预测区面积;

$H_{预}$——预测区延深(指预测区含矿地质体延深);

K_S——含矿地质体面积参数;

K——模型区矿床的含矿系数;

α——相似系数;

β——矿脉密度相似系数。

根据上述公式,求得最小预测区资源量。

1)巴音温都尔预测工作区

本次预测资源总量为 32 220.99kg,预测区查明资源量 34 819kg,巴音温都尔预测工作区含已知矿床最小预测区金资源量(表 9-8)。

表 9-8　巴音温都尔预测工作区最小预测区估算成果表

最小预测区编号	最小预测区名称	$S_{预}$ (m^2)	$H_{预}$ (m)	K (kg/m^3)	α	β	$Z_{预}$ (kg)	资源量级别
A1511602001	巴音温都尔	49 890 492.36	600	5.033×10^{-7}	1.00	1.00	7 376.87	334-1
A1511602002	色热古楞敖包	41 852 605.08	600		1.00	0.95	520.72	334-1
A1511602003	白音宝力道	32 955 88.87	600		1.00	0.95	411.44	334-1
A1511602004	巴彦宝力道	3 732 695.15	600		1.00	0.95	185.84	334-1
A1511602005	巴彦哈尔敖包	59 279 387.06	600		1.00	0.95	2 782.13	334-1
B1511602001	巴音温都尔	42 211 547.26	600		0.70	0.90	8 030.64	334-3
B1511602002	昌图锡力苏木西	5 639 138.73	600		0.55	0.90	842.94	334-3
B1511602003	白音宝力道金矿西	16 318 106.57	600		0.70	0.90	3 104.48	334-3
B1511602004	巴彦宝力道金矿南	6 786 536.15	600		0.70	0.90	1 291.12	334-3
B1511602005	巴彦宝力道金矿北东	811 036.3	600		0.45	0.90	99.19	334-3
B1511602006	呼和额热格南	2 235 253.18	600		0.45	0.90	273.38	334-3
B1511602007	阿尔音塔勒	4 448 072.76	600		0.40	0.90	483.56	334-3
B1511602008	阿尔音塔勒	2 961 418.54	600		0.40	0.90	321.94	334-3
B1511602009	巴彦杭盖嘎查	2 481 934.28	600		0.45	0.90	303.55	334-3
C1511602001	巴彦杭盖嘎查	3 246 911.38	600		0.30	0.80	235.32	334-3
C1511602002	苏尼特左旗南	17 945 514.78	600		0.30	0.80	1 300.60	334-3
C1511602003	巴音温都尔金矿西区	4 594 596.2	600		0.35	0.80	388.49	334-3
C1511602004	色热古楞敖包东南	10 430 168.09	600		0.25	0.80	629.94	334-3
C1511602005	色热古楞敖包西南	12 142 394.55	600		0.35	0.80	1 026.69	334-3
C1511602006	巴彦宝力道东南	12 101 551.84	600		0.25	0.80	730.89	334-3
C1511602007	哈尔干尼呼都格南	38 936 019.35	600		0.20	0.80	1 881.26	334-3

注:A 类区预测资源量为本次预测资源量减去矿床查明储量,资源量级别为 333-1。

2)红格尔预测工作区

本次预测资源总量为5 456.71kg,预测区查明资源量1707kg,红格尔预测工作区含已知矿床最小预测区金资源量(表9-9)。

表9-9　红格尔预测工作区最小预测区估算成果表

最小预测区编号	最小预测区名称	$S_{预}$ (m^2)	$H_{预}$ (m)	K (kg/m^3)	α	β	$Z_{预}$ (kg)	资源量级别
A1511602006	红格尔	25 726 351.14	480	5.033×10^{-7}	0.8	0.8	2 270.65	334-1
B1511602010	楚鲁呼热图	4 764 267.97	480		0.6	0.4	276.23	334-3
B1511602011	查干德勒棚	13 903 338.97	480		0.55	0.4	738.94	334-3
B1511602012	查干德尔森布其	5 655 589.6	480		0.55	0.4	300.59	334-3
B1511602013	套伊根棚	2 676 154.25	480		0.55	0.4	142.23	334-3
B1511602014	乌日尼勒特嘎查	2 349 846.58	480		0.55	0.4	124.89	334-3
B1511602015	哈尔德勒	6 262 814.8	480		0.55	0.4	332.86	334-3
B1511602016	萨音嘎顺巴润哈沙	5 944 864	480		0.55	0.4	315.96	334-3
B1511602017	恩格勒嘎顺	4 862 603.88	480		0.55	0.4	258.44	334-3
C1511602008	那仁哈沙图棚	3 322 105.77	480		0.2	0.25	40.13	334-3
C1511602009	乌兰呼都格棚	1 151 369.47	480		0.25	0.25	17.38	334-3
C1511602010	洪格尔苏木	3 032 545.32	480		0.2	0.25	36.63	334-3
C1511602011	干其哈沙图音呼热	10 858 912.06	480		0.2	0.25	131.17	334-3
C1511602012	格德勒哈沙	13 819 432.85	480		0.25	0.25	208.66	334-3
C1511602013	楚鲁呼热图布其	3 565 928.07	480		0.2	0.25	43.07	334-3
C1511602014	阿尔善特浩恩德	15 397 360.18	480		0.2	0.25	185.99	334-3
C1511602015	沙尔布达尔干布其	1 713 239.13	480		0.1	0.25	10.35	334-3
C1511602016	扎木浩恩德	3 732 539.11	480		0.1	0.25	22.54	334-3

注:A类区预测资源量为本次预测资源量减去矿床查明储量,资源量级别为333-1。

(四)预测工作区预测成果汇总

巴音温都尔式复合内生型金矿预测工作区地质体积法预测资源量,依据资源量级别划分标准,可划分为334-1和334-3两个资源量精度级别,预测深度均为600m。可利用性类别的划分,主要依据:①深度可利用性(500m、1000m、2000m);②当前开采经济条件可利用性;③矿石可选性;④外部交通水电环境可利用性,按权重进行取数估算。

根据矿产潜力评价预测资源量汇总标准,巴音温都尔式复合内生型金矿预测工作区按精度、预测深度、可利用性、可信度统计分析结果见表9-10、表9-11。

表 9-10　巴音温都尔式复合内生型金矿巴音温都尔预测工作区资源量估算汇总表　　单位:kg

深度	精度	可利用性		可信度			合计
		可利用	暂不可利用	≥0.75	0.75～0.5	<0.5	
1000m 以浅	334-1	11 277	—	—	11 277	—	11 277
	334-3	20 943.99	—	—	—	20 943.99	20 943.99
合计							32 220.99

表 9-11　巴音温都尔式复合内生型金矿红格尔预测工作区资源量估算汇总表　　单位:kg

深度	精度	可利用性		可信度			合计
		可利用	暂不可利用	≥0.75	0.75～0.5	<0.5	
1000m 以浅	334-1	2 270.65	—	—	2 270.65	—	2 270.65
	334-3	—	3 186.06	—	—	3 186.06	3 186.06
合计							5 456.71

第十章 白乃庙式热液型金矿预测成果

第一节 典型矿床特征

一、典型矿床地质特征及成矿模式

（一）典型矿床特征

1. 矿区地质

白乃庙矿区出露地层主要有上志留统白乃庙群及石炭系、二叠系。其次零星分布有第三系和第四系（图 10-1）。

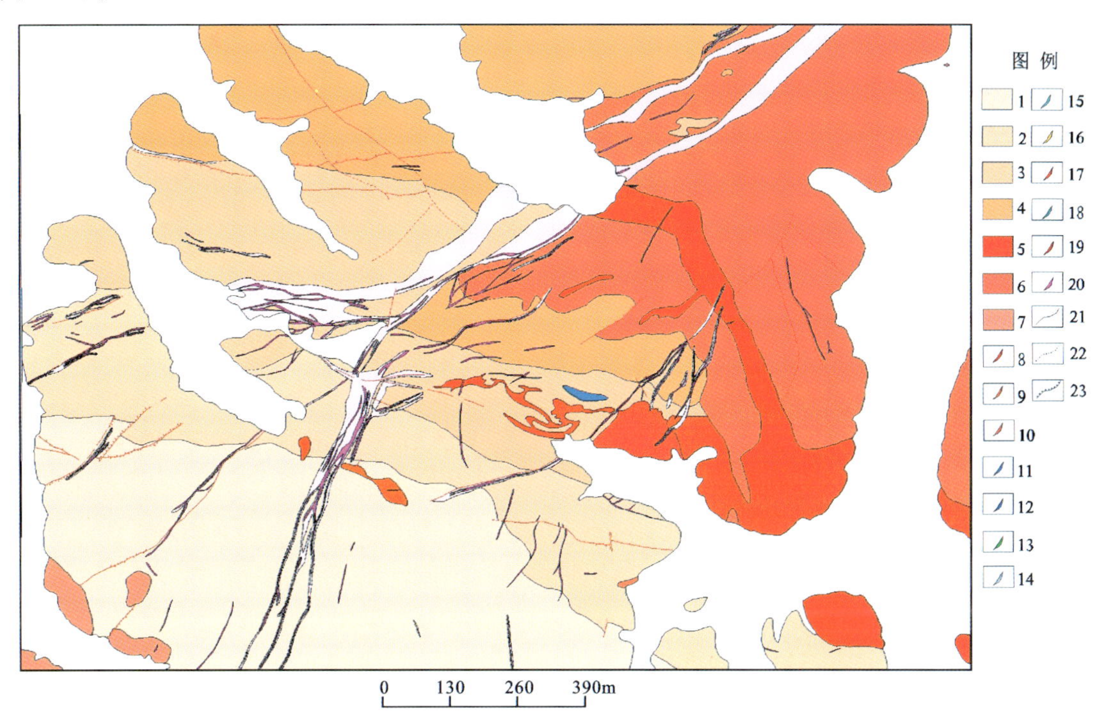

图 10-1 白乃庙金矿典型矿床矿区地质图

（据《内蒙古四子王旗白乃庙金矿 21 号脉详查及外围普查地质报告》，内蒙古地矿局 103 地质队，1990 修编）

1. 青白口系白乃庙组一段上亚段；2. 青白口系白乃庙组一段中上亚段；3. 青白口系白乃庙组一段中下亚段；4. 青白口系白乃庙组一段下亚段；5. 二叠纪中细粒白云母花岗岩；6. 二叠纪花岗闪长岩；7. 志留纪变质花岗闪长岩；8. 花岗岩脉；9. 霏细岩脉；10. 石英斑岩脉；11. 闪长岩脉；12. 石英闪长岩脉；13. 辉长岩脉；14. 闪长玢岩脉；15. 安山玢岩脉；16. 正长斑岩脉；17. 钠长斑岩脉；18. 英安斑岩脉；19. 长英岩脉；20. 石英脉；21. 实测地质界线；22. 相变地质界线；23 实测不整合地质界线

矿区大致走向东西，向南为 40°～70°倾斜的单斜构造。区内构造以断裂构造为主，褶皱构造不发育，所见多为一些层间小褶曲。断裂构造以东西向为主，其产状与岩层基本一致。东西向片理化带为成矿前构造，它控制着花岗闪长岩的侵入，也是主要的控矿构造。其余裂隙构造多为成矿后产物，主要有北东向、北西向两组断裂，最大的白乃庙断裂呈北东向，斜贯矿区中部，将矿带错为北西、南东两大部分。而这一断裂正是金矿的成矿构造，含矿热液顺着这良好的通道上升，并赋存在这一系列构造之中。金矿成矿后构造多成东西向，一般活动微弱，规模比较小，对金矿影响不大。

区内岩浆活动较强烈，主要有海西晚期花岗闪长岩、白云母花岗岩及花岗闪长岩、安山玢岩等；花岗闪长岩与白云母花岗岩二者均见于矿区北部，呈舌状侵入于上志留统、石炭系、二叠系中；安山玢岩见于矿区西部。侵入于上志留统、石炭系、二叠系中。局部地段片理较为发育；花岗闪长岩呈脉状沿东西向片理化带，大致顺层侵入于上志留统白乃庙群中，与围岩接触带一般宽 1～2m，据桂林冶金地质研究所 1976 年资料，同位素年龄为 240Ma，相当于海西晚期。

此外，区内脉岩发育，主要有花岗斑岩、斜长玢岩、闪长玢岩、钠长斑岩、正长斑岩、粗面岩、霏细岩及花岗细晶岩。多为海西晚期中酸性侵入岩的派生产物。

2. 矿床特征

白乃庙金矿的含金石英脉主要由 26 号、17 号、20 号、10 号、21 号等 41 条脉组成。从 1∶2000 地形地质图上明显地看出，主要脉体分布在图幅中间，受构造控制(图 10-2)。

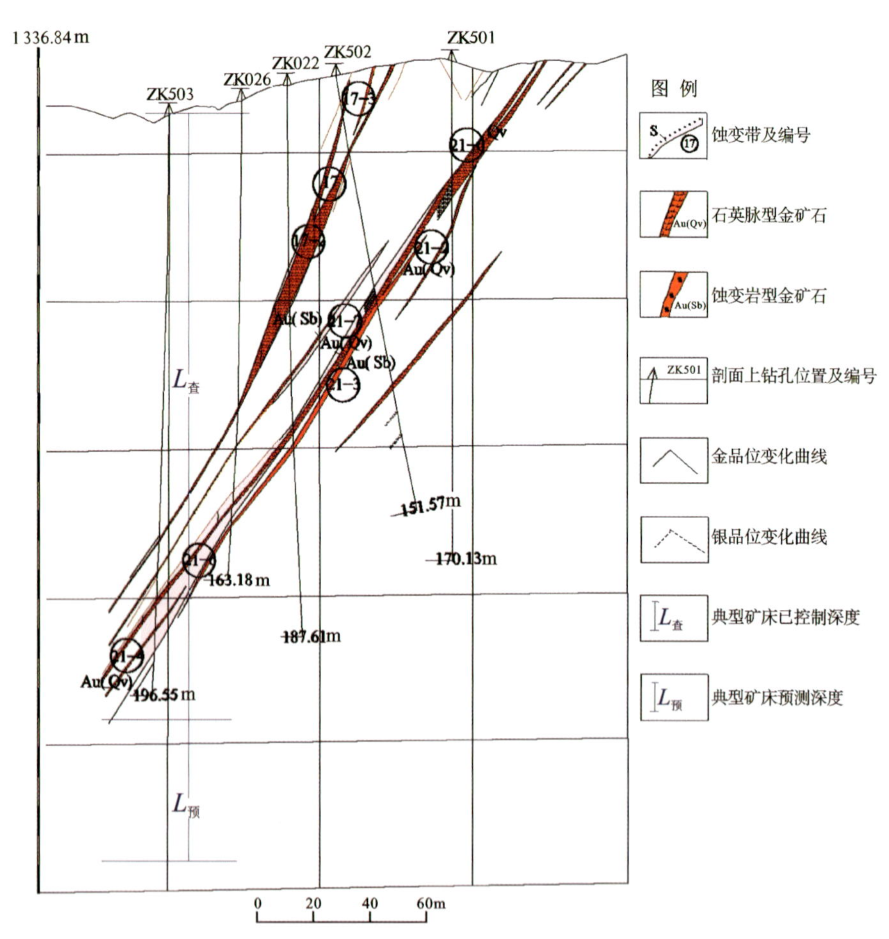

图 10-2　白乃庙金矿 21 号、10 号脉 5 勘探线剖面图

(据《内蒙古自治区四子王旗白乃庙金矿 21 号脉详查及外围普查地质报告》，内蒙古自治区地矿局 103 地质队，1990 修编)

(1)17 号、20 号、21 号、41 号、42 号脉赋存于白乃庙断裂即主干断裂之中。走向北东 60°～80°，呈舒缓波状，倾向北西。

(2)26 号脉赋存于白乃庙断裂的派生构造中，与主干断裂的 17 号、20 号、21 号脉呈锐角相交，组成“入”字形构造。走向为北东 25°～35°，倾向北西。

(3)10 号脉与主干断裂内赋存的 21 号脉走向平行，呈舒缓波状向北东 80°方向延伸，倾向南东，与 21 号脉倾向相反。脉长 340m。

(4)其他各脉总体上与 17 号、20 号、26 号脉一致，向南西撒开，向北东收敛，形成一个帚状构造。

3. 矿石特征

白乃庙金矿的矿石按其自然类型划分为石英脉型金矿石和蚀变岩型金矿石。按其矿物成分及含量分述如下。

(1)石英脉型金矿石：脉石矿物主要为石英，含量占 85.34%，绢云母含量占 8.43%，方解石含量占 0.84%；矿石矿物主要为黄金矿及褐金矿，含量占 3.86%，还有少量黄铜矿及斑铜矿，微量自然金与自然银。

(2)蚀变岩型金矿石：脉石矿物主要为石英，含量为 25%，长石占 40%，其次有黑云母及白云母占 12%，方解石占 10%，绿泥石占 3%，另有少量磷灰石及锆石。矿石矿物主要为褐金矿及黄金矿，含量占 9%，其次有微量自然金。

4. 矿石结构构造

结构类型：自形、半自形晶结构，交代残留结构，碎裂结构，他形粒状结构。

构造类型：浸染状构造，脉状构造，网脉状构造。

5. 矿床成因及成矿时代

白乃庙群地层含金丰度值较高，金矿源来自绿片岩中。金矿层黄金矿中金含量比围岩增加了 150～200 倍，证明金是逐步迁移而富集的；白乃庙地处 42°深大断裂北侧，温都尔庙复背斜南翼，附近有超基性—酸性岩类岩浆活动频繁，并有多次叠加构造运动，主要有海西晚期受南此向挤压应力作用形成东西向片理化带，白乃庙铜矿在东西向片理化带中成矿；北东向白乃庙断裂横切白乃庙铜金矿区，为金矿“入”字形控矿构造，受强烈动力变质及热液蚀变作用，形成含金石英脉-破碎蚀变带。白乃庙金矿矿体严格受该构造控制，矿床具中低温热液活动特点，有硅化、黄金矿化、绢云母化等蚀变，早期蚀变是在动力作用之后形成，围岩中长石普遍绢云母化、硅化，晚期低温阶段形成玉髓脉，为贫矿。据上认为白乃庙金矿属贫硫化物石英脉复脉型金矿床，具中低温热液和动力热变质作用成矿特点。成矿时代为海西晚期。

（二）矿床成矿模式

白乃庙金矿具有以下特征：

上志留统白乃庙群及石炭系、二叠系，白乃庙群第一岩性段 Sb^1 地层中含金丰度值比较高，为一套中浅变质的基性火山岩，岩性为绿泥斜长片岩及绢云母石英片岩，在铜矿的顶底板围岩及矿层中有较富集的伴生金，铜矿层中伴生金品位一般$(0.4\sim1.5)\times10^{-6}$，平均 0.74×10^{-6}，顶、底板围岩含金 0.2×10^{-6}左右。二、三矿段共提交伴生金 13.12t，平均每万吨铜的储量中就约有 1t 伴生金。白乃庙群第二岩性段 Sb^2 地层中石英脉的含金性：该岩性段为凝灰质砂岩、粉砂岩和千枚岩，其内石英脉分布范围较广，但石英脉规模较小，一般为 10～40m，延深不大，形态不规则，含金品位为$(10\sim19.99)\times10^{-6}$。石英脉为乳白色，含较富金属硫化物。

区内岩浆岩和矿产受到东西向深大断裂控制。矿区内有一走向东西，向南倾，倾角 40°～70°的单斜构造，区内以东西向断裂构造为主，发育强烈挤压的东西向片理化带。控制了海西期花岗闪长岩侵入，也控制白乃庙铜钼矿化主要构造。最大长达十几千米的北东向白乃庙断裂错断铜钼矿带，但正是金矿的成矿构造。主要工业矿体富集于主干断裂与张剪性派生构造复合部位。

区内岩浆活动频繁，有海西晚期的花岗闪长岩、白云母花岗岩及花岗闪长斑岩、安山玢岩等。区内脉岩发育，主要有花岗斑岩、斜长玢岩、闪长玢岩、钠长斑岩、正长斑岩、粗面岩、霏细岩及花岗细晶岩。多为海西晚期中酸性侵入岩。

矿体与早期硅化活动有关，黄金矿呈浸染状或细脉浸染状分布于石英脉及蚀变围岩中，金主要赋存于黄金矿中。

本区磁场以－100～100nT的低缓正磁场为背景，磁场值变化范围在－300～900nT之间。有3个面积较大的正磁异常，200nT圈定，北部和中部异常走向为东西向和北西西向，南部的异常向南出预测区未封闭，其北侧伴有较大的负磁异常，异常呈等轴状。中部的异常受区域性断裂F7控制，此外，在乌达处有北北东向区域性断裂F4穿过。

预测区内共有甲类航磁异常6个，丙类航磁异常3个，丁类航磁异常3个。异常多为尖峰、北侧伴有负值或两翼对称异常。异常走向以东西向为主。

通过对上述特点的分析与归纳，白乃庙金矿的成矿模式如图10-3所示。

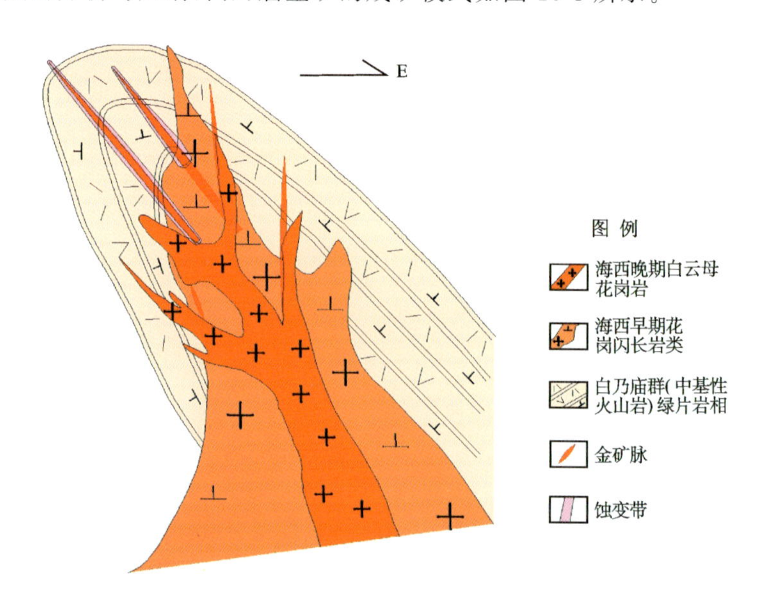

图10-3　白乃庙金矿典型矿床成矿模式图

二、典型矿床地球物理特征

（一）矿床所在位置航磁特征

据1∶5万航磁等值线图显示，磁场整体表现为弱正磁场，从垂向一阶导数等值线剖面图显示异常轴向及等值线延伸方向为东西方向，见图10-4。

（二）矿床所在区域重力特征

据1∶50万剩余重力异常图显示：由一个椭圆形的正异常和一个椭圆形的负异常组成。据1∶50万航磁化极等值线平面图显示，磁场表现为低缓的负异常，异常特征不明。

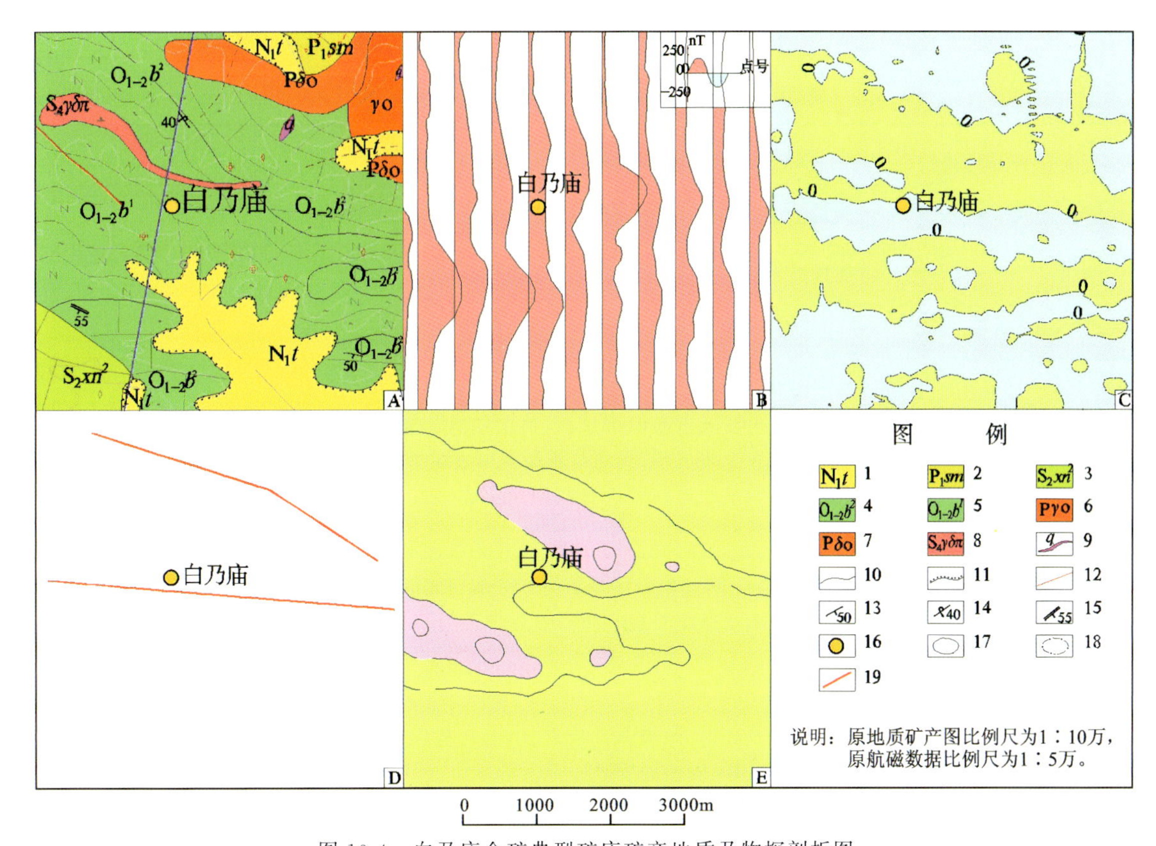

图 10-4　白乃庙金矿典型矿床矿产地质及物探剖析图

A. 地质矿产图；B. 航磁 ΔT 剖面平面图；C. 航磁 ΔT 化极垂向一阶导数等值线平面图；D. 推断地质构造图；E. 航磁 ΔT 化极等值线平面图。

1. 新近系中新统通古尔组：砖红色、黄红色泥岩夹灰白色砂砾岩；2. 下二叠统三面井组：灰色生物屑泥晶灰岩、厚层生物灰岩；3. 中志留统徐尼乌苏组：绢云母石英片岩、绢云片岩；4. 下中奥陶统白乃庙组：变质砂岩、千枚岩、绢云母石英片岩；5. 下中奥陶统白乃庙组：绿片岩-绿泥斜长片岩；6. 二叠纪灰白色中粗粒斜长花岗岩、花岗闪长岩；7. 二叠纪灰白色中粗粒石英闪长岩；8. 志留纪浅肉红色花岗闪长斑岩、闪长玢岩；9. 石英脉；10. 地质界线；11. 角度不整合地质界线；12. 实测性质不明断层；13. 地层倾向及倾角（°）；14. 倒转地层倾向及倾角（°）；15. 片理倾向及倾角；16. 矿床所在位置；17. 正等值线；18. 零等值线；19. 磁法推断三级断裂

三、典型矿床地球化学特征

白乃庙地区白乃庙式热液型金矿矿区周围存在以 Au 为主，伴有 Ag、As、Sb、Cu、W、Mo 等元素组成的综合异常；Au 为主要的成矿元素，Ag、As、Sb、Cu、W、Mo 为主要的伴生元素。

Au 元素在白乃庙地区呈高背景分布，浓集中心明显，异常强度高，范围较大；As、Sb、Ag、Cu、W、Mo 在白乃庙地区呈高背景分布，有明显的浓集中心，异常强度高。

四、典型矿床预测模型

白乃庙式热液型金矿预测要素底图比例尺为 1∶2000，收集整理典型矿床已有大比例尺重力、航磁、化探资料，分别编制了 1∶50 万区域地质矿产及剖析图、综合异常剖析图、白乃庙金矿 21 号脉 5 勘探线矿体品位变化曲线图及白乃庙金矿 21 号、10 号脉 5 勘探线剖面图。从而进行典型矿床预测要素

研究并编制典型矿床预测要素图及要素表(表 10-1)。

表 10-1　白乃庙热液型金矿典型矿床预测要素表

<table>
<tr><td colspan="2" rowspan="3">成矿要素</td><td colspan="4">描述内容</td><td rowspan="3">要素分级</td></tr>
<tr><td>储量</td><td>中型,2 687.37kg</td><td>平均品位</td><td>15.74×10^{-6}</td></tr>
<tr><td>特征描述</td><td colspan="3">热液型金矿</td></tr>
<tr><td rowspan="3">地质环境</td><td>构造背景</td><td colspan="4">天山-阴山内蒙海西晚期褶皱带,三级构造单元属温都尔庙复背斜南翼</td><td>必要</td></tr>
<tr><td>成矿环境</td><td colspan="4">1.地层白乃庙群第一岩性段,金矿源来自绿片岩中。
2.海西期是本区主要近东西向褶皱期,燕山期运动表现以断裂为主,形成若干北东向坳陷,堆积了中、新生代沉积,喜马拉雅期主要表现为北北东向升降运动和断裂。
3.海西期的侵入岩呈小岩株或巨脉状零星出露。喜马拉雅期的岩浆活动为北北东向裂隙式喷发的玄武岩</td><td>必要</td></tr>
<tr><td>成矿时代</td><td colspan="4">花岗闪长斑岩 K-Ar 同位素地质年龄为 240Ma(桂林冶金地质研究所,1976),金矿成矿时代应为海西晚期或燕山早期</td><td>重要</td></tr>
<tr><td rowspan="7">矿床特征</td><td>矿体形态</td><td colspan="4">条状</td><td>重要</td></tr>
<tr><td>岩石类型</td><td colspan="4">白乃庙群阳起斜长片岩、绿起斜长片岩、绢云石英片岩,海西期花岗闪长岩、白云母花岗岩及花岗闪长斑岩、安山玢岩等</td><td>重要</td></tr>
<tr><td>岩石结构</td><td colspan="4">中细粒、斑状</td><td>次要</td></tr>
<tr><td>矿物组合</td><td colspan="4">矿石矿物主要为黄铁矿及褐铁矿,还有少量黄铜矿及斑铜矿,微量自然金、银金矿与自然银</td><td>重要</td></tr>
<tr><td>结构构造</td><td colspan="4">自形、半自形结构、他形粒状结构、交代残留结构;碎裂构造、浸染状构造、脉状、网脉状构造</td><td>次要</td></tr>
<tr><td>蚀变特征</td><td colspan="4">围岩蚀变比较强烈,与成矿有关的是硅化、黄金矿化,岩石褪色化、泥化,近矿围岩几乎完全改变了面貌</td><td>重要</td></tr>
<tr><td>控矿条件</td><td colspan="4">本区金矿床严格受断裂控制,主要含矿围岩是海西期闪长岩,燕山中晚期的细粒花岗岩、花岗斑岩和闪长岩类,金主要产于硫化物-石英脉中,其次为旁侧的蚀变破碎带中蚀变岩-石英脉型金矿</td><td>必要</td></tr>
<tr><td rowspan="2">地球物理特征</td><td>重力异常</td><td colspan="4">金矿位于布格重力相对较高异常区,剩余重力正异常区,且金矿位于异常较中心部位,重力值为 $7\times10^{-5}m/s^2$ 的等值线上。该正异常是古生代基底隆起所致</td><td>次要</td></tr>
<tr><td>磁法异常</td><td colspan="4">据 1∶5 万航磁化极等值线图显示,金矿位于宽缓弱正磁场区,垂向一阶导数等值线剖面图显示异常轴向及等值线延伸方向为东西方向</td><td>重要</td></tr>
<tr><td colspan="2">地球化学特征</td><td colspan="4">矿区周围存在以 Au 为主,伴有 Ag、As、Sb、Cu、W、Mo 等元素组成的综合异常,Au 为主要的成矿元素,Ag、As、Sb、Cu、W、Mo 为主要的共伴生元素</td><td>必要</td></tr>
</table>

白乃庙热液型金矿预测要素地质特征方面:金矿赋存地层为白乃庙组第一岩段,金矿源来自绿片岩中,金矿床严格受断裂控制,主要含矿围岩是海西期闪长岩,燕山中晚期的细粒花岗岩、花岗斑岩和闪长岩类,金主要产于硫化物-石英脉中,其次为旁侧的蚀变破碎带。地球物理特征:航磁 ΔT 剖面平面图中处于 150nT,航磁 ΔT 化极等值线平面图中处于航磁 ΔT 化极等值线平面图 150nT 位置,可见白乃庙典型矿床处于中低地磁异常范围,缺少相应的重力异常特征,地球化学特征表现为伴生 Ag 992.54kg,银的富集和金呈同消长关系;在推断地质构造图中可见白乃庙金矿受东西向隐伏断裂控制作用明显。

第二节　预测工作区研究

一、区域地质特征

（一）成矿地质背景

预测工作区西起巴音希勒嘎查，东至八股地乡，南起集二线新民乡，北至哈登胡舒嘎查。

区内出露地层西拉木伦河断裂以北有中元古界温都尔庙群，下中奥陶统白乃庙组，中志留统徐尼乌苏组，志留系—下泥盆统西别河组，石炭系本巴图组、阿木山组，二叠系哲斯组。以南有蓟县系—青白口系白云鄂博群白音宝拉格组和呼吉尔图组，上石炭统酒局子组，二叠系三面井组和额里图组，中生界上侏罗统大青山组、玛尼吐组和白音高老组，下白垩统白彦花组，新近系通古尔组、汉诺坝组和宝格达乌拉组，以及第四系。其中新生代地层占图幅面积3/4，其次为温都尔庙群和白乃庙组。

金矿主要产于白乃庙组第一岩性段阳起斜长片岩，绿泥斜长片岩及残玢变岩、绢云石英片岩地层内。与金矿成矿有关的构造主要为断裂构造。白乃庙金矿区是构造应力集中区，断裂构造十分发育。由一条主干断裂及几条派生构造向南西散开，向北东收敛，组成了一帚状构造或"入"字形构造。主干断裂为白乃庙断裂，是一条以扭性为主的压扭性构造。最主要的派生构造与主干断裂成锐角相交，组成一个"入"字形构造，26号含金石英脉就赋存于这一派生构造之中。白乃组第一岩性段($O_{1-2}b^1$)地层中含金丰度值是比较高，为一套中浅变质的基性火山岩，岩性为绿泥斜长片岩及绢云母石英片岩，在铜矿的顶底板围岩及矿层中有较富集的伴生金，铜矿层中伴生金品位一般为$(0.4\sim1.5)\times10^{-6}$，平均$0.74\times10^{-6}$，顶、底板围岩含金$0.2\times10^{-6}$左右。二、三矿段共提交伴生金13.12t，平均每万吨铜的储量中就约有1t伴生金。白乃庙组第二岩性段($O_{1-2}b^2$)地层中石英脉的含金性：该岩性段为凝灰质砂岩、粉砂岩和千枚岩，其内石英脉分布范围较广，但石英脉规模较小，一般为10～40m，延深不大，形态不规则，但含金品位在$(10\sim19.99)\times10^{-6}$。石英脉为乳白色，含较富金属硫化物。

区内岩浆岩和矿产受到东西向深大断裂控制。矿区内有一走向东西，向南倾，倾角40°～70°的单斜构造，区内以东西向断裂构造为主，发育强烈挤压的东西向片理化带。控制了海西期花岗闪长岩侵入，也控制白乃庙铜钼矿化主要构造。最大长达十几千米的北东向白乃庙断裂错断铜钼矿带，是金矿的成矿构造。

根据区内地层间存在的较大角度不整合等特点，说明本区构造运动主要有4期：加里东期、海西期、燕山期和喜马拉雅期。其中海西期构造运动表现最为强烈，是该区主要褶皱期。

东西向构造是区内发育的主要构造，其中加里东期和海西期构造运动表现最为强烈，在区域南北向应力的挤压作用下，形成了一系列东西向的褶皱、挤压破碎带，逆冲断层，片理化带以及在扭力作用下形成北东、北西向的小平推断层，构造线的方向为近东西向，这是本区主要的控岩控矿构造。

北东向构造是东西向构造的配套扭裂发育起来的压性、压扭性断裂，多生成于燕山期，对矿体有一定的破坏作用。喜马拉雅期运动主要表现为升降运动以及与其相伴随的断裂构造。

纵观本区构造运动，一般都反映出长期性、阶段性和继承性活动的特点。

矿区为一大致走向东西，向南40°～70°倾斜的单斜构造。区内构造以断裂构造为主，褶皱构造不发育，所见多为一些层间小褶曲。

断裂构造以东西向为主，其产状与岩层基本一致。东西向片理化带为成矿前构造，它控制着花岗闪长岩的侵入,也是主要的控矿构造。其余裂隙构造多为成矿后产物,主要有北东向、北西向两组断裂,最大的白乃庙断裂呈北东向,斜贯矿区中部,将矿带错为北西、南东两大部分。而这一断裂正是金矿的成矿构造,含矿热液顺着这良好的通道上升,并赋存在这一系列构造之中。金矿成矿后构造多成东西向,一般活动比较微弱,规模比较小,对金矿影响不大。主要工业矿体富集于主干断裂与张剪性派生构造复合部位。

(二)区域成矿模式

预测工作区内与白乃庙热液型矿床相同的矿床只有白乃庙矿床。根据预测区研究成矿规律研究,总结成矿模式(图 10-5)。

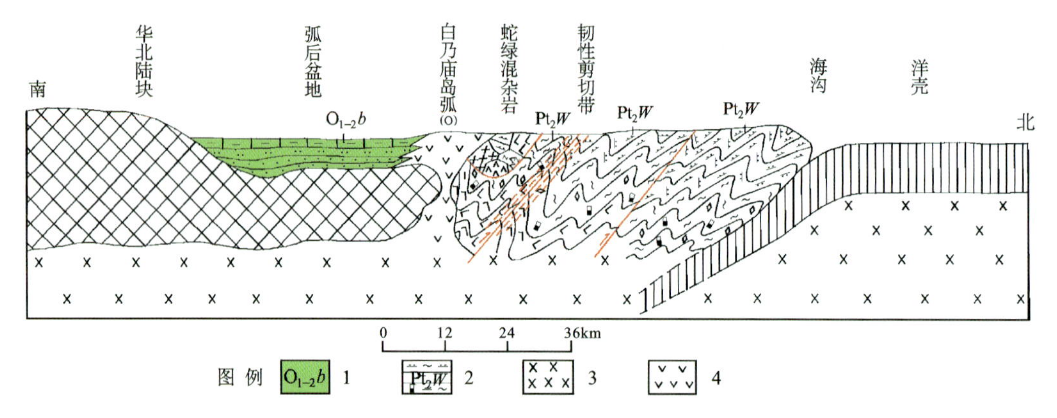

图 10-5　白乃庙金矿预测工作区成矿模式图

1.白乃庙组;2.温都尔庙群;3.辉长岩;4.未分中性喷出熔岩

二、区域地球物理特征

(一)磁法

在航磁 ΔT 等值线平面图上,白乃庙预测区磁异常幅值变化范围为$-1200\sim800$nT,预测区磁异常以异常值 $0\sim100$nT 为背景,异常轴为东西和北西向,异常幅值较小,正异常值有一定梯度变化,一般成带状分布。东南部有一正负伴生异常,梯度变化大,负磁异常值达-1200nT,周围正异常呈环状包围此负异常。白乃庙金矿区位于预测区西部,处在 $0\sim100$nT 低缓异常背景上。

白乃庙金矿预测工作区磁法推断地质构造,磁法断裂构造走向分别为北西向、东西向、北东向,磁场标志为不同磁场区分界线。根据地质情况综合分析,预测区东南部环状磁异常区磁法推断为火山构造。白乃庙铜矿预测工作区磁法共推断断裂 3 条、火山岩地层 1 个、火山构造 1 个。

(二)重力

由布格重力异常图可见,预测区内布格重力异常呈近东西向展布,其值北侧相对较高,南侧较低。白乃庙金矿所在位置为布格重力异常高值区呈椭圆状展布,中部区布格重力异常等值线呈近东西向展布,呈北高南低的梯级带。

南侧为布格异常低值区，这一地段是岩浆岩带分布区。

由剩余重力异常图可见，由前述知白乃庙金矿位于剩余重力正异常区 G 蒙-543，其范围较大，边部等值线呈明显的梯级带。是元古宙基底隆起所致。

中部区的 G 蒙-544 由两个局部异常组成，总体呈北东向展布，局部异常形态呈椭圆状，最大值 $\Delta g 4.9\times10^{-5}m/s^2$。北侧异常区出露有基性岩和古生代地层，该处正异常是二者共同作用的结果。南侧异常区出露志留系。东部的 G 蒙-545 号异常呈长椭圆状东西向展布，极值 $\Delta g\ 5.51\times10^{-5}m/s^2$。出露有石炭系、二叠系。可见 G 蒙-544 南侧异常区及 G 蒙-545 是古生代基底隆起所致。据以往物探资料成果推断，区内中部的负异常带为盆地的反映。其他区域的负异常与酸性岩体有关。

该预测区内典型矿床所在区域剩余重力异常是太古宙地层引起的，反映了成矿地质环境，与预测区内其他地区不具可比性。

三、区域地球化学特征

区域上分布有 Ag、As、Au、Cd、Cu、Mo、Sb、W 等元素组成的高背景区带，在高背景区带中有以 Ag、As、Au、Cd、Cu、Mo、Sb、W 为主的多元素局部异常。区内各元素西北部多异常，东南部多呈背景及低背景分布。预测区内共有 12 个 Ag 异常，7 个 As 异常，17 个 Au 异常，10 个 Cd 异常，9 个 Cu 异常，9 个 Mo 异常，10 个 Pb 异常，10 个 Sb 异常，12 个 W 异常，9 个 Zn 异常。

预测区上 Ag、As、Au 呈高背景分布，在白乃庙—徐尼乌苏一带、呼来哈布其勒—巴彦朱日和苏木一带存在规模较大的局部异常，有明显的浓度分带和浓集中心，在呼来哈布其勒—巴彦朱日和苏木地区 Ag、As、Au 异常套合较好；预测区西北部 Cd、Cu 为高背景，东南部呈背景、低背景分布，在 Cd 的高背景区带中存在两处规模较大的局部异常，分别位于查汗胡特拉—古尔班巴彦一带、巴彦朱日和苏木以西 10km 左右，Cu 元素在白乃庙地区呈高背景分布，有明显的浓集中心；Mo 元素仅在白乃庙及其西南部存在规模较大的异常；Sb 在区内呈大面积高背景分布，有明显的浓度分带和浓集中心；Pb、Zn 在区内呈背景及低背景分布；W 在预测区呈背景、低背景分布，存在局部异常。

预测区上元素异常套合较好的编号为 AS1，AS1 组合元素为 Au、As、Sb，Au 元素浓集中心明显，强度高，呈带状分布，As 呈环状分布，圈闭性较好，Sb 呈半环状分布，As、Sb 分布在 Au 异常的外围。

四、区域遥感影像及解译特征

预测工作区内解译出一条板块缝合带，即华北陆块北缘断裂带，该断裂带在图幅中南部呈北东东向展布，基本横跨整个图幅；构造在该区域显示明显的断续东西向延伸特点，线型构造两侧地层体较复杂，线型构造经过多套地层体(图 10-6)。

本区内线要素，在遥感图像上表现北东走向压性断裂为主；近东西向和北西向构造为辅，两构造组成本工作区的块状构造格架。在两组构造之中形成了次级千米级的小构造，而且多数为张或张扭性小构造。其中主要大型构造为北东向的地房子-好来哈布其勒张型构造，是该工作区成矿前期断裂带。

根据成矿期，可分为成矿前、成矿期和成矿后 3 种断裂构造。

成矿前期构造：呈北东向展布，属张性及张扭性断裂，是成矿早期的主要控矿断裂构造。其特点是石英脉呈雁行排列。

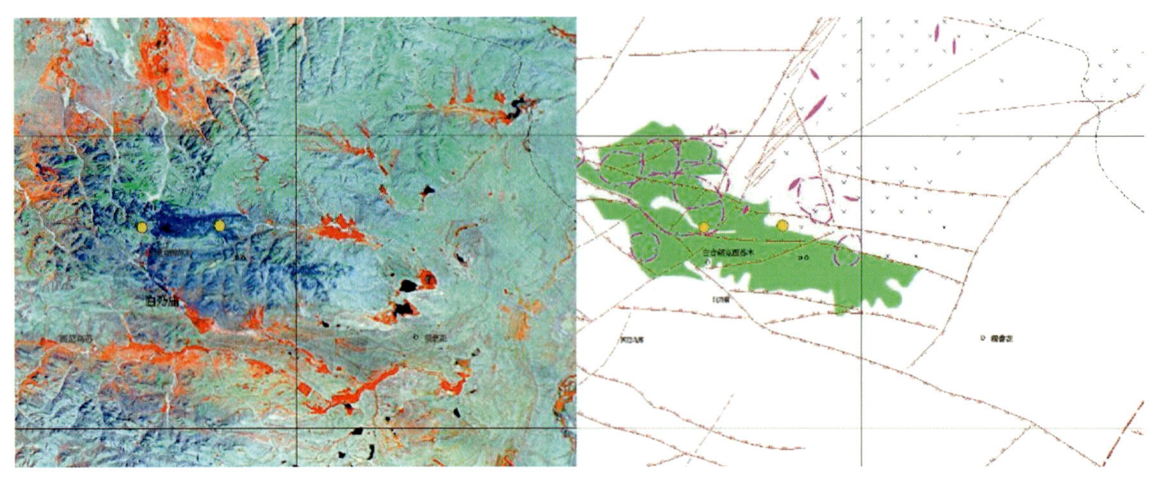

图 10-6　白乃庙金矿所在区域遥感影像图及解译图

成矿期构造：该期断裂活动，是叠加复合在早期张性断裂之上，其行迹基本未超越早期断裂范围，是成矿的重要导矿构造，使先期贯入的石英脉遭到挤压破碎，成为含矿热液充填胶结成矿的重要通道。

成矿后期断裂构造：可分为近东西向、北东向和北西向断裂构造组。

本工作区中解译出的中小型构造多达 133 条。

本预测工作区内的环形构造较为发育，圈出 41 个环形构造，可分为 2 种类型：中生代花岗岩类引起的环形构造、与隐伏岩体有关的环形构造。可以证实本工作区内岩浆活动频繁，岩性以黑云母花岗闪长岩、黑云母花岗岩及黑云母二长花岗岩为主，其次为斜长花岗岩和石英闪长岩等。燕山期的钾长花岗岩、花岗斑岩呈小岩株或巨脉状零星出露。喜马拉雅期的岩浆活动为裂隙或喷发的玄武岩，分布东部，沿北北东向构造展布。

本预测工作区内共解译出色调异常 24 处，为海西期闪长岩，是主要的含矿围岩。

带要素 4 处，为矿源层，白乃庙组含金丰度值较高，金矿源来自绿片岩中。金矿层黄铁矿中金含量比围岩增加了 150～200 倍，证明金是逐步迁移而富集的。

区内石英脉岩发育，即为本区内解译的近矿找矿标志。含金石英脉主要产于白乃庙群第一岩性段的阳起斜长片岩、绿起斜长片岩、绢云石英片岩内。

五、区域自然重砂特征

白乃庙预测区有典型矿床白乃庙铜矿、白乃庙金矿。与金矿有关的岩体为海西晚期辉绿岩和石英闪长岩侵入上志留统白乃庙群变质砂岩、板岩段和下二叠统三面井组砂岩段，含金石英脉在接触带和沿近东西断裂带成群分布。脉长一般在 50～100m 左右、宽 0.5～1m，品位在$(0.1\sim1)\times10^{-6}$。黄金残存在褐铁矿的骨架中，石英脉属硫化物石英建造类型。

六、区域预测模型

根据预测工作区区域成矿要素和航磁、重力、遥感及自然重砂等特征，建立了本预测区的区域预测要素，并编制预测工作区预测要素图和预测模型图。

区域预测要素图以区域成矿要素图为基础，综合研究重力、航磁、化探、遥感、自然重砂等综合致矿信息，总结区域预测要素（表 10-2），并将综合信息各专题异常曲线或区全部叠加在成矿要素图上，在表达时可以出单独预测要素如航磁的预测要素图。

预测模型图的编制，以地质剖面图为基础，叠加区域航磁及重力剖面图而形成，简要表示预测要素内容及其相互关系，以及时空展布特征（图 10-7）。

表 10-2　白乃庙热液型金矿预测工作区预测要素表

<table>
<tr><td colspan="2" rowspan="3">成矿要素</td><td colspan="4">描述内容</td><td rowspan="3">要素分级</td></tr>
<tr><td>储量</td><td>中型，2 687.37kg</td><td>平均品位</td><td>15.74×10^{-6}</td></tr>
<tr><td>特征描述</td><td colspan="3">热液型金矿</td></tr>
<tr><td rowspan="3">地质环境</td><td>构造背景</td><td colspan="4">天山-阴山内蒙海西晚期褶皱带，三级构造单元属温都尔庙复背斜南翼</td><td>必要</td></tr>
<tr><td>成矿环境</td><td colspan="4">1. 地层白乃庙群第一岩性段，金矿源来自绿片岩中。
2. 海西期是本区主要近东西向褶皱期，燕山期运动表现以断裂为主，形成若干北东向坳陷，堆积了中、新生代沉积，喜马拉雅期主要表现为北北东向升降运动和断裂。
3. 海西期的侵入岩呈小岩株或巨脉状零星出露。喜马拉雅期的岩浆活动为北北东向裂隙式喷发的玄武岩</td><td>必要</td></tr>
<tr><td>成矿时代</td><td colspan="4">花岗闪长斑岩 K-Ar 同位素地质年龄为 240Ma（桂林冶金地质研究所，1976），金矿成矿时代应为海西晚期或燕山早期</td><td>重要</td></tr>
<tr><td rowspan="7">矿床特征</td><td>矿体形态</td><td colspan="4">条状</td><td>重要</td></tr>
<tr><td>岩石类型</td><td colspan="4">白乃庙群阳起斜长片岩、绿起斜长片岩、绢云石英片岩，海西期花岗闪长岩、白云母花岗岩及花岗闪长斑岩、安山玢岩等</td><td>重要</td></tr>
<tr><td>岩石结构</td><td colspan="4">中细粒、斑状</td><td>次要</td></tr>
<tr><td>矿物组合</td><td colspan="4">矿石矿物主要为黄铁矿及褐铁矿，还有少量黄铜矿及斑铜矿，微量自然金、银金矿与自然银</td><td>重要</td></tr>
<tr><td>结构构造</td><td colspan="4">自形、半自形结构，他形粒状结构，交代残留结构；碎裂构造，浸染状构造，脉状、网脉状构造</td><td>次要</td></tr>
<tr><td>蚀变特征</td><td colspan="4">围岩蚀变比较强烈，与成矿有关的是硅化、黄金矿化、岩石褪色化、泥化，近矿围岩几乎完全改变了面貌</td><td>重要</td></tr>
<tr><td>控矿条件</td><td colspan="4">本区金矿床严格受断裂控制，主要含矿围岩是海西期闪长岩，燕山中晚期的细粒花岗岩、花岗斑岩和闪长岩类，金主要产于硫化物-石英脉中，其次为旁侧的蚀变破碎带中蚀变岩-石英脉型金矿</td><td>必要</td></tr>
<tr><td rowspan="2">地球物理特征</td><td>重力异常</td><td colspan="4">金矿位于布格重力相对较高异常区，剩余重力正异常区，且金矿位于异常较中心部位，重力值为 $7\times10^{-5}m/s^2$ 的等值线上。该正异常是古生代基底隆起所致</td><td>次要</td></tr>
<tr><td>磁法异常</td><td colspan="4">据 1∶5 万航磁化极等值线图显示，金矿位于宽缓弱正磁场区，从垂向一阶导数等值线剖面图显示异常轴向及等值线延伸方向为东西方向</td><td>重要</td></tr>
<tr><td colspan="2">地球化学特征</td><td colspan="4">矿区周围存在以 Au 为主，伴有 Ag、As、Sb、Cu、W、Mo 等元素组成的综合异常；Au 为主要的成矿元素，Ag、As、Sb、Cu、W、Mo 为主要的共伴生元素</td><td>必要</td></tr>
</table>

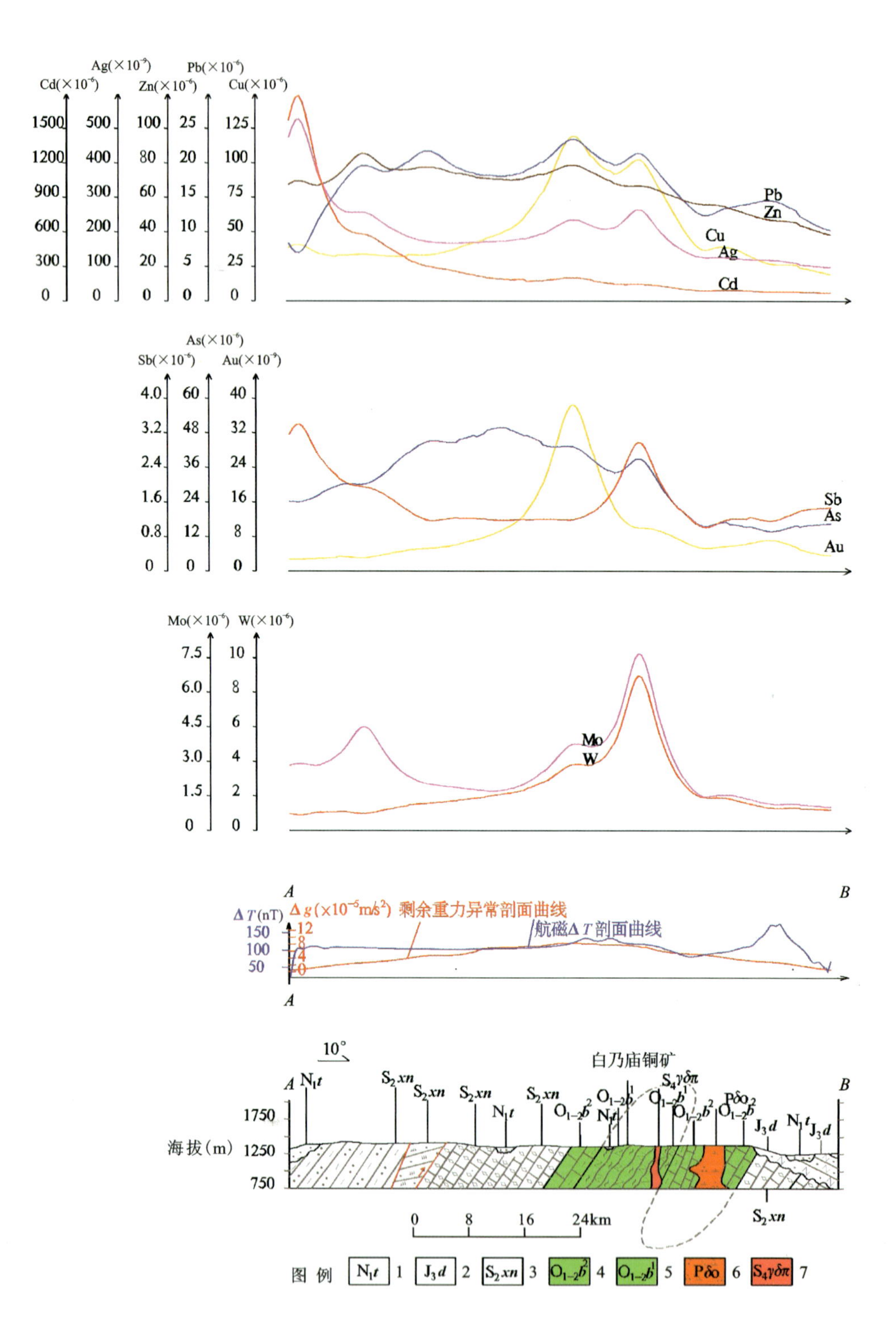

图 10-7　白乃庙金矿预测工作区预测模型图

1.新近系通古尔组;2.侏罗系大青山组;3.志留系徐尼乌苏组;4.奥陶系白乃庙组碳酸盐浊积岩建造;5.奥陶系白乃庙组钙碱系列火山岩建造;6.二叠纪石英闪长岩;7.志留纪花岗闪长斑岩、闪长玢岩

第三节　矿产预测

一、综合地质信息定位预测

（一）变量提取及优选

根据典型矿床及预测工作区研究成果，进行综合信息预测要素提取，本次选择网格单元法作为预测单元，根据预测底图比例尺确定网格间距为 2km×2km，图面为 20mm×20mm。

地质体、断层、遥感环要素进行单元赋值时采用区的存在标志；化探、剩余重力、航磁化极则求起始值的加权平均值，进行原始变量构置。由数字化及矢量化预测过程及结果可知，众多预测要素中，上志留统白乃庙第一岩段变量对预测占有较大比重，其次是海西晚期花岗闪长岩、白云母花岗岩、花岗闪长斑岩、安山玢岩及中酸性岩脉对预测所起到的作用，而航磁异常范围、重力剩余异常等变量也起到较为重要的作用，而遥感及重砂变量的相关程度不高。

（二）最小预测区圈定及优选

选择白乃庙典型矿床所在的最小预测区为模型区，模型区内出露的地质体为上志留统白乃庙第一岩段，Au 元素化探异常起始值$>3.5\times10^{-9}$，剩余重力异常>150nT，航磁化极异常$>3.5\times10^{-9}$，模型区内有一条规模较大、与成矿有关的东西向断层，海西晚期花岗闪长岩、白云母花岗岩、花岗闪长斑岩、安山玢岩及中酸性岩脉岩体出露，有 2 处遥感环要素，指示可能隐伏岩体的存在。

由于预测工作区内只有 6 个同预测类型的矿床，故采用有模型预测工程进行预测，预测过程中先后采用了数量化理论Ⅲ、聚类分析、特征分析、神经网络分析等方法进行空间评价，并采用人工对比预测要素，比照形成的色块图，叠加各预测要素，对色块图进行人工筛选，圈定最小预测区分布图。

（三）最小预测区圈定结果

白乃庙预测工作区预测底图精度为 1∶25 万，并根据成矿有利度、地理交通及开发条件和其他相关条件，将工作区内最小预测区级别分为 A、B、C 3 个等级，其中 A 级 7 个（含已知矿体），总面积 11.11km^2；B 级 5 个，总面积 16.68km^2；C 级 14 个，总面积 39.77km^2（图 10-8）。各级别面积分布合理，且已知矿床（点）分布在 A 级预测区内，说明预测区优选分级原则较为合理；最小预测区圈定结果表明，预测区总体与区域成矿地质背景和物化探异常等吻合程度较好。

（四）最小预测区地质评价

本区位于内蒙古高原中部，属典型丘陵地带，地势西南高，东北低。且干旱、多风、少雨，属典型的大陆性气候。年平均降雨量 263.4mm，多集中在 6—8 月，年平均蒸发量达 2 724.6mm。冬季严寒，最低气温可达−37.2℃，夏季炎热，最高气温达 39℃。昼夜温差变化大，冬季最大冻土深度 2.27m，自头年 10 月至次年 5 月为结冰期。山脉呈南西西-北东东向延伸，海拔标高 1155～1430m，比高 40～100m。山脊平坦或呈浑圆状，沟谷切割微弱，多呈开阔的“U”形谷，山坡冲沟比较发育，地貌类型属构造剥蚀的

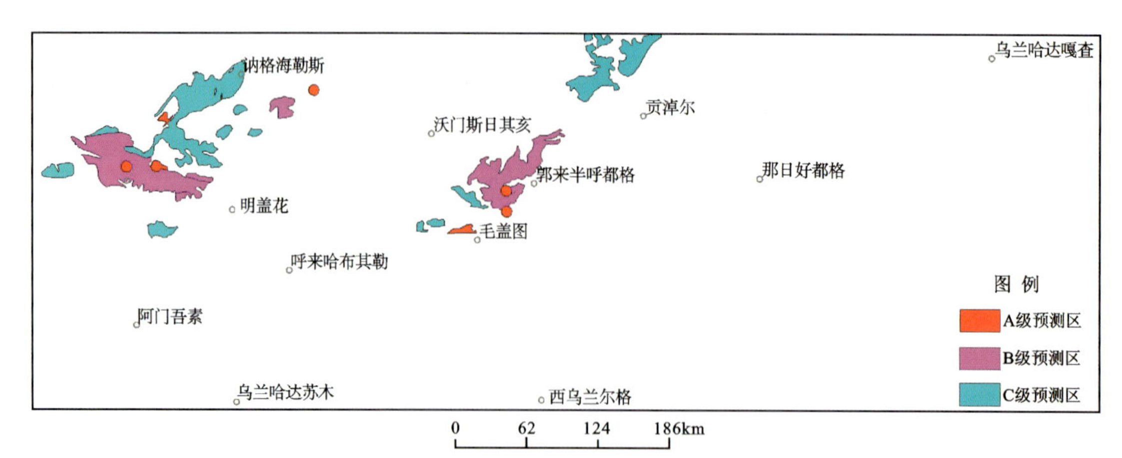

图 10-8　白乃庙金矿最小预测区优选分布图

低山丘陵及剥蚀堆积的缓坡丘陵地形。各最小预测区成矿特征及资源潜力见表 10-3。

表 10-3　白乃庙复合内生型金矿最小预测区成矿条件及找矿潜力评价表

预测区编号	最小预测区名称	最小预测区成矿条件及找矿潜力
A1511603001	白音朝克图苏木北	该区地表为第四系冲洪积砂砾，根据遥感资料为一北东向推测断层通过处，存在航磁异常和重力剩余异常，存在明显的 Au 化探异常。具较大的找矿潜力
A1511603002	海勒斯太西	该区存在航磁异常和重力剩余异常，存在明显的 Au 化探异常。具较好的找矿潜力
A1511603003	察汗敖包	该区存在航磁异常和重力剩余异常，Au 化探异常不显著。具较大的找矿潜力
A1511603004	郭来半呼都格西	该区存在航磁异常和重力剩余异常，Au 化探异常显著。具较大的找矿潜力
A1511603005	察干德尔斯西	该区存在航磁异常和重力剩余异常，Au 化探异常显著。具较大的找矿潜力
A1511603006	阿玛乌素南东	存在航磁异常和重力剩余异常，Au 化探异常不甚显著，预测区东侧发育有 1 条实测北东向断层，断层性质不明。具较大的找矿潜力
A1511603007	毛盖图北	呈近带状东西向展布，面积不大，存在局部航磁异常和重力剩余异常，Au 化探异常比较显著，预测区南部可见较强烈的蚀变带，于南部发育有 1 条东西向断层，产状不明。具较大的找矿潜力
B1511603001	白音朝克图苏木	呈近带状东西向展布，面积大，区内可见硅化及碳酸盐化蚀变，存在局部较为明显的重力剩余异常。具一定的找矿潜力
B1511603002	海勒斯太	呈近带状东西向展布，面积小，存在局部较为明显的重力剩余异常。具一定的找矿潜力
B1511603003	海勒斯太南西	呈近带状东西向展布，面积小，存在局部较为明显的重力剩余异常。具一定的找矿潜力
B1511603004	察汗敖包南西	呈似圆状，面积不大，存在 Au 化探异常。具一定的找矿潜力
B1511603005	郭来半呼都格北西	呈条带状近北东向展布，面积很大，局部存在较明显的航磁异常和重力剩余异常，Au 化探异常不甚显著。具一定的找矿潜力
C1511603001	夏日哈达	呈条带状近北东向展布，面积较大，存在局部微弱的航磁异常，Au 化探异常不甚显著。具一定的找矿远景

续表 10-3

预测区编号	最小预测区名称	最小预测区成矿条件及找矿潜力
C1511603002	毕鲁图嘎查南东	呈似圆状，面积小，存在局部的航磁异常及剩余重力异常，Au 化探异常不甚显著。具一定的找矿远景
C1511603003	毕鲁图嘎查东	呈似圆状，面积较小，存在局部的航磁异常及剩余重力异常，Au 化探异常不甚显著。具一定的找矿远景
C1511603004	巴彦高勒嘎查	呈长条状，面积较大，存在局部的航磁异常及剩余重力异常，Au 化探异常不甚显著。具一定的找矿远景
C1511603005	讷格海勒斯	呈条带状近北东向展布，面积大，为预测区中面积最大者，存在局部微弱的航磁异常，Au 化探异常不甚显著。具一定的找矿远景
C1511603006	察汗敖包北	呈似圆状，面积小，存在局部的航磁异常，Au 化探异常不甚显著。具一定的找矿远景
C1511603007	查干德日斯西	呈似圆状，面积小，存在局部的航磁异常，Au 化探异常不甚显著。具一定的找矿远景
C1511603008	音朝克图嘎查东	呈条带状近东西向展布，面积不大，存在局部微弱的航磁异常，Au 化探异常不甚显著。具一定的找矿远景
C1511603009	查干德日斯东	呈似圆状，面积小，存在局部的航磁异常，Au 化探异常不甚显著。具一定的找矿远景
C1511603010	白音朝克图嘎查南	呈椭圆状，面积较小，存在局部的航磁异常及剩余重力异常，Au 化探异常不甚显著。具一定的找矿远景
C1511603011	汗盖北东	呈条带状近北西向展布，面积不大，存在局部微弱的剩余重力异常，Au 化探异常不甚显著。具一定的找矿远景
C1511603012	汗盖东	呈椭圆状，面积较小，存在局部的 Au 化探异常。具一定的找矿远景
C1511603013	嘎拉图北	呈条带状近北东向展布，面积大，为预测区中面积最大者，存在局部微弱的航磁异常，Au 化探异常不甚显著。具一定的找矿远景
C1511603014	汗盖南西	呈椭圆状，面积较小，存在局部的 Au 化探异常。具一定的找矿远景

二、综合信息地质体积法估算资源量

（一）典型矿床深部及外围资源量估算

该矿床储量来源于内蒙古自治区国土资源厅 2010 年编写的《内蒙古自治区矿产资源储量表：贵重金属矿产分册》。根据对矿区近期开展工作了解，矿区钻孔深度达到 196m 左右，并仍有含矿地质体存在，尽管该矿床属于复合内生型，且很可能属于深源，但就矿体产状及深部延伸趋势分析，预测深度保守下推约 50m，确定该地区的最大预测深度为 250m。

白乃庙金矿典型矿床深部及外围资源量估算结果见表 10-4。

表 10-4　白乃庙金矿典型矿床深部及外围资源量估算一览表

典型矿床		深部及外围		
已查明资源量	2 687.37kg	深部	面积	355 080m^2
面积	0.77km^2		深度	50m
深度	250m	外围	面积	84 563m^2
品位	17.12×10^{-6}		深度	250m
密度	—	预测资源量		1 166.84kg
体积含矿率	0.000 03kg/m^3	典型矿床资源总量		3 854.21kg

（二）模型区的确定、资源量及估算参数

模型区为典型矿床所在的最小预测区。白乃庙典型矿床查明资源量 3 854.21kg，在白乃庙典型矿床外围仅有白音朝克图苏木古希达矿点一处，其金属量据《内蒙古自治区四子王旗白内庙金矿 26 号脉勘探地质报告》知为 0kg。模型区预测资源总量（$Z_{模}$）＝典型矿床总资源量（$Z_{典总}$）＋其他已知矿床资源量＝3 854.21kg＋0kg＝3 854.21kg（表 10-5）。

表 10-5　白乃庙式热液型金矿模型区预测资源量及其估算参数表

编号	名称	模型区总资源量（kg）	模型区面积（km^2）	延深（m）	含矿地质体面积（km^2）	含矿地质体面积参数
A1511603001	白乃庙	3 854.21	0.77	250	0.77	1

（三）最小预测区预测资源量

白乃庙式复合内生型金矿预测工作区最小预测区资源量定量估算采用地质体积法进行估算。

1. 估算参数的确定

最小预测区面积是依据综合地质信息定位优选的结果；延深的确定是在研究最小预测区含矿地质体地质特征、含矿地质体的形成深度、断裂特征、矿化类型的基础上，并对比典型矿床特征的基础上综合确定的；相似系数的确定，主要依据 MRAS 生成的成矿概率及与模型区的比值，参照最小预测区地质体出露情况、化探及重砂异常规模及分布、物探解译隐伏岩体分布信息等进行修正。

2. 最小预测区预测资源量估算结果

求得最小预测区资源量，本次预测资源总量为 23 756.49kg，其中不包括已知模型区查明资源量 7 079.37kg，详见表 10-6。

表 10-6　白乃庙预测工作区最小预测区估算成果表

最小预测区编号	最小预测区名称	$S_{预}$（km^2）	$H_{预}$（m）	K_S	K（kg/m^3）	α	$Z_{预}$（kg）	资源量级别
A1511603001	白音朝克图苏木北	0.77	250	1	0.000 02	1	1 166.84	334-1

续表 10-6

最小预测区编号	最小预测区名称	$S_预$ (km²)	$H_预$ (m)	K_S	K (kg/m³)	α	$Z_预$ (kg)	资源量级别
A1511603002	海勒斯太西	0.97	100	1	0.000 02	0.37	717.37	334-2
A1511603003	察汗敖包	0.77	100	1	0.000 02	0.15	231.76	334-1
A1511603004	郭来半呼都格西	0.77	100	1	0.000 02	0.15	230.56	334-1
A1511603005	察干德尔斯西	0.77	100	1	0.000 02	0.15	231.76	334-1
A1511603006	阿玛乌素南东	0.68	150	1	0.000 02	0.26	532.9	334-2
A1511603007	毛盖图北	1.15	100	1	0.000 02	0.26	1 192.94	334-2
B1511603001	白音朝克图苏木	28.50	100	1	0.000 02	0.37	3 420.53	334-3
B1511603002	海勒斯太	1.00	200	1	0.000 02	0.26	1 040.7	334-3
B1511603003	海勒斯太南西	0.70	150	1	0.000 02	0.19	399.97	334-3
B1511603004	察汗敖包南西	2.98	200	1	0.000 02	0.11	1 311.9	334-3
B1511603005	郭来半呼都格北西	19.54	150	1	0.000 02	0.23	2 930.37	334-3
C1511603001	夏日哈达	7.02	200	1	0.000 02	0.04	1 122.57	334-3
C1511603002	毕鲁图嘎查南东	0.51	100	1	0.000 02	0.04	40.95	334-3
C1511603003	毕鲁图嘎查东	1.39	200	1	0.000 02	0.04	223.16	334-3
C1511603004	巴彦高勒嘎查	8.88	150	1	0.000 02	0.08	2 132.1	334-3
C1511603005	讷格海勒斯	28.27	120	1	0.000 02	0.26	2 713.8	334-3
C1511603006	察汗敖包北	0.79	200	1	0.000 02	0.04	125.7	334-3
C1511603007	查干德日斯西	1.14	200	1	0.000 02	0.19	869.12	334-3
C1511603008	白音朝克图嘎查东	1.18	200	1	0.000 02	0.19	900.26	334-3
C151160300	查干德日斯东	0.64	150	1	0.000 02	0.08	152.86	334-3
C1511603010	白音朝克图嘎查南	2.95	200	1	0.000 02	0.11	129.93	334-3
C1511603011	汗盖北东	2.14	200	1	0.000 02	0.15	1 286.84	334-3
C1511603012	汗盖东	0.93	100	1	0.000 02	0.12	222.3	334-3
C1511603013	嘎拉图北	2.51	150	1	0.000 02	0.04	300.94	334-3
C1511603014	汗盖南西	0.58	100	1	0.000 02	0.11	128.36	334-3

(四)预测工作区预测成果汇总

白乃庙复合内生型金矿预测工作区地质体积法预测资源量，依据资源量级别划分标准，根据现有资料的精度，可划分为334-1、334-2、334-3三个资源量精度级别；白乃庙复合内生型金矿预测工作区中，根据各最小预测区内含矿地质体、物化探异常及相似系数特征，预测延深参数均在500m以浅。根据矿产潜力评价预测资源量汇总标准，白乃庙复合内生型金矿预测工作区按精度、预测深度、可利用性、可信度统计分析结果见表10-7。

表10-7　白乃庙复合内生型金矿预测工作区资源量估算汇总表　　单位：kg

深度	精度	可利用性		可信度			合计
		可利用	暂不可利用	≥0.75	≥0.5	≥0.25	
500m以浅	334-1	1 860.92	—	1 860.92	1 860.92	1 860.92	1 860.92
	334-2	2 443.21	—	2 443.21	2 443.21	2 443.21	2 443.21
	334-3	—	19 452.36	—	15 419.94	19 452.36	19 452.36
合计							23 756.49

第十一章　金厂沟梁式热液型金矿预测成果

第一节　典型矿床特征

一、典型矿床地质特征及成矿模式

(一)典型矿床特征

1. 矿区地质

矿区出露地层有太古宇变质片麻岩，中生界陆相火山岩。太古宇是金矿直接围岩，其岩性为斜长角闪片麻岩、角闪斜长片麻岩、黑云角闪斜长片麻岩及少量浅粒岩。该岩系中 Au 的丰度大约高出克拉克值 2～11 倍。中—上侏罗统为一套以喷发-溢流相的火山碎屑岩及酸性熔岩为主的火山岩地层。下白垩统为一套火山碎屑-中偏碱性火山熔岩组成的陆相火山岩，其分布面积较小(图 11-1)。

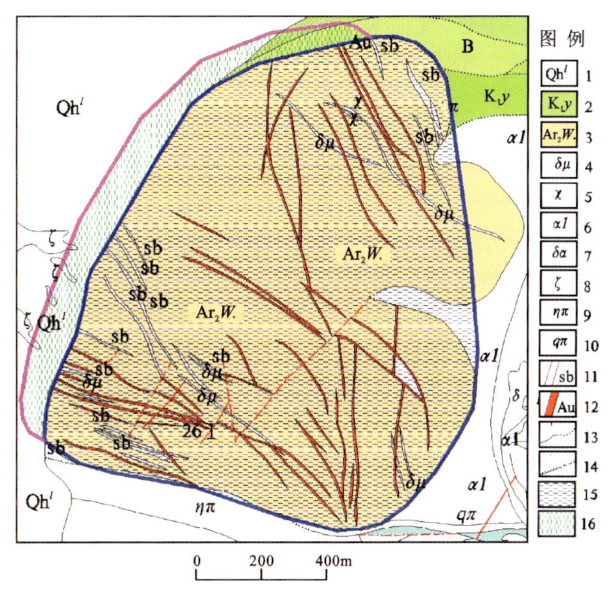

图 11-1　金厂沟梁金矿矿床面积($S_{总}$)及预测面积示意图

(据《内蒙古自治区敖汉旗金厂沟梁金矿区金矿资源储量核实报告》，内蒙古自治区金陶股份有限公司，2005 修编)

1. 全新统黄土及亚沙土；2. 下白垩统义县组凝灰安山质砂砾岩；3. 太古宇乌拉山岩群混合岩化斜长角闪片麻岩；4. 闪长玢岩；5. 煌斑岩；6. 细粒黑云母粗安岩；7. 闪安岩；8. 英安岩；9. 二长斑岩；10. 石英斑岩；11. 构造破碎带；12. 金矿体及编号；13. 实测及推测地质界线；14. 实测及推测不整合地质界线；15. 矿体聚集区段边界范围；16. 典型矿床外围预测范围

矿区内岩浆活动频繁，各类侵入体大面积分布于金厂沟梁矿区的南侧，主要有三叠纪似斑状中粗粒花岗岩，燕山期二长花岗岩、片理化二长花岗岩、花岗闪长岩、石英闪长岩和花岗斑岩等。与金矿有关的岩体是对面沟复式岩体，其含金量与太古宙地层相近。区内脉岩发育，与金矿脉具有一致性，主要脉岩有花岗斑岩、流纹斑岩、正长斑岩、闪长玢岩、安山玢岩、英安斑岩等。

2. 矿床地质特征

西矿区位于头道沟断裂西北侧，乌拉山-百杖子断裂以东，已探明大小矿脉 36 条，拥有整个金矿近 95%的储量。矿区范围内的矿脉几乎全为第四系或建筑物覆盖，其北延和西延部分被白垩系火山岩掩盖，东部则为粗安岩所截(图 11-2)。

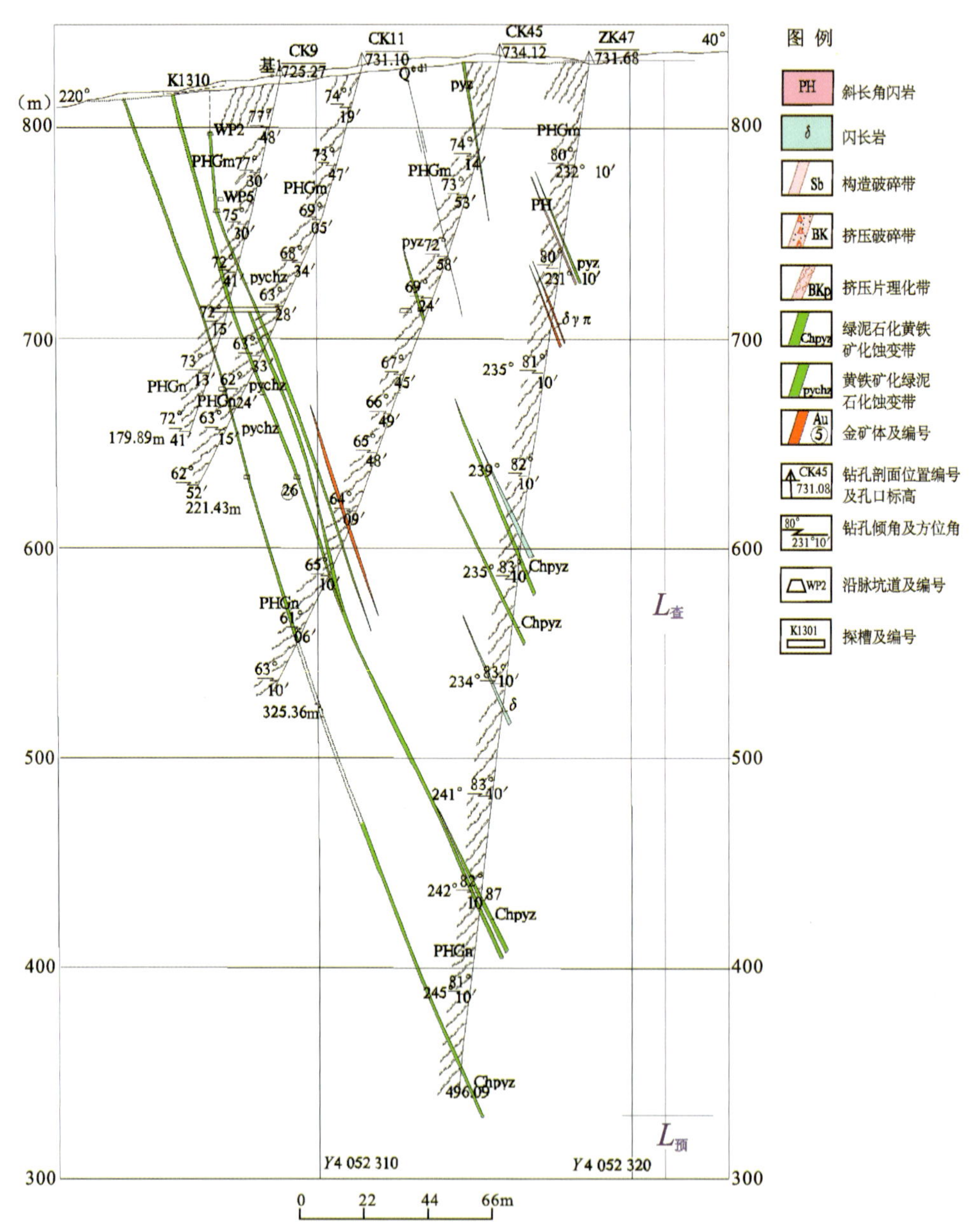

图 11-2 金厂沟梁金矿 26 号脉 1 勘探线剖面图

(据《内蒙古自治区敖汉旗金厂沟梁金矿区金矿资源储量核实报告》，内蒙古自治区金陶股份有限公司，2005 修编)

金厂沟梁金矿西矿区矿脉具有以下基本特征：

(1)矿脉走向可分为北西向、北西—近南北—北北西向和北东向 3 组，以前两组居多。北西向矿脉组以 8 号脉、26 号脉、56 号脉为代表，还包括 15 号支脉群、26 号支脉群和 35 号支脉群内的大部分矿脉，以及 32 号、39 号等脉；北西—近南北—北北西向矿脉以 35 号脉和 57 号脉群为代表；北东向矿脉以 36

号和 37 号脉为代表。

(2)各矿脉普遍存在硫化物石英脉型和硫化物蚀变岩型两种矿化，且除 57 号矿脉以外大多以前者为主。各脉脉幅普遍较窄，倾角较陡，属极薄急倾斜型。

(3)矿脉形态较简单，大多呈脉状和长条状，次透镜状和豆荚状，矿化比较连续和稳定。局部地段分支复合现象比较显著，形成大的脉群，如 26 号脉群等。膨缩现象也时有所见。

3. 矿石特征

矿石类型：多金属硫化物石英脉型矿石、绿泥石蚀变岩型矿石、绢云母蚀变岩型矿石和黄铁矿化方解石型矿石。

矿物组合：金属矿物以黄铁矿为主，约占金属矿物总量的 90%。其他金属矿物有黄铁矿、方铅矿、闪锌矿、金银矿物及少量的辉铜矿、磁黄铁矿等。脉石矿物有石英、绿泥石、绢云母、方解石等。

4. 矿石结构构造

矿石结构：结晶结构，包括自形晶粒结构，他形—半自形粒状结构。应力结构：包括碎裂结构，压碎结构、碎斑结构、熔蚀结构、交代残余结构、包含结构、交代结构、网状结构等。

矿石构造：块状构造，浸染状构造，脉状、细脉状及网脉状构造，角砾状构造，泥状构造。

矿床的围岩蚀变有：绿泥石化、绢云母化、黄铁矿化、硅化、碳酸盐化。由于各类蚀变作用均围绕成矿活动而发生，因此，它们多以控制构造或矿体为中心，形成线形条带状分布。一般比较完整的分带型式由内向外为：硅化(含矿石英脉)→绿泥石化→绢云母化→强烈蚀变围岩→正常岩石。蚀变带的宽度随矿脉的宽度和矿化强弱程度而变化。绿泥石化、绢云母化及黄铁矿化与成矿关系最为密切。

5. 矿床成因及成矿时代

成矿物质中的铅绝大部分来源于下地壳或地幔，部分可能来自上地壳或上升过程中受到上地壳物质的混染。从以上资料推断，本区金矿物质主要来自岩浆热液，说明矿脉起源于岩体。

目前为止，对该金矿床的成矿时代为燕山期基本上没有分歧，但是早晚还有不同意见。有研究者认为金厂沟梁金矿床形成于 129～123Ma(Poufaen et al,1990；Lin et al,1993)，成矿与西对面沟岩体有关；有研究者认为金矿化形成于 145～140Ma(庞奖励等，1997)，并根据该成矿年龄与娄上闪长岩体 K-Ar 年龄相近，认为金矿成矿作用与娄上岩体有关。

金厂沟梁矿床蚀变矿物云母的 Ar-Ar 同位素等时线年龄在 126～118Ma 之间(王建平等，1992；Lin et al,1993)；前人用不同方法得到西对面沟岩体的年龄范围为 131～125Ma(王志等，1989；Lin et al,1995)。

在区域上，对二道沟矿区成矿前闪长玢岩脉中的锆石进行了 SHRIMP 测年，得出的成岩年龄为 126±1Ma(苗来成等，2003)，安家营子金矿为 124～122Ma(Trumbull et al,1996)。

以上表明金厂沟梁金矿形成于燕山晚期。

(二)矿床成矿模式

金厂沟梁的成矿原因如下：在中生代古太平洋板块俯冲的远距离效应作用下形成的玄武岩浆上升，底侵加热下地壳形成岩浆房，岩浆房受到挤压发生破裂沿着断裂上升到地壳浅部，由于温度和压力的改变，部分岩浆开始分异结晶作用，晶出石英和黄铁矿等硫化物，形成早期阶段的贫矿体。在此过程中来自地幔的玄武质岩浆可能与地壳物质发生混染，萃取部分金等成矿物质，形成含矿岩浆。后来该地区构造环境发生改变，转换为拉张为主的构造环境，先期上升到浅部的残余岩浆由于外部压力减小发生隐爆，沿构造裂隙脉动上升，并在有利的部位沉淀成矿，形成上部金矿化为主，下部金(铜)矿化为主的矿化格局(图 11-3)。

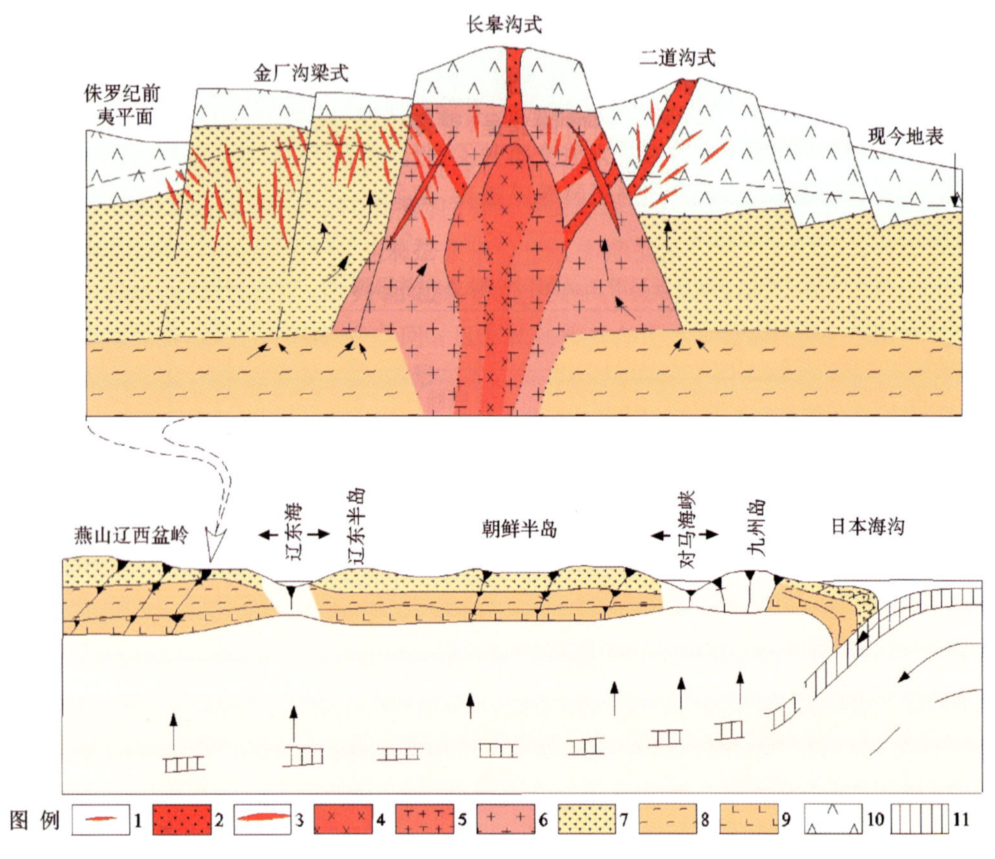

图 11-3　金厂沟梁金矿成矿模式图

(据《内蒙古自治区敖汉旗金厂沟梁金矿区金矿资源储量核实报告》，内蒙古自治区金陶股份有限公司，2005 修编)

1. 脆性断裂中的金矿脉；2. 斑岩型 Cu(Co、Au)矿化；3. 晚期中酸性岩脉；4. 斑状花岗闪长岩；5. 中细粒花岗闪长岩；6. 中粒似斑状花岗岩；7. 上地壳；8. 中地壳；9. 下地壳；10. 晚侏罗世—早白垩世火山岩；11. 洋壳

二、典型矿床地球物理特征

(一)矿床所在位置航磁特征

据磁法资料，背景场为低缓磁场，局部地区有正磁异常，规模不大，其中东南部磁场变化剧烈，正异常达 2500nT，负异常达 −1000nT，形态呈圆团状(图 11-4)。

(二)矿床所在区域重力特征

金厂沟梁金矿所在区域布格重力异常总体上为相对高值区，$\Delta g - 82\times10^{-5}\mathrm{m/s^2} \sim -56\times10^{-5}\mathrm{m/s^2}$，金矿位于近南北向弧形分布的梯级带东缘，其附近重力值 $\Delta g - 60\times10^{-5}\mathrm{m/s^2} \sim -50\times10^{-5}\mathrm{m/s^2}$，金矿西侧重力值较低，东侧较高。

金厂沟梁金矿所在域呈区域性面状分布的负异常，这一带地表有白垩纪、侏罗纪地层分布，且多处

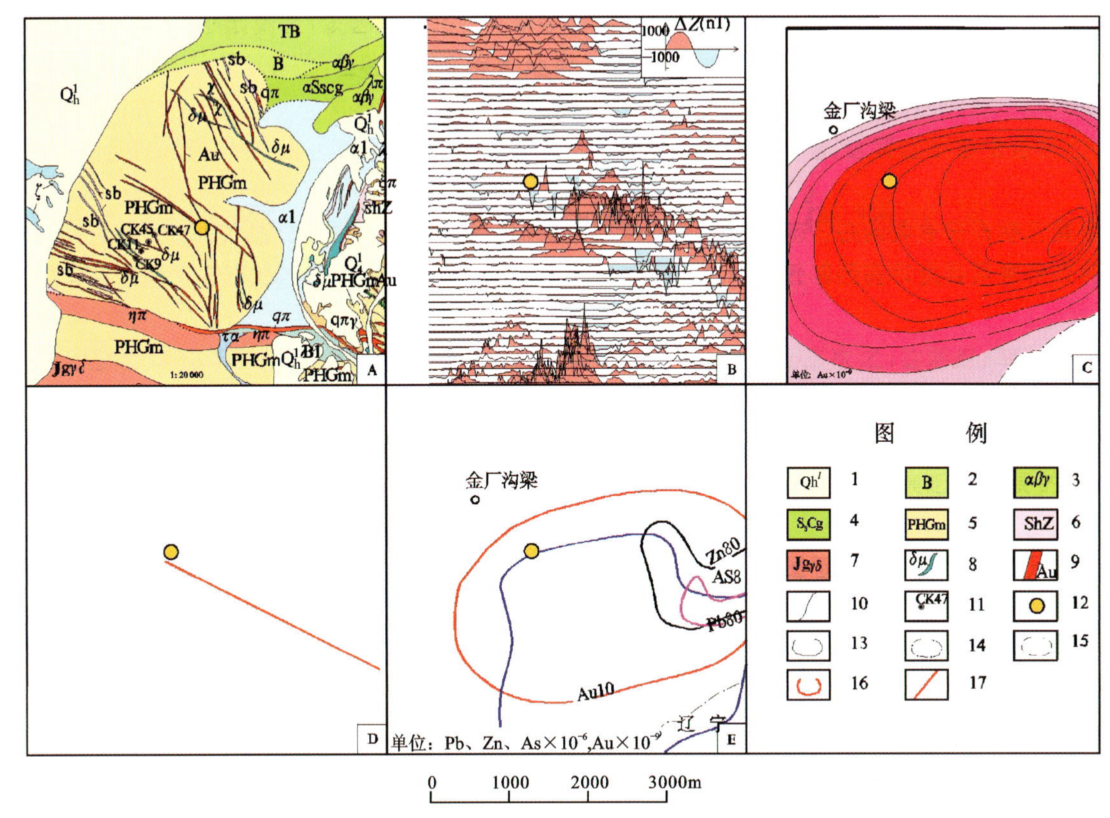

图 11-4　金厂沟梁金矿典型矿床所在位置物化探剖析图

A. 地质矿产图；B. 地磁 ΔZ 等值线平面图；C. 金地球化学图；D. 推断地质构造图；E. 金矿区综合异常图。

1. 第四系全新统黄土及亚沙土；2. 下白垩统火山角砾岩；3. 下白垩统暗色安山质角砾岩；4. 下白垩统凝灰安山质砂砾岩；5. 太古宇乌拉山岩群：混合岩化斜长角闪片麻岩；6. 太古宇乌拉山岩群变质杂岩体；7. 侏罗纪片麻状花岗闪长岩；8. 闪长玢岩；9. 金矿体；10. 地质界线；11. 钻孔位置及编号；12. 金矿点位置；13. 正等值线；14. 零等值线；15 负等值线；16. 金异常及下限值（$Au\times10^{-9}$）；17. 推断断裂

出露二叠纪、侏罗纪的酸性岩体，尤其在酸性岩体出露区，剩余重力异常值更低，如金矿西南侧的 L 蒙-286 剩余重力负异常，其值为 $\Delta g-1\times10^{-5}\mathrm{m/s^2}\sim-7.81\times10^{-5}\mathrm{m/s^2}$。所以认为这一区域的负异常主要由酸性侵入岩体引起。金矿所在位置为剩余重力正异常区边部，$\Delta g 1\times10^{-5}\mathrm{m/s^2}\sim4.78\times10^{-5}\mathrm{m/s^2}$，异常范围较小，异常区内有太古宙地层出露，显然该异常因太古宙基底隆起所致。金矿位于岩体与地层的接触带上。

综上所述可见，含金石英脉及基性岩脉均产于前震旦纪变质岩系地层中。金矿位于范围较小的剩余重力正异常的边部，其南侧为明显的局部剩余重力负异常。金矿处在较强航磁异常区。以上重磁特征反映了金的成矿地质环境，金矿位于元古代地层与酸性侵入岩的接触带上。

三、典型矿床地球化学特征

金厂沟梁式热液型金矿矿区周围存在以 Au 为主，伴有 Ag、As、Sb、Pb、Zn、Cu 等元素组成的综合异常，Au 富集与黄铁矿含量成正比，Ag 与 Au 密切伴生，Ag 的含量一般为 Au 的 2～4 倍，Au 元素在金厂沟梁地区呈高背景分布，浓集中心明显，异常强度高，范围较大；As、Sb、Ag、Cu 在其周围呈高背景分布，无明显的浓集中心。

四、典型矿床预测模型

根据典型矿床成矿要素和矿区 1∶1 万综合物探普查资料以及区域化探、重力、遥感资料，确定典型矿床预测要素，编制了典型矿床预测要素图。其中高精度磁测、激电中梯资料以等值线形式标在矿区地质图上；化探资料由于只有 1∶20 万比例尺的，所以编制矿床所在地区 Au、Ag、Cd、Zn、Pb、Cu、W 综合异常剖析图作为角图表示；为表达典型矿床所在地区的区域物探特征，据 1∶50 万航磁 ΔT 等值线平面图、航磁 ΔT 化极等值线平面图、航磁 ΔT 化极垂向一阶导数等值线平面图、布格重力异常图、剩余重力异常图及重力推断地质构造图编制了金厂沟梁典型矿床所在区域地质矿产及物探剖析图(图 11-5)。

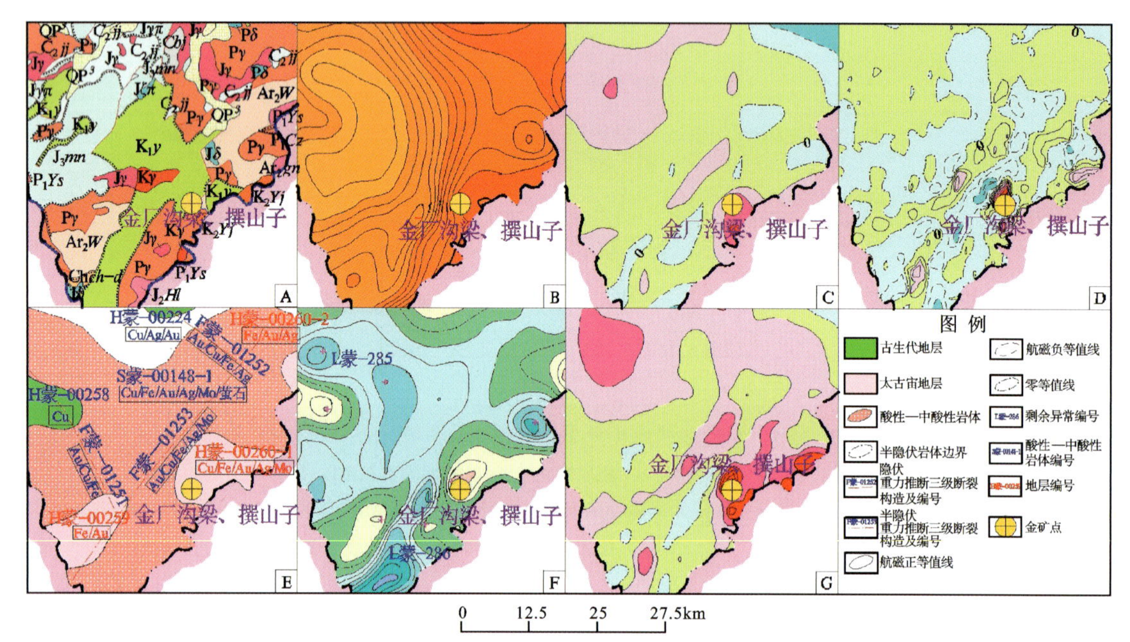

图 11-5　金厂沟梁金矿物探剖析图

A. 地质矿产图；B. 布格重力异常图；C. 航磁 ΔT 等值线平面图；D. 航磁 ΔT 化极垂向一阶导数等值线平面图；E. 重力推断地质构造图；F. 剩余重力异常图；G. 航磁 ΔT 化极等值线平面图

以典型矿床成矿要素图为基础，综合研究重力、航磁、化探、遥感、自然重砂等综合致矿信息，总结典型矿床预测要素表(表 11-1)。

表 11-1　内蒙古敖汉旗金厂沟梁式热液型金矿典型矿床预测要素表

<table>
<tr><td colspan="2" rowspan="3">典型矿床预测要素</td><td colspan="4">内容描述</td><td rowspan="3">要素类别</td></tr>
<tr><td>储量</td><td>24 421kg</td><td>平均品位</td><td>12.97×10^-6</td></tr>
<tr><td>特征描述</td><td colspan="3">热液型</td></tr>
<tr><td rowspan="3">地质环境</td><td>构造背景</td><td colspan="4">燕山期晚造山阶段岩浆活动</td><td>必要</td></tr>
<tr><td>成矿环境</td><td colspan="4">1. 赋矿围岩为太古宇乌拉山岩群变质岩系。
2. 含矿热液与燕山期花岗闪长岩有关。
3. 含金石英脉与含矿中酸性岩脉大部分产于前震旦纪片麻岩系中沿北西 290°～340°走向的构造裂隙带内，也产于侏罗纪火山岩中和对面沟一带的燕山期细粒花岗闪长岩中。
4. 强烈褐铁矿化的构造破碎蚀变带及含硫化物的次火山岩是寻找原生金矿脉的直接找矿标志</td><td>重要</td></tr>
<tr><td>成矿时代</td><td colspan="4">燕山期</td><td>必要</td></tr>
</table>

续表 11-1

<table>
<tr><td colspan="2" rowspan="3">典型矿床预测要素</td><td colspan="4">内容描述</td><td rowspan="3">要素类别</td></tr>
<tr><td>储量</td><td>24 421kg</td><td>平均品位</td><td>12.97×10^{-6}</td></tr>
<tr><td>特征描述</td><td colspan="3">热液型</td></tr>
<tr><td rowspan="7">矿床特征</td><td>矿体形态</td><td colspan="4">脉状</td><td></td></tr>
<tr><td>岩石类型</td><td colspan="4">岩体由两次侵入的细粒闪长岩(边部)和斑状花岗闪长岩(内部)组成,小岩株</td><td>重要</td></tr>
<tr><td>岩石结构</td><td colspan="4">中粗粒似斑状花岗岩,中细粒片麻岩状花岗岩,中细粒花岗闪长岩</td><td>次要</td></tr>
<tr><td>矿物组合</td><td colspan="4">主要有黄铁矿,次为黄铜矿、方铅矿、闪锌矿、黝铜矿,偶见磁黄铁矿、毒砂、斑铜矿、辉铜矿、铜蓝、辉钼矿、孔雀石、褐铁矿、磁铁矿、赤铁矿等,含金量与含黄铁矿量密切相关</td><td>重要</td></tr>
<tr><td>结构构造</td><td colspan="4">自形—半自形—他形结构、压碎-扭裂结构、包含和交代结构、斑状结构、乳浊状结构、网脉状结构土状等结构;致密块状构造、浸染状构造、细脉条带状构造、似斑状构造。氧化矿石呈蜂窝状构造</td><td>次要</td></tr>
<tr><td>蚀变特征</td><td colspan="4">区内围岩蚀变主要见有绿泥石化、绢云母化、黄铁矿化、黄铁细晶岩化、硅化、碳酸盐化等。与成矿关系密切的蚀变为绢云母化和黄铁矿化,线形绢云母化、黄铁矿化蚀变带是寻找原生金矿脉的重要间接标志</td><td>次要</td></tr>
<tr><td>控矿条件</td><td colspan="4">1. 太古宇变质岩基底为金的形成和叠加富集具备了初始矿源。
2. 印支期花岗岩的侵入和火山岩喷溢,形成大型花岗岩基,燕山运动晚期形成次火山-小侵入富金岩体,形成围绕岩体的一系列放射状及环状断裂-裂隙,因此在岩体边部及外接触带形成了早期细脉浸染型铜钼矿化。
3. 控矿断裂多为北东—北北东向、近东西向(深大断裂及韧性剪切带),环形构造多为燕山早期的中酸性岩体所致,金矿常产在岩体周边</td><td>重要</td></tr>
<tr><td rowspan="2">地球物理特征</td><td>重力</td><td colspan="4">测量结果一般岩层和火成岩强度均为正异常,仅局部有点状异常反应</td><td>次要</td></tr>
<tr><td>航磁</td><td colspan="4">局部的正异常</td><td>重要</td></tr>
<tr><td>地球化学特征</td><td colspan="5">1. Ag、As、Sb、Pb、Zn、Cu、Au 富集与黄铁矿含量成正比,Ag 与 Au 密切伴生,Ag 的含量一般为金的2～4倍。
2. F、As、Sb、Hg 为前缘元素,Mo、Co(Cu)为尾晕元素,Au 与 Ag、Bi、Cu、Hg、Pb、Zn 有正相关关系,F、As 迁移比较远。
3. Au/Ag 比值的变化与成矿温度成正比,即从矿化中心向外比值变小。从矿床开采中段延深方向 Au/Ag 的比值变小。
4. 自然金重砂异常是寻找原生金矿床的有利区段;伴生银 19 525kg,Ag 含量 49.39×10^{-6}</td><td>重要</td></tr>
</table>

第二节　预测工作区研究

一、区域地质特征

(一)成矿地质背景

本区位于华北陆块与天山-兴蒙造山系两大构造单元的交接带。

1. 地层

研究区地层齐全,除缺少元古宇外,太古宇、古生界、中生界、新生界均有分布,且构造复杂,各断代地层多不齐全,以中、新生界分布最广,其次是太古宇。区内太古宇主要分布在努鲁尔虎山、七老图山和铭山3个隆断带上，少部分出露于锡伯河、老哈河两个坳断带中。出露的太古宙地层主要为集宁岩群（乌拉山岩群），为一套角闪岩相－高绿片岩相变质岩，包括黑云斜长片麻岩、黑云角闪变粒岩、黑云钾长片麻岩、斜长角闪岩、大理岩、绿片岩等，普遍遭受过强烈的区域混合岩化作用。其原岩为一套海相中基性火山-沉积岩。古生代时期，南部为相对稳定的陆表海沉积，为一套灰岩-砂岩建造；北部区处于活动陆缘环境，沉积了一套火山岩-沉积岩建造。中生代本区处于滨太平洋岩浆岩带（内带），主要表现为差异性升降，形成断隆与坳陷相间的格局，沉积了陆相湖盆含煤沉积建造、陆相火山岩建造等。新生界遍布沟谷及平川。

2. 岩浆活动

区内岩浆岩极为发育，特别是到了中生代，由于太平洋板块向欧亚板块的俯冲作用，使华北地台强烈活化，伴随有强烈的构造活动及岩浆侵入和火山喷发活动。强烈的燕山运动打破了元古宙以来的东西向构造格局，由于扭动而产生一系列的北东向断裂，并引起呈北东向延伸的岩浆活动，在本区形成了北东向展布的岩浆岩带。

主要侵入期有吕梁-阜平期、海西期及燕山期，以燕山期最为强烈。岩性从酸性到超基性均有分布，各种岩性的分布面积随着基性程度的增加而减小，酸性岩最广，超基性岩最少。从分布面积看，区内侵入岩约占百分之十几。碱性岩也有分布，发育于燕山期，尤以燕山晚期最为发育。燕山早期及其以前的侵入岩以中深成岩为主，而燕山晚期则发育浅成岩类及超浅成岩类。

3. 构造

本区自太古宙克拉通化后，长期处于稳定状态，晚古生代以来、尤其是中生代的燕山运动致使本区构造活跃。区域总体构造景观是受深大断裂控制的基底构造和断裂构造。基底构造系指本区太古宇变质变形而形成的构造。目前这种构造已无完整性，所能见到的是内部发育的一系列片麻理褶曲，其轴部已被中生代岩浆侵入，它整体呈现的北东向复式背斜是否为太古宙高级变质作用基础上形成的很难确定。另外，有些已被后期的片理构造所取代（如铁匠营向斜、金厂沟梁单斜等）。区域内的断裂构造主要表现为大型线形断裂。区域的大型线形断裂构造有3组，分别为东西向、北西向和北北东—北东向，规模较大，构成大型的断裂带。这些断裂控制了该区中生代盆地和火山机构的形成。在区域上，东西向断裂构造规模较大，主要有隆化-北票断裂带、赤峰-开原深断裂带。北西向断裂早于北东向断裂，而且多被北东向断裂切割推移，北西向断裂是本区主要的导岩、导矿和容矿构造。区域上的北北东—北东向断裂较为发育，自西向东依次为赤峰-锦山断裂带、铁匠营-四官营裂带、承德-北票断裂带，规模相对较大。东西向和北东向深大断裂控制了本区断隆与坳陷的形成。

（二）区域成矿模式

本区金矿床多集中分布于断隆区，断陷区少见，矿床受构造-岩浆岩-矿源层“三位一体”控制（图11-6）。

二、区域地球物理特征

（一）磁法

在航磁 ΔT 等值线平面图上金厂沟梁预测区磁异常幅值范围为－1200～2900nT，磁异常多以－100～100nT为背景，总的说来，预测区以杂乱的梯度变化较大的正负相间异常为主，轴向多为北东

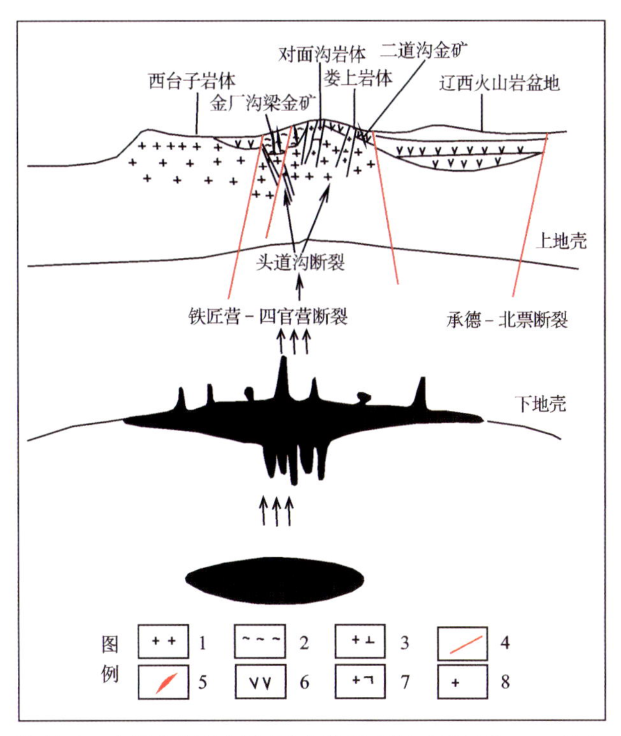

图 11-6　金厂沟梁地区金矿成矿模式图(据陈军强，2006 修改)

1. 花岗岩；2. 变质岩；3. 花岗闪长岩；4. 断裂；5. 金矿脉；6. 火山岩；7. 石英闪长岩；8. 碱性岩

向，形态不规则。其中北部和南部磁异常以杂乱正异常为主，梯度变化较大，中东部地区磁异常较为平缓。金厂沟梁金矿位于预测区东部，正异常梯度变化带 250nT 等值线附近。

预测区磁法推断地质构造：断裂走向多呈北东向，在磁场上多表现为不同磁场分界线和串珠状磁异常。综合地质情况，预测区杂乱磁异常多为火山岩地层和侵入岩体引起，少部分由变质岩地层引起。共推断断裂 27 条、侵入岩体 24 个、火山岩地层 30 个、火山构造 2 个。

(二)重力

区域上位于大兴安岭北北东向重力梯级带的南端。布格重力异常东部区为重力高，$\Delta g-119\times10^{-5}m/s^2\sim-32.68\times10^{-5}m/s^2$；西部区为重力低，$\Delta g122.09\times10^{-5}m/s^2\sim-119\times10^{-5}m/s^2$，重力值下降幅度较大，异常总体走向呈北北东向。这主要是受地幔起伏的影响。由东到西，地幔呈逐渐变深的幔坡。预测区内异常形态复杂，等值线较密集，这主要与该区域分布有北东向、近东西向、北西向深大断裂有关，在深大断裂部位布格重力异常多形成一定走向的梯级带。

预测区内形成多处剩余重力正负异常，异常呈长椭圆状、蠕虫状。形态较复杂，分布面积较小。走向多呈北东向，少部分呈北西向。这与该区域复杂多变的地质环境有关。

预测区处在元古宙基底隆起引起的剩余重力正异常区。在其周围区域内是与酸性侵入岩有关的面状剩余重力负异常。金厂沟梁金矿以北即预测区东部地区的剩余重力正异常主要与古生代基底隆起有关。预测区北部 G 蒙-294、G 蒙-280 剩余重力正异常区内有基性岩和太古宙地层出露，所以认为是太古宙基底隆起和高密度的基性岩引起。预测区西南部的剩余重力正异常主要是元古宙、太古宙基底隆起所致。预测区中北部呈条带状展布，边部梯级带明显，形态相对较规则的剩余重力负异常多是由盆地引起。预测区北部、南部呈面状分布形态不规则的剩余重力负异常多是由酸性侵入岩引起。

预测区内 G 蒙-300、G 蒙-308 剩余重力正异常由元古宙地层引起，G 蒙-297、G 蒙-300、G 蒙-309 剩余重力正异常是太古宙基底隆起的反映，以上剩余重力正异常区域或其边部多处分布有金矿点，这些区域应是寻找金矿的靶区。在金厂沟梁所在的剩余重力正异常与周围负异常的交接带部位应是寻找金矿的有利靶区。

三、区域地球化学特征

预测区上分布有Ag、As、Cd、Cu、Pb、Zn等元素组成的高背景区带，在高背景区带中有以Ag、As、Cd、Cu、Pb、Zn为主的多元素局部异常。区内各元素北东部多异常，南西部多呈背景及低背景分布。预测区内共有62个Ag异常，23个As异常，57个Au异常，73个Cd异常，49个Cu异常，61个Mo异常，69个Pb异常，38个Sb异常，52个W异常，45个Zn异常。

预测区南部Ag、As呈高背景分布，在预测区北部呈背景、低背景分布，Ag在西拐棒沟—高家梁乡之间有一条浓度分带，浓集中心明显，强度高，浓集中心呈面状分布，As元素在塔布乌苏村以北存在一条北东向高背景区，浓集中心明显，强度高，呈串珠状分布；Au在预测区呈背景、低背景分布；Cd在预测区呈背景、高背景分布，有明显的浓度分带和浓集中心，Pb在预测区南部呈高背景分布，在北部呈背景、低背景分布，Zn在预测区呈背景、高背景分布，区域上分布有一条北东向的低背景区，在西拐棒沟—高家梁乡之间存在Cd、Pb、Zn的组合异常，具明显的浓集中心；Cu在预测区上有明显的浓度分带和浓集中心；预测区上存在Sb、W、Mo元素明显的浓度分带和浓集中心。

预测区上Au元素异常分布范围小，与其他元素组合特征不明显。

四、区域遥感影像及解译特征

本预测工作区内共解译出7条大型断裂带，各断裂带名称、空间分布特点以及与矿产地质的关系见表11-2。

表11-2　金厂沟梁式金矿预测工作区大型断裂带展布及与矿产地质关系

断裂带名称	走向	岩性特征
阿古拉-喀喇沁断裂带	北东	由喀喇沁镇向北东进入预测工作区，由数条近于平行的断裂构造组成，为一中段宽、两端窄的较大型断裂构造带，中部较宽部位是重要的铁矿成矿带，其边部及两端收敛部位为钼-多金属矿产聚集区
嫩江-青龙河断裂带	北东	位于大兴安岭的东缘，北端由黑龙江延入预测工作区。它由两条相互平行的区域性大断裂组成，所造成的地貌特征极为清楚。断裂以西为大兴安岭高山地段，以东为松辽断陷盆地，构成大兴安岭山区与平原的分界线。断裂两侧断层三角面发育，断面呈舒缓波状。该断裂多处被北西向大断裂所断，并产生位移。该断裂带与其他方向断裂交会部位，为金-多金属矿产形成的有利部位
通辽-八里罕断裂带	北东	本幅内出露该断裂带的南段，由数条近于平行的压性断裂组成。该断裂带与北西向断裂带交会部位，为金属矿产形成的有利部位
姜家营子-克力代断裂带	东西	该断裂带以逆断层者居多，沿走向被北东向或北西向断裂切断，在南北主压应力制约下，局部地段形成较大的断块山及推覆体
哈巴其-查日苏断裂带	东西	该断裂带为广德公-科尔沁左翼后旗Ⅲ级构造单元的分界线，断裂切割元古宇、古生界及侏罗系，并切割海西期、燕山期侵入岩。该断裂带与其他方向断裂交会部位是重要的金-多金属成矿区
水地-土城子断裂带和姜家营子-克力代断裂带	东西	该断裂带西段切割地台区老基底岩系、古生代盖层及中生代地层。该断裂带又控制晚三叠世中酸性火山岩。沿断裂带侵入燕山期和印支期花岗岩。该断裂带与北东向断裂交会处为重要的金-多金属成矿区

本工作区中解译出的中小型断裂多达870条。小型断裂比较发育，以北东向和北西向为主，局部发育北北西向及近东西向小型断层，其中的北西向小型断裂多为正断层，形成时间较晚，多错断其他方向的断裂构造，其分布规律较差，仅在初头朗镇—库伦旗一带有成带特点，为一较大的弧形构造带，该带为一重要的金-多金属成矿带。北东向的小型断裂多为逆断层，形成时间明显早于北西向断裂，其分布略有规律性，这些断裂带与其他方向断裂交会处，多为金-多金属成矿的有利地段。

本幅内的脆韧变形趋势带按成因分为节理劈理断裂密集带构造3条，区域性规模脆韧性变形构造40条。区域性规模变形构造分布有明显的规律性，多与大规模断裂带相伴生，形成脆韧性变形构造带。

红花沟脆韧性变形构造带，与姜家营子-克力代断裂带同期形成，呈东西向分布，该带与金矿均有较密切的关系。

其他脆韧性变形构造带，基本为挤压旋扭引起的牵引构造。一般出现在构造较为强烈地段，剪切带常常被后期脆性断裂叠加，在图像上表现为长的线性构造与短而密集的线纹构造交替断续出现。因剥蚀而形成的由细小冲沟和山脊，在一定宽度和延伸范围内定向地密集排列组成的微地貌异常地段。在影像上岩体分布区内发现狭长的细线纹密集带，都应注意韧性剪切带的存在，且往往组成网络状区域构造样式。

工作区内发育海西和燕山二期侵入体，矿脉产于侏罗纪火山岩中和矿区南部对面沟一带的燕山期细粒花岗闪长岩中，黄铁矿化普遍，在黄铁矿化强烈或呈细脉浸染地段，均含微量金，个别样品含金高达187.67×10^{-6}，含矿热液与燕山期花岗闪长岩有关，成矿时期在晚侏罗世与早白垩世之间。矿区还有花岗岩：出露矿区西南部，风化较深；花岗斑岩：出露矿区南部、东南部；细晶岩：侵入于花岗片麻岩片理中；石英安山斑岩：长石斑晶，局部有石英颗粒，沿北东向片麻理贯入；安山岩：局部有斜长石、角闪石构成斑状结构，分布矿区北部。根据这些特点本区内一共解译了165个环，按其成因，区内可分为3类环，一种为构造穹隆引起的环形构造，另一种为该区域内中生代花岗岩引起的环形构造，还有一种就是性质不明环。中生代花岗岩引起的环形，构造影像特征主要是影纹纹理边界清楚，花岗岩内植被发育，纹理光滑，构造隆起成山。构造穹隆引起的环形构造，影像上整个块体隆起，呈椭圆状，主要为环形沟谷及盆地边缘线构成，边界清晰，山脊和山沟以山顶为中心向四周呈放射状发散图。

本工作区内解译了53条带要素：金厂沟梁式金矿是以中太古代建平群为矿源层位，岩性为角闪斜长片麻岩、黑云斜长片麻岩、透辉斜长角闪岩、角闪石岩、石榴黑云斜长片麻岩、眼球状或条带状混合岩、混合片麻岩。由于受到该地区北东向构造影响，但局部上受到北西向线性沟谷影响，该地层沿着红花沟镇一带呈北东向展布，控矿带在影像上地貌特征突出。

在Ar片麻岩分布区含铁石英岩、石英脉是重要的铁矿、金矿的赋存体，但在该预测工作区内，由于植被覆盖度高，且矿体规模太小，从图像上不易辨认而无法解译出近矿找矿标志层。

五、区域预测模型

根据预测工作区区域成矿要素和航磁、重力、遥感及自然重砂等特征，建立了本预测区的区域预测要素（表11-3），并编制预测工作区预测要素图和预测模型图。区域预测要素图以区域成矿要素图为基础，综合研究重力、航磁、化探、遥感、自然重砂等综合致矿信息，总结区域预测要素表，并将综合信息各专题异常曲线或区全部叠加在成矿要素图上，在表达时可以出单独预测要素如航磁的预测要素图。预测模型图的编制，以地质剖面图为基础，叠加区域航磁及重力剖面图而形成，简要表示预测要素内容及其相互关系，以及时空展布特征（图11-7）。

表 11-3　金厂沟梁式复合内生型金矿金厂沟梁预测工作区预测要素表

<table>
<tr><th colspan="3">区域成矿(预测)要素</th><th>描述内容</th><th>要素类别</th></tr>
<tr><td rowspan="3">地质环境</td><td colspan="2">大地构造位置</td><td>恒山-承德-建平古岩浆弧(Ⅱ-3-1),温都尔庙俯冲增生杂岩带(Ⅰ-8-2)</td><td>必要</td></tr>
<tr><td colspan="2">成矿区(带)</td><td>滨太平洋成矿域华北成矿省华北地台北缘东段 Fe-Cu-Mo-Pb-Zn-Au-Ag-Mn 成矿带</td><td>必要</td></tr>
<tr><td colspan="2">区域成矿类型及成矿期</td><td>与燕山期中酸性浅成—超浅成侵入岩有关的热液型金矿床</td><td>必要</td></tr>
<tr><td rowspan="3">控矿地质条件</td><td colspan="2">赋矿地质体</td><td>主要为中太古界集宁岩群</td><td>重要</td></tr>
<tr><td colspan="2">控矿侵入岩</td><td>燕山晚期中—中酸性浅成—超浅成侵入岩</td><td>重要</td></tr>
<tr><td colspan="2">主要控矿构造</td><td>近东西向岩石圈断裂和北东向深大断裂控制了中生代火山盆地和隆起区的展布,隆起区为金矿成矿有利地段。中生代侵入岩体主动就位所形成的放射状断裂为主要的容矿构造</td><td>重要</td></tr>
<tr><td colspan="3">区内相同类型矿产</td><td>区内 95 个矿床、矿点</td><td>重要</td></tr>
<tr><td rowspan="3">地球物理与地球化学特征</td><td rowspan="2">地球物理特征</td><td>重力</td><td>剩余重力过渡带</td><td>次要</td></tr>
<tr><td>航磁</td><td>航磁局部正异常</td><td>重要</td></tr>
<tr><td colspan="2">地球化学特征</td><td>Au 元素异常,Au、Ag、Cu、Pb、Zn、Sb、W、Mo 组合异常</td><td>必要</td></tr>
<tr><td colspan="3">遥感特征</td><td>环要素(隐伏岩体)及遥感羟基铁染异常区</td><td>次要</td></tr>
</table>

第三节　矿产预测

一、综合地质信息定位预测

(一)变量提取及优选

本次预测底图比例尺为 1∶10 万,利用规则网格单元作为预测单元,网格单元大小为 2km×2km。共提取地质体缓冲、断层缓冲、遥感岩体、隐伏岩体,化探综合异常,矿点(床),遥感铁染,进行单元赋值时采用区的存在标志;Au 元素异常、布格重力异常、航磁化极则求起始值。

(二)最小预测区圈定及优选

采用 2km×2km 规则网格单元,利用证据权重法,优选形成色块图。然后再结合地物化遥信息进行手工圈定及优选最小预测区。

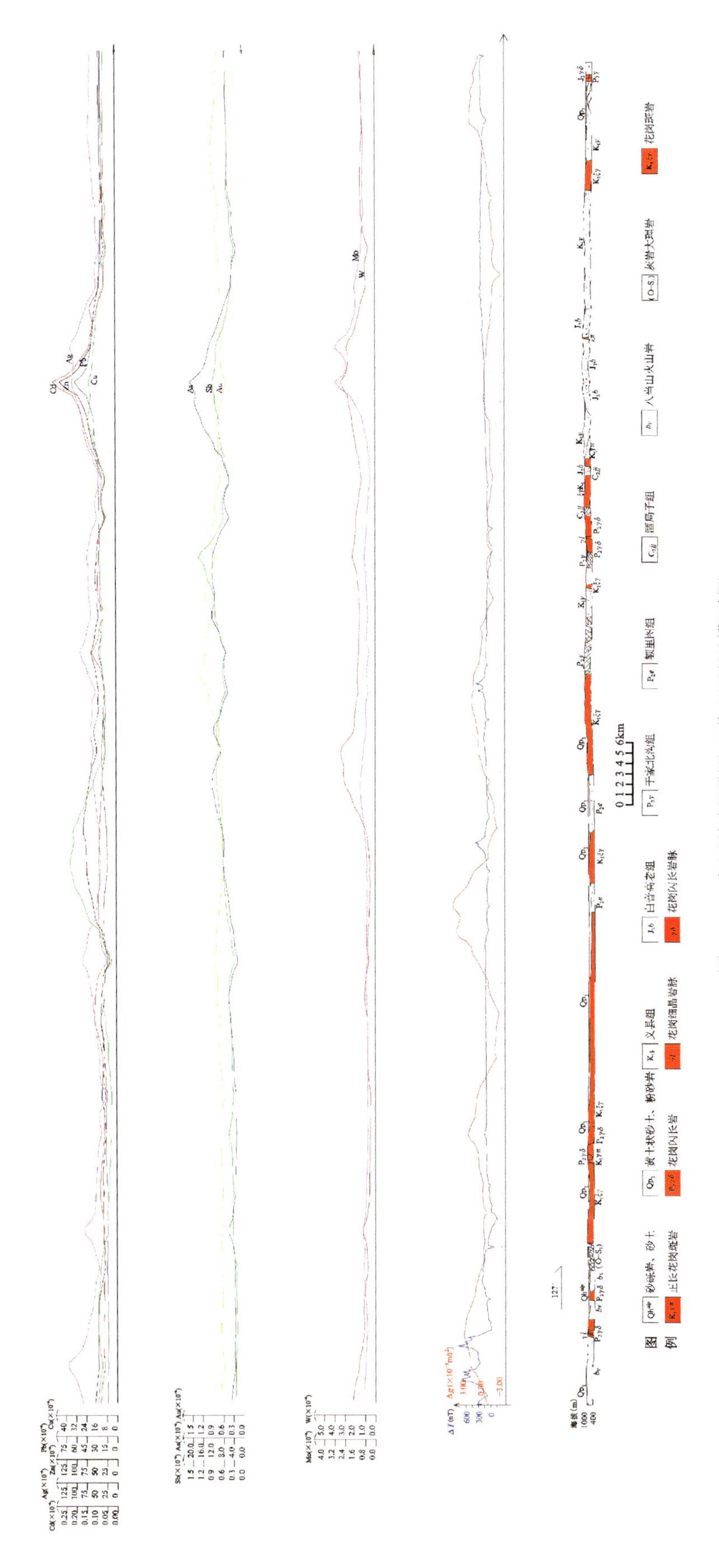

图 11-7 金厂沟梁预测工作区预测模型图

(三)最小预测区圈定结果

本次工作共圈定78个最小预测区,其中A级区8个,B级区14个,C级区56个。其中,A级区:含两个以上矿床,Au化探异常、集宁群或中酸性侵入岩;B级区:一个矿床,Au化探异常,或部分A级区外围,有或无矿点;C级区:矿点或Au化探异常(图11-8)。

金厂沟梁预测工作区预测底图精度为1:10万,并根据成矿有利度[含矿地质体、控矿构造、矿(化)点、找矿线索及物化探异常]、地理交通及开发条件和其他相关条件,将工作区内最小预测区级别分为A、B、C 3个等级。各级别面积分布合理,且已知矿床(点)分布在A级预测区内,说明预测区优选分级原则较为合理;最小预测区圈定结果表明,预测区总体与区域成矿地质背景和物化探异常等吻合程度较好。

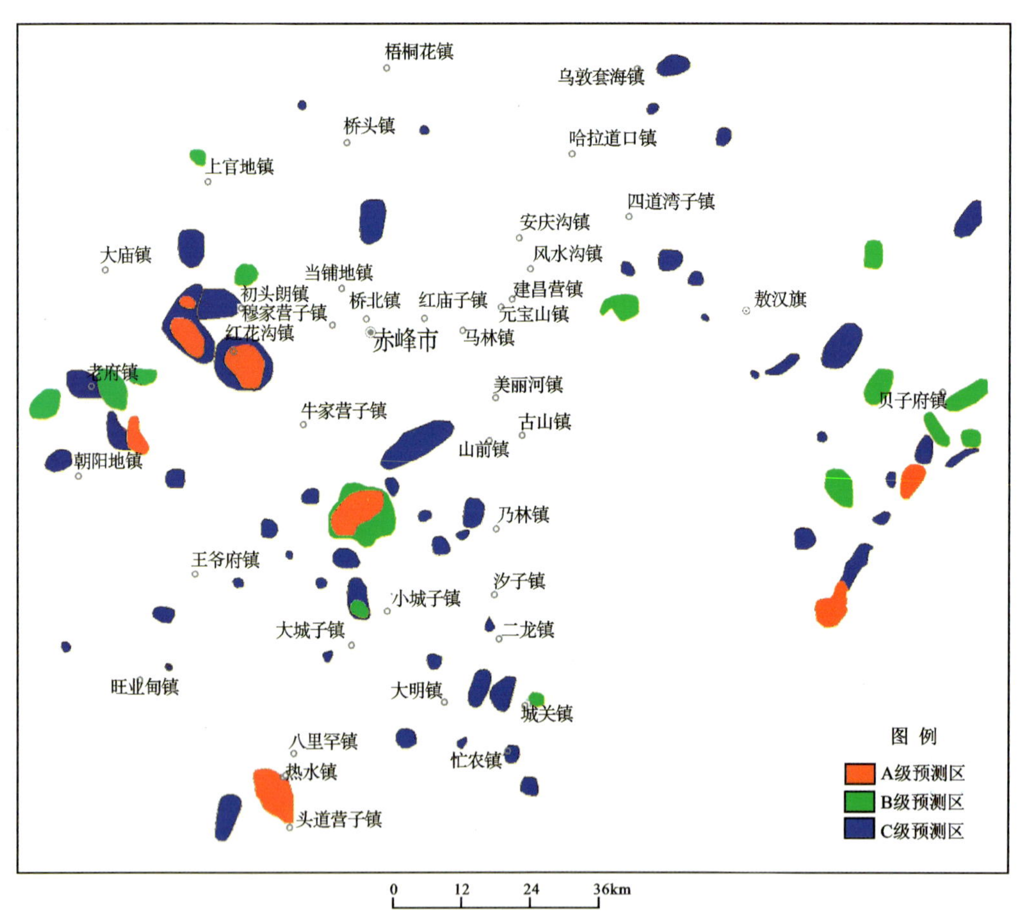

图11-8　金厂沟梁金矿预测工作区最小预测区优选分布图

(四)最小预测区地质评价

本次预测共圈定最小预测区78个,其中A级区8个,B级区15个,C级区55个。预测金资源量96 592kg。其中A级为34 746kg,B级为22 420kg,C级为39 426kg;334-1的4224kg,334-3的92 368kg;500m以浅的94 638kg,占预测总资源量的98%;可信性估计概率大于0.75的有7216kg,大于0.5的有49 950kg。各最小预测区成矿条件及资源潜力见表11-4。

表 11-4　侵入岩体型金矿毕力赫预测工作区最小预测区成矿条件及找矿潜力一览表

最小预测区编号	最小预测区名称	最小预测区成矿条件及找矿潜力
A1511201001	毕力赫	出露的侵入岩主要为晚侏罗世流纹斑岩及早白垩世花岗斑岩，Au元素化探异常起始值>2.0×10^{-9}，具化探综合异常，区内有1条规模较大、与成矿有关的北西向断层，遥感解译了2个火山口，划分了3个最小预测区。找矿潜力巨大
A1511201002	哈达庙	出露的侵入岩有晚侏罗世花岗岩及早白垩世花岗斑岩，具Au元素化探异常，北西向断层，遥感环要素指示隐伏岩体的存在。具有很大找矿潜力
B1511201001	苏吉	出露的侵入岩主要为晚侏罗世火山岩，具北北西向断层，火山口，遥感最小预测区。具有较好的找矿潜力
B1511201002	阿门乌苏	出露的侵入岩主要为晚侏罗世二长花岗岩，Au元素化探异常起始值>2.9×10^{-9}。具有较好的找矿潜力
B1511201003	阿木乌苏	出露的侵入岩主要为晚侏罗世流纹斑岩及早白垩世花岗斑岩，Au元素化探异常起始值>2.0×10^{-9}，具北西向断层，有2个火山口、2个遥感最小预测区，及遥感圈定岩体。具有较好的找矿潜力
B1511201004	乌腊德乌兰哈达	出露的侵入岩主要为晚侏罗世流纹斑岩，具化探综合异常，有2个火山口。具有较好的找矿潜力
B1511201005	那仁乌拉苏木	出露的侵入岩主要为晚侏罗世二长花岗岩，Au元素化探异常起始值>4.2×10^{-9}，具化探综合异常。具有较好的找矿潜力
B1511201006	羊群滩乡	Au元素化探异常起始值>4.2×10^{-9}，具化探综合异常。具有较好的找矿潜力
C1511201001	洪格尔嘎查	有Au重砂异常。找矿潜力一般
C1511201002	塔力哈达	出露的侵入岩有晚侏罗世流纹斑岩，有北西向断层。具有一定的找矿潜力
C1511201003	塔力哈达南	出露的侵入岩有晚侏罗世花岗岩，Au元素化探异常>2.0×10^{-9}，具化探综合异常及遥感最小预测区。具有一定的找矿潜力
C1511201004	前青达门	出露的侵入岩有晚侏罗世花岗岩，具化探综合异常及遥感最小预测区。找矿潜力一般
C1511201005	宝格达音高勒嘎查	Au元素化探异常起始值>4.2×10^{-9}，有南北向断层。具有一定的找矿潜力
C1511201006	宝格达音高勒苏木	Au元素化探异常>4.2×10^{-9}，有北西向大断裂。具有一定的找矿潜力
C1511201007	都日本呼都嘎	出露的侵入岩主要为晚侏罗世二长花岗岩，具化探综合异常及遥感圈定岩体。具有一定的找矿潜力
C1511201008	乌兰大巴	Au元素化探异常起始值>4.2×10^{-9}，有近东西向断层。具有一定的找矿潜力
C1511201009	赛乌苏东	Au元素化探异常>4.2×10^{-9}，具化探综合异常。找矿潜力一般
C1511201010	巴彦塔拉苏木	Au元素化探异常>4.2×10^{-9}，具化探综合异常。找矿潜力一般
C1511201011	呼日敦高勒嘎查	出露的侵入岩主要为晚侏罗世二长花岗岩，具化探综合异常及遥感最小预测区。找矿潜力一般
C1511201012	五顷地村	出露的侵入岩主要为晚侏罗世二长花岗岩，具化探综合异常，有东西向断层。找矿潜力一般
C1511201013	敖包干恩格日	出露的侵入岩主要为晚侏罗世碱长花岗岩，Au元素化探异常>2.9×10^{-9}。找矿潜力一般

续表 11-4

最小预测区编号	最小预测区名称	最小预测区成矿条件及找矿潜力
C1511201014	宝日陶勒盖	出露的侵入岩主要为晚侏罗世石英闪长岩，Au 元素化探异常＞4.2×10^{-9}。具有一定的找矿潜力
C1511201015	道德阿么	出露的侵入岩主要为晚侏罗世石英二长岩，具遥感最小预测区。找矿潜力一般
C1511201016	七号镇	Au 元素化探异常＞2.9×10^{-9}，北东向断层。找矿潜力一般
C1511201017	浩勒宝	Au 元素化探异常＞2.0×10^{-9}，北东东向断层。找矿潜力一般
C1511201018	胡家营	出露的侵入岩主要为晚侏罗世二长花岗斑岩，Au 元素化探异常＞4.2×10^{-9}。找矿潜力一般
C1511201019	友谊村	出露的侵入岩主要为晚侏罗世二长花岗斑岩，Au 元素化探异常＞2.9×10^{-9}。找矿潜力一般

二、综合信息地质体积法估算资源量

（一）典型矿床深部及外围资源量估算

把典型矿床所在的最小预测区作为模型区。模型区内除金厂沟梁金矿外，还有二道沟、东对面沟和下弯子金矿；模型区总资源量＝查明资源量＋预测资源量，其中二道沟、东对面沟和下弯子金矿资源量来自《内蒙古自治区矿产资源储量表(2009)》。模型区延深与典型矿床一致；模型区含矿地质体面积与模型区面积一致，经 MapGIS 软件下读取数据为 25 172 718m^2。

金厂沟梁金矿典型矿床深部及外围资源量估算结果见表 11-5。

表 11-5　金厂沟梁金矿典型矿床深部及外围资源量估算一览表

典型矿床		深部及外围		
已查明资源量	24 421kg	深部	面积	1 407 200m^2
面积	25 172 718km^2		深度	30m
深度	500m	外围	面积	153 700m^2
品位	12.97×10^{-6}		深度	470m
密度	3.09g/cm^3	预测资源量		4224kg
体积含矿率	0.000 002 708kg/m^3	典型矿床资源总量		34 082kg

（二）模型区的确定、资源量及估算参数

模型区为典型矿床所在的最小预测区。模型区内除金厂沟梁金矿外，还有二道沟、东对面沟和下弯子金矿；模型区总资源量＝查明资源量(金厂沟梁＋二道沟＋东对面沟＋下弯子)＋预测资源量＝(24 421＋929＋1976＋2532)＋4224＝34 082(kg)，其中二道沟、东对面沟和下弯子金矿资源量来自《内蒙古自治区矿产资源储量表(2009)》。

模型区总体积＝模型区面积×模型区延深＝25 172 718m^2×500m＝12 586 359 000m^3。含矿系

数＝资源总量/(模型区总体积×含矿地质体面积参数)＝34 082÷12 586 359 000＝0.000 002 708(kg/m^3)(表 11-6)。

表 11-6　金厂沟梁热液型金矿模型区预测资源量及其估算参数表

编号	名称	模型区资源量(kg)	模型区面积(m^2)	延深(m)	含矿地质体面积(m^2)	含矿地质体面积参数
A1511604001	金厂沟梁	34 082	25 172 718	500	25 172 718	1

(三)最小预测区预测资源量

金厂沟梁金矿预测工作区资源量定量估算采用证据权重法。

1. 估算参数的确定

最小预测区面积是依据综合地质信息定位优选的结果;延深的确定是在研究最小预测区含矿地质体地质特征、含矿地质体的形成深度、断裂特征、矿化类型的基础上,并对比典型矿床特征的基础上综合确定的;相似系数的确定,主要依据 MRAS 生成的成矿概率及与模型区的比值,参照最小预测区地质体出露情况、化探及重砂异常规模及分布、物探解译隐伏岩体分布信息等进行修正。

2. 最小预测区预测资源量估算结果

求得最小预测区资源量。本次预测金金属总量为 96t,其中不包括已查明资源量 155t,详见表 11-7。

表 11-7　金厂沟梁预测工作区最小预测区估算成果表

预测区编号	预测区名称	$S_{预}$(m^2)	$H_{预}$(m)	α	K(kg/m^3)	K_S	$Z_{预}$(kg)	资源量级别	查明资源量(kg)
A1511604001	金厂沟梁	25 172 718	470	1.00	0.000 002 708	1	4224	334-1	29 858
A1511604002	芦家地村	40 396 129	250	0.35	0.000 002 708	0.5	3772	334-3	1014
A1511604003	柴胡栏子北沟	6 670 333	700	0.92	0.000 002 708	1	762	334-3	10 871
A1511604004	莲花山	36 083 050	600	0.50	0.000 002 708	1	2992	334-3	20 459
A1511604005	红花沟镇	53 401 903	400	0.35	0.000 002 708	0.5	3592	334-3	6531
A1511604006	梨树沟	23 023 641	600	0.50	0.000 002 708	0.9	3809	334-3	13 025
A1511604007	鸡冠山	65 471 837	500	0.45	0.000 002 708	0.9	12 871	334-3	23 032
A1511604008	热水	65 323 428	200	0.35	0.000 002 708	0.5	2724	334-3	3467
B1511604001	大黑山北沟	13 268 738	350	0.30	0.000 002 708	0.8	1344	334-3	1674
B1511604002	贝子府镇南	32 622 240	300	0.20	0.000 002 708	0.5	2621	334-3	29
B1511604003	贝子府镇南西	19 314 626	400	0.30	0.000 002 708	0.7	1953	334-3	2441
B1511604004	克力代乡西	30 540 033	500	0.20	0.000 002 708	0.6	1519	334-3	3443

续表 11-7

预测区编号	预测区名称	$S_{预}$ (m^2)	$H_{预}$ (m)	α	K (kg/m^3)	K_S	$Z_{预}$ (kg)	资源量级别	查明资源量 (kg)
B1511604005	卧牛沟	34 559 735	200	0.20	0.000 002 708	0.5	1699	334-3	173
B1511604006	撰山子	30 039 344	600	0.30	0.000 002 708	0.8	1593	334-3	10 121
B1511604007	柴达木	8 948 007	400	0.25	0.000 002 708	0.6	703	334-3	751
B1511604008	胡彩沟北	17 130 527	600	0.50	0.000 002 708	1	1675	334-3	12 242
B1511604009	白音波萝村	16 128 467	200	0.18	0.000 002 708	0.6	895	334-3	48
B1511604010	祁家营子	39 695 278	200	0.18	0.000 002 708	0.6	1659	334-3	663
B1511604011	索虎沟	29 611 514	300	0.18	0.000 002 708	0.6	1714	334-3	884
B1511604012	大水清	67 087 761	200	0.18	0.000 002 708	0.5	1989	334-3	1281
B1511604013	南沟	10 425 435	400	0.30	0.000 002 708	0.7	1039	334-3	1332
B1511604014	宁城县	7 424 470	600	0.52	0.000 002 708	1	554	334-3	5719
B1511604015	七家	20 104 047	600	0.30	0.000 002 708	0.8	1463	334-3	6377
C1511604001	小官家地	22 693 107	300	0.10	0.000 002 708	0.5	922	334-3	
C1511604002	西沟北	3 100 020	300	0.10	0.000 002 708	0.5	126	334-3	
C1511604003	三道沟东	4 642 818	300	0.10	0.000 002 708	0.5	189	334-3	
C1511604004	东来店	9 798 761	300	0.10	0.000 002 708	0.5	398	334-3	
C1511604005	二台营子村	3 232 453	300	0.10	0.000 002 708	0.5	131	334-3	
C1511604006	敖音勿苏乡	33 245 171	300	0.10	0.000 002 708	0.5	1350	334-3	
C1511604007	黄土沟	35 985 429	300	0.10	0.000 002 708	0.5	1462	334-3	
C1511604008	小乌梁苏	19 712 544	300	0.10	0.000 002 708	0.5	801	334-3	
C1511604009	东沟	42 220 212	300	0.10	0.000 002 708	0.5	1715	334-3	
C1511604010	水泉村	18 980 475	300	0.10	0.000 002 708	0.5	771	334-3	
C1511604011	康家营子西	6 815 368	300	0.10	0.000 002 708	0.5	277	334-3	
C1511604012	赵成窑子	8 209 496	300	0.10	0.000 002 708	0.5	333	334-3	
C1511604013	朝阳沟	46 580 010	300	0.10	0.000 002 708	0.5	1892	334-3	
C1511604014	小山东	2 161 355	300	0.10	0.000 002 708	0.5	88	334-3	
C1511604015	丰收乡	51 816 516	300	0.10	0.000 002 708	0.5	2105	334-3	
C1511604016	下官地村	54 566 869	300	0.10	0.000 002 708	0.5	2217	334-3	

续表 11-7

预测区编号	预测区名称	$S_{预}$ (m^2)	$H_{预}$ (m)	α	K (kg/m^3)	K_S	$Z_{预}$ (kg)	资源量级别	查明资源量 (kg)
C1511604017	毛代沟村	15 064 802	300	0.10	0.000 002 708	0.5	612	334-3	
C1511604018	大三家村	2 675 313	300	0.10	0.000 002 708	0.5	109	334-3	
C1511604019	老府镇	32 923 384	300	0.10	0.000 002 708	0.5	1337	334-3	
C1511604020	唐房营子	24 559 049	300	0.10	0.000 002 708	0.5	998	334-3	
C1511604021	刘家店	78 208 632	300	0.10	0.000 002 708	0.5	3177	334-3	
C1511604022	小克力代	3 908 268	300	0.10	0.000 002 708	0.5	159	334-3	
C1511604023	南营子北	17 366 306	300	0.10	0.000 002 708	0.5	705	334-3	
C1511604024	罗卜起沟脑	13 988 731	300	0.10	0.000 002 708	0.5	568	334-3	
C1511604025	小窑沟	5 767 701	300	0.10	0.000 002 708	0.5	234	334-3	
C1511604026	窑子沟	23 054 228	300	0.10	0.000 002 708	0.5	936	334-3	
C1511604027	花山沟	7 094 560	300	0.10	0.000 002 708	0.5	288	334-3	
C1511604028	西府村	11 773 734	300	0.10	0.000 002 708	0.5	478	334-3	
C1511604029	小柳灌沟	4 689 839	300	0.10	0.000 002 708	0.5	191	334-3	
C1511604030	榆树底下	16 578 220	300	0.10	0.000 002 708	0.5	673	334-3	
C1511604031	下铺子	12 253 728	300	0.10	0.000 002 708	0.5	498	334-3	
C1511604032	当铺地南	2 280 813	300	0.10	0.000 002 708	0.5	93	334-3	
C1511604033	雷家营子村	18 833 980	300	0.10	0.000 002 708	0.5	765	334-3	
C1511604034	于家弯子	4 014 979	300	0.10	0.000 002 708	0.5	163	334-3	
C1511604035	高桥村东	4 584 348	300	0.10	0.000 002 708	0.5	186	334-3	
C1511604036	布日嘎苏台乡	22 231 650	300	0.10	0.000 002 708	0.5	903	334-3	
C1511604037	富裕沟村	12 827 942	300	0.10	0.000 002 708	0.5	521	334-3	
C1511604038	上荒	4 443 920	300	0.10	0.000 002 708	0.5	181	334-3	
C1511604039	郭家营子	3 898 065	300	0.10	0.000 002 708	0.5	158	334-3	
C1511604040	龙头庄北西	3 616 341	300	0.10	0.000 002 708	0.5	147	334-3	
C1511604041	纪家店村	8 377 371	300	0.10	0.000 002 708	0.5	340	334-3	
C1511604042	舒板窝铺	26 674 932	300	0.10	0.000 002 708	0.5	1084	334-3	
C1511604043	马站城子村	26 208 157	300	0.10	0.000 002 708	0.5	1065	334-3	

续表 11-7

预测区编号	预测区名称	$S_预$ (m^2)	$H_预$ (m)	α	K (kg/m^3)	K_S	$Z_预$ (kg)	资源量级别	查明资源量 (kg)
C1511604044	窑沟	3 743 584	300	0.10	0.000 002 708	0.5	152	334-3	
C1511604045	忙农镇	9 853 828	300	0.10	0.000 002 708	0.5	400	334-3	
C1511604046	北窑沟	14 285 873	300	0.10	0.000 002 708	0.5	580	334-3	
C1511604047	驿马吐村	12 201 130	300	0.10	0.000 002 708	0.5	496	334-3	
C1511604048	范杖子村	36 106 728	300	0.10	0.000 002 708	0.5	1467	334-3	
C1511604049	温家地	58 880 673	300	0.10	0.000 002 708	0.5	2392	334-3	
C1511604050	长皋沟门	8 430 354	300	0.10	0.000 002 708	0.5	342	334-3	
C1511604051	北沟	5 447 152	300	0.10	0.000 002 708	0.5	221	334-3	
C1511604052	贵宝沟	10 513 570	300	0.10	0.000 002 708	0.5	427	334-3	
C1511604053	三道沟前营子	1 913 726	300	0.10	0.000 002 708	0.5	78	334-3	
C1511604054	五马沟村	26 740 684	300	0.10	0.000 002 708	0.5	1086	334-3	
C1511604055	大黑山林鹿场西	10 797 631	300	0.10	0.000 002 708	0.5	439	334-3	
总计							96 592		155 435

（四）预测工作区预测成果汇总

依据资源量级别划分标准，根据现有资料的精度，可划分为 334-1、334-2 两个资源量精度级别；金厂沟梁热液型金矿预测工作区中，根据各最小预测区内含矿地质体、物化探异常及相似系数特征，预测延深参数均在 500m 以浅。

根据矿产潜力评价预测资源量汇总标准，金厂沟梁热液型金矿预测工作区按精度、预测深度、可利用性、可信度统计分析结果见表 11-8。

表 11-8　金厂沟梁热液型金矿预测工作区资源量估算汇总表　　单位：kg

深度	精度	可利用性		可信度			合计
		可利用	暂不可利用	≥0.75	≥0.5	≥0.25	
500m 以浅	334-1	4224	—	4224	4224	4224	4224
	334-2	—	—	—	—	—	—
	334-3	90 414	1954	2992	52 942	92 368	92 368
合计							96 592

第十二章　毕力赫式斑岩型金矿预测成果

第一节　典型矿床特征

一、典型矿床地质特征及成矿模式

(一)典型矿床特征

1. 矿区地质

矿区的出露地层主要有上侏罗统玛尼吐组、白音高老组、新生界第四系;出露地表的侵入岩主要为加布切尔敖包单元钾长花岗斑岩,以及沿断裂侵入的流纹斑岩脉。通过钻孔揭露,在第四系和第三系覆盖物下分布着以闪长玢岩为主的次火山杂岩体,岩性主要为花岗闪长斑岩和二长花岗斑岩,该杂岩体与矿化关系密切,矿区断裂主要为北西向或北东向,以及伴生的劈理化或片理化带。其中,北西向断层为矿区主要构造,控制了矿区的地层发育,并可能与成矿有关(图 12-1)。

2. 矿床特征

矿床由 2 个矿带组成,主要矿体为Ⅱ矿带 1 号矿体,1 号矿体呈大透镜状、板状、板柱状赋存于花岗闪长玢岩及上覆侏罗纪火山岩、火山碎屑岩内外接触带,尤其是内接触带中。矿体总体走向北西—北北西向,控制北西长 400m,控制斜深 348m,北东宽 70～310m,矿体厚度(真厚度)最大 132.68m,最小 2.32m,平均厚度 47.02m,厚度变化系数 87%,属稳定型;矿石品位变化在 0.5×10^{-6}～54.76×10^{-6}之间,矿体平均品位 2.73×10^{-6}(工业矿体平均品位 3.23×10^{-6}),品位变化系数 97%,属较均匀型。

矿体平面上投影总体为不规则的火炬状,呈北西—北北西方向展布,北西端宽大,似一火炬头,向南东逐渐变窄,似一火炬柄,控制北北西长约 400m,北东向最宽处约 300m(图 12-2)。

矿体纵剖面图上,呈北西-南东向展布,分 3 段。其中中段 3—4 线为矿体最主要部分,赋存于火山碎屑岩和花岗闪长玢岩体中接触带,尤其内接触带花岗闪长玢岩体内。矿体呈北西长约 120m、北东向长约 300m 的大透镜状,近水平状产出,共 17 个钻孔控制,水平投影面积 2700m^2,最大厚度(真厚度)132.68m,最小厚度 10.52m,平均厚度 73.34m,赋矿标高 1105～1283m。矿体品位呈有规律的变化,中心高,单样最高品位 54.76×10^{-6},上下及边部逐渐变贫,在矿体中心部位圈出一个近东西向长 140m,南北宽约 100m,平均厚 22.60m(最大厚 53.12m,最小 5.52m),平均品位 15.03×10^{-6}的富矿包。

1 号矿体北西段 7 线以北出现分支,矿体逐渐变薄至 15 线尖灭。7—11 线间,分布着 1 号矿体北西方向的 2 个分支矿体,分上部分支矿体和下部分支矿体。上部矿体由 2 个平行矿体组成,4 个钻孔控制,呈近水平的板状体,长约 70m。该段矿体钻孔最大见矿厚度 19.08m,最小厚度 7.5m,平均厚度 12.28m,赋矿标高 1225～1265m,赋存于火山碎屑岩中。下部矿体呈不规则板状体,产状倾向 62°,倾角 36°,

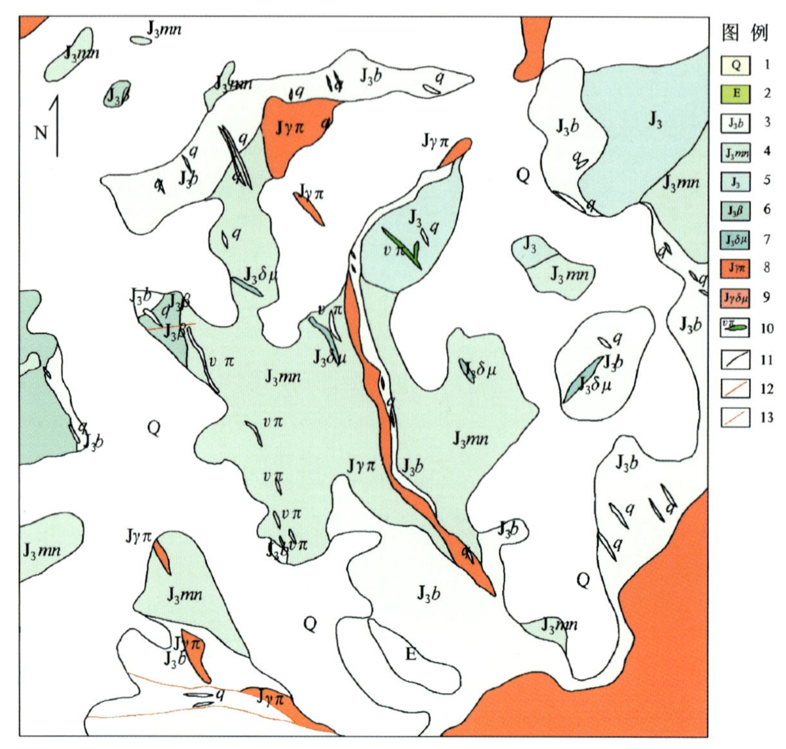

图 12-1　毕力赫金矿典型矿床矿区地质图

（据《内蒙古自治区苏尼特右旗毕力赫矿区Ⅱ矿带 15—40 线岩金矿详查报告》，中国人民武装警察部队黄金地质研究所，2008 修编）

1. 第四系残坡积冲积物；2. 古近系红色泥岩；3. 白音高老组：凝灰质砂岩、岩屑凝灰岩、流纹岩；4. 玛尼吐组：晶屑熔结凝灰岩、含砾长石石英粗砂岩、薄层状沉凝灰质岩；5. 侏罗纪火山碎屑岩（安山角砾岩）；6. 侏罗纪玄武岩、安山质玄武岩；7. 侏罗纪次安山岩、安山玢岩；8. 侏罗纪花岗斑岩；9. 侏罗纪花岗闪长玢岩；10. 霏细岩；11. 地质界线；12. 实测断层；13. 推测断层

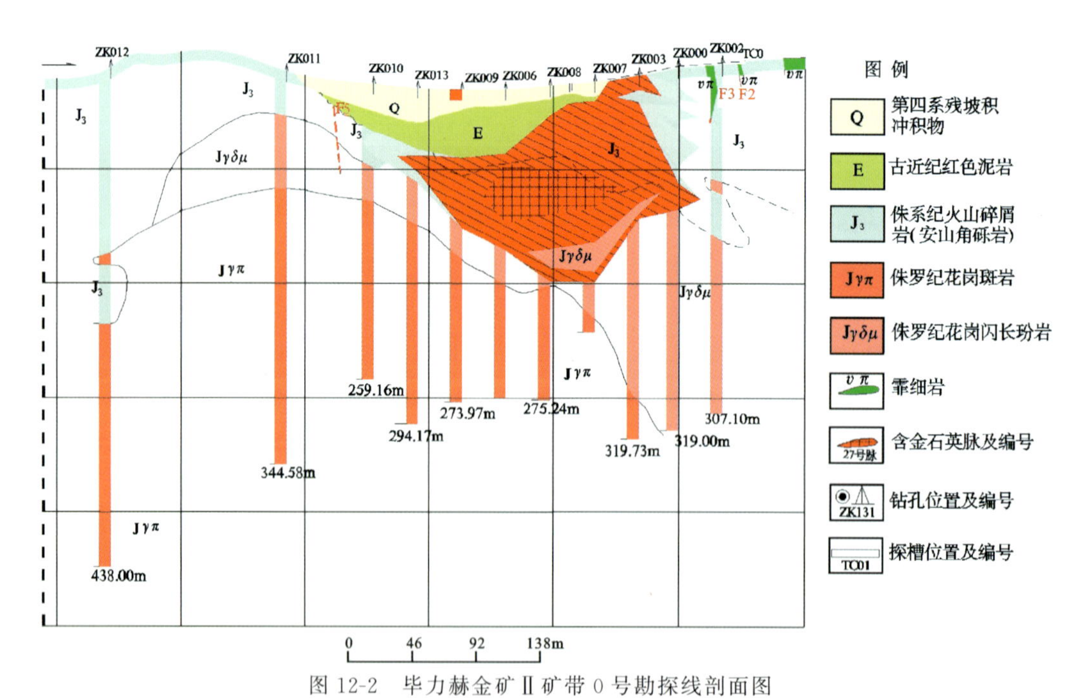

图 12-2　毕力赫金矿Ⅱ矿带 0 号勘探线剖面图

（据《内蒙古自治区苏尼特右旗毕力赫矿区Ⅱ矿带 15—40 线岩金矿详查报告》，中国人民武装警察部队黄金地质研究所，2008 修编）

控制斜长 200m。该段矿体钻孔最大见矿厚度 33.11m，最小厚度 4.51m，平均厚度 16.94m，赋矿标高 1100～1210m，赋存于火山碎屑岩（上部）和花岗闪长玢岩体（下部）中，为低品位矿体。下部分支矿体与

上部分支矿体垂距 80～135m。

1 号矿体南东段 8—24 线，13 个见矿钻孔控制，矿体形态呈板柱状，赋存于花岗闪长玢岩体上部。总体呈北北西走向，水平长 180m，斜长 250m，向南南东深部倾伏，矿体倾向 65°～75°，倾角 55°。该段矿体钻孔最大见矿厚度 99.98m，最小厚度 3.01m，平均厚度 30.27m，赋矿标高 935～1150m。

围岩蚀变：面型热液蚀变主要有青磐岩化、黄金矿化、次生石英岩化等。青磐岩化主要见于矿区西部的中基性火山岩中，次生石英岩化则广泛见于矿区中部的酸性火山岩系中，但发育不均匀。黄金矿化主要见于矿体周围的围岩中，黄金矿一般呈结晶完好的细—中粒浸染状出现，在流纹岩以及火山碎屑岩中特别普遍，局部富集达 5%左右；线型矿床围岩蚀变：多沿构造破碎带发育，主要有硅化、方解石化、钾长石化、绢云母化、黄金矿化、电气石化等，见于矿化破碎带或其两侧，与矿化关系密切。

3. 矿石特征

矿区内矿石工业类型为斑岩型，自然类型为贫硫化物石英网脉状蚀变岩型。

金属矿物比较单一，其中黄金矿含量相对较高，其次为毒砂、黄铜矿、黝铜矿、闪锌矿、方铅矿、辉钼矿、辉锑矿等。贵金属矿物主要为自然金，少量银金矿、自然银。另外矿石中还含少量次生氧化矿物褐金矿、辉铜矿、蓝辉铜矿、铜蓝等。

非金属矿物主要为斜长石、石英、钾长石，其次为绢云母、黑云母、白云母、绿泥石、绿帘石、黝帘石、碳酸盐矿物、电气石、高岭土、黏土矿物等。

黄金矿与褐金矿的比例约为 10∶1，矿石的氧化程度较低。

4. 矿石结构构造

矿区内矿石的结构主要有：他形晶粒状、半自形粒状和斑状结构，次要为压碎、交代残余等结构，少见包含结构、次生溶蚀结构、次生残留体结构。

矿石的构造主要有致密块状及浸染状构造，次为条带状、网脉状及角砾状等构造。

5. 矿床成因及成矿时代

毕力赫金矿产于侏罗纪钙碱性中酸性火山-次火山杂岩体中，矿体严格受次火山岩体-花岗闪长斑岩内外接触带构造、断裂构造控制。主要矿体在空间上呈上大下小、不规则的柱状体，自北西向南东倾伏。容矿岩石主要为花岗闪长玢岩及其接触带附近沉凝灰岩-凝灰质砂岩，少量火山熔岩安山岩。主矿体产于花岗闪长玢岩隆起上部及其北东部，浅成侵入岩体内外接触带。南东部深部矿体则产于接触带中。可见，次火山岩体以及开放的断裂构造是本区成矿的关键因素。

成矿期大致分两个成矿期，即热液成矿期和表生期。其中热液成矿期可划分为 3 个成矿阶段：第一阶段石英-黄金矿阶段，第二阶段石英-多金属硫化物阶段，第三阶段石英-碳酸岩阶段。金矿化主要生成于石英-多金属硫化物阶段。

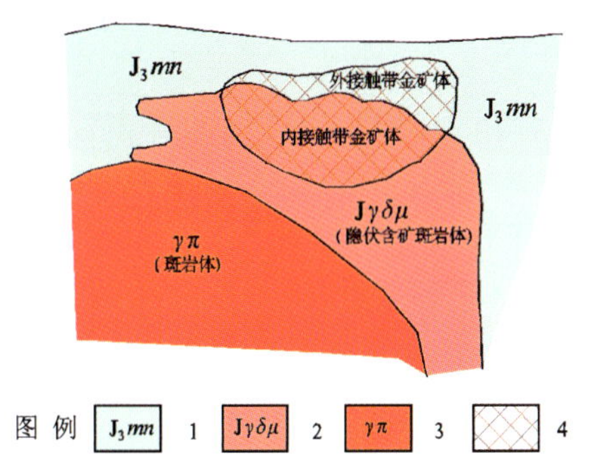

图 12-3　毕力赫金矿成矿模式图

1. 侏罗系玛尼吐组；2. 侏罗纪隐伏含矿斑岩体；3. 花岗斑岩岩体；4. 接触带金矿体

（二）矿床成矿模式

燕山晚期侵入岩包括花岗闪长斑岩（主要含矿斑岩体）及花岗斑岩等由幔源岩浆分异或地壳重熔上升，侵入到玛尼吐组中，在斑岩体顶部及外接触带形成金矿床（图 12-3）。

二、典型矿床地球物理特征

（一）矿床所在位置航磁特征

航磁 ΔT 等值线平面图上（图 12-4），毕力赫金矿位于 50nT 磁异常区；航磁 ΔT 化极等值线平面图上，毕力赫金矿位于 50～100nT 磁异常区。可见毕力赫金矿所在区域磁场强度较弱，且平稳。

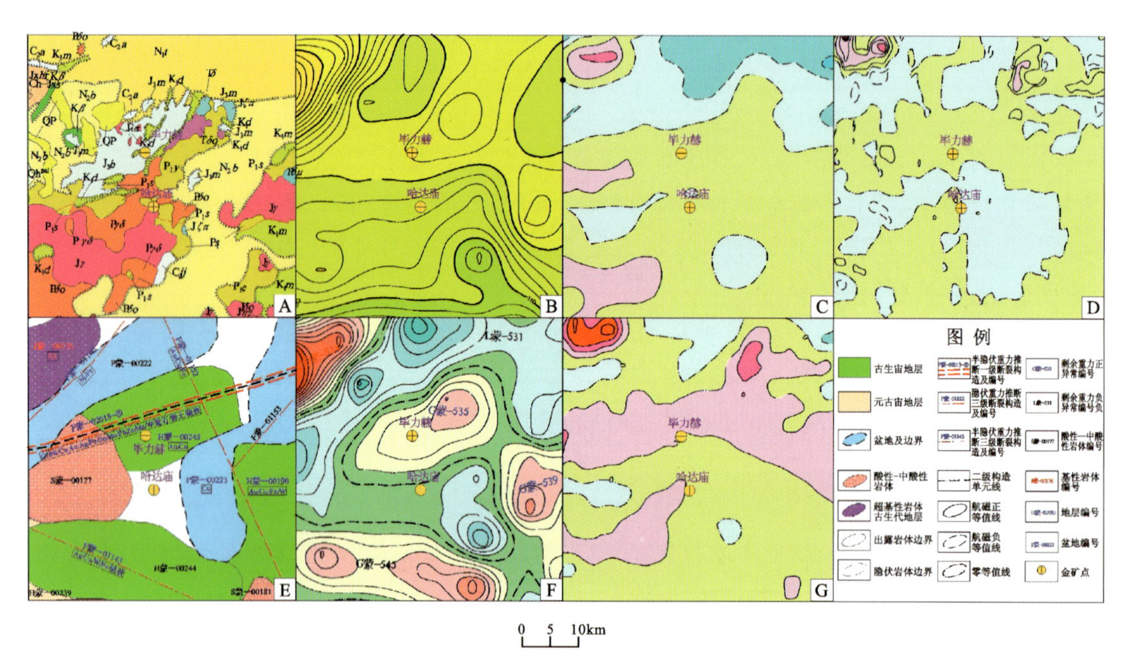

图 12-4　毕力赫典型矿床所在区域地质矿产及物探剖析图

A. 地质矿产图；B. 布格重力异常图；C. 航磁 ΔT 等值线平面图；D. 航磁 ΔT 化极垂向一阶导数等值线平面图；E. 重力推断地质构造图；F. 剩余重力异常图；G. 航磁 ΔT 化极等值线平面图

（二）矿床所在区域重力特征

布格重力异常图上（图 12-4），毕力赫金矿位于重力场宽缓的梯级带上，其北侧地段布格重力异常值较高，$\Delta g -150\times10^{-5}\,m/s^2 \sim -144\times10^{-5}\,m/s^2$，南侧较低，$\Delta g -165\times10^{-5}\,m/s^2 \sim -150\times10^{-5}\,m/s^2$。

从剩余重力异常图（图 12-4），毕力赫金矿位于 G 蒙-535 剩余重力正异常的南侧边部，其附近 Δg $4.18\times10^{-5}\,m/s^2$。该剩余重力正异常为古生代基底隆起引起。金矿的西侧为剩余重力负异常，是酸性岩体引起。

以上区域重磁场特征间接反映了金矿的成矿地质环境。

三、典型矿床地球化学特征

与预测工作区相比较，毕力赫斑岩型金矿矿区周围存在以 Au 为主，伴有 Ag、As、Cd、Pb、Zn、Cu 等元素组成的综合异常，Au 为主成矿元素，Ag、As、Cd、Pb、Zn、Cu 为主要的伴生元素，Ag、As、Cd 为内带组合，Pb、Zn、Cu 为外带组合（图 12-5）。

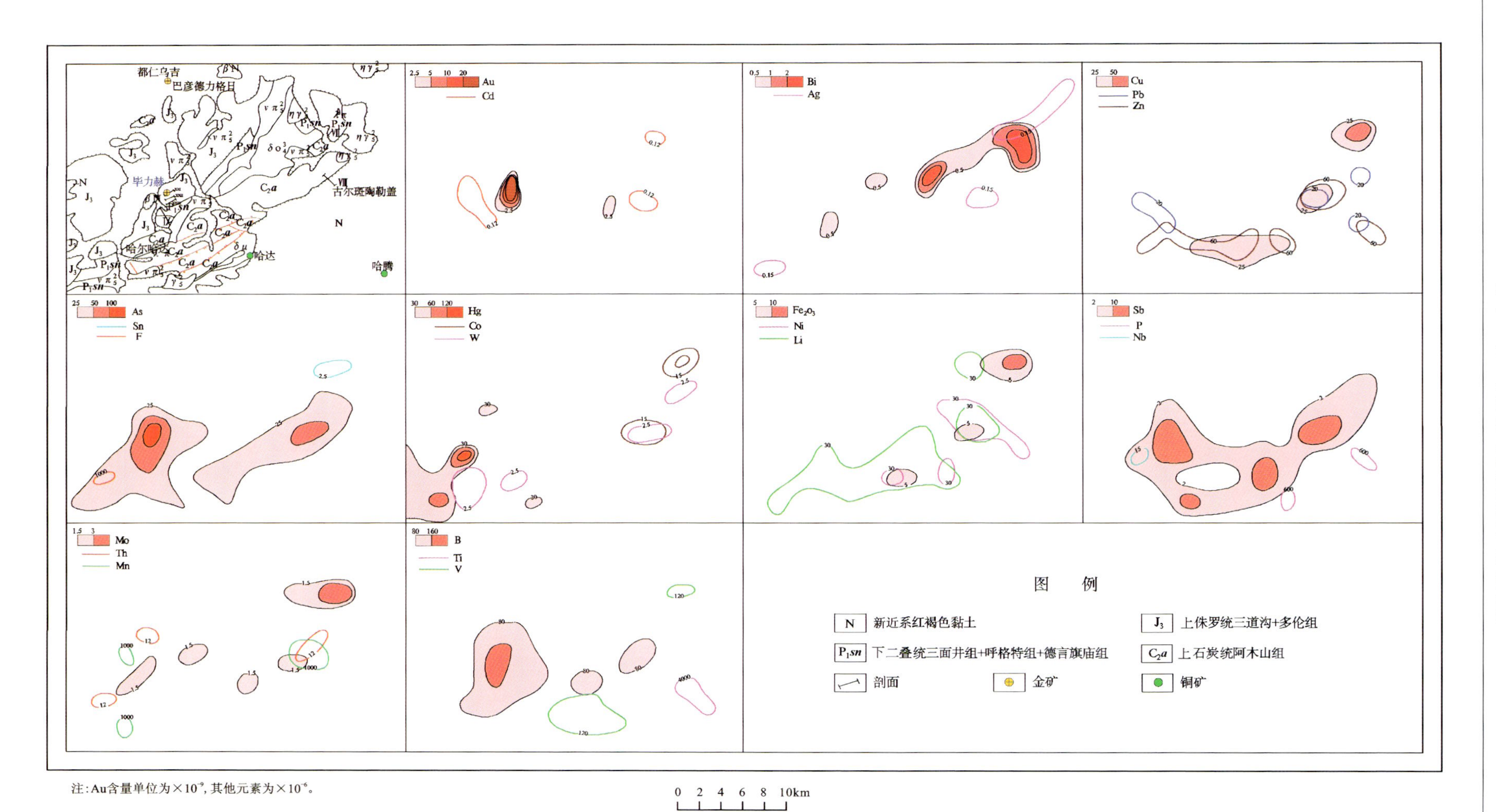

注：Au含量单位为$\times10^{-9}$，其他元素为$\times10^{-6}$。

图 12-5　毕力赫金矿典型矿床化探综合异常剖析图

Au元素在哈达庙地区呈高背景分布，浓集中心明显，异常强度高，呈环状分布；Ag、As、Cd在其周围呈高背景分布，有明显的浓集中心；Pb、Zn、Cu无明显的浓集中心。

四、典型矿床预测模型

根据典型矿床成矿要素和矿区1∶1万综合物探普查资料以及区域化探、重力、遥感资料，确定典型矿床预测要素(表12-1)，编制了典型矿床预测要素图。其中高精度磁测、激电中梯资料以等值线形式标在矿区地质图上；化探资料由于只有1∶20万比例尺的，所以编制矿床所在地区Au、Ag、Cd、Zn、Pb、Cu、W综合异常剖析图作为角图表示；为表达典型矿床所在地区的区域物探特征，据1∶50万航磁ΔT等值线平面图、航磁ΔT化极等值线平面图、航磁ΔT化极垂向一阶导数等值线平面图、布格重力异常图、剩余重力异常图及重力推断地质构造图编制了毕力赫典型矿床所在区域地质矿产及物探剖析图。

表12-1　毕力赫式斑岩型金矿典型矿床预测要素表

<table>
<tr><td colspan="2" rowspan="3">成矿要素</td><td colspan="4">描述内容</td><td rowspan="3">要素分类</td></tr>
<tr><td>储量</td><td>Ⅰ矿带1965kg，Ⅱ矿带21 916kg，总计：23 881kg</td><td>平均品位</td><td>Ⅰ矿带6.28×10^{-6}，Ⅱ矿带2.73×10^{-6}，加权平均3.02×10^{-6}</td></tr>
<tr><td>特征描述</td><td colspan="3">内蒙古自治区苏尼特右旗毕力赫式斑岩型金矿床</td></tr>
<tr><td rowspan="3">地质环境</td><td>构造背景</td><td colspan="4">华北板块北缘叠接俯冲带南部近华北板块一侧</td><td>必要</td></tr>
<tr><td>成矿环境</td><td colspan="4">地层有主要有上侏罗统玛尼吐组、白音高老组，新生界古近系、新近系、第四系。侵入岩主要有钾长花岗斑岩、花岗闪长斑岩和二长花岗斑岩。构造以断裂构造为主，褶皱构造次之。褶皱主要为近东西向褶皱带及北东向复背斜、复向斜。断裂以近东西和北西向2组为主</td><td>必要</td></tr>
<tr><td>成矿时代</td><td colspan="4">燕山期</td><td>重要</td></tr>
<tr><td rowspan="8">矿床特征</td><td>矿体形态</td><td colspan="4">脉状</td><td>重要</td></tr>
<tr><td>岩石类型</td><td colspan="4">燕山期次火山岩及玛尼吐组火山岩、火山碎屑岩</td><td>重要</td></tr>
<tr><td>岩石结构</td><td colspan="4">主要有他形晶粒状、半自形粒状和斑状结构，次要为压碎、交代残余等结构，少见包含结构、次生溶蚀结构、次生残留体结构</td><td>次要</td></tr>
<tr><td>矿物组合</td><td colspan="4">金属矿物比较单一，其中黄铁矿含量相对较高，其次为毒砂、黄铜矿、黝铜矿、闪锌矿、方铅矿、辉钼矿、辉锑矿等。贵金属矿物主要为自然金，少量银金矿、自然银。另外矿石中还含少量次生氧化矿物褐铁矿、辉铜矿、蓝辉铜矿、铜蓝等。非金属矿物主要为斜长石、石英、钾长石，其次为绢云母、黑云母、白云母、绿泥石、绿帘石、黝帘石、碳酸盐矿物、电气石、高岭石、黏土矿物等</td><td>重要</td></tr>
<tr><td>结构构造</td><td colspan="4">主要有致密块状及浸染状构造，次为条带状、网脉状及角砾状等构造</td><td>次要</td></tr>
<tr><td>蚀变特征</td><td colspan="4">硅化、绢云母化、碳酸盐化、绿泥石化、阳起石化、钾化，尤其是热液蚀变叠加的石英细网脉</td><td>重要</td></tr>
<tr><td>控矿条件</td><td colspan="4">金矿产于侏罗纪钙碱性中酸性火山-次火山杂岩体中，容矿岩石主要为花岗闪长玢岩及其接触带附近沉凝灰岩-凝灰质砂岩，少量火山熔岩安山岩。矿体严格受次火山岩体-花岗闪长斑岩内外接触带构造、断裂构造控制。矿体产于二叠纪地层盆地内，侏罗纪火山机构附近，白垩纪岩体边部。板块边缘活动化带，中生代坳陷和隆起的过渡带(陆相火山盆地)</td><td>必要</td></tr>
<tr><td colspan="5" style="display:none"></td></tr>
<tr><td colspan="2">地球物理特征</td><td colspan="4">北东向中等航磁异常，强度20～60nT；布格重力$(-148\sim-146)\times10^{-5}m/s^2$</td><td>重要</td></tr>
<tr><td colspan="2">地球化学特征</td><td colspan="4">具Au异常及Cu、Pb、Zn、Ag、As、Sb、Bi、Hg组合异常</td><td>必要</td></tr>
<tr><td colspan="2">遥感特征</td><td colspan="4">火山口及破火口附近，燕山期隐伏岩体，具铁染区域</td><td>必要</td></tr>
</table>

第二节　预测工作区研究

一、区域地质特征

（一）成矿地质背景

毕力赫斑岩型金矿预测工作区大地构造位置位于天山-兴蒙造山系-大兴安岭弧盆系-锡林浩特岩浆弧；成矿区带属白乃庙-锡林浩特 Fe-Cu-Mo-Pb-Zn-Cr(Au-Mn)-Ge-煤-天然碱-芒硝成矿带。

1. 地层

预测区出露地层主要有三面井组、额里图组、满克头鄂博组、玛尼吐组、白音高老组、巴彦花组、宝格达乌拉组及第四系松散沉积物等。

2. 侵入岩

晚侏罗纪 8 期次岩体，早白垩世一期次岩体，岩性为灰白色不等粒黑云石英二长岩($J_3\eta o$)、灰绿色中粒石英闪长岩($J_3\delta o$)、粉灰色中粗粒花岗闪长岩($J_3\gamma\delta$)、浅灰色中粗粒似斑状二长花岗岩($J_3\pi\eta\gamma$)、肉红色中粗粒二长花岗岩($J_3\eta\gamma$)、肉红色碱长花岗岩($J_3\chi\rho\gamma$)、肉红色中粗粒花岗岩($J_3\gamma$)、黄褐色花岗斑岩($J_3\gamma\pi$)；白垩纪肉红色花岗斑岩($k_1\gamma\pi$)，是区域成矿地质体。区内脉岩较发育，且种类繁多。主要有花岗岩脉、花岗斑岩脉、流纹斑岩(脉)、安山玢岩(脉)、英安玢岩(脉)、英安斑岩(脉)、石英脉、闪长岩脉以及少量辉绿岩脉、煌斑岩脉及碳酸盐褐金矿化硅质岩脉等，脉岩与成矿关系密切。

3. 构造

区域构造以断裂构造为主，褶皱构造次之。褶皱主要为近东西向褶皱带及北东向复背斜、复向斜。褶皱构造主要包括化德穹褶断束，由于岩体破坏和吞蚀，以及第三纪地层的掩盖而出露极为零星；温都尔庙褶断束，位于汗白庙至土库莫一带，为以复式背斜形态出现的褶断束。轴向大致 80°左右，向西倾没。

区域上主要的大断裂包括武艺台-德言旗庙断裂带和川井-化德推测深断裂。武艺台-德言旗庙断裂带沿土呼都格至图林凯一带近东西向展布，向西延至朱日和镇，向东被都仁乌力吉断层所截断。规模大、发育时间长、深度大。川井-化德推测深断裂带位于内蒙地轴与内蒙海西晚期褶皱带的过渡带上。大的断裂控制着次一级断裂的分布，在次一级的断裂中，有的被脉体充填，有的呈挤压破碎带形式展布，为金矿体的生成提供了通道和场所。

4. 蚀变

区域围岩蚀变为硅化、绢云母化、碳酸盐化、绿泥石化、阳起石化、钾化，尤其是热液蚀变叠加的石英细网脉。

（二）区域成矿模式

根据预测区成矿规律研究，确定预测工作区成矿要素，总结成矿模式(图 12-6)。

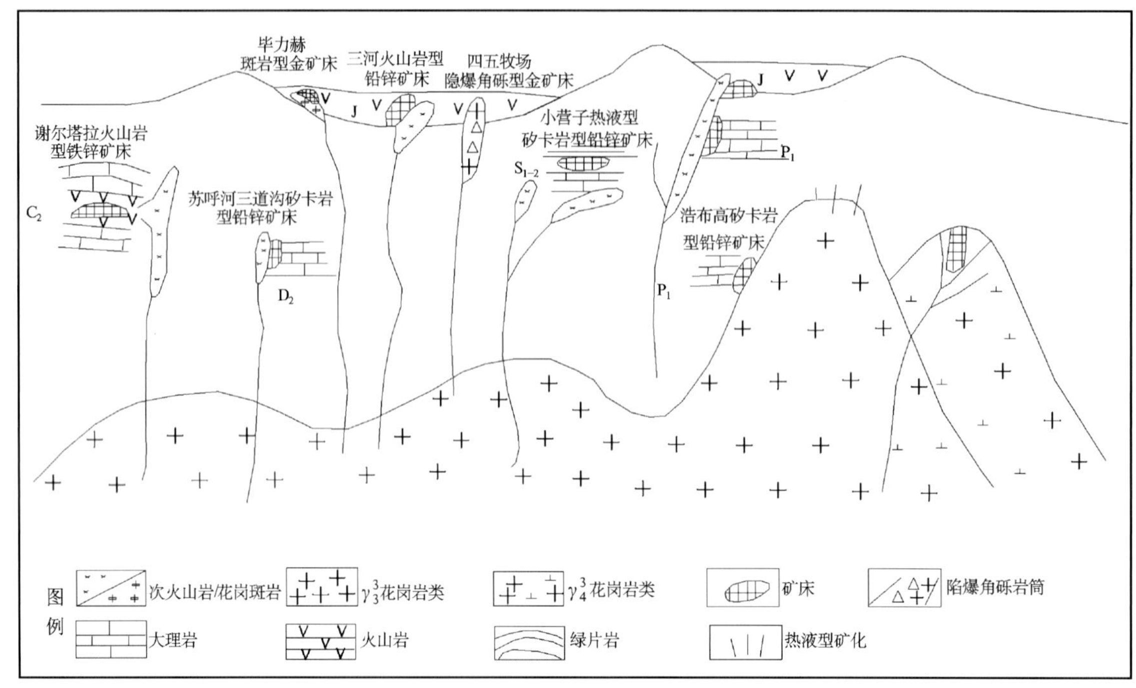

图 12-6　毕力赫金矿区域成矿模式图

二、区域地球物理特征

(一)磁法

在航磁 ΔT 等值线平面图上，毕力赫金矿预测区磁异常幅值范围为－900～1000nT，整个预测区以强度为－100～100nT 背景磁场，磁异常形态多呈椭圆状和条带状，异常轴向以北东向为主。预测区西部磁异常强度和梯度均不大，以大面积宽缓正负磁异常为主，磁异常形态不明显；预测区东部磁异常强度和梯度变化比西部大，但范围不大，磁异常以椭圆状和条带状为主，其中东南部磁异常强度要比东北部大。

本预测区磁法推断地质构造图反映断裂走向与磁异常轴向一致，以不同磁场区的分界线为标志。参考地质出露情况，预测区东部的正磁异常认为主要由火山岩地层引起，预测区中部及西部大面积条带状的正磁异常认为由酸性侵入岩体引起，预测区最西部的团状磁异常认为由火山岩地层引起。

根据磁异常特征，毕力赫金矿预测工作区磁法推断断裂构造 18 条、侵入岩体 15 个、火山构造 7 个。

(二)重力

预测区内存在一近东西向的弧形梯度带，是近东西向展布的西拉木伦河深大断列及其一系列北北东向平行断裂作用的结果。该梯级带以北布格重力异常相对较高，$\Delta g -150\times10^{-5}\,m/s^2 \sim -144\times10^{-5}\,m/s^2$，南侧为明显的相对低值区，$\Delta g -182\times10^{-5}\,m/s^2 \sim -150\times10^{-5}\,m/s^2$。北侧的重力高主要是因古生代基底隆起所致，南侧的重力低主要是酸性侵入岩引起。

预测工作区内剩余重力呈正负异常交替条带状展布。由前述知 G 蒙-535 为古生代地层引起。同理，在中部区形成的 G 蒙-539、G 蒙-457、G 蒙-545、G 蒙-459 推断为古生代基底隆起所致。而位于其东、南侧的剩余重力负异常 L 蒙-458、L 蒙-460、L 蒙-551 是酸性岩体引起。在 L 蒙-551 负异常北侧及南侧的G蒙-552、G蒙-562异常是太古代基底隆起所致。预测区西北部的剩余重力负异常L蒙-531与盆地有关。

预测区中G蒙-539北侧边部有金矿点，且该异常亦与古生代基底隆起有关，所以这一区域是寻找金矿的靶区。

三、区域地球化学特征

预测工作区上分布有Ag、As、Sb、Cu等元素组成的高背景区带，在高背景区带中有以Ag、As、Sb、Cu为主的多元素局部异常。预测区内共有35个Ag异常，40个As异常，49个Au异常，42个Cd异常，27个Cu异常，19个Mo异常，25个Pb异常，32个Sb异常，52个W异常，17个Zn异常。

Ag在预测区西部呈高背景分布，在东部呈背景、低背景分布，在高背景区存在明显的局部异常；As在预测区呈背景、高背景分布，在哈达庙地区存在Ag、As的组合异常，有明显的浓集中心；Au呈背景、低背景分布，存在局部异常，异常范围较小，在哈达庙地区Au元素浓集中心明显，强度高，呈环状分布；Sb在预测区北西部呈高背景分布，在哈达庙地区存在明显的浓集中心，Cu、Cd、Mo在预测区多呈背景分布，存在局部异常；Pb、Zn在预测区呈背景、低背景分布。

预测区上元素异常套合较好的编号为AS1和AS2，AS1的异常元素为Au、As、Sb，Au元素浓集中心明显，具明显的异常分带；AS2的异常元素为Au、As、Sb、Cu、Pb、Zn，Au元素浓集中心明显，具明显的异常分带，As、Sb、Cu、Pb、Zn分布与Au元素的异常区。

四、区域遥感影像及解译特征

本工作区共解译出300条断裂带，其中解译出巨型断裂带两条：一条是温都尔庙-西拉木伦河断裂带，该断裂带呈近东西方向展布，从工作区中部穿过，形成于早古生代末期，具有左行剪切性质，是大型控矿构造；另一条是华北陆块北缘断裂，本区正位于叠接俯冲带南部近华北板块一侧，断裂带地貌特征为一近东西向平直沟谷或断崖，断层三角面发育。

主要的大断裂包括武艺台-德言旗庙断裂带和川井-化德推测深断裂。武艺台-德言旗庙断裂带沿土呼都格至图林凯一带近东西向展布，向西延至朱日和镇，向东被都仁乌力吉断层所截断。规模大、发育时间长、深度大。川井-化德推测深断裂带位于内蒙地轴与内蒙海西晚期褶皱带的过渡带上。大的断裂控制着次一级断裂的分布，在次一级的断裂中，有的被脉体充填，有的呈挤压破碎带形式展布，为金矿体的生成提供了通道和场所。

本幅内的中小型断裂比较发育，断裂构造以东西向、北东向断裂为主，另有北西向、南北向，北西向和东西向断裂为主要控矿构造。断裂带上及岩体接触带上动力变质作用和接触变质作用发育，与成矿关系密切。

根据影像图解译了31个环，环形构造影像特征主要是影纹纹理边界清楚，花岗岩内植被发育，纹理光滑，构造隆起成山。构造穹隆引起的环形构造，影像上整个块体隆起，呈椭圆状，主要为环形沟谷及盆地边缘线构成，边界清晰，山脊和山沟以山顶为中心向四周呈放射状发散。

带要素主要包括赋矿地层、赋矿岩层相关的遥感信息。不同板块、不同地质构造单元、不同目的矿种的赋矿层位或矿源层位都不尽相同，因此带要素的具体含义亦不尽相同。预测区内解译了35条带要素。带要素意指白音高老组，是矿区的盖层。

而印支期侵入岩包括辉绿色黑云石英闪长岩、花岗闪长岩、斜长花岗岩，燕山早期侵入岩为本区重要一期侵入岩，包括中细粒花岗岩、中细粒石英闪长岩、细粒闪长岩、花岗斑岩等岩体侵入。具有多期次侵入特征，较早的为中酸性侵入岩，较晚的则为酸碱性侵入岩。这些岩体与成矿关系密切(图12-7)。

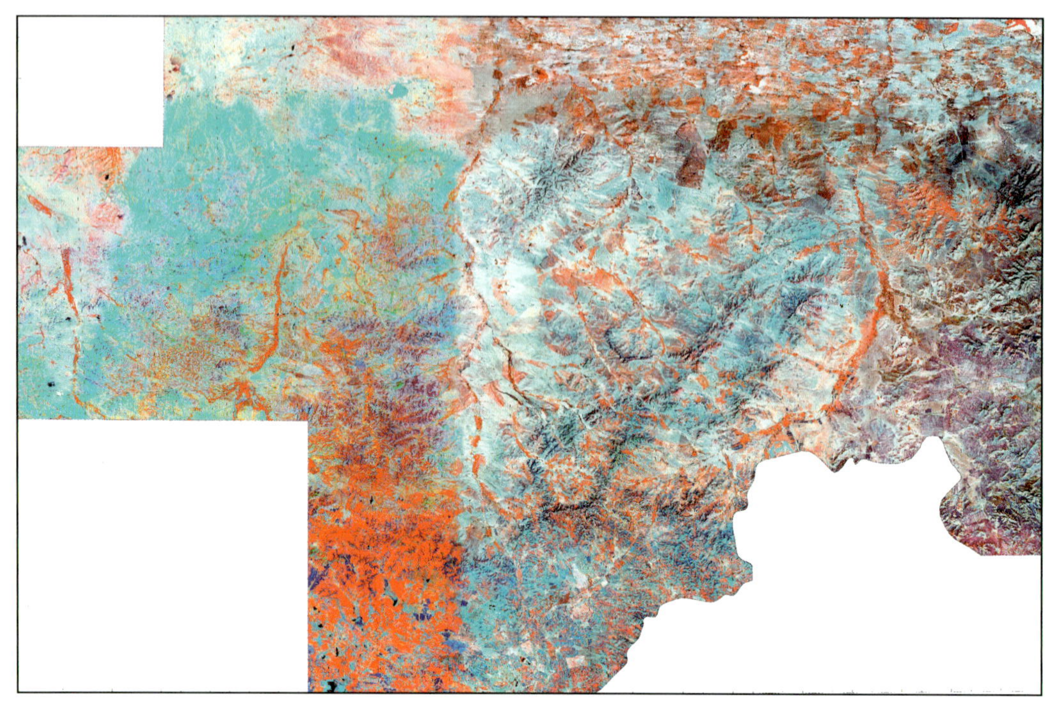

图 12-7　毕力赫金矿预测工作区影像示意图

五、区域自然重砂特征

本次工作只在预测工作区西边采用了一个 1∶20 万重砂异常，推测金来源于含金石英脉中，风化后形成较多的砂金，分布于中新统砂砾岩中和第四系上更新统冲洪积层中。

六、区域预测模型

根据预测工作区区域成矿要素和航磁、重力、遥感及自然重砂等特征，建立了本预测区的区域预测要素(表 12-2)，并编制预测工作区预测要素表和预测模型图(图 12-8)。

区域预测要素图以区域成矿要素图为基础，综合研究重力、航磁、化探、遥感、自然重砂等综合致矿信息，总结区域预测要素表，并将综合信息各专题异常曲线或区全部叠加在成矿要素图上，在表达时可以出单独预测要素如航磁的预测要素图。

表 12-2　毕力赫式侵入岩体型金矿毕力赫预测工作区预测要素表

区域成矿要素		描述内容	要素类别
地质环境	大地构造位置	Ⅰ天山-兴蒙造山系，Ⅰ-Ⅰ大兴安岭弧盆系，Ⅰ-Ⅰ-6 锡林浩特岩浆弧，Ⅰ-7 索伦山-西拉木伦结合带，Ⅰ-8 包尔汉图-温都尔庙弧盆系(Pz_2)，Ⅰ-8-2 温都尔庙俯冲增生杂岩带	重要
	成矿区(带)	Ⅰ-4 滨太平洋成矿域，Ⅰ-13 大兴安岭成矿省，Ⅲ-49 白乃庙-锡林浩特 Fe-Cu-Mo-Pb-Zn-Cr(Au-Mn)-Ge-煤-天然碱-芒硝成矿带(Ym)，Ⅳ49-3 白乃庙-哈达庙铜、金、萤石成矿亚带(Pt、Vm—l、Y)，Ⅴ49-3-5 毕力赫-哈达庙金矿集区(Ye—m)	重要
	区域成矿类型及成矿期	侵入岩体型，燕山期	重要

续表 12-2

区域成矿要素		描述内容	要素类别
控矿地质条件	赋矿地质体	燕山期侵入岩、次火山岩及其内外接触带	必要
	控矿侵入岩	燕山期侵入岩、次火山岩	必要
	主要控矿构造	北西向、东西向断裂破碎带，岩体接触带构造以及两组断裂交会处形成的构造薄弱带	重要
区内相同类型矿产		矿床 2 个：大型 1 个，小型 1 个	重要
地球物理特征	重力异常	布格重力：$-154\times10^{-5}m/s^2\sim-146\times10^{-5}m/s^2$	次要
	磁法异常	航磁化极：150～600nT	次要
地球化学特征		具 Au 异常（大于 2.0×10^{-9}），并有吻合较好的 As、Sb、Bi、Hg、B、W、Mo、Ag 等。水系沉积物综合异常及 Cu、Pb、Zn、Ag、As、Sb、Bi、Hg 土壤组合异常	重要
遥感特征		火口，隐伏岩体，北西向、东西向断裂构造及具铁染异常处	重要

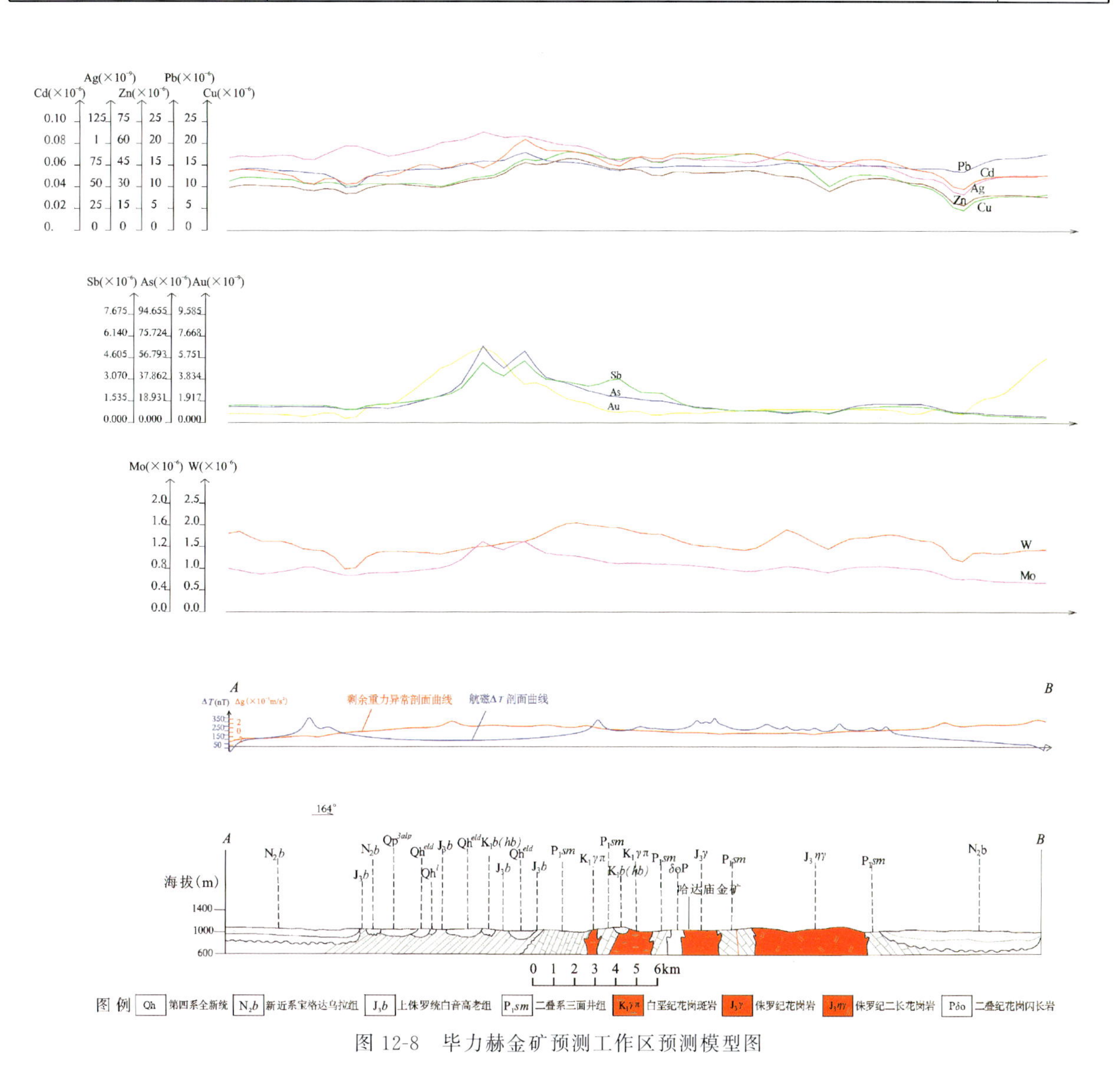

图 12-8　毕力赫金矿预测工作区预测模型图

预测模型图的编制，以地质剖面图为基础，叠加区域航磁及重力剖面图而形成，简要表示预测要素内容及其相互关系，以及时空展布特征。

第三节　矿产预测

一、综合地质信息定位预测

（一）变量提取及优选

根据典型矿床成矿要素及预测要素研究，以及预测区提取的要素特征，本次选择网格单元法作为预测单元，根据预测底图比例尺确定网格间距为 1000m×1000m，图面为 10mm×10mm。

地质体＋缓冲、断层缓冲、火山口，遥感岩体、隐伏岩体，重砂，化探综合异常，矿点（床），遥感铁染提取，进行单元赋值时采用区的存在标志；Au 元素异常、布格重力、航磁化极则求起始值。

（二）最小预测区圈定及优选

（1）模型区选择依据：根据圈定的最小预测区范围，选择毕力赫典型矿床所在的最小预测区为模型区，模型区内出露的地质体主要为燕山期侵入岩、次火山岩及三面井组、额里图组，Au 元素化探异常起始值$>2.0\times10^{-9}$，模型区内有两个火山口、具化探综合异常、北西向大断裂。

（2）预测方法的确定：由于预测工作区内只有两个同预测类型的矿床，故采用少模型预测工程进行预测，预测过程中先后采用了数量化理论Ⅲ、聚类分析、神经网络分析等方法进行空间评价，并采用人工对比预测要素，比照形成的色块图，最终确定采用神经网络分析作为本次工作的预测方法。

（三）最小预测区圈定结果

本次工作共圈定最小预测区 27 个，其中 A 级 2 个，面积 68.06km^2；B 级 6 个，总面积 66.07km^2；C 级 19 个，总面积 134.63km^2（图 12-9）。

根据成矿有利度[含矿地质体、控矿构造、矿（化）点、找矿线索及物化探异常]、地理交通及开发条件和其他相关条件，将工作区内最小预测区级别分为 A、B、C 3 个等级。各级别面积分布合理，且已知矿床（点）分布在 A 级预测区内，说明预测区优选分级原则较为合理；最小预测区圈定结果表明，预测区总体与区域成矿地质背景和物化探异常等吻合程度较好。

根据成矿有利度[含矿地质体、控矿构造、矿（化）点、找矿线索及物化探异常]、地理交通及开发条件和其他相关条件，将工作区内最小预测区级别分为 A、B、C 3 个等级。各级别面积分布合理，且已知矿床（点）分布在 A 级预测区内，说明预测区优选分级原则较为合理；最小预测区圈定结果表明，预测区总体与区域成矿地质背景和物化探异常等吻合程度较好。

（四）最小预测区地质评价

本次预测对全区 27 个最小预测区分别进行了评述，各最小预测区成矿条件及找矿潜力见表 12-3。

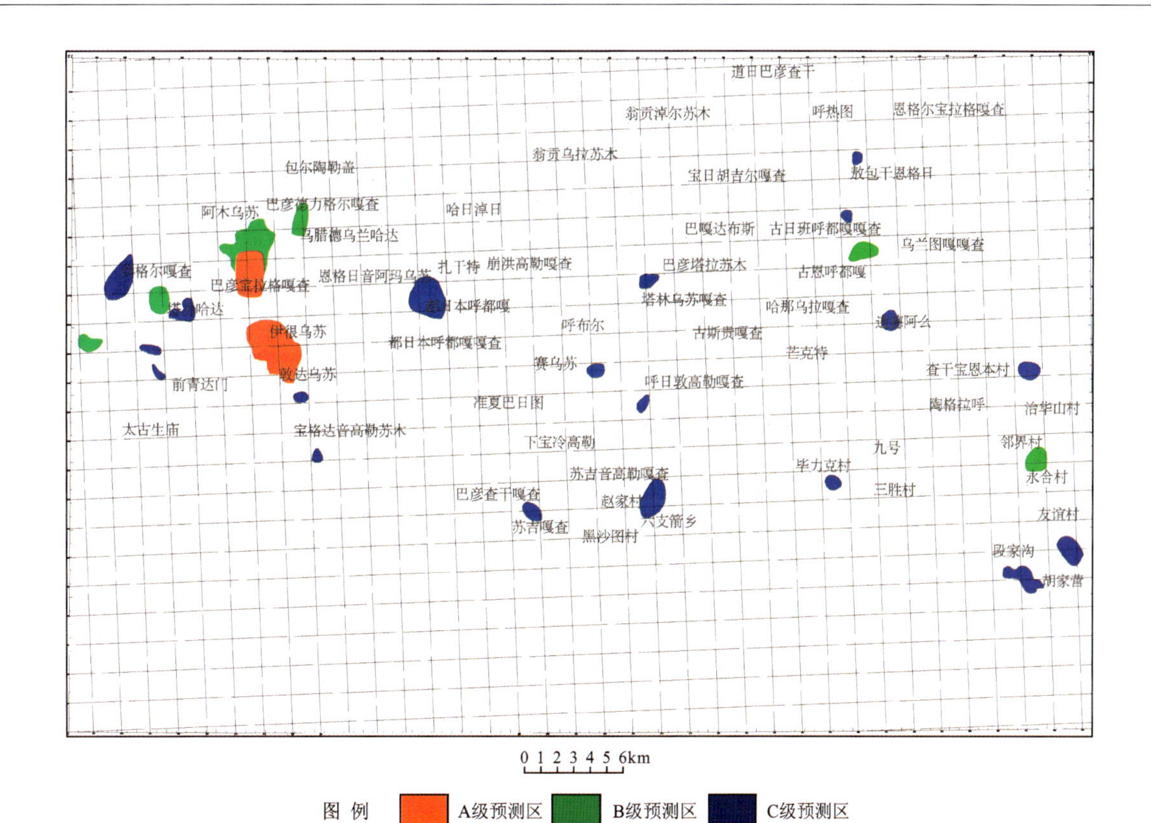

图 12-9　毕力赫金矿预测工作区最小预测区优选分布图

表 12-3　侵入岩体型金矿毕力赫预测工作区最小预测区成矿条件及找矿潜力一览表

最小预测区编号	最小预测区名称	最小预测区成矿条件及找矿潜力
A1511201001	毕力赫	模型区，找矿潜力巨大，出露的侵入岩主要为晚侏罗世流纹斑岩及早白垩世花岗斑岩，Au元素化探异常起始值>2.0×10^{-9}，具化探综合异常，模型区内有1条规模较大、与成矿有关的北西向断层，有2个火山口、3个遥感最小预测区
A1511201002	哈达庙	具有很大找矿潜力，有1个小型金矿，出露的侵入岩有晚侏罗世花岗岩及早白垩世花岗斑岩，具Au元素化探异常，北西向断层，遥感环要素指示隐伏岩体的存在
B1511201001	苏吉	具有较好的找矿潜力，出露的侵入岩主要为晚侏罗世火山岩，具北北西向断层，火山口，遥感最小预测区
B1511201002	阿门乌苏	具有较好的找矿潜力，出露的侵入岩主要为晚侏罗世二长花岗岩，Au元素化探异常起始值>2.9×10^{-9}
B1511201003	阿木乌苏	具有较好的找矿潜力，位于模型区北侧，出露的侵入岩主要为晚侏罗世流纹斑岩及早白垩世花岗斑岩，Au元素化探异常起始值>2.0×10^{-9}，具北西向断层，有2个火山口、2个遥感最小预测区及遥感圈定岩体
B1511201004	乌腊德乌兰哈达	具有较好的找矿潜力，位于模型区北东侧，出露的侵入岩主要为晚侏罗世流纹斑岩，具化探综合异常，有2个火山口
B1511201005	那仁乌拉苏木	具有较好的找矿潜力，出露的侵入岩主要为晚侏罗世二长花岗岩，Au元素化探异常起始值>4.2×10^{-9}，具化探综合异常
B1511201006	羊群滩乡	具有较好的找矿潜力，Au元素化探异常起始值>4.2×10^{-9}，具化探综合异常
C1511201001	洪格尔嘎查	找矿潜力一般，均为覆盖，有Au重砂异常，重力$-150\times10^{-5}\,m/s^2\sim-140\times10^{-5}\,m/s^2$

续表 12-3

最小预测区编号	最小预测区名称	最小预测区成矿条件及找矿潜力
C1511201002	塔力哈达	具有一定的找矿潜力,出露的侵入岩有晚侏罗世流纹斑岩,有北西向断层
C1511201003	塔力哈达南	具有一定的找矿潜力,出露的侵入岩有晚侏罗世花岗岩,Au 元素化探异常＞2.0×10^{-9},具化探综合异常及遥感最小预测区
C1511201004	前青达门	找矿潜力一般,出露的侵入岩有晚侏罗世花岗岩,具化探综合异常及遥感最小预测区
C1511201005	宝格达音高勒嘎查	位于哈达庙金矿南侧,具有一定的找矿潜力,Au 元素化探异常起始值＞4.2×10^{-9},有南北向断层
C1511201006	宝格达音高勒苏木	具有一定的找矿潜力,具 Au 元素化探异常＞4.2×10^{-9},及北西向大断裂
C1511201007	都日本呼都嘎	具有一定的找矿潜力,出露的侵入岩主要为晚侏罗世二长花岗岩,具化探综合异常及遥感圈定岩体
C1511201008	乌兰大巴	具有一定的找矿潜力,Au 元素化探异常起始值＞4.2×10^{-9},有近东西向断层
C1511201009	赛乌苏东	找矿潜力一般,Au 元素化探异常＞4.2×10^{-9},具化探综合异常
C1511201010	巴彦塔拉苏木	找矿潜力一般,Au 元素化探异常＞4.2×10^{-9},具化探综合异常
C1511201011	呼日敦高勒嘎查	找矿潜力一般,出露的侵入岩主要为晚侏罗世二长花岗岩,具化探综合异常及遥感最小预测区
C1511201012	五顷地村	找矿潜力一般,出露的侵入岩主要为晚侏罗世二长花岗岩,具化探综合异常,有东西向断层
C1511201013	敖包干恩格日	找矿潜力一般,出露的侵入岩主要为晚侏罗世碱长花岗岩,Au 元素化探异常＞2.9×10^{-9}
C1511201014	宝日陶勒盖	具有一定的找矿潜力,出露的侵入岩主要为晚侏罗世石英闪长岩,Au 元素化探异常＞4.2×10^{-9}
C1511201015	道德阿么	找矿潜力一般,出露的侵入岩主要为晚侏罗世石英二长岩,具遥感最小预测区
C1511201016	七号镇	找矿潜力一般,Au 元素化探异常＞2.9×10^{-9},北东向断层
C1511201017	浩勒宝	找矿潜力一般,Au 元素化探异常＞2.0×10^{-9},北东东向断层
C1511201018	胡家营	找矿潜力一般,出露的侵入岩主要为晚侏罗世二长花岗斑岩,Au 元素化探异常＞4.2×10^{-9}
C1511201019	友谊村	找矿潜力一般,出露的侵入岩主要为晚侏罗世二长花岗斑岩,Au 元素化探异常＞2.9×10^{-9}

二、综合信息地质体积法估算资源量

(一)典型矿床深部及外围资源量估算

毕力赫金矿典型矿床查明资源量、品位均来源于《截至 2009 年内蒙古自治区主要矿区资源储量表》,矿石体重、矿床面积($S_{典}$)是根据中国人民武装警察部队黄金地质研究所 2008 年 9 月提交的《内蒙古自治区苏尼特右旗毕力赫矿区Ⅱ矿带 15—40 线岩金矿详查报告》及 1∶1 万矿区综合地质图确定的,矿体延深($H_{典}$)依据控制矿体最深 20 勘探线剖面图确定。毕力赫金矿典型矿床深部及外围资源量估算结果见表 12-4。

表 12-4　毕力赫金矿典型矿床深部及外围资源量估算一览表

典型矿床		深部及外围		
已查明资源量	23 881kg	深部	面积	2 006 793m^2
面积	2 006 793m^2		深度	350m
深度	350m	外围	面积	341 046m^2
品位	2.69×10^{-6}		深度	350m
密度	2.69g/cm^3	预测资源量		4058kg
体积含矿率	0.000 034kg/m^3	典型矿床资源总量		27 939kg

(二)模型区的确定、资源量及估算参数

模型区为典型矿床所在位置的最小预测区。毕力赫典型矿床总资源总量=查明资源储量+预测资源量=23 881+4058=27 939kg;典型矿床总面积=查明部分矿床面积+预测外围部分矿床面积=2 006 793+341 046=2 347 839m^2。总延深=查明部分矿床延深($H_{典}$)=350m,模型区圈定时参照了含矿建造地质体,因此含矿地质体面积参数为 1。由此计算含矿地质体含矿系数(表 12-5)。

表 12-5　侵入岩体型金矿毕力赫模型区预测资源量及其估算参数表

编号	名称	模型区资源量(kg)	模型区面积(m^2)	延深(m)	含矿地质体面积(m^2)	含矿地质体面积参数
A1511201001	毕力赫	27 939	23 956 515	350	23 956 515	1

(三)最小预测区预测资源量

毕力赫式斑岩型金矿预测工作区最小预测区资源量定量估算采用地质体积法进行估算。

1. 估算参数的确定

最小预测区面积是依据综合地质信息定位优选的结果;延深的确定是在研究最小预测区含矿地质体地质特征、含矿地质体的形成深度、断裂特征、矿化类型的基础上,并对比典型矿床特征的基础上综合确定的;相似系数的确定,主要依据 MRAS 生成的成矿概率及与模型区的比值,参照最小预测区地质体出露情况、化探及重砂异常规模及分布、物探解译隐伏岩体分布信息等进行修正。

2. 最小预测区预测资源量估算结果

求得最小预测区资源量。本次预测资源总量为 69 772kg,其中不包括预测工作区已查明资源量 26 099kg,详见表 12-6。

表 12-6　毕力赫式斑岩型金矿预测工作区最小预测区估算成果表

最小预测区编号	最小预测区名称	$S_{预}$ (m²)	$H_{预}$ (m)	K (kg/m³)	α	$Z_{预}$ (kg)	资源量级别
A1511201001	毕力赫	23 956 515	350	0.000 003 332	1	4058	334-1
A1511201002	哈达庙	46 696 774	350	0.000 003 332	0.45	22 288	334-2
B1511201001	苏吉	6 201 117	350	0.000 003 332	0.3	2170	334-3
B1511201002	阿门乌苏	9 495 989	350	0.000 003 332	0.35	3876	334-3
B1511201003	阿木乌苏	25 009 830	350	0.000 003 332	0.3	8750	334-3
B1511201004	乌腊德乌兰哈达	8 316 017	350	0.000 003 332	0.3	2909	334-3
B1511201005	那仁乌拉苏木	8 213 393	350	0.000 003 332	0.25	2395	334-3
B1511201006	羊群滩乡	8 837 498	350	0.000 003 332	0.25	2577	334-3
C1511201001	洪格尔嘎查	17 251 054	350	0.000 003 332	0.1	2012	334-3
C1511201002	塔力哈达	7 703 480	350	0.000 003 332	0.2	1797	334-3
C1511201003	塔力哈达南	3 483 813	350	0.000 003 332	0.15	609	334-3
C1511201004	前青达门	2 195 581	350	0.000 003 332	0.15	384	334-3
C1511201005	宝格达音高勒嘎查	2 758 529	350	0.000 003 332	0.1	322	334-3
C1511201006	宝格达音高勒苏木	2 391 145	350	0.000 003 332	0.1	279	334-3
C1511201007	都日本呼都嘎	23 692 524	350	0.000 003 332	0.12	3316	334-3
C1511201008	乌兰大巴	5 518 149	350	0.000 003 332	0.1	644	334-3
C1511201009	赛乌苏东	4 073 760	350	0.000 003 332	0.1	475	334-3
C1511201010	巴彦塔拉苏木	4 514 585	350	0.000 003 332	0.15	790	334-3
C1511201011	呼日敦高勒嘎查	3 107 510	350	0.000 003 332	0.15	544	334-3
C1511201012	五顷地村	14 265 153	350	0.000 003 332	0.13	2163	334-3
C1511201013	敖包干恩格日	2 511 479	350	0.000 003 332	0.15	439	334-3
C1511201014	宝日陶勒盖	2 404 529	350	0.000 003 332	0.2	561	334-3
C1511201015	道德阿么	5 905 454	350	0.000 003 332	0.15	1033	334-3
C1511201016	七号镇	4 018 966	350	0.000 003 332	0.1	469	334-3
C1511201017	浩勒宝	6 616 375	350	0.000 003 332	0.2	1543	334-3
C1511201018	胡家营	11 686 661	350	0.000 003 332	0.13	1772	334-3
C1511201019	友谊村	10 532 686	350	0.000 003 332	0.13	1597	334-3
合计						69 772	

（四）预测工作区预测成果汇总

毕力赫式斑岩型金矿预测工作区地质体积法预测资源量，依据资源量级别划分标准，可划分为 334-1、334-2 和 334-3 三个资源量精度级别；毕力赫式斑岩型金矿预测工作区中，根据各最小预测区内含矿地质体（地层、侵入岩及构造）特征及工程控制情况，预测深度均在 500m 以浅。

根据矿产潜力评价预测资源量汇总标准，毕力赫式斑岩型金矿预测工作区按精度、预测深度、可利用性、可信度统计分析结果见表 12-7。

表 12-7 毕力赫式斑岩型金矿预测工作区资源量估算汇总表 单位：kg

深度	精度	可利用性		可信度			合计
		可利用	暂不可利用	≥0.75	≥0.5	≥0.25	
500m 以浅	334-1	4058	—	4058	4058	4058	4058
	334-2	22 288	—	22 288	22 288	22 288	22 288
	334-3	43 426	—	—	22 677	43 426	43 426
合计							69 772

第十三章　小伊诺盖沟式热液型金矿预测成果

第一节　典型矿床特征

一、典型矿床地质特征及成矿模式

(一)典型矿床特征

1. 矿区地质

矿区出露的主要地层有南华系佳疙疸组、额尔古纳河组以及分布于沟谷、河床平缓地带的第四系等。

区内侵入岩有燕山早期黑云母二长花岗岩类,具细中粒—中粗粒花岗结构。呈近等轴状岩株出露,侵入南华系佳疙瘩组及额尔古纳河组。花岗斑岩分布于矿区北部,呈岩株出露,为偏碱性的浅成侵入岩。

矿区断裂构造主要以北东向、北西向为主,近南北向、近东西向次之。褶皱构造主要为摆直右拉山向斜构造。近南北向断裂,断裂面不平直,倾向 265°～270°,倾角 65°～74°,具压性特征,控制Ⅰ-1、Ⅰ-2号矿体分布。本区北西向、近南北向断裂具多期活动的特点,与成矿关系较密切,已知矿体大多数受这两组断裂控制(图 13-1)。

2. 矿床特征

矿区由南至北划分为 3 个矿段,11 条金矿体,34 条金矿化带。第Ⅰ矿段为重点矿段,其矿体特征如下:

矿段东侧发育一蚀变带,长 300～500m,宽 160～180m。产状:倾向 260°～270°,倾角 60°～70°,走向近南北,其蚀变以硅化、绢云母化和黄铁矿化为主。局部硅化强烈,靠近矿体蚀变表现愈为强烈,其次为绢云母化、电气石化、弱钾长石化、绿泥石化、绿帘石化蚀变,矿区内Ⅰ-1、Ⅰ-2 号矿体发育在该蚀变带内。

(1)Ⅰ-1 号矿体:位于该矿段东侧,矿体工程控制长 160m,推测长 200m,平均厚度 1.90m,平均品位 Au 6.92×10^{-6}。矿体产状:倾向 265°～270°,倾角 65°～75°。控制矿体最大斜深 145m,矿体由于受断裂构造控制,局部见有膨大缩小现象。矿体最厚达 5.20m,最薄处仅 0.50m 左右。矿体品位变化不大,不均匀,局部采样位 Au 1.04×10^{-6},仅为矿化。个别达 Au 136×10^{-6},为特高品位。258 号勘探线中有一倾向 310°、倾角 85°的闪长玢岩脉,沿成矿后期的断裂构造侵入,将矿体切割,但矿体受其破坏影响小,其两侧的矿体位移不大,基本连续,脉岩宽 1.0～1.50m。256—258 号勘探线中部有一倾向 165°、倾角 70°的构造破碎带,宽 5.0m 左右,根据破碎性质及特征,反映为两期活动的特点,即成矿前和成矿后。

成矿前的构造活动较为强烈，岩石破碎程度较高，多呈糜棱状；后期构造活动仅表现为水平方向的位移，上盘东移，两侧的矿体位移0.8～1.0m，破碎带内矿体基本连续，仅矿石发生强烈的破碎(图13-2)。

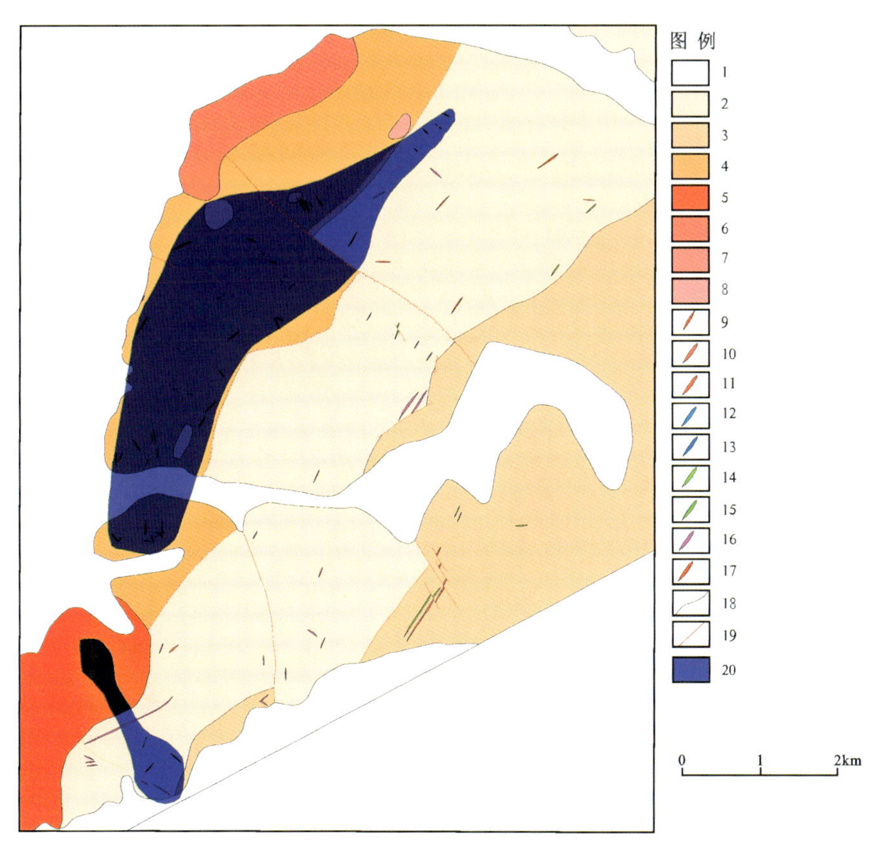

图13-1　小伊诺盖沟金矿1∶1万矿区图上矿体聚集区图(绿线圈定区域)

(据《内蒙古自治区额尔古纳市小伊诺盖沟金矿详查报告》，内蒙古自治区第十地质矿产勘查开发院，2005修编)

1.第四系残坡积碎石、砂土、冲洪积砂砾石、沼泽、淤泥等；2.震旦系额尔古纳河组二段：变质粉砂岩、碳质板岩夹石英砂砾岩、云母石英片岩；3.震旦系额尔古纳河组一段：大理岩夹板岩、变质粉砂岩；4.南华系佳疙瘩组：绢(白)云母石英片岩、变粒岩、浅粒岩；5.燕山早期黑云母二长花岗岩；6.燕山早期花岗斑岩；7.燕山早期石英二长闪长岩；8.燕山早期闪长岩；9.花岗岩脉；10.花岗斑岩脉；11.流纹岩脉；12.闪长岩脉；13.闪长玢岩脉；14.辉长岩脉；15.辉岩脉；16.石英脉；17.金矿体及编号；18.实测地质界线；19.实测性质不明断层

矿体与围岩界线沿走向仅在中部258号勘探线两侧为明显的断层接触。其他地段由于受热液蚀变作用影响不清楚，矿体与围岩较难区别。

矿石的蚀变以强硅化为主，其次为黄铁矿化、褐铁矿化，局部可见钾长石化蚀变。围岩蚀变为绢云母化、绿泥石化、绿帘石化，硅化蚀变较弱，矿体受南北断裂构造控矿作用明显，属构造蚀变岩型。

(2)Ⅰ-2号矿体：位于该矿段中部Ⅰ-1号矿体西140m处。矿体工程控制长88m，推测长123m，平均厚度1.16m，平均品位Au 3.56×10^{-6}。产状：倾向270°，倾角65°～70°。控制矿体最大斜深100m，矿体厚薄不均，局部见有膨大缩小现象。金品位变化不均匀，变化较大。矿体最大真厚度达3.06m，品位Au 1.80×10^{-6}，最薄真厚度仅0.15m，品位Au 1.03×10^{-6}。浅井(QJ_2)矿体品位最高Au 30.18×10^{-6}，最大真厚度达0.56m。

矿体受南北向断裂构造控制，矿石的蚀变以强硅化为主，其次为黄铁矿化，局部有弱钾长石化及少量的电气石化蚀变。围岩与矿石蚀变一致。仅硅化蚀变较矿体弱，因此矿体与围岩界线不截然，较难区分。

综上，该矿体为一产状稳定，品位变化大，矿化不均匀，厚度不均匀，沿走向和倾向变化较大，矿体与围岩均具强硅化蚀变，其界线难以识别的构造蚀变岩型矿体。

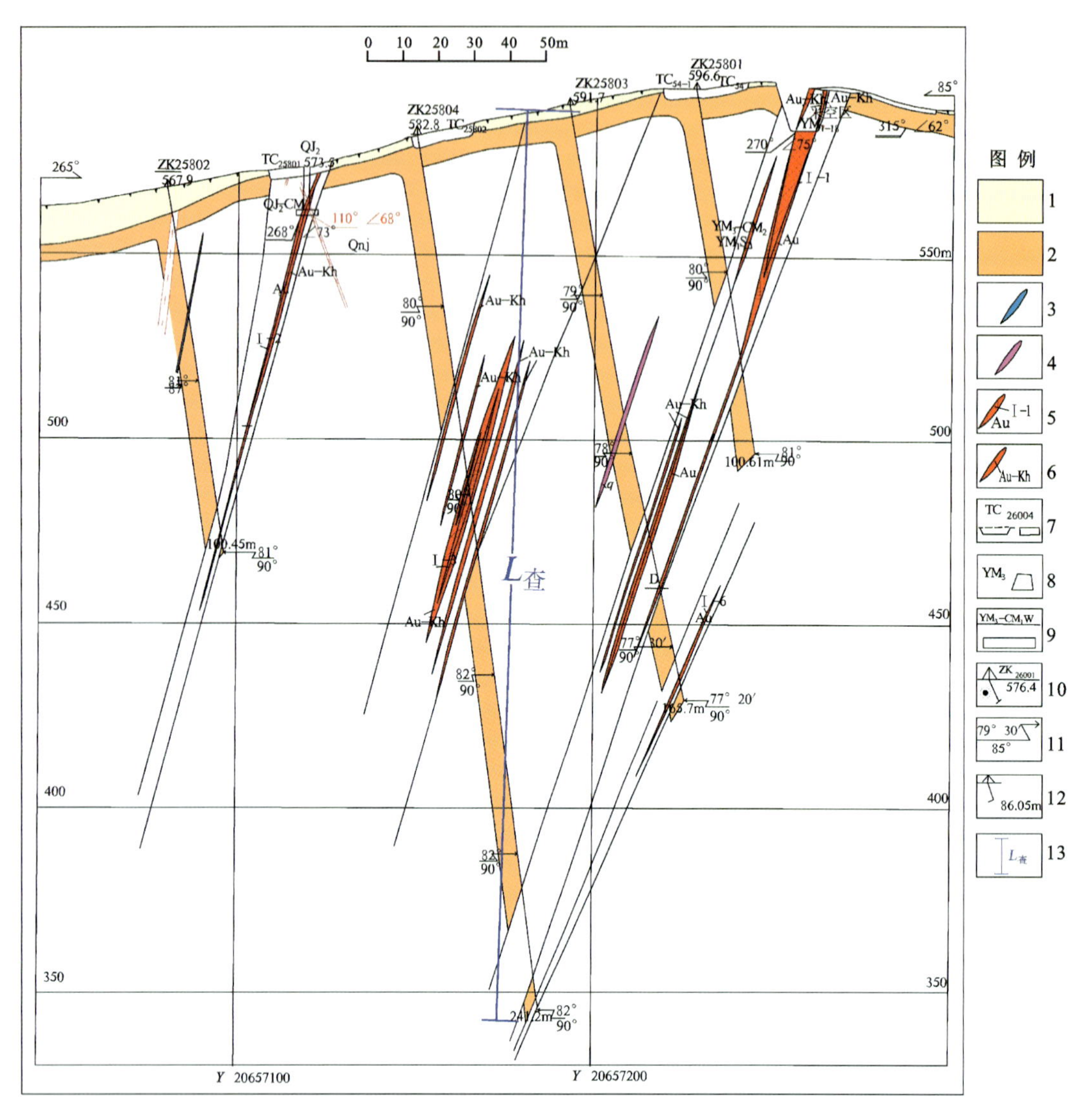

图 13-2　小伊诺盖沟金矿矿区Ⅱ矿段 258 勘探线剖面图

（据《内蒙古自治区额尔古纳市小伊诺盖沟金矿详查报告》，内蒙古自治区第十地质矿产勘查开发院，2005 修编）

1. 残坡积碎石、砂土、冲洪积砂砾石、沼泽、淤泥等；2. 南华系佳疙瘩组：绢（白）云母石英片岩、变粒岩、浅粒岩；3. 闪长岩脉；4. 石英脉；5. 金矿体及编号；6. 金矿化体（$0.5\times10^{-6}\leqslant Au<1.0\times10^{-6}$）；7. 完工探槽位置及编号；8. 完工沿脉平硐位置；9. 完工穿脉平硐位置及编号；10. 完工钻孔位置；11. 钻孔弯曲度测定位置；12. 钻孔终孔深度；13. 典型矿床控制深度

3. 矿石特征

矿石类型：蚀变岩型为主，石英脉型为次。蚀变岩型矿石的品位较低，发育在石英脉两侧，硅化、绢云母化和黄铁矿化强烈。石英脉型为含黄铁矿的石英脉，规模较小，连续性较差。该矿床以交代蚀变岩类型矿石为主体，但这种矿石品位一般较低；热液岩类型的规模较小，如Ⅰ矿段的 1 号矿体，最宽处为 30cm，且连续性较差，但这种类型矿石的品位较高，在次生富集带中常见到明金，最高品位达 136×10^{-6}。以上两种矿石相伴产出，脉状热液黄铁矿石英岩型矿石位于矿体的中部，交代蚀变岩型矿石位于其两侧。

矿物组合：金属矿物有黄铁矿、方铅矿和磁铁矿，氧化带有自然金、褐铁矿、镜铁矿、铜蓝和孔雀石；脉石矿物为石英、长石、电气石、白云母和萤石。

4. 矿石结构构造

结构构造：矿石结构为他形粒状结构和交代残余结构，具浸染状和角砾状构造。

围岩蚀变：主要围岩蚀变类型是绢云母化、硅化和黄铁矿化。

金矿体或其两侧发育张性角砾岩，角砾成分为花岗斑岩，被石英和电气石胶结，普遍黄铁矿化，说明黄铁矿化或矿化晚于韧-脆性剪切作用，更晚于花岗斑岩。

5. 矿床成因及成矿时代

1)赋矿地质体

赋矿地质体：南华系佳疙瘩组和震旦系额尔古纳河组。

矿床(点)：已知矿床(点)1 个，小型矿床 1 个。

2)区域性深断裂构造带对成矿的控制作用

近南北、北西向构造为主要控矿构造，为区内北东向德尔布干断裂系的次级断裂构造。

3)矿床的空间分布规律

已知矿体大体或蚀变带自南向北分布在矿区Ⅰ、Ⅱ、Ⅲ矿段内，多数是受近南北、北西向构造控制，构造具多期活动的特点。

4)矿床的时间分布规律

燕山早期成矿期。

赋矿围岩为南华系佳疙瘩组和震旦系额尔古纳河组。近北西向(320°～360°)、南东向(105°～150°)构造为主要控矿构造，该类型金矿成矿要素见表 13-1。

表 13-1　小伊诺盖沟式侵入岩体型金矿典型矿床成矿要素表

<table>
<tr><td colspan="2" rowspan="3">预测要素</td><td colspan="4">描述内容</td><td rowspan="3">要素类别</td></tr>
<tr><td>储量</td><td>404.4kg</td><td>平均品位</td><td>6.29×10^{-6}</td></tr>
<tr><td>特征描述</td><td colspan="3">热液型金矿</td></tr>
<tr><td rowspan="3">地质环境</td><td>大地构造位置</td><td colspan="4">Ⅰ天山-兴蒙造山系，Ⅰ-Ⅰ大兴安岭弧盆系，Ⅰ-Ⅰ-2 额尔古纳岛弧</td><td>必要</td></tr>
<tr><td>成矿环境</td><td colspan="4">1.矿区出露地层有下寒武统额尔古纳河组白云质结晶灰岩、变质砂岩、砂砾岩、板岩、千枚岩等，局部为糜棱岩。
2.侵入岩以中侏罗世花岗斑岩为主，外围发育早侏罗世斑状中粒花岗岩，受韧性剪切带作用，均发生糜棱岩化。斑状中粒花岗岩全岩 Rb-Sr 等时线年龄为 185.38±2.33Ma。
3.额尔古纳-呼伦断裂(中侏罗世末期的左行走滑韧性剪切带)贯穿矿区，与近东西向小伊诺盖沟断裂的交会部位控制矿床的定位</td><td>必要</td></tr>
<tr><td>成矿时代</td><td colspan="4">成矿作用晚于中侏罗世，可能形成于蒙古-鄂霍茨克陆陆碰撞造山环境</td><td>重要</td></tr>
<tr><td rowspan="5">矿床特征</td><td>岩石类型</td><td colspan="4">蚀变岩型为主，石英脉型为次。蚀变岩型矿石的品位较低，发育在石英脉两侧，硅化、绢云母化和黄铁矿化强烈。石英脉型为含黄铁矿的石英脉，规模较小，连续性较差</td><td>重要</td></tr>
<tr><td>矿物组合</td><td colspan="4">金属矿物有黄铁矿、方铅矿和磁铁矿，氧化带有自然金、褐铁矿、镜铁矿、铜蓝和孔雀石；脉石矿物为石英、长石、电气石、白云母和萤石</td><td>重要</td></tr>
<tr><td>结构构造</td><td colspan="4">矿石结构为他形粒状结构和交代残余结构，具浸染状和角砾状构造</td><td>次要</td></tr>
<tr><td>蚀变特征</td><td colspan="4">主要围岩蚀变类型是绢云母化、硅化和黄铁矿化</td><td>重要</td></tr>
<tr><td>控矿条件</td><td colspan="4">1.主要围岩蚀变类型是绢云母化、硅化和黄铁矿化。
2.小伊诺盖沟金矿受北北东向展布的额尔古纳河韧性剪切带控制，该剪切带派生的南北向、北东向次级张性和张扭性断层破碎带是金矿脉的容矿构造</td><td>必要</td></tr>
</table>

（二）矿床成矿模式

小伊诺盖沟金矿床位于德尔布干断裂带次一级火山盆地内北西向与北东向断裂的交会部位。本区燕山期构造变动强烈，岩浆活动频繁，燕山早期含矿热液侵位于北东向和北西向次级断裂构造裂隙中富集成矿。小伊诺盖沟金矿成矿模式见图 13-3。

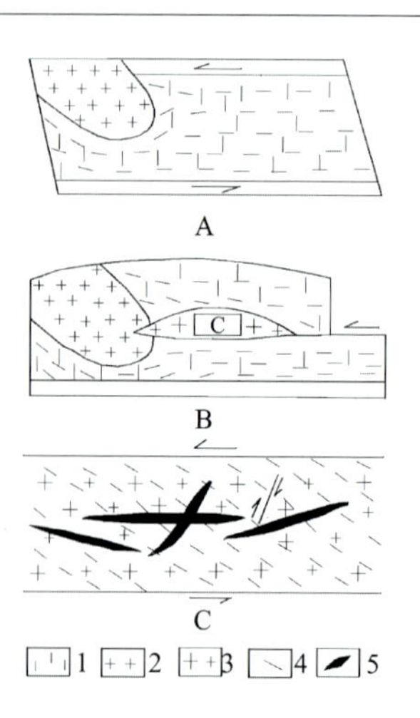

图 13-3　小伊诺盖沟金矿成矿模式图

1.额尔古纳河组；2.早侏罗世花岗岩；3.花岗斑岩；4.叶理；5.张裂隙或剪切裂隙

二、典型矿床地球物理特征

（一）矿床所在位置地磁特征

据 1∶1 万地磁平面等值线图显示，正负磁场变化凌乱，局部有异常出现，近似圆形，极值达 360nT，详见图 13-4。

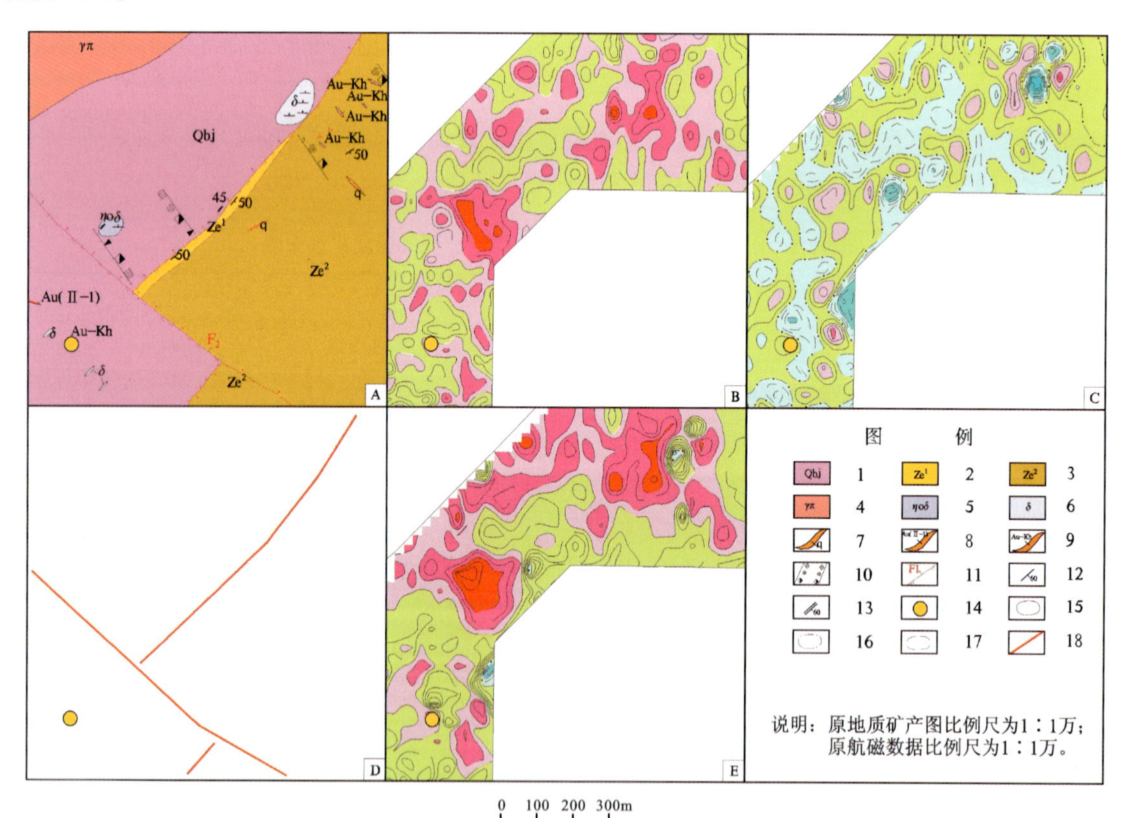

图 13-4　小伊诺盖沟金矿典型矿床物探剖析图

A. 地质矿产图；B. 地磁 ΔT 等值线平面图；C. 地磁 ΔT 化极垂向一阶导数等值线平面图；D. 地质推断构造图；E. 地磁 ΔT 化极等值线平面图。

1. 青白口系佳疙瘩组绢云母石英岩、变粒岩、浅粒岩；2. 震旦系额尔古纳河组一段：大理岩夹板岩、变质粉砂岩；3. 震旦系额尔古纳河组二段：变质粉砂岩；4. 花岗斑岩；5. 石英二长闪长岩；6. 闪长岩；7. 石英脉；8. 金矿体及编号；9. 金矿化体；10. 褐铁矿化、黄铁矿化、硅化蚀变带；11. 实测逆断层及编号；12. 地层产状；13. 片理产状；14. 矿点位置；15. 地磁正等值线；16. 地磁零等值线；17. 地磁负等值线；18. 磁法推断三级断裂

（二）矿床所在区域重力特征

布格重力异常图上，小伊诺盖沟金矿位于布格重力高异常区，极值 $\Delta g-61.76\times10^{-5}\,m/s^2\sim-60.72\times10^{-5}\,m/s^2$。西侧为中蒙国境线，其东侧为布格重力异常北北东向梯级带。梯级带以东为布格重力异常相对低值区，最低值 $\Delta g-80.99\times10^{-5}\,m/s^2\sim79.55\times10-^{5}\,m/s^2$。详见图 13-4。

剩余重力异常图上，小伊诺盖沟金矿附近，重力场平稳，没形成明显的异常。在其东侧的剩余重力负异常带是酸性侵入岩引起。金矿北侧的剩余重力正异常则是元古宙基底及古生代基底隆起所致。

金元素地球化学图上，小伊诺盖沟金矿位于金异常高异常区 $(2\sim20)\times10^{-9}$ 金异常区，与金矿所处的重力高异常区相吻合。

综上所述可见，该典型矿床重力场特征不明显，这一地区应以化探异常作为主要预测要素。

三、典型矿床地球化学特征

与预测区相比较，小伊诺盖沟地区小伊诺盖沟式热液型金矿矿区周围存在以 Au 为主，伴有 Ag、As、Cd、Cu、Pb、Zn、W、Mo 等元素组成的综合异常，Au 为主成矿元素，Ag、As、Cd、Cu、Pb、Zn 为主要的伴生元素，Cu、Pb、Zn、W、Mo 为内带组合异常，Ag、As、Sb 为外带组合异常。

Au 元素在小伊诺盖沟地区呈高背景分布，浓集中心明显，异常强度高，呈环状分布；Ag、As、Cd 在其周围呈高背景分布，有明显的浓集中心；Ag、As、Sb 在 Au 异常周围呈高背景分布，无明显的浓集中心。

四、典型矿床预测模型

以矿区 1∶1 万地质图为底图，分析矿区化探、航磁资料，确定典型矿床预测要素，编制了典型矿床综合剖析图（图 13-5）。

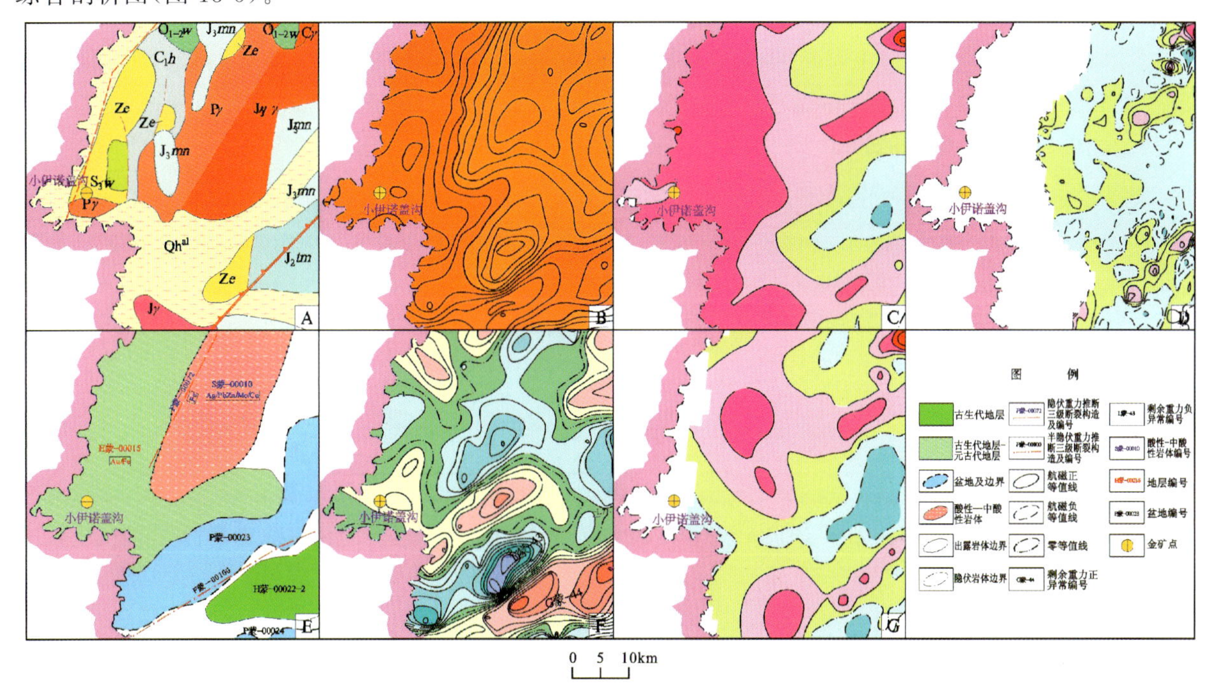

图 13-5　小伊诺盖沟金矿典型矿床综合剖析图

A. 地质矿产图；B. 布格重力异常图；C. 航磁 ΔT 等值线平面图；D. 航磁 ΔT 化极垂向一阶导数等值线平面图；E. 重力推断地质构造图；F. 剩余重力异常图

在研究化探、重力等综合致矿信息，总结典型矿床预测要素表(表 13-2)。

表 13-2　小伊诺盖沟式侵入岩体型金矿典型矿床预测要素表

预测要素		描述内容				要素类别
		储量	404.4kg	平均品位	6.29×10^{-6}	
		特征描述	热液型金矿			
地质环境	大地构造位置	Ⅰ天山-兴蒙造山系，Ⅰ-Ⅰ大兴安岭弧盆系，Ⅰ-Ⅰ-2 额尔古纳岛弧				必要
	成矿环境	1. 矿区出露地层有下寒武统额尔古纳河组白云质结晶灰岩、变质砂岩、砂砾岩、板岩、千枚岩等，局部为糜棱岩。 2. 侵入岩以中侏罗世花岗斑岩为主，外围发育早侏罗世斑状中粒花岗岩，受韧性剪切带作用，均发生糜棱岩化。斑状中粒花岗岩全岩 Rb-Sr 等时线年龄为 185.38±2.33Ma。 3. 额尔古纳-呼伦断裂(中侏罗世末期的左行走滑韧性剪切带)贯穿矿区，与近东西向小伊诺盖沟断裂的交会部位控制矿床的定位				必要
	成矿时代	成矿作用晚于中侏罗世，可能形成于蒙古-鄂霍茨克陆陆碰撞造山环境				重要
矿床特征	矿体形态	脉状				重要
	岩石类型	蚀变岩型为主，石英脉型为次。蚀变岩型矿石的品位较低，发育在石英脉两侧，硅化、绢云母化和黄铁矿化强烈。石英脉型为含黄铁矿的石英脉，规模较小，连续性较差				重要
	矿物组合	金属矿物有黄铁矿、方铅矿和磁铁矿，氧化带有自然金、褐铁矿、镜铁矿、铜蓝和孔雀石；脉石矿物为石英、长石、电气石、白云母和萤石				重要
	结构构造	矿石结构为他形粒状结构和交代残余结构，具浸染状和角砾状构造				次要
	蚀变特征	主要围岩蚀变类型是绢云母化、硅化和黄铁矿化				重要
	控矿条件	1. 主要围岩蚀变类型是绢云母化、硅化和黄铁矿化。 2. 小伊诺盖沟金矿受北北东向展布的额尔古纳河韧性剪切带控制，该剪切带派生的南北向、北东向次级张性和张扭性断层破碎带是金矿脉的容矿构造				必要
地球物理特征	重力	位于布格重力相对较高异常区，剩余重力正异常区，且金矿位于异常较中心部位，重力值为 $7\times10^{-5}m/s^2$ 的等值线上				重要
	磁法	1∶1 万地磁平面等值线图显示，磁场正负磁场变化凌乱，局部有异常出现，近似圆形，极值达 360nT				重要
地球化学特征		3 个矿段均位于浓集中心，矿体、矿化体、蚀变带均存在于高值。矿区存在以 Au 为主，伴有 Ag、As、Cd、Cu、Pb、Zn、W、Mo 等元素组成的综合异常，Au 为主成矿元素，Ag、As、Cd、Cu、Pb、Zn 为主要的伴生元素				重要

第二节　预测工作区研究

一、区域地质特征

小伊诺盖沟式侵入岩体型金矿包括小伊诺盖沟、八道卡、兴安屯 3 个预测工作区。

（一）成矿地质背景

1. 小伊诺盖沟预测工作区

小伊诺盖沟预测工作区内总体构造线呈北东向展布。主要由基底岩系南华纪的佳疙疸组、额尔古纳河组以及新元古代侵入岩组成。本区自古生代以来经历了较为强烈的构造变形、变质，主要表现为中—中浅层次的绿片岩相的变质和韧性变形以及浅表层次的脆性断裂。

佳疙瘩组为一套滨浅海相碎屑岩夹火山岩、碳酸盐沉积等岛弧-活动大陆边缘型沉积岩系。岩石组合为：绢云石英母片岩、钾长变粒岩、浅粒岩。佳疙瘩组经历了3期构造变形，使基底岩系发生了不均匀的韧性剪切变形和低绿片岩相的退变质作用，构成了基底岩系中多相片麻岩共存的复杂岩貌特征。

额尔古纳河组为大理岩-板岩建造，岩石组合为大理岩、白云岩、粉晶灰岩、变质砂岩、绢云板岩、碳质粉砂质板岩、粉砂质板岩，岩石变质程度浅，原生层理清晰，为稳定的浅海碳酸盐台地沉积。

下奥陶统乌宾敖色组为千枚岩-绢云板岩建造，岩石组合为绢云板岩、千枚岩夹砂岩、灰岩透镜体，含动物化石。上志留统卧都河组为石英砂岩-砂岩建造，岩石类型有石英砂岩、细砂岩、粉砂岩、粉砂质板岩、硅质板岩。二者为远滨相沉积。

下石炭统红水泉组为石英砂岩-长石砂岩建造，岩石组合为石英砂砾岩、石英砂岩、长石砂岩、泥质粉砂岩、粉砂质板岩，夹生物碎屑灰岩，为滨海相沉积。

新元古代侵入岩出露面积较大，主要由中基性—中酸性斜长角闪岩、花岗岩类组成。

志留纪主要为黑云母二长花岗岩类，呈近北东向带状叠展布，少量二叠纪侵入岩岩性为白云母花山岗岩，其成因类型为S型，该期花岗岩类具后碰撞花岗岩的特点。

白垩纪岩浆岩主要分布于工作区东部，断续呈北东向带状展布，火山活动沿德尔布干深断裂周边发生大规模的火山喷发，形成早白垩世中性、基性火山喷溢（梅勒图组）和黑云母花岗岩、二长花岗岩酸性岩浆侵位，侵入岩为后碰撞构造环境下花岗岩类，属于高钾-钾玄岩系列。

2. 八道卡预测工作区

预测工作区大地构造位置属内蒙古天山-兴蒙造山系，Ⅰ-Ⅰ大兴安岭弧盆系，Ⅰ-Ⅰ-2额尔古纳岛弧。区内总体构造线呈北东向展布。

预测区内出露的地层主要有中侏罗统万宝组、上侏罗统白音高老组、下白垩统大磨拐河组及第四系湖积、冲洪积泥、砂、砾等。

预测区内出露的侵入岩主要有新元古代中粗粒黑云母石英二长闪长岩，中二叠世粗粒黑云母二长花岗岩，早三叠世粗中粒含斑角闪黑云花岗闪长岩、粗粒斑状黑云母二长花岗岩，早侏罗世中粗粒含斑黑云母二长花岗岩，晚侏罗世花岗斑岩等。

主要控矿构造走向有近南北向、北西向、北东向3组，倾角一般大于70°。主矿体为近南北向，长约100m，最宽6m。主要围岩蚀变类型是绢云母化、硅化和黄铁矿化。

3. 兴安屯预测工作区

区内总体构造线呈北东向展布。主要由基底岩系和新元古代的佳疙疸组、额尔古纳河组以及新元古代—侏罗纪侵入岩组成。自古生代以来一直处于隆升剥蚀期，缺失大量地层，经历了较为强烈的构造变形、变质，主要表现为中—中浅层次的绿片岩相—角闪岩相的变质和韧性变形以及浅表层次的脆性断裂。在各地质单元中表现为不同的变质变形特征。

兴华渡口岩群、风水山片麻杂岩，多呈孤岛状残存于新元古代侵入岩及晚古生代和中生代侵入岩中。受后期多次构造岩浆和变质事件的改造与破坏，构造变形复杂，形成多期复合的韧性变形构造，形成了高绿片岩相—低角闪岩相区域变质岩系。

佳疙疸组为一套滨浅海相碎屑岩夹火山岩、碳酸盐沉积等岛弧-活动大陆边缘型沉积岩系。佳疙疸组经历了3期构造变形,使基底岩系发生了不均匀的韧性剪切变形和低绿片岩相的退变质作用,构成了基底岩系中多相片麻岩共存的复杂岩貌特征。

新元古代侵入岩出露面积较大,主要由中基性(I型)—中酸性(S型)花岗岩类组成,代表了岛弧-活动大陆边缘构造环境。

二叠纪侵入岩主要为中粗粒→粗粒二长花岗岩系列,呈近北东向近平行带状叠置于图幅中部和西北部新元古代构造岩浆岩带之上,其成因类型多数为S型,同时又具有I型花岗岩特征。反映了该期花岗岩类具有陆-弧碰撞花岗岩类的特点。

侏罗纪、白垩纪火山岩主要分布于测区南东或北西侧,断续呈北东向带状展布,火山活动随德尔布干深断裂的活化向南迁移,在深断裂周边发生大规模的火山喷发,形成中、晚侏罗世中基性火山岩(塔木兰沟组)和中酸性火山岩(满克头鄂博组),早白垩世形成中性、基性火山喷溢(梅勒图组)中酸性岩浆侵位,侵入岩为张性构造环境下I型的中细粒石英二长岩、中细粒石英闪长岩和具A型花岗岩某些特点的中细粒花岗闪长岩,均属于偏碱性岩石系列。岩体原生组构和包体不发育,仅见次生节理,脉岩类型较多,常见有辉绿辉长岩、闪长玢岩、花岗细晶岩等,北西西走向近直立产出。

(二)区域成矿模式

1. 小伊诺盖沟预测工作区

1)构造对成矿的控制作用

矿床的形成过程中,成矿流体的运移和成矿物质的沉淀、定位空间及其形成的保存条件无不与构造息息相关。构造是成矿控制地质因素中的重要因素。

(1)成矿构造环境的控矿作用。

小伊诺盖沟式热液小型金矿床区内断裂构造十分发育,主要是近南北向、北西向断裂构造,近南北向、北西向断裂构造具多期活动的特点,与成矿关系较为密切,已知矿体大多数是受近南北向、北西向构造控制。

(2)区域性深断裂构造带对成矿的控制作用。

近南北向、北西向构造为主要控矿构造,为区内北东向德尔布干断裂系的次级断裂构造。

2)矿床的空间分布规律

已知矿体大体或蚀变带多数是受近南北向、北西向构造控制,构造具多期活动的特点。

3)矿床的时间分布规律

燕山早期成矿期。小伊诺盖沟预测工作区金矿成矿要素见表13-3。

表13-3　小伊诺盖沟式侵入岩体型金矿小伊诺盖沟工作区成矿要素表

成矿要素		描述内容	要素类别
特征描述		侵入岩体型金矿床	
地质环境	大地构造位置	Ⅰ天山-兴蒙造山系,Ⅰ-Ⅰ大兴安岭弧盆系,Ⅰ-Ⅰ-2额尔古纳岛弧	必要
	成矿区(带)	Ⅰ-4滨太平洋成矿域(叠加在古亚洲成矿域之上),Ⅱ-13大兴安岭成矿省,Ⅲ-47新巴尔虎右旗(拉张区)Cu-Mo-Pb-Zn-Au-萤石-煤(铀)成矿带,$Ⅳ^{1}_{47}$小伊诺盖沟Au-Fe-Pb-Zn成矿亚带(Y、Q),$Ⅴ^{1-1}_{47}$小伊诺盖沟-吉兴沟金矿集区(Ye、Q)	必要
	区域成矿类型及成矿期	燕山早期,侵入岩体型	必要

续表 13-3

预测要素		描述内容	要素类别
特征描述		侵入岩体型金矿床	
控矿地质条件	控矿构造	近南北向与北西向构造破碎带	必要
	赋矿地质体	南华系佳疙瘩组和震旦系额尔古纳河组	重要
	控矿侵入岩	燕山早期黑云母二长花岗岩类	重要
预测区矿点		矿床(点)1个,小型矿床1个	重要

4)区域成矿模式

小伊诺盖沟式侵入岩体型金矿位于得尔布干断裂的西北侧,矿体一般沿北东向展布,成矿带由中生代次级火山断陷盆地和前中生代半隆起带组成,成矿带主要分布有中生代火山岩、次火山岩及钾长花岗岩,次有晋宁期花岗岩类、海西期—印支期花岗岩类和额尔古纳河群、下古生界等。区内断裂构造十分发育,主要是北东—北东东向断裂构造,它们是北东向德尔布干断裂系的次级断裂构造,常同北西向断裂构造联合控制该成矿带中的火山断陷盆地,如上护林-小伊诺盖沟盆地、金河-牛耳河盆地及西吉诺碧水盆地等。这些断陷盆地是火山岩型有色、贵金属矿床成矿的有利地段,在相对隆升的半隆起地段乃是金矿成矿的有利地段,该成矿带中已知成矿类型较多,如中温小伊诺盖沟金矿,得耳布尔、二道河子火山侵入岩体型铅锌银矿床,下护林矽卡岩型铅锌矿床,卡米奴什克斑岩型铜矿点,莫尔道嘎浅成低温侵入岩体型金矿床等。该成矿带成矿模式如图 13-6 所示。

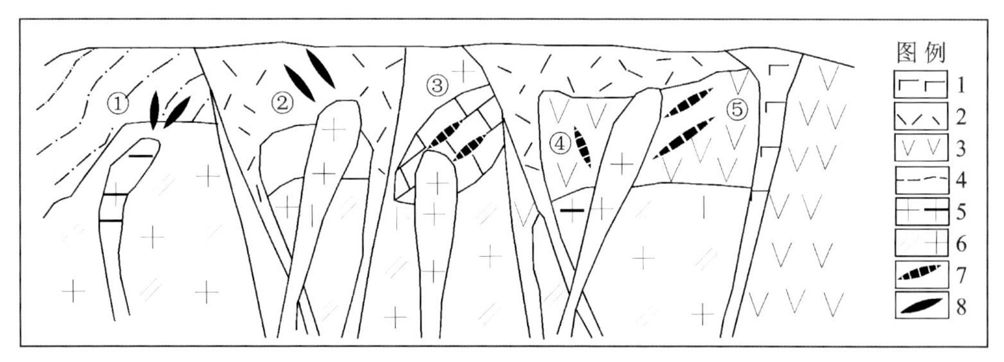

图 13-6　小伊诺盖沟金矿预测工作区区域成矿模式图

1.伊列克得组;2.上库力组;3.塔木兰沟组;4.佳疙瘩组浅粒岩;5.中生代浅成侵入岩、次火山岩;6.海西期—印支期花岗岩;7.锌银矿;8.金矿体;①小伊诺盖沟,②莫尔道嘎,③下护林,④二道河子,⑤得耳布尔

2. 八道卡预测工作区

(1)地层:中侏罗统万宝组。

(2)侵入岩:晚侏罗世花岗斑岩。

(3)构造:近南北向与北西向构造破碎带。

八道卡预测工作区金矿成矿要素见表 13-4,成矿模式见图 13-7。

表 13-4　小伊诺盖沟式侵入岩体型金矿八道卡预测区成矿要素表

预测要素		描述内容	要素类别
特征描述		侵入岩体型金矿床	
地质环境	大地构造位置	Ⅰ天山-兴蒙造山系，Ⅰ-Ⅰ大兴安岭弧盆系，Ⅰ-Ⅰ-2 额尔古纳岛弧	必要
	成矿区(带)	Ⅰ-4 滨太平洋成矿域(叠加在古亚洲成矿域之上)，Ⅱ-13 大兴安岭成矿省，Ⅲ-47 新巴尔虎右旗(拉张区)Cu-Mo-Pb-Zn-Au-萤石-煤(铀)成矿带，IV_{47}^{1} 小伊诺盖沟 Au-Fe-Pb-Zn 成矿亚带(Y、Q)，$\mathrm{V}_{47}^{1\text{-}1}$ 小伊诺盖-吉兴沟金矿集区(Ye、Q)	必要
	区域成矿类型及成矿期	以蚀变岩型为主，石英脉型次之，成矿期为燕山期	必要
控矿地质条件	控矿构造	近南北向与北西向构造破碎带	必要
	赋矿地质体	金矿体或其两侧发育张性角砾岩，角砾成分为花岗斑岩，被石英和电气石胶结，普遍黄铁矿化	重要
	控矿侵入岩	晚侏罗世花岗斑岩	重要
预测区矿点		矿床(点)1 个：1 个小型金矿床	重要
地球物理特征	重力异常	矿床所在区域地球物理特征： 据 1∶20 万剩余重力异常图显示，重力异常整体表现比较凌乱，局部有正负异常出现；据 1∶50 万航磁平面等值线图显示，磁场变化范围不大，在 0～200nT 之间，异常特征不明显	重要
	磁法异常	据 1∶1 万地磁平面等值线图显示，磁场正负磁场变化凌乱，局部有异常出现，近似圆形，极值达 360nT	重要
地球化学特征		矿区存在以 Au 为主，伴有 Ag、As、Cd、Cu、Pb、Zn、W、Mo 等元素组成的综合异常，Au 为主成矿元素，Ag、As、Cd、Cu、Pb、Zn 为主要的伴生元素	重要

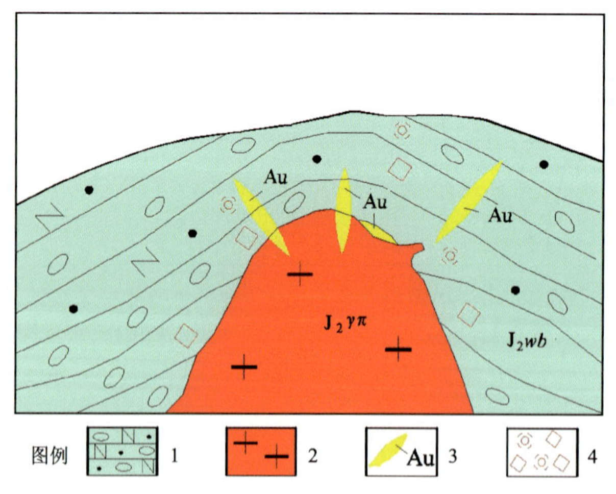

图 13-7　小伊诺盖沟金矿八道卡预测工作区成矿模式图

1. 万宝组：砂砾岩；2. 侏罗纪花岗斑岩；3. 金矿体；4. 蚀变

3. 兴安屯预测工作区

1)构造对成矿的控制作用

矿床的形成过程中，成矿流体的运移和成矿物质的沉淀、定位空间以及其形成的保存条件无不与构造息息相关。构造是成矿控制地质因素中的重要因素。

（1）成矿构造环境的控矿作用。

兴安屯金矿预测工作区内断裂构造十分发育，主要是北东—北东东向断裂构造，它们是北东向得尔布干断裂系的次级断裂构造，常同北西向断裂构造联合控制该成矿带中的火山断陷盆地，如上护林-莫尔道嘎盆地、金河-牛耳河盆地及西吉诺碧水盆地等。这些断陷盆地是火山岩型有色、贵金属矿床成矿的有利地段，在相对隆升的半隆起地段乃是金矿成矿的有利地段。

（2）区域性深断裂构造带对成矿的控制作用。

矿床（点）处于北西向与北东向断裂构造或其交会部位，区内北东向德尔布干断裂系的次级断裂构造北东—北东东向断裂构造为主要控矿构造，它们是石英脉贯入和含矿热液赋存空间。

2）地质体对成矿的控制作用

晚侏罗世的侵入岩、次火山岩、火山岩。

3）矿床的空间分布规律

矿床（点）处于北西向与北东向断裂构造或其交会部位，区内德尔布干断裂系的次级断裂构造北东—北东东向断裂构造为主要控矿构造，具多期性、叠加性特点。

4）成矿模式

莫尔道嘎金矿床位于德尔布干断裂带次一级火山盆地内北西向与北东向断裂的交会部位。本区构造变动强烈，岩浆活动频繁，燕山早期含矿热液侵位于北东向和北西向次级断裂构造裂隙中富集成矿。莫尔道嘎金矿成矿模式见图 13-8，成矿要素见表 13-5。

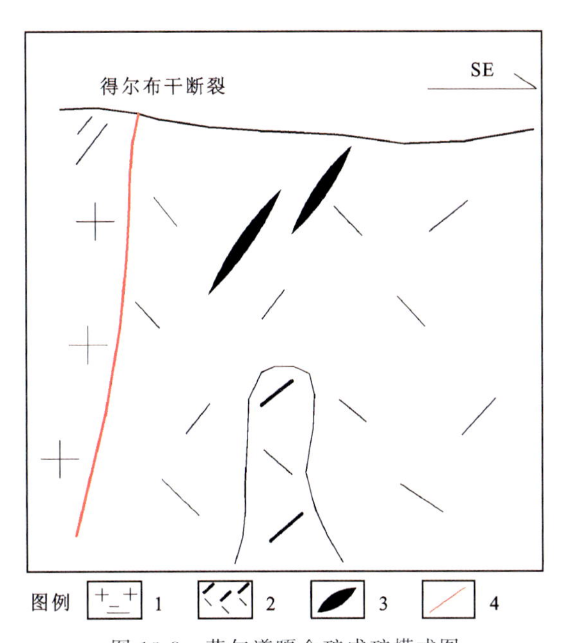

图 13-8　莫尔道嘎金矿成矿模式图

1. 二云母花岗岩；2. 有机质黏土；3. 金矿体；4. 断裂

表 13-5　小伊诺盖沟式侵入岩体型金矿兴安屯预测工作区成矿要素表

成矿要素	描述内容	要素类别
构造景背	Ⅰ天山-兴蒙造山系，Ⅰ-Ⅰ大兴安岭弧盆系，Ⅰ-Ⅰ-2 额尔古纳岛弧	必要
成矿环境	Ⅰ-4 滨太平洋成矿域（叠加在古亚洲成矿域之上），Ⅱ-13 大兴安岭成矿省，Ⅲ-47 新巴尔虎右旗（拉张区）Cu-Mo-Pb-Zn-Au-萤石-煤（铀）成矿带，Ⅳ$^{1}_{47}$莫尔道嘎 Au-Fe-Pb-Zn 成矿亚带（Y、Q），Ⅴ$^{1-1}_{47}$小伊诺盖-吉兴沟金矿集区（Ye、Q）	必要

续表 13-5

成矿要素		描述内容	要素类别
成矿时代		燕山早期	必要
控矿地质条件	赋矿地质体	上侏罗统白音高老组	次要
	控矿侵入岩	侏罗纪斑状中粒花岗岩、花岗斑岩	次要
	控矿构造	得尔布干断裂带次一级火山盆地内北西向与北东向断裂交会部位	必要
区域成矿类型及成矿期		燕山早期侵入岩体型	必要
预测区矿点		矿床(点)4 个:小型 3 个,矿化点 1 个	重要

二、区域地球物理特征

(一)小伊诺盖沟预测工作区

1. 重力

该预测区较小,预测区重力场特征及解释推断与典型矿床所在区域相同。

2. 磁法

小诺伊盖沟地区小诺伊盖沟式金矿预测工作区范围为东经 119°05′—119°45′、北纬 50°20′—50°40′,在航磁 ΔT 等值线平面图上永胜屯地区小诺伊盖沟式金矿预测区磁异常幅值范围为 −400～800nT,整个预测区以强度为 −100～100nT 背景磁场,磁异常形态呈近椭圆状,异常轴向北东向。异常主要集中在预测区东部,其中东中部以 0～100nT 为磁场背景,东北和东南部以 −100～0nT 为磁场背景,其间的磁异常强度不大,但有一定梯度变化。永胜屯小诺伊盖沟式金矿区位于预测区西部,无航磁数据。

断裂走向与磁异常轴向一致,以北东向为主,以不同磁场区的分界线为标志。参考地质出露情况,除预测区南部的正磁异常认为主要由火山岩地层引起外,预测区内其他的正磁异常认为由酸性侵入岩体引起。

根据磁异常特征,小诺伊盖沟地区小诺伊盖沟式金矿预测工作区磁法推断断裂构造 5 条、侵入岩体 6 个、火山构造 2 个。

(二)八道卡预测工作区

1. 重力

预测区范围较小,且工作程度低,只有 1∶100 万的重力测量资料,所以该预测区重力异常对于金矿预测意义不大。

预测区内布格重力异常等值线稀疏,呈弧形展布,其值 $\Delta g -59.76\times10^{-5}\,m/s^2 \sim -42\times10^{-5}\,m/s^2$。

2. 磁法

八道卡地区小诺伊盖沟式金矿预测工作区范围为东经 121°00′—121°50′、北纬 52°50′—53°10′,在航

磁 ΔT 等值线平面图上八道卡地区小诺伊盖沟式金矿预测区磁异常幅值范围为－300～400nT，整个预测区以强度为－100nT 的低缓磁场背景，只在预测区南部有正负相间的磁异常，强度和梯度变化均不大。

在预测区南部推断两条断裂，走向与磁异常轴向一致，以不同磁场区的分界线为标志。参考地质出露情况，预测区南部西侧的正磁异常认为主要由火山岩地层引起，东侧的正磁异常认为由酸性侵入岩体引起。

根据磁异常特征，八道卡地区小诺伊盖沟式金矿预测工作区磁法推断断裂构造 2 条、侵入岩体 1 个、火山构造 1 个(图 13-9)。

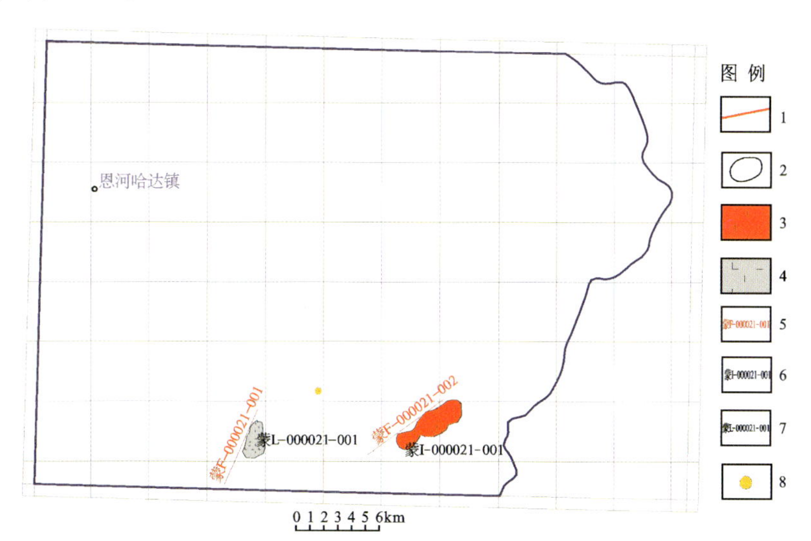

图 13-9　小伊诺盖沟金矿八道卡预测区磁法推断地质构造特征

1. 三级断裂构造；2. 磁法推断地质构造边界线(出露)；3. 酸性岩类；4. 火山岩地层；5. 推断断裂编号；6. 侵入岩体编号；7. 火山岩地层编号；8. 金矿点

(三)兴安屯预测工作区

1. 重力

预测区范围较小，且工作程度低，只有 1∶100 万的重力测量资料，所以该预测区重力异常对于金矿预测意义不大。

预测区内布格重力异常等值线稀疏，值相对较高。其值 $\Delta g-98.70\times10^{-5}\,m/s^2\sim-83.20\times10^{-5}\,m/s^2$。剩余异常为负异常，主要是酸性花岗岩引起。预测区内有 4 个金矿点，故这一区域应是寻找金矿的重点靶区。

2. 磁法

兴安屯地区小诺伊盖沟式金矿预测工作区范围为东经 119°45′—120°45′、北纬 51°10′—51°30′，在航磁 ΔT 等值线平面图上兴安屯地区小诺伊盖沟式金矿预测区磁异常幅值范围为－400～1400nT，整个预测区磁异常以－200～0nT 为磁场背景，磁异常形态较规则，多呈条带状和近椭圆状磁异常，异常轴向北东向和东西向。预测区中北部为大面积负磁异常区，以－200～－100nT 为磁异常背景，负异常值最高达－400nT，在此负磁异常区北部有一梯度变化较大的北东向正异常带；预测区东北和中南部地区磁异常背景值较中部区高，为－100～0nT，其中东北部有一强度达 1400nT 的近椭圆状正异常区，梯度变化大，预测区中南部也分布范围不大呈北东向正异常，强度达600nT，梯度变化较大。

断裂走向与磁异常轴向一致，以北东向为主，以磁异常梯度带为标志。参考地质出露情况，预测区东北部的团状正磁异常认为主要由火山岩地层引起，预测区中部的正磁异常认为由酸性侵入岩体引起，南部大面积的正磁异常认为由酸性侵入岩和火山岩地层引起。

根据磁异常特征，兴安屯地区小诺伊盖沟式金矿预测工作区磁法推断断裂构造4条、侵入岩体8个、火山构造5个。

三、区域地球化学特征

（一）小伊诺盖沟预测工作区

预测区上分布有Ag、As、Sb、Cu、Pb、Zn、Cd、W、Mo等元素组成的高背景区带，在高背景区带中有以Ag、As、Sb、Cu、Pb、Zn、Cd、W、Mo为主的多元素局部异常。预测区内共有14个Ag异常，6个As异常，3个Au异常，15个Cd异常，6个Cu异常，14个Mo异常，14个Pb异常，6个Sb异常，7个W异常，8个Zn异常。

预测区上As、Cd、Sb元素在小伊诺盖沟—乌兰山地区存在明显的浓集中心，异常强度高，浓集中心呈北东向带状分布，在红旗村和小孤山地区存在两处As、Sb元素的浓集中心，浓集中心明显，异常强度高；Ag在小伊诺盖沟—乌兰山地区呈高背景分布，有明显的浓集中心；预测区上Cu呈背景、高背景分布，在小伊诺盖沟—台吉沟存在北东向高背景分布，有多处浓集中心，浓集中心明显，异常强度高；W在预测区呈高背景分布，有明显的浓度分带和浓集中心；Pb在预测区呈背景、高背景分布，有多处明显的浓集中心；Zn呈背景、高背景分布，在小伊诺盖沟以北有一条明显的浓度分带；Mo在预测区呈背景、高背景分布，有明显的浓度分带和浓集中心；Au在预测区呈背景、低背景分布。

预测区上Au元素异常范围小，浓集中心不明显，元素异常组合特征不明显，无指向性。

（二）八道卡预测工作区

预测区上分布有Ag、As、Sb、Au等元素组成的高背景区带，在高背景区带中有以Ag、As、Sb、Au为主的多元素局部异常。预测区内共有5个Ag异常，7个As异常，21个Au异常，6个Cd异常，3个Cu异常，14个Mo异常，14个Pb异常，6个Sb异常，7个W异常，8个Zn异常。

预测区上Ag、As、Ab呈背景、高背景分布，在预测区南部存在明显的局部异常；Au在预测区呈背景、高背景分布，存在明显的局部异常；Cd在预测区南东部呈高背景分布，在北西部呈背景、低背景分布；Cu在预测区呈背景、低背景分布；Pb、Zn、W、Mo在预测区多呈背景分布，Pb、Mo存在局部异常。

预测区上元素异常套合较好的编号为AS1，异常元素为Au、As、Ag、Cd，Au元素浓集中心明显，具明显的异常分带，As元素分布于内带，Ag、Cd分布于外带。

（三）兴安屯预测工作区

预测区上分布有Ag、As、Sb、Au等元素组成的高背景区带，在高背景区带中有以Ag、As、Sb、Au

为主的多元素局部异常。预测区内共有5个Ag异常，11个As异常，15个Au异常，17个Cd异常，13个Cu异常，18个Mo异常，14个Pb异常，6个Sb异常，13个W异常，15个Zn异常。

预测区北部Au呈高背景分布，有多处浓集中心，浓集中心明显，异常强度高，范围较大，在上吉宝沟地区有一处浓集中心，浓集中心明显，异常强度高，呈环形分布；Cd、W、Pb在预测区呈背景、高背景分布，在丰林林场地区存在一条北西向高背景区，呈带状分布，有明显的浓集中心，在预测区北东部存在范围较大的浓集中心；Cu、Mo在预测区呈背景、高背景分布，存在局部异常；Zn呈背景、高背景分布，存在局部异常；Ag、Sb呈背景、低背景分布；As在预测区呈背景、高背景分布，存在明显的浓度分带和浓集中心。

预测区上元素异常套合较好的编号为AS1和AS2，异常元素为Au、As，Au元素浓集中心明显，具明显的异常分带，As元素分布于内带，AS2的As元素与Au元素呈同心环状分布，异常套合好。

四、区域遥感影像及解译特征

（一）小伊诺盖沟预测工作区

本预测工作区共解译出103条断裂带，其中解译出大型断裂带1条，即额尔古纳深大断裂，方向北东，贯穿整个工作区，形成于早古生代，呈压性断面西倾，具有左行剪切性质。沿断裂前中生代岩石破碎，形成2～5km宽的破碎带。它控制着得耳布尔多金属成矿带。

本幅内的中小型断裂比较发育，断裂构造以北东—北北东向和北西—近东西向两组断裂为主，额尔古纳深大断裂及其破碎带与近东西小型断裂交会控制着矿床的定位，断裂带上及岩体接触带上动力变质作用和接触变质作用发育，与成矿关系密切。

根据影像图解译了40个环，环形构造影像特征主要是影纹纹理边界清楚，花岗岩内植被发育，纹理光滑，构造隆起成山。构造穹隆引起的环形构造，影像上整个块体隆起，呈椭圆状，主要为环形沟谷及盆地边缘线构成，边界清晰，山脊和山沟以山顶为中心向四周呈放射状发散。金矿体主要产在小伊诺盖沟花岗斑岩体内，少数产于花岗斑岩与额尔古纳河组的接触部位。

带要素主要包括赋矿地层、赋矿岩层相关的遥感信息。不同板块、不同地质构造单元、不同目的矿种的赋矿层位或矿源层位都不尽相同，因此带要素的具体含义亦不尽相同。预测区内解译了50条带要素。带要素指南华系佳疙疸组和震旦系额尔古纳河组白云质结晶灰岩、变质砂岩、砂砾岩、板岩、千枚岩等，局部为糜棱岩，是成矿直接母岩。

（二）八道卡预测工作区

本预测工作区共解译出76条断裂带，其中解译出大型断裂带2条，即额尔古纳深大断裂，方向北东，贯穿整个工作区，形成于早古生代，呈压性断面西倾，具有左行剪切性质。沿断裂前中生代岩石破碎，形成2～5km宽的破碎带。它控制着得耳布尔多金属成矿带。另一条是八道卡断裂带，中侏罗世的左行走滑韧性剪切带，是热液导矿构造。

本幅内的中小型断裂比较发育，断裂构造以北东—北北东向和北西—近东西向两组断裂为主，额尔古纳深大断裂及其破碎带与近东西小型断裂交会控制着矿床的定位，断裂带上及岩体接触带上动力变质作用和接触变质作用发育，与成矿关系密切。

根据影像图解译了39个环,环形构造影像特征主要是影纹纹理边界清楚,花岗岩内植被发育,纹理光滑,构造隆起成山。构造穹隆引起的环形构造,影像上整个块体隆起,呈椭圆状,主要为环形沟谷及盆地边缘线构成,边界清晰,山脊和山沟以山顶为中心向四周呈放射状发散。金矿体主要产在小伊诺盖沟花岗斑岩体内,少数产于花岗斑岩与额尔古纳河组的接触部位。

带要素主要包括赋矿地层、赋矿岩层相关的遥感信息。不同板块、不同地质构造单元、不同目的矿种的赋矿层位或矿源层位都不尽相同,因此带要素的具体含义亦不尽相同。预测区内解译了7块带要素,色要素解译了8块。带要素指中侏罗统万宝组,而色要素特指晚侏罗统花岗斑岩,花岗斑岩则形成中低温热液,是直接成矿岩体。

(三)兴安屯预测工作区

本预测工作区共解译出122条断裂带,其中解译出大型断裂带1条,即额尔古纳深大断裂,方向北东,贯穿整个工作区,形成于早古生代,呈压性断面西倾,具有左行剪切性质。沿断裂前中生代岩石破碎,形成2～5km宽的破碎带。它控制着得耳布尔多金属成矿带。

本幅内的中小型断裂比较发育,断裂构造以北东—北北东向和北西—近东西向两组断裂为主,额尔古纳深大断裂及其破碎带与近东西小型断裂交会控制着矿床的定位,断裂带上及岩体接触带上动力变质作用和接触变质作用发育,与成矿关系密切。

该区内有1条北东走向的大型韧性剪切带。受韧性剪切带作用,中侏罗世花岗斑岩,外围发育早侏罗世斑状中粒花岗岩,均发生糜棱岩化。小伊诺盖沟式金矿正是该韧性剪切带控制。

根据影像图解译了125个环,环形构造影像特征主要是影纹纹理边界清楚,花岗岩内植被发育,纹理光滑,构造隆起成山。构造穹隆引起的环形构造,影像上整个块体隆起,呈椭圆状,主要为环形沟谷及盆地边缘线构成,边界清晰,山脊和山沟以山顶为中心向四周呈放射状发散。金矿体主要产在小伊诺盖沟花岗斑岩体内,少数产于花岗斑岩与额尔古纳河组的接触部位。

带要素主要包括赋矿地层、赋矿岩层相关的遥感信息。不同板块、不同地质构造单元、不同目的矿种的赋矿层位或矿源层位都不尽相同,因此带要素的具体含义亦不尽相同。预测区内解译了16条带要素。带要素指带要素指侏罗纪地层,与成矿不是直接关系。

五、区域预测模型

(一)小伊诺盖沟预测工作区

根据预测工作区区域成矿要素和重力、化探等特征,建立了本预测区的区域预测要素,并编制预测工作区预测要素图和预测模型图(图13-10)。

区域预测要素图以区域成矿要素图为基础,综合研究重力、化探等综合致矿信息,总结区域预测要素表(表13-6),并将综合信息各专题异常曲线或区全部叠加在成矿要素图上,在表达时可以出单独预测要素如航磁的预测要素图。

预测模型图的编制,以地质剖面图为基础,叠加区域重力、区域化探剖面图而形成,简要表示预测要素内容及其相互关系,以及时空展布特征。

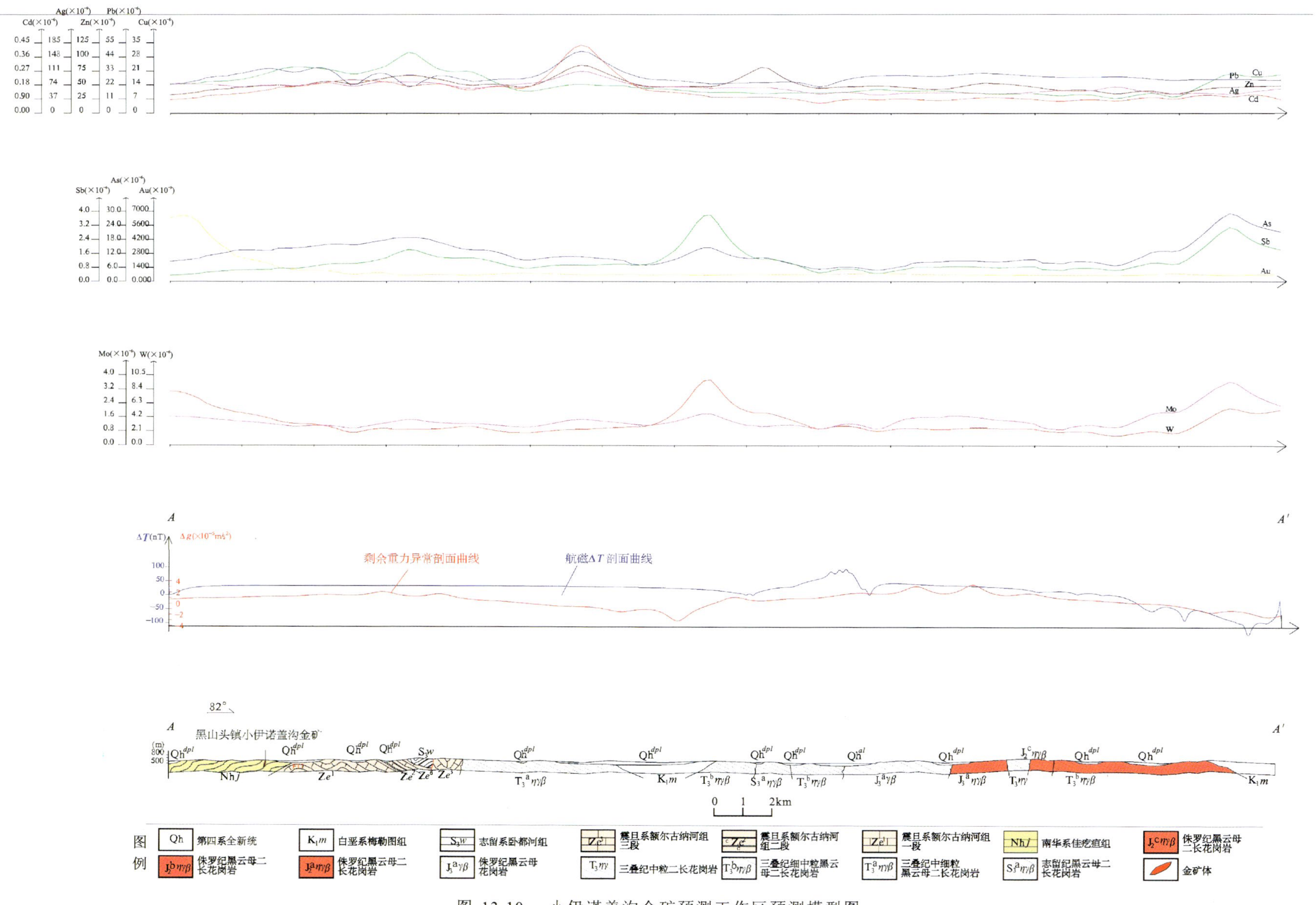

图 13-10 小伊诺盖沟金矿预测工作区预测模型图

表 13-6　小伊诺盖沟式侵入岩体型金矿小伊诺盖沟工作区预测要素表

成矿要素		描述内容	要素类别
特征描述		侵入岩体型金矿床	
地质环境	大地构造位置	Ⅰ天山-兴蒙造山系，Ⅰ-Ⅰ大兴安岭弧盆系，Ⅰ-Ⅰ-2 额尔古纳岛弧	必要
	成矿区(带)	Ⅰ-4 滨太平洋成矿域(叠加在古亚洲成矿域之上)，Ⅱ-13 大兴安岭成矿省，Ⅲ-47 新巴尔虎右旗(拉张区)Cu-Mo-Pb-Zn-Au-萤石-煤(铀)成矿带，Ⅳ$_{47}^{1}$小伊诺盖沟 Au-Fe-Pb-Zn 成矿亚带(Y、Q)，Ⅴ$_{47}^{1-1}$小伊诺盖沟-吉兴沟金矿集区(Ye、Q)	必要
	区域成矿类型及成矿期	燕山早期，侵入岩体型	必要
控矿地质条件	控矿构造	近南北向与北西向构造破碎带	必要
	赋矿地质体	南华系佳疙瘩组和震旦系额尔古纳河组	重要
	控矿侵入岩	燕山早期黑云母二长花岗岩类	重要
预测区矿点		矿床(点)1 个：小型矿 1 个	重要
地球物理特征	重力	布格重力较高异常区、剩余重力正异常区边部，小伊诺盖沟金矿所在位置剩余重力值 $\Delta g(1\sim2)\times10^{-5}\,m/s^2$ 之间	重要
	航磁	在航磁 ΔT 等值线平面图上该预测区磁异常幅值范围为 $-400\sim1400$nT。金矿处于正磁异常区，预测区东部正负伴生异常的正异常一侧的北东向梯度带推断有断裂存在，以此特征可作为寻找控矿构造的预测要素，另外注意与岩体有关的正磁异常	重要
地球化学特征		Au 元素异常范围小，浓集中心不明显，元素异常组合特征不明显，无指向性	重要

(二)八道卡预测工作区

根据预测工作区区域成矿要素和重力、化探等特征，建立了本预测区的区域预测要素(表 13-7)，并编制预测工作区预测要素图和预测模型图(图 13-11)。

表 13-7　小伊诺盖沟式侵入岩体型金矿八道卡工作区预测要素表

预测要素		描述内容	要素类别
特征描述		侵入岩体型金矿床	
地质环境	大地构造位置	Ⅰ天山-兴蒙造山系，Ⅰ-Ⅰ大兴安岭弧盆系，Ⅰ-Ⅰ-2 额尔古纳岛弧	必要
	成矿区(带)	Ⅰ-4 滨太平洋成矿域(叠加在古亚洲成矿域之上)，Ⅱ-13 大兴安岭成矿省，Ⅲ-47 新巴尔虎右旗(拉张区)Cu-Mo-Pb-Zn-Au-萤石-煤(铀)成矿带，Ⅳ$_{47}^{1}$小伊诺盖沟 Au-Fe-Pb-Zn 成矿亚带(Y、Q)，Ⅴ$_{47}^{1-1}$小伊诺盖沟-吉兴沟金矿集区(Ye、Q)	必要
	区域成矿类型及成矿期	蚀变岩型为主，石英脉型次之，成矿期为燕山期	必要
控矿地质条件	控矿构造	近南北向与北西向构造破碎带	必要
	赋矿地质体	金矿体或其两侧发育张性角砾岩，角砾成分为花岗斑岩，被石英和电气石胶结，普遍黄铁矿化	重要
	控矿侵入岩	晚侏罗世花岗斑岩	重要

续表 13-7

预测要素		描述内容	要素类别
特征描述		侵入岩体型金矿床	
预测区矿点		矿床(点)1个;1个小型金矿床	重要
物化探特征	重力异常	预测区范围较小,且只有1∶100万重力测量成果。对金矿的指示意义不大。剩余重力异常(−2～5)×10^{-5} m/s²	重要
	航磁异常	在航磁ΔT等值线平面图上,磁异常幅值范围为−300～400nT。预测区南部有正负相间的磁异常,强度和梯度变化均不大。航磁化极异常−150～300nT	重要
地球化探特征		预测区主要分布As、Sb、Cu、Pb、Zn、Ag、Cd、W、Mo等元素异常,异常呈北东向带状展布;Au元素在小伊诺盖沟附近存在浓集中心,浓集中心明显,异常强度高	重要
遥感特征		遥感解译的北西向断层及解译出的燕山期隐伏岩体	重要

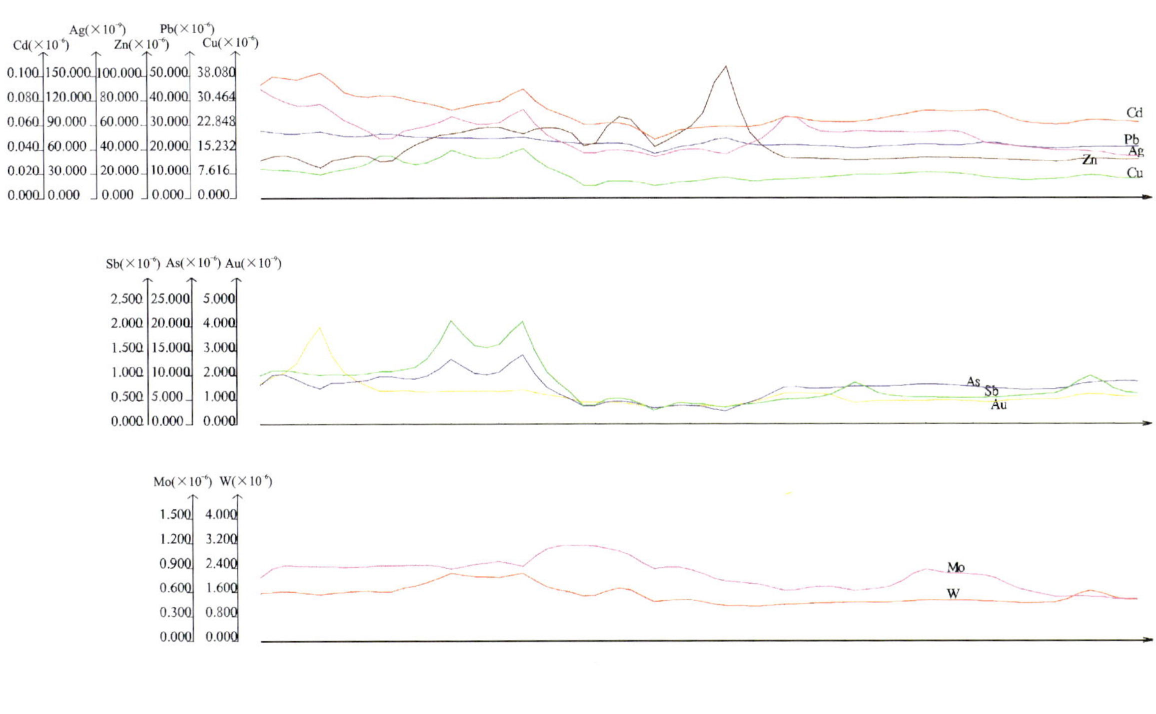

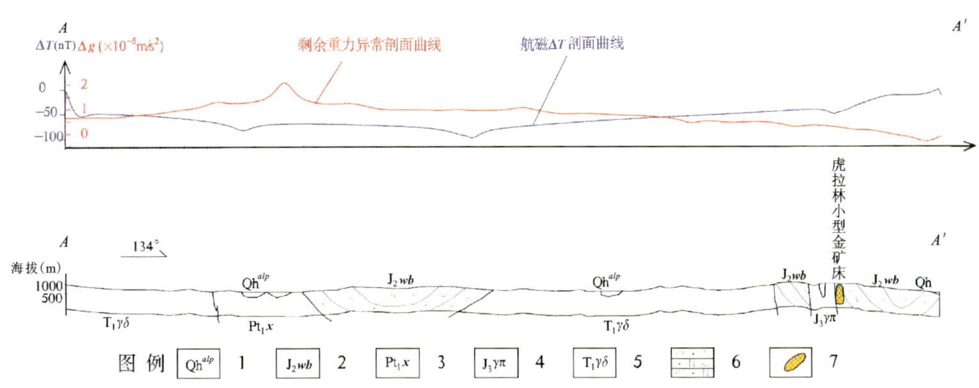

图例 1 Qh^{alp}　2 J_2wb　3 Pt_1x　4 $J_3\gamma\pi$　5 $T_1\gamma\delta$　6　7

图 13-11　小伊诺盖沟金矿八道卡预测区预测模型图

1. 第四系全新统;2. 万宝组;3. 古元古代二长闪长岩;4. 侏罗纪花岗斑岩;
5. 三叠纪含斑角闪花岗闪长岩;6. 长石砂岩夹砾岩;7. 金矿体

(三)兴安屯预测工作区

区域预测要素图以区域成矿要素图为基础,综合研究重力、化探等综合致矿信息,总结区域预测要素(表 13-8),并将综合信息各专题异常曲线或区全部叠加在成矿要素图上,在表达时可以出单独预测要素如航磁的预测要素图。

预测模型图的编制,以地质剖面图为基础,叠加区域重力、区域化探剖面图而形成,简要表示预测要素内容及其相互关系,以及时空展布特征(图 13-12)。

表 13-8 小伊诺盖沟式侵入岩体型金矿兴安屯工作区预测要素表

成矿要素		描述内容	要素类别
构造景背		Ⅰ天山-兴蒙造山系,Ⅰ-Ⅰ大兴安岭弧盆系,Ⅰ-Ⅰ-2 额尔古纳岛弧	必要
成矿环境		Ⅰ-4 滨太平洋成矿域(叠加在古亚洲成矿域之上),Ⅱ-13 大兴安岭成矿省,Ⅲ-47 新巴尔虎右旗(拉张区)Cu-Mo-Pb-Zn-Au-萤石-煤(铀)成矿带,$Ⅳ^{1}_{47}$莫尔道嘎 Au-Fe-Pb-Zn 成矿亚带(Y、Q),$Ⅴ^{1-1}_{47}$小伊诺盖沟-吉兴沟金矿集区(Ye、Q)	必要
成矿时代		燕山早期	必要
控矿地质条件	赋矿地质体	上侏罗统白音高老组	次要
	控矿侵入岩	侏罗纪斑状中粒花岗岩、花岗斑岩	次要
	控矿构造	得尔布干断裂带次一级火山盆地内北西向与北东向断裂交会部位	必要
区域成矿类型及成矿期		燕山早期,侵入岩体型	必要
预测区矿点		矿床(点)4 个:小型 3 个,矿化点 1 个	重要
地球物理特征	重力	该区的重力场特征不明显,金矿点位于较低布格重力异常区,剩余重力负异常边部。其值为$(-3\sim-1)\times10^{-5}m/s^2$之间	重要
	航磁	预测区磁异常幅值范围为$-400\sim800$nT,呈近椭圆状北东向展布。中东部为磁异常集中分布区。南部的正磁异常认为由火山岩地层引起,其他的正磁异常认为由酸性侵入岩体引起。中东部的航磁 ΔT 化极异常强度起始值多数在$-300\sim350$nT 之间	重要
地球化学特征		预测区北部 Au 呈高背景分布,有多处浓集中心,浓集中心明显,异常强度高,范围较大,Au 异常值在$(1.5\sim4.2)\times10^{-9}$之间	重要

第三节 矿产预测

一、综合地质信息定位预测

(一)变量提取及优选

地质体、断层、化探组合异常、综合异常要素进行单元赋值时采用区的存在标志;剩余重力求起始值的加权平均值,在变量二值化时利用异常范围值人工输入变化区间。

在上述提取的变量中,提取航磁化极异常范围对预测无明显意义,故在优选过程中剔除。

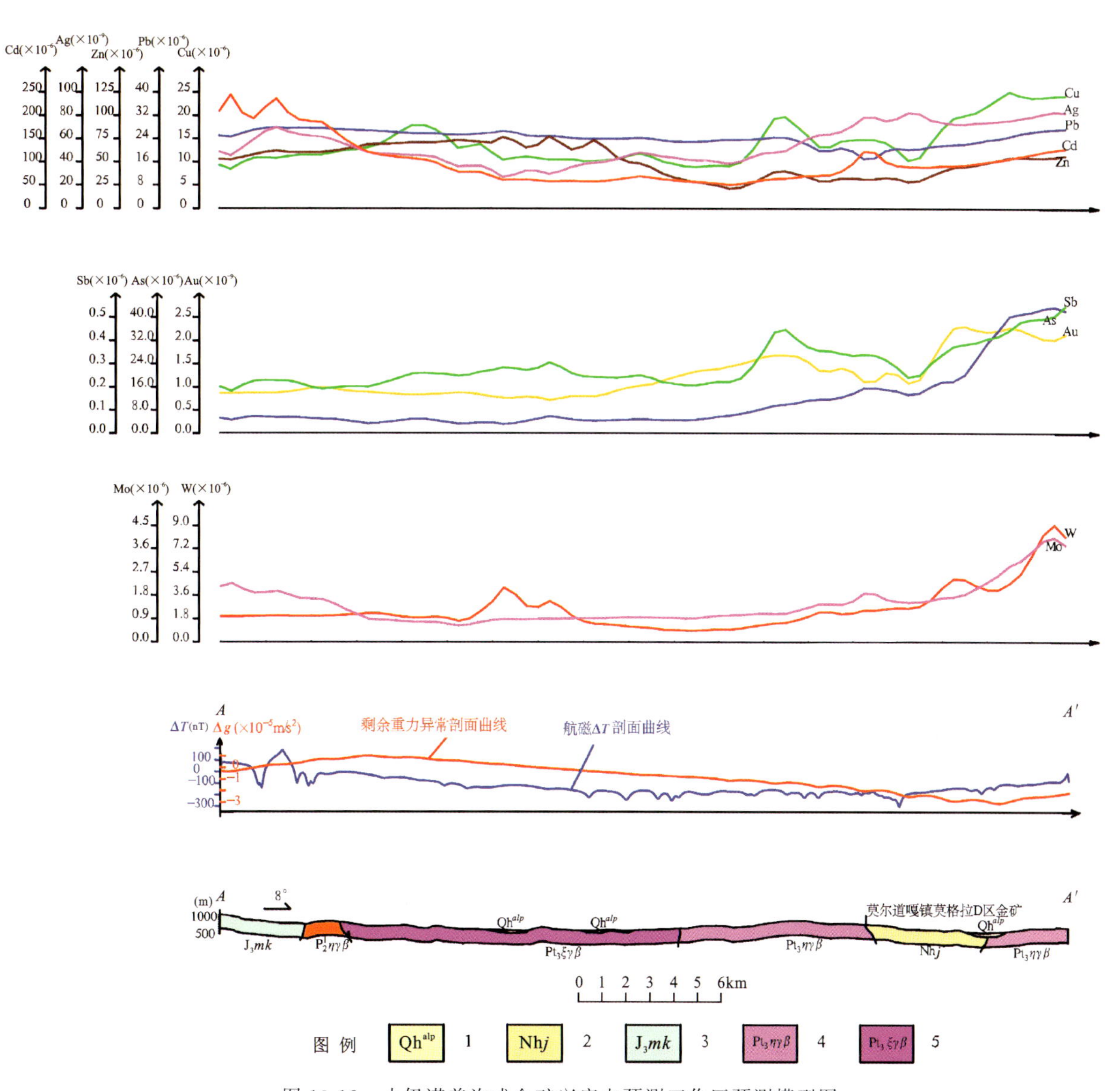

图 13-12　小伊诺盖沟式金矿兴安屯预测工作区预测模型图

1. 第四系全新统；2. 南华纪；3. 黑云母石英二长闪长岩；4. 花岗斑岩；5. 粗中粒含斑角闪黑云花岗闪长岩

(二)最小预测区圈定及优选

1. 小伊诺盖沟预测工作区

(1)模型区选择依据：根据圈定的最小预测区范围，选择小伊诺盖沟典型矿床所在的最小预测区为模型区，模型区内出露的地质体为阿古鲁沟组一段中部(Pt_2a^{1-2})含黄铁矿变质粉砂岩-粉砂质绢云母板岩夹石英岩，Au元素化探异常起始值>5.8×10^{-9}，模型区内有一条规模较大、与成矿有关的北北西向断层，西南及东南方向各有一处闪长岩体出露，西南方向有一遥感环要素，指示隐伏岩体的存在。

(2)预测方法的确定：由于预测工作区内只有一个同预测类型的矿床，故采用少模型预测工程进行预测，预测过程中先后采用了数量化理论Ⅲ、聚类分析、神经网络分析等方法进行空间评价，并采用人工对比预测要素，比照形成的色块图，最终确定采用聚类分析法作为本次工作的预测方法。

2. 八道卡预测工作区

(1)模型区选择依据：根据圈定的最小预测区范围，选择小伊诺盖沟典型矿床所在的最小预测区为模型区，模型区内出露的地质体为晚侏罗世花岗斑岩及剩余重力推断的晚侏罗世花岗斑岩，Au 元素化探异常起始值$>2\times10^{-9}$，模型区走向有近南北向、北西向、北东向 3 组断层。

(2)预测方法的确定：由于预测工作区内只有一个同预测类型的矿床，故采用少模型预测工程进行预测，预测过程中先后采用了数量化理论Ⅲ、聚类分析、神经网络分析等方法进行空间评价，并采用人工对比预测要素，比照形成的色块图，最终确定采用聚类分析法作为本次工作的预测方法。

3. 兴安屯预测工作区

(1)模型区选择依据：根据圈定的最小预测区范围，选择朱拉扎嘎典型矿床所在的最小预测区为模型区，模型区内出露的地质体为阿古鲁沟组一段中部(Pt_2a^{1-2})含黄铁矿变质粉砂岩-粉砂质绢云母板岩夹石英岩，Au 元素化探异常起始值$>5.8\times10^{-9}$，模型区内有一条规模较大、与成矿有关的北北西向断层，西南及东南方向各有一处闪长岩体出露，西南方向有一遥感环要素，指示隐伏岩体的存在。

(2)预测方法的确定：由于预测工作区内只有一个同预测类型的矿床，故采用少模型预测工程进行预测，预测过程中先后采用了数量化理论Ⅲ、聚类分析、神经网络分析等方法进行空间评价，并采用人工对比预测要素，比照形成的色块图，最终确定采用聚类分析法作为本次工作的预测方法。

(三)最小预测区圈定结果

1. 小伊诺盖沟预测工作区

本次工作共圈定各级异常区 24 个，其中 A 级 2 个(含已知矿体)，B 级 14 个，C 级 8 个(图 13-13)。预测单元面积最大者为 18.29km²，最小者为面积 0.08km²。单元平均面积为 6.50km²。各级别面积分布合理，且已知矿床分布在 A 级预测区内，说明预测区优选分级原则较为合理；最小预测区圈定结果表明，预测区总体与区域成矿地质背景和化探异常、剩余重力异常吻合程度较好。

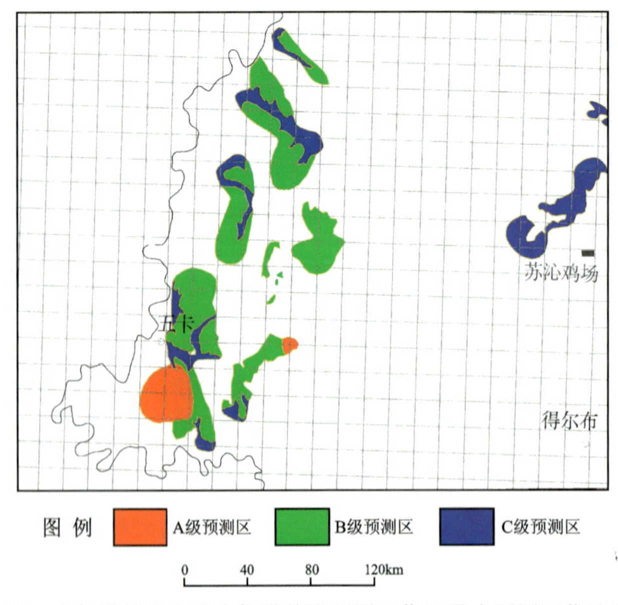

图 13-13　小伊诺盖沟金矿小伊诺盖沟预测工作区最小预测区优选分布图

2. 八道卡预测工作区

本次工作共圈定5个，其中A级预测区1个，B级最小预测区2个，C级3个(图13-14)。各级别面积分布合理，且已知矿床分布在A级预测区内，说明预测区优选分级原则较为合理；最小预测区圈定结果表明，预测区总体与区域成矿地质背景和化探异常、剩余重力异常吻合程度较好。

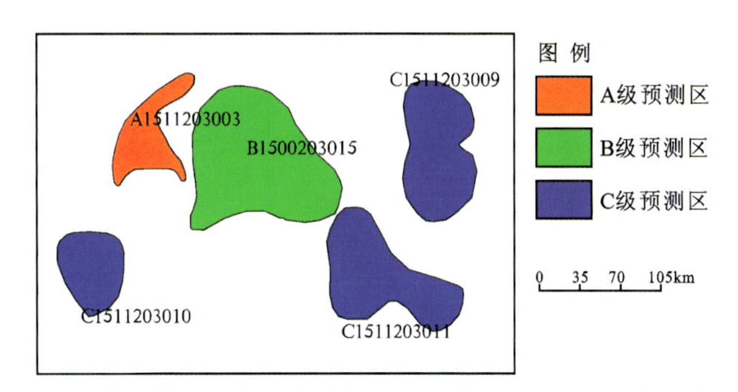

图13-14　小伊诺盖沟金矿八道卡预测工作区最小预测区优选分布图

3. 兴安屯预测工作区

本次工作共圈定最小预测区28个，其中A级10个，B级13个，C级5个(图13-15)。最小预测区面积在1.63～45.67km²之间。各级别面积分布合理，且已知矿床分布在A级预测区内，说明预测区优选分级原则较为合理；最小预测区圈定结果表明，预测区总体与区域成矿地质背景和化探异常、剩余重力异常吻合程度较好。

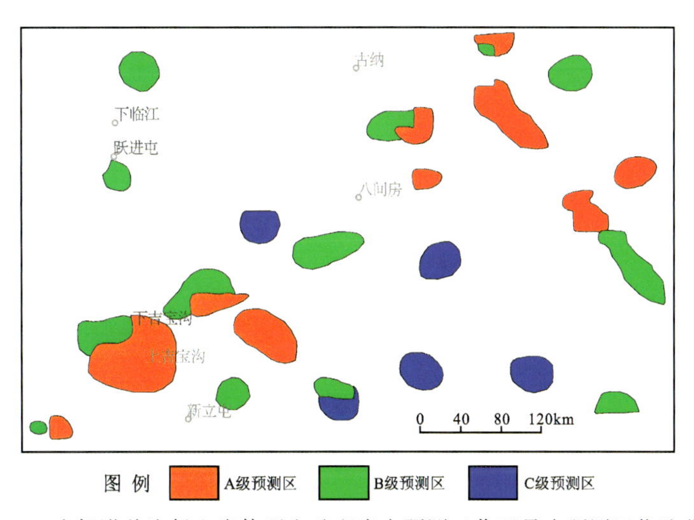

图13-15　小伊诺盖沟侵入岩体型金矿兴安屯预测工作区最小预测区优选分布图

(四)最小预测区地质评价

3个预测工作区均位于大兴安岭西坡，属低山丘陵草原区，相对高差小，水系发育，本区气候属亚寒带大陆性气候，寒暑差异较大，最高气温37℃，最低气温－40℃，冰冻期长达9个月(9月至次年5月)，区内降雨量集中在7—9月，植被以草本植物为主，春秋两季风较大。区内经济以农牧业为主。预测区的圈定与优选在成矿区带的基础上，采用特征分析法。各最小预测区成矿条件及找矿潜力见表13-9。

表 13-9　小伊诺盖沟式金矿最小预测区成矿条件及找矿潜力评价表

最小预测区编号	最小预测区名称	最小预测区成矿条件及找矿潜力
A1511202001	五卡南	有额尔古纳河组出露，发育近南北向断裂，区内有重力异常显示，剩余重力异常值 Δg 主要在(−2～0)×10^{-5}m/s^2之间，在 Au 化探异常范围内。找矿潜力较好
A1511202002	817 高地南西	有额尔古纳河组出露，发育近南北向断裂，有重力异常显示，剩余重力异常值 Δg 主要在(−2～0)×10^{-5}m/s^2之间，在 Au 化探异常范围内。有一定的找矿潜力
A1511202003	虎拉林	是小伊诺盖沟金小型矿床所在区，有多条金矿脉、金塔组火山岩、早白垩世花岗岩、北西向断层等重要的有利条件，剩余重力异常值 Δg 起始为(0～3)×10^{-5} m/s^2，航磁 ΔT 化级起始值为 0～350nT，化探综合异常 Sb 始值为(0.67～217.6)×10^{-6}。有一定的找矿潜力
A1511202004	红旗林场北	位于北东向、北西向断裂交会处，有航磁异常显示，航磁 ΔT 化极异常在−100～0nT 之间，剩余重力异常值 Δg 主要在(−3～−1)×10^{-5}m/s^2之间，预测区在化探异常范围内。有一定的找矿潜力
A1511202005	红旗林场	位于北东向、北西向断裂交会处，有 1 个小型矿床。航磁异常显示，航磁 ΔT 化极异常在−200～600nT 之间，剩余重力异常值 Δg 主要在(−3～−2)×10^{-5} m/s^2之间，在 Au 化探异常范围内，围岩有蚀变。找矿潜力大
A1511202006	八间房北东	ΔT 位于北东向、北西向断裂交会处，1 个矿化点。航磁异常显示，航磁 ΔT 化极异常在−400～−200nT 之间，剩余重力异常值 Δg 主要在(−3～−2)×10^{-5} m/s^2之间，在化探综合异常范围内，围岩有蚀变。找矿潜力大
A1511202007	新青林场北东	位于北东向、北西向断裂交会处，航磁异常显示，航磁 ΔT 化极异常在−200～−100nT 之间，剩余重力异常值 Δg 主要在(−3～−2)×10^{-5}m/s^2之间，预测区在 Au 化探异常范围内。有一定的找矿潜力
A1511202008	八间房东	位于北东向、北西向断裂交会处，航磁异常显示，航磁 ΔT 化极异常在−250～−150nT 之间，剩余重力异常值 Δg 主要在(−2～0)×10^{-5}m/s^2之间，在化探综合异常范围内。有一定的找矿潜力
A1511202009	新青林场	位于北东向、北西向断裂交会处，航磁异常显示，航磁 ΔT 化极异常在−200～0nT 之间，剩余重力异常值 Δg 主要在(−3～−1)×10^{-5}m/s^2之间，预测区在 Au 化探异常范围内。有一定的找矿潜力
A1511202010	下吉宝沟北东	位于北东向、北西向断裂交会处，航磁异常显示，剩余重力异常值 Δg 主要在(−1～0)×10^{-5}m/s^2之间，预测区在化探异常范围内。有一定的找矿潜力
A1511202011	上吉宝沟	位于北东向、北西向断裂交会处，2 个小型矿床。区内剩余重力异常值 Δg 主要在(−2～0)×10^{-5}m/s^2之间，预测区在化探异常范围内。找矿潜力大
A1511202012	新立屯北东	位于北东向、北西向断裂交会处，航磁异常显示，航磁 ΔT 化极异常在−100～100nT 之间，剩余重力异常值 Δg 主要在(−1～0)×10^{-5}m/s^2之间，预测区在化探异常范围内。有一定的找矿潜力
A1511202013	瓜地东	位于北东向、北西向断裂交会处，预测区内航磁无资料，剩余重力异常值 Δg 主要在(−2～−1)×10^{-5}m/s^2之间。有一定的找矿潜力
B1511202001	五卡东	南北向展布，地表有佳疙瘩组出露，发育近南北向、东西向断裂，有重力异常显示，剩余重力异常值 Δg 主要在(−2～2)×10^{-5}m/s^2之间，在 Au 化探异常范围内。有一定的找矿潜力

续表 13-9

最小预测区编号	最小预测区名称	最小预测区成矿条件及找矿潜力
B1511202002	963 高地南	北西向展布，地表有额尔古纳河组出露，发育近南北向、北西向断裂，有重力异常显示，剩余重力异常值 Δg 主要在(0～4)×10^{-5} m/s^2之间，在 Au 化探异常范围内。有一定的找矿潜力
B1511202003	860 高地	南北向展布，地表有佳疙瘩组出露，发育近南北向断裂，有重力异常显示，剩余重力异常值 Δg 主要在(－2～0)×10^{-5} m/s^2之间，在 Au 化探异常范围内。有一定的找矿潜力
B1511202004	817 高地北	地表有佳疙瘩组出露，发育北西向断裂，有重力异常显示，剩余重力异常值 Δg 主要在(－2～1)×10^{-5} m/s^2之间，在 Au 化探异常范围内。有一定的找矿潜力
B1511202005	817 高地南西	地表有额尔古纳河组出露，发育近南北向断裂，有重力异常显示，剩余重力异常值 Δg 主要在(－1～2)×10^{-5} m/s^2之间，在 Au 化探异常范围内。有一定的找矿潜力
B1511202006	五卡南东	地表有额尔古纳河组出露、侏罗纪二长花岗岩类，发育近南北向断裂，有重力异常显示，剩余重力异常值 Δg 主要在(－2～0)×10^{-5} m/s^2之间，在 Au 化探异常范围内。有一定的找矿潜力
B1511202007	963 高地南西	北西向展布，地表有额尔古纳河组出露，发育近南北向断裂，有重力异常显示，剩余重力异常值 Δg 主要在(2～4)×10^{-5} m/s^2之间，在 Au 化探异常范围内。有一定的找矿潜力
B1511202008	963 高地北	近北西向展布，地表有额尔古纳河组出露，发育北西向断裂，有重力异常显示，剩余重力异常值 Δg 主要在(0～2)×10^{-5} m/s^2之间。有一定的找矿潜力
B1511202009	860 高地北	地表有佳疙瘩组、额尔古纳河组出露，发育近南北向断裂，有重力异常显示，剩余重力异常值 Δg 主要在(－1～0)×10^{-5} m/s^2之间，在 Au 化探异常范围内。有一定的找矿潜力
B1511202010	五卡东	南北向展布，地表有额尔古纳河组出露，发育北西向断裂，有重力异常显示，剩余重力异常值 Δg 主要在(1～3)×10^{-5} m/s^2之间，在 Au 化探异常范围内。有一定的找矿潜力
B1511202011	817 高地西	地表有额尔古纳河组出露，发育近南北向、北西向断裂，有重力异常显示，剩余重力异常值 Δg 主要在(－1～1)×10^{-5} m/s^2之间，在 Au 化探异常范围内。有一定的找矿潜力
B1511202012	817 高地西	地表有额尔古纳河组出露，发育近南北向断裂，有重力异常显示，剩余重力异常值 Δg 主要在(－1～1)×10^{-5} m/s^2之间，在 Au 化探异常范围内。有一定的找矿潜力
B1511202013	817 高地西	地表有额尔古纳河组出露，附近有南北向断裂，有重力异常显示，剩余重力异常值 Δg 主要在(－1～0)×10^{-5} m/s^2之间，在 Au 化探异常范围内。找矿潜力一般
B1511202014	817 高地西	地表有额尔古纳河组出露，附近有南北向断裂，有重力异常显示，剩余重力异常值 Δg 主要在(－1～0)×10^{-5} m/s^2之间，在 Au 化探异常范围内。找矿潜力一般
B1500203015	804 高地南西	出露的岩体是重力推测的晚侏罗隐伏花岗斑岩体，重力剩余异常起始值为(－1～0)×10^{-5} m/s^2，航磁化极异常起始值为－150～100nT，Au 化探综合异常始值为(2～6.2)×10 －6。具较好的找矿潜力

续表 13-9

最小预测区编号	最小预测区名称	最小预测区成矿条件及找矿潜力
B1511202016	红旗林场北	位于北东向、北西向断裂交会处，航磁异常显示，航磁 ΔT 化极异常在 $-200\sim-100$nT 之间，剩余重力异常值 Δg 主要在$(-3\sim-2)\times10^{-5}$ m/s^2 之间，预测区在化探异常范围内。有一定的找矿潜力
B1511202017	下临江北	位于北东向、北西向断裂交会处，预测区内剩余重力异常值 Δg 主要在$(0\sim1)\times10^{-5}$ m/s^2 之间，在 Au 化探异常范围内。有一定的找矿潜力
B1511202018	红旗林场北东	位于北东向、北西向断裂交会处，航磁异常显示，航磁 ΔT 化极异常在 $-100\sim1400$nT 之间，剩余重力异常值 Δg 主要在$(-1\sim1)\times10^{-5}$ m/s^2 之间，预测区在化探异常范围内。有一定的找矿潜力
B1511202019	八间房北东	该北东断裂，航磁异常显示，航磁 ΔT 化极异常在 $-300\sim-200$nT 之间，剩余重力异常值 Δg 主要在$(-3\sim-2)\times10^{-5}$ m/s^2 之间，在 Au 化探异常范围内。有一定的找矿潜力
B1511202020	跃进屯南	位于北东向、北西向断裂交会处，预测区内剩余重力异常值 Δg 主要在$(0\sim1)\times10^{-5}$ m/s^2 之间，在 Au 化探异常范围内。找矿潜力一般
B1511202021	新青林场南	位于北东向、北西向断裂交会处，航磁异常显示，航磁 ΔT 化极异常在 $0\sim100$nT 之间，剩余重力异常值 Δg 主要在$(-2\sim-1)\times10^{-5}$ m/s^2 之间，围岩有蚀变。找矿潜力一般
B1511202022	丰林林场	位于北东向、北西向断裂交会处，航磁异常显示，剩余重力异常值 Δg 主要在$(0\sim1)\times10^{-5}$ m/s^2 之间，预测区在 Au 化探异常范围内，围岩有蚀变。有一定的找矿潜力
B1511202023	下吉宝沟北东	近北东向展布，位于北东向、北西向断裂交会处，航磁异常显示，航磁 ΔT 化极异常在 $-400\sim-300$nT 之间，剩余重力异常值 Δg 主要在$(-1\sim1)\times10^{-5}$ m/s^2 之间，预测区在化探异常范围内。有一定的找矿潜力
B1511202024	下吉宝沟	近北东向展布，位于北东向、北西向推测断裂交会处，预测区内剩余重力异常值 Δg 主要在$(-1\sim1)\times10^{-5}$ m/s^2 之间，预测区在化探异常范围内。有一定的找矿潜力
B1511202025	新立屯东	位于北东向、北西向断裂交会处，航磁异常显示，航磁 ΔT 化极异常在 $150\sim400$nT 之间，剩余重力异常值 Δg 主要在$(-1\sim0)\times10^{-5}$ m/s^2 之间。找矿潜力一般
B1511202026	新立屯东	位于北东向、北西向断裂交会处，航磁异常显示，航磁 ΔT 化极异常在 $0\sim200$nT 之间，剩余重力异常值 Δg 主要在$(-1\sim0)\times10^{-5}$ m/s^2 之间，预测区在化探异常范围内。找矿潜力一般
B1511202027	新青林场南	位于北东向、北西向断裂交会处，航磁异常显示，航磁 ΔT 化极异常在 $200\sim400$nT 之间，剩余重力异常值 Δg 主要在$(-2\sim0)\times10^{-5}$ m/s^2 之间，围岩有蚀变。有一定的找矿潜力
B1511202028	瓜地东	位于北东向、北西向断裂交会处，预测区内剩余重力异常值 Δg 主要在$(-2\sim-1)\times10^{-5}$ m/s^2 之间。找矿潜力一般
C1511202001	苏沁鸡场北西	发育北西向遥感断裂，出露侏罗纪二长花岗岩类，区内有剩余重力异常显示，异常值 Δg 主要在$(0\sim4)\times10^{-5}$ m/s^2 之间。可作为找矿远景区
C1511202002	963 高地南	北西向展布，为揭盖区，发育北西向遥感断裂，有重力异常显示，剩余重力异常值 Δg 主要在$(1\sim4)\times10^{-5}$ m/s^2 之间，在 Au 化探异常范围内。有一定的找矿潜力

续表 13-9

最小预测区编号	最小预测区名称	最小预测区成矿条件及找矿潜力
C1511202003	五卡东	南北向展布，为揭盖区，重力异常显示，剩余重力异常值 Δg 主要在（－1～2）×10^{-5} m/s^2 之间，在 Au 化探异常范围内。找矿潜力一般
C1511202004	860 高地北	南北向展布，为揭盖区，发育近南北向断裂，有重力异常显示，剩余重力异常值 Δg 主要在（－2～1）×10^{-5} m/s^2 之间，在 Au 化探异常范围内。有一定的找矿潜力
C1511202005	963 高地北西	近北西向展布，地表有额尔古纳河组出露，发育北西向断裂、遥感断裂，有重力异常显示，剩余重力异常值 Δg 主要在（0～2）×10^{-5} m/s^2 之间。找矿潜力一般
C1511202006	673 高地北西	该预测多为揭盖区，在近南北向断裂附近，有重力异常显示，剩余重力异常值 Δg 主要在（1～3）×10^{-5} m/s^2 之间，在 Au 化探异常范围内。找矿潜力一般
C1511202007	673 高地西	南北向展布，为揭盖区，发育北西向遥感断裂，有重力异常显示，剩余重力异常值 Δg 主要在（0—1）×10^{-5} m/s^2 之间，在 Au 化探异常范围内。找矿潜力一般
C1511202008	704 高地南东	北西向遥感断裂，出露侏罗纪二长花岗岩类，区内有剩余重力异常显示，异常值 Δg 主要在（0～2）×10^{-5} m/s^2 之间。可作为找矿远景区
C1511203009	804 高地南东	出露的侵入岩是早三叠世粗粒斑状黑云母二长花岗岩（$\eta\gamma\beta$），重力剩余异常起始值为（1～3）×10^{-5} m/s^2，Au 化探综合异常始值为（2～29.2）×10^{-6}。具较好的找矿潜力
C1511203010	937 高地南东	出露地层为侏罗系中统万宝组，重力剩余异常起始值为（0～1）×10^{-5} m/s^2，航磁化极异常起始值－150～0nT，Au 化探综合异常始值为（2～4.8）×10^{-6}。找矿潜力一般
C1511203011	735 高地东	出露的侵入岩是早三叠世粗粒斑状黑云母二长花岗岩（$\eta\gamma\beta$），重力剩余异常起始值为（0～4）×10^{-5} m/s^2，航磁化极异常起始值为－200～－150nT，Au 化探综合异常始值为（2～10）×10^{-6}。找矿潜力一般
C1511202012	八间房南西	位于北东向、北西向断裂交会处，航磁异常显示，航磁 ΔT 化极异常在－300～0nT 之间，剩余重力异常值 Δg 主要为（0～1）×10^{-5} m/s^2 之间，预测区在 Au 化探异常范围内。可作为找矿远景区
C1511202013	丰林林场东	位于北东向、北西向断裂交会处，航磁异常显示，航磁 ΔT 化极异常在－300～－100nT 之间，剩余重力异常值 Δg 主要为（0～2）×10^{-5} m/s^2 之间。可作为找矿远景区
C1511202014	新立屯东	位于北东向、北西向断裂交会处，航磁异常显示，航磁 ΔT 化极异常在 0～600nT 之间，剩余重力异常值 Δg 主要在（－1～1）×10^{-5} m/s^2 之间。可作为找矿远景区
C1511202015	丰林林场东南	位于北东向、北西向断裂交会处，航磁异常显示，航磁 ΔT 化极异常在－100～150nT 之间，剩余重力异常值 Δg 主要在（0～4）×10^{-5} m/s^2 之间。可作为找矿远景区
C1511202016	丰林林场东南	位于北东向、北西向断裂交会处，航磁异常显示，航磁 ΔT 化极异常在 0～150nT 之间，剩余重力异常值 Δg 主要在（－5～－2）×10^{-5} m/s^2 之间。可作为找矿远景区

二、综合信息地质体积法估算资源量

（一）典型矿床深部及外围资源量估算

查明矿床小体重、最大延深、品位、资源量依据来源于内蒙古自治区第十地质勘查开发院1999年12月编写的《内蒙古自治区额尔古纳市小伊诺盖沟金矿普查地质报告》。矿床矿床面积（$S_{典}$）是根据1∶1万小伊诺盖沟金矿矿区地形地质图圈定，在MapGIS软件下读取数据。图13-2为Ⅱ矿段258勘探线剖面图第ZK25804钻孔，矿床最大延深（即勘探深度）据其资料为242m，未见底。

由上，可知该典型矿床体积含矿率＝查明资源储量/面积（$S_{典}$）×延深（$H_{典}$）＝404.4÷（50 015.04×242）＝0.000 000 334。

1. 典型矿床深部预测资源量的确定

根据小伊诺盖沟金矿区勘探线剖面图，矿脉南倾或北倾，倾角在60°～80°之间，其深部未控制，勘探深度242m。《内蒙古自治区额尔古纳市小伊诺盖沟金矿普查地质报告》认为矿区Ⅰ、Ⅱ矿段无深部预测的必要，Ⅲ矿段可向深部预测50～100m。据钻孔资料，Ⅲ矿段勘探深度加上深部预测100m亦小于242m，故本次预测深度选取242m，不再向下延深。矿区深部预测资源量为0。

2. 典型矿床外围预测资源量的确定

根据小伊诺盖沟金矿地质特征，结合矿区1∶1万区域地质图含矿地质体分布范围。在小伊诺盖沟地区圈定一块预测区，面积（$S_{预}$）在MapGIS软件下读取数据减去已知矿床面积，即$S_{预}$为5 886 343.60m²，其延深同典型矿床一致，延深（$L_{预}$）为242m。类别为334-1。

小伊诺盖沟金矿典型矿床深部及外围资源量估算结果见表13-10。

表13-10　小伊诺盖沟金矿典型矿床深部及外围资源量估算一览表

典型矿床		深部及外围		
已查明资源量	404.04kg	深部	面积	5.03km²
面积	50 015.04m²		深度	242m
深度	242m	外围	面积	10.84km²
品位	5.99×10⁻⁶		深度	242m
密度	2.67g/cm³	预测资源量		475.94kg
体积含矿率	0.000 000 334t/m³	典型矿床资源总量		880.34kg

（二）模型区的确定、资源量及估算参数

小伊诺盖沟典型矿床位于五卡南模型区内，有1个小型矿点，查明资源量404.40kg，按本次预测技术要求模型区资源总量＝880.34kg；模型区延深与典型矿床一致；模型区含矿地质体面积与模型区面积一致，含矿地质体面积参数为1。模型区面积为15.483km²（表13-11）。

表 13-11 小伊诺盖沟式侵入岩体型金矿模型区预测资源量及其估算参数表

编号	名称	模型区预测资源量(kg)	模型区面积(km^2)	延深(m)	含矿地质体面积(km^2)	含矿地质体面积参数
1511202	小伊诺盖沟矿区	475.94	15.484	242	15.483	1

(三)最小预测区预测资源量

小伊诺盖沟式侵入岩体型金矿预测工作区最小预测区资源量定量估算采用地质体积法进行估算。

1. 估算参数的确定

最小预测区面积是依据综合地质信息定位优选的结果;延深的确定是在研究最小预测区含矿地质体地质特征、岩体的形成深度、矿化蚀变、矿化类型的基础上,并对比典型矿床特征的基础上综合确定的,主要由成矿带模型类比或专家估计给出;预测工作区内所有最小预测区品位、体重均采用小伊诺盖沟典型矿床资料,分别为 Au 6.29×10^{-6}、$2.67t/m^3$。小伊诺盖沟式侵入岩体型金矿各预测工作区最小预测区相似系数的确定,以模型区为 1,其余最小预测区为成矿概率的比值,部分考虑成矿条件人为赋值。

2. 最小预测区预测资源量估算结果

本次预测资源总量分别为 8 793.26kg,不包括已查明资源量 404.4kg,详见表 13-12~表 13-14。

表 13-12 小伊诺盖沟金矿预测工作区最小预测区估算成果表

最小预测区编号	最小预测区名称	$S_{预}$(km^2)	$H_{预}$(m)	K_S	K(kg/m^3)	$Z_{预}$(kg)	资源量级别
A1511202001	五卡南	15.48	242.00	1	0.000 000 235	475.94	334-1
A1511202002	817 高地南西	1.27	50.00	1	0.000 000 235	8.40	334-2
B1511202001	五卡东	15.11	210.00	1	0.000 000 235	326.32	334-2
B1511202002	963 高地南	13.79	210.00	1	0.000 000 235	297.84	334-2
B1511202003	860 高地	11.17	180.00	1	0.000 000 235	206.75	334-2
B1511202004	817 高地北	13.79	180.00	1	0.000 000 235	255.11	334-2
B1511202005	817 高地南西	9.35	150.00	1	0.000 000 235	144.22	334-2
B1511202006	五卡南东	8.04	80.00	1	0.000 000 235	66.10	334-2
B1511202007	963 高地南西	7.50	100.00	1	0.000 000 235	77.13	334-2
B1511202008	963 高地北	3.98	100.00	1	0.000 000 235	40.93	334-2
B1511202009	860 高地北	2.90	120.00	1	0.000 000 235	35.76	334-2
B1511202010	五卡东	3.32	100.00	1	0.000 000 235	34.17	334-2
B1511202011	817 高地西	1.56	50.00	1	0.000 000 235	8.01	334-2
B1511202012	817 高地西	0.27	50.00	1	0.000 000 235	0.79	334-2

续表 13-12

最小预测区编号	最小预测区名称	$S_{预}$ (km²)	$H_{预}$ (m)	K_S	K (kg/m³)	$Z_{预}$ (kg)	资源量级别
B1511202013	817 高地西	0.15	50.00	1	0.000 000 235	0.75	334-2
B1511202014	817 高地西	0.08	50.00	1	0.000 000 235	0.43	334-2
C1511202001	苏泌鸡场北西	18.29	80.00	1	0.000 000 235	34.38	334-3
C1511202002	963 高地南	9.69	150.00	1	0.000 000 235	42.71	334-3
C1511202003	五卡东	7.29	100.00	1	0.000 000 235	21.42	334-3
C1511202004	860 高地北	5.37	100.00	1	0.000 000 235	55.22	334-3
C1511202005	963 高地北西	2.12	50.00	1	0.000 000 235	7.79	334-3
C1511202006	673 高地北西	1.92	50.00	1	0.000 000 235	9.84	334-3
C1511202007	673 高地西	1.86	50.00	1	0.000 000 235	4.09	334-3
C1511202008	704 高地南东	1.66	50.00	1	0.000 000 235	1.95	334-3

表 13-13　小伊诺盖沟式侵入岩体型金矿八道卡预测工作区最小预测区估算成果表

最小预测区编号	最小预测区名称	$S_{预}$ (km²)	$H_{预}$ (m)	K_S	K (kg/m³)	相似系数	$Z_{预}$ (kg)	资源量级别
A1511202003	虎拉林	10 245 318.80	242	1	0.000 000 235	0.75	351.68	334-1
B1511202015	804 高地南西	38 542 951.55	245	1	0.000 000 235	0.60	1 331.47	334-3
C1511202009	804 高地南东	20 936 911.35	240	1	0.000 000 235	0.25	295.21	334-3
C1511202010	937 高地南东	10 866 824.68	240	1	0.000 000 235	0.25	153.22	334-3
C1511202011	735 高地东	22 657 965.16	240	1	0.000 000 235	0.25	319.48	334-3

表 13-14　兴安屯金矿预测工作区最小预测区估算成果表

最小预测区编号	最小预测区名称	$S_{预}$ (km²)	$H_{预}$ (m)	K_S	K (kg/m³)	$Z_{预}$ (kg)	资源量级别
A1511202004	红旗林场北	5.51	50.00	1	0.000 000 235	26.14	334-3
A1511202005	红旗林场	23.98	300.00	1	0.000 000 235	410.81	334-1
A1511202006	八间房北东	8.40	150.00	1	0.000 000 235	39.62	334-1
A1511202007	新青林场北东	9.79	100.00	1	0.000 000 235	92.97	334-3
A1511202008	八间房东	4.67	50.00	1	0.000 000 235	22.15	334-3
A1511202009	新青林场	12.48	150.00	1	0.000 000 235	200.04	334-3
A1511202010	下吉宝沟北东	8.78	100.00	1	0.000 000 235	83.38	334-3

续表 13-14

最小预测区编号	最小预测区名称	$S_预$（km^2）	$H_预$（m）	K_S	K（kg/m^3）	$Z_预$（kg）	资源量级别
A1511202011	上吉宝沟	45.67	450.00	1	0.000 000 235	1 439.97	334-1
A1511202012	新立屯北东	21.81	300.00	1	0.000 000 235	621.26	334-3
A1511202013	瓜地东	4.36	50.00	1	0.000 000 235	20.68	334-3
B1511202016	红旗林场北	1.63	50.00	1	0.000 000 235	4.85	334-3
B1511202017	下临江北	11.67	100.00	1	0.000 000 235	69.27	334-3
B1511202018	红旗林场北东	11.83	100.00	1	0.000 000 235	77.22	334-3
B1511202019	八间房北东	10.01	100.00	1	0.000 000 235	65.33	334-3
B1511202020	跃进屯南	5.94	50.00	1	0.000 000 235	14.10	334-3
B1511202021	新青林场南	19.77	250.00	1	0.000 000 235	234.68	334-3
B1511202022	丰林林场	17.15	250.00	1	0.000 000 235	203.53	334-3
B1511202023	下吉宝沟北东	15.31	200.00	1	0.000 000 235	181.66	334-3
B1511202024	下吉宝沟	13.48	150.00	1	0.000 000 235	120.00	334-3
B1511202025	新立屯东	6.08	50.00	1	0.000 000 235	14.44	334-3
B1511202026	新立屯东	7.81	100.00	1	0.000 000 235	46.34	334-3
B1511202027	新青林场南	7.29	100.00	1	0.000 000 235	36.77	334-3
B1511202028	瓜地东	1.74	50.00	1	0.000 000 235	4.12	334-3
C1511202012	八间房南西	10.73	100.00	1	0.000 000 235	25.22	334-3
C1511202013	丰林林场东	11.68	100.00	1	0.000 000 235	27.45	334-3
C1511202014	新立屯东	7.56	100.00	1	0.000 000 235	17.77	334-3
C1511202015	丰林林场东南	12.14	150.00	1	0.000 000 235	42.78	334-3
C1511202016	丰林林场东南	12.39	150.00	1	0.000 000 235	43.67	334-3

（四）预测工作区预测成果汇总

小伊诺盖沟式侵入岩体型金矿预测工作区地质体积法预测资源量，依据资源量级别划分标准，根据现有资料的精度，可划分为334-1、334-2、334-3三个资源量精度级别；小伊诺盖沟式侵入岩体型金矿预测工作区中，根据各最小预测区内含矿地质体、物化探异常及相似系数特征，预测延深参数均在500m以浅。

根据矿产潜力评价预测资源量汇总标准，小伊诺盖沟式侵入岩体型金矿预测工作区按精度、预测深度、可利用性、可信度统计分析结果见表13-15～表13-17。

表 13-15 小伊诺盖沟式侵入岩体型金矿小伊诺盖沟预测工作区资源量估算汇总表 单位:kg

深度	精度	可利用性		可信度			合计
		可利用	暂不可利用	≥0.75	≥0.5	≥0.25	
500m 以浅	334-1	475.94	—	475.94	475.94	475.94	475.94
	334-2	948.74	579.93	8.40	1 502.71	1 528.67	1 528.67
	334-3	—	151.46	—	4.09	151.46	151.46
合计							2 156.07

表 13-16 小伊诺盖沟式侵入岩体型金矿八道卡预测工作区资源量估算汇总表 单位:kg

深度	精度	可利用性		可信度			合计
		可利用	暂不可利用	≥0.75	≥0.5	≥0.25	
500m 以浅	334-1	351.68	—	351.68	351.68	351.68	351.68
	334-2	—	—	—	—	—	—
	334-3	2 099.38	—	—	1 331.47	2 099.38	2 099.38
合计							2 451.06

表 13-17 小伊诺盖沟式侵入岩体型金矿兴安屯预测工作区资源量估算汇总表 单位:kg

深度	精度	可利用性		可信度			合计
		可利用	暂不可利用	≥0.75	≥0.5	≥0.25	
500m 以浅	334-1	2 152.99	—	1 912.56	1 912.56	2 152.99	2 152.99
	334-2	—	—	—	—	—	—
	334-3	516.79	1 516.45	—	2 033.24	2 033.24	2 033.24
合计							4 186.23

第十四章　碱泉子式热液型金矿预测成果

第一节　典型矿床特征

一、典型矿床地质特征及成矿模式

（一）典型矿床特征

1. 矿区地质

碱泉子金矿床处于华北地台北侧西端、阿拉善台隆西北边缘。北邻北山海西褶皱带，南接祁连加里东褶皱带。其次级构造单元属北大山拱断带西端。该矿床作为热液型金矿的典型矿床进行研究（图 14-1）。

金的存在形式及金的成色大部以自然金的形式、呈大小不等的他形粒状产于石英颗粒间，以单体金为主；个别为自形晶（八面体）；极少数呈包裹金产于方铅矿中。据电子探针分析结果，可能有少量银金矿。自然金呈浅金黄色或铜黄色。形态大部分为不规则块状，少数为厚片状，极个别的为立方体状。金表面较粗糙，个别较光滑，无泥化。自然金的最大粒径为 0.05～0.1mm，一般为 0.06mm，最小的为 0.02mm左右，属中—粗粒可见金。其光性特征是：反射色为亮黄白色，反射率 R 为 80%左右（目估）；单偏光下，无双反射、反射多色性；正交镜下为均质，无内反射现象，但在不完全正交镜下，呈现典型的黄绿色色调。

经对少数矿样电子探针测试结果计算，自然金的成色为 668～842，变化较大，并有粒度愈大，金的成色愈低的特点。

含金石英脉体多具微碎裂-碎裂结构和较强的硅化、绢云母化、黄铁矿化；直接围岩有碎裂蚀变片岩（主要为黑云角闪斜长片岩）和碎裂蚀变大理岩，其主要蚀变有硅化、绢云母化、碳酸盐化和绿泥石化。围岩蚀变有不太明显的水平分带现象。与金矿化关系比较密切的蚀变有硅化、黄铁矿化和绿泥石化。

2. 矿床特征

矿床由 1 个矿体构成，产于碱泉子岩体外接触带之间破碎带中，走向 325°。矿体赋存标高在1318～1499m 间，以缓倾角向东南方向侧伏。

矿床有 1 个工业矿体，呈板状产出，其产状与地层产状近一致（有 10°～15°交角），总体走向 325°，倾向北东，倾角较陡，地表为 70°左右，向深部有变缓趋势，约 60°。矿体走向长 264m，倾向延伸 200m；矿体厚度（真）一般数十厘米，最大 1.19m，平均 0.63m。

3. 矿石特征

矿石矿物主要为自然金，次为银金矿。

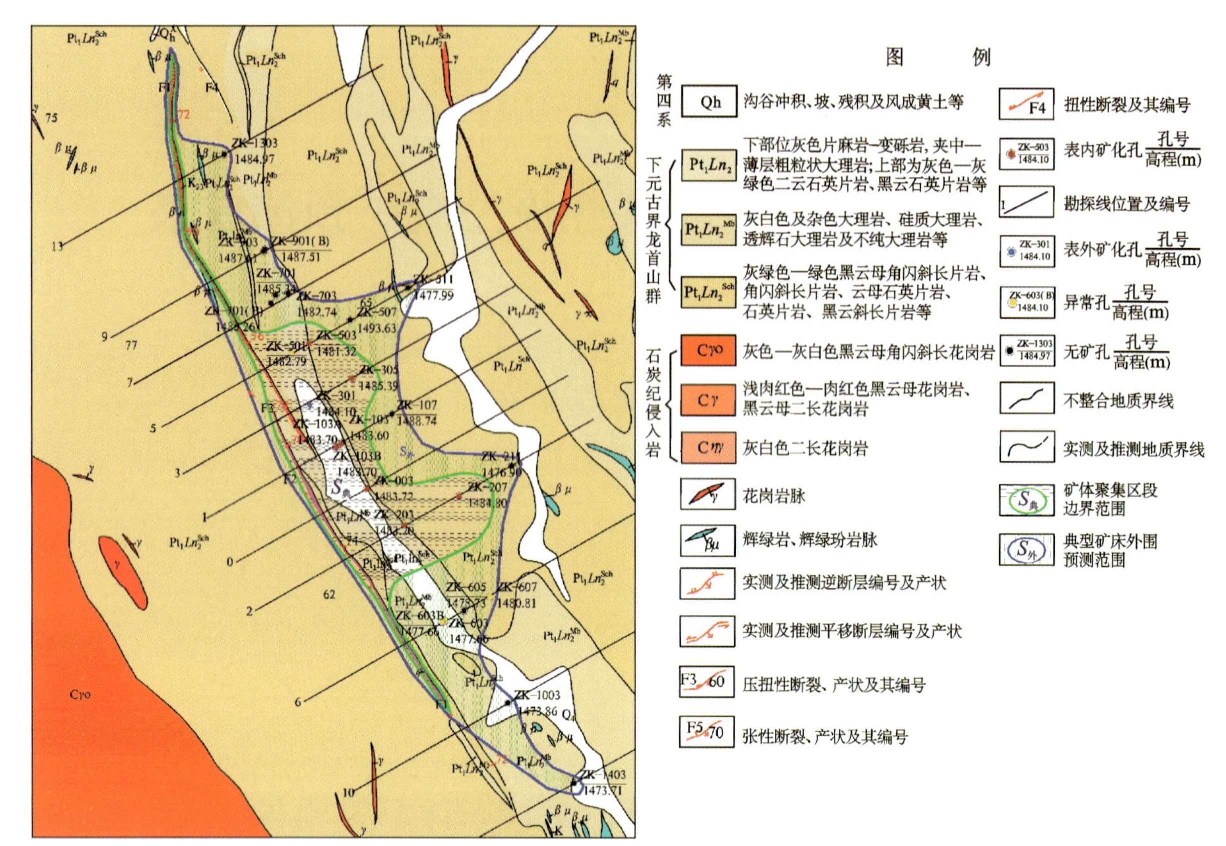

图 14-1　碱泉子金矿典型矿床外围资源量面积参数圈定方法及依据

（据《内蒙古自治区阿拉善右旗碱泉子Ⅱ号金矿床详查报告》，核工业部西北地质勘探局 212 大队，1988 修编）

金属矿物主要有黄铁矿，次有方铅矿，微量矿物为闪锌矿、黄铜矿及胶黄铁矿。其生成顺序大致是：黄铁矿→黄铜矿、自然金及银金矿→方铅矿、闪锌矿→胶黄铁矿。

脉石矿物主要为石英(85%左右)，他形粒状；次有暗色矿物(黑云母等，为围岩残块)，沸石及方解石。

该矿床矿石化学成分正常，且无有益伴生元素可供结合利用，有害伴生元素含量也很低。

4. 矿石结构构造

矿石为他形粒状结构；块状、细脉状、网脉状及浸染状构造。

5. 矿床成因及成矿时代

成矿要素，地层为古元古界龙首山群上亚群；侵入岩为海西中期侵入岩；控矿构造主要为北西向层间挤压破碎带(断裂)；海西中期侵入岩与古元古界龙首山群上亚群形成的内外接触带是主要的赋矿围岩(表 14-1)。成矿时代为海西晚期，矿床成因为岩浆热液型。

表 14-1　碱泉子式热液型金矿典型矿床成矿要素表

<table>
<tr><td colspan="2" rowspan="3">成矿要素</td><td colspan="4">描述内容</td><td rowspan="3">要素类别</td></tr>
<tr><td>储量</td><td>544kg</td><td>平均品位</td><td>21.59×10⁻⁶</td></tr>
<tr><td>特征描述</td><td colspan="3">热液型金矿床</td></tr>
<tr><td>地质环境</td><td>构造背景</td><td colspan="4">华北地台北侧西端、阿拉善台隆西北边缘。北邻北山海西褶皱带，南接祁连加里东褶皱带。其次级构造单元属北大山拱断带西端</td><td>必要</td></tr>
</table>

续表 14-1

成矿要素		描述内容				要素类别
		储量	544kg	平均品位	21.59×10^{-6}	
		特征描述	热液型金矿床			
地质环境	成矿环境	1.主要为古元古界龙首山群上亚群(Pt_1Ln^2)和下白垩统新民堡群(K_1Xn)及第四系(Q)。 2.海西中期第二次侵入岩,海西中期第三次侵入岩,呈岩株状。具岩浆期后热液钾质交代,使原岩形成肉红色钾质交代花岗岩。 3.褶皱构造:由古元古界龙首山群上亚群地层构成一复式北西西-南东东向向斜,倾角约50°;断裂构造:有近东西向、北东向及北西—北北西向断裂组,其中后者为本区金矿化的主要控矿构造				必要
	成矿时代	海西晚期				重要
矿床特征	矿体形态	板状				次要
	岩石类型	古元古界龙首山群上亚群:片麻岩-变粒岩段夹中—薄层糖粒状大理岩;下白垩统新民堡群:紫红色砾岩、砂砾岩、砂岩、粉砂岩和泥岩等;海西中期:黑云角闪花岗闪长岩,黑云角闪斜长花岗岩,黑云母花岗岩、黑云母二长花岗岩				次要
	岩石结构	他形粒状结构				次要
	矿物组合	金属矿物:主要黄铁矿,次有方铅矿,微量矿物为闪锌矿、黄铜矿及胶黄铁矿。载金矿物主要为自然金、次为银金矿				重要
	结构构造	他形粒状结构;块状、细脉状、网脉状及浸染状构造				次要
	蚀变特征	硅化、绢云母化、黄铁矿化、碳酸盐化、绿泥石化				重要
	控矿条件	1.古元古界龙首山群上亚群黑云角闪斜长片岩,该套地层金丰度较高。 2.本矿严格受控于北西向层间挤压破碎带。 3.海西中期较强烈的岩浆活动的持续作用和岩浆演化,使金不断得以活化和富集				必要

(二)矿床成矿模式

碱泉子金矿成矿模式见图 14-2。

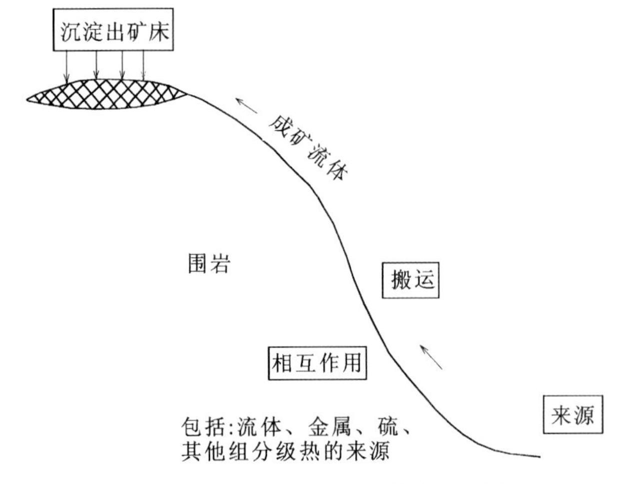

图 14-2　碱泉子金矿成矿模式示意图

二、典型矿床地球物理特征

（一）矿床所在位置航磁特征

据1：5万航磁平面等值线图显示，典型矿床磁场总体变化表现为低缓的负磁场，异常特征不明显（图14-3）。据1：50万航磁平面等值线图显示，典型矿床磁场总体表现为低缓的负磁场，区域东南部存在大面积正异常，极大值400nT。

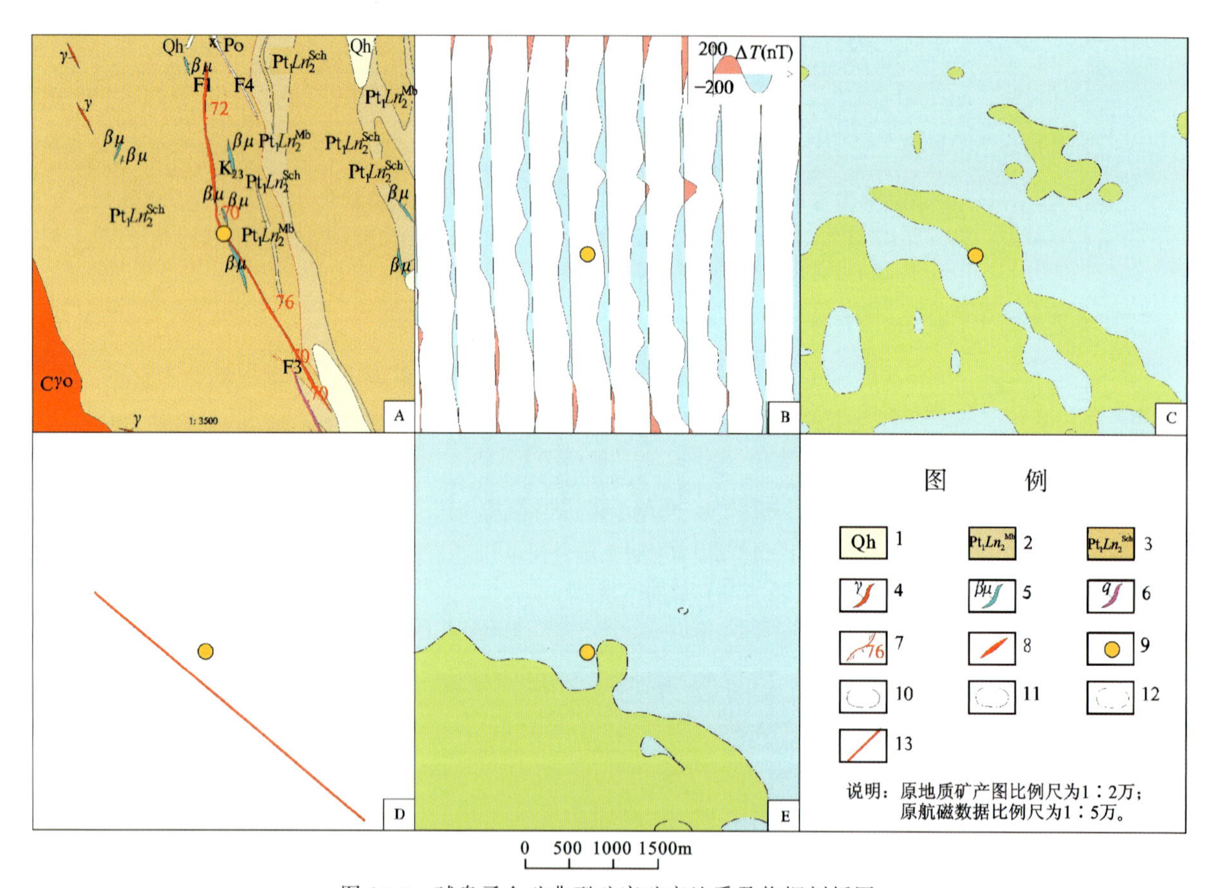

图14-3　碱泉子金矿典型矿床矿产地质及物探剖析图

A. 地质矿产图；B. 航磁 ΔT 剖面平面图；C. 航磁 ΔT 化极垂向一阶导数等值线平面图；D. 推断地质构造图；E. 航磁 ΔT 化极等值线平面图。

1. 第四系沟谷冲积、坡、残积及风成黄土等；2. 古元古界龙首山群灰白及杂色大理岩、硅质大理岩、透辉石大理岩及不纯大理岩等；3. 古元古界龙首山群灰绿色—绿色黑云母角闪斜长片岩、角闪斜长片岩、云母石英片岩、石英片岩、黑云斜长片岩等；4. 花岗岩脉；5. 辉绿岩、灰绿玢岩脉；6. 石英脉；7. 实测及推测平移断层编号及产状；8. 金矿脉；9. 金矿点位置；10. 正等值线；11. 零等值线；12. 负等值线；13. 推断断裂

（二）矿床所在区域重力特征

布格重力异常平面图上，碱泉子金矿所在位置布格重力异常等值线呈弧形梯级带分布，$\Delta g-219.20\times10^{-5}\mathrm{m/s^2}\sim-210\times10^{-5}\mathrm{m/s^2}$，总体呈北西向展布。其西侧重力值较高，东侧重力值较低。该梯级带部位推断有北西向断裂存在，且该断裂构造通过碱泉子金矿，由前述知该方向的断裂是主要的控矿构造。

剩余重力异常图上，碱泉子金矿位于剩余重力正异常区边部。其值 $\Delta g(1\sim3.70)\times10^{-5}\mathrm{m/s^2}$；西北侧为 L 蒙-850 号剩余重力负异常区，$\Delta g-8.26\times10^{-5}\mathrm{m/s^2}\sim-4.72\times10^{-5}\mathrm{m/s^2}$，西南侧亦为负异常，其极值为 $-3.12\times10^{-5}\mathrm{m/s^2}$；在其南侧为剩余重力正异常，极值 $\Delta g4.49\times10^{-5}\mathrm{m/s^2}$；以上正异常区内局部有元古宙地层出露，可见是元古宙基底隆起引起，负异常区内局部有酸性岩体出露，说明负异常主要与酸性侵入岩有关。

综上所述可见，典型矿床所在区域的特点是：位于布格重力异常北西向梯度带上，剩余重力正异常边部，这一点正反映了典型矿床的成矿地质环境，存在作为矿源层的元古宙地层，以及主要控矿构造——北西向断裂。异常区内伴有金异常。

三、典型矿床地球化学特征

碱泉子热液型金矿矿区周围存在以 Au 为主，伴有 As、Cd、Cu、W、Pb 等元素组成的综合异常；Au 为主要的成矿元素，As、Cd、Cu、W、Pb 为主要的伴生元素。

Au 元素在碱泉子地区呈高背景分布，浓集中心明显，异常强度高；As 元素在碱泉子东西部呈高背景分布，Cd、Cu、W、Pb 呈高背景分布，浓集中心不明显。

四、典型矿床预测模型

根据典型矿床成矿要素和矿区航磁资料以及区域重力、化探资料，确定典型矿床预测要素，编制典型矿床预测要素图。由于没有收集到矿区大比例尺的地磁资料，重力资料只有 1：20 万比例尺的，因此采用矿床所在地区的系列图表达典型矿床预测模型(图 14-4)。

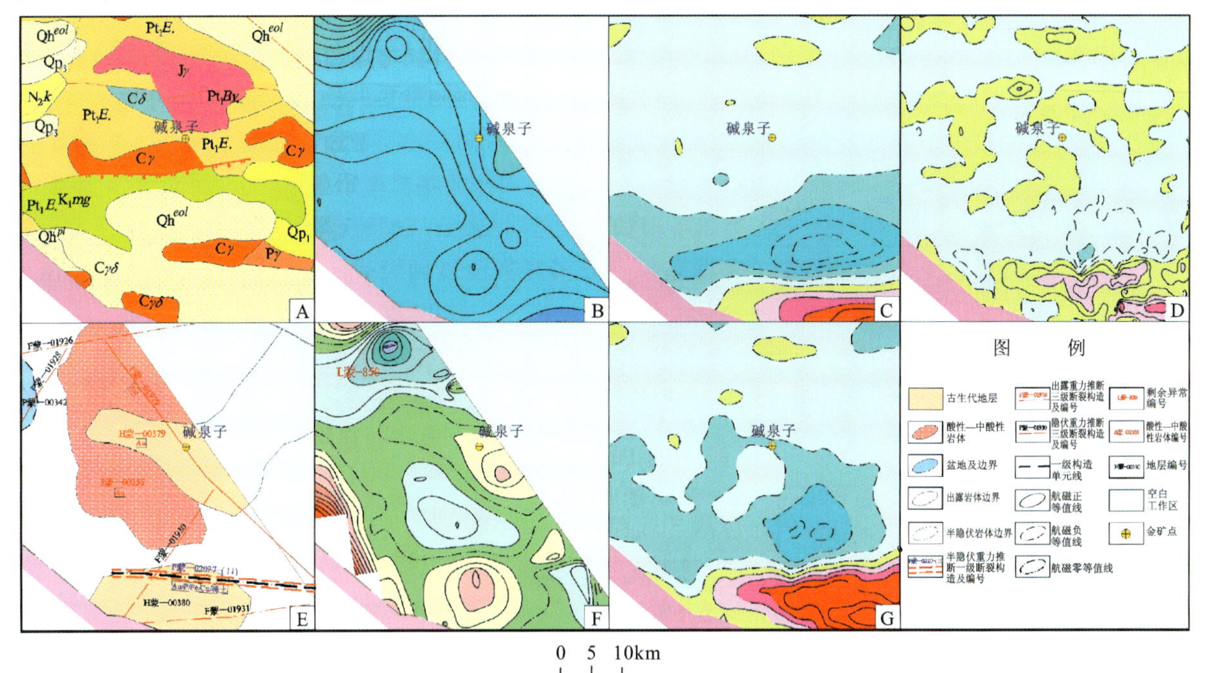

图 14-4　碱泉子典型矿床地质矿产及物探剖析图

A. 地质矿产图；B. 布格重力异常图；C. 航磁 ΔT 等值线平面图；D. 航磁 ΔT 化极垂向一阶导数等值线平面图；E. 重力推断地质构造图；F. 剩余重力异常图；G. 航磁 ΔT 化极等值线平面图

总结典型矿床综合信息特征，编制典型矿床预测要素(表 14-2)。

表 14-2　碱泉子式热液型金矿典型矿床预测要素表

<table>
<tr><td colspan="2" rowspan="3">成矿要素</td><td colspan="4">描述内容</td><td rowspan="3">要素类别</td></tr>
<tr><td>储量</td><td>544kg</td><td>平均品位</td><td>21.59×10⁻⁶</td></tr>
<tr><td>特征描述</td><td colspan="3">热液型金矿床</td></tr>
<tr><td rowspan="3">地质环境</td><td>构造背景</td><td colspan="4">华北地台北侧西端、阿拉善台隆西北边缘。北邻北山海西褶皱带，南接祁连加里东褶皱带。其次级构造单元属北大山拱断带西端</td><td>必要</td></tr>
<tr><td>成矿环境</td><td colspan="4">1. 主要为古元古界龙首山群上亚群和下白垩统新民堡群及第四系。
2. 海西中期第二次侵入岩，海西中期第三次侵入岩，呈岩株状。具岩浆期后热液钾质交代，使原岩形成肉红色钾质交代花岗岩。
3. 褶皱构造：由古元古界龙首山群上亚群地层构成一复式北西西-南东东向向斜，倾角约 50°，断裂构造：有近东西向、北东向及北西—北北西向断裂组，其中后者为本区金矿化的主要控矿构造</td><td>必要</td></tr>
<tr><td>成矿时代</td><td colspan="4">海西晚期</td><td>重要</td></tr>
<tr><td rowspan="7">矿床特征</td><td>矿体形态</td><td colspan="4">板状</td><td>次要</td></tr>
<tr><td>岩石类型</td><td colspan="4">古元古界龙首山群上亚群：片麻岩-变粒岩段夹中—薄层糖粒状大理岩；下白垩统新民堡群：紫红色砾岩、砂砾岩、砂岩、粉砂岩和泥岩等；海西中期：黑云角闪花岗闪长岩，黑云角闪斜长花岗岩，黑云母花岗岩、黑云母二长花岗岩</td><td>次要</td></tr>
<tr><td>岩石结构</td><td colspan="4">他形粒状结构</td><td>次要</td></tr>
<tr><td>矿物组合</td><td colspan="4">金属矿物：主要黄铁矿，次有方铅矿，微量矿物为闪锌矿、黄铜矿及胶黄铁矿。载金矿物主要为自然金、次为银金矿</td><td>重要</td></tr>
<tr><td>结构构造</td><td colspan="4">他形粒状结构；块状、细脉状、网脉状及浸染状构造</td><td>次要</td></tr>
<tr><td>蚀变特征</td><td colspan="4">硅化、绢云母化、黄铁矿化、碳酸盐化、绿泥石化</td><td>重要</td></tr>
<tr><td>控矿条件</td><td colspan="4">1. 古元古界龙首山群上亚群黑云角闪斜长片岩，该套地层金丰度较高。
2. 本矿严格受控于北西向层间挤压破碎带。
3. 海西中期较强烈的岩浆活动的持续作用和岩浆演化，使金不断得以活化和富集</td><td>必要</td></tr>
<tr><td rowspan="2">地球物理特征</td><td>重力异常</td><td colspan="4">本区金矿大多分布于区域重力较高或其边缘带，梯度带及重力值向重力高的过渡带中，重力低值区无矿点分布</td><td>重要</td></tr>
<tr><td>航磁异常</td><td colspan="4">典型矿床所在位置的磁场总体变化表现为低缓的负磁场，异常特征不明显</td><td>重要</td></tr>
<tr><td colspan="2">地球化学特征</td><td colspan="4">金化探异常在碱泉子地区呈高背景分布，浓集中心明显，异常强度高；其他元素化探异常值均较低，无明显规律</td><td>重要</td></tr>
</table>

第二节　预测工作区研究

一、区域地质特征

(一)成矿地质背景

1. 地层

预测区地层属天山-兴安区内蒙古草原分区，巴丹吉林小区。区内地层出露不全，且零散，有新—中太古界、古元古界(代)北山岩群、中元古界(代)墩子沟组、古生界石炭系和二叠系、中生界侏罗系和白垩系、新生界第四系。

预测区内出露的地层主要有中元古界墩子沟组；古生界有上石炭统绿条山组、白山组，中二叠统双堡塘组、金塔组；中生界有中侏罗统龙凤山组、下白垩统庙沟组；新生界有新近系上新统苦泉组。

变质岩主要有新—中太古代黑云角闪片麻岩组合，主要分布在预测工作区中部的查干陶鲁盖附近；古元古界龙首山群上亚群黑云石英片岩、斜长角闪岩组合、云英片、岩角闪片岩组合。

2. 侵入岩

预测区内侵入岩较发育，岩浆侵入活动以海西中—晚期最强烈，各期均具多期岩浆侵入活动的特点：即从小规模中、基性岩浆侵入开始，到以大规模酸性岩浆侵入而告终，多形成大小不等的岩基、岩株、岩墙等中深成相侵入岩，与各期次岩浆侵入活动相伴生的脉岩亦很发育，且种类繁多。

3. 构造

预测工作区大地构造属天山-兴蒙造山系、额济纳旗-北山弧盆系、哈特布其岩浆弧的西南端。

预测区内的构造形态与区域构造形态完全吻合，以东西向构造带为主体，相伴有北东向、北西向及南北走向次一级多种构造形态。以黑山井-红墩子构造构成北带，南带为库和乌拉东西向构造带，南北两带几乎平行分布于预测区内。

北西向、北东向次一级构造多以张性正断层构成，北东向以压扭性逆断层为主。不论褶皱还是断裂，它们的存在都给岩浆期后热液活动提供运移通道，给矿液富集提供了空间。

1)褶皱

预测区内的褶皱构造，主要分布在两处。一处在碱泉子盆地以北，碱泉子复式向斜；另一处位于预测区中部库和乌拉一带，库和乌拉复式背斜。二者近于平行，沿区域构造线方向分布，碱泉子复式向斜东西长 60km，库和乌拉复式背斜东西向长 80～100km。

2)断裂

预测区断裂构造十分发育，以走向近东西向压扭兼扭性断裂为主，与之相伴有北东向、北西向及南北走向断裂。北东向多为压扭性逆断层，北西向及南北向多为张性正断层，东西向压性兼扭性断裂分布较广，且平行排列。主要特点是规模大，多在 10km 以上。北西向断裂多在东西向断裂基础上发展起来，以张性正断裂为特点，局部成群出现。

岩浆期后热液大多沿着北西向断裂或者裂隙运移、充填。根据热液所携带的矿物成分的不同，形成不同岩性的脉岩。在古元古代地层中可见众多的北西走向石英脉和辉绿玢岩脉，局部地段石英脉可成群出现。

(二)区域成矿模式

预测工作区内分布的古元古界龙首山群上亚群片岩类与震旦系韩母山群墩子沟组千枚岩类的金丰度较高,这就为形成矿床提供了基础,此后海西中晚期比较强烈的岩浆活动,是金得以活化的重要热源条件,随着岩浆的持续作用和岩浆演化,使金不断得到活化和富集,后期断裂构造的形成又为金源提供了有利的空间,使金得以沉淀,富集成矿(图 14-5)。

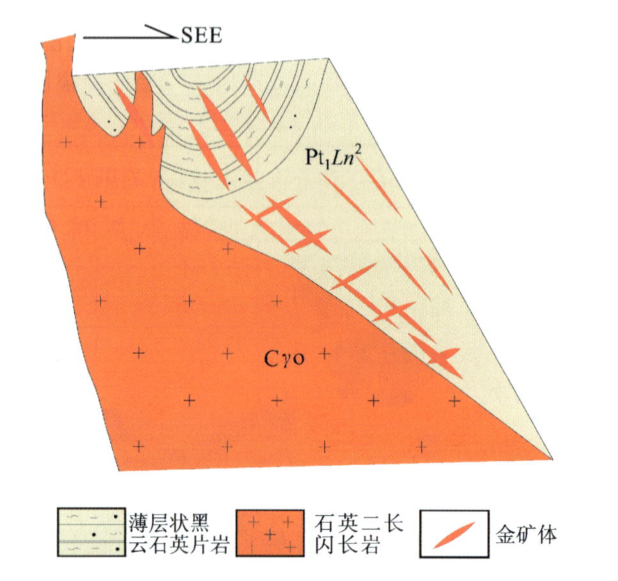

图 14-5 碱泉子式侵入岩体型金矿碱泉子预测工作区成矿模式图

二、区域地球物理特征

(一)航磁

预测工作区在航磁 ΔT 等值线平面图上(图 14-6)的磁异常幅值范围为−800～1400nT,预测区以−100～100nT 为磁异常背景,异常形态以椭圆和条带状为主,异常轴向东西向。预测区中南部以大面积南正北负伴生异常为主,有一定强度和梯度变化,以东西向椭圆和条带状异常为主;预测区北部异常较南部低缓,以平静磁异常为特征,偶见小范围的东西向或北东东向异常。碱泉子金矿区位于预测区西北部,磁场背景为平静低缓磁异常区,−100～0nT 等值线附近。

预测区磁法推断地质构造图(图 14-7)所示,断裂构造走向多为东西向和北西向,磁场标志为不同磁场区分界线和磁异常梯度变化带。参考地质情况,预测区内磁异常磁法推断是侵入岩体引起,其中北部、中部多为中酸性侵入岩体,东部异常推断为基性和中基性岩体引起。

碱泉子预测区磁法共推断断裂 20 条、侵入岩体 18 个。

(二)重力

由布格重力异常图可见,该预测区布格重力异常总体由近东西向转为北西向,由北向南布格重力异常值呈降低趋势,变化范围 $\Delta g-230\times10^{-5}\ m/s^2\sim-210\times10^{-5}\ m/s^2$;在中部形成一近东西向的梯级

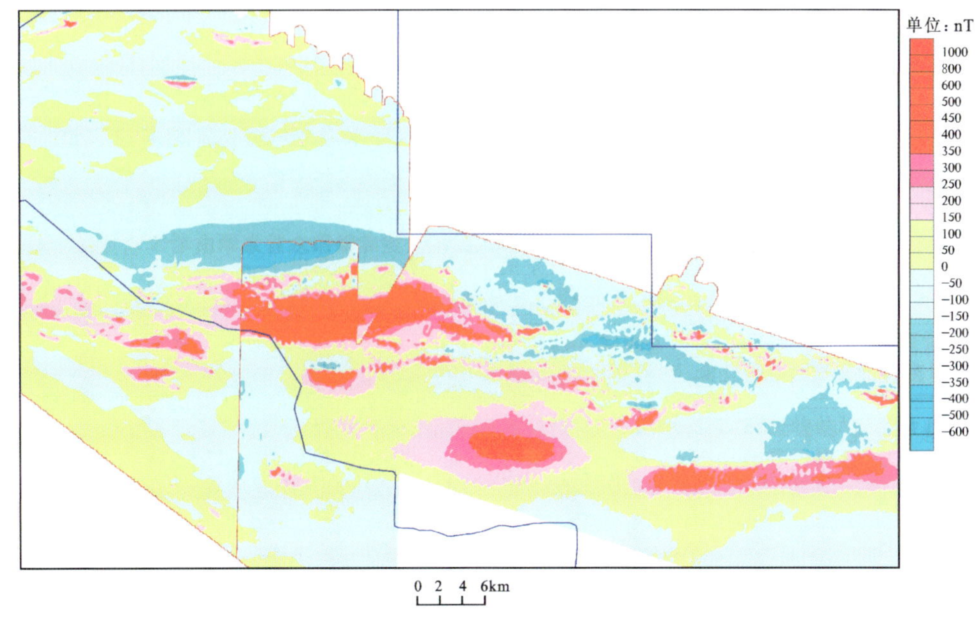

图 14-6 碱泉子预测工作区航磁 ΔT 等值线平面图

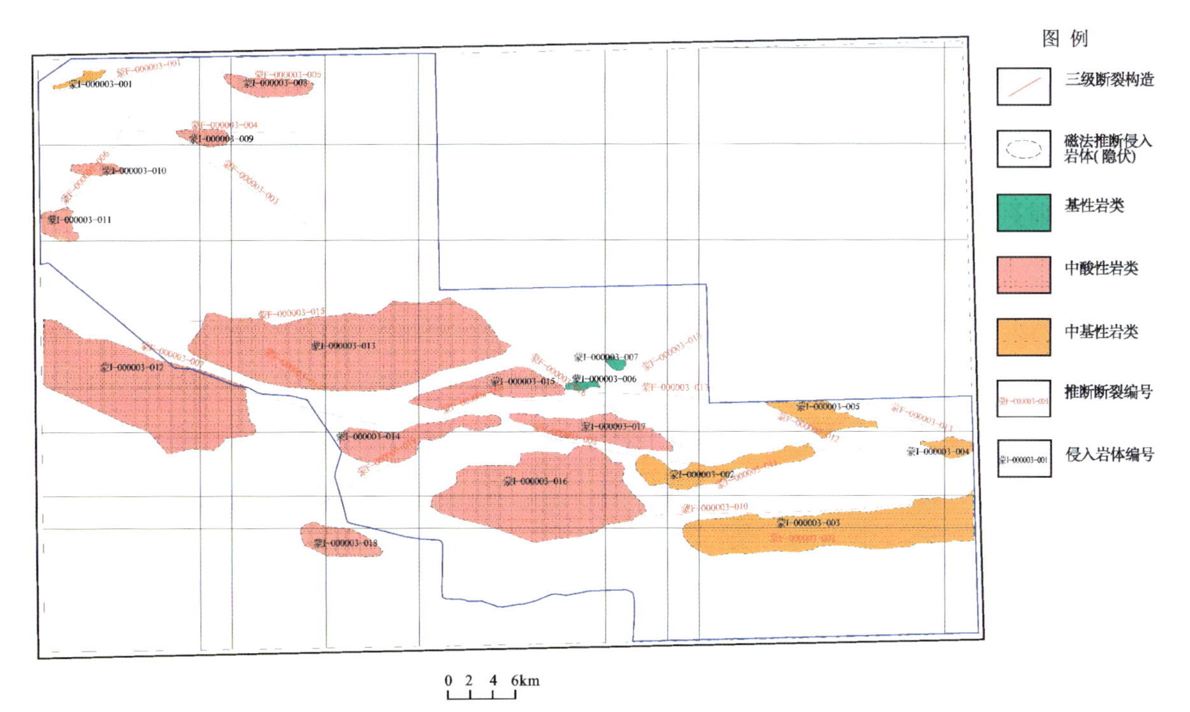

图 14-7 碱泉子预测工作区磁法推断地质构造图

带，等值线较密集，向西转为北西向，等值线变稀。这是由于在中部区存在近东西向深大断裂临河–集宁断裂(F 蒙-02027)。在北西侧推断有北西向断裂存在。

由剩余重力异常图可见，预测区内异常在中东部呈近东西向展布，西部转为北西向。由前述知，碱泉子附近和其南部的剩余重力正异常是元古宙基底隆起所致。预测区东南部的 G 蒙-809，呈椭圆状展布，极值为 $9.1\times10^{-5}\,m/s^2$，异常区内有元古宙地层出露，推断该异常主要与元古宙基底隆起有关。G 蒙-834、G 蒙-808 剩余重力正异常，呈近东西向长椭圆状展布，极值分别为 $5.6\times10^{-5}\,m/s^2$ 和 $8.4\times10^{-5}\,m/s^2$。G 蒙-834 异常区内局部地段出露基性岩及古生代地层，说明该异常是基性岩与古生代地层共同作用的结果。G 蒙-808 异常区内零星出露有基性岩及太古宙地层，说明异常与基性岩和太古宙基底隆起有关。

中部区呈东西向带状展布的剩余重力负异常L蒙-835，极值$-3.72\times10^{-5}m/s^2\sim4.7\times10^{-5}m/s^2$，异常区内局部出露有石炭纪花岗岩，故认为该异常是酸性侵入岩引起，同理预测区北侧的L蒙-850也为酸性侵入岩引起。区域深大断裂F蒙-02027就从G蒙-834和L蒙-835之间通过。这一区域航磁异常为明显的带状分布的正负伴生异常。

由地质环境及重力异常特征看，区内剩余重力G蒙-809号异常区及碱泉子南侧的正异常区与碱泉子附近的地质环境和重力场特征有可比性。

三、区域地球化学特征

预测区上分布有Ag、As、Au、Cd等元素组成的高背景区带，在高背景区带中有以Ag、As、Au、Cd为主的多元素局部异常。预测区内共有9个Ag异常，11个As异常，44个Au异常，13个Cd异常，26个Cu异常，10个Mo异常，16个Pb异常，12个Sb异常，15个W异常，4个Zn异常。

预测区上Ag呈背景、低背景分布；As在预测区多呈背景、低背景分布，在碱泉子地区存在局部异常；Au在预测区呈背景、高背景分布，浓集中心零星分布，异常范围小；Cd在预测区呈背景、高背景分布，存在明显的浓度分带和浓集中心；Mo、Cu、Pb、Zn在预测区呈背景、低背景分布，Sb、W在预测区多呈背景分布，存在明显的局部异常。

预测区上Au元素异常范围小，浓集中心不明显，与其他元素套合特征不明显。

四、区域遥感影像及解译特征

预测工作区内(图14-8)解译出2条大型断裂带，一条为查干陶勒盖平移断层，另一条为彦德日廷呼都格-伊和呼和浩特格日断裂带，它们是雅布赖-迭布斯格大断裂的一部分，方向北东东，属于张扭性断裂，是阿拉善台隆次级断隆与断陷的分界线。断裂带地貌特征为一东西向平直沟谷或断崖，断层三角面发育。

图14-8　碱泉子式金矿所在区域断裂带

预测区内断裂构造极为发育，除2条大型断裂带，其余断层有290条，有近东西向、北东向及北西—北北西向断裂组，其中后者为本区金矿化的主要控矿构造，断裂长数百米，多见斜列侧现，走向320°～340°，北东倾，倾角多变，沿该张性断裂多侵入后期辉绿(玢)岩脉及多次含矿石英脉。

预测工作区内的环形构造不发育，圈出37个环形构造。它们在空间分布上有明显的规律，主要分布在不同方向断裂交会部位。其成因类型为与隐伏岩体有关的环形构造。

环形构造影像特征主要是影纹纹理边界清楚，纹理光滑，构造隆起成山。构造穹隆引起的环形构造，影像上整个块体隆起，呈椭圆状，主要为环形沟谷及盆地边缘线构成，边界清晰。而环形构造反映的与碱泉子式金矿有关岩浆活动是指海西中期侵入的黑云角闪花岗闪长岩、黑云角闪斜长花岗岩，分布广泛，区域上形成巨大岩基，碱泉子岩体呈新月形，侵入于古元古界龙首山群变质岩中，面积约 $22km^2$，呈岩株状产出，不具明显接触交代作用。本次侵入岩与区域金矿化关系密切，金矿点带在空间上都处在岩体内外接触带中。

岩浆活动不仅为金的活化提供了热源，而且为矿床形成提供部分金源。

本次预测共解译出 21 处遥感带要素，均由变质岩组成，即古元古界龙首山群上亚群的黑云石英片岩为主，次为变粒岩、黑云角闪斜长片岩及片麻岩、大理岩。该套地层金丰度较高，一般为 $(2\sim5)\times10^{-9}$，最高片麻岩类可达 10×10^{-9}，视为主要的“矿源层”。

五、区域预测模型

根据预测工作区区域成矿要素和航磁、重力、遥感等特征，建立了本预测区的区域预测要素，并编制了预测工作区预测要素图和预测模型图。

区域预测要素图以区域成矿要素图为基础，综合研究重力、航磁、化探、遥感等综合致矿信息，总结区域预测要素表(表 14-3)，并将综合信息各专题异常曲线全部叠加在成矿要素图上。预测模型图以地质剖面图为基础，叠加区域航磁及重力剖面图而形成，简要表示预测要素内容及其相互关系，以及时空展布特征(图 14-9)。

表 14-3　碱泉子式侵入岩体型金矿预测工作区预测要素表

区域成矿要素		描述内容	要素类别
地质环境	大地构造位置	属天山-兴蒙造山系、额济纳旗-北山弧盆系、哈特布其岩浆弧的西南端	必要
	成矿区(带)	Ⅲ-18 阿拉善(台隆)Cu-Ni-Pt-Fe-REE-P-石墨-芒硝-盐成矿亚带(Pt、Pz、Kz)，Ⅳ181 碱泉子 Au-Fe 成矿亚带(C、Vm)，Ⅴ181 碱泉子金矿集区(Vm)	必要
	区域成矿类型及成矿期	区域成矿类型为侵入岩体型，成矿期为海西晚期	重要
控矿地质条件	赋矿地质体	古元古界龙首山群上亚群黑云角闪斜长片岩与震旦系韩母山群墩子沟组绢云母石英千枚岩等	重要
	控矿侵入岩	海西中晚期侵入岩	重要
	主要控矿构造	近东西向、北西向层间挤压破碎带(断裂)	重要
区内相同类型矿产		碱泉子小型金矿床、特拜小型金矿床	重要
地球物理、地球化学特征	重力异常	预测区内异常在中东部呈近东西向展布，西部转为北西向，矿床位于剩余重力异常等值为 $-1\times10^{-5}m/s^2\sim1\times10^{-5}m/s^2$ 之间	重要
	航磁异常	预测区内磁场总体表现为低缓的负磁场，中部及东南部存在有近东西向条带状的正磁场，矿床均位于航磁 ΔT 等值线起始值在 $-300\sim-100nT$ 之间	重要
	化探异常	Au 单元素化探异常范围小，浓集中心不明显； 综合化探异常为以 Au 为主的 Au、As、Sb、W 综合异常，异常面积大，强度较高，异常内有金矿床，其余特征不明显	重要
遥感特征		矿床附近遥感解译均有断裂存在	次要

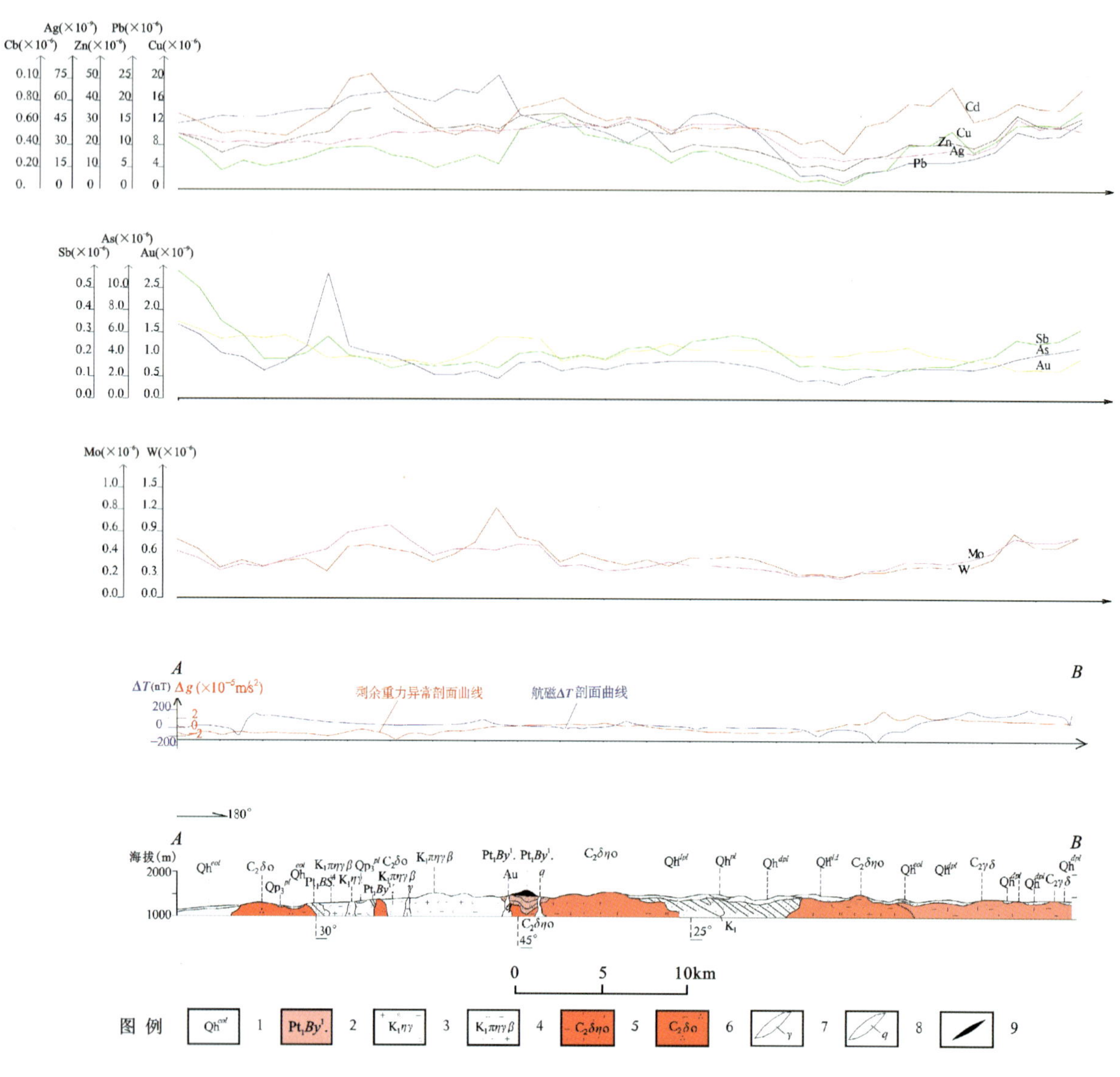

图 14-9　碱泉子式侵入岩体型金矿预测工作区预测模型图

1.第四系;2.宝音图岩群一岩组;3.浅红色中粗粒二长花岗岩;4.似斑状黑云母二长花岗岩
5.中粗粒石英二长闪长岩 6.中粗粒石英闪长岩;7.花岗斑岩;8.石英脉;9.金矿体

第三节　矿产预测

一、综合地质信息定位预测

(一)变量提取及优选

在 MRAS 软件中,对侵入岩,地层,断裂区,矿点区,金单元素化探异常,Au、As、Sb、W 综合化探异常,遥感解译断裂区等区文件求区的存在标志,对航磁化极等值线、剩余重力求起始值的加权平均值,并进行以上原始变量的构置,对地质单元进行赋值,形成原始数据专题。

根据已知矿床所在地区的航磁化极异常值、剩余重力值加权平均值进行二值化处理形成定位数据转换专题。进行定位预测变量选取时将以上几个变量全部选取，经软件判断和人工分析的结果一致。

（二）最小预测区圈定及优选

根据圈定的最小预测区范围，选择碱泉子典型矿床所在的最小预测区为模型区，模型区内出露的地质体为古元古界龙首山群上亚群黑云角闪斜长片岩与石英二长闪长岩，两者均为成矿的必要条件。

由于预测工作区内只有两个同类型的矿床，故采用有模型预测工程进行预测，预测过程中先后采用了数量化理论Ⅲ、聚类分析、特征分析、神经网络分析等方法进行空间评价，并采用人工对比预测要素，比照形成的色块图，最终确定采用特征分析法作为本次工作的预测方法。

（三）最小预测区圈定结果

本次工作共圈定各级别预测区 21 个，其中 A 级预测区 2 个（矿床所在位置），B 级最小预测区 9 个，C 级最小预测区 10 个，A、B、C 3 个级别预测区个数分别占总预测区比例的 10%、43%、47%。各级别面积分布合理，且已知矿床分布在 A 级预测区内，说明预测区优选分级原则合理。最小预测区圈定结构表明，预测区总体与区域成矿地质背景吻合较好，与化探异常、断裂、航磁异常、重力异常吻合程度一般。

碱泉子预测工作区预测底图采用 1∶25 万侵入岩浆构造图，并收集了碱泉子金矿 1∶2000 矿区地质图、1∶1000 勘探线剖面图和矿体垂直纵投影图等图件，并根据成矿有利度（含矿地质体、矿床、控矿构造发育程度、化探异常与含矿地质体的吻合度、航磁、遥感、重力异常等）将工作区内最小预测区级别分为 A、B、C 3 个等级（图 14-10）。

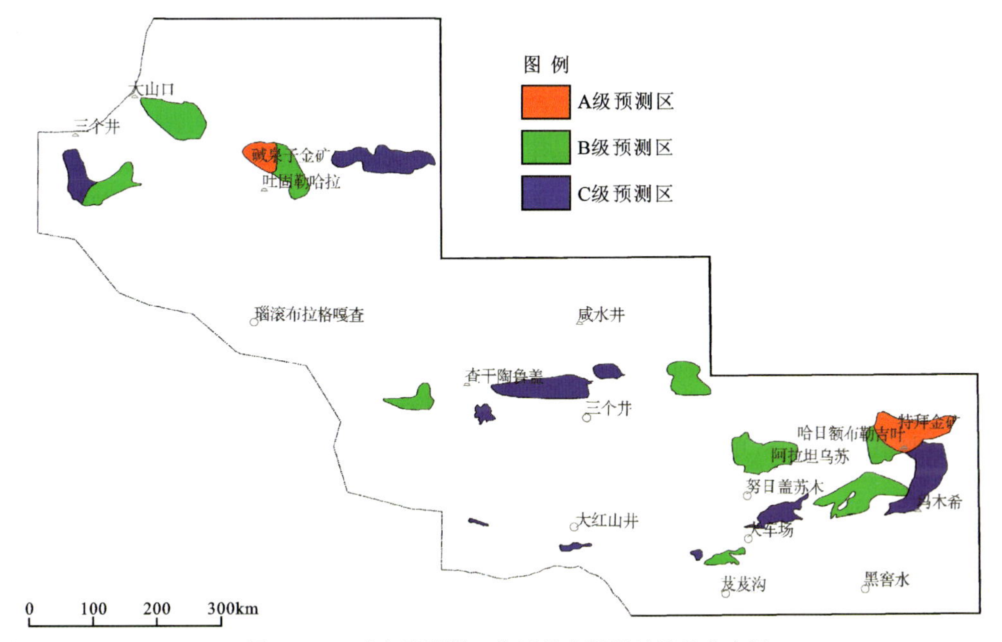

图 14-10　碱泉子预测工作区最小预测区优选分布图

综上所述，A 级预测区外围及深部找矿前景较好，有进一步工作的价值；B 级预测区找矿前景一般，在条件允许的条件下，可以进一步进行探矿工作；C 级预测区找矿潜力不大。

(四)最小预测区地质评价

预测区的圈定与优选采用特征分析法。碱泉子预测工作区预测底图采用 1∶25 万侵入岩浆构造图,并收集了碱泉子金矿 1∶2000 矿区地质图、1∶1000 勘探线剖面图和矿体垂直纵投影图等图件,并根据成矿有利度(含矿地质体、矿床、控矿构造发育程度、化探异常与含矿地质体的吻合度、航磁、遥感、重力异常等)将预测工作区内最小预测区级别分为 A、B、C 3 个等级(表 14-4)。

表 14-4　碱泉子预测工作区最小预测区成矿条件及找矿潜力评价表

编 号	最小预测区名称	综合信息
A1511204001	碱泉子	位于石炭纪石英二长闪长岩与古元古界龙首山群上亚群的外接触带,含有碱泉子小型金矿床,区内有金单元素化探异常 1 处,并处在金、砷、锑、钨综合化探异常中,区内有近东西向断裂。有较好找矿前景
A1511204002	特拜	内有震旦系韩母山群烧火筒组千枚岩与石炭纪石英闪长岩、二叠纪黑云母花岗岩与二长花岗岩出露,含有特拜小型金矿床,处在金、砷、锑、钨综合化探异常中,区内有北西向断裂,深部具有工业价值。有较好找矿前景
B1511204001	吐固勒哈拉东北	内有石炭纪石英二长闪长岩与古元古界龙首山群上亚群分布,有金单元素化探异常 1 处,同时处在金、砷、锑、钨综合化探异常中,有近东西向、北东向断裂通过。有一定的找矿前景
B1511204002	大山口东南	内有石炭纪石英二长闪长岩与古元古界龙首山群上亚群分布,区内有金单元素化探异常 1 处,同时处在金、砷、锑、钨综合化探异常中,并且发育有北西向、近东西向断裂。有一定的找矿前景
B1511204003	三个井东南	内有石炭纪石英二长闪长岩与古元古界龙首山群上亚群分布,区内有金单元素化探异常,处在金、砷、锑、钨综合化探异常中,并且发育有北东向断裂。有一定的找矿前景
B1511204004	查干陶鲁盖西	内有石炭纪花岗闪长岩与古元古界龙首山群上亚群分布,区内有金单元素化探异常,发育有北东向断裂。有一定的找矿前景
B1511204005	阿木特台·沙尔勒吉西南	内有石炭纪花岗闪长岩与古元古界龙首山群上亚群分布,区内有金单元素化探异常,并有近东西向与北东向断裂通过。有一定的找矿前景
B1511204006	岌岌沟北	内有震旦系韩母山群烧火筒组千枚岩与二叠纪二长花岗岩分布,区内有金单元素化探异常。有一定的找矿前景
B1511204007	额肯夏日赛尔	内有石炭纪石英闪长岩与古元古界龙首山群上亚群分布,区内有金单元素化探异常,并处在金、砷、锑、钨综合化探异常中,有近东西向断裂
B1511204008	额肯夏日那木格南	内有石炭纪石英闪长岩与古元古界龙首山群上亚群分布,区内有金单元素化探异常,并处在金、砷、锑、钨综合化探异常中,并且发育有北西向断裂。有一定的找矿前景
B1511204009	呼和乌拉嘎查东	内有石炭纪石英闪长岩与古元古界龙首山群上亚群分布,区内有金单元素化探异常,并处在金、砷、锑、钨综合化探异常中,并且发育有北东向、北西向断裂。有一定的找矿前景

续表 14-4

编 号	最小预测区名称	综合信息
C1511204001	三个井南	内有石炭纪石英二长闪长岩与古元古界龙首山群上亚群分布，处在金、砷、锑、钨综合化探异常中，并发育有北东向、北西向断裂。可作为找矿远景区
C1511204002	呼和乌拉嘎查东	内有石炭纪石英二长闪长岩与古元古界龙首山群上亚群分布，处在金、砷、锑、钨综合化探异常中，并有近东西向、北西向、北东向断裂。可作为找矿远景区
C1511204003	大红山井西	位于震旦系韩母山群烧火筒组千枚岩出露区，区内有金单元素化探异常，并处在金、砷、锑、钨综合化探异常中，有近东西向断裂。可作为找矿远景区
C1511204004	榆树沟	内有石炭纪花岗岩与古元古界龙首山群上亚群分布，区内有北西向与北东向断裂。可作为找矿远景区
C1511204005	阿拉滕塔拉嘎查北	内有石炭纪石英二长闪长岩、花岗闪长岩、花岗岩与古元古界龙首山群上亚群分布，区内有近东西向断裂通过。可作为找矿远景区
C1511204006	大红山井南	位于震旦系韩母山群烧火筒组千枚岩出露区，区内有金单元素化探异常，并处在金、砷、锑、钨综合化探异常中。可作为找矿远景区
C1511204007	三个井东北	内有石炭纪花岗岩闪长岩、花岗岩与古元古界龙首山群上亚群分布，区内有近东西向、北西向断裂。可作为找矿远景区
C1511204008	岌岌沟西北	位于震旦系韩母山群烧火筒组千枚岩出露区，有金单元素化探异常。可作为找矿远景区
C1511204009	努日盖苏木东南	内有石炭纪石英二长闪长岩与古元古界龙首山群上亚群分布，区内有金单元素化探异常，并处在金、砷、锑、钨综合化探异常中，区内有北西向、北东向断裂通过。可作为找矿远景区
C1511204010	哈日额布勒吉叶东南	内有石炭纪石英二长闪长岩、二叠纪二长花岗岩与古元古界龙首山群上亚群分布，处在金、砷、锑、钨综合化探异常中，区内有北西向、北东向断裂通过。可作为找矿远景区

二、综合信息地质体积法估算资源量

（一）典型矿床深部及外围资源量估算

典型矿床已查明资源量、体重及金品位依据均来源于核工业部西北地勘局 212 大队 1988 年 12 月编写的《内蒙古自治区阿拉善右旗碱泉子Ⅱ号岩金矿床详查报告》。矿床面积（$S_{总}$）是根据 1∶2000 矿床地形地质图及 11 条勘探线剖面图所有见矿钻孔圈定，在 MapGIS 软件下读取数据。金矿体延深（$L_{查}$）依据主矿体 2 号勘探线剖面图确定，具体数据见表 14-5。

根据典型矿床勘探线剖面图的钻孔见矿情况确定其矿体延深为 30m，计算矿区深部预测资源量；外围预测资源量深度为矿体深度与矿体延深深度之和，总共 180m。

表 14-5　碱泉子典型矿床深部及外围资源量估算一览表

典型矿床		深部及外围		
已查明资源量	544kg	深部	面积	20 244m^2
面积	20 244m^2		深度	30m
深度	150.0m	外围	面积	28 456m^2
品位	21.59$\times10^{-6}$		深度	180m
密度	2.73g/cm^3	预测资源量		1 026.13kg
体积含矿率	0.000 179 1kg/m^3	典型矿床资源总量		1 570.13kg

(二)模型区的确定、资源量及估算参数

模型区是指碱泉子典型矿床所在位置的最小预测区，碱泉子模型区系 MRAS 定位预测后，经手工结合地物化遥航等相关成矿要素优选圈定的 A 级模型区。

该模型区资源总量即为碱泉子金矿金属量 1 570.13kg；模型区延深与典型矿床一致；模型区含矿地质体面积与模型区面积一致，经 MapGIS 软件下读取数据为 19 412 101m^2，见表 14-6。

表 14-6　碱泉子式热液型金矿模型区预测资源量及其估算参数表

编号	名称	模型区预测资源量(kg)	模型区面积(m^2)	延深(m)	含矿地质体面积(m^2)	含矿地质体面积参数
A1511204001	碱泉子模型区	1 570.13	19 412 101	180	19 412 101	1

(三)最小预测区预测资源量

碱泉子式热液型金矿预测工作区最小预测区资源量定量估算采用地质体积法进行估算(表 14-7)。

1. 估算参数的确定

最小预测区面积是依据综合地质信息定位优选的结果；延深的确定是在研究最小预测区含矿地质体地质特征、含矿地质体的形成深度、断裂特征、矿化类型的基础上，并对比典型矿床特征的基础上综合确定的；相似系数的确定，主要依据 MRAS 生成的成矿概率及与模型区的比值，参照最小预测区地质体出露情况、化探及重砂异常规模及分布、物探解译隐伏岩体分布信息等进行修正。

2. 最小预测区预测资源量估算结果

本次预测资源总量为 15 733.91kg，预测区查明资源量 7594kg，详见表 14-7。

表 14-7　碱泉子预测工作区最小预测区估算成果表

最小预测区编号	最小预测区名称	$S_{预}$ (m^2)	$H_{预}$ (m)	K_S	K (kg/m^3)	α	$Z_{预}$ (kg)	资源量级别
A1511204001	碱泉子	19 412 101	180	1	0.000 000 449 4	1	1 026.13	334-1
A1511204002	特拜	48 084 527	400	1		0.95	1 161.49	334-1
B1511204001	吐固勒哈拉东北	25 894 938	180	1		0.55	1 152.08	334-3
B1511204002	大山口东南	43 646 403	150	1		0.55	1 618.21	334-3
B1511204003	三个井东南	25 752 396	150	1		0.55	954.78	334-3
B1511204004	查干陶鲁盖西	15 994 401	150	1		0.55	593.00	334-3
B1511204005	阿木特台沙尔勒吉西南	25 380 028	150	1		0.55	940.98	334-3
B1511204006	岌岌沟北	9 078 290	150	1		0.55	336.58	334-3
B1511204007	额肯夏日赛尔	43 383 447	150	1		0.55	1 608.46	334-3
B1511204008	额肯夏日那木格南	48 168 658	150	1		0.55	1 785.88	334-3
B1511204009	呼和乌拉嘎查东	16 103 390	150	1		0.55	597.04	334-3
C1511204001	三个井南	23 150 974	130	1		0.35	473.38	334-3
C1511204002	呼和乌拉嘎查东	47 167 659	130	1		0.35	964.47	334-3
C1511204003	大红山井西	1 403 402	130	1		0.35	28.70	334-3
C1511204004	榆树沟	6 269 229	130	1		0.3	109.88	334-3
C1511204005	阿拉滕塔拉嘎查北	43 396 254	130	1		0.3	760.59	334-3
C1511204006	大红山井南	3 679 907	130	1		0.35	75.25	334-3
C1511204007	三个井东北	8 544 763	130	1		0.3	149.76	334-3
C1511204008	岌岌沟西北	2 110 026	130	1		0.35	43.15	334-3
C1511204009	努日盖苏木东南	19 246 638	130	1		0.3	337.33	334-3
C1511204010	哈日额布勒吉叶东南	49 725 478	130	1		0.35	1 016.77	334-3

(四)预测工作区预测成果汇总

热液型金矿碱泉子预测工作区地质体积法预测资源量,依据资源量级别划分标准,可划分为 334-1 和 334-3 两个资源量精度级别;碱泉子预测工作区中,根据各最小预测区内含矿侵入岩及构造特征,预测深度在 130~400m 之间,预测延深参数均在 500m 以浅。

根据矿产潜力评价预测资源量汇总标准,热液型金矿碱泉子预测工作区按精度、预测深度、可利用性、可信度统计分析结果见表 14-8。

表 14-8　热液型金矿碱泉子预测工作区资源量估算汇总表　单位:kg

深度	精度	可利用性		可信度			合计
		可利用	暂不可利用	≥0.75	≥0.5	≥0.25	
500m 以浅	334-1	7594	0	—	7594	7594	7594
	334-3	15 733.91	0	—	—	15 733.91	15 733.91
合计							23 327.91

第十五章　巴音杭盖式热液型金矿预测成果

第一节　典型矿床特征

一、典型矿床地质特征及成矿模式

（一）典型矿床特征

1. 矿区地质

地层：矿区出露地层有古元古界宝音图群，中元古界温都尔庙群，中-下奥陶统包尔汉图群，上奥陶统白云山组，志留系西别河组，上石炭统本巴图组和阿木山组，下二叠统包特格组，侏罗系及白垩系。基底由古元古界宝音图岩群片岩类为主的浅变质岩系和中元古界温都尔庙群绿片岩系组成。为低绿片岩相—片岩相—低角闪岩相，下部为绿泥片岩、石英岩夹含铁石英岩；上部为石榴石石英片岩、石英蓝晶二云片岩、石英岩及大理岩，其原岩主要是陆源碎屑岩夹火山岩。盖层有古生界奥陶系包尔汉图群凝灰岩、白云山组千枚岩、大理岩，志留系别河组结晶灰岩，石炭系本巴图组砂岩及阿木山组灰岩，二叠系包特格组砂岩等，中生界侏罗系、白垩系陆相碎屑岩及新生界第三系、第四系碎屑沉积岩等(图 15-1)。

岩浆岩：矿区内出露岩体有呼和楚鲁、图古日格及巴润花岩体，呼和楚鲁岩体，呈小岩株，为片麻状花岗岩，出露面积 83km^2，沿呼和楚鲁向斜翼部侵入，呈北东向延伸的长椭圆状，与区域构造线方向一致，南侧被上白垩统不整合覆盖。西部被斜长花岗岩侵入。

图古日格岩体：海西中期侵入的中细粒斜长花岗岩，矿区出露约 187km^2，岩体沿伊很查汗复向斜侵入，形成一个断续相连的北东向岩浆岩带，呈带状岩基，属中深成相岩体。南西侧被上白垩统不整合覆盖，其余部分与围岩侵入接触，具球状风化，岩体内发育含金石英脉，其次为白云母伟晶岩脉、闪长岩脉、闪长玢岩脉、斜长煌斑岩脉。

巴润花岩体：分布矿区西侧，面积 1.5km^2，呈等轴状小岩株，为中细粒似斑状斜长花岗岩，具球状风化，含金石英脉发育，该岩体侵入海西中期斜长花岗岩中。

褶皱构造：区内褶皱构造发育，贝加尔期有布尔罕敖包背斜、古尔班乌兰向斜，呈北东向，轴长 10km，紧密线型。加里东期有准哈能背斜、哈达呼舒倒转向斜，准哈能背斜呈北东东向紧密线状，轴长 24km，哈达呼舒倒转向斜呈东西向紧密线型，轴向 22km。海西期萨拉呼都格推测向斜斜贯矿区，向斜北侧为图古日格北逆断层，西南侧为伊很查汗北西向断裂组，轴向呈北东向，轴长 22km，为紧密线型褶皱，核部被海西中期斜长花岗岩侵入，两翼为古元古界宝音图岩群第四岩组，北西翼倾向南东或南，倾角 45°～70°，南东翼北西倾，倾角 55。矿区南侧有局部倒转的北东向巴润花背斜，矿区北侧紧密线型东西向的呼勒斯台乌拉倒转背斜。

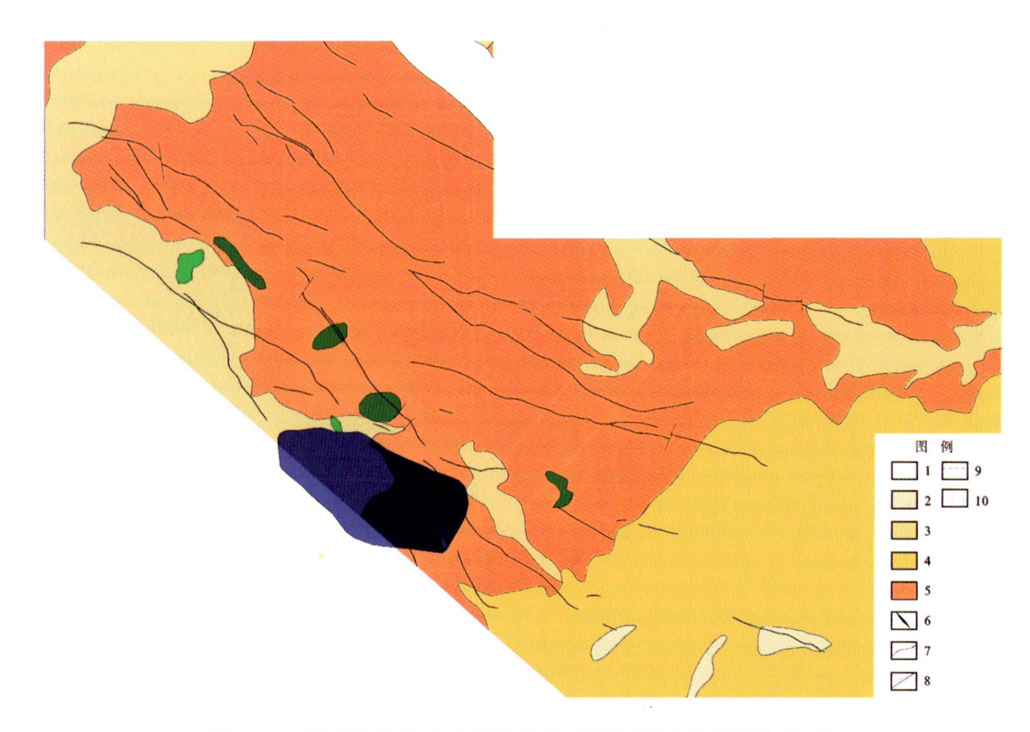

图 15-1　巴音杭盖金矿矿区地质图矿体聚集区(红线圈定区域)

(据《内蒙古自治区乌拉特中旗巴音杭盖金矿区 2 号脉群岩金详查报告》,中国人民武装警察部队黄金第十一支队,1999 修编)

1.第四系冲洪积砂砾石层;2.下元古界宝音图群大理岩;3.下元古界宝音图群石英岩;4.下元古界宝音图群黑云斜长片岩、斜长角闪岩;5.石炭纪中细粒斜长花岗岩;6.金-铅矿脉 7.地质界线;8.逆断层;9.矿体聚集区段边界范围;10.典型矿床外围预测范围

断裂构造:以加里东期和海西期断裂尤为发育,断裂构造以东西向、北东向断裂为主,另有北西向、南北向,北西向和东西向断裂为主要控矿构造。较大断裂有:热根尚德南逆断层、布尔罕特敖包背斜、浑德仑、哈达呼舒倒转向斜,图古日格北西-南东向张剪性断裂、色尔温多尔西正断层。矿床处于萨拉呼都格推测向斜内,主成矿断裂呈北西-南东向控制 2 号脉群的断裂带,全长 3000m,呈斜列式雁行状排列,倾向北东,倾角 40°～70°。断裂构造可分为成矿前、成矿期和成矿后 3 期断裂构造。

成矿前断裂构造:多为早期脉岩充填,最早与斜长花岗岩侵入期相伴生。本区构造活动强烈,期次多,早期随着海西中期斜长花岗岩的侵入,形成一组北西向断裂,被白云母伟晶岩充填。后来发生区域性北西向、南东向应力作用,形成北东向断裂构造,切穿北西向的白云母伟晶岩脉,被花岗闪长玢岩脉所充填,然后应力场发生改变,形成一组北东向张性断裂,充填斜闪煌斑岩脉等。

成矿期断裂构造:随着后期区域应力场的加强与变化,形成了现在北西-南东向的 2 号脉群为主体构造线的张性断裂带。2 号脉群包括 2-1 号、2-2 号、2-3 号脉,全长 3000 多米,成斜列排列,倾角 40°～70°。

北东向断裂在矿区中东部大部分地区都有出露,但一般规模较小,产状较陡。

成矿后断裂构造:区内成矿后断裂不发育,后期断裂破坏性较小,也不具规模,一般为滑移断层,对矿体影响不大。

2. 矿床特征

矿区内共发现石英脉 155 条,通过地表调查,长度从十几米到 2000m 不等,多数延长在 100m 以内。厚度 0.30～3.0m 之间。常常成群成组出现,多数含金。最大已知延深 250m,通过工程揭露含金地质体主要为石英脉或石英细脉、网脉带(图 15-2)。

矿脉走向以近东西向为主,部分呈北西西向、北东向、北东东向。倾角变化大,从 30°～85°,倾向以北倾为主,有尖灭再现、膨胀收缩现象。

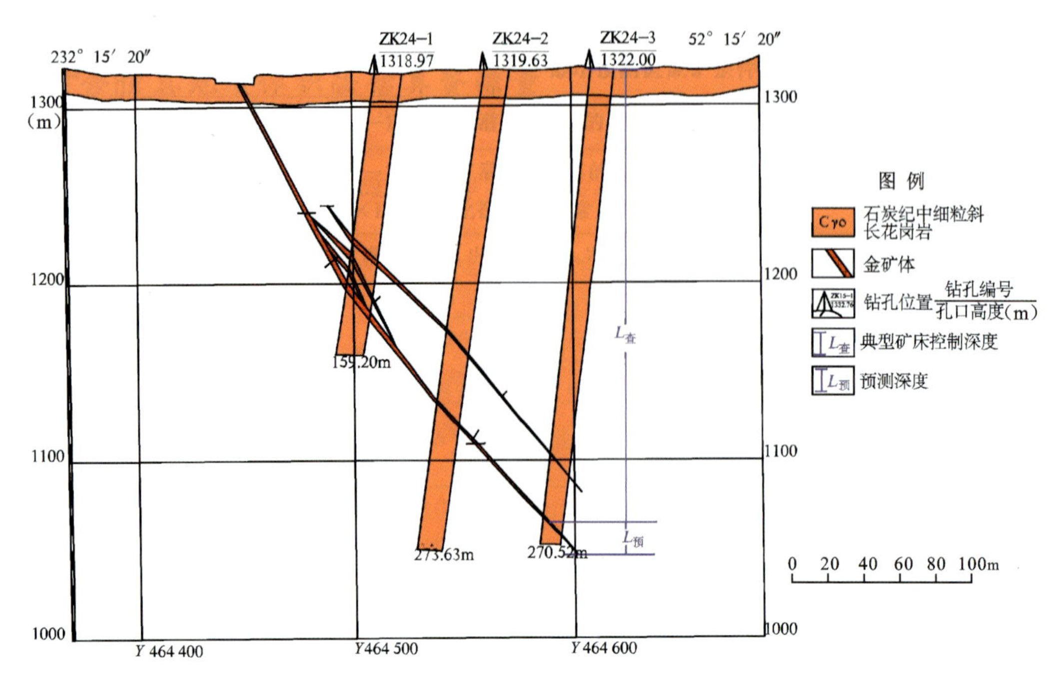

图 15-2　矿区 2 号脉 24 勘探线剖面图

(据《内蒙古自治区乌拉特中旗巴音杭盖金矿区 2 号脉群岩金详查报告》,中国人民武装警察部队黄金第十一支队,1999 修编)

2 号脉群产于海西期图古日格斜长花岗岩与宝音图岩群第四岩组的内外接触带偏岩体一侧多北西向断裂带中。脉群由 4 条矿脉 6 个工业矿体组成;以 2-1 号、2-2 号两条矿脉为主,两矿脉占该脉群总储量的 82%以上。总长 600m,倾向 50°～55°,倾角 38°～60°,脉厚 0.40～2.63m,平均厚度 1.22m,品位 $(1.02\sim24.26)\times10^{-6}$,平均品位 5.98×10^{-6}。

2-1 号脉:在 2 号脉西侧,呈侧伏状排列,总长 560m,延深 100m,倾向 15°～30°,倾角 60°～85°,呈透镜状,厚度 0.20～1.00m,平均厚度 0.46m,薄脉状,品位 $(1.65\sim37.14)\times10^{-6}$,平均 8.31×10^{-6}。

2-2 号脉:位于 2 号脉东侧,长 500m,延深 100m,矿体倾向 50°～55°,倾角 40°～60°,平均 47°,厚度 0.41～1.12m,平均厚度 0.89m,品位 $(1.07\sim19.28)\times10^{-6}$,平均品位 5.60×10^{-6}。

2-3 号脉:位于 2-2 号脉东侧,两者呈反侧伏排列,总长约 300m,延深 35m,倾向 18°,平均倾角 75°,厚度 0.47～2.36m,平均厚度 0.99m,品位 $(1.24\sim20.34)\times10^{-6}$,平均品位 8.29×10^{-6}。

87 号脉:位于中矿区东部,长 420m,延深 20m,矿体平均倾向 344°,平均倾角 60°,厚 0.44～1.80m,平均厚度 0.98m,品位 $(1.52\sim8.81)\times10^{-6}$,平均品位 5.37×10^{-6}。

83 号脉:位于中矿区西部,长 185m,延深 20m,平均倾向 326°,平均倾角 65°,厚 0.30m,为薄脉型矿体,品位 $(2.36\sim20.51)\times10^{-6}$,平均品位 8.67×10^{-6}。

3. 矿石特征

黄铁绢英岩化、硅化、黑云母褪色化,多金属硫化矿化。

黄铁矿化、褐铁矿化、方铅矿化、黄铜矿化及金矿化。绢云母化、高岭土化、帘石化、碳酸盐化、硅化,绿泥石化、黑云母化、铁质折出。蚀变破碎带型:主要分布于蚀变破碎带内,多沿石英脉两侧分布,矿石主要成分是石英脉的碎块,碎裂花岗岩或云母花岗质糜棱片岩的碎块,被褐铁矿、赤铁矿、高岭土胶结而成。多呈棱角状、角砾状。含矿性仅次于前者。

矿石类型(工业类型、自然类型)有含金石英脉型,含金糜棱岩-蚀变岩型。矿石类型以贫硫化物石英脉型为主,金属硫化物含量小于 2%,浸染状矿石;细脉浸染状矿石。

矿物组合:主要金属矿物有黄铁矿、方铅矿、褐铁矿,次为赤铁矿、磁黄铁矿、镍黄铁矿、铜蓝,少量辉铜矿、黄铜矿、孔雀石、自然金、银金矿。脉石矿物主要为石英，其裂隙中常充填碳酸盐、铁质、绢云母、白云母等。主要含金矿物有自然金和银金矿。金矿物赋存状态以裂隙金和晶间金为主，占 92.82%，少量包体金。

矿体顶底板围岩主要为斜长花岗岩，其次为似斑状斜长花岗岩、斜长角闪岩等。

顶底板围岩蚀变为硅化、绢云母化、绿泥石化、碳酸盐化及多金属硫化物化。硅化为该矿区主要蚀变现象，表现为石英呈细脉、网脉分布于围岩中。

4. 矿石结构构造

矿石结构有交代网脉-网格状-环边状结构，骸晶、侵蚀、压碎和包含结构等。矿石构造有细脉浸染状、斑点状、细网脉状构造等。

金矿物形态呈麦粒状、浑圆状和枝杈状，次为多角状、长条状，少量线状、细微粒状。金矿物以细粒金和微粒金(0.01～0.037mm)为主，占 75.7%，次为中粒金(0.037～0.074mm)，少量粗粒金。

5. 矿床成因及成矿时代

根据典型矿床研究总结巴音杭盖式热液型金矿成矿要素(表 15-1)。

表 15-1　乌拉特中旗巴音杭盖式岩浆热液型金矿典型矿床成矿要素表

<table>
<tr><td colspan="2" rowspan="3">典型矿床成矿要素</td><td colspan="4">内容描述</td><td rowspan="3">要素类别</td></tr>
<tr><td>储量</td><td>6463kg</td><td>平均品位</td><td>5.59×10^{-6}</td></tr>
<tr><td>特征描述</td><td colspan="3">岩浆热液-石英脉型金矿床</td></tr>
<tr><td rowspan="3">地质环境</td><td>构造背景</td><td colspan="4">Ⅰ天山-兴蒙造山系，Ⅰ-8 包尔汉图-温都尔庙弧盆系，Ⅰ-8-2 宝音图岩浆弧</td><td>必要</td></tr>
<tr><td>成矿环境</td><td colspan="4">1.隆起主体由古元古界宝音图岩群片岩类为主的线变质岩系和中元古界温都尔庙群绿片岩系组成。盖层有古生代地层。
2.呈北东向，轴长 10km，紧密线型褶皱构造发育，主成矿断裂呈北西-南东向控制 2 号脉群的断裂带。
3.与成矿有关的侵入岩为海西中期图古日格斜长花岗岩体(γ)</td><td>必要</td></tr>
<tr><td>成矿时代</td><td colspan="4">海西中期</td><td>必要</td></tr>
<tr><td rowspan="7">矿床特征</td><td>矿体形态</td><td colspan="4">脉状</td><td></td></tr>
<tr><td>岩石类型</td><td colspan="4">黄铁绢云英化花岗岩为矿区围岩，次生石英岩(石英脉)</td><td>重要</td></tr>
<tr><td>岩石结构</td><td colspan="4">交代网脉-网格状-环边状结构，骸晶，浸蚀、压碎和包含结构</td><td>次要</td></tr>
<tr><td>矿物组合</td><td colspan="4">主要金属矿物有黄铁矿、方铅矿、褐铁矿，次为赤铁矿、磁黄铁矿、镍黄铁矿、铜蓝，少量辉铜矿、黄铜矿、孔雀石、自然金、银金矿</td><td>重要</td></tr>
<tr><td>结构构造</td><td colspan="4">呈变余花岗结构、碎裂构造。次生石英岩为不等粒变晶结构、碎裂构造</td><td>次要</td></tr>
<tr><td>蚀变特征</td><td colspan="4">黄铁绢英岩化、硅化、黑云母褪色化，多金属硫化矿化</td><td>次要</td></tr>
<tr><td>控矿条件</td><td colspan="4">处于华北地台、内蒙中部地槽褶皱系、天山地槽褶皱系 3 个Ⅰ级构造的接合部。
1.金矿矿源层为古元古界宝音图岩群浅变质岩系。
2.与成矿有关的侵入岩为海西中期图古日格斜长花岗岩体(γo_4^2)。
3.紧密线型褶皱构造发育，主成矿断裂呈北西-南东向控制 2 号脉群的断裂带</td><td>必要</td></tr>
</table>

续表 15-1

典型矿床成矿要素			内容描述				要素类别
			储量	6463kg	平均品位	5.59×10^{-6}	
			特征描述	岩浆热液-石英脉型金矿床			
地球物理与地球化学特征	地球物理特征	重力	异常极值为 $\Delta g-139.43\times10^{-5}m/s^2$、$-141.14\times10^{-5}m/s^2$				次要
		航磁	极值达 8.9nT，负异常极值达 13.23nT				重要
	地球化学特征		矿区周围存在以 Au 为主，伴有 As、Cd、Sb、W 等元素组成的综合异常；Au 为主要的成矿元素，As、Cd、Sb、W 为主要的伴生元素				必要

（二）矿床成矿模式

巴音杭盖金矿床产于古元古界宝音图岩群浅变质岩与海西中期斜长花岗岩岩体的接触部内、外接触带，宝音图岩群第三岩组为一套正常的陆源碎屑-砂、泥质沉积物，属于海域不广的冒地槽性质的浅-滨海相建造。矿体严格受构造控制，主要呈近东西向、南东向、北东向展布，几乎平行于岩体与地层的接触带分布，一般距离该接触带内外约 2～3km 范围内。主要矿化类型为硅化、绢云母化、碳酸盐化及蚀变岩等，金属硫化物简单，以黄铁矿为主，其总量 2%左右，属贫硫化物型。该区岩浆活动频繁，构造复杂，主要岩体为海西中期斜长花岗岩，该岩体白云母测定同位素年龄为 3.24 亿年。地层与岩体中金丰度值均较高，都超过地壳丰度值（3.5×10^{-9}）。

巴音杭盖金矿成矿模式见图 15-3。

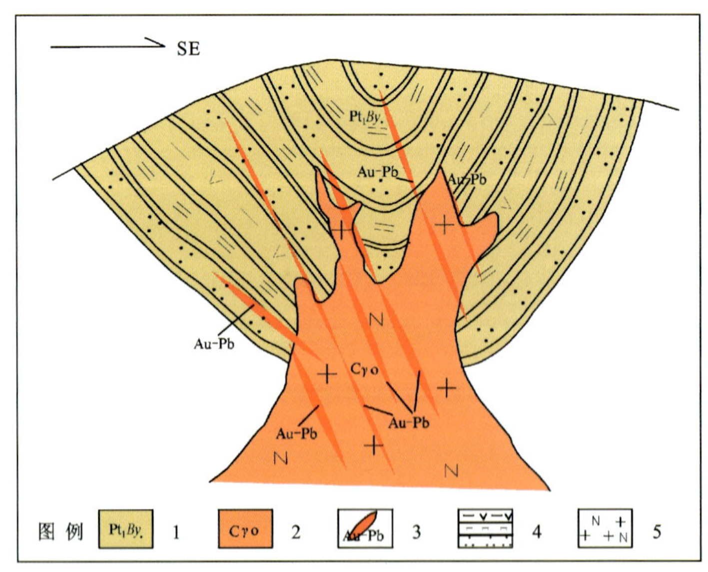

图 15-3　巴音杭盖金矿成矿模式图

（据《内蒙古自治区乌拉特中旗巴音杭盖金矿区 2 号脉群岩金详查报告》，中国人民武装警察部队黄金第十一支队，1999 修编）

1. 宝音图岩群；2. 石炭纪中西粒斜长花岗岩；3. 矿脉；4. 石英岩、黑云斜长片岩、斜长角闪岩；5. 斜长花岗岩

二、典型矿床地球物理特征

（一）重力

典型矿床所在位置经纬度为东经107°30′00″—107°40′00″，北纬42°09′00″—42°16′00″，巴盟乌拉特中旗巴音杭盖苏木境内。

布格重力异常平面图上，巴音杭盖金矿位于北东向展布的布格重力异常相对高值区，位于两个局部异常的过渡带上，异常极值为 $\Delta g-139.43\times10^{-5}\,m/s^2$、$-141.14\times10^{-5}\,m/s^2$，金矿附近重力值为 $\Delta g-146\times10^{-5}\,m/s^2\sim-144\times10^{-5}\,m/s^2$。在其南侧存在一明显的北东向展布的重力低异常区，$\Delta g-183.56\times10^{-5}\,m/s^2\sim-170\times10^{-5}\,m/s^2$。高低异常之间形成北东向展布的梯级带，等值线分布密集。该梯度带对应于区域深大断裂F蒙-02017索仑山-巴林右旗断裂。

剩余重力异常图上，对应于布格高异常区形成北东向带状展布的剩余重力正异常为G蒙-656号。该异常由两个局部异常组成。其极值分别为 $\Delta g6.45\times10^{-5}\,m/s^2$ 和 $8.91\times10^{-5}\,m/s^2$。巴音杭盖金矿位于北侧局部异常的边部，处在 $\Delta g4\times10^{-5}\,m/s^2$ 等值线上。该异常区北侧出露古生代地层，并多处分布有基性岩体，故认为异常是古生代基底隆起与基性岩共同引起。南侧局部异常则是因元古宙基底隆起所致。

G蒙-656南东侧为L蒙-657号剩余重力负异常，呈条带状展布，极值为 $\Delta g-13.23\times10^{-5}\,m/s^2$；异常形态较规则，边部等值线密集。地表主要分布白垩系及第三系。北侧即为区域深大断裂F蒙-02017索仑山-巴林右旗断裂。故推断L蒙-657由中新生代断陷盆地引起。

G蒙-656北西侧分布有一呈面状展布的剩余重力负异常，其值为 $\Delta g-4.85\times10^{-5}\,m/s^2$，推断该异常由半隐伏的酸性侵入岩引起。

由航磁 ΔT 等值线平面图及 ΔT 化极等值线平面图可见，巴音杭盖金矿所在区域为平稳的低缓负磁异常区（0～50nT）。

综上所述可见，巴音杭盖金矿位于剩余重力正异常的边部。该正异常反映了金成矿的地质环境。

（二）航磁

据1∶20万剩余重力异常图来看：正负异常呈条带中交错出现，走向北东向，正异常夹在两个负异常中间，极值达8.9nT；负异常极值达13.23nT。据1∶50万航磁化极等值线平面图显示，磁场处于零值附近，没有异常的出现。

三、典型矿床地球化学特征

矿区周围存在以Au为主，伴有As、Cd、Sb、W等元素组成的综合异常；Au为主要的成矿元素，As、Cd、Sb、W为主要的伴生元素。

四、典型矿床预测模型

根据典型矿床成矿要素和矿区地磁资料以及区域重力资料，确定典型矿床预测要素，编制了典型矿床预测要素图。其中地磁资料以等值线形式标在矿区地质图上，而重力资料由于只有1∶20万比例尺的，所以采用矿床所在地区的系列图作为角图表示。

以典型矿床成矿要素图为基础，综合研究重力、航磁、化探、遥感等综合致矿信息，总结典型矿床预测要素（表 15-2）。

预测模型图的编制，由于典型矿床所在地区没有大比例尺的物探资料，因此利用典型矿床所在区域物探剖析图说明其物探特征（图 15-4）。

表 15-2　乌拉特中旗巴音杭盖式石英脉型金矿典型矿床预测要素表

<table>
<tr><td colspan="3" rowspan="3">典型矿床预测要素</td><td colspan="4">内容描述</td><td rowspan="3">要素类别</td></tr>
<tr><td>储量</td><td>6463kg</td><td>平均品位</td><td>5.59×10^{-6}</td></tr>
<tr><td>特征描述</td><td colspan="3">岩浆热液-石英脉型金矿床</td></tr>
<tr><td rowspan="3">地质环境</td><td colspan="2">构造背景</td><td colspan="4">Ⅰ天山-兴蒙造山系，Ⅰ-8 包尔汉图-温都尔庙弧盆系，Ⅰ-8-2 宝音图岩浆弧</td><td>必要</td></tr>
<tr><td colspan="2">成矿环境</td><td colspan="4">1. 隆起主体由古元古界宝音图岩群片岩类为主的线变质岩系和中元古界温都尔庙群绿片岩系组成。盖层有古生代地层。
2. 呈北东向，轴长 10km，紧密线型褶皱构造发育，主成矿断裂呈北西-南东向控制 2 号脉群的断裂带。
3. 与成矿有关的侵入岩为海西中期图古日格斜长花岗岩体（γ）</td><td>必要</td></tr>
<tr><td colspan="2">成矿时代</td><td colspan="4">海西中期</td><td>必要</td></tr>
<tr><td rowspan="7">矿床特征</td><td colspan="2">矿体形态</td><td colspan="4">脉状</td><td></td></tr>
<tr><td colspan="2">岩石类型</td><td colspan="4">黄铁绢云英化花岗岩为矿区围岩，次生石英岩（石英脉）</td><td>重要</td></tr>
<tr><td colspan="2">岩石结构</td><td colspan="4">呈变余花岗结构、次生石英岩，不等粒变晶结构</td><td>次要</td></tr>
<tr><td colspan="2">矿物组合</td><td colspan="4">主要金属矿物有黄铁矿、方铅矿、褐铁矿，次为赤铁矿、磁黄铁矿、镍黄铁矿、铜蓝，少量辉铜矿、黄铜矿、孔雀石、自然金、银金矿</td><td>重要</td></tr>
<tr><td colspan="2">结构构造</td><td colspan="4">矿石结构有交代网脉-网格状-环边状结构，骸晶、侵蚀、压碎和包含结构等，构造有细脉浸染状、斑点状、细网脉状构造等</td><td>次要</td></tr>
<tr><td colspan="2">蚀变特征</td><td colspan="4">黄铁绢英岩化、硅化、黑云母褪色化，多金属硫化矿化</td><td>次要</td></tr>
<tr><td colspan="2">控矿条件</td><td colspan="4">处于华北地台、内蒙古中部地槽褶皱系、天山地槽褶皱系 3 个Ⅰ级构造的接合部。
1. 金矿矿源层为古元古界宝音图岩群浅变质岩系。
2. 与成矿有关的侵入岩为海西中期图古日格斜长花岗岩体 $C\gamma o$。
3. 紧密线型褶皱构造发育，主成矿断裂呈北西-南东向控制 2 号脉群的断裂带</td><td>必要</td></tr>
<tr><td rowspan="3">地球物理与地球化学特征</td><td rowspan="2">地球物理特征</td><td>重力</td><td colspan="4">异常极值为 $\Delta g-139.43\times10^{-5}m/s^2$、$-141.14\times10^{-5}m/s^2$</td><td>次要</td></tr>
<tr><td>航磁</td><td colspan="4">极值达 8.9nT，负异常极值达 13.23nT</td><td>重要</td></tr>
<tr><td colspan="2">地球化学特征</td><td colspan="4">矿区周围存在以 Au 为主，伴有 As、Cd、Sb、W 等元素组成的综合异常；Au 为主要的成矿元素，As、Cd、Sb、W 为主要的伴生元素</td><td>必要</td></tr>
</table>

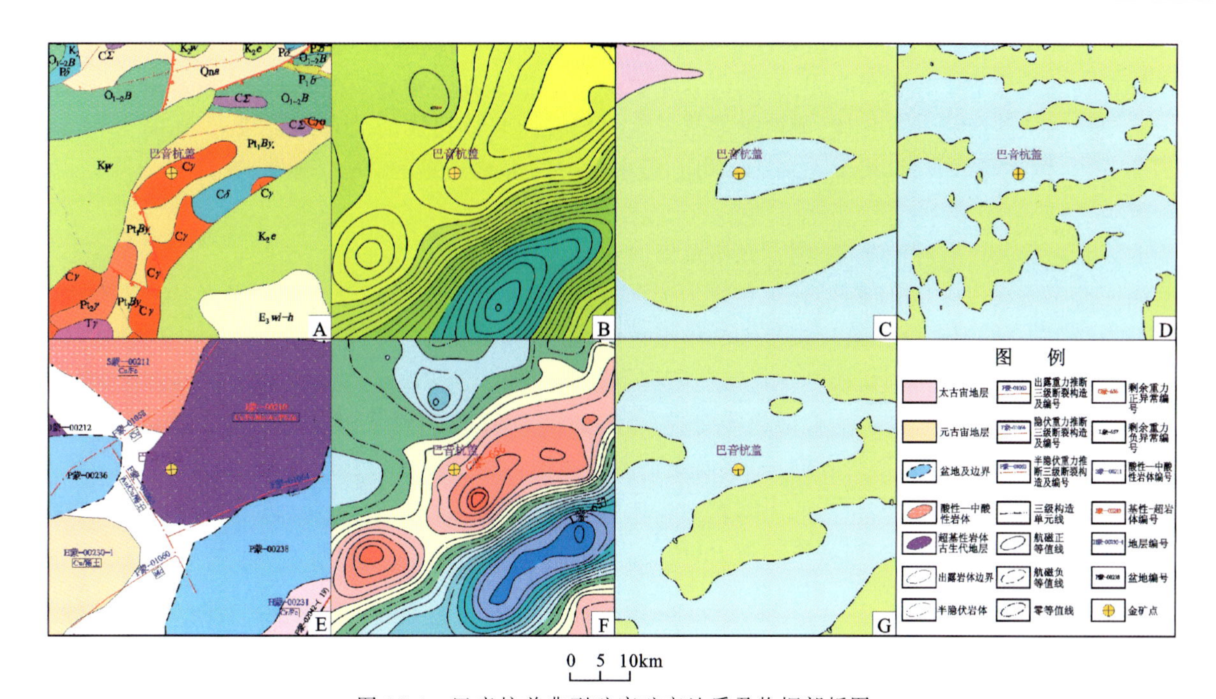

图 15-4　巴音杭盖典型矿床矿产地质及物探部析图

A. 地质矿产图；B. 布格重力异常图；C. 航磁 ΔT 剖面平面图；D. 航磁 ΔT 化极垂向一阶导数等值线平面图；E. 重力推断地质构造图；F. 剩余重力异常图；G. 航磁 ΔT 化极等值线平面图

第二节　预测工作区研究

一、区域地质特征

(一)成矿地质背景

预测工作区大地构造属于天山-兴蒙造山系包尔汉图-温都尔庙弧盆系宝音图岩浆弧。区内出露地层主要有第四系、古近系、白垩系、二叠系、石炭系、志留系—泥盆系、奥陶系、中元古界、古元古界，与成矿有关为古元古界宝音图岩群（$Pt_1By.$）。

区内出露的侵入岩主要有二叠纪、石炭纪、奥陶纪、中元古代的岩体，而与成矿有关的侵入岩为石炭纪斜长花岗岩（$C\gamma o$）、似斑状花岗闪长岩（$C\pi\gamma\delta$）及二长花岗岩（$C\eta\gamma$），尤其是该区的石英脉与成矿关系最大。

区内构造线方向以北东向、北北东向为主，北西向次之，褶皱以紧密线型褶曲为主。

预测工作区内地层有古元古界宝音图岩群，中元古界温都尔庙群，下—中奥陶统包尔汉图群，上奥陶统白云山组，志留系西别河组，上石炭统本巴图组和阿木山组，下二叠统包特格组，侏罗系及白垩系。基底由古元古界宝音图岩群片岩类为主的浅变质岩系和中元古界温都尔庙群绿片岩系组成。为低绿片岩相—片岩相—低角闪岩相，下部为绿泥片岩、石英岩夹含铁石英岩；上部为石榴石石英片岩、石英蓝晶二云片岩、石英岩及大理岩，其原岩主要是陆源碎屑岩夹火山岩。盖层有古生界奥陶系包尔汉图群凝灰岩，白云山组千枚岩、大理岩；志留系西别河组结晶灰岩；石炭系本巴图组砂岩及阿木山组灰岩；二叠系包特格组砂岩等。中生界侏罗系、白垩系陆相碎屑岩及新生界第三系、第四系碎屑沉积岩等。

侵入岩分布广泛，北岩浆岩带：位于中蒙边境线一带，横贯东西，宽2～7km，呈北东东向展布，以海西晚期石英闪长岩和二长花岗岩为主；南部岩浆带位于伊很查汗一带，主要由吕梁期片麻状花岗岩体、加里东期第二次片麻状闪长岩体、海西中期第二次斜长花岗岩体构成的北东向岩浆岩带，宽2～12km，长约60km。区内脉岩发育，受北东向、北西向、近东西向断裂构造控制，为石英脉、花岗斑岩脉、石英闪长玢岩脉。

矿区内出露岩体有呼和楚鲁、图古日格及巴润花岩体。

海西期第一次侵入超基性岩，分布乌珠尔少布特；第二次侵入斜长花岗岩和二长花岗岩，分布图古日格与哲里本一带，海西晚期第二次侵入的中细粒黑云闪长岩与第三次侵入的中细粒二长花岗岩分布布尔罕特脑包与那然黑尔别切根哈拉扎嘎乌苏阿尔苏斯一带。

呼和楚鲁岩体：呈小岩株，为片麻状花岗岩，出露面积83km^2，沿呼和楚鲁向斜翼部侵入，呈北东向延伸的长椭圆状，与区域构造线方向一致，南侧被上白垩统不整合覆盖，西部被斜长花岗岩侵入。

图古日格岩体：海西中期侵入的中细粒斜长花岗岩，矿区出露约187km^2，岩体沿伊很查汗复向斜侵入，形成一个断续相连的北东向岩浆岩带，呈带状岩基，属中深成相岩体。一南西侧被上白垩统不整合覆盖，其余部分与围岩侵入接触，具球状风化，岩体内发育含金石英脉，其次为白云母伟晶岩脉、闪长岩脉、闪长玢岩脉、斜长煌斑岩脉。

巴润花岩体：分布矿区西侧，面积1.5km^2，呈等轴状小岩株，为中细粒似斑状斜长花岗岩，具球状风化，含金石英脉发育，该岩体侵入海西中期斜长花岗岩中。

区内褶皱构造发育，贝加尔期有布尔罕敖包背斜、古尔班乌兰向斜，呈北东向，轴长10km，紧密线型。加里东期准哈能背斜，呈北东东向紧密线状，轴长24km，哈达呼舒倒转向斜、萨拉呼都向斜，巴润花背斜和楚鲁向斜。

矿床处于萨拉呼都格推测向斜之内，北侧为图古日格北逆断层，西南侧为伊很查汗北西向断裂组，轴向呈北东向，轴长22km，为紧密线型褶皱，核部被海西中期斜长花岗岩占据，两翼为古元古界宝音图岩群第四岩组，北西翼倾向南东或南，倾角45°～70°，南东翼北西倾，倾角55°，矿区南侧有局部倒转的北东向巴润花背斜，矿区北侧为紧密线型东西向的呼勒斯台乌拉倒转背斜。

断裂构造：以加里东期和海西期断裂尤为发育，断裂构造以东西向、北东向断裂为主，另有北西向、南北向，北西向和东西向断裂为主要控矿构造。较大断裂有：热根尚德南逆断层、布尔罕特敖包背斜、浑德仑、哈达呼舒倒转向斜；图古日格北西-南东向张剪性断裂、色尔温多尔西正断层。矿床处于萨拉呼都格推测向斜内，主成矿断裂呈北西-南东向控制2号脉群的断裂带，全长3000m，呈斜列式雁行状排列，倾向北东，倾角40°～70°。

（二）区域成矿模式

巴音杭盖式热液型金矿产于华北板块北缘古生代增生带。该区构造复杂，岩浆活动频繁。在海西期近东西向叠瓦状向北逆冲的断层控制下，形成背向斜构造及其次级东西向和北西向断裂构造，重熔S型花岗岩浆侵位于金丰度值高的老地质体，经热液淋滤、迁移形成含矿热液，热液沿先期断裂构造上升，并在裂隙中富集成矿。该类型金矿成矿模式为矿源层经重熔分异—岩浆上升侵位—成矿热液赋存构造空间。区域成矿模式如图15-5所示，成矿要素见表15-3。

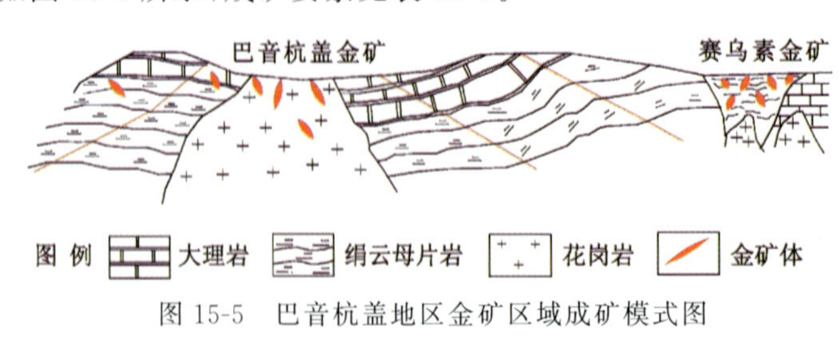

图15-5　巴音杭盖地区金矿区域成矿模式图

表 15-3　内蒙古巴音杭盖式热液型金矿成矿要素表

区域成矿要素		描述内容	要素类别
地质环境	大地构造位置	Ⅰ天山-兴蒙造山系，Ⅰ-8 包尔汉图-温都尔庙弧盆系，Ⅰ-8-2 宝音图岩浆弧	必要
	成矿区(带)	Ⅲ-49 林西-孙吴 Pb-Zn-Cu-Mo-Au 成矿带，Ⅳ49^2查干此老-巴音杭盖金成矿亚带，Ⅴ$49^{2\text{-}1}$查干此老-巴音杭盖金矿集区	必要
	区域成矿类型及成矿期	侵入岩体型，海西期	必要
控矿地质条件	赋矿地质体	古元古界宝音图岩群浅变质岩系(Pt_1)第三岩组：石英岩、石英云母片岩、二云斜长片岩，斜长角闪岩，中细粒斜长花岗岩，似斑状斜长花岗岩	重要
	控矿侵入岩	海西中期斜长花岗岩，其次为似斑状斜长花岗岩、斜长角闪岩等	必要
	主要控矿构造	1. 金矿矿源层为古元古界宝音图岩群浅变质岩系。 2. 与成矿有关的侵入岩为海西中期图古日格斜长花岗岩体。 3. 紧密线型褶皱构造发育，主成矿断裂呈北西-南东向控制 2 号脉群的断裂带	重要
区域成矿类型及成矿期		岩浆热液型，海西期	必要
区内相同类型矿产		矿床(点)5 个：小型 5 个	重要

二、区域地球物理特征

(一)重力

预测区内只完成了 1∶100 万、1∶50 万重力测量工作。

由布格重力异常图可见，布格重力异常总体呈北东向展布，受区域构造控制。比较而言预测区内东部等值线较密集，该区域即前述典型矿床所在区域。西部等值线较稀疏。这是由于东部区有区域性深大断裂存在，地质体密度变化较大所致，中生代盆地、基性岩、古生界、太古宇、酸性岩体相间分布。

由剩余重力异常图可见，剩余重力异常走向与布格重力异常同，呈北东向，东部区异常值变化幅度大，最高值、最低值分别为 $\Delta g 8.91\times10^{-5}\,m/s^2$ 和 $\Delta g-13.23\times10^{-5}\,m/s^2$。异常边部等值线较密。西部剩余重力异常较平缓，极值变化为 $\Delta g 5.43\times10^{-5}\,m/s^2$ 和 $\Delta g-4.02\times10^{-5}\,m/s^2$，该区剩余重力正异常 G 蒙-681 南段是古生代基底隆起所致，北段同时还有基性岩的作用。该正异常两侧的剩余重力负异常区内有白垩纪地层分布，推断为中生界坳陷盆地引起。北侧的负异常区内的酸性岩体出露，认为是酸性侵入岩引起。

在巴音杭盖金矿所在剩余重力正异常区 G 蒙-656 北段有多处金矿点分布，南段虽无金矿点分布，但其地质环境类拟，故 G 蒙-656 异常带应是寻找金矿的靶区。综合分析布格重力异常和剩余重力异常后，认为剩余重力异常 G 蒙-681 号与 G 蒙-656 号剩余重力正异常有相似之处，故也可选作找金矿的靶区。

(二)航磁

巴音杭盖式侵入岩体型金矿预测工作范围为东经 106°30′—108°00′、北纬 42°00′—42°30′，在航磁

ΔT 等值线平面图上巴音杭盖预测区磁异常幅值范围为 250～800nT，整个预测区以 350～400nT 为磁异常背景，主要为低缓磁异常，磁异常强度和梯度变化均不大，多以东向为异常走向。巴音杭盖金矿区位于预测工作区东部，磁场背景为平静低缓磁异常，处在 350nT 等值线附近，见图 15-6。

巴音杭盖预测区磁法推断地质构造图如图 15-6D 所示，整个预测区磁异常不明显，仅在东部有一强度不大的磁异常，磁法推断为变质岩地层。在此磁异常南部不同磁场区分界线附近推断一东西向断裂。

巴音杭盖预测区磁法共推断断裂 1 条、变质岩地层 1 个。

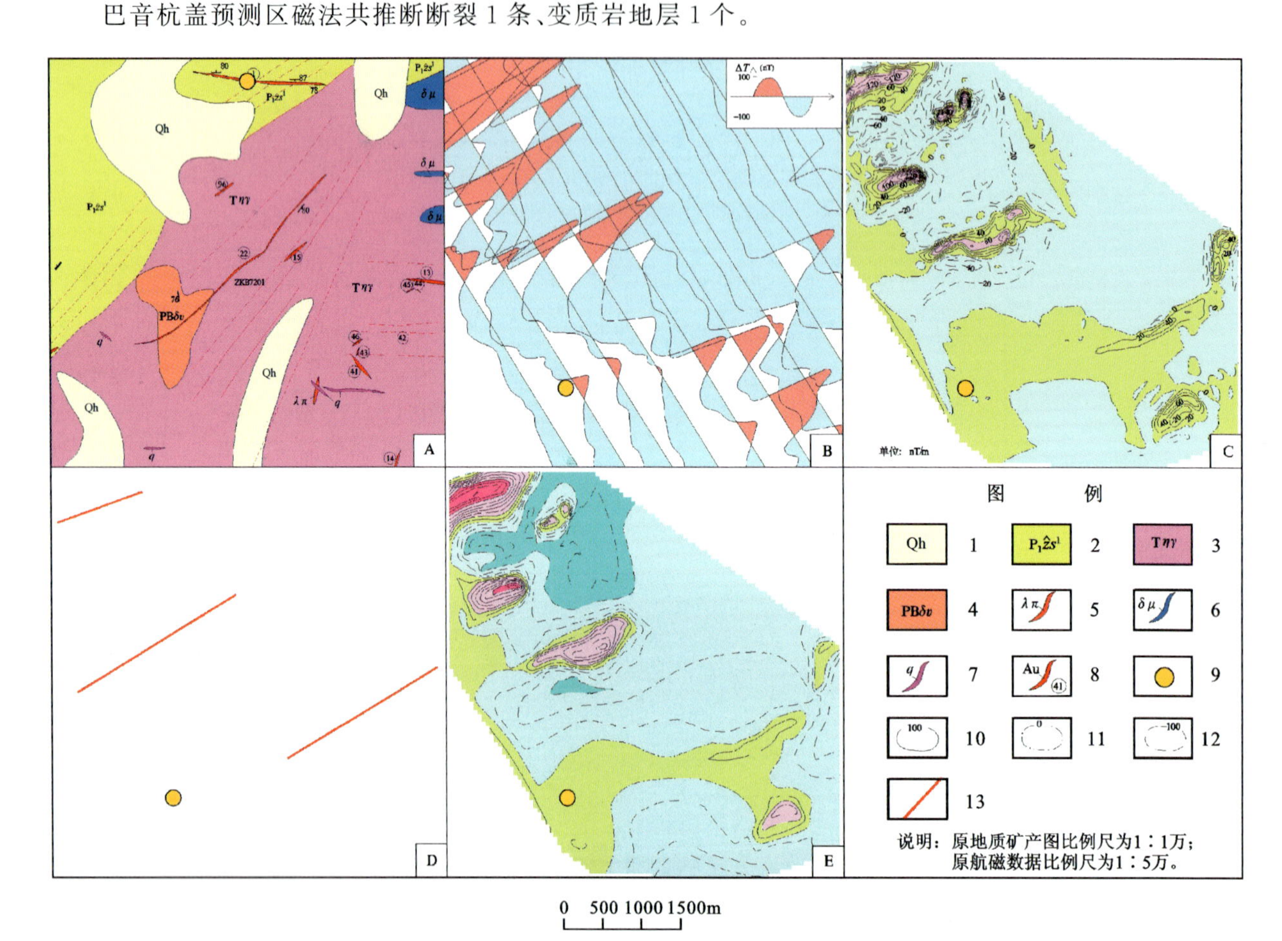

图 15-6　巴音杭盖预测工作区物探剖析图

A. 地质矿产图；B. 航磁 ΔT 等值线平面图；C. 航磁 ΔT 化极垂向一阶导数等值线平面图；D. 推断地质构造图；E. 航磁 ΔT 化极等值线平面图。

1. 第四系松散沉积物；2. 下二叠统哲斯组：灰绿色安山岩、玄武岩、安山质晶屑、岩屑凝灰岩；3. 三叠纪中粗似斑状黑云母二长花岗岩；4. 二叠纪中细粒闪长-辉长岩；5. 石英斑岩脉；6. 闪长玢岩脉；7. 石英脉；8. 含金脉体及其编号；9. 金矿点位置；10. 正等值线及注记；11. 零等值线及注记；12. 负等值线及注记；13. 推断断裂

三、区域地球化学特征

预测工作区主要分布有 Au、As、Sb、Cu、Pb、Cd、W、Mo 等元素异常，异常在预测区北西和南东呈北东向带状分布；Au 元素浓集中心明显，异常强度高，呈北东向带状分布。预测工作区上分布有 Ag、As、Au、Cd 等元素组成的高背景区带，在高背景区带中有以 Ag、As、Au、Cd 为主的多元素局部异常。预测区内共有 9 个 Ag 异常，11 个 As 异常，44 个 Au 异常，13 个 Cd 异常，26 个 Cu 异常，10 个 Mo 异常，16 个 Pb 异常，12 个 Sb 异常，15 个 W 异常，4 个 Zn 异常。

预测工作区上 Au、As 元素多呈高背景分布，As 在哈能以北地区存在浓集中心，浓集中心明显，异常强度高，范围较大，Au 在哈能地区周围存在多处浓集中心，浓集中心明显，异常强度高，浓集中心呈串珠状分布，Au 元素在萨拉和巴润嘎顺以北地区存在浓集中心；Ag 呈背景、低背景分布；在预测区西南角存在 Cd、Cu、Mo、W、Zn 元素的低异常区，其他地区呈背景、高背景分布，存在明显的局部异常；Sb 元素在沃勒吉图—哈能以北地区存在多处浓集中心，浓集中心明显，异常强度高；Pb、Zn 在预测区多呈背景分布，存在明显的局部异常。预测区上元素异常套合特征不明显，见图 15-7。

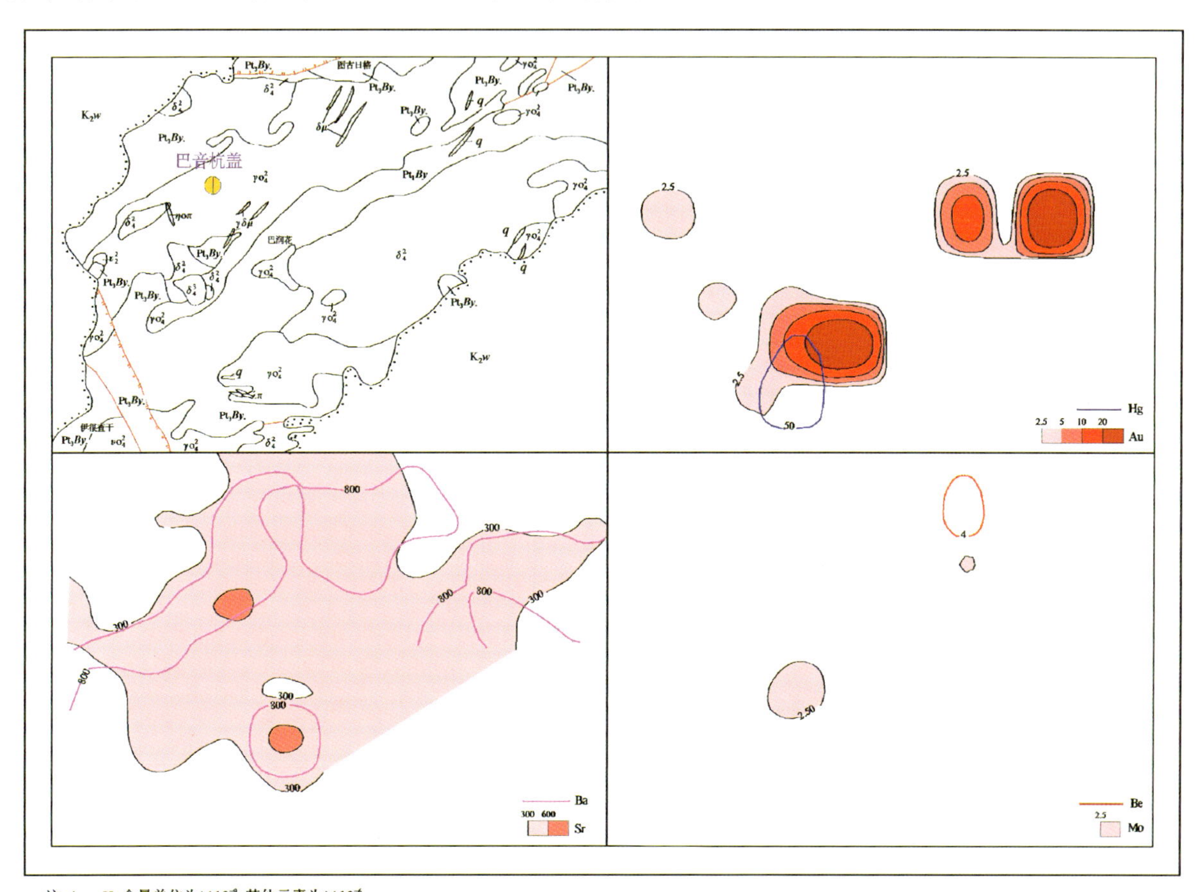

0　2　4　6　8　10km

图例　K₂w 上白垩统　Pt₁By. 古元古界宝音图岩群　金矿

图 15-7　巴音杭盖化探综合异常剖析图

四、区域遥感影像及解译特征

本工作区共解译出 296 条断裂带，其中解译出大型断裂带两条（图 15-8），一条是额尔齐斯-德尔布干断裂带，该断裂带呈北东东方向展布，形成于晚古生代，属于张性-压扭性断裂，它是华北板块与西伯利亚增生板块对接带，晚石炭世沿断裂带形成了蛇绿岩套，是大型控矿构造。另一条是迭布斯格断裂带，方向北东，逆断裂，是阿拉善台隆次级断隆与断陷的分界线；断裂带地貌特征为一东西向平直沟谷或断崖，断层三角面发育。

本幅内的中小型断裂比较发育，断裂构造以东西向、北东向断裂为主，另有北西向、南北向断裂，北西向和东西向断裂为主要控矿构造。断裂带上及岩体接触带上动力变质作用和接触变质作用发育，与

图 15-8　遥感解译图

成矿关系密切。

由岩浆侵入、火山喷发和构造旋扭等作用引起的、在遥感图像显示出环状影像特征的地质体称为环要素。一般情况下，花岗岩类侵入体和火山机构引起的环形影像时代愈新，标志愈明显。环形影像则具多边多角形，发育在多组构造的交切部位。环要素代表构造岩浆的有利部位，是遥感找矿解译研究的主要内容之一。本预测工作区内岩浆岩活动频繁，北部岩浆岩带位于中蒙边境线一带，横贯东西，呈北东东向展布，以海西晚期石英闪长岩和二长花岗岩为主；南部岩浆岩带与成矿有关的侵入岩为海西中期图古日格斜长花岗岩体，构成北东向岩浆岩带，区内脉岩发育，受北东向、北西向、近东西向断裂构造控制。主要为石英脉、花岗斑岩脉、石英闪长玢岩脉。

根据影像图解译了 21 个环，环形构造影像特征主要是影纹纹理边界清楚，花岗岩内植被发育，纹理光滑，构造隆起成山。构造穹隆引起的环形构造，影像上整个块体隆起，呈椭圆状，主要为环形沟谷及盆地边缘线构成，边界清晰，山脊和山沟以山顶为中心向四周呈放射状发散。

带要素主要包括赋矿地层、赋矿岩层相关的遥感信息。不同板块、不同地质构造单元、不同目的矿种的赋矿层位或矿源层位都不尽相同，因此带要素的具体含义亦不尽相同。预测区内解译了 15 条带要素。带要素由古元古界宝音图岩群片岩类为主的浅变质岩系和中元古界温都尔庙群绿片岩系组成，为低绿片岩相—片岩相—低角闪岩相，下部为绿泥片岩、石英岩夹含铁石英岩；上部为石榴石石英片岩、石英蓝晶二云片岩、石英岩及大理岩，其原岩主要是陆源碎屑岩夹火山岩；盖层有古生界奥陶系包尔汉图群凝灰岩、白云山组千枚岩、大理岩。

五、区域预测模型

根据预测工作区区域成矿要素和航磁、重力、遥感等特征，建立了本预测区的区域预测要素，并编制了预测工作区预测要素图和预测模型图。

(1)区域成矿地质作用特征编图资料来源。

1∶25 万 K48C003004(巴音查干)幅侵入岩浆建造图，资料可靠。

1∶20 万 K-48-XVII(希勃幅)，K-48-XVII(巴音杭盖)幅区域地质调查报告、地质图、矿产报告、矿产图，资料可靠。

1∶5 万 K48E011023(图古日格幅)、K48E010022(其热根尚德幅)、K48E010023(特默特幅)。

编制 1∶10 万预测区侵入岩浆构造图、侵入岩建造综合柱状图,1∶10 万地质剖面图、大地构造位置图、图例、有关插图,转绘物探推测断层,物探推测与隐状岩体有关的环形构造。

(2)矿产地图层编图资料来源于上述图幅的报告和图件,其次为矿产勘查的文字报告及图件资料。

矿产资料来源于内蒙古自治区 2008 年金矿产地储量平衡表、矿产登记表及 2009 年矿产地数据库资料,资料可靠。

(3)物探(区域磁测、区域重力、区域航磁等)。

本次编制的区域预测要素图中物探(区域磁测、区域重力、区域航磁等)资料均来源于 1∶20 万物探(区域磁测、区域重力、区域航磁等)报告及相关附图资料。

(4)化探:化探异常来源于 1∶20 万和 1∶5 万资料,分为 Au 单元素异常和 Au 等综合异常两种。

区域预测要素图以区域成矿要素图为基础,综合研究重力、航磁、化探、遥感等综合致矿信息,总结区域预测要素(表 15-4),并将综合信息各专题异常曲线全部叠加在成矿要素图上,在表达时可以出单独预测要素如航磁的预测要素(图 15-9)。预测模型图以地质剖面图为基础,叠加区域航磁及重力剖面图而形成,简要表示预测要素内容及其相互关系,以及时空展布特征。

表 15-4　内蒙古巴音杭盖式热液型金矿预测要素表

区域预测要素		描述内容	要素类别
地质环境	大地构造位置	Ⅰ天山-兴蒙造山系,Ⅰ-8 包尔汉图-温都尔庙弧盆系,Ⅰ-8-2 宝音图岩浆弧	必要
	成矿区(带)	Ⅲ-49 林西-孙吴 Pb-Zn-Cu-Mo-Au 成矿带,Ⅳ49^2查干此老-巴音杭盖金成矿亚带,Ⅴ49^{2-1}查干此老-巴音杭盖金矿集区	必要
	区域成矿类型及成矿期	侵入岩型,海西期	必要
控矿地质条件	赋矿地质体	古元古界宝音图岩群浅变质岩系(Pt_1)第三岩组:石英岩、石英云母片岩、二云斜长片岩,斜长角闪岩,中细粒斜长花岗岩,似斑状斜长花岗岩	重要
	控矿侵入岩	黄铁绢云英化花岗岩为矿区围岩,次生石英岩(石英脉)	必要
	主要控矿构造	1.金矿矿源层为古元古界宝音图岩群浅变质岩系。 2.与成矿有关的侵入岩为海西中期图古日格斜长花岗岩体。 3.紧密线型褶皱构造发育,主成矿断裂呈北西-南东向控制 2 号脉群的断裂带	重要
区域成矿类型及成矿期		海西期,岩浆热液型	必要
预测区矿点		矿床(点)5 个,小型矿床 5 个	重要
物化探特征	重力	异常极值为 $\Delta g-139.43\times10^{-5}m/s^2$、$-141.14\times10^{-5}m/s^2$	重要
	航磁	极值达 8.9nT,负异常极值达 13.23nT	重要
	化探	矿区周围存在以 Au 为主,伴有 As、Cd、Sb、W 等元素组成的综合异常;Au 为主要的成矿元素,As、Cd、Sb、W 为主要的伴生元素	重要

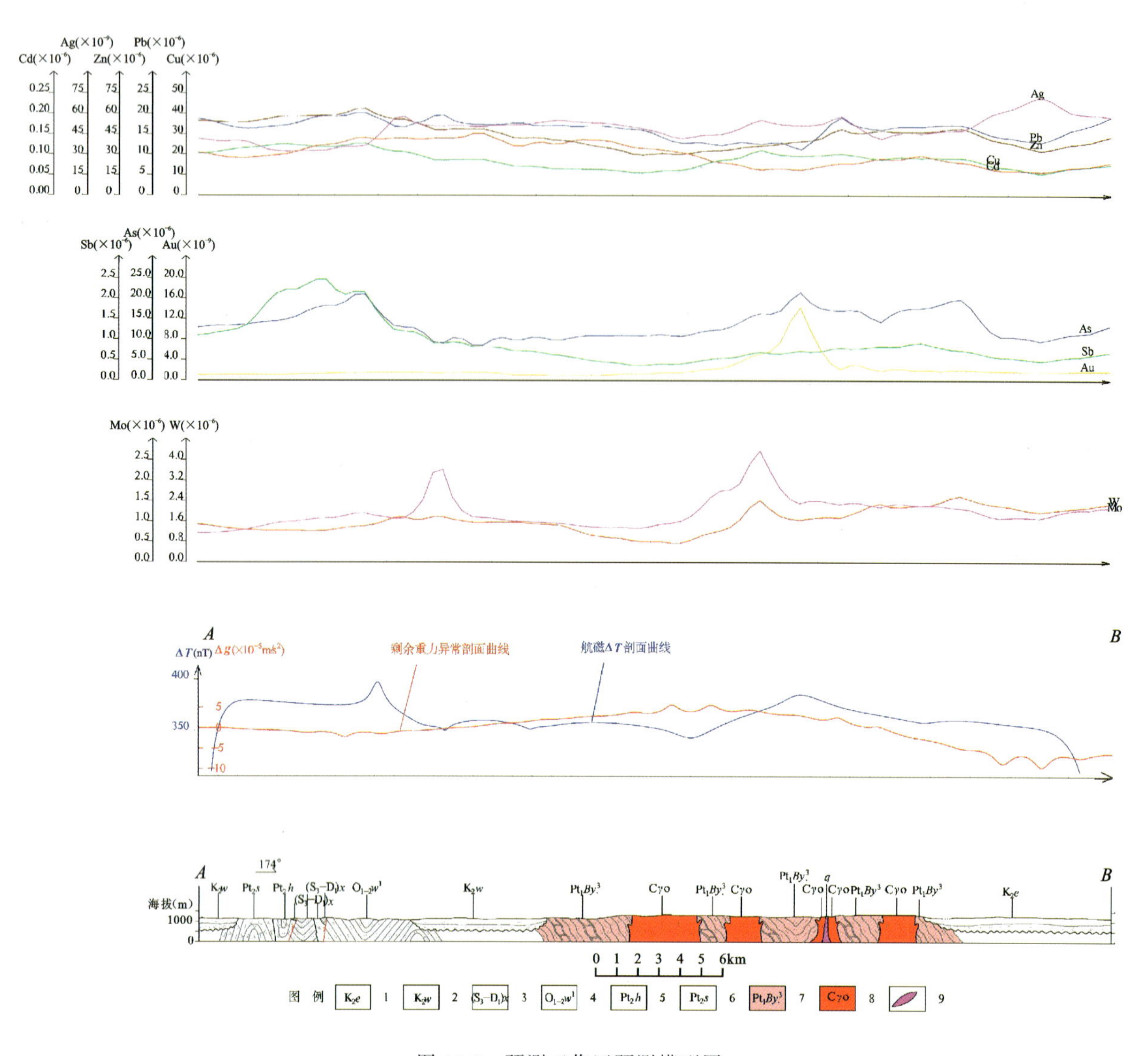

图 15-9　预测工作区预测模型图

1. 二连组；2. 乌兰苏海组；3. 徐尼乌苏组；4. 乌宾敖包组一段；5. 哈尔哈达组；
6. 桑达来呼都格组；7. 宝音图岩群第三岩组；8. 石炭纪斜长花岗岩；9. 石英脉

第三节　矿产预测

一、综合地质信息定位预测

(一)变量提取及优选

地质体、断层、遥感环要素进行单元赋值时采用区的存在标志；化探、剩余重力、航磁化极则求起始值的加权平均值，在变量二值化时利用异常范围值人工输入变化区间。

在 MRAS 软件中，对揭盖后的地质体、断层（包括综合信息各专题推断断层）、航磁异常分布范围、遥感异常区等求区的存在标志，对航磁化极、剩余重力求起始值的加权平均值，并进行以上原始变量的构置，对预测单元赋值，形成原始数据专题。

根据已知矿床所在地区的航磁化极值、剩余重力值对原始数据专题中的航磁化极、剩余重力起始值的加权平均值进行二值化处理，形成定位数据转换专题。

（二）最小预测区圈定及优选

根据圈定的最小预测区范围，选择巴音杭盖典型矿床所在的最小预测区为模型区，矿床位于塔黑莫呼都格南模型区内，对最小预测区预测要素逐一确认，在 1∶10 万底图上确认含矿地质体，综合信息异常等预测要素的具体平面位置，根据预测要素类别（必要的、重要的、一般的）、空间复合程度筛选并确定进行定量预测的最小预测区（以下简称预测区）对典型矿床资源量参数进行研究，修改补充典型矿床预测模型，并估算典型矿床预测总资源量、含矿地质体预测深度。确切反映预测要素的具体数据，对地质体的剥蚀程度、工程控制、延深等情况要求标明具体数据，对地质体和矿体的空间位置有确切关系数据。预测工作区的目的层为古元古界宝音图岩群（$Pt_1 By.$）及石炭纪斜长花岗岩（$C\gamma o$），似斑状花岗闪长岩（$C\pi\gamma\delta$），二长花岗岩（$C\eta\gamma$）和石英脉，主要预测目的层为石英脉。

预测方法的确定：由于预测工作区内只有一个同预测类型的矿床，故采用少模型预测工程进行预测，预测过程中先后采用了数量化理论Ⅲ、聚类分析、神经网络分析等方法进行空间评价，并采用人工对比预测要素，比照形成的色块图，最终确定采用聚类分析法作为本次工作的预测方法。

（三）最小预测区圈定结果

本次工作共圈定 35 个，其中 A 级最小预测区 6 个、B 级最小预测区 19 个、C 级最小预测区 10 个。最小预测区面积在 1.77～49.531km² 之间。圈定结果见图 15-10。各级别面积分布合理，且已知矿床分布在 A 级预测区内，说明预测区优选分级原则较为合理。最小预测区圈定结果表明，预测区总体与区域成矿地质背景和高磁异常、剩余重力异常吻合程度较好，但与遥感铁染异常、铁族元素重砂异常吻合程度较差。

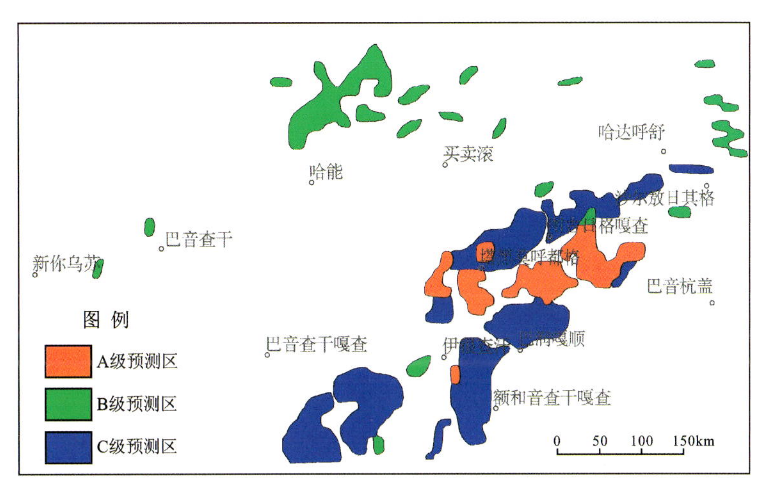

图 15-10　手工圈定最小预测区及优选色块图

（四）最小预测区地质评价

为内蒙古高原的一部分，属内蒙古自治区巴彦淖尔市管辖，为半荒漠低缓丘陵区，海拔高度一般在

1100～1400m之间，区内水系不发育，地形东高西低，为构造剥蚀堆积与山前荒漠戈壁和风沙区。自然环境十分恶劣，为沙漠和戈壁区，夏季炎热(最高35℃左右)，冬季寒冷(－27℃)，温差变化大，全年多风少雨。区内交通不便，劳动力缺乏，生产和生活用品均从外地调入。开采方式以地下开采为宜。各最小预测区成矿条件及找矿潜力见表15-5。

表15-5 巴音杭盖型金矿预测区成矿条件及找矿潜力评价表

编号	名称	成矿条件及找矿潜力 (航磁异常单位为nT，重力异常单位为$\times10^{-5}m/s^2$)
A1511205001	塔黑莫呼都格西	矿区近南北向分布，该区有磁异常显示，剩余重力异常值在－1～3之间，在化探异常范围。有北东向断裂通过。找矿潜力大
A1511205002	塔黑莫呼都格北	矿区有磁异常显示，航磁化极异常在300～350之间，剩余重力异常值在3～5之间。有化探异常。找矿潜力大
A1511205003	塔黑莫呼都格南	矿区近北西向展布，地表有斜长花岗岩及石英脉出露，有磁异常显示，航磁化极异常值在300～400之间，剩余重力异常值线在3～6之间，在化探异常范围。找矿潜力大
A1511205004	伊很查汗南东	矿区近南北向展布，地表有斜长花岗岩及石英脉出露，航磁化极异常在350～400之间，剩余重力异常值在2～3之间。有北东向断裂通过。在化探异常范围。有一定的找矿前景
A1511205005	图古日格嘎查南	矿区近东西向展布，地表有斜长花岗岩及石英脉出露，有磁异常显示，航磁化极异常值在350～400之间，剩余重力异常值线在2～7之间。在化探异常范围。找矿潜力大
A1511205006	图古日格嘎查南东	矿区地表有斜长花岗岩及石英脉出露，有磁异常显示，航磁化极异常值在300～600之间，剩余重力异常值线在3～6之间。在化探异常范围。找矿潜力大
B1511205001	新你乌苏东	矿区北北东向展布，地表有石英脉出露，有磁异常显示，航磁化极异常主要在400～600之间，剩余重力异常值主要在1～3之间。有东西向断裂通过。有一定的找矿前景
B1511205002	巴音查干西北	矿区南北向展布，地表有石英脉出露，有磁异常显示，航磁化极异常主要在400～800之间，剩余重力异常值主要在1～2之间。有一定的找矿前景
B1511205003	哈能北西	矿区内地表有石英脉出露，有磁异常显示，航磁化极异常主要在400～600之间，剩余重力异常值主要在0～1之间。在化探异常范围内。有一定的找矿前景
B1511205004	哈能北	矿区近北东向展布，地表有石英脉出露，有磁异常显示，航磁化极异常在300～600之间，剩余重力异常值在－1～1之间。在化探异常范围内，有北东向断裂通过。找矿潜力大
B1511205005	哈能北东	矿区近北东向展布，地表有石英脉出露，有磁异常显示，航磁化极异常主要在300～400之间，剩余重力异常值主要在－1～0之间。有一定的找矿前景
B1511205006	买卖滚北西	矿区近北东向展布，地表有石英脉出露，有磁异常显示，航磁化极异常主要在350～600之间，剩余重力异常值主要在－2～－1之间。有北东向断裂通过。有一定的找矿前景
B1511205007	买卖滚北西	矿区近北东向展布，地表有石英脉出露，有磁异常显示，航磁化极异常主要在300～350之间，剩余重力异常值主要在－2～0之间。有北东向断裂通过。有一定的找矿前景

续表 15-5

编号	名称	成矿条件及找矿潜力 (航磁异常单位为 nT,重力异常单位为 $\times10^{-5}m/s^2$)
B1511205008	买卖滚北东	矿区近北东向展布,地表有石英脉出露,有磁异常显示,航磁化极异常主要在350~600之间,剩余重力异常值主要在-1~0之间。有北东向、北西向断裂通过。有一定的找矿前景
B1511205009	买卖滚北	矿区近东西向展布,地表有石英脉出露,有磁异常显示,航磁化极异常主要在300~350之间,剩余重力异常值主要在-3~-2之间。有一定的找矿前景
B1511205010	买卖滚北东	矿区近北东向展布,地表有石英脉出露,有磁异常显示,航磁化极异常主要在250~350之间,剩余重力异常值主要在-2~-1之间。有北东向断裂通过。有一定的找矿前景
B1511205011	买卖滚北东	矿区近北东向展布,地表有石英脉出露,有磁异常显示,航磁化极异常主要在350~400之间,剩余重力异常值主要在-2~-1之间。有北东向、北西向断裂通过。有一定的找矿前景
B1511205012	图古日格嘎查北	矿区近北东向展布,地表有石英脉出露,有磁异常显示,航磁化极异常主要在250~300之间,剩余重力异常值主要在3~5之间。有北东向断裂通过。有一定的找矿前景
B1511205013	哈达呼舒北东	矿区近东西向展布,地表有石英脉出露,有磁异常显示,航磁化极异常主要在400~600之间,剩余重力异常值主要在0~3之间。有一定的找矿前景
B1511205014	哈达呼舒北东	矿区近北西向展布,地表有石英脉出露,有磁异常显示,航磁化极异常主要在350~600之间,剩余重力异常值主要在3~6之间。有北西向断裂通过。有一定的找矿前景
B1511205015	哈达呼舒东	矿区近北西向展布,地表有石英脉出露,有磁异常显示,航磁化极异常主要在350~400之间,剩余重力异常值主要在4~6之间。有北西向断裂通过。有一定的找矿前景
B1511205016	沙尔敖日其格南西	矿区近东西向展布,地表有石英脉出露,有磁异常显示,航磁化极异常主要在350~400之间,剩余重力异常值主要在3~6之间。有北西向断裂通过。有一定的找矿前景
B1511205017	图古日格嘎查北东	矿区近北东向展布,地表有石英脉出露,有磁异常显示,航磁化极异常主要在300~350之间,剩余重力异常值主要在5~6之间。有北东向断裂通过。有一定的找矿前景
B1511205018	伊很查汗南西	矿区近北东向展布,地表有花岗岩出露,有磁异常显示,航磁化极异常主要在300~400之间,剩余重力异常值主要在3~6之间。有北东向、北西向断裂通过。在化探异常范围内。有一定找矿前景
B1511205019	巴音查干嘎查南东	矿区近南北向展布,地表有石英脉出露,剩余重力异常值主要在1~4之间。找矿前景差
C1511205001	巴音查干嘎查南东	矿区近北东向展布,地表有二长花岗岩出露,有磁异常显示,航磁化极异常主要在300~350之间,剩余重力异常值主要在2~6之间。有北东向、北西向断裂通过。有一定找矿前景

续表 15-5

编号	名称	成矿条件及找矿潜力 （航磁异常单位为 nT，重力异常单位为 $\times10^{-5}m/s^2$）
C1511205002	巴音查干嘎查南东	矿区近北东向展布，地表有花岗岩出露，有磁异常显示，航磁化极异常主要在300～350之间，剩余重力异常值主要在2～8之间。有北东向、北西向断裂通过。找矿前景差
C1511205003	额和音查干嘎查南西	矿区近北东向展布，地表有花岗岩出露，有磁异常显示，航磁化极异常在300～350之间，剩余重力异常值在－2～2之间。找矿前景差
C1511205004	额和音查干嘎查西	矿区近南北向展布，地表有花岗岩出露，有磁异常显示，航磁化极异常在300～400之间，剩余重力异常值在－4～4之间。在化探异常范围内，有北西向、北东向断裂通过。有一定找矿前景
C1511205005	塔黑莫呼都格南东	矿区近南北向展布，地表有花岗岩出露，有磁异常显示，航磁化极异常在300～400之间，剩余重力异常值在1～4之间。在化探异常范围内，有北西向、北东向断裂通过。有一定找矿前景
C1511205006	巴润嘎顺	矿区近东西向展布，地表有花岗岩及石英脉出露，有磁异常显示，航磁化极异常主要在300～400之间，剩余重力异常值主要在0～9之间。在化探异常范围内，有北东向断裂通过。有一定找矿前景
C1511205007	塔黑莫呼都格	矿区近北东向展布，地表有花岗岩及石英脉出露，有磁异常显示，航磁化极异常主要在300～400之间，剩余重力异常值主要在2～6之间。在化探异常范围内。有一定找矿前景
C1511205008	图古日格嘎查	矿区近北东向展布，地表有花岗岩出露，有磁异常显示，航磁化极异常主要在300～400之间，剩余重力异常值主要在2～6之间。在化探异常范围内。有北东向断裂通过。有一定找矿前景
C1511205009	沙尔敖日其格北	矿区近东西向展布，地表有花岗岩出露，，预测区有磁异常显示，航磁化极异常在300～400之间，剩余重力异常值在4～6之间。有一定的找矿前景
C1511205010	图古日格嘎查南东	矿区为揭盖区，预测区有磁异常显示，航磁化极异常在350～600之间，剩余重力异常值在1～5之间。在化探异常范围内，找矿前景差

二、综合信息地质体积法估算资源量

（一）典型矿床深部及外围资源量估算

查明矿床小体重、最大延深、品位、资源量依据来源于中国人民武装警察部队黄金第十一支队1999年11月编写的《内蒙古自治区乌拉特中旗巴音杭盖金矿区2号脉群岩金详查报告》。矿床面积（$S_{典}$）是根据1：2000乌拉特中旗巴音杭盖金矿区地形地质图圈定，在MapGIS软件下读取数据。矿床最大延深（即勘探深度）依据其资料为258m。

根据巴音杭盖金矿区勘探线剖面图，矿脉北东倾，倾角在38°～65°之间，其深部未控制，勘探深度仅258m。根据矿脉延伸情况，故可向深部预测，本次典型矿床深部预测到294m。矿区深部预测资源量类别为334-1。

根据巴音杭盖金矿地质特征，结合矿区1∶1万区域地质图含矿地质体分布范围。在巴音杭盖地区圈定数块区域预测区，面积($S_{外}$)在MapGIS软件下读取数据即$S_{外}$为425 889m²，其延深同典型矿床一致，延深($H_{外}$)为294m。矿区外围预测资源量类别为334-1。

巴音杭盖式侵入岩体型金矿典型矿床深部及外围资源量估算结果见表15-6。

表15-6　巴音杭盖式侵入岩体型金矿典型矿床深部及外围资源量估算一览表

典型矿床		深部及外围		
已查明资源量	6463kg	深部	面积	350 520m²
面积	350 520m²		深度	36m
深度	258m	外围	面积	425 889m²
品位	5.59×10^{-6}		深度	294m
密度	2.72g/cm³	预测资源量		979kg
体积含矿率	0.000 0071kg/m³	典型矿床资源总量		7442kg

(二)模型区的确定、资源量及估算参数

模型区为典型矿床所在的最小预测区。有一小型矿床，查明资源量6463kg，按本次预测技术要求模型区资源总量=7442kg；模型区内无其他已知矿点存在，则模型区总资源量=典型矿床总资源量，模型区面积为依托MRAS软件采用少模型工程神经网络法优选后圈定，延深根据典型矿床最大预测深度确定。模型区圈定时参照了含矿建造地质体，因此含矿地质体面积参数为1。模型区面积为15.02km²，模型区资源量等详见表15-7。

表15-7　巴音杭盖式热液型金矿模型区预测资源量及其估算参数表

编号	名称	模型区预测资源量(kg)	模型区面积(km²)	延深(m)	含矿地质体面积(km²)	含矿地质体面积参数
1511205	巴音杭盖矿区	7442	15.02	294	15.02	1

(三)最小预测区预测资源量

巴音杭盖式热液型金矿预测工作区最小预测区资源量定量估算采用地质体积法进行估算(表15-7)。

1. 估算参数的确定

预测区的圈定与优选在成矿区带的基础上，采用特征分析法；延深的确定是在研究最小预测区含矿地质体地质特征、岩体的形成深度、矿化蚀变、矿化类型的基础上，并对比典型矿床特征的基础上综合确定的，主要由成矿带模型类比或专家估计给出；巴音杭盖金矿预测工作区最小预测区相似系数的确定，以模型区为1，其余最小预测区为成矿概率，个别小型矿点人为调整。

2. 最小预测区预测资源量估算结果

求得最小预测区资源量。本次预测资源总量为18 230kg，不包括预测区查明资源量8831kg，详见表15-8。

表 15-8 巴音杭盖金矿预测工作区最小预测区估算成果表

最小预测区编号	最小预测区名称	$S_{预}$ (km²)	$H_{预}$ (m)	K_S	K (kg/m³)	α	$Z_{总}$ (kg)	$Z_{查}$ (kg)	$Z_{预}$ (kg)	资源量级别
A1511205001	塔黑莫呼都格西	9.62	294.00	1	0.000 001 685	0.25	1192		1192	334-2
A1511205002	塔黑莫呼都格北	4.39	294.00	1	0.000 001 685	0.25	544		544	334-1
A1511205003	塔黑莫呼都格南	15.02	294.00	1	0.000 001 685	1	7442	6463	979	334-1
A1511205004	伊很查汗南东	2.13	294.00	1	0.000 001 685	0.25	264		264	334-2
A1511205005	图古日格嘎查南	25.09	294.00	1	0.000 001 685	0.25	3108	932	2176	334-1
A1511205006	图古日格嘎查南东	40.60	294.00	1	0.000 001 685	0.25	4216	927	3289	334-1
B1511205001	新你乌苏东	1.88	260.00	1	0.000 001 685	0.1	82		82	334-2
B1511205002	巴音查干西北	2.04	260.00	1	0.000 001 685	0.1	89		89	334-1
B1511205003	哈能北西	2.35	260.00	1	0.000 001 685	0.1	103		103	334-1
B1511205004	哈能北	49.88	260.00	1	0.000 001 685	0.15	3278	509	2769	334-1
B1511205005	哈能北东	4.58	260.00	1	0.000 001 685	0.1	201		201	334-2
B1511205006	买卖滚北西	4.43	260.00	1	0.000 001 685	0.1	194		194	334-2
B1511205007	买卖滚北西	3.15	260.00	1	0.000 001 685	0.1	138		138	334-2
B1511205008	买卖滚北东	2.50	260.00	1	0.000 001 685	0.1	109		109	334-2
B1511205009	买卖滚北	2.09	260.00	1	0.000 001 685	0.1	92		92	334-2
B1511205010	买卖滚北东	2.02	260.00	1	0.000 001 685	0.1	88		88	334-2
B1511205011	买卖滚北东	1.77	260.00	1	0.000 001 685	0.1	77		77	334-3
B1511205012	图古日格嘎查北	2.74	260.00	1	0.000 001 685	0.1	120		120	334-3
B1511205013	哈达呼舒北东	1.79	260.00	1	0.000 001 685	0.1	78		78	334-2
B1511205014	哈达呼舒北东	3.90	260.00	1	0.000 001 685	0.1	171		171	334-2
B1511205015	哈达呼舒东	8.46	260.00	1	0.000 001 685	0.1	371		371	334-2
B1511205016	沙尔敖日其格南西	3.04	260.00	1	0.000 001 685	0.1	133		133	334-2
B1511205017	图古日格嘎查北东	2.63	260.00	1	0.000 001 685	0.1	115		115	334-3
B1511205018	伊很查汗南西	4.55	260.00	1	0.000 001 685	0.1	199		199	334-3
B1511205019	巴音查干嘎查南东	2.37	260.00	1	0.000 001 685	0.1	104		104	334-3
C1511205001	巴音查干嘎查南东	36.76	200.00	1	0.000 001 685	0.05	619		619	334-3
C1511205002	巴音查干嘎查南东	49.53	200.00	1	0.000 001 685	0.05	835		835	334-3

续表 15-8

最小预测区编号	最小预测区名称	$S_{预}$ (km²)	$H_{预}$ (m)	K_S	K (kg/m³)	α	$Z_{总}$ (kg)	$Z_{查}$ (kg)	$Z_{预}$ (kg)	资源量级别
C1511205003	额和音查干嘎查南西	4.99	200.00	1	0.000 001 685	0.05	84		84	334-3
C1511205004	额和音查干嘎查西	48.12	200.00	1	0.000 001 685	0.05	811		811	334-3
C1511205005	塔黑莫呼都格南东	8.09	200.00	1	0.000 001 685	0.05	136		136	334-3
C1511205006	巴润嘎顺	38.60	200.00	1	0.000 001 685	0.05	650		650	334-3
C1511205007	塔黑莫呼都格	40.53	200.00	1	0.000 001 685	0.05	683		683	334-3
C1511205008	图古日格嘎查	35.25	200.00	1	0.000 001 685	0.05	594		594	334-3
C1511205009	沙尔敖日其格北	4.87	200.00	1	0.000 001 685	0.05	82		82	334-3
C1511205010	图古日格嘎查南东	3.44	200.00	1	0.000 001 685	0.05	58		58	334-3
总计							27 061	8831	18 230	

3. 预测工作区预测成果汇总

巴音杭盖式侵入岩体型金矿预测工作区最小预测区资源量定量估算采用脉状矿床预测法进行估算，依据资源量级别划分标准，可划分为 334-1、334-2、334-3 三个资源量精度级别；根据各最小预测区内含矿地质体（地层、侵入岩及构造）特征，预测深渡在 500m 以浅。

根据矿产潜力评价预测资源量汇总标准，巴音杭盖式侵入岩体型金矿预测工作区按精度、预测深度、可利用性、可信度统计分析结果见表 15-9。

表 15-9　巴音杭盖式侵入岩体型金矿预测工作区资源量估算汇总表　　单位：kg

深度	精度	可利用性		可信度			合计
		可利用	暂不可利用	≥0.75	≥0.5	≥0.25	
500m 以浅	334-1	9949	—	6988	2961	—	9949
	334-2	3113	—	—	2809	304	3113
	334-3	616	4552	—	313	4855	5168
合计							18 230

第十六章　三个井式热液型金矿预测成果

第一节　典型矿床特征

一、典型矿床地质特征及成矿模式

（一）典型矿床特征

1. 矿区地质

地层：出露地层除第四系砂砾石外，全部为下石炭统白山组第二段变质岩系地层，上部为灰黑色黑云石英片岩和灰白色二云石英片岩互层，间夹透镜状大理岩。下部为灰褐色—黄褐色条带状混合岩、黑云斜长片麻岩、黑云石英片岩、二云石英片岩及透镜状大理岩。岩层走向北西西或近东西向，倾向 180°～200°，倾角 25°～65°，为一单斜构造（图 16-1）。

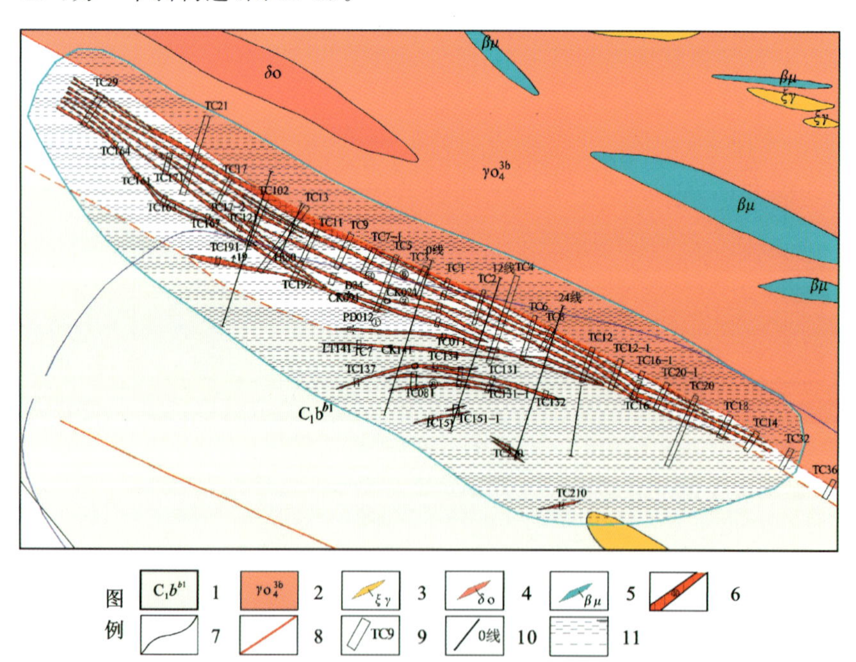

图 16-1　三个井金矿典型矿床矿区地质图

（据《内蒙古自治区额济纳旗三个井矿区铅金多金属矿详查报告》，额济纳旗沃源实业有限公司，2012 修编）

1. 下石炭统白山组黑云斜长片麻岩；2. 海西晚期灰白色中粒斜长花岗岩；3. 钾长花岗岩脉；4. 石英闪长岩脉；5. 辉绿岩脉；6. 金矿脉；7. 地质界线；8. 性质不明断层；9. 探槽及编号；10. 勘探线及编号；11. 矿体聚集区范围

侵入岩：以海西晚期斜长花岗岩和燕山晚期花岗岩为主，均分布于矿区的北部，呈北西西向带状展布，与下石炭统白山组变质岩地层以断层接触。本区混合岩的形成和成矿作用均与该区的岩浆活动有关。

2. 矿床特征

矿化蚀变带分布于海西晚期斜长花岗岩体南接触带距岩体500～1000m范围内下石炭统白云山组中，矿带压扭性断裂裂隙发育，相互平行，分布集中，蚀变强烈而普遍，主要沿层间断裂裂隙发生，并形成宽窄不等的蚀变带。蚀变带宽数米到十几米，最宽可达50m，蚀变带间隔十几米到数十米，并多平行出现。这些蚀变带又常常和其他方向的、规模较小的蚀变带交叉出现，构成网状蚀变带。在蚀变带中多形成金、铅多金属矿体，近岩体处局部形成近于铁帽的铜铁矿化小透镜体，从而在岩体南接触带上形成东西长5km、南北宽0.5km的矿带。

3. 矿石特征

矿石矿物主要为方铅矿，其次为黄铜矿、闪锌矿、黝铜矿、毒砂、白铅矿、铅矾、孔雀石化、蓝铜矿、孔雀石及褐铁矿，脉石矿物为方解石、石英。

矿石的化学成分：该矿床是一个Au为主，Ag、Pb 、Cu伴生的矿床，其中Pb、Ag均达到工业品位，但无法单独圈出矿体，Au与Pb、Ag关系密切，有同步消长关系. Au、Pb、Ag常共生，矿体规模越大，共生元素越多，矿石品位越富。

4. 矿石结构构造

矿石结构构造：该区矿石类型主要为多金属矿化蚀变岩及石英脉型矿石，自形—半自形粒状结构，块状构造。

5. 矿床成因及成矿时代

矿床成因为裂隙充填-破碎带中低温热液蚀变型金铅银多金属矿床，高中温接触交代矽卡岩型含金-铜铁矿床。成矿时代为海西晚期。

(二)矿床成矿模式

据人工重砂所得金属矿物组合、围岩蚀变均说明成矿物质来源于中酸性岩浆岩，成矿方式为裂隙充填、热液蚀变、接触交代，岩浆岩、地层、构造"三位一体"控矿明显，初步认为该矿床属岩浆热液蚀变型以金为主的多金属矿床，进一步又可分为两个亚类，即裂隙充填-破碎带中低温热液蚀变型金铅银多金属矿床，高中温接触交代矽卡岩型含金-铜铁矿床(图16-2)。

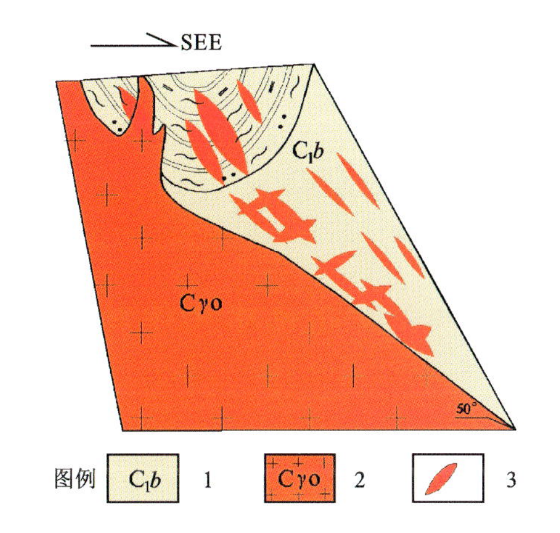

图16-2　三个井金矿典型矿床成矿模式图
(据《内蒙古自治区额济纳旗三个井矿区铅金多金属矿详查报告》，额济纳旗沃源实业有限公司，2012修编)
1.下石炭统白山组；2.海西晚期斜长花岗岩；3.金矿脉

二、典型矿床地球物理特征

布格重力异常平面图上，三个井金矿位于重力高异常区，$\Delta g-188.0\times10^{-5}m/s^2\sim-177.34\times10^{-5}m/s^2$，重力等值线呈弧形向南西弯曲，金矿位于$-184.0\times10^{-5}m/s^2\sim-182.0\times10^{-5}m/s^2$等值线向南突出的弧形部位，推断该处存在北东向断裂。在其南部布格重力异常呈宽缓的带状分布，其值为$\Delta g(-196.73\sim-190.00)\times10^{-5}m/s^2$，与岩浆岩带分布区对应(图16-3)。

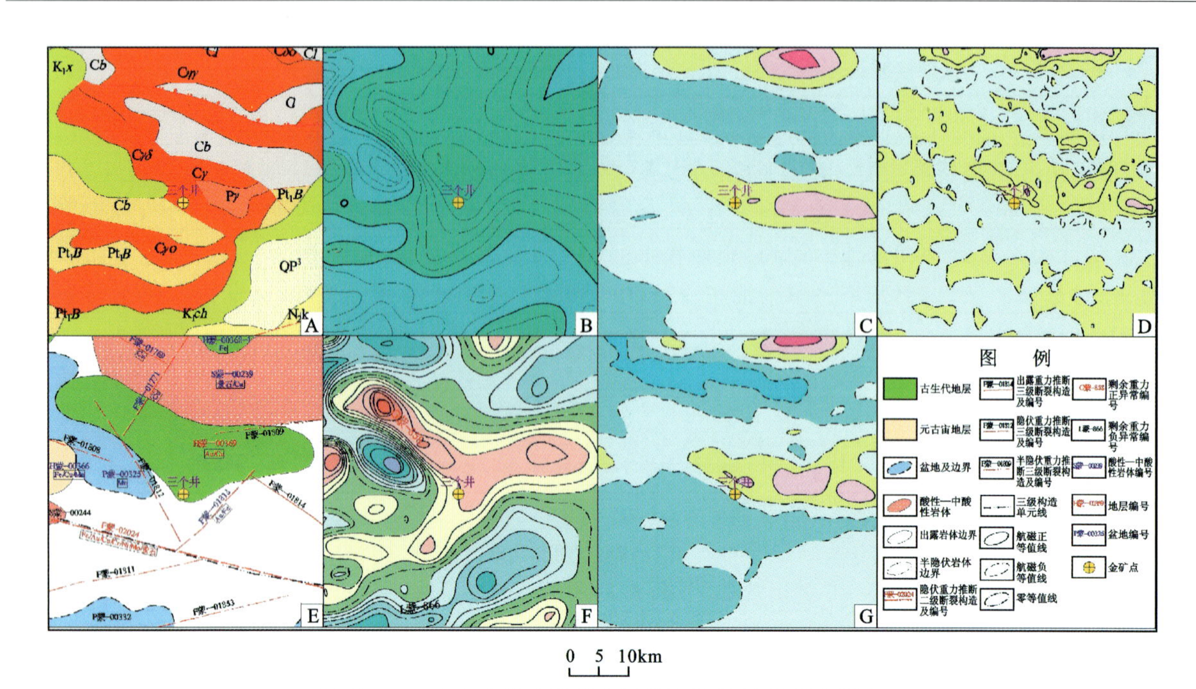

图 16-3　三个井典型矿床所在区域地质矿产-物探剖析图

A. 地质矿产图;B. 布格重力异常图;C. 航磁 ΔT 等值线平面图;D. 航磁 ΔT 化极垂向一阶导数等值线平面图;E. 重力推断地质构造图;F. 剩余重力异常图;G. 航磁 ΔT 化极等值线平面图

剩余重力异常图上,三个井金矿位于呈弧形展布的 G 蒙-858 号剩余重力正异常区的中部转弯处,异常由北西向转为近东西向,异常区内局部出露石炭纪地层。故认为是古生代基隆起所致。与 G 蒙-858 北段紧邻的是北西向展布的剩余重力负异常,极值为 $-8.15\times10^{-5}\,m/s^2$,异常区内分布有白垩纪地层,故认为是中生代盆地引起。

G 蒙-858 北侧的负异常是酸性岩体引起,南侧的负异常对应于酸性岩浆岩带。

航磁 ΔT 等值线平面图上,三个井金矿所在区域为平稳航磁负异常区,ΔT 为 0～100nT。

综上所述,三个井位于由古生代基底隆起引起的剩余重力正异常边部的转弯处。反映了矿体受古生代地层和断裂控制的这一地质环境。

三、典型矿床地球化学特征

与预测区相比较,三个井地区三个井式热液型金矿矿区周围存在以 Au 为主,伴有 Ag、As、Cd、Sb、W 等元素组成的综合异常;Au 为主要的成矿元素,Ag、As、Cd、Sb、W 为主要的伴生元素(图 16-4)。

Au 元素在三个井地区呈高背景分布,浓集中心明显,异常强度高;Ag、As、Cd 在三个井地区存在浓集中心,浓集中心明显,异常强度高,Sb、W 元素呈高背景分布,无明显的浓集中心。

四、典型矿床预测模型

海西晚期,区内发生的大面积岩浆侵入、火山喷发,为矿床的形成提供了丰富的物源,使矿质多次富集成矿。诸多矿床(点)的成矿过程可用三个井式矿床型式加以简要概括,其特点如表 16-1 所示。

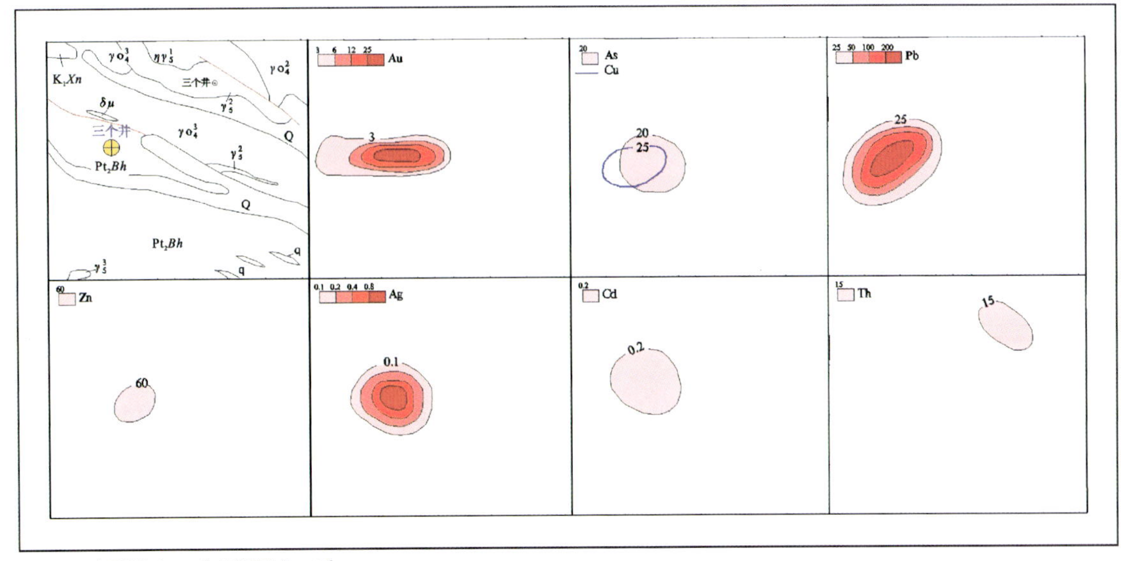

注：Au含量单位为×10⁻⁹，其他元素为×10⁻⁶。

0　2　4　6　8　10km

图 例　Q 第四系　K_1Xn 下白垩统新民堡群　Pt_2Bh 中元古界白湖群　⊕ 金矿

图 16-4　三个井典型矿床所在区域地质矿产-化探综合异常剖析图

表 16-1　三个井式热液型金矿典型矿床预测要素表

<table>
<tr><td colspan="2" rowspan="3">成矿要素</td><td colspan="4">描述内容</td><td rowspan="3">要素类别</td></tr>
<tr><td>储量</td><td>6202kg</td><td>平均品位</td><td>5.03×10⁻⁶</td></tr>
<tr><td>特征描述</td><td colspan="3">热液型金矿床</td></tr>
<tr><td rowspan="3">地质环境</td><td>构造背景</td><td colspan="4">位于天山-阴山巨型纬向复杂构造带的北山地段，处于三个井-盐碱洼东西向挤压带的西端。南部与祁连山加里东地槽相连，西部与天山地槽相连，东部与阿拉善台隆（阿拉善弧）为邻</td><td>必要</td></tr>
<tr><td>成矿环境</td><td colspan="4">1. 除第四系砂砾石外，全部为下石炭统白山组第二段变质岩系地层。
2. 侵入岩以海西晚期斜长花岗岩和燕山晚期花岗岩为主，均分布于矿区的北部，呈北西西向带状展布，与下石炭统白山组变质岩地层以断层接触。
3. 构造简单，主要表现为断裂和裂隙，在岩体和地层接触带上分布着区域性的压扭性断层，为该区的主要导矿构造；多金属矿脉则赋存于该断层上盘与其大致平行的、性质相同的断裂裂隙内，为该区的主要控矿构造</td><td>必要</td></tr>
<tr><td>成矿时代</td><td colspan="4">海西晚期</td><td>必要</td></tr>
<tr><td rowspan="6">矿床特征</td><td>矿体形态</td><td colspan="4">薄脉状</td><td>次要</td></tr>
<tr><td>岩石类型</td><td colspan="4">下石炭统白山组第二段：条带状混合岩、黑云石英片岩、二云石英片岩、黑云斜长片麻岩及大理岩；海西晚期斜长花岗岩</td><td>重要</td></tr>
<tr><td>矿物组合</td><td colspan="4">矿石矿物主要为方铅矿，其次为黄铜矿、闪锌矿、黝铜矿、毒砂、白铅矿、铅矾、孔雀石化、蓝铜矿、孔雀石及褐铁矿；脉石矿物为方解石、石英</td><td>重要</td></tr>
<tr><td>结构构造</td><td colspan="4">自形—半自形粒状结构；块状构造</td><td>次要</td></tr>
<tr><td>蚀变特征</td><td colspan="4">矽卡岩化、碳酸盐化、褐铁矿化、高岭土化、硅化、黄铁矿化及褪色化</td><td>重要</td></tr>
<tr><td>控矿条件</td><td colspan="4">1. 构造控矿：岩体与大理岩接触带上的区域性压扭性断裂，为主要的导矿构造，该断层上盘与其大致平行的、性质相同的断裂裂隙，为主要的控矿构造。
2. 岩浆岩控矿：岩浆岩控制矿床的分布，还是成矿物质的主要来源</td><td>必要</td></tr>
</table>

续表 16-1

<table>
<tr><td colspan="2" rowspan="3">成矿要素</td><td colspan="4">描述内容</td><td rowspan="3">要素类别</td></tr>
<tr><td>储量</td><td>6202kg</td><td>平均品位</td><td>5.03×10^{-6}</td></tr>
<tr><td>特征描述</td><td colspan="3">热液型金矿床</td></tr>
<tr><td rowspan="2">地球物理特征</td><td>重力异常</td><td colspan="4">海西晚期斜长花岗岩的剩余重力异常多呈正异常，矿体多位于这些正异常与周围负异常过渡的边缘且呈弱正异常的部位</td><td>次要</td></tr>
<tr><td>航磁异常</td><td colspan="4">异常带呈北西西向带状分布，均与岩体接触交代矽卡岩型铁矿和中低温热液型铁、铜及多金属矿点有关</td><td>重要</td></tr>
<tr><td colspan="2">地球化学特征</td><td colspan="4">矿区周围存在以 Au 为主，伴有 Ag、As、Cd、Sb、W 等元素组成的综合异常；Au 为主要的成矿元素，Ag、As、Cd、Sb、W 为主要的伴生元素</td><td>重要</td></tr>
</table>

第二节　预测工作区研究

一、区域地质特征

（一）成矿地质背景

该类矿床大地构造位置处于天山-兴蒙造山系额济纳旗-北山弧盆系圆包山（中蒙边界）岩浆弧、红石山裂谷、明水岩浆弧以及公婆泉岛弧，位于古亚洲成矿域准噶尔成矿省觉罗塔格-黑鹰山 Cu-Ni-Fe-Au-Ag-Mo-W-石膏成矿带黑鹰山-雅干 Fe-Au-Cu-Mo 成矿亚带。

矿区主要地层：中石炭统岌岌台子群大理岩，下石炭统绿条山组条痕状混合岩、石英岩、浅粒岩、云母石英片岩夹大理岩和白山组条带状混合岩、黑云石英片岩、黑云斜长片麻岩。其中主要是下石炭统白山组斜长黑云片麻岩夹大理岩透镜体，地层走向北西西向，倾向 210°。矿区南部倾向 30°，倾角 25°～60°，在矿区南部构成一轴向近东西向的宽缓向斜。

带内褶皱、挤压破碎带发育，构造总体呈近东西向展布。矿区内构造主要表现为断裂和裂隙，金巴山-三个井区域压扭性断裂在海西晚期斜长花岗岩岩体和地层接触带上通过，11 号脉位于其下盘，地表表现为长 5.0km、宽 0.5km 的构造蚀变带，走向北西西，倾向 210°，倾角 60°～70°。带中压扭性断裂平行发育，分布集中。带内蚀变普遍且强烈，沿断裂形成宽窄不等的强蚀变带，宽数米至十几米，最宽达 50m，相互间隔十几米至数十米，多平行出现，并与其他方向、规模较小的蚀变带交叉出现，构成网状蚀变带。区域性蚀变带普遍具硅化、碳酸盐化、高岭土化及褪色蚀变等，多金属矿脉多赋存在硅化、碳酸盐化较强蚀变带断裂裂隙中，以裂隙控矿为主。

区内岩浆岩比较发育，多分布于矿区北部。主要有海西晚期斜长花岗岩、燕山期肉红色花岗岩及钾长花岗岩脉、石英闪长岩脉、辉绿岩脉等。

矿区经历了区域变质作用形成片麻岩、片麻状混合岩、黑云母石英片岩、大理岩。片麻岩在矿区北部有混合岩化现象，在构造带上可见动力变质形成的断层泥。围岩蚀变主要发生在矿脉围岩和构造蚀变带附近，有矽卡岩化、碳酸盐化、强云母化、高岭土化、褐铁矿化、绿泥石化、硅化、黄铁矿化及褪色等。

（二）区域成矿模式

根据预测工作区成矿规律研究成果，确定预测区成矿要素，总结成矿模式（图 16-5）。其中最主要成矿要素为海西晚期(石炭纪晚期)英云闪长岩体。

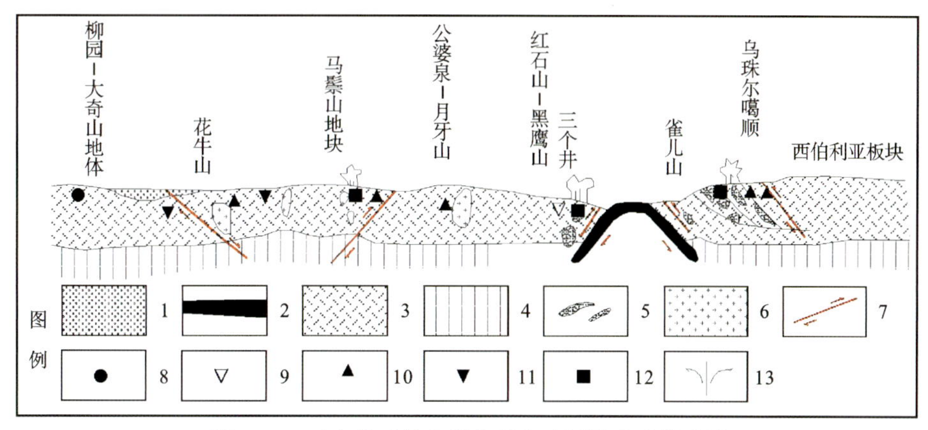

图 16-5　三个井式侵入岩体型金矿区域成矿模式图

1. 陆源沉积物;2. 洋壳;3. 大陆壳;4. 上地幔;5. 镁铁-超镁铁质侵入岩;6. 花岗岩类侵入岩;7. 断裂;8. 变质岩型金属矿床(点);9. 与花岗岩类侵入岩有关的金属矿床(点);10. 斑岩型金属矿床(点);11. 矽卡岩型金属矿床(点);12. 与镁铁-超镁铁质侵入岩有关的金属矿床(点);13. 岩浆上涌通道

二、区域地球物理特征

(一)磁法

在航磁 ΔT 等值线平面图上三个井预测区磁异常幅值范围为－900～2400nT,预测区以－100～100nT 为磁异常背景,异常形态较规则,以椭圆和条带状为主,异常轴向北西向和东西向。预测区北部磁异常变化比南部大,多为正负相间磁异常,有一定强度和梯度变化,以北西向和东西向长椭圆状和带状异常为主;预测区南部磁异常较北部平缓,以 0～100nT 为磁场背景,磁异常强度和梯度变化均不大。三个井金矿位于预测区中南部,磁场背景为南部一强度不大的东西向正异常梯度变化带上,100nT 等值线附近。

(二)重力

该预测区西部已完成 1∶20 万区域重力测量工作,东部只有 1∶100 万重力测量成果。三个井金矿所在地为 1∶20 万区域重力测量工作区。

由于区内是两种不同比例尺的重力测量成果,由布格重力异常图可见,西部区布格重力异常的细部反映更明显,比如等值线的转弯、疏密变化等。区内布格重力异常形态复杂,等值线多处形成同向转弯,这与该区域近东西向的区域性大断裂及北东向、北西向断裂发育有关。布格重力异常总体呈东高西低的趋势,由东到西其值为 $\Delta g-229.9\times10^{-5}\mathrm{m/s^2}\sim-144.54\times10^{-5}\mathrm{m/s^2}$。在东西跨度约 250km 范围内,下降 $85\times10^{-5}\mathrm{m/s^2}$。

由剩余重力异常图可见,该区域的正异常多呈长条状,部分异常沿长轴发生弯曲。而且在大部分剩余重力正异常区内主要出露有石炭纪地层,如 G 蒙-874、G 蒙-852、G 蒙-876、G 蒙-854、G 蒙-856、G 蒙-838 等,其次为奥陶纪地层,如 G 蒙-838、G 蒙-836 号异常,所以认为该区域的剩余重力正异常主要是古生代基底隆起所致。在 G 蒙-852 异常区南部有基性岩出露,所以该处正异常应是古生代地层与基性岩共同作用的结果。预测区西南部的 G 蒙-859、G 蒙-860 剩余重力正异常是元古宙基底隆起引起。

预测区西南的L蒙-841呈北东向带状展布，异常形态较规整，边部等值线密集，极值$-9.20\times10^{-5}m/s^2\sim9.07\times10^{-5}m/s^2$，异常区内有第四纪及白垩纪地层分布，推断其为新生代坳陷盆地引起。同理推断预测区中部的L蒙-853、L蒙-857及西侧边部的L蒙-873、L蒙-875为新生代盆地引起。

三个井金矿所在的正异常G蒙-858北侧的负异常L蒙-839呈近东西向展布，受区域深大断清河口断裂F蒙-02023控制。该剩余重力异常的极值为$-6.38\times10^{-5}m/s^2\sim-4.54\times10^{-5}m/s^2$，异常形态不规则，等值线多处发生弯曲，结合布格重力异常等值线判断，推断该区域存在一组北西向平行断裂。异常区内有石炭纪花岗岩体出露，故认为L蒙-839为酸性侵入岩引起。

根据剩余重力异常特征结合地质情况，推断区内其他负异常L蒙-875、L蒙-855、L蒙-861、L蒙-837、L蒙-819均为酸性侵入岩体引起。

综上所述，与三个井所处地质环境及重力场特征类比。G蒙-856、G蒙-854异常区应是寻找金矿的靶区。G蒙-860剩余重力正异常，其极值为$\Delta g7.57\times10^{-5}m/s^2$，为元古宇变质岩基底隆起所致，该剩余重力异常区与金元素地球化学异常$(2\sim2.5)\times10^{-9}$相对应，且在其北侧有金矿点分布，故也应选为找金矿的靶区。

三、区域地球化学特征

预测区上分布有Ag、As、Au、Cd、Cu、Mo、Sb等元素组成的高背景区带，在高背景区带中有以Ag、As、Au、Cd、Cu、Mo、Sb为主的多元素局部异常。预测区内共有68个Ag异常，54个As异常，166个Au异常，71个Cd异常，51个Cu异常，86个Mo异常，13个Pb异常，41个Sb异常，56个W异常，29个Zn异常。

预测区上Ag呈背景、低背景分布，在三个井地区Ag存在明显的浓集中心，异常强度高；As元素在预测区西南部呈背景、低背景分布，在东南部呈高背景分布，存在明显的局部异常；Au、Cd元素在预测区多呈高背景分布，存在多处浓集，浓集中心分散且范围较小；Cu元素在预测区北东部呈高背景分布，高背景区存在明显的北西向浓度分带和浓集中心；Mo、Sb在预测区北东部呈高背景分布，南西部呈背景、低背景分布；W在预测区呈背景、低背景分布，存在零星的局部异常；Pb、Zn在预测区呈背景、低背景分布。

预测区上元素异常套合较好的编号为AS1、AS2和AS3，AS1的异常元素为Au、As、Sb，Au元素浓集中心明显，异常强度高，与As、Sb套合好；AS2异常元素为Au、As、Sb、Zn，Au元素浓集中心明显，异常强度高，As、Sb、Zn分布在Au异常的外围；AS3的异常元素为Au、As、Sb、Cu、Pb、Cd，Au元素浓集中心明显，异常强度高，As、Sb、Pb、Cd呈同心环状分布，异常套合较好。

四、区域遥感影像及解译特征

本预测工作区共解译出1401条断裂带，其中解译出大型断裂带一条（图16-6），为清河口-哈珠-路井断裂带，该断裂带自甘肃延入预测工作区，经额济纳旗等地，向东延入蒙古境内。幅内延长120km，总体北西向展布。该断裂是北山中晚海西地槽褶皱带分界，北侧为石炭纪形成的六驼山、雅干复背斜，南侧为二叠纪形成的哈珠-哈日苏亥复向斜，沿断裂有海西期辉长岩、超基性岩分布。

本幅内共解译出6条中型断裂带，呈北西西向、近东西向和北东向的断裂带构成了一个整体格架。这些断裂带有：乌珠嘎顺构造带、楚伦呼都格-察哈日哈达音呼都格张扭性构造、清河口构造、若羌-敦煌断裂带和额济纳戈壁断陷盆地边缘构造。这些断裂带为各金属矿床的形成提供了运营通道（图16-7）。

本幅内的小型断裂比较发育，并且以北东向和北西向为主，局部发育北北西向及近东西向小型断

图 16-6 三个井地区断裂带影像图

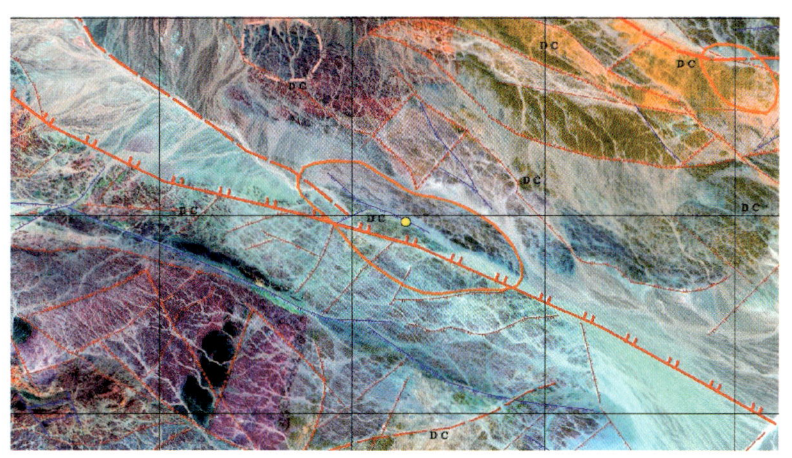

图 16-7 三个井金矿所在地区断裂带影像图

层,其中的北西向小型断裂多为正断层,形成时间较晚,多错断其他方向的断裂构造,其分布规律较差,仅在平顶山—哈珠—小狐狸山一带有成带特点,为一较大的弧形构造带。该工作区岩浆岩及矿点多受近东西向挤压破碎带控制,各挤压带为本区重要成矿区带,区域性大构造为本区重要的控岩构造,而分布于岩体周围的次一级小构造则为该区的主要控矿构造。

断裂带上及岩体接触带上动力变质作用和接触变质作用发育,与成矿关系密切。

由岩浆侵入、火山喷发和构造旋扭等作用引起的、在遥感图像显示出环状影像特征的地质体称为环要素。一般情况下,花岗岩类侵入体和火山机构引起的环形影像时代愈新,标志愈明显。构造型环形影像则具多边多角形,发育在多组构造的交切部位。环要素代表构造岩浆的有利部位,是遥感找矿解译研究的主要内容之一。预测工作区区内一共解译了 129 个环,按其成因,区内可分为 3 类环,一种为构造穹隆引起的环形构造,另一种为该区域内中生代花岗岩引起的环形构造,还有就是古生代花岗岩引起的环形构造。中生代花岗岩引起的环形构造影像特征主要是影纹纹理边界清楚,花岗岩内植被发育,纹理光滑,构造隆起成山。构造穹隆引起的环形构造,影像上整个块体隆起,呈椭圆状,主要为环形沟谷及盆地边缘线构成,边界清晰,山脊和山沟以山顶为中心向四周呈放射状发散图。

带要素主要包括赋矿地层、赋矿岩层相关的遥感信息。不同板块、不同地质构造单元、不同目的矿种的赋矿层位或矿源层位都不尽相同,因此带要素的具体含义亦不尽相同。预测区内解译了 128 条带要素。带要素指的是下石炭统绿条山组条痕状混合岩和云母石英片岩中夹有较多的大理岩透镜体,形成接触交代型矿产。

五、区域预测模型

预测工作区区域预测要素图以区域成矿要素图为基础，综合研究化探、重力、航磁、遥感、自然重砂等综合致矿信息，总结区域预测要素（表 16-2），并将综合信息各专题异常曲线全部叠加在成矿要素图上，并将物探及遥感解译或解释的线环形构造及隐伏地质体表示于预测底图上，形成预测工作区预测要素图。

表 16-2　三个井式侵入岩体型金矿三个井预测工作区预测要素表

区域预测要素		描述内容	要素类别
地质环境	大地构造位置	Ⅰ天山-兴蒙造山系，Ⅰ-9 额济纳旗-北山弧盆系，Ⅰ-9-1 圆包山（中蒙边界）岩浆弧，Ⅰ-9-2 红石山裂谷，Ⅰ-9-3 明水岩浆弧，Ⅰ-9-4 公婆泉岛弧	必要
	成矿区（带）	Ⅰ-1 古亚洲成矿域，Ⅱ-2 准格尔成矿省，Ⅲ-8 觉罗塔格-黑鹰山 Cu-Ni-Fe-Au-Ag-Mo-W-石膏成矿带，Ⅳ$_8^1$黑鹰山-雅干 Fe-Au-Cu-Mo 成矿亚带	必要
	区域成矿类型及成矿期	侵入岩体型，海西晚期	必要
控矿地质条件	赋矿地质体	海西晚期英云闪长岩体外接触带	重要
	控矿侵入岩	石炭纪晚期英云闪长岩	必要
	主要控矿构造	北西西向压扭性断裂	重要
区内相同类型矿产		1 个中型矿床	重要
地球物理特征	重力	布格重力异形态复杂，等值线多处形成同向转弯，这与该区域近东西向的区域性大断裂及北东向、北西向断裂发育有关。剩余重力正异常多呈长条状，部分异常沿长轴发生弯曲。而且在大部分剩余重力正异常区内主要出露有石炭纪地层，负异常与酸性侵入岩和盆地有关。金矿位于布格重力相对较高异常区等值线转弯处（因北西向、北东向两组断裂引起），剩余重力正异常边部的由北西向转为近东西向转弯处	重要
	航磁	航磁 ΔT 等值线异常幅值范围为 $-900 \sim 2400$nT，异常形态较规则，以椭圆和条带状为主，异常轴向北西向和东西向。北部磁异常变化比南部大，多为正负相间磁异常。南部磁异常较平缓。磁异常等值线梯度带多为断裂引起。西北部磁异常有部分推断为火山岩地层，东北部磁异常与蚀变对应。金矿位于预测区中南部，磁场背景为南部一强度不大的东西向正异常梯度变化带上，100nT 等值线附近	次要
地球化学特征		预测区主要分布有 Au、As、Sb、Cu、Pb、Cd、W 等元素异常，异常多分布在预测区北东部，Au 异常在预测区广泛分布，存在明显的浓度分带和浓集中心	重要
遥感特征		遥感解译的北西西向断裂构造及隐伏岩体（环状要素）	重要

预测工作区所利用的化探资料比例尺精度为 1∶20 万，物探资料比例尺为 1∶20 万及部分 1∶5 万资料，遥感为 2000 年 ETM 据。除航磁数据覆盖不全外，资料精度及质量基本能满足矿产预测工作。根据预测工作区区域成矿要素和化探、航磁、重力、遥感及自然重砂等特征，建立了本预测区的区域预测

要素，并编制预测模型图（图 16-8）。

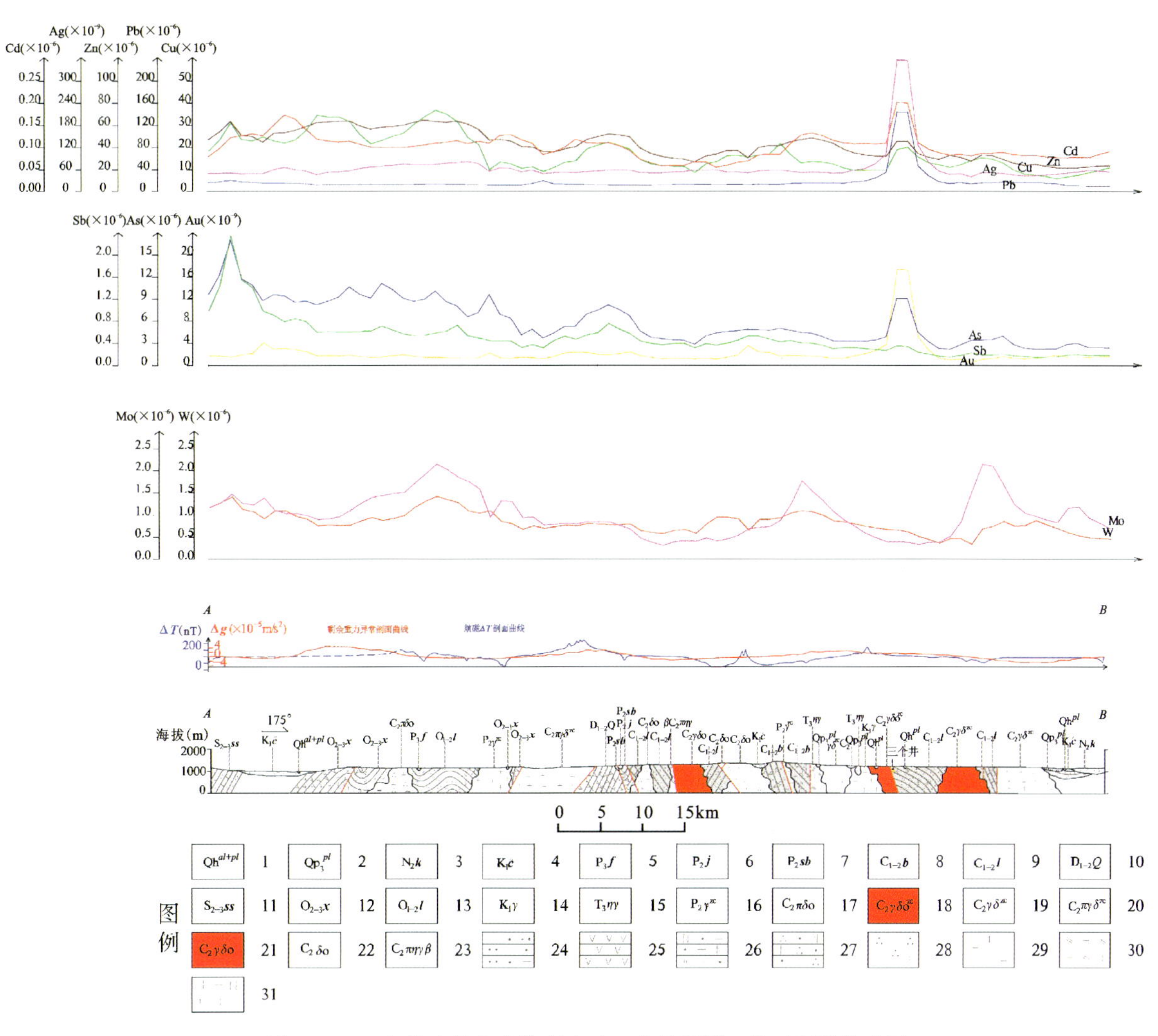

图 16-8　三个井式侵入岩体型金矿三个井预测工作区预测模型图

1. 全新统；2. 上更新统；3. 苦泉组；4. 赤金堡组；5. 方山口组；6. 金塔组；7. 双堡塘组；8. 白山组；9. 绿条山组；10. 雀儿山群；11. 碎石山组 12. 咸水湖组；13. 罗雅楚山组；14. 白垩纪粗粒花岗岩；15. 三叠纪中粗粒二长花岗岩；16. 二叠纪中粗粒花岗岩；17. 石炭纪中粗粒似斑状石英闪长岩；18. 石炭纪中粗粒英云闪长岩；19. 石炭纪中粗粒花岗闪长岩；20. 石炭纪中粗粒似斑状花岗闪长岩；21. 石炭纪不等粒英云闪长岩；22. 石炭纪中粗粒石英闪长岩；23. 石炭纪粗粒似斑状黑云母花岗闪长岩；24. 泥岩、砂岩；25. 安山岩；26. 钙质砂岩；27. 长石石英砂岩；28. 石英闪长岩；29. 花岗岩；30. 二长花岗岩；31. 英云闪长岩

第三节　矿产预测

一、综合地质信息定位预测

（一）变量提取及优选

预测单元的划分是开展预测工作的重要环节，根据典型矿床成矿要素及预测要素研究，以及预测区

提取的要素特征，本次选择少模型预测工程，采用网格单元法作为预测单元，根据预测底图比例尺确定网格间距为 2km×2km，图面为 8mm×8mm。

在 MRAS 软件中，对揭盖后的地质体、矿点、断裂、遥感及重砂异常等定性变量求区的存在标志，对航磁等值线、剩余重力及化探异常等定量变量求其起始值的加权平均值，并进行以上原始变量的构置，对网格进行赋值，形成原始数据专题。

（二）最小预测区圈定及优选

确定典型矿床，其原则为：①按矿床类型择定每类中的 1 个或 2 个以上的矿床作为典型矿床；②矿产地质工作和研究程度较高的矿床，至少具有成矿作用测试数据者列入选择对象；③内蒙古自治区西部区成型典型矿床很少，地质工作程度比较低的地区，可以选择由矿产勘查工程已经控制的、已达一定规模的具有基础地质资料[包括矿区地质图、典型剖面图和矿床（体）样品采样化验资料]视为典型矿床。

其次，由于典型矿床所在最小预测区，地质研究程度高，具代表性，因此，将其作为模型区，其选择方法为人工选择。

以控矿侵入岩体英云闪长岩为第一预测要素，以其外围接触带（即缓冲区）为主要圈定标的，主要参考化探异常特征，叠加所有成矿要素及预测要素，根据各要素权重程度及边界圈定最小预测区。

（三）最小预测区圈定结果

本次工作共圈定最小预测区 16 个，其中 A 级区 1 个、B 级区 6 个、C 级区 9 个（图 16-9）。最小预测区面积在 1.044～13.068km^{2}之间，平均为 3.210km^2。各级别面积分布合理，且已知矿床（点）分布在 A 级预测区内，说明预测区优选分级原则较为合理。最小预测区圈定结果表明，预测区总体与区域成矿地质背景和物化探异常等吻合程度较好。

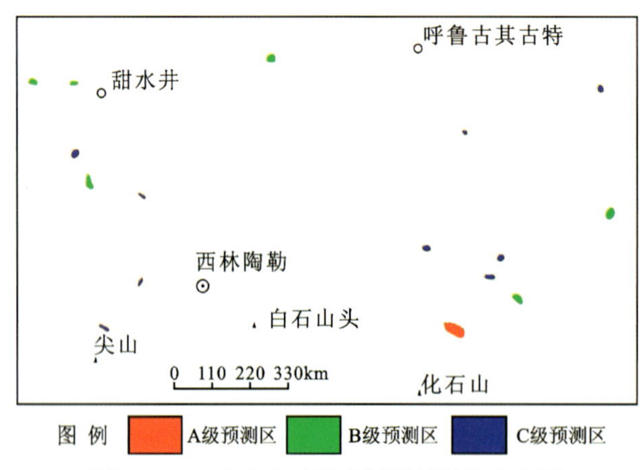

图 16-9　三个井金矿最小预测区优选分布图

（四）最小预测区地质评价

最小预测区资源潜力评述见表 16-3。

表 16-3 三个井式金矿三个井预测工作区最小预测区成矿条件及找矿潜力评价表

最小预测区编号	最小预测区名称	成矿条件及找矿潜力
A1511205001	1296 高地南（三个井）	出露的地质体主要为下中石炭统绿条山组砂砾岩、千枚岩，其周围北侧出露晚石炭世英云闪长岩；区内见硅化蚀变带标志，有北西西向断层 2 条，有三个井典型矿床。区内航磁化极异常值 0～100nT，北东侧有中心达 600 nT 的范围正异常，剩余重力异常值(1～4)×10^{-5} m/s^2，处于正负异常的过渡区；区内有 Au－As－Sb－W 组合异常，处于金元素化探异常的浓集中心，异常值(1.2～395.2×10^{-9})。有较好找矿前景
B1511205001	三个井北西	出露的地质体主要为下中石炭统绿条山组砂砾岩，其周围南侧出露晚石炭世英云闪长岩；处于北东向断裂与近东西向断裂的交会部位。区内剩余重力异常值(5～7)×10^{-5} m/s^2，北侧有中心达 13 ×10^{-5} m/s^2 的范围正异常；区内有 Au－As－Sb－W 组合异常，处于金元素化探异常的浓集中心，异常值(2.3～395.2)×10^{-9}。有一定的找矿前景
B1511205002	1519 高地南西	出露的地质体主要为下中石炭统绿条山组千枚岩，其周围南西侧出露晚石炭世英云闪长岩；处于北东东向、北西西向断裂与北西向断裂的交会部位。区内剩余重力异常值(6～8)×10^{-5} m/s^2，北东侧有中心达 13 ×10^{-5} m/s^2 的范围正异常；区内有 Au－As－Sb－W 组合异常，处于金元素化探异常的浓集中心，异常值(3.5～11)×10^{-9}。有一定的找矿前景
B1511205003	1500 高地	出露的地质体主要为下中石炭统绿条山组砂板岩与白山组酸性火山岩，其周围出露晚石炭世英云闪长岩；区内有北西西向断层 2 条。区内剩余重力异常值(－2～2)×10^{-5} m/s^2，处于正负异常的过渡区；区内有 Au－As－Sb－W 组合异常，处于金元素化探异常的浓集中心，异常值(2.0～11)×10^{-9}。有一定的找矿前景
B1511205004	1337 高地	出露的地质体主要为下中石炭统白山组中酸性火山岩，其周围北侧出露晚石炭世英云闪长岩；区内有北西西向断层 1 条。区内航磁化极只有北半部分有数据，异常值 0～200nT，剩余重力异常值(－3～1)×10^{-5} m/s^2，处于正负异常的过渡区；处于金元素化探异常的浓集中心，异常值(1.5～395.2)×10^{-9}。有一定的找矿前景
B1511205005	1310 高地北东	出露的地质体主要为下中石炭统白山组中酸性火山岩，其周围北侧出露晚石炭世英云闪长岩；区内有北西西向断层 2 条。区内航磁化极异常值－100～100nT，南侧有中心达 600nT 的范围正异常，剩余重力异常值(3～5)×10^{-5} m/s^2，处于正异常的中心区；处于金元素化探异常的浓集中心，异常值(2.3～395.2)×10^{-9}。有一定的找矿前景
B1511205006	1132 高地南西	出露的地质体主要为下中石炭统白山组酸性火山岩、下白垩统赤金堡组砂质泥岩、砂砾岩及晚石炭世英云闪长岩；处于北北西向断裂与北北东向断裂的交会部位。区内剩余重力异常值(6～8)×10^{-5} m/s^2，处于两个正异常的鞍部；处于金元素化探异常的浓集中心，异常值(2.3～395.2)×10^{-9}。有一定的找矿前景
C1511205001	1485 高地西	出露的地质体主要为晚石炭世中细粒似斑状二长花岗岩及英云闪长岩；区内有北西向断层 1 条。区内剩余重力异常值(－7～－6)×10^{-5} m/s^2，西侧有中心达－10 ×10^{-5} m/s^2 的负异常；区内有 Au－As－Sb－W 组合异常，处于金元素化探较弱异常的浓集中心，异常值(2.3～5.8)×10^{-9}。可作为找矿远景区

续表 16-3

最小预测区编号	最小预测区名称	成矿条件及找矿潜力
C1511205002	1547 高地南	出露的地质体主要为中志留世流纹岩及中二叠世黑云母花岗岩，其周围东侧出露晚石炭世英云闪长岩；区内有北西西向断层1条，其南侧有区域性北西西向断裂。区内剩余重力异常值$(-6\sim1)\times10^{-5}m/s^2$，处于正负异常的过渡区；区内金元素化探异常梯度平缓，异常值$0.93\sim2.0\times10^{-9}$。可作为找矿远景区
C1511205003	1640 高地北东	出露的地质体主要为中下石炭统公婆泉组流纹岩，其周围南侧出露晚石炭世英云闪长岩。区内剩余重力异常值$(-2\sim1)\times10^{-5}m/s^2$，处于正负异常的过渡区；区内有Au-As-Sb-W组合异常，金元素化探异常梯度较为平缓，异常值$(2.3\sim2.9)\times10^{-9}$。可作为找矿远景区
C1511205004	1020 高地南	出露的地质体主要为中下石炭统石英二长闪长岩及中志留世公婆泉组斜长流纹岩，其周围东侧出露晚石炭世英云闪长岩；区内有北西西向断层1条。区内剩余重力异常值$(-3\sim1)\times10^{-5}m/s^2$，处于正负异常的过渡区；处于金元素化探较弱异常的浓集中心，异常值$(1.5\sim2.9)\times10^{-9}$，其东侧有中心异常值为$5.8\times10^{-9}$的稍强异常浓集中心。可作为找矿远景区
C1511205005	1192 高地南西	出露的地质体主要为晚石炭世英云闪长岩、中下石炭统绿条山组砂砾岩及第四系。区内航磁化极异常值$-100\sim100$nT，北侧有中心达600nT的范围正异常，剩余重力异常值$(-5\sim-3)\times10^{-5}m/s^2$，处于负异常的中心区；处于金元素化探较弱异常的浓集中心，异常值$(2.0\sim5.8)\times10^{-9}$。可作为找矿远景区
C1511205006	1145 高地东	出露的地质体主要为中下石炭统咸水湖组安山岩-安山质凝灰熔岩及晚石炭世花岗闪长岩，其周围西侧出露晚石炭世英云闪长岩。区内航磁化极异常值$-100\sim100$nT，北东侧有中心达600nT的较小的范围正异常，剩余重力异常值$(-1\sim1)\times10^{-5}m/s^2$，处于正负异常的过渡区；处于金元素化探较弱异常的浓集中心旁侧，异常值$(2.3\sim4.2)\times10^{-9}$。可作为找矿远景区
C1511205007	1319 高地南西	出露的地质体主要为中下石炭统赤金堡组砂质泥岩、砂砾岩、晚石炭世石英闪长岩及第四系，其周围南侧出露晚石炭世英云闪长岩；区内有北西西向断层1条。区内航磁化极异常值$-100\sim100$nT，南东侧有中心达300nT的较小的范围正异常，剩余重力异常值$(-2\sim0)\times10^{-5}m/s^2$，处于正负异常的过渡区；处于金元素化探较分散正异常的中心部位，异常值$(2.9\sim4.2)\times10^{-9}$。可作为找矿远景区
C1511205008	1410 高地南	出露的地质体主要为中下石炭统绿条山组砂砾岩、千枚岩及晚石炭世石英闪长岩，其周围北侧出露晚石炭世英云闪长岩；区内有北西西向断层3条。区内航磁化极异常值$-200\sim0$nT，北侧有中心达600nT的范围正异常，剩余重力异常值$(-4\sim-1)\times10^{-5}m/s^2$，处于正负异常的过渡区；区内有Au-As-Sb-W组合异常，处于金元素化探较弱异常的浓集中心，异常值$(2.0\sim5.8)\times10^{-9}$。可作为找矿远景区
C1511205009	1448 高地西	出露的地质体主要为下石炭统白山组酸性火山岩，其周围北东侧出露晚石炭世英云闪长岩；处于两条近平行的北西西向断裂的中间部位。区内剩余重力异常值$(0\sim3)\times10^{-5}m/s^2$，处于平缓的正负异常的过渡区；区内有Au-As-Sb-W组合异常，处于金元素化探较弱异常的浓集中心旁侧，异常值$(1.2\sim5.8)\times10^{-9}$。可作为找矿远景区

二、综合信息地质体积法估算资源量

(一)典型矿床深部及外围资源量估算

查明矿床小体重、最大延深、金品位依据来源于中国人民武装警察黄金第八支队2006年编写的《内蒙古自治区额济纳旗三个井金矿区岩金普查报告》。因内蒙古自治区国土资源厅2010年编写的《内蒙古自治区矿产资源储量表:贵金属矿产分册》中无该矿床储量数据,该矿床资源量来源于前述普查报告。典型矿床面积($S_{总}$)是根据1∶1万矿区综合地质图圈定,在MapGIS软件下读取面积数据换算得出。因矿床无钻探工程,矿床最大延深依据《内蒙古自治区额济纳旗三个井金矿区岩金普查报告》中最深施工工程竖井SJ132(井深50m)深度资料确定。

根据三个井金矿区勘探线剖面图,成矿类型为侵入岩体型,因矿区没有钻探工程进行深部控制,故可向深部适当预测,本次向下预测到100m。

根据三个井金矿床地质特征,已知矿床基本上已经全部包含了有利的成矿地段,故本次不再对模型区内已知矿床外围进行资源量的预测。

三个井金矿典型矿床深部及外围资源量估算结果见表16-4。

表16-4　朱拉扎嘎金矿典型矿床深部及外围资源量估算一览表

典型矿床		深部及外围		
已查明资源量	6202kg	深部	面积	1 751 500m²
面积	1 751 500m²		深度	50m
深度	100m	外围	面积	—
品位	5.03×10⁻⁶		深度	—
密度	3.11kg/m³	预测资源量		6202kg
体积含矿率	0.000 070 82kg/m³	典型矿床资源总量		12 404kg

(二)模型区的确定、资源量及估算参数

三个井典型矿床位于1296高地南(三个井)模型区内,查明资源量6202kg,按本次预测技术要求计算模型区资源总量为10 863kg;模型区延深参数与典型矿床一致;模型区含矿地质体面积与模型区面积一致,含矿地质体面积参数为1。模型区面积等详见表16-5。

表16-5　三个井式侵入岩体型金矿床模型区预测资源量及其估算参数表

编号	名称	模型区预测资源量(kg)	模型区面积(km²)	延深(m)	含矿地质体面积(km²)	含矿地质体面积参数
A1511205001	1296高地南(三个井)	12 404	13.068 125	100	13.068 125	1

(三)最小预测区预测资源量

三个井金矿预测工作区最小预测区资源量定量估算采用地质体积法进行估算。

1. 估算参数的确定

最小预测区面积是依据综合地质信息定位优选的结果;延深的确定是由于典型矿床没有钻探工程控制,最深控制工程为竖井SJ132,深度仅为50m,因此本次工作除模型区深度向下延伸到100m外,其余最小预测区延深参数均按照50m给出;三个井金矿预测工作区最小预测区相似系数的确定,主要依据各最小预测区地质体出露情况、断裂分布、化探及重砂异常规模及分布、物探异常信息等进行修正,以模型区为1。

2. 最小预测区预测资源量估算结果

求得最小预测区资源量。本次预测资源总量为10 863kg。

(四)预测工作区预测成果汇总

三个井侵入岩体型金矿预测工作区地质体积法预测资源量,依据资源量级别划分标准,根据现有资料的精度,可划分为334-1、334-3两个资源量精度级别;三个井侵入岩体型金矿预测工作区中,各最小预测区因资料精度原因,预测延深参数均在500m以浅。

根据矿产潜力评价预测资源量汇总标准,三个井式热液型金矿预测工作区按精度、预测深度、可利用性、可信度统计分析结果见表16-6。

表16-6 三个井式侵入岩体型金矿预测工作区资源量估算汇总表 单位:kg

深度	精度	可利用性		可信度			合计
		可利用	暂不可利用	≥0.75	≥0.5	≥0.25	
500m以浅	334-1	3 099.76	3 102.24	—	6202	6202	6202
	334-2	—	—	—	—	—	—
	334-3	2 329.39	2 331.25	—	1219	4 660.64	4 660.64
合计							10 862.64

第十七章　新地沟式绿岩型金矿预测成果

第一节　典型矿床特征

一、典型矿床地质特征

1. 矿区地质

地层：主要为色尔腾山岩群柳树沟岩组、上石炭统拴马桩组和下侏罗统大青山组。金矿床赋存在色尔腾山岩群柳树沟岩组绿片岩中，赋矿岩石为柳树沟岩组绢云绿泥石英片岩（图 17-1）。

岩浆岩：为大滩岩套蒙古寺糜棱岩化二长花岗岩（$Ar_3M\eta\gamma$），其与色尔腾山岩群绿片岩形成同构造期的花岗-绿岩带。

构造：以东西向构造线为主，据构造形迹特征和形成时间，可识别出 4 期构造变形，第二期为矿化区主体构造，为一北西向带状展布的脆韧性剪切带，表现为韧性与脆性断裂的过渡，是成矿溶液迁移的通道和沉淀的空间。

受区域性蒙古寺-大滩-新地沟韧性剪切构造的控制和影响，动力变质作用强烈，所形成岩石为糜棱岩和千糜岩，区域性变质作用主要形成绿片岩相变质岩。

受区域性蒙古寺-大滩-新地沟韧性剪切构造的控制和影响，动力变质作用强烈，所形成岩石为糜棱岩和千糜岩，区域性变质作用主要形成绿片岩相变质岩。

2. 矿床特征

该矿在 20 世纪 90 年代的异常检查中，圈出矿化带总体规模长 2.3km，宽 150m。含矿岩石为绿泥石英片岩，顶底板为薄层大理岩。矿体呈层状、似层状、脉状、似脉状及透镜状，与容矿围岩呈渐变过渡关系，矿体产状与岩层产状完全一致，随岩层产状变化而变化，随岩层褶皱而褶皱。矿体多数分布在褶皱翼部近核部附近。蚀变主要有硅化、黄金矿化、绢云母化等。矿化带较连续，但带内成矿期后小的断裂褶皱较发育，使得矿体连续性受到破坏（图 17-2）。

整个矿化带分 5 个矿体，其中 1 号矿体：产于金矿化带下部，与矿化带基本平行，似层状、透镜状，走向 330°，倾向南西，倾角 60°。地表出露长大于 930m，单工程厚度 1.62～7.21m，矿体平均厚 4.84m，单工程金品位（1.84～5.82）$\times 10^{-6}$，矿体平均金品位 3.20$\times 10^{-6}$，矿石类型以片岩型为主，少量石英脉型。2 号矿体产于金矿化带上部，与 1 号矿体平行产出，二者相隔 15～30m，矿体地表出露长 180m，单工程见矿厚度 0.85～6.10m，平均厚 3.57m，单工程金平均品位（1.63～3.64）$\times 10^{-6}$，矿体平均金品位 2.87$\times 10^{-6}$。

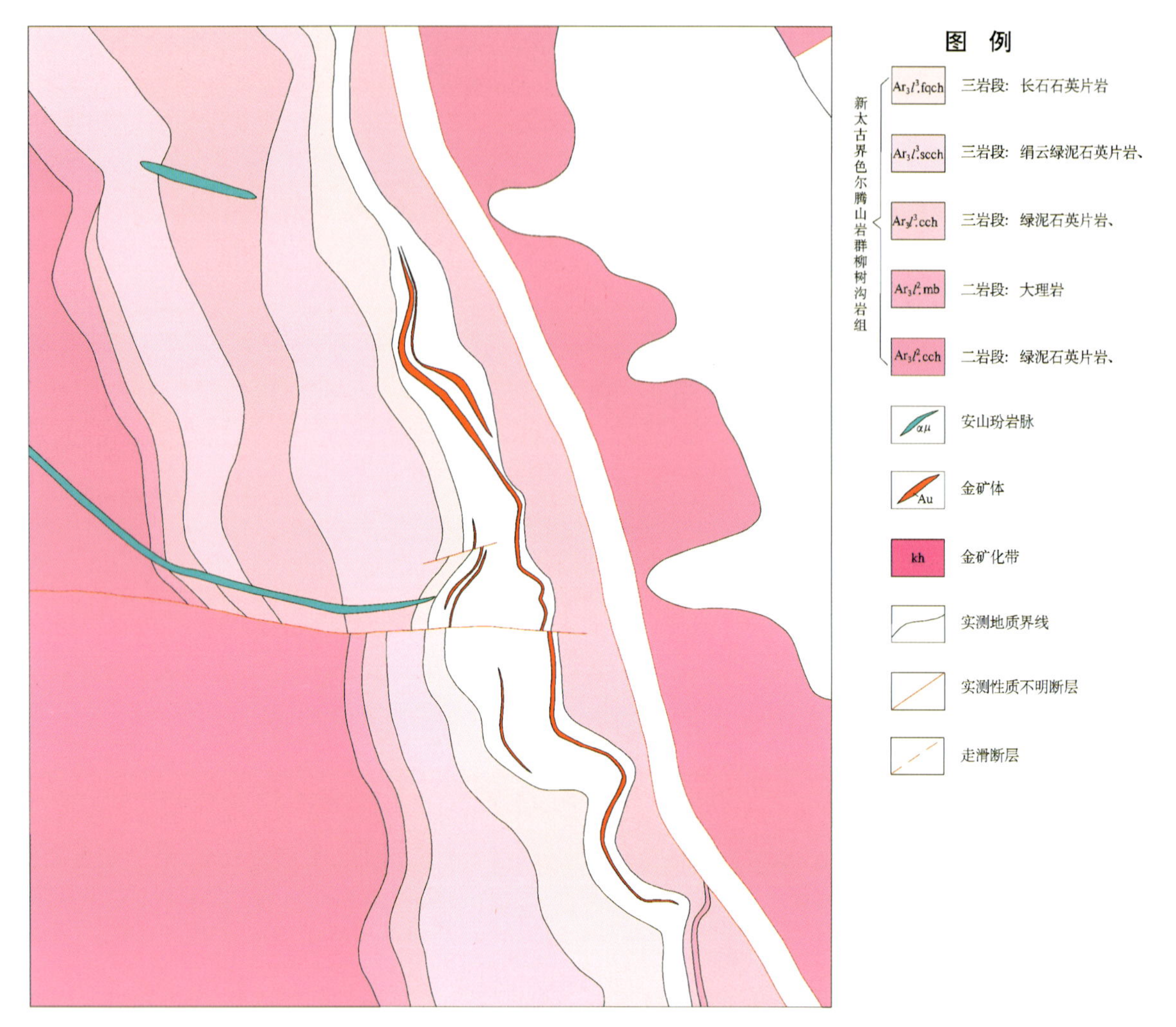

图 17-1　新地沟金矿典型矿床矿区地质图

（据《内蒙古自治区察右中旗新地沟矿区上半沟矿段金矿普查报告》，内蒙古自治区矿产实验研究所，2003 修编）

3. 矿石特征

矿石类型为片岩型。矿体围岩和夹石：新地沟金矿床其矿体顶板为柳树沟岩组绿泥石英片岩、长英质糜棱岩，底板绢云石英片岩。矿体赋存在强蚀变带内，与围岩无明显界线，只有根据化学样品才能圈定。

围岩蚀变：矿体及围岩蚀变主要有绿泥石化、绿帘石化、碳酸盐化、绢云母化、钾化、硅化、褐金矿化、黄金矿化等，其中绿泥石化、绿帘石化、碳酸盐化属区域性蚀变，与金矿化无关；绢云母化、钾化、硅化、黄金矿化、褐金矿化等强烈蚀变地段，一般为矿体或矿体顶底板直接围岩，与金矿化关系密切。

矿石成分：矿石中金属矿物主要为磁金矿、赤金矿、褐金矿、黄金矿、黄铜矿、方铅矿、闪锌矿及自然金。脉石矿物主要有石英、长石、方解石、绢云母、绿泥石、绿帘石等。

矿石自然类型：矿石自然类型为绢云石英片岩型、绿泥绢云石英片岩型，为本矿区的主要矿石类型，由该类型矿石组成的矿体，矿石品位厚度均较稳定，形成的矿体规模较大，但品位较低。

4. 矿石结构构造

矿石结构主要为鳞片变晶结构、细—粗糜棱结构、不等粒花岗变晶结构、胶状结构及碎裂、填隙结构等。

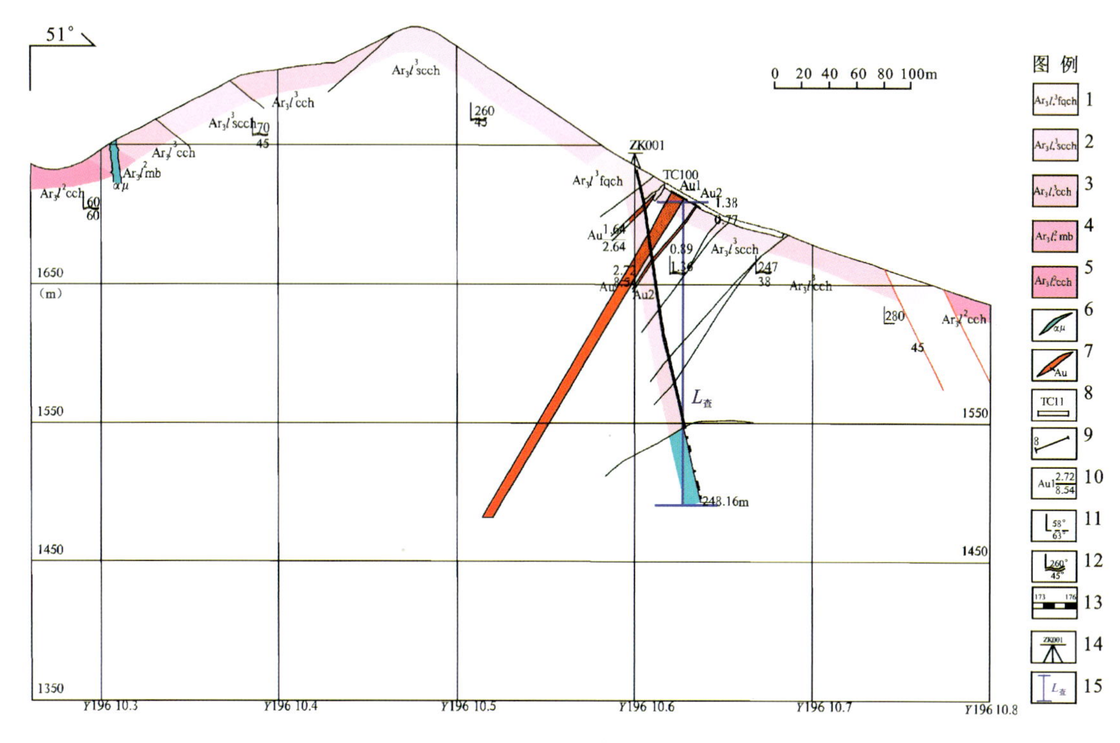

图 17-2　新地沟金矿矿体深部控制图

（据《内蒙古自治区察右中旗新地沟矿区上半沟矿段金矿普查报告》，内蒙古自治区矿产实验研究所，2003 修编）

1. 新太古界色尔腾山岩群柳树沟岩组三岩段：长石石英片岩；2. 新太古界色尔腾山岩群柳树沟岩组三岩段：绢云绿泥石英片岩；3. 新太古界色尔腾山岩群柳树沟岩组三岩段：绿泥石英片岩；4. 新太古界色尔腾山岩群柳树沟岩组二岩段：大理岩；5. 新太古界色尔腾山岩群柳树沟岩组二岩段：绿泥石英片岩；6. 安山玢岩脉；7. 金矿体；8. 槽探位置及编号；9. 勘探线位置及编号；10. 矿体编号（平均品位/平均厚度）；11. 断层倾向及倾角；12. 片理倾向及倾角；13. 化学样采集位置及编号；14. 钻孔位置及编号；15. 矿体聚集区段边界范围

矿石构造主要为纹层状构造、千枚状构造、块状构造、气孔状构造、蜂窝状构造、眼球状构造、条带状构造及角砾状构造等。

5. 矿床成因及成矿时代

新太古界色尔腾山岩群原岩建造由中基性火山岩及陆源碎屑岩、碳酸盐岩组成，火山活动提供金物质来源和沉积环境的变迁形成金的矿源层，经变形变质作用及多期成矿作用形成金矿床。主要与强变质变形作用有关，变质流体参与了金的迁移富集。金矿床受发生在新太古代末期至古元古代早期的韧脆性剪切变形变质带控制，该期变质变形是金的主要富集期。故成矿时代为新太古代末期至古元古代早期。

二、典型矿床地球物理特征

（一）矿床所在位置航磁特征

据 1∶5 万航磁化极图（图 17-3）显示：背景场表现为低缓负磁场，局部有两个圆形高值异常，其中之一的位置与矿点位置重合。

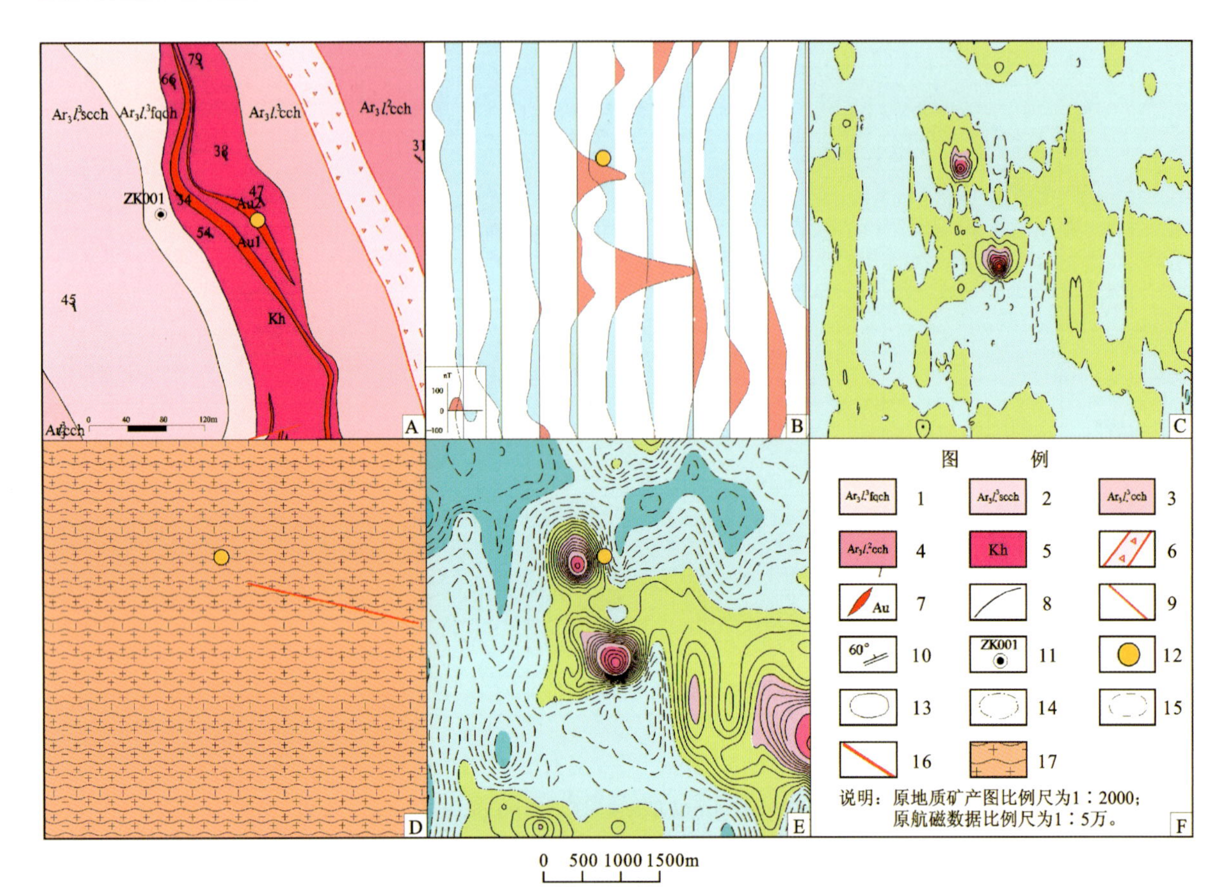

图 17-3　新地沟变质型金矿典型矿床 1∶5 万航磁化极图

A. 地质矿产图；B. 航磁 ΔT 等值线平面图；C. 航磁 ΔT 化极垂向一阶导数等值线平面图；D. 推断地质构造图；E. 航磁 ΔT 化极等值线平面图。

1. 新太古界色尔腾山岩群柳树沟岩组三岩段：长石石英片岩；2. 色尔腾山岩群柳树沟岩组三岩段：绢云绿泥石英片岩；3. 色尔腾山岩群柳树沟岩组三岩段：绿泥石英片岩；4. 色尔腾山岩群柳树沟岩组二岩段：绿泥石英片岩；5. 金矿化带；6. 构造破碎带；7. 金矿体；8. 实测地质界线；9. 实测性质不明断层；10. 实测片理产状；11. 钻孔位置及编号；12. 矿点位置；13. 正等值线；14. 零等值线；15. 负等值线；16. 磁法推断三级断裂；17. 磁法推断变质岩地层

（二）矿床所在区域重力特征

布格重力异常平面图上，金矿所在区域为布格重力相对高值区，极值 Δg －145.52～－148.77～－163.73×10^{-5} m/s^2；对应的形成剩余重力正异常 G 蒙-592、G 蒙-593，极值为(10.12～14.21)×10^{-5} m/s^2；北侧为布格重力低异常区，极值(－192.62～97.50)×10^{-5} m/s^2，同时形成重力低异常 L 蒙-576，其极值为(－12.56～－6.78)×10^{-5} m/s^2；金矿位于重力高与重力低过渡型线性梯级带上，剩余重力正异常边部。在剩余重力正异常区，主要出露太古宙地层，负异常区主要出露花岗岩。这一地区的色尔腾山岩群密度大于 2.74g/cm^3，相对为高密度体，形成重力高异常；花岗岩体密度小于 2.60g/cm^3，为低密度体，形成重力低异常。可见该地区的剩余重力正异常是太古宙基底隆起引起，负异常则与酸性侵入岩有关。

三、典型矿床地球化学特征

与预测区相比较，新地沟地区新地沟式变质热液型金矿矿区周围存在以 Au 为主，伴有 Ag、As、Pb、

Zn、Cd、W、Mo 等元素组成的综合异常；Au 为主要的成矿元素，Ag、As、Pb、Zn、Cd、W、Mo 为主要的伴生元素（图 17-4）。

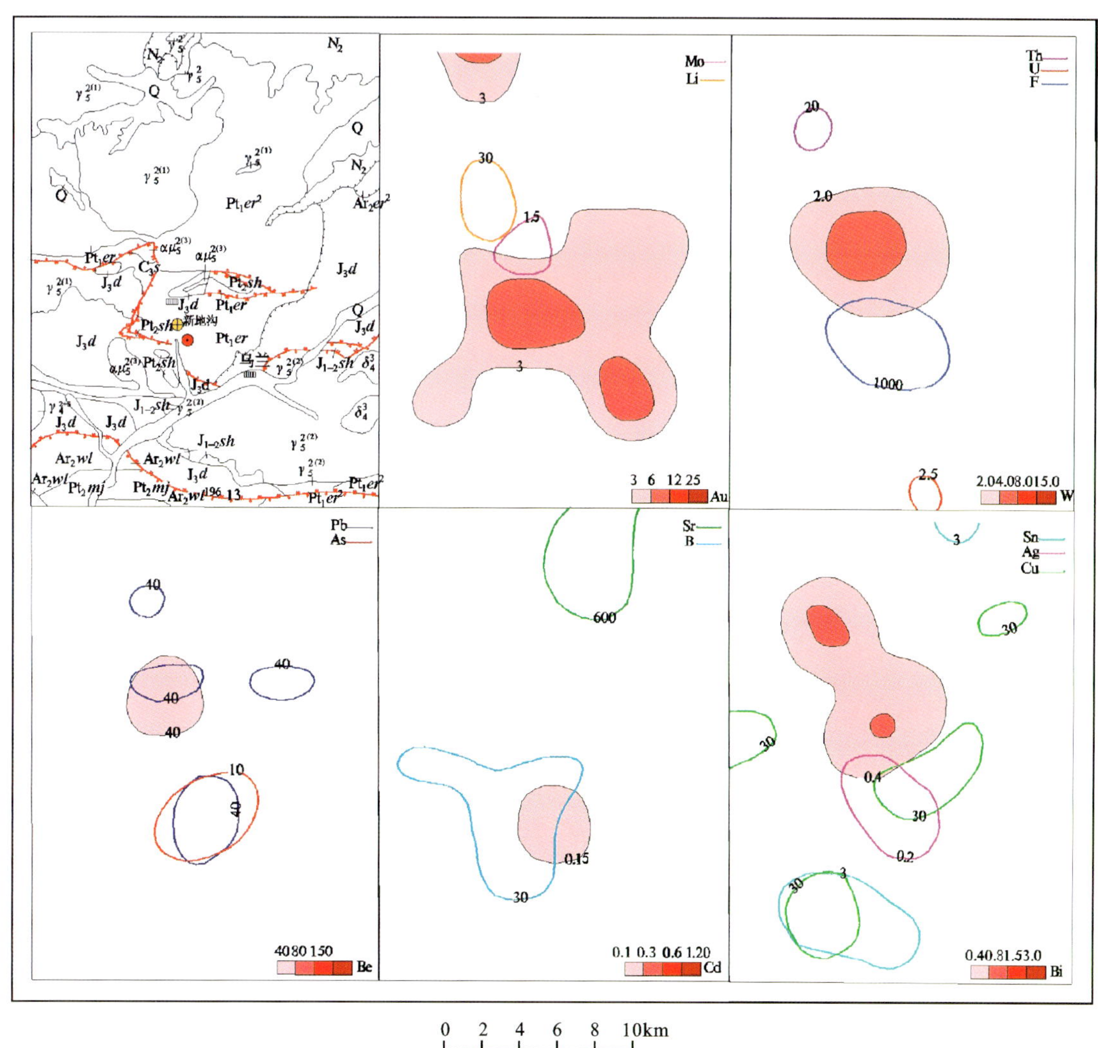

图例 Q 第四系　N_2 新近系上新统　J_3d 上侏罗统多底沟组　$J_{1-2}sh$ 中—下侏罗统石拐群　Pt_2Sh 中元古界双桥群　Pt_2Mj 中元古界马家店群　$Pt_1E.$ 古元古界二道洼岩群　$Ar_2W.$ 中太古界乌拉山岩群　金矿点　铁矿点　金矿点

图 17-4　新地沟式变质型金矿地质-化探剖析图

Au 元素在新地沟地区呈高背景分布，浓集中心明显，异常强度高；Pb、Zn、Ag 异常分布在新地沟周围，异常套合较好，W、Mo 异常套合较好，在新地沟附近有明显的浓集中心。

四、典型矿床预测模型

根据典型矿床成矿要素和地球物理、地球化学、遥感特征，确定典型矿床预测要素，根据典型矿床成矿要素和航磁资料以及区域重力、区域化探资料，编制了典型矿床预测要素图。

以典型矿床成矿要素图为基础，综合研究重力、航磁、化探等综合致矿信息，总结典型矿床预测要素（表 17-1）。

表 17-1　新地沟式变质(热液)型金矿典型矿床预测要素表

<table>
<tr><td rowspan="3" colspan="3">典型矿床成矿要素</td><td colspan="4">内容描述</td><td rowspan="3">要素类别</td></tr>
<tr><td>储量</td><td>2225kg</td><td>平均品位</td><td>3.09×10^{-6}</td></tr>
<tr><td>特征描述</td><td colspan="3">变质热液(绿岩)型</td></tr>
<tr><td rowspan="3">地质环境</td><td colspan="2">构造背景</td><td colspan="4">Ⅱ华北陆块区,Ⅱ-4 狼山-阴山陆块(大陆边缘岩浆弧),Ⅱ-4-2 色尔腾山-太仆寺旗古岩浆弧(Ar_3)</td><td>必要</td></tr>
<tr><td colspan="2">成矿环境</td><td colspan="4">出露的主要地层为色尔腾山岩群柳树沟岩组、上石炭统拴马桩组和上侏罗统大青山组。新地沟金矿床赋存在色尔腾山岩群柳树沟岩组绿片岩中;侵入岩主要为糜棱岩化二长花岗岩,与色尔腾山岩群绿片岩形成于同构造期的花岗-绿岩带。主要以东西向构造线为主,金矿位于韧性剪切变形带中</td><td>必要</td></tr>
<tr><td colspan="2">成矿时代</td><td colspan="4">成矿期为新太古代末期至古元古代早期</td><td>必要</td></tr>
<tr><td rowspan="7">矿床特征</td><td colspan="2">矿体形态</td><td colspan="4">层状、似层状、脉状</td><td>重要</td></tr>
<tr><td colspan="2">岩石类型</td><td colspan="4">色尔腾山岩群柳树沟岩组绿泥绢云石英片岩、绿泥绢云片岩</td><td>重要</td></tr>
<tr><td colspan="2">岩石结构</td><td colspan="4">鳞片变晶结构、细—粗糜棱结构</td><td>次要</td></tr>
<tr><td colspan="2">矿物组合</td><td colspan="4">矿石矿物主要为自然金、磁铁矿、赤铁矿、褐铁矿、黄铁矿、黄铜矿、方铅矿及闪锌矿;脉石矿物主要有石英、长石、方解石、绢云母、绿泥石、绿帘石等</td><td>重要</td></tr>
<tr><td colspan="2">结构构造</td><td colspan="4">矿石结构主要为鳞片变晶结构、细—粗糜棱结构。矿石构造主要为纹层状构造、千枚状构造、块状构造</td><td>次要</td></tr>
<tr><td colspan="2">蚀变特征</td><td colspan="4">绢云母化、钾化、硅化、黄铁矿化、褐铁矿化</td><td>次要</td></tr>
<tr><td colspan="2">控矿条件</td><td colspan="4">主要受色尔腾山岩群柳树沟岩组控制,北西向带状展布的脆韧性剪切带是成矿溶液迁移的通道和沉淀的空间</td><td>必要</td></tr>
<tr><td rowspan="2">物化探特征</td><td rowspan="2">地球物理特征</td><td>重力</td><td colspan="4">油篓沟、新地沟矿区均位于重力高与重力低过渡型线形梯级带。这种特征在剩余重力异常图上表现得更加突出,金异常恰好位于剩余重力异常零等值线位置</td><td>重要</td></tr>
<tr><td>航磁</td><td colspan="4">矿区位于平静、宽缓、稳定的负磁场区的局部升高正磁场边部。矿区南东侧负磁场和重力高相一致,是弱磁性、密度大的太古宙基底构造层引起的;北侧的负磁场和重力低相一致,推断为巨厚特大型花岗岩体引起。二者之间的过渡型线形梯级带和零等值线,是绿岩层与花岗岩体的内、外接触带所致</td><td>重要</td></tr>
<tr><td colspan="3">地球化学特征</td><td colspan="4">异常元素组合以 Au、W、Bi 为主,其次为 As、B、Ag、F、Cd、Pb、Mo、Be、Li,此外还伴有 Cu、Zn、Hg、Sb、Sn 弱异常。异常水平分布形成内外 2 个分带,内带为 W、Bi、Mo、Li、Be 元素组合,外带为 Au、Ag、Pb、Cd、As、B、F 元素组合。金异常重现性好、面积大、强度高</td><td>必要</td></tr>
</table>

第二节　预测工作区研究

一、区域地质特征

（一）成矿地质背景

预测区大地构造位置位于华北陆块区，狼山-阴山陆块（大陆边缘岩浆弧），色尔腾山-太仆寺旗古岩浆弧。成矿区带为古亚洲成矿域，华北成矿省，华北地台北缘西段 Au-Fe-Nb-REE-Cu-Pb-Zn-Ag-Ni-Pt-W-石墨-白云母成矿带，白云鄂博商都 Au-Fe-Nb-REE-Cu-Ni 成矿亚带。

本区地层区划属华北地层区阴山地层分区大青山地层小区。出露的地层主要有中太古界乌拉山岩群、新太古界色尔腾山岩群、古元古界二道洼岩群、中元古界渣尔泰山群（原马家店群）、新元古界什那干组、古生界石炭系拴马桩组、二叠系大红山组及脑包沟组，中生界中-下侏罗统石拐群、上侏罗统大青山组、下白垩统固阳组、李三沟组及新生界第三系老窝铺组，第四系。其中色尔腾山岩群柳树沟岩组为变质热液（绿岩）型金矿含矿地层。

侵入岩较发育，出露有中太古代变质深成岩体及新太古代、古元古代、二叠纪、三叠纪、侏罗纪等不同时期的侵入岩。

本区主体构造以大青山复背斜为代表，近东西向展布，长约 90km，宽约 40km。核部为中太古界乌拉山岩群，由于花岗岩侵入和断裂破坏，复背斜形态很不完整，新太古界色尔腾山岩群多以构造岩片叠置。断裂构造发育。早期多表现为韧性变形，形成规模较大的韧性剪切带及顺层塑性流变，对色尔腾山岩群中的层控矿床有明显的控制作用，脆性断裂发生于较晚时期，在断隆内部形成一系列近东西向的正断层和逆断层，南界为山前深断裂。燕山期构造作用强烈，以发育低角度逆断层及叠瓦状构造为特点，形成规模较大的大青山推覆构造。

（二）区域成矿模式

成矿模式见图 17-5。

二、区域地球物理特征

（一）磁法

在航磁 ΔT 等值线平面图上二道洼-新地沟预测区磁异常幅值范围为－600～1400nT，预测区以－100～100nT 为磁异常背景，异常形态较杂乱，无明显异常走向，但纵观整个预测区异常有以北东东向排布的趋势。预测区北部磁异常为－100～0nT 低缓负磁异常，无明显异常变化；预测区南部磁异常背景比北部高，以 0～100nT 磁异常值为背景，有大面积正磁异常带，异常形态不规则，强度和梯度变化不大，异常轴向北东东向。新地沟金矿区位于预测区东部，磁场背景为 0nT 左右的低缓平静磁异常区。

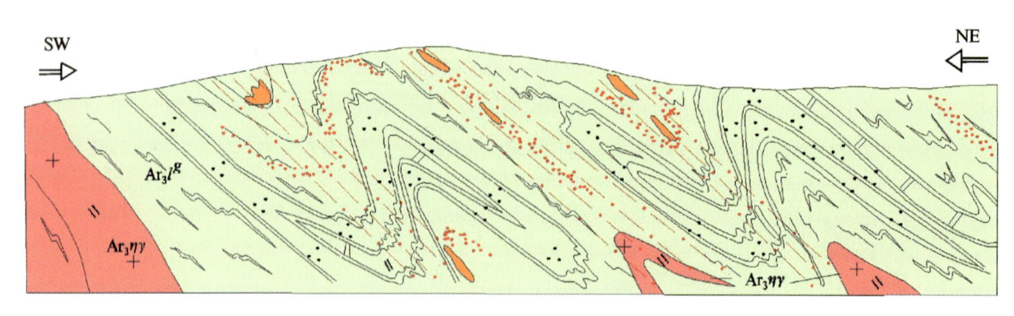

Ⅲ.古元古代，北东-南西向挤压机制延续，发生同斜紧闭褶皱和低绿片岩相退变质作用，同时产生的平行轴面逆冲式韧性剪切带成为导矿与容矿构造，主期金矿形成

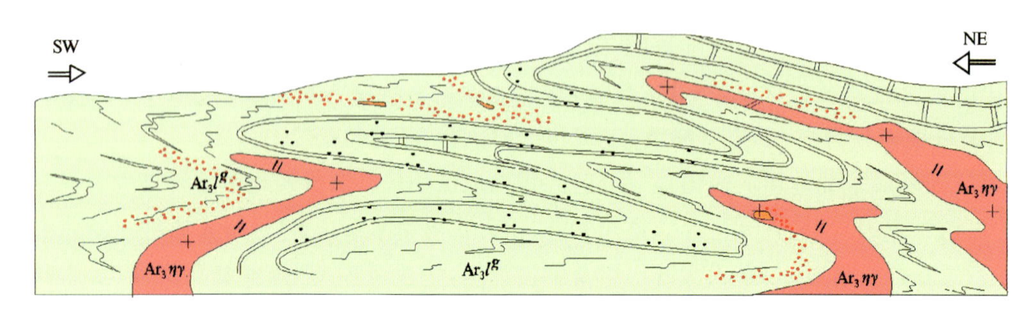

Ⅱ.新太古代晚期，在北东-南西向挤压构造体制下产生大型平卧褶皱，先期面理同时褶皱，使金矿化迁移富集到次级褶皱轴部

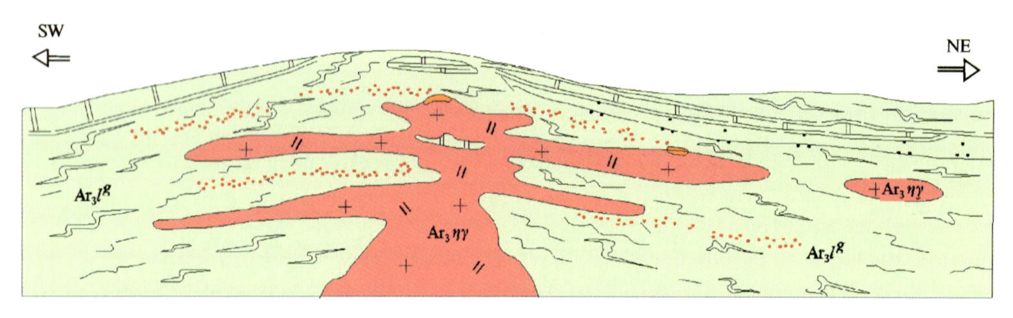

Ⅰ.新太古代早期，在伸展构造体制下，柳树沟岩组发生高绿片岩相-低角闪岩相变质和顺层韧性剪切变形，伴随大规模花岗质岩浆侵位和含金硫化物流体顺剪切带贯入，形成初期金矿

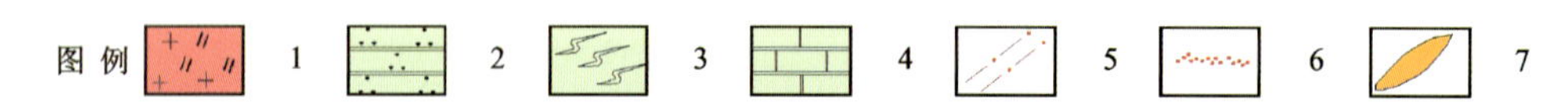

图 17-6　新地沟金矿区域成矿模式示意图

（据《内蒙古自治区察右中旗新地沟矿区上半沟矿段金矿普查报告》，内蒙古自治区矿产实验研究所，2003 修编）

1.花岗岩；2.石英岩；3.片岩；4.大理岩；5.韧性剪切带；6.矿化层；7.金矿体

新地沟金矿预测区磁法推断地质构造为，断裂构造走向基本与磁异常轴走向一致，主要呈北东东向和近东西向，磁场标志多为不同磁场区分界线。综合地质情况，预测区北部磁异常多为侵入岩体引起，预测区南部磁异常则为侵入岩体、变质岩地层和火山岩地层共同引起。

新地沟金矿预测区磁法共推断断裂 13 条、侵入岩体 23 个、火山岩地层 2 个、变质岩地层 10 个。

（二）重力

该区域重力异常形态呈等轴状、带状。异常边部形成明显的梯级带，等值线密集。对应的剩余重力正负异常也具有相似的特征，这显然是由于地质体密度差异明显引起的。比如 G 蒙-592 与 L 蒙-576 之间的重力梯级带即是酸性侵入岩（密度小于 2.6g/cm^3）与太古宙地层（密度大于 2.74g/cm^3）的接触带，二者密度差异大于 0.14g/cm³。

新地沟金矿位于预测区的中东部，其所在区域，即 G 蒙-592、G 蒙-593，L 蒙-576 所在地的重力场特征前已述及。

在 G 蒙-593 南侧的 L 蒙-596 异常，呈近东西向带状展布，边部等值线密集，极值 -11.63×10^{-5} m/s²，异常区内主要分布有第四系(密度 1.56g/cm³)及白垩系(密度 2.28g/cm³)，为低密度层，故推断该异常为新生代桌子山盆地引起。同理推断预测区西北侧 L 蒙-574 亦为新生代盆地引起，但该区域分布的是第四系及侏罗系。在其南侧的局部剩余重力负异常也为中新生代盆地引起。

G 蒙-601 与 G 蒙-593 是相同性质的异常，为太古宙基底隆起所致。

G 蒙-598 剩余重力正异常形态不规则，边部多处发生弯曲，这是由于该区域分布的北东向及北西向断裂引起。G 蒙-598 形成多处局部异常，其极值均大于 10×10^{-5} m/s²，该区域主要出露太古宙地层，也有少量元古宙地层分布，故推断该异常是太古宙、元古宙基底隆起所致。G 蒙-575 与 G 蒙-598 属同样性质的异常，但该异常呈北东向带状展布，局部异常形态较规整，呈长椭圆状。G 蒙-590 形态呈椭圆状，为元古宙基底隆起引起。

L 蒙-591 位于 G 蒙-598、G 蒙-592、G 蒙-590 剩余重力正异常之间地段，呈弧形带状展布，异常区内出露不同时期的酸性岩体，可见该异常是酸性侵入岩引起。L 蒙-599 与其处在同一个负异常带上，异常性质也相同。

与新地沟所处重磁场特征、地质环境对比，该预测区的 G 蒙-598 东侧局部异常、G 蒙-590 及 G 蒙-593 的东侧局部异常与新地沟金矿所在区域特征相似，且这些异常的边缘地段有多处金矿点分布，故这些区域可作为找金的靶区。

三、区域地球化学特征

预测区上分布有 Ag、As、Au、Cd、Cu、Mo 等元素组成的高背景区带，在高背景区带中有以 Ag、As、Au、Cd、Cu、Mo 为主的多元素局部异常。预测区内共有 25 个 Ag 异常，7 个 As 异常，52 个 Au 异常，22 个 Cd 异常，16 个 Cu 异常，13 个 Mo 异常，22 个 Pb 异常，9 个 Sb 异常，27 个 W 异常，20 个 Zn 异常。

预测区上 Ag 呈背景、高背景分布，在预测区西部存在南北带状分布的高背景区，在新地沟和半沟子地区存在浓集中心，浓集中心明显，异常强度高；As 在预测区呈背景、低背景分布，存在个别局部异常；Au 在预测区南东部呈高背景分布，浓集中心呈北东向带状分布，浓集中心明显，异常强度高；Cu 在预测区南部和中部呈高背景分布，有明显的浓度分带和浓集中心；Cd、Mo、W 在预测区多呈背景分布，存在明显的局部异常；Pb 在预测区北东部呈高背景分布，Zn 在预测区南部和中部呈高背景分布；Sb 在预测区呈背景、低背景分布。

预测区上元素异常套合较好的编号为 AS1，异常元素有 Au、As、Pb、Zn、Cd，Au 元素浓集中心明显，异常强度高，具明显的异常分带，Zn、Cd 呈同心环状分布，异常套合较好。

四、区域遥感影像及解译特征

本工作区共解译出 427 条断裂带，其中解译大型构造有 2 条，即古城湾乡-东沟(大青山前)构造，走向北东东向，在工作区南部通过(图 17-6)。这条是一条山前断裂带，区域地质上称乌拉特前旗-呼和浩特深大断裂带，是凉城断隆与阴山断隆的分界，它控制着乌拉山岩群分布，以西为内蒙台隆与鄂尔多斯台坳界线，现在为河套断陷北界，是现代地震活动带。另一条是西色气口子-上八分子构造，这条断裂与地质临河-武川深大断裂带吻合，方向近东西向，断裂性质经历了张—压—张的多次转变，断层面北倾，为一条逆冲推覆构造带。其北侧控制色尔腾山岩群、渣尔泰山群，沿断裂带有多期岩浆侵入，古太古代，南侧向北逆冲，中生代时南侧侏罗纪逆冲于北侧老地层之上，而侏罗纪末期，北侧又下沉控制固阳盆地和武川盆地，南侧则上升逐形成现在高耸的乌拉山和大青山。

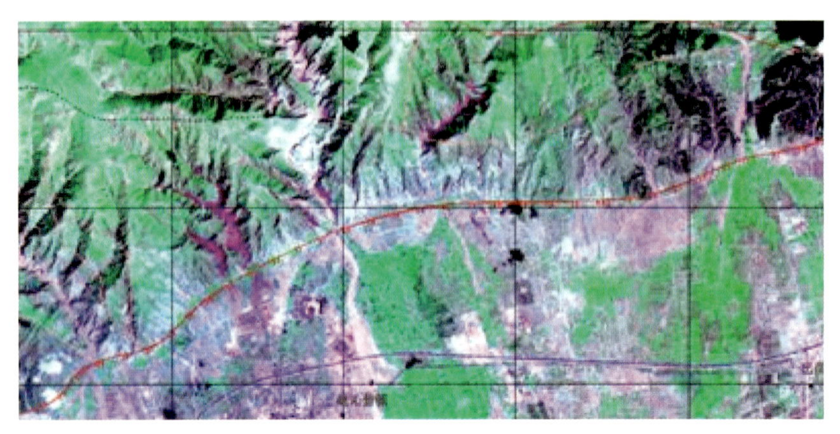

图 17-6　古城湾乡-东沟(大青山前)山前构造影像图

工作区断裂构造比较发育，均为深大断裂的次一级断裂，以东西向构造线为主，据构造形迹特征和形成时间，可识别出 4 期构造变形，第二期为矿化区主体构造，为一北西向带状展布的脆韧性剪切带，表现为韧性与脆性断裂的过渡，是成矿溶液迁移的通道和沉淀的空间。

受区域性蒙古寺-大滩乡-新地沟韧性剪切构造(图 17-7)的控制和影响，动力变质作用强烈，所形成岩石为糜棱岩和千糜岩，区域性变质作用主要形成绿片岩相变质岩。

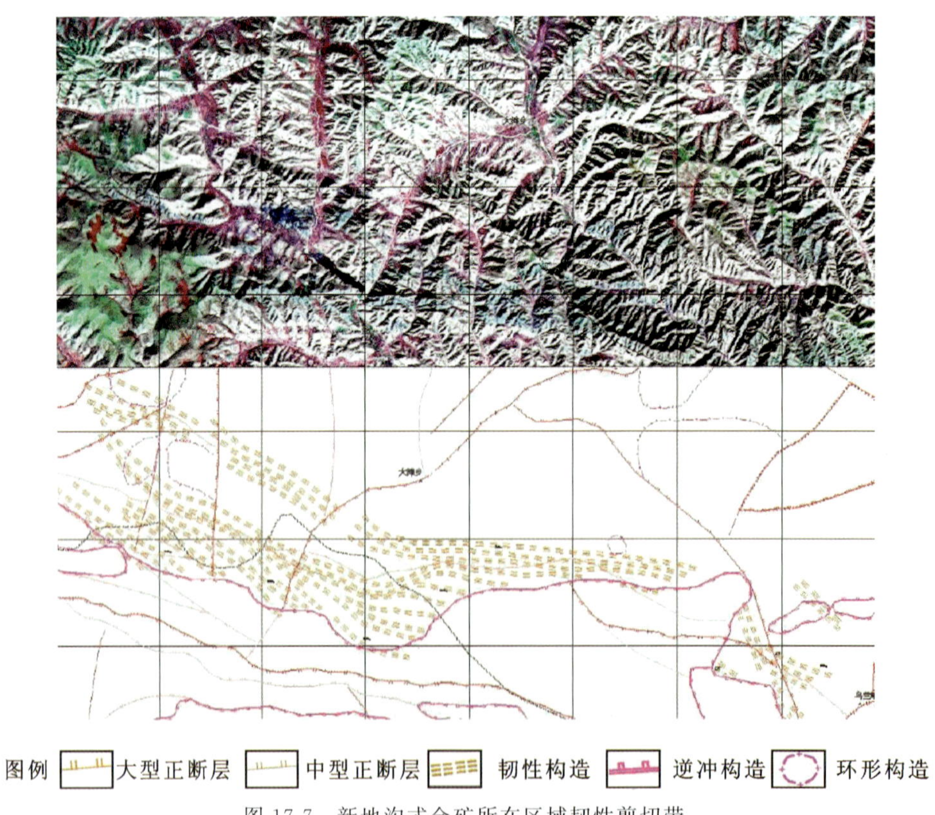

图 17-7　新地沟式金矿所在区域韧性剪切带

本预测工作区内的环形构造发育，圈出 69 个环形构造，可分为 2 种类型：火山通道引起的环形构造以及由隐伏岩体引起的环形构造。环形构造基本与本类型金矿形成无关。

带要素 5 处，是色尔腾山岩群柳树沟岩组、上石炭统拴马桩组和下侏罗统大青山组。金矿床赋存在色尔腾山岩群柳树沟岩组绿片岩中，赋矿岩石为柳树沟岩组绢云绿泥石英片岩。

五、区域预测模型

根据预测工作区区域成矿要素和航磁、重力、遥感及自然重砂等特征，建立了本预测区的区域预测要素，并编制预测工作区预测要素图和预测模型图（图 17-8）。

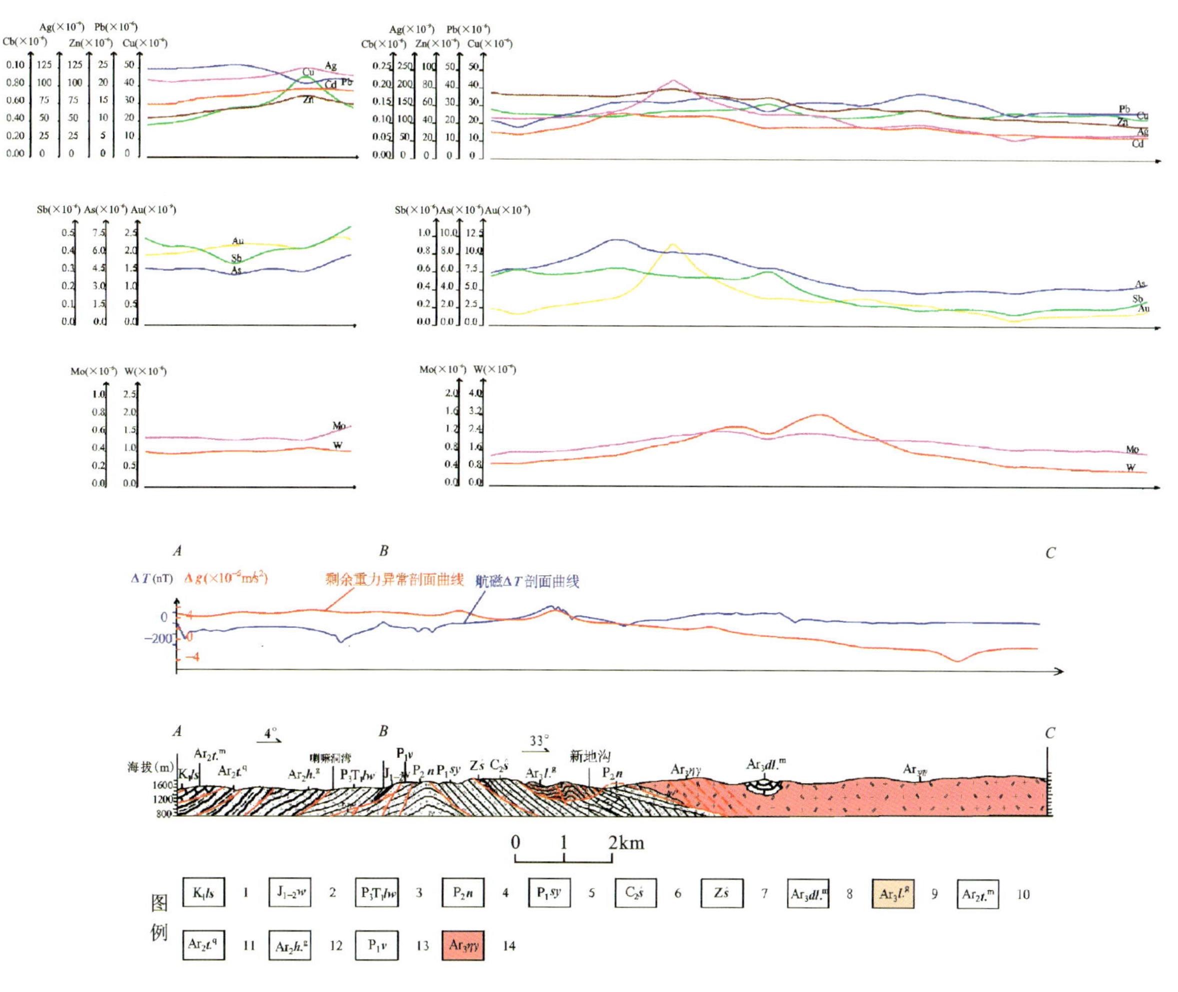

图 17-8　新地沟变质热液（绿岩）型新地沟预测工作区预测模型图

1. 李三沟组；2. 五当沟组；3. 老窝铺组；4. 脑包沟组；5. 石叶湾组；6. 石嘴子组；7. 烧火筒沟组；8. 点力素泰岩组；9. 柳树沟岩组 10. 桃湾岩组大理岩段；11. 桃湾岩组石英岩段；12. 哈达门沟岩组片麻岩段；13. 早二叠世辉长岩；14. 新太古代二长花岗岩

区域预测要素图以区域成矿要素图为基础，综合研究重力、航磁、化探、遥感、自然重砂等综合致矿信息，总结区域预测要素（表 17-2），并将综合信息各专题异常曲线或区全部叠加在成矿要素图上，在表达时可以出单独预测要素如航磁的预测要素图。

表 17-2 新地沟式变质热液(绿岩)型金矿新地沟预测工作区预测要素表

成矿要素		描述内容	要素类别
地质环境	大地构造位置	Ⅱ华北陆块区,Ⅱ-4 狼山-阴山陆块(大陆边缘岩浆弧),Ⅱ-4-2 色尔腾山-太仆寺旗古岩浆弧(Ar_3)	重要
	成矿区带	Ⅲ-58 华北地台北缘西段 Au-Fe-Nb-REE-Cu-Pb-Zn-Ag-Ni-Pt-W-石墨-白云母成矿带,Ⅳ$_{58}^{1}$白云鄂博-商都 Au-Fe-Nb-REE-Cu-Ni 成矿亚带	重要
	区域成矿类型及成矿期	区域成矿类型为变质热液(绿岩)型,成矿期为新太古代末期至古元古代早期	重要
矿床特征	赋矿地质体	色尔腾山岩群柳树沟岩组	重要
	控矿侵入岩	变质流体参与金元素的迁移富集,变质分异作用越充分,矿化越好	次要
	主要控矿构造	主要受色尔腾山岩群柳树沟岩组控制,北西向带状展布的脆韧性剪切带是成矿溶液迁移的通道和沉淀的空间	必要
区内相同类型矿产		已知矿床 2 处	必要
地球物理特征	重力	布格重力起始值在$(-160\sim-138)\times10^{-5}m/s^2$之间,有利于成矿	次要
	航磁	航磁 ΔT 化极异常起始值在$-100\sim600$nT 之间,有利于成矿	重要
地球化学特征		Au 起始值在$(2\sim2.3)\times10^{-9}$之间,有利于成矿	重要
遥感特征		推测断层	次要

第三节 矿产预测

一、综合地质信息定位预测

(一)变量提取及优选

预测单元的划分是开展预测工作的重要环节,根据典型矿床成矿要素及预测要素研究,以及预测区提取的要素特征,本次选择网格单元法作为预测单元,根据预测底图比例尺确定网格间距为 2000m×2000m,图面为 40mm×40mm。

地质体、断层、遥感线要素进行单元赋值时采用区的存在标志;化探、剩余重力、航磁化极则求起始值的加权平均值,在变量二值化时利用异常范围值人工输入变化区间。

(二)最小预测区圈定及优选

根据圈定的最小预测区范围,选择新地沟金矿典型矿床所在的最小预测区为模型区,模型区内出露的地质体为色尔腾山岩群柳树沟岩组地层,Au 元素化探异常起始值$(2\sim2.3)\times10^{-9}$,模型区内有 1 条规模大、与成矿有关的北西向脆韧性剪切带,航磁起始值范围取$-6001\sim-100$nT,布格重力值起始值范围取$(-160\sim-138)\times10^{-5}m/s^2$。

预测区内有 2 个已知矿床且都为小型,采用少模型预测工程进行定位预测及分级。用综合信息网格单元法进行预测区的圈定，即利用 MRAS 软件中的建模功能，通过成矿必要要素的叠加圈定预测区。

(三)最小预测区圈定结果

本次工作共圈定最小预测区 7 个，其中 A 级 1 个(含已知矿体)，B 级 1 个，C 级 5 个，总面积 37.85km^2(图 17-9)。

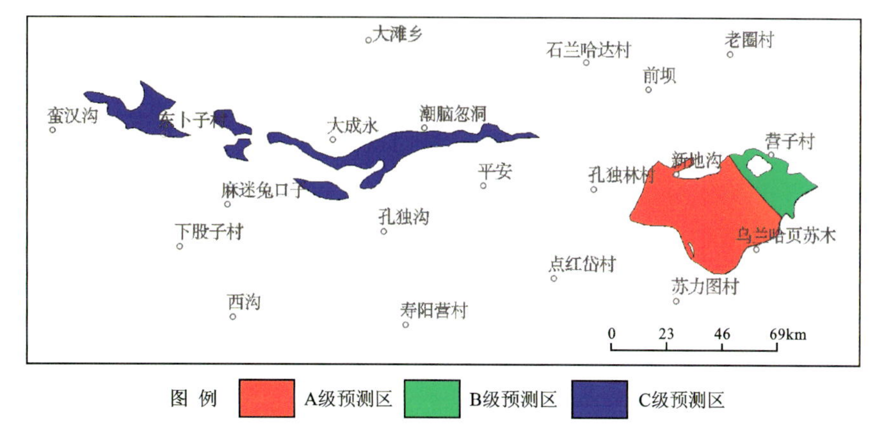

图 17-9　新地沟变质热液(绿岩)型金矿二道洼-新地沟预测工作区最小预测区圈定结果

(四)最小预测区地质评价

预测区位于内蒙古自治区中部，阴山山脉大青山东段。山势陡峻，沟壑纵横，属低中山区。海拔高度一般为 1550～1960m，最高 2020m。相对高差一般 400 余米。北京—包头铁路、110 国道由工作区通过，山区沟谷较宽，旱季可通行汽车，交通尚属方便。预测区属典型大陆性气候，年最低气温－30℃，最高 34℃。年降水量 200～400mm。本区经济以农业为主，兼营畜牧业及矿业。各最小预测区成矿条件及找矿潜力见表 17-3。

表 17-3　新地沟变质型金矿成矿条件及找矿潜力一览表

编号	名称	成矿条件及找矿潜力
A1511301001	新地沟	模型区，找矿潜力巨大。出露的地质体为色尔腾山岩群柳树沟岩组，矿体呈层状、似层状产于绢云绿泥石英片岩中，矿石中金属矿物主要为磁金矿、赤金矿、褐金矿、黄金矿、黄铜矿、方铅矿、闪锌矿及自然金。脉石矿物主要有石英、长石、方解石、绢云母、绿泥石、绿帘石等。航磁 ΔT 化极异常起始值在－100～600nT 之间，化探起始值在(2～2.3)×10^{-6}之间，北西向带状展布的脆韧性剪切带发育。找矿潜力极大
B1511301001	营子村南	出露的地质体为色尔腾山岩群柳树沟岩组，航磁 ΔT 化极异常起始值在－100～600nT 之间，化探起始值在(2～2.3)×10^{-6}之间。有一定的找矿潜力
C1511301001	潮脑忽洞南	出露的地质体为色尔腾山岩群柳树沟岩组，化探起始值在(2～2.3)×10^{-6}之间，北西向带状展布的脆韧性剪切带发育。具有一定的找矿潜力
C1511301002	孔独沟西北	出露的地质体为色尔腾山岩群柳树沟岩组，化探起始值在(2～2.3)×10^{-6}之间，北西向带状展布的脆韧性剪切带发育。可能有找矿潜力
C1511301003	仁义三号西南	出露的地质体为色尔腾山岩群柳树沟岩组，北西向带状展布的脆韧性剪切带发育。可能有找矿潜力

续表 17-3

编号	名称	成矿条件及找矿潜力
C1511301004	雷山村北	出露的地质体为色尔腾山岩群柳树沟岩组，北西向带状展布的脆韧性剪切带发育。可能有找矿潜力
C1511301005	东卜子村	出露的地质体为色尔腾山岩群柳树沟岩组，北西向带状展布的脆韧性剪切带发育。可能有找矿潜力

二、综合信息地质体积法估算资源量

（一）典型矿床深部及外围资源量估算

查明资源量来源于《截至 2009 年底内蒙古自治区矿产资源储量表》中察哈尔右翼中旗新地沟金矿上半沟矿段及矿区中矿段金矿储量之和，共计 2225kg。体重、金品位、延深及依据均来源于 2003 年内蒙古自治区地质调查院《大青山绿岩型金矿报告》，体重平均值 2.67t/m^3，品位平均值 3.09×10^{-6}，延深从“大青山绿岩型金矿报告新地沟 0 勘探线地质剖面图”，量为 160m，由于是陡倾斜矿体，用垂深。矿床面积为该矿段各矿体、矿脉区边界范围的面积，采用 2003 年《大青山绿岩型金矿报告》察哈尔右翼中旗新地沟矿区地形地质草图，在 MapGIS 软件下读取数据，计算出实际平面面积 50 884m^2。

由于新沟金矿区中段只有一个深部探矿工程且未完全揭露矿体，所以矿体延深借鉴与新沟金矿区比邻，位于同一成矿带上的油娄沟金矿的 0 勘探线地质剖面图，其勘探网度为 160m×160m，因此确定 330m 作为预测深度。新沟金矿区实际勘查深度为 160m，所以向深部推测 170m。

根据该矿各矿体、矿脉聚积区边界范围取得的外推面积为 397 820m^2。

新地沟金矿典型矿床深部及外围资源量估算结果见表 17-4。

表 17-4　新地沟金矿典型矿床深部及外围资源量估算一览表

典型矿床		深部及外围		
已查明资源量	158kg	深部	面积	50 884m^2
面积	448 704m^2		深度	170m
深度	330m	外围	面积	397 820m^2
品位	3.09×10^{-6}		深度	330m
密度	2.67g/cm^3	预测资源量		2 714.66kg
体积含矿率	0.000 019 4kg/m^3	典型矿床资源总量		2 872.66kg

（二）模型区的确定、资源量及估算参数

模型区是指典型矿床所在位置的最小预测区，新地沟模型区系 MRAS 定位预测后，经手工优化圈定的。新地沟金矿典型矿床位于新地沟模型区内。模型区预测资源量为新地沟金矿查明资源量＋新地沟金矿预测资源量，即 2225＋2 714.66＝4 939.66(kg)（金属量）。模型区面积为最小预测区加以人工

修正后的面积，在MapGIS软件下读取、换算后求得，为18.86km²。延深指典型矿床总延深(查明+预测)，即330m。含矿地质体面积指模型区内含矿建造的面积，在MapGIS软件下读取、换算后求得，为18.86km²，与模型区面积一致。含矿地质体面积参数=含矿地质体面积/模型区面积=18.86/18.86=1.00。见表17-5。

表17-5　新地沟变质型金矿模型区预测资源量及其估算参数表

编号	名称	模型区预测资源量(kg)	模型区面积(km²)	延深(m)	含矿地质体面积(km²)	含矿地质体面积参数
A1511301001	新地沟	4 939.66	18.86	330	18.86	1

(三)最小预测区预测资源量

新地沟金矿预测工作区最小预测区资源量定量估算采用地质体积法进行估算(表17-5)。

1. 估算参数的确定

延深的确定是在分析最小预测区含矿地质体地质特征、岩体的形成深度、矿化蚀变、矿化类型的基础上进行的，结合典型矿床深部资料，目前钻探工程已控制到250m，其勘探网度为160m×160m，经专家综合分析，确定含矿地质体的延深($H_{预}$)为330m，见表17-6。

相似系数(α)，从MRAS软件下形成的特征分析法定位预测专题(.WP)区文件属性中选取"成矿概率"作为相似系数。

2. 最小预测区预测资源量估算结果

本次预测资源总量为6 022.18kg(不包括2225kg已查明资源储量)，各最小预测区预测资源量见表17-6。

表17-6　新地沟预测工作区最小预测区估算成果表

最小预测区编号	最小预测区名称	$S_{预}$(km²)	$H_{预}$(m)	K_S	K(kg/m³)	α	$Z_{预}$(kg)	资源量级别
A1511301001	新地沟	18.86	330	1	0.000 000 794	1	2 714.66	334-1
B1511301001	营子村南	4.64	330	1	0.000 000 794	0.82	996.93	334-2
C1511301001	潮脑忽洞南	7.58	330	1	0.000 000 794	0.69	1 370.42	334-2
C1511301002	孔独沟西北	1.16	330	1	0.000 000 794	0.53	161.09	334-2
C1511301003	仁义三号西南	1	330	1	0.000 000 794	0.53	138.88	334-2
C1511301004	雷山村北	0.64	330	1	0.000 000 794	0.53	88.88	334-2
C1511301005	东卜子村	3.97	330	1	0.000 000 794	0.53	551.32	334-2

(四)预测工作区预测成果汇总

新地沟变质热液(绿岩)型金矿预测工作区资源量级别参照下述标准进行了划分，334-1：已知矿床深部及外围的预测资源量。334-2:同时具备直接(包括含矿矿点、矿化点、重要找矿线索等)和间接找矿标志的最小预测单元内的预测资源量(间接找矿标志包括物探等),资料精度大于或等于1∶5万。334-3:只有间接找矿标志的最小预测单元内预测资源量,预测资料精度小于或等于1∶20万的预测单元内资源量。以新地沟式变质热液(绿岩)型金矿新地沟预测工作区为单位,按照500m以浅、1000m以浅、2000m以浅统计预测资源量。

根据矿产潜力评价预测资源量汇总标准,新地沟式变质型金矿预测工作区按精度、预测深度、可利用性、可信度统计分析结果见表17-7。

表17-7　新地沟金矿预测工作区资源量估算汇总表　单位:kg

深度	精度	可利用性		可信度			合计
		可利用	暂不可利用	≥0.75	≥0.5	≥0.25	
500m以浅	334-1	2 714.66	—	2 714.66	2 714.66	2 714.66	2 714.66
	334-2	3 307.52	—	—	996.93	2 310.59	3 307.52
	334-3	—	—	—	—	—	—
合计							6 022.18

第十八章　四五牧场式隐爆角砾岩型金矿预测成果

第一节　典型矿床特征

一、典型矿床地质特征及成矿模式

(一)典型矿床特征

1. 矿区地质

矿区的出露地层:①中侏罗统塔木兰沟组:由浅及深构成粗安岩—碎屑岩—粗安岩—碎屑岩—粗安岩5个旋回。粗安岩是主要的赋矿地层。②上侏罗统白音高老组:由深至浅为英安质角砾凝灰岩—流纹岩—凝灰岩+凝灰角砾岩互层—流纹质火山角砾岩。地层倾角为10°。③大磨拐河组:砂砾岩、粉砂岩、泥岩。④第四系为松散的冲洪积砂砾石。

矿区侵入岩不发育,仅在北矿化蚀变带东端见侏罗纪钾长花岗岩,面积约1km²。在矿区的南侧沿莫勒格尔河谷分布的线性高磁异常(K4),位于帕英湖-八一牧场断裂带上,异常特征与已知的石炭纪、侏罗纪侵入岩特征相似,可能是侵入岩脉的反映,亦有可能与四五牧场金矿的成因有联系。

四五牧场金矿区具有一套特征的隐爆角砾岩。这套粗安质隐爆角砾岩主要分布在北矿化蚀变带,本身已强烈蚀变,构成蚀变带的核心。与金矿化关系密切,构成金矿体的主体部分(图18-1)。

矿区北东向断裂为主构造方向,以F1、F2断裂为代表,控制着超浅成侵入岩英安玢岩、隐爆角砾岩筒和矿体的产出,北西向断裂次之,且为后期破坏性构造,错断北东向断裂,但破坏程度不大。北东向帕英湖-八一牧场断裂从矿区东侧通过,其次级断裂为导矿和容矿构造。

2. 矿床特征

四五牧场金矿床内主要有北、南两个金矿化蚀变带。北矿化蚀变带位于矿区的北侧,矿化蚀变带南西段含矿好,发现3条矿体,而北东段含矿性较差。该蚀变带岩石蚀变具典型的酸性硫酸盐蚀变特征,矿石为蚀变的隐爆角砾岩。南矿化蚀变带位于矿区的南侧,此带含两条金矿体,岩石蚀变类型以硅化石英、绢云母化及弱的黏土化为特征,蚀变类型不同于北矿化蚀变带。

四五牧场金矿床内共圈定5条金矿体,编号为Ⅲ-1、Ⅲ-2、Ⅲ-3(北成矿带),Ⅰ-1、Ⅰ-2(南成矿带),矿体赋存在塔木兰沟组粗安类岩石中(图18-2)。各矿体特征见表18-1。

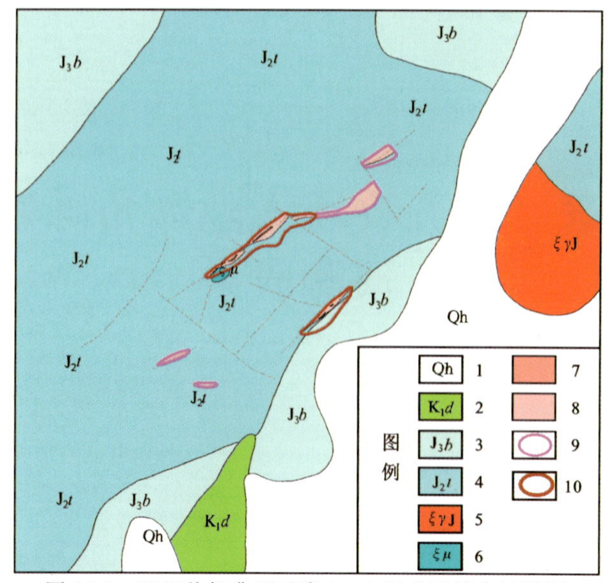

图 18-1　四五牧场典型矿床 1∶1 万矿区综合地质图

(据《内蒙古自治区陈巴尔虎旗四五牧场金矿Ⅰ、Ⅲ矿体储量说明书》,内蒙古自治区第六地质勘察院,2001 修编)

1.第四系全新统冲洪积砂砾石及残坡积层;2.下白垩统大磨拐河组:砂砾岩、粉砂岩、泥岩;3.上侏罗统白音高老组:灰白色流纹岩、流纹质凝灰角砾岩、凝灰角砾熔岩;4.中侏罗统塔木兰沟组:玄武安山岩、杏仁状安山岩、粗安岩、粗安质凝灰角砾岩、凝灰角砾熔岩;5.侏罗纪钾长花岗岩;6.英安玢岩;7.石英-地开石-明矾石化带;8.硅化-地开石-明矾石化带;9.矿体聚集区段边界范围;10.典型矿床外围预测范围

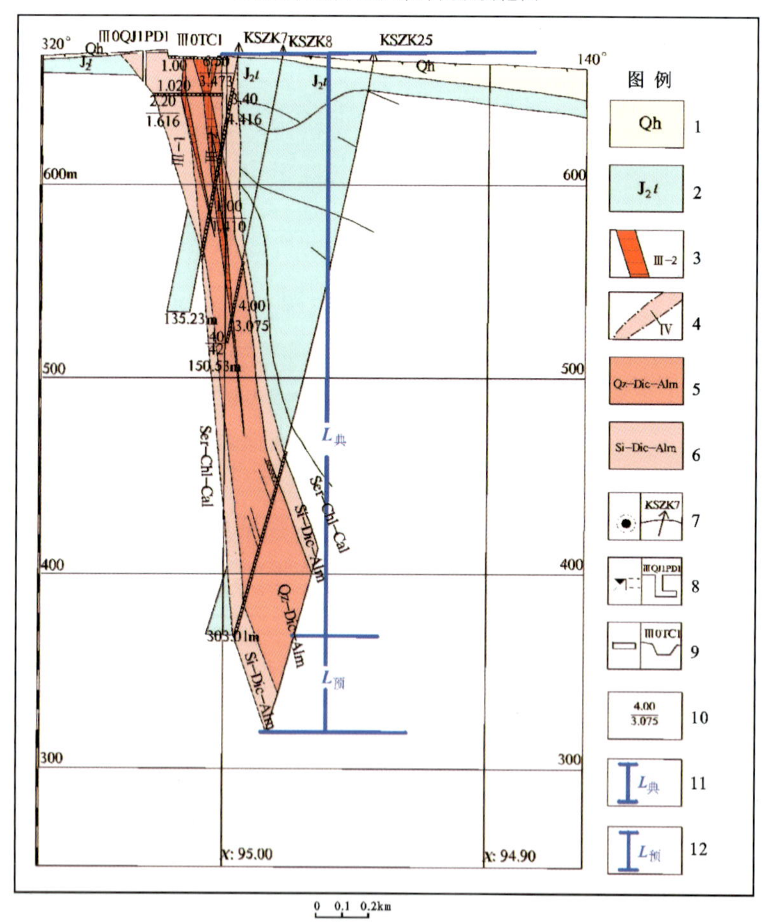

图 18-2　四五牧场典型矿床勘探线剖面图

(据《内蒙古自治区陈巴尔虎旗四五牧场金矿Ⅰ、Ⅲ矿体储量说明书》,内蒙古自治区第六地质勘察院,2001 修编)

1.第四系全新统冲洪积砂砾石及残坡积层;2.中侏罗统塔木兰沟组:玄武安山岩、杏仁状安山岩、粗安岩、粗安质凝灰角砾岩、凝灰角砾熔岩;3.金矿体及编号;4.蚀变带及编号;5.石英-地开石-明矾石化带;6.硅化-地开石-明矾石化带;7.见矿钻孔位置及编号;8.浅井、平巷位置及编号;9.探槽位置及编号;10.见矿厚度(m)/平均品位($\times10^{-6}$);11.典型矿床已探明深度;12.典型矿床预测深度

表 18-1　四五牧场金矿床矿体特征一览表

矿带号	矿体编号	延长(m)	延深(m)	形态	产状	矿体水平厚度(m)			矿石品位($\times10^{-6}$)			备注
						最大	最小	平均	最高	最低	平均	
北矿带	Ⅲ-1	45	100	脉状	140°∠80°	2.2	0.498	1.233	1.81	1.02	1.48	
	Ⅲ-2	120	190	脉状	140°∠80	15.341	0.966	5.752	4.416	1.10	3.23	+490～+610m标高伴生铜
	Ⅲ-3	90	12	脉状	走向50°，近直立	3.686	2.391	3.038	3.109	1.02	2.37	
南矿带	Ⅰ-1	23	12.5	透镜状	320°∠78°	4.70	0.577	2.213	3.125	1.24	2.79	
	Ⅰ-2	110	40	脉状	320°∠75°	5.89	1.657	3.176	8.993	1.657	5.77	

3. 矿石特征

四五牧场金矿石金属矿物种类有：北矿带见有自然金、自然铜、自然银、硫砷铜矿、蓝辉铜矿、黄铁矿、黄铜矿、辉铜矿、辉银矿、碘银矿、方铅矿，除自然铜外其他铜矿物均见于原生矿石中。而南矿带仅见有自然金、自然银、辉银矿、碘银矿和黄铁矿。脉石矿物有石英、长石、迪开石、明矾石、绢云母和少量高岭石、方解石等。

4. 矿石结构构造

北矿带矿石具明显的块状、角砾状构造特征。金属矿物呈浸染状、细脉状分布。岩石具明显的交代结构，形成石英交代岩、石英-迪开石交代岩、石英-明矾石交代岩。

南矿带矿石呈角砾状，具明显的构造破碎带特征。矿石由破碎石英角砾和黏土矿物组成。金属矿物黄铁矿及银矿物呈浸染状分布。

5. 矿床成因及成矿时代

矿床成因：四五牧场金矿成矿地质背景处于造山带环境。帕英湖-八一牧场断裂在成矿作用过程中起至关重要的作用，由于构造活动，晚中生代(J—K)岩浆热液(含 Au、Cu 及 Ca、SO_3、NaCl 等物质)，沿次级构造上浸并混入有部分大气降水，在塔木兰沟组粗安质火山岩地层这一有效地球化学障作用下，沉积成矿。其成因为侏罗纪—白垩纪火山-潜火山活动有关的 HS(高硫)型浅成低温热液型铜金矿床。

成矿时代：燕山中期(早白垩世中晚期 121～97.2Ma)。

(二)矿床成矿模式

四五牧场金矿体主要赋存在塔木兰沟组粗安质隐爆角砾岩筒中心部位，下部金品位变低但伴生铜矿，角砾岩筒平面上为北东向断续带状，由中心向外侧，蚀变有规律分带，依次为石英-高岭石-明矾石化带→硅化-高岭石-明矾石化带→弱硅化-碳酸盐化-绿泥石化-绢云母化带(图 18-3)。

二、典型矿床地球物理特征

(一)矿床所在位置航磁特征

由航磁图可见(图 18-4)，该区域的磁场总体展布方向为北东向。与区域构造线方向一致。从航磁 ΔT

等值线平面图上可见，金矿位于平稳负磁场区内的局部正磁异常的边部零值线附近，该局部正异常范围较小，可能与区内分布的侏罗纪安山岩、玄武岩有关。

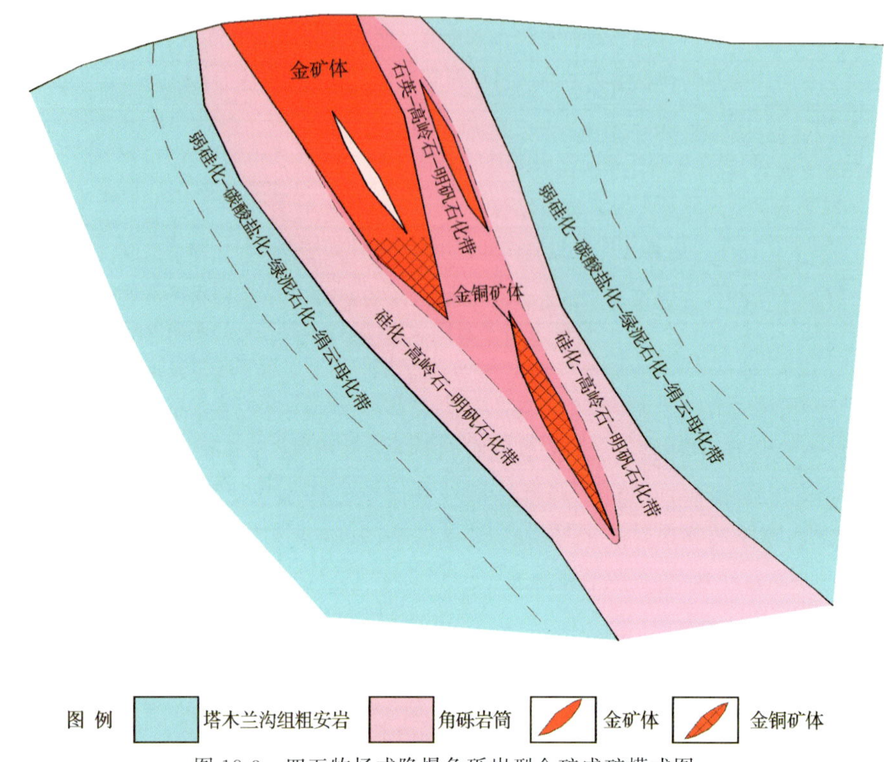

图 18-3　四五牧场式隐爆角砾岩型金矿成矿模式图

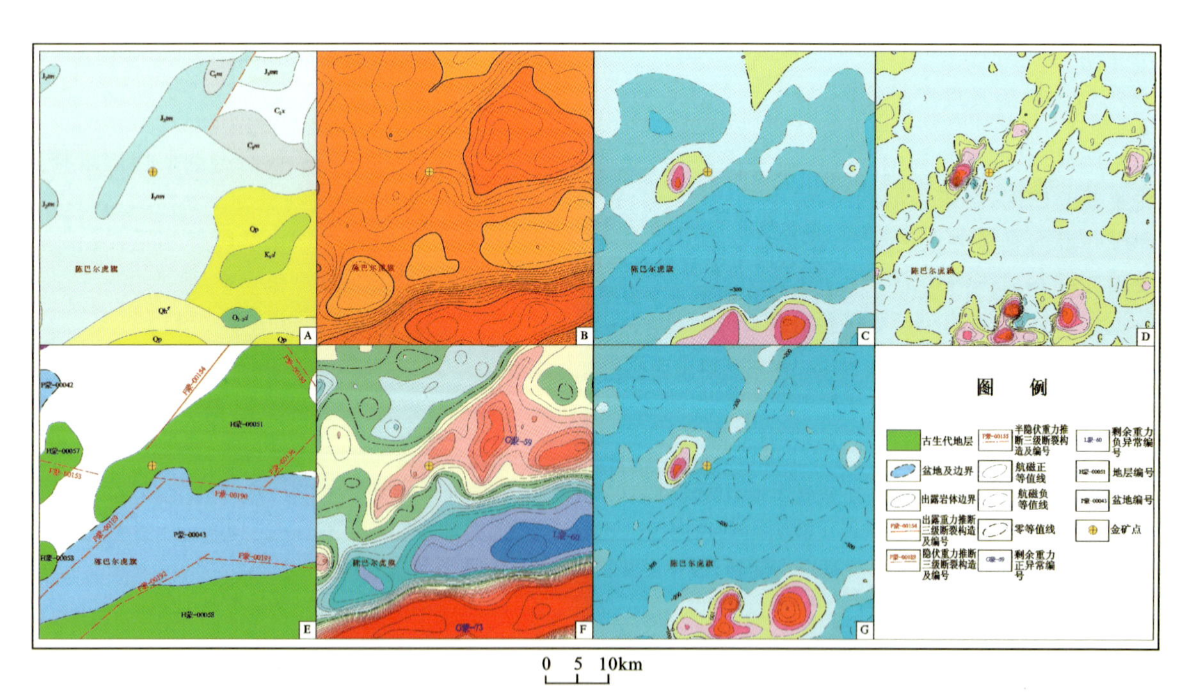

图 18-4　四五牧场典型矿床所在区域地质矿产及物探剖析图

A. 地质矿产图；B. 布格重力异常图；C. 航磁 ΔT 等值线平面图；D. 航磁 ΔT 化极垂向一阶导数等值线平面图；E. 重力推断地质构造图；F. 剩余重力异常图；G. 航磁 ΔT 化极等值线平面图

（二）矿床所在区域重力特征

由布格重力异常图及剩余异常图可见（图 18-4），四五牧场金矿北侧为明显的呈等轴状展布的高值区，其极值 $\Delta g-64.32\times10^{-5}\,m/s^2\sim-60.71\times10^{-5}\,m/s^2$，该高值区向西延伸并明显变成窄条状，金矿就位于这一地段，其附近重力值为 $-69.08\times10^{-5}\,m/s^2\sim-68.06\times10^{-5}\,m/s^2$。该高值区北西侧等值线呈近北东向展布的直线状分布的梯级带，推断该处存在一北东向断裂构造带 F 蒙-00154。与该高异常区对应的形成了剩余重力正异常 G 蒙-59，中心部位极值 $\Delta g8.93\times10^{-5}\,m/s^2\sim9.61\times10^{-5}\,m/s^2$，其分布形态与布格异常相近，北侧平直，但异常南侧边界多处发生弯曲，推断有两处北东向断裂带存在，F 蒙-00156、F 蒙-00190。异常北东段宽，向西南明显变窄，这是由于在北东段普遍分布有石炭纪地层，其密度为 $2.61g/m^3$，周围普遍分布有侏罗纪地层，其密度为 $2.5g/m^3$，可见这一区域的局部重力高与石炭纪地层分布有关，异常向西南变窄，说明石炭纪地层逐渐消失。在金矿以南存在一重力相对低值区，对应形成剩余重力负异常 L 蒙-60，极值 $\Delta g-13.2\times10^{-5}\,m/s^2$，该异常南北两侧均存在北东东向梯级带，但南侧等值线更密集。异常区内普遍分布第四纪地层，局部出露白垩纪地层，在其北侧是侏罗纪地层，南侧出露有奥陶纪地层，其密度为 $2.73g/m^3$，可见该地段两侧地质体密度差异更大，以至于表现为分布更密集的等值线。推断 L 蒙-60 两侧北东向展布的梯级带是由断裂构造引起。位于其间的负异常是中新生代断陷盆地引起。

三、典型矿床地球化学特征

与预测区相比较，四五牧场式隐爆角砾岩型金矿矿区周围存在以 Au 为主，伴有 Ag、As、Sb、Pb、Zn、Cd、W、Mo 等元素组成的综合异常；Au 为主要的成矿元素，Ag、As、Sb、Pb、Zn、Cd、W、Mo 为主要的伴生元素（图 18-5）。

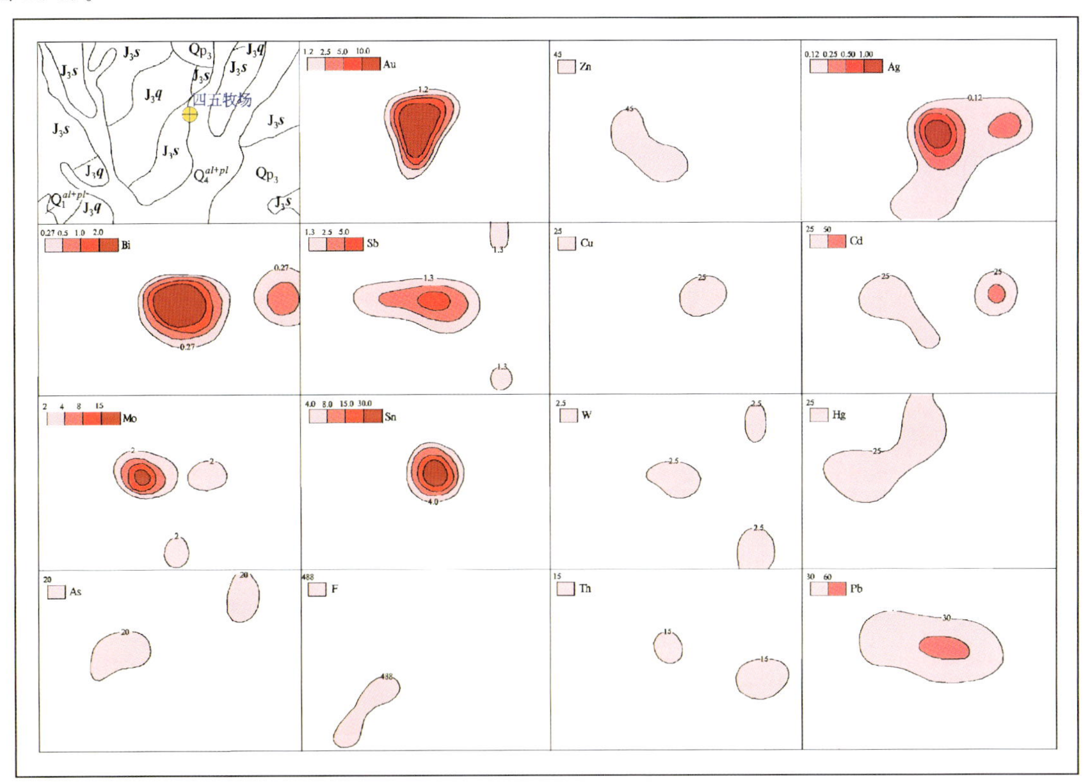

图例　Qh 第四系全新统　Qp_3 第四系上更新统　J_3s 上侏罗统上库利组　J_3q 上侏罗统七一牧场组　金矿

图 18-5　四五牧场式隐爆角砾岩型金矿典型矿床化探剖析图

Au 元素在四五牧场式地区呈高背景分布，浓集中心明显，异常强度高；As、Sb 为内带异常，Ag、Pb、Zn、Cd、W、Mo 为外带异常。

四、典型矿床预测模型

根据典型矿床成矿要素图和矿区 1∶1 万综合物探普查资料以及区域化探、重力、遥感资料，确定典型矿床预测要素，编制了典型矿床预测要素图。以典型矿床成矿要素表为基础，综合研究重力、航磁、化探、遥感、自然重砂等综合致矿信息，总结典型矿床预测要素(表 18-2)。

表 18-2　四五牧场式隐爆角砾岩型金矿典型矿床预测要素表

<table>
<tr><td colspan="2" rowspan="3">成矿要素</td><td colspan="4">描述内容</td><td rowspan="3">要素类别</td></tr>
<tr><td>储量</td><td>421kg</td><td>平均品位</td><td>3.66×10^{-6}</td></tr>
<tr><td>特征描述</td><td colspan="3">隐爆角砾岩-火山热液型金矿床</td></tr>
<tr><td rowspan="3">地质环境</td><td>构造背景</td><td colspan="4">牙克石-根河(晚古生代)造山带，喜桂图中海西褶皱带，哈达图牧场断隆(帕英湖-八一牧场大断裂 F2 南东侧)</td><td>必要</td></tr>
<tr><td>成矿环境</td><td colspan="4">造山带环境；北东向断裂为主构造方向，以 F1、F2 断裂为代表，控制着超浅成侵入岩英安玢岩、隐爆角砾岩筒和矿体的产出。赋矿地层为上侏罗统塔木兰沟组</td><td>必要</td></tr>
<tr><td>成矿时代</td><td colspan="4">侏罗纪—白垩纪(铅同位素测年 198～96Ma)</td><td>必要</td></tr>
<tr><td rowspan="8">矿床特征</td><td>矿体形态</td><td colspan="4">囊状、脉状、蝌蚪状</td><td>重要</td></tr>
<tr><td>岩石类型</td><td colspan="4">安山岩、玄武安山岩、杏仁状粗安岩、粗安岩、粗安质火山角砾岩、角砾凝灰岩、凝灰角砾岩</td><td>重要</td></tr>
<tr><td>岩石结构</td><td colspan="4">粗安岩为斑状结构，斑晶为板柱状斜长石，基质具玻基交织结构</td><td>次要</td></tr>
<tr><td>矿物组合</td><td colspan="4">自然金、自然铜、自然银、硫砷铜矿、蓝辉铜矿、黄铁矿、黄铜矿、辉铜矿、辉银矿、碘银矿、方铅矿，除自然铜外其他铜矿物均见于原生矿石中</td><td>重要</td></tr>
<tr><td>矿石结构构造</td><td colspan="4">北矿带矿石具明显的块状、角砾状构造特征。金属矿物呈浸染状、细脉状分布。岩石具明显的交代结构，形成石英交代岩、石英-地开石交代岩、石英-明矾石交代岩。南矿带矿石呈角砾状，具明显的构造破碎带特征。矿石由破碎石英角砾和黏土矿物组成。金属矿物黄铁矿及银矿物呈浸染状分布</td><td>次要</td></tr>
<tr><td>蚀变特征</td><td colspan="4">北矿化蚀变带：岩石蚀变类型具典型的酸性硫酸盐蚀变特征。
南矿化蚀变带：蚀变带主体发育在塔木兰沟组中，岩石蚀变以硅化、绢云母化、高岭土化及青磐岩化为主</td><td>次要</td></tr>
<tr><td>控矿条件</td><td colspan="4">北东向帕英湖-八一牧场断裂从矿区东侧通过，其次级断裂为导矿和容矿构造</td><td>必要</td></tr>
<tr><td colspan="2">地球物理特征</td><td colspan="4">北东向线性负磁异常带或低磁异常带，视电阻率线性高阻异常及弱极化率异常能反映出蚀变带的分布范围</td><td>重要</td></tr>
<tr><td colspan="2">地球化学特征</td><td colspan="4">矿区周围存在以 Au 为主，伴有 Ag、As、Sb、Pb、Zn、Cd、W、Mo 等元素组成的综合异常；Au 为主要的成矿元素，Ag、As、Sb、Pb、Zn、Cd、W、Mo 为主要的伴生元素</td><td>必要</td></tr>
</table>

第二节　预测工作区研究

一、区域地质特征

（一）成矿地质背景

四五牧场预测工作区大地构造属Ⅰ天山-兴蒙造山系，Ⅰ-Ⅰ大兴安岭弧盆系，Ⅰ-Ⅰ-2额尔古纳岛弧（Pz_1），Ⅰ-Ⅰ-3海拉尔-呼玛弧后盆地（Pz）。成矿区带划分属Ⅰ-4滨太平洋成矿域，Ⅱ-13大兴安岭成矿省，Ⅲ-47新巴尔虎右旗（拉张区）Cu-Mo-Pb-Zn-Au-萤石-煤（铀）成矿带，Ⅳ$^{3}_{47}$陈巴尔虎右旗-根河Au成矿亚带（Y），Ⅴ$^{3-1}_{47}$四五牧场金矿集区（Y）。

四五牧场金矿床赋存在塔木兰沟组中基性火山岩内，该套地层中的粗安岩、粗安质火山碎屑岩具斑状结构，粗安质隐爆角砾岩具角砾状构造，相对疏松，便于矿液的运移、储存，该套岩性控制了矿液的沉淀。

四五牧场矿区内岩浆岩不发育，仅见两处小型岩株，矿区南侧隐伏岩体（高磁异常）的存在，提供了热源，也提供了成矿流体的最初来源。

四五牧场金矿床位于沉降带中的相对隆起部位，帕英湖-八一牧场大断裂控制着侏罗纪侵入岩的分布，其北西侧的断裂构造发育，北东向断裂构造控制着超浅成英安玢岩侵入体及粗安质隐爆角砾岩的分布，与金矿化关系密切，成为控矿构造，北西向断裂对矿化蚀变带有破坏作用。

（二）区域成矿模式

成矿模式见图18-6。

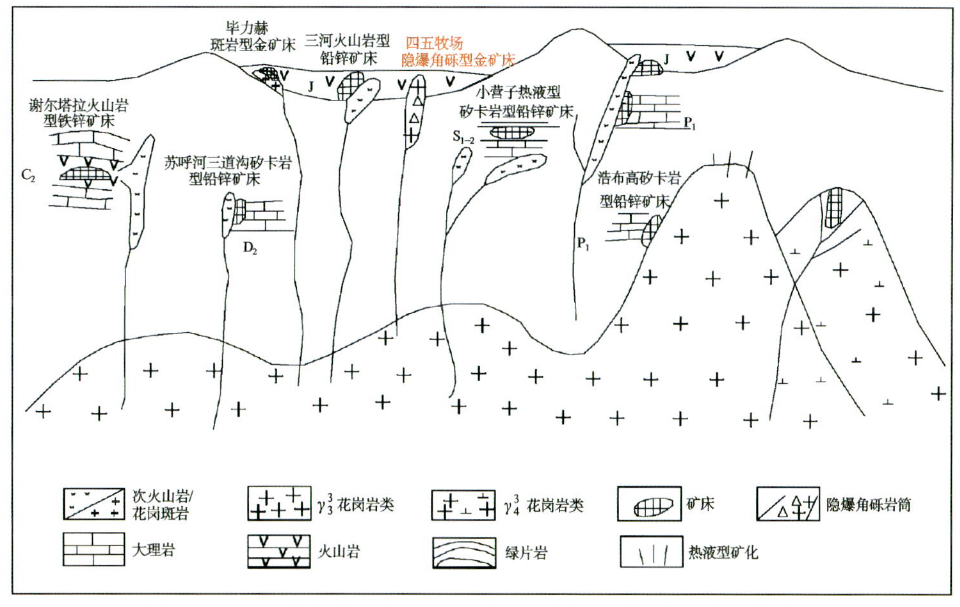

图18-6　四五牧场式火山岩型金矿四五牧场预测工作区成矿模式图

二、区域地球物理特征

(一)磁法

在航磁 ΔT 等值线平面图上,四五牧场预测区磁异常幅值范围为 $-3300\sim2000$nT,预测区以 $-100\sim100$nT 为磁异常背景,整个预测区异常呈北东向排布,形态以串珠状、条带状为主。预测区东北部为正负相间的杂乱磁异常,强度和梯度变化较大,多为串珠状排列;预测区西部为块状正异常区,异常面积较大,以条带状和椭圆状异常为主,强度和梯度变化没有东部磁异常大;预测区中部和南部多以平缓磁场为背景,其间夹杂北东向串珠状和椭圆状异常,但异常面积较小。四五牧场位于预测区东南部,磁异常背景为串珠状异常梯度变化带上,$200\sim250$nT 等值线附近。

四五牧场预测区磁法共推断断裂 22 条、侵入岩体 23 个、火山岩地层 55 个。

断裂构造走向与磁异常轴一致,多为北东向走向,磁场标志为不同磁场分界线和串珠状异常。预测区大部分磁异常为广泛分布的火山岩地层引起,其中预测区西部面积较大、形态较规则的块状正异常为侵入岩体引起,预测区东南部也有一些小面积正异常为侵入岩体引起。

(二)重力

由布格重力异常图、剩余重力异常、推断地质构造图可见,德尔布干深大断裂 F 蒙-02002 从该预测区北侧穿过。布格重力异常总体呈北东向展布,与区域构造线方向一致。沿断裂带存在一北东向展布的梯级带,该梯级带北西侧布格重力异常较高,南东侧相对较低。对应的沿断裂形成北东向展布的正负相间的带状剩余重力异常,G 蒙-56,L 蒙-57、G 蒙-70、G 蒙-71 等。预测区剩余重力异常的总体展布方向亦为北东向。

断裂带北侧的剩余重力正异常 G 蒙-56,北东向延长一百多千米,最大值 $\Delta g11\times10^{-5}\mathrm{m/s^2}\sim12\times10^{-5}\mathrm{m/s^2}$,该区域出露一套基性火山岩,其平均密度 $2.71\mathrm{g/cm^3}$,可见该异常与这套基性岩有关。在断裂带南侧的负异常 L 蒙-57,沿北东向延长近 200km,极值 $-22\times10^{-5}\mathrm{m/s^2}\sim-14\times10^{-5}\mathrm{m/s^2}$,这一区域普遍分布有第四纪地层,零星分布有白垩纪地层,显然该异常是由这一中新生界断陷盆地引起。在其南侧分布的条带状正异常 G 蒙-70、G 蒙-71 及 G 蒙-56 北侧分布的 G 蒙-55 剩余重力正异常都是因元古宙基底隆起所致。预测区东北部的 G 蒙-44 剩余重力正异常是基性岩与古生代地层共同作用的结果。四五牧场金矿位于预测区的东南部,由前述知,其所在区域的剩余重力异常 G 蒙-59 是古生代基底隆起所致,L 蒙-60 是中新生界断陷盆地引起。

综合分析布格重力异常和剩余重力异常、地质特征认为:该预测区 G 蒙-44 号剩余重力正异常区 $\Delta g7.83\times10^{-5}\mathrm{m/s^2}\sim8.74\times10^{-5}\mathrm{m/s^2}$,与 G 蒙-59 号正剩余重力异常类似,可作为找金矿靶区。

三、区域地球化学特征

预测区上分布有 Ag、As、Au、Cd、Cu、Mo 等元素组成的高背景区带,在高背景区带中有以 Ag、As、Au、Cd、Cu、Mo 为主的多元素局部异常。预测区内共有 30 个 Ag 异常,38 个 As 异常,27 个 Au 异常,57 个 Cd 异常,33 个 Cu 异常,45 个 Mo 异常,29 个 Pb 异常,31 个 Sb 异常,41 个 W 异常,36 个 Zn 异常。

预测区南部 Ag 呈背景、高背景分布,存在明显的浓集中心和浓度分带;As 在预测区中部多呈高背景分布，存在多处浓集中心，浓集中心明显，异常强度高；Au 在预测区中部存在一条东西向的高背景区，其他区域呈背景、低背景分布；Cd、Sb 在预测区呈高背景分布，存在明显的浓度分带和浓集中心，浓集中心分散且范围较小；Cu 在预测区多呈高背景分布，在预测区北东部存在范围较大的浓集中心，浓集中心明显，异常强度高，八大关铜矿—西乌珠尔地区，Cu 元素浓集中心明显，异常强度高，呈北东向带状分布；W、Mo 在预测区中部呈高背景分布，Mo 在四五牧场北西存在范围较大的浓集中心，浓集中心明显，强度高，W 在四五牧场附近存在一条北西向的浓度分带，浓集中心明显，异常强度高；Pb 在预测区多呈背景分布，在北西部存在一条明显的浓度分带；Zn 在预测区北东部存在明显的局部异常。

预测区上异常套合较好的编号为 AS1 和 AS2，异常元素有 Au、Sb、Cu、Pb、Zn、Ag、Cd，Au 元素浓集中心明显，异常强度高，与其他元素套合较好。

四、区域遥感影像及解译特征

本工作区共解译出 181 条断裂带，其中解译出巨型断裂带 1 条，额尔齐斯-得尔布干断裂带，呈北东方向贯穿于工作区西北角。具有左行剪切性质，是额尔古纳晚元古代地槽褶皱带与牙克石中海西期地槽褶皱带的界线，向西与蒙古断裂相接，它控制着得耳布尔多金属成矿带（图 18-7）。

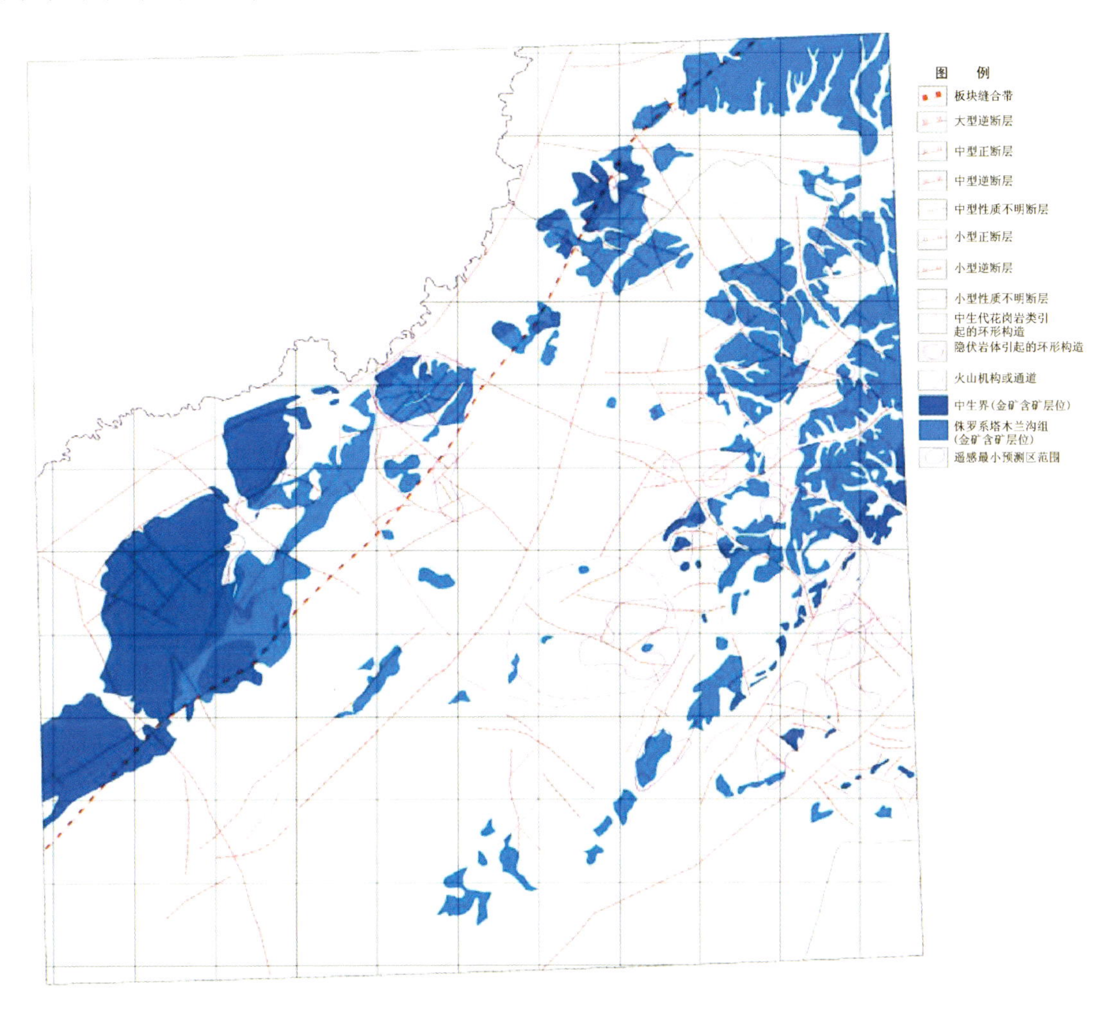

图 18-7 四五牧场式金矿预测工作区影像图

两条大型断裂带：帕英湖-八一牧场断裂和额尔古纳深大断裂，额尔古纳深大断裂呈北东方向从该区西北角通过，帕英湖-八一牧场断裂则从工作区东南角穿过。

本区所处区域构造环境是四级构造单元：①八大关隆起（额尔齐斯-德尔布干深断裂北西侧）；②特兰图坳陷（额尔齐斯-德尔布干深断裂的南东侧）；③海拉尔-根河中生代火山岩盆地；④哈达图牧场断隆（帕英湖-八一牧场大断裂F2南东侧）；⑤海拉尔含煤盆地。以德尔布干深大断裂为界，四五牧场金矿位于喜桂图旗火山型被动陆缘。

本幅内共解译出的中小型断裂带，以北东向断裂为主构造方向，控制着超浅成侵入岩英安玢岩、隐爆角砾岩筒和矿体的产出，北西向断裂次之，且为后期破坏性构造，错断北东向断裂，但破坏程度不大。

四五牧场金矿床位于沉降带中的相对隆起部位，帕英湖-八一牧场大断裂控制着侏罗纪侵入岩的分布，其北西侧的断裂构造发育，北东向断裂构造控制着超浅成英安玢岩侵入体及粗安质隐爆角砾岩的分布，与金矿化关系密切，成为控矿构造，北西向断裂对矿化蚀变带有破坏作用。

根据影像图解译了42个环，环形构造影像特征主要是影纹纹理边界清楚，花岗岩内植被发育，纹理光滑，构造隆起成山。构造穹隆引起的环形构造，影像上整个块体隆起，呈椭圆状，主要为环形沟谷及盆地边缘线构成，边界清晰，山脊和山沟以山顶为中心向四周呈放射状发散。金矿体主要产在小伊诺盖沟花岗斑岩体内，少数产于花岗斑岩与额尔古纳河组的接触部位。按其成因分为3种类型，中生代花岗岩引起的环形构造、火山通道以及由隐伏岩体引起的环形构造。隐伏岩体的存在，提供了热源，也提供了成矿流体的最初来源。

带要素主要包括赋矿地层、赋矿岩层相关的遥感信息。不同板块、不同地质构造单元、不同目的矿种的赋矿层位或矿源层位都不尽相同，因此带要素的具体含义亦不尽相同。预测区内解译了71条带要素。四五牧场金矿床赋存在塔木兰沟组中基性火山岩内，该套地层中的粗安岩、粗安质火山碎屑岩具斑状结构，粗安质隐爆角砾岩具角砾状构造，相对疏松，便于矿液的运移、储存，该套岩性控制了矿液的沉淀。

色要素在此指的侵入岩，仅在侏罗系塔木兰沟组粗安岩中见一小型的英安玢岩岩株。在矿区的南侧沿莫勒格尔河谷分布的线性高磁异常，位于帕英湖-八一牧场断裂带上，异常特征与已知的石炭纪、侏罗纪侵入岩特征相似，可能是侵入岩脉的反映，亦有可能与四五牧场金矿的成因有联系。

五、区域预测模型

区域预测要素图以区域成矿要素图为基础，综合研究重力、航磁、化探、遥感、自然重砂等综合致矿信息，总结区域预测要素（表18-3），并将综合信息各专题异常曲线或区全部叠加在成矿要素图上，在表达时可以出单独预测要素如航磁的预测要素图。

表18-3　四五牧场式火山岩型金矿四五牧场预测工作区预测要素表

成矿要素		描述内容	要素类别
地质环境	大地构造位置	Ⅰ天山-兴蒙造山系，Ⅰ-Ⅰ大兴安岭弧盆系，Ⅰ-Ⅰ-2额尔古纳岛弧（Pz_1），Ⅰ-Ⅰ-3海拉尔-呼玛弧后盆地（Pz）	必要
	成矿区（带）	Ⅰ-4滨太平洋成矿域，Ⅱ-13大兴安岭成矿省，Ⅲ-47新巴尔虎右旗（拉张区）Cu-Mo-Pb-Zn-Au-萤石-煤（铀）成矿带，$Ⅳ_{47}^{3}$陈巴尔虎旗-根河Au成矿亚带（Y），$Ⅳ_{47}^{3-1}$四五牧场金矿集区（Y）四五牧场金矿	必要
	区域成矿类型及成矿期	火山岩型，侏罗纪—白垩纪	必要

续表 18-3

成矿要素		描述内容	要素类别
控矿地质条件	赋矿地质体	中侏罗世—早白垩世熔岩、火山碎屑岩、次火山岩、近火口浅成侵入岩	必要
	控矿侵入岩	中侏罗世—早白垩世次火山岩、近火口浅成侵入岩	必要
	主要控矿构造	北东向大断裂及其次级的断裂或破碎带，北东向带状展布的火山口	重要
区内相同类型矿产		小型金矿床 1 个	重要
地球物理特征		串珠状低重力异常带的边缘，北东向正磁异常区的低-负磁带状异常是矿化蚀变带的反映	次要
地球化学特征		具 Au 异常及 Au、Ag、Sb、Bi 等低温常见元素组合异常	重要
遥感特征		遥感解译线状、环状构造，蚀变羟基最小预测区	次要

预测模型图的编制，以地质剖面图为基础，叠加区域航磁及重力剖面图而形成，简要表示预测要素内容及其相互关系，以及时空展布特征（图 18-8）。

第三节　矿产预测

一、综合地质信息定位预测

（一）变量提取及优选

预测单元的划分是开展预测工作的重要环节，根据典型矿床成矿要素及预测要素研究，以及预测区提取的要素特征，本次选择网格单元法作为预测单元，根据预测底图比例尺确定网格间距为 1000m×1000m，图面为 10mm×10mm。

（二）最小预测区圈定及优选

选择四五牧场典型矿床所在的最小预测区为模型区，模型区内出露的地质体主要为塔木兰沟组及满克头鄂博组，Au 元素化探异常起始值 $>4.2\times10^{-9}$，具化探综合异常，北东向带状磁异常及 3 个遥感最小预测区。

由于预测工作区内只有一个矿床，故采用少模型预测工程进行预测，预测过程中先后采用了数量化理论Ⅲ、聚类分析、神经网络分析等方法进行空间评价，并采用人工对比预测要素，比照形成的色块图，最终确定采用神经网络分析法作为本次工作的预测方法。

（三）最小预测区圈定结果

预测区的圈定与优选采用少模型网格单元神经网络法，采用 1.0km×1.0km 规则网格单元，在 MRAS2.0 下进行预测区的圈定与优选。然后在 MapGIS 下，根据优选结果，结合地质、物化遥实际资料，共圈定 A 级最小预测区 2 个，B 级最小预测区 4 个，C 级最小预测区 19 个详见图 18-9。

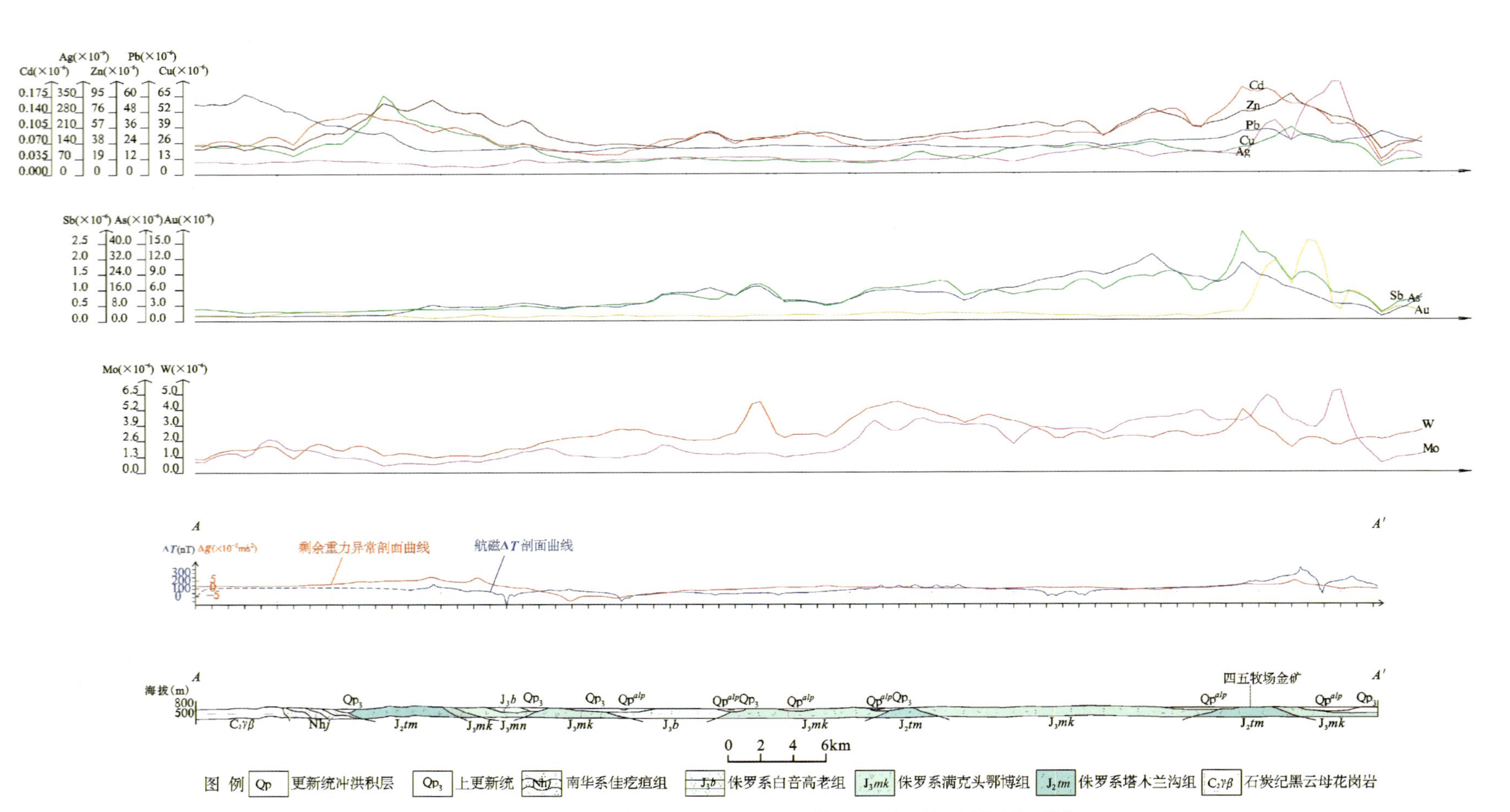

图 18-8　四五牧场式火山岩型金矿四五牧场预测工作区预测模型图

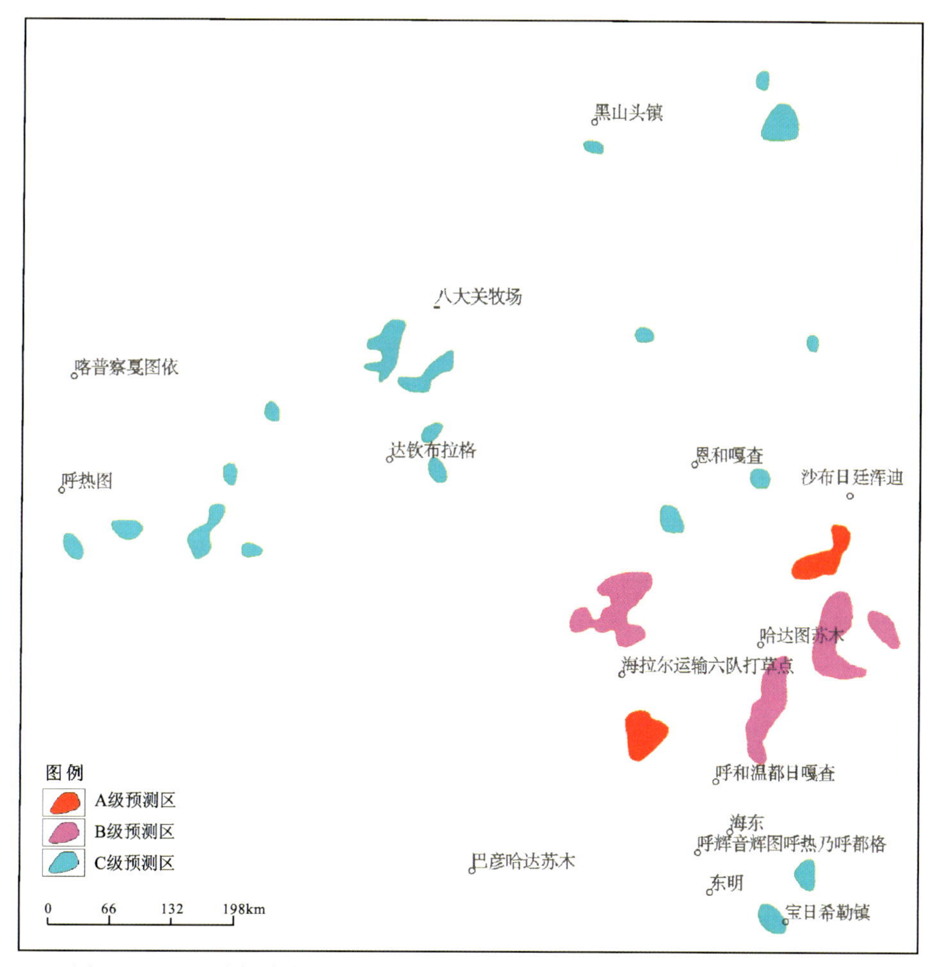

图 18-9　四五牧场式火山岩型金矿四五牧场预测工作区最小预测区优选分布图

(四)最小预测区地质评价

本次预测对全区 25 个最小预测区分别进行了评述，各最小预测区成矿条件及找矿潜力见表 18-4。

表 18-4　火山岩型金矿四五牧场预测工作区成矿条件及找矿潜力一览表

编号	名称	成矿条件及找矿潜力
A1511401001	四五牧场金矿	位于火山盆地中，出露塔木兰沟组、满克头鄂博组，有 1 个小型金矿床，具 Au 元素化探异常，化探综合异常，有北东向大断裂、3 个遥感最小预测区。找矿潜力巨大
A1511401002	哈达图苏木北东 827 高地	位于火山盆地边，出露宝力高庙组、莫尔根河组，北东向断裂、花岗斑岩脉，具 Au 元素化探异常，化探综合异常，有北东向断裂、2 个遥感最小预测区。找矿潜力大
B1511401001	四五牧场金矿北	位于火山盆地中，出露塔木兰沟组、满克头鄂博组，具 Au 元素化探异常，化探综合异常，有 2 个遥感最小预测区、1 个大型隐伏岩体。具有较好的找矿潜力
B1511401002	哈达图苏木东	出露白音高老组、满克头鄂博组及北东向花岗斑岩脉，具 Au 元素化探异常，化探综合异常，有北东向大断裂、2 个遥感最小预测区。具有较好的找矿潜力
B1511401003	哈达图苏木南东 830 高地	出露塔木兰沟组、满克头鄂博组，具 Au 元素化探异常，有 3 个遥感最小预测区、2 个隐伏岩体。具有较好的找矿潜力

续表 18-4

编号	名称	成矿条件及找矿潜力
B1511401004	哈达图苏木东771高地	位于火山盆地边，出露满克头鄂博组及北东向流纹斑岩脉，具Au元素化探异常，化探综合异常，有北东向断裂、1个遥感最小预测区。具有较好的找矿潜力
C1511401001	黑山头镇北东	位于火山盆地边，出露塔木兰沟组，具Au元素化探异常，北东向大断裂北西侧。具有一定的找矿潜力
C1511401002	黑山头镇南	位于火山盆地中，出露侏罗纪钾长花岗岩，有1个遥感最小预测区。找矿潜力一般
C1511401003	黑山头镇东546高地	位于火山盆地边，出露塔木兰沟组，具Au元素化探异常，东西向大断裂与北东断裂交会处。具有一定的找矿潜力
C1511401004	八大关铜矿	位于火山盆地边，出露塔木兰沟组及晚侏罗世花岗闪长岩，具Au元素化探异常，位于北东向大断裂南东侧，有2个遥感最小预测区、1个隐伏岩体。具有一定的找矿潜力
C1511401005	八大关铜矿南东	位于火山盆地边，出露塔木兰沟组、满克头鄂博组、白音高老组，具Au元素化探异常，位于两条北东向大断裂中间，有2个遥感最小预测区、1个隐伏岩体。找矿潜力一般
C1511401006	恩和嘎查北西	位于火山盆地中，出露满克头鄂博组，具Au元素化探异常。找矿潜力一般
C1511401007	恩和嘎查北东	位于火山盆地中，出露满克头鄂博组，有1条北东断裂，有1个火山口。找矿潜力一般
C1511401008	达钦布拉格北西796高地北东	位于火山盆地边，出露佳疙疸组，具Au元素化探异常。找矿潜力一般
C1511401009	达钦布拉格北东	位于火山盆地中，均为覆盖，具Au元素化探异常，化探综合异常，位于北东向大断裂南东侧。找矿潜力一般
C1511401010	呼热图南东701高地南东	位于火山盆地边，多为覆盖，出露塔木兰沟组及晚侏罗花岗闪长岩，有北东向断裂，有1个遥感最小预测区。找矿潜力一般
C1511401011	达钦布拉格南东	位于火山盆地中，均为覆盖，具Au元素化探异常，化探综合异常，位于北东向大断裂南东侧。找矿潜力一般
C1511401012	恩和嘎查南816高地	位于火山盆地中，出露塔木兰沟组、满克头鄂博组及晚侏罗世石英闪长岩，具化探综合异常，有1个火山口及1个遥感最小预测区。具有一定的找矿潜力
C1511401013	恩和嘎查东	位于火山盆地中，出露塔木兰沟组、满克头鄂博组，具化探综合异常，有1条北西向断层，有1个隐伏岩体。找矿潜力一般
C1511401014	呼热图南东	位于早白垩世黑云母花岗岩体中，北东向大断裂南东侧，具Au元素化探异常，异常强度高。找矿潜力一般
C1511401015	呼热图南东730高地东	位于早白垩世黑云母花岗岩体中，北东向大断裂南东侧，具Au元素化探异常，异常强度高。找矿潜力一般
C1511401016	呼热图南东701高地东	位于火山盆地边，出露晚侏罗花岗闪长岩，具Au元素化探异常，有北东向大断裂通过，有2个遥感最小预测区。具有一定的找矿潜力
C1511401017	朝宁呼都格北940高地北	位于火山盆地中，出露塔木兰沟组，具Au元素化探异常。找矿潜力一般
C1511401018	宝日希勒镇北东	均为覆盖，具Au元素化探异常。找矿潜力一般
C1511401019	宝日希勒镇	多为覆盖，出露满克头鄂博组，具Au元素化探异常。异常强度高，有1个遥感最小预测区。找矿潜力一般

二、综合信息地质体积法估算资源量

(一)典型矿床深部及外围资源量估算

查明资源量、品位均来源于截至2009年内蒙古自治区主要矿区资源储量表，矿石体重、矿床面积($S_{典}$)是根据内蒙古自治区第六地勘院2001年8月提交的《内蒙古自治区陈巴尔虎旗四五牧场金矿Ⅰ、Ⅲ矿体储量说明书》及1：1万矿区综合地质图确定的，矿体延深($H_{典}$)依据控制矿体最深0勘探线剖面图确定，具体数据见表18-5。

表18-5 四五牧场金矿典型矿床深部及外围资源量估算一览表

<table>
<tr><th colspan="2">典型矿床</th><th colspan="3">深部及外围</th></tr>
<tr><td>已查明资源量</td><td>421kg</td><td rowspan="2">深部</td><td>面积</td><td>164 758m²</td></tr>
<tr><td>面积</td><td>164 758m²</td><td>深度</td><td>50m</td></tr>
<tr><td>深度</td><td>300m</td><td rowspan="2">外围</td><td>面积</td><td>98 012m²</td></tr>
<tr><td>品位</td><td>3.66%</td><td>深度</td><td>350m</td></tr>
<tr><td>密度</td><td>2.49kg/m³</td><td colspan="2">预测资源量</td><td>362kg</td></tr>
<tr><td>体积含矿率</td><td>0.000 008 5kg/m³</td><td colspan="2">典型矿床资源总量</td><td>783kg</td></tr>
</table>

(二)模型区的确定、资源量及估算参数

模型区是指典型矿床所在位置的最小预测区，四五牧场模型区系MRAS定位预测后，经手工优化圈定的。

四五牧场典型矿床位于四五牧场模型区内，模型区延深与典型矿床一致；模型区含矿地质体面积与模型区面积一致，经MapGIS软件下读取数据为22 069 427m²，该区没有其他矿床、矿(化)点，模型区资源量=783(kg)，见表18-6。

表18-6 火山岩型金矿四五牧场模型区预测资源量及其估算参数

编号	名称	模型区预测资源量(kg)	模型区面积(m²)	延深(m)	含矿地质体面积(m²)	含矿地质体面积参数
A1511401001	四五牧场	783	22 069 427	350	22 069 427	1

(三)最小预测区预测资源量

火山岩型金矿四五牧场预测工作区最小预测区资源量定量估算采用地质体积法进行估算。

1. 估算参数的确定

延深是根据模型区四五牧场金矿钻孔，以及最小预测区含矿地质体产状、含矿地质体的地表是否出露来确定。四五牧场预测工作区最小预测区相似系数的确定，主要依据最小预测区内含矿地质体本身

出露的大小、地质构造发育程度不同、磁异常特征、重力异常特征、Au元素化探异常,矿化蚀变发育程度及矿(化)点的多少等因素,由专家确定。

2. 最小预测区预测资源量估算结果

求得最小预测区资源量。本次预测资源总量为4246kg,预测区查明资源量421kg,详见表18-7。

表18-7 火山岩型金矿四五牧场预测工作区最小预测区估算成果表

最小预测区编号	最小预测区名称	已查明资源量(kg)	$S_{预}$(m²)	$H_{预}$(m)	K_S	K($\times10^{-6}$kg/m³)	α	$Z_{预}$(kg)	资源量级别
A1511401001	四五牧场金矿	421	22 069 427	350	1	0.101 4	1	362	334-1
A1511401002	哈达图苏木北东827高地		22 443 416	350	1	0.101 4	0.6	478	334-3
B1511401001	四五牧场金矿北		45 385 571	350	1	0.101 4	0.4	644	334-3
B1511401002	哈达图苏木东		39 005 886	350	1	0.101 4	0.5	692	334-3
B1511401003	哈达图苏木南东830高地		36 483 025	350	1	0.101 4	0.4	518	334-3
B1511401004	哈达图苏木东771高地		10 900 828	350	1	0.101 4	0.5	193	334-3
C1511401001	黑山头镇北东		3 326 337	350	1	0.101 4	0.35	41	334-3
C1511401002	黑山头镇南		3 243 191	350	1	0.101 4	0.2	23	334-3
C1511401003	黑山头镇东546高地		16 462 075	350	1	0.101 4	0.25	146	334-3
C1511401004	八大关铜矿		19 862 673	350	1	0.101 4	0.2	141	334-3
C1511401005	八大关铜矿南东		14 281 691	350	1	0.101 4	0.2	101	334-3
C1511401006	恩和嘎查北西		3 560 347	350	1	0.101 4	0.3	38	334-3
C1511401007	恩和嘎查北东		2 739 776	350	1	0.101 4	0.25	24	334-3
C1511401008	达钦布拉格北西796高地北东		3 575 627	350	1	0.101 4	0.35	44	334-3
C1511401009	达钦布拉格北东		4 459 970	350	1	0.101 4	0.35	55	334-3
C1511401010	呼热图南东701高地南东		3 873 154	350	1	0.101 4	0.25	34	334-3
C1511401011	达钦布拉格南东		5 326 085	350	1	0.101 4	0.35	66	334-3
C1511401012	恩和嘎查南816高地		7 949 240	350	1	0.101 4	0.3	85	334-3
C1511401013	恩和嘎查东		5 087 166	350	1	0.101 4	0.3	54	334-3
C1511401014	呼热图南东		5 804 224	350	1	0.101 4	0.25	51	334-3
C1511401015	呼热图南东730高地东		7 058 630	350	1	0.101 4	0.25	63	334-3
C1511401016	呼热图南东701高地东		13 540 695	350	1	0.101 4	0.35	168	334-3
C1511401017	朝宁呼都格北940高地北		3 528 594	350	1	0.101 4	0.3	38	334-3
C1511401018	宝日希勒镇北东		7 737 942	350	1	0.101 4	0.25	69	334-3
C1511401019	宝日希勒镇		9 459 857	350	1	0.101 4	0.35	118	334-3
查明总计		421	预测总计					4246	

（四）预测工作区预测成果汇总

火山岩型金矿四五牧场预测工作区地质体积法预测资源量，依据资源量级别划分标准，可划分为334-1、334-2和334-3三个资源量精度级别。火山岩型金矿四五牧场预测工作区中，根据各最小预测区内含矿地质体（地层、侵入岩及构造）特征，预测深度在300～1000m之间（表18-8）。

表18-8　四五牧场式隐爆角砾岩型金矿预测工作区资源量估算汇总表　单位：kg

深度	精度	可利用性		可信度			合计
		可利用	暂不可利用	≥0.75	≥0.5	≥0.25	
1000m以浅	334-1	362	—	362	362	362	362
	334-2	—	—	—	—	—	—
	334-3	3884	—	—	2525	3884	3884
合计							4246

第十九章 古利库式火山岩型金矿预测成果

第一节 典型矿床特征

一、典型矿床地质特征及成矿模式

(一)典型矿床特征

1. 矿区地质

矿区的出露地层主要有南华系佳疙疸组、上侏罗统白音高老组、新生界第四系。佳疙疸组主要为千枚岩、变粒岩、片麻岩组成的一套变质岩系;白音高老组为一套中酸性火山岩,主要岩性有流纹岩、英安岩、流纹质凝灰岩、火山角砾岩等;第四系为松散的冲洪积砂砾石(图19-1)。

矿区岩浆岩主要为新元古代二长花岗岩及燕山晚期次火岩-爆破角砾岩体、燕山晚期浅成-超浅成的次英安岩、花岗斑岩。

矿区构造主要以断裂构造和火山构造为主,褶皱构造不发育。断裂构造以北东向和北东东向断裂为主;火山构造表现为环状和放射状构造。火山机构主要为爆破角砾岩筒及其周围的放射性构造和弧形构造。而目前发现的矿体多赋存于爆破角砾岩筒的周边及其外围的弧形构造中。

2. 矿床特征

矿体形态:矿体规模不等,以裂隙充填型的脉状为主,网脉状硅化岩型次之。其中较大者有2号、10号和12号矿体。矿体主要呈北东向及北西向延伸的脉状、弧形脉状、条带状分布于矿区西北部的1号矿带和东南部的2号矿带中。

根据矿体产出和结构特点,将古利库金银矿体划分3类,为石英脉型矿体、石英网脉型矿体和浸染状黄铁矿-硅化岩型矿体。

围岩蚀变有硅化、冰长石化、绢云母化、白云石(方解石)化、黄铁矿化、高岭土化、叶蜡石化及绿磐岩化,其中前5种蚀变较为普遍,而硅化和冰长石化与金(银)矿化关系最为密切。围岩蚀变不仅具有期次(阶段)多、类型多、与矿化作用大体同步的特点,而且具有空间上以矿体为中心,蚀变具有对称带状分布和叠加的特点,总的看,以矿体为中心,可划分出2~3个对称蚀变带。即中心为硅化、碳酸盐化、冰长石化、黄铁矿化→叶绢云母化、黄铁矿化、高岭土化叶→青磐岩化。

3. 矿石特征

金属矿物主要为自然金、银金矿、黄铁矿、黄铜矿、辉银矿、方铅矿、黝铜矿等,脉石矿物主要为石英、玉髓、白云石、方解石、冰长石、绢云母等。

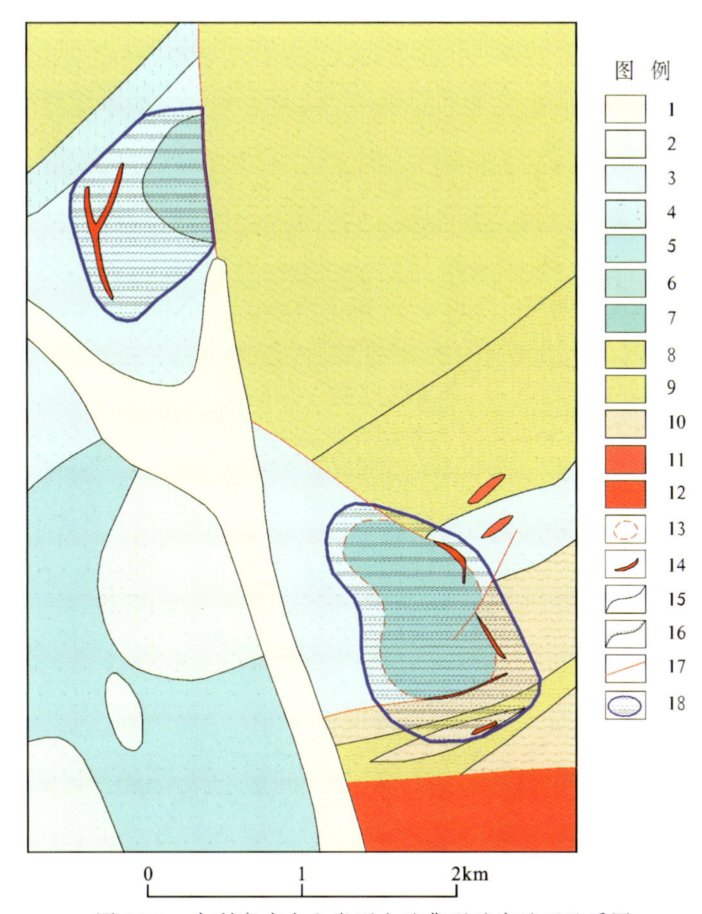

图 19-1　古利库式火山岩型金矿典型矿床矿区地质图

(据《黑龙江省大兴安岭地区松岭区古利库金银矿详查报告》,黑龙江省第五地质勘察院,2012 修编)

1.第四系冲洪积砂砾石;2.侏罗系白音高老组流纹岩;3.侏罗系白音高老组英安岩;4.侏罗系白音高老组凝灰岩;5.侏罗系白音高老组英安质熔结角砾岩;6.侏罗系白音高老组安山质熔结角砾岩;7.侏罗系白音高老组爆破角砾岩;8.南华系佳疙瘩组千枚岩;9.南华系佳疙瘩组变粒岩;10.南华系佳疙瘩组片麻岩;11.侏罗纪花岗斑岩脉;12.新元古代二长花岗岩;13.角砾岩筒;14.矿体及编号;15.地质体界线;16.角度不整合界线;17.断层;18.典型矿床外围预测范围

4. 矿石结构构造

矿石的结构主要有:显微粒状、片状、环带状及交代残余结构。

矿石的构造主要有斑杂-斑点状、角砾状、条带浸染状构造。

5. 矿床成因及成矿时代

矿床成因:①矿床与燕山中期"减压—剪切"环境下中心式火山喷发活动有关的产出背景;②产于陆缘活动带中火山断陷盆地边缘、受火山机构和断裂构造控制的构造部位;③高钾富碱的中酸性火山熔岩为主的容矿岩石;④具有相近的成岩成矿时代;⑤一套浅成低温为特征的矿石结构构造;⑥以玉髓状石英、冰长石、绢云母和辉银矿、脆银矿、银金矿、黝铜矿等为特征的低温环境下的矿物组合;⑦以 Au、Ag 为主的 Au-Ag-Sb-Bi 等低温常见元素组合,以硅化、冰长石化、绢云母化为主的围岩蚀变;⑧以及反映浅成低温成矿的物理化学条件和来自大气降水为主的成矿流体与主要来自于火山基底的成矿物质等,通过与国内外已知典型浅成低温热液金矿的对比,结合前人有关浅成低温热液型金矿床的分类,古利库金(银)矿应属典型的冰长石-绢云母型浅成低温热液金(银)矿床。

成矿时代:燕山中期(早白垩世中晚期 121～97.2Ma)。

成矿期次：①浸染状黄铁矿-玉髓状石英(硅化)阶段；②早期冰长石-石英(硅化)阶段；③叶片状白云石-石英(硅化)阶段；④晚期冰长石-石英(硅化)阶段；⑤鱼子状石英(硅化)-硫化物阶段；⑥梳状-网脉状石英阶段。其中④至⑥阶段为一主要成矿阶段，金、银矿物和金属硫化物在这3个阶段中大量沉淀，形成了主要矿体和富矿地段。

(二)矿床成矿模式

古利库金(银)矿床与燕山中期“减压-剪切”环境下中心式火山喷发活动有关的产出背景；产于陆缘活动带中火山断陷盆地边缘、受火山机构和断裂构造控制的构造部位；高钾富碱的中酸性火山熔岩为主的容矿岩石；具有相近的成岩成矿时代；一套浅成低温为特征的矿石结构构造；以玉髓状石英、冰长石、绢云母和辉银矿、脆银矿、银金矿、黝铜矿等为特征的低温环境下的矿物组合；以Au、Ag为主的Au-Ag-Sb-Bi等低温常见元素组合；以硅化、冰长石化、绢云母化为主的围岩蚀变；以及反映浅成低温成矿的物理化学条件和来自大气降水为主的成矿流体与主要来自于火山基底的成矿物质等，通过与国内外已知典型浅成低温热液金矿的对比，结合前人有关浅成低温热液型金矿床的分类，我们认为古利库金(银)矿应属典型的冰长石-绢云母型浅成低温热液金(银)矿床。成矿模式见图19-2。

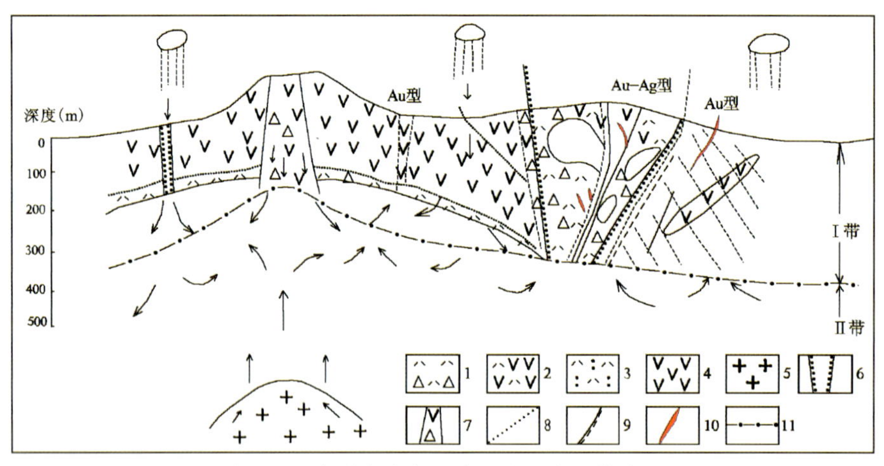

图19-2　古利库式火山岩型金矿成矿模式图

(据《黑龙江省大兴安岭地区松岭区古利库金银矿详查报告》，黑龙江省第五地质勘察院，2012修编)

1.流纹岩及流纹质角砾熔岩；2.英安岩；3.安山质凝灰岩，凝灰角砾岩；4.安山岩(Kll)(andesite)；5.酸性岩浆熔融体；6.爆发角砾岩筒及震碎带范围；7.火山喷发中心；8.不整合面；9.断层；10.矿体；11.古沸腾面；Ⅰ.贵金属带：矿石矿物有脆银矿、辉银矿、金银矿、银金矿、自然金，脉石矿物有高岭石、玉髓状石英、方解石、白云石、石英、冰长石、绢云母；Ⅱ.浅金属带，矿石矿物有方铅矿、黄铜矿

二、典型矿床地球物理特征

(一)矿床所在位置航磁特征

古利库金矿位于航磁正异常的低值区域，磁场特征表现的比较凌乱，局部地区有串珠状正异常。其附近ΔT为100～200nT磁异常区(图19-3)。

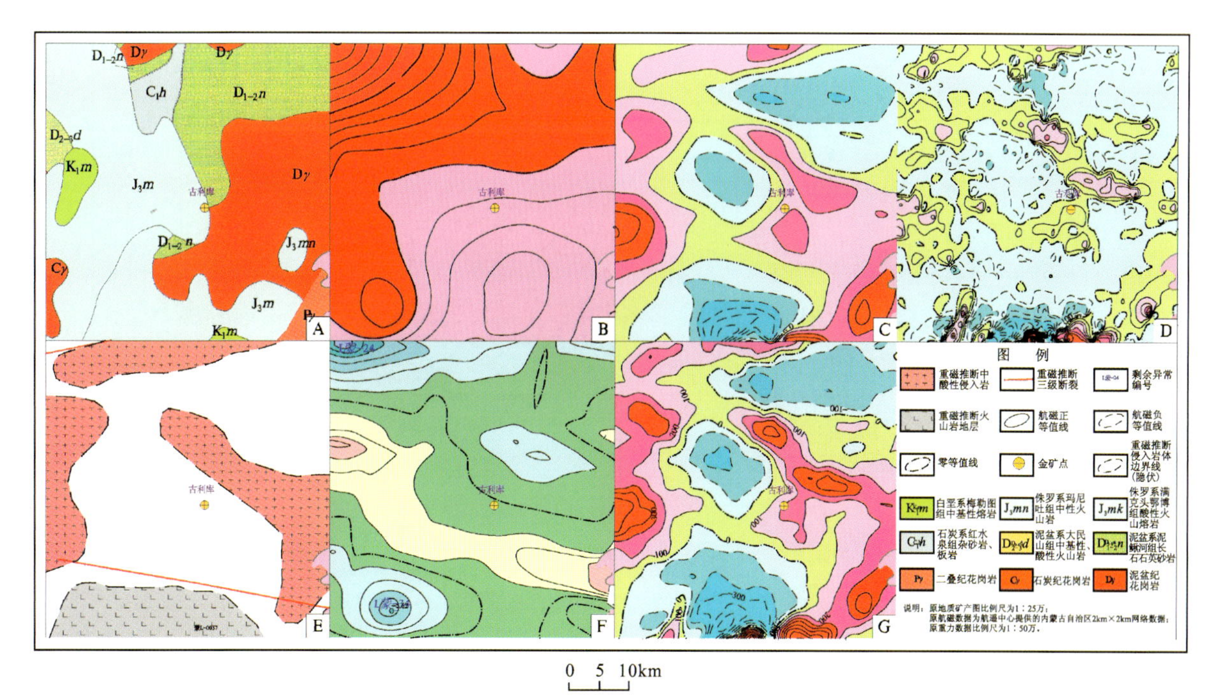

图 19-3　古利库典型矿床所在区域地质矿产及物探剖析图

A. 地质矿产图；B. 布格重力异常图；C. 航磁 ΔT 等值线平面图；D. 航磁 ΔT 化极垂向一阶导数等值线平面图；E. 重力推断地质构造图；F. 剩余重力异常图；G. 航磁 ΔT 化极等值线平面图

（二）矿床所在区域重力特征

古利库金矿位于布格重力相对高异常区，$\Delta g-30\times10^{-5}m/s^2\sim-24\times10^{-5}m/s^2$ 异常区。金矿附近布格重力值为 $\Delta g-28\times10^{-5}m/s^2\sim-26\times10^{-5}m/s^2$ 分布区。西侧为布格重力相对低异常区，$\Delta g-35.00\times10^{-5}m/s^2$。

古利库金矿位于剩余零等值线上，西南侧为 L 蒙-34 号剩余重力负异常区，其极值 $\Delta g-5.62\times10^{-5}m/s^2$；西北侧为 L 蒙-24 号剩余重力负异常区，其极值 $\Delta g-3.03\times10^{-5}m/s^2$；两负异常之间分布有条带状展布的剩余重力弱正异常，极值 $\Delta g4.52\times10^{-5}m/s^2$。

由于区内只有 1∶100 万重力测量资料，所以金矿附近的重力场特征不明显，对与成矿有关的火山岩没有形成明显的异常。

三、典型矿床地球化学特征

古利库地区古利库式火山岩型金矿矿区周围存在以 Au 为主，伴有 As、Sb、Cu、Ag、Cd、W 等元素组成的综合异常；Au 为主要的成矿元素，As、Sb、Cu、Ag、Cd、W 为主要的伴生元素（图 19-4）。

Au 元素在古利库地区呈高背景分布，浓集中心明显，异常强度高；As、Cu、Ag 在古利库地区呈高背景分布，有明显的浓集中心；Sb、Cd、W 在古利库附近呈高背景分布，无明显的浓集中心。

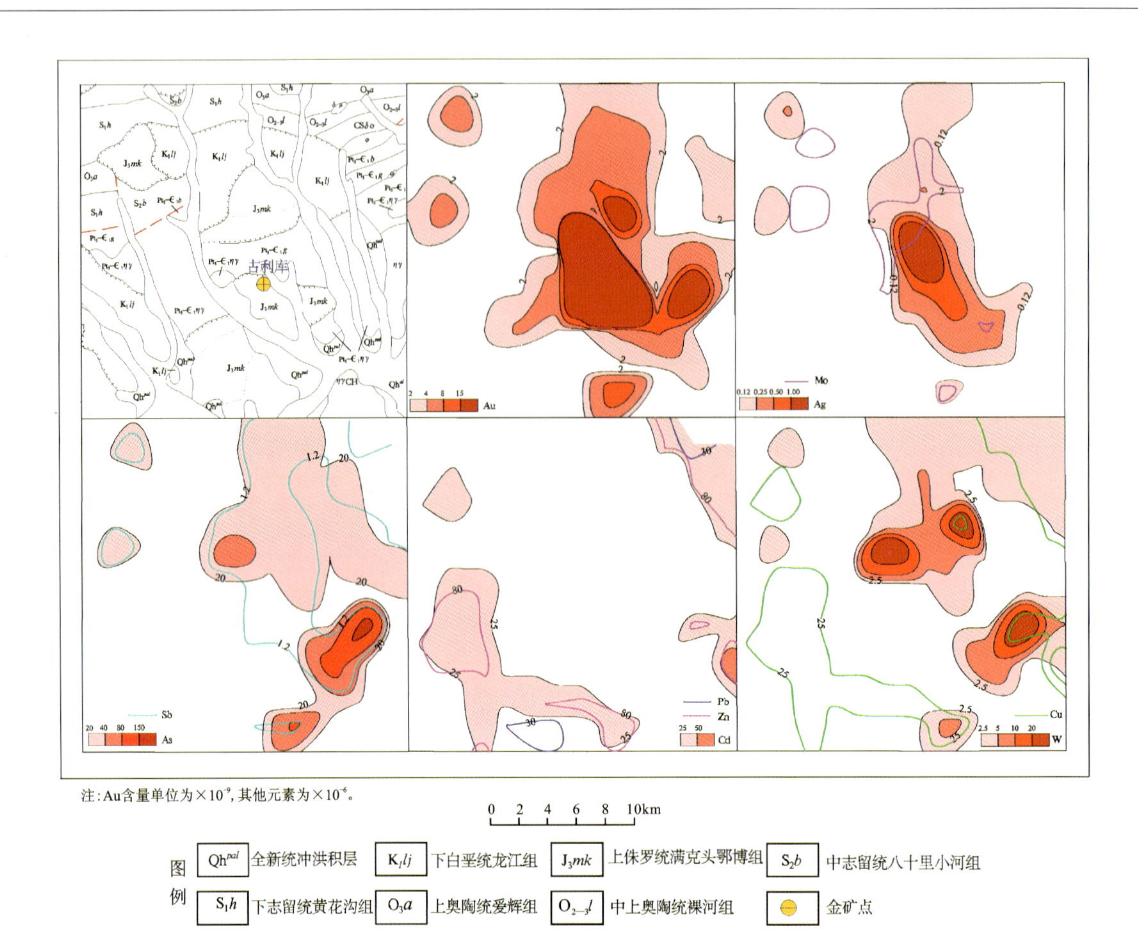

图 19-4　古利库式火山岩型金矿典型矿床化探异常剖析图

四、典型矿床预测模型

根据典型矿床成矿要素图和矿区 1∶1 万综合物探普查资料以及区域化探、重力、遥感资料，确定典型矿床预测要素，编制了典型矿床预测要素图。

综合研究重力、航磁、化探、遥感、自然重砂等综合致矿信息，总结典型矿床预测要素（表 19-1）。

表 19-1　古利库式火山岩型金矿典型矿床预测要素表

成矿要素		描述内容				成矿要素分类
		储量	总计：5000kg	平均品位	3.14×10^{-6}	
		特征描述	隐爆角砾岩-火山热液型金矿床			
地质环境	构造背景	Ⅰ-Ⅰ-3 海拉尔-呼玛弧后盆地（Pz），Ⅰ-Ⅰ-4 扎兰屯-多宝山岛弧（Pz_2）				必要
	成矿环境	Ⅳ$^{2}_{48}$ 奥尤特-古利库 W-Mo-Au-Cu-Bi 成矿亚带（V、Y、Q），Ⅴ$^{2\text{-}1}_{48}$ 古利库金矿集区（Yl、Q）				必要
	成矿时代	早白垩世中晚期，121～97.2Ma				必要

续表 19-1

成矿要素		描述内容				成矿要素分类
		储量	总计:5000kg	平均品位	3.14×10^{-6}	
		特征描述	隐爆角砾岩-火山热液型金矿床			
矿床特征	矿体形态	脉状、弧形脉状、条带状				重要
	岩石类型	二长花岗岩、爆破角砾岩、浅成—超浅成的次英安岩,安山岩、流纹岩、流纹质角砾熔岩、英安岩、碎裂岩				重要
	岩石结构	熔岩、次火山岩为斑状结构,基质具玻基交织结构,碎裂结构,角砾状结构				次要
	矿物组合	金属矿物主要为自然金、银金矿、黄铁矿、黄铜矿、辉银矿、方铅矿、黝铜矿等,脉石矿物主要为石英、玉髓、白云石、方解石、冰长石、绢云母等				重要
	结构构造	显微粒状、片状、环带状及交代残余结构;斑杂-斑点状、角砾状、条带浸染状构造				次要
	蚀变特征	硅化、绢云母化、高岭土化、冰长石化、黄铁矿化、碳酸盐化、绿泥石化及青磐岩化				次要
	控矿条件	爆破角砾岩筒及其周围的放射性构造和弧形构造,北东向断裂构造,浅成侵入体与围岩接触带				必要
地球物理特征		航磁:北东向或北西向正磁异常与低-负磁异常线状梯度带是成矿有利地段				重要
地球化学特征		具 Au、Ag 异常及 Au-Ag-Sb-Bi 等低温常见元素组合异常				重要

第二节　预测工作区研究

一、区域地质特征

(一)成矿地质背景

古利库火山岩型金矿预测工作区大地构造位置位于天山-兴蒙造山系-大兴安岭弧盆系-海拉尔-呼玛弧后盆地,成矿区带属东乌珠穆沁旗-嫩江(中强挤压区)Cu-Mo-Pb-Zn-Au-W-Sn-Cr 成矿带。

预测区所出露地层主要有:南华系佳疙瘩组的变质岩系;新元古界兴华渡口岩群黑云石英片岩、二云石英片岩、黑云斜长变粒岩等;中上奥陶统裸河组绢云绿泥千枚岩、板岩及变质砂岩;上侏罗统满克头鄂博组,为粗安玢岩、流纹岩岩屑晶屑凝灰岩等一套火山岩建造。上侏罗统玛尼吐组安山质火山角砾岩、玄武岩、安山玄武岩、安山质凝灰岩夹流纹状英安岩、安山质砾岩及变质砂岩、粉砂质泥岩、含植物化石,其上部为中基性火山岩建造,其下部为火山碎屑岩→粉砂质泥岩建造;上侏罗统白音高老组灰白色流纹岩、流纹质岩屑凝灰岩、英安质熔结角砾凝灰岩等一套酸性火山岩建造;下白垩统梅勒图组角闪安山岩、含砾安山岩、凝灰岩及安山质英安岩、英安岩、英安质凝灰岩等;下白垩统甘河组安山质、玄武质熔岩建造,角砾状玄武岩建造;新近系宝格达乌拉组红色泥岩夹黄褐色泥灰岩、砂砾岩及含砾砂岩、砂质泥岩、砂岩、粉砂岩等一套红色建造及砂砾岩建造;第四系松散沉积物。

区域内岩浆活动较为发育,主要为新元古代—加里东期和燕山晚期,尤其是燕山期火山活动极为频繁。矿区内侵入岩有新元古代—早寒武世白云二长花岗岩、燕山晚期次火岩-爆破角砾岩体、燕山晚期浅成-超浅成的次英安岩。与火山活动有关侵入岩是早白垩世正长花岗岩和花岗斑岩。

本区构造主要以断裂构造和火山构造为主,褶皱构造不发育。断裂构造以北西向和北东向断裂为主,其次为近东西向断裂。其中北西向断裂为控矿构造。火山构造表现为环状和放射状构造。其中燕山晚期火山活动与成矿关系密切。断裂构造主要为北西向、北东向和近东西向 3 种，其中北西向断裂为正断层，倾向南西，倾角 45°～50°，为成矿前构造。近东西向断裂控制变质岩与白云母二长花岗岩接触带，北东向断裂为控矿构造。

火山机构主要为爆破角砾岩筒及其周围的放射性构造和弧形构造，而目前发现的矿体多赋存于爆破角砾岩筒的周边及其外围的弧形构造中。

（二）区域成矿模式

根据预测工作区成矿规律研究，总结成矿模式（图 19-5），确定预测工作区成矿要素（表 19-2）。

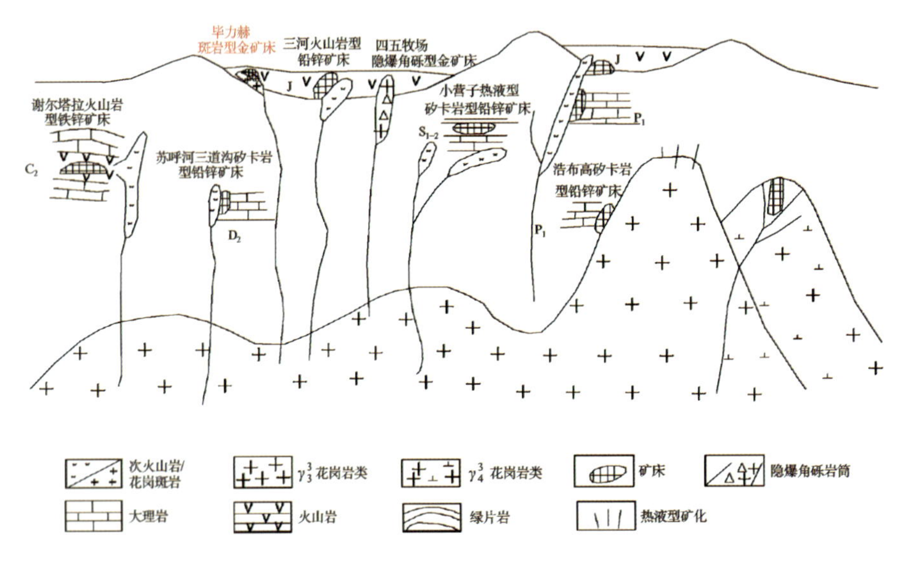

图 19-5　古利库式火山岩型金矿古利库预测工作区成矿模式图

表 19-2　古利库式火山岩型金矿古利库预测工作区成矿要素表

成矿要素		描述内容	要素类别
地质环境	大地构造位置	Ⅰ天山-兴蒙造山系，Ⅰ-Ⅰ大兴安岭狐盆系，Ⅰ-Ⅰ-3 海拉尔-呼玛孤后盆地（Pz），Ⅰ-Ⅰ-4 扎兰屯-多宝山岛弧（Pz_2）	必要
	成矿区（带）	Ⅰ-4 滨太平洋成矿域，Ⅱ-13 大兴安岭成矿省，Ⅲ-48 东乌珠穆沁旗-嫩江（中强挤压区）Cu-Mo-Pb-Zn-Au-W-Sn-Cr 成矿带（Pt_3、Vm-l、Ye-m），$Ⅳ_{48}^{1}$朝不楞-博克图 W-Fe-Zn-Pb 成矿亚带（V、Y）、$Ⅳ_{48}^{2}$奥尤特-古利库 W-Mo-Au-Cu-Bi 成矿亚带（V、Y、Q），$Ⅳ_{48}^{2-1}$古利库金矿集区（Yl、Q）	必要
	区域成矿类型及成矿期	燕山期，火山岩型	必要
控矿地质条件	赋矿地质体	中侏罗世—早白垩世熔岩、火山碎屑岩、次火山岩、浅成侵入岩及与元古宙围岩外接触带破碎岩	必要
	控矿侵入岩	中侏罗世—早白垩世次火山岩、浅成侵入岩	重要
	主要控矿构造	北东向大断裂及其次级的断裂或破碎带，火山口及其环状、放射状断裂	重要
区内相同类型矿产		中型金矿床 1 个	重要
地球物理特征	重力异常	布格重力（－30～－24）×10^{-5} m/s^2，呈北东—北北东向展布	次要
	磁法异常	航磁化极：北东向或北西向正磁异常（250～600nT）与低-负磁异常线状梯度带是成矿有利地段	次要

二、区域地球物理特征

(一)磁法

在航磁 ΔT 等值线平面图上古利库预测区磁异常幅值范围为－1800～4000nT,预测区磁异常形态杂乱,整个预测工作区磁异常排列主要呈北东向和北西向。预测区北部和中部磁异常以很杂乱正异常为主,北部伴有小范围负磁异常区,北部和中部磁异常强度和梯度变化不大;预测区南部主要强度和梯度变化较大的正负伴生异常,磁异常轴北东向。古利库金矿区位于预测区中东部,磁场背景为杂乱正异常,处在 250～300nT 等值线附近。

综合地质情况,预测区北部磁异常磁法推断为侵入岩体引起,预测区中部和南部杂乱磁异常为火山岩地层和侵入其间的岩浆岩体共同引起。

古利库金矿预测区磁法共推断断裂 8 条、变质岩地层 1 个、火山岩地层 11 个、侵入岩体 11 个。

(二)重力

该预测工作区较小,重力场特征与前述典型矿床所在区域的特征类似。只是预测区范围向北延伸。在这一区域为重力高异常区,形态呈椭圆状,$\Delta g-30\times10^{-5}\mathrm{m/s^2}\sim-15.80\times10^{-5}\mathrm{m/s^2}$。对应形成的剩余重力异常为正异常 G 蒙-19,$\Delta g 1\times10^{-5}\mathrm{m/s^2}\sim4.3\times10^{-5}\mathrm{m/s^2}$。

该区域推断的地质体,地表均已出露。

三、区域地球化学特征

预测区上分布有 Ag、Au、Cu、Cd、Pb、Zn、Mo 等元素组成的高背景区带,在高背景区带中有以 Ag、Au、Cu、Cd、Pb、Zn、Mo 为主的多元素局部异常。预测区内共有 33 个 Ag 异常,27 个 As 异常,45 个 Au 异常,31 个 Cd 异常,34 个 Cu 异常,22 个 Mo 异常,34 个 Pb 异常,18 个 Sb 异常,29 个 W 异常,35 个 Zn 异常。

预测区上 Ag、As 多呈高背景分布,存在明显的浓度分带和浓集中心,Ag 元素在达金林场-中央站林场存在一条明显的浓度分带,呈北东向带状分布,在中央林场北西存在一条 Ag 元素的北西向高背景区,高背景区中有明显的浓集中心,异常强度高;Au 在预测区北部和中部呈高背景分布,在南部呈低背景分布,在古利库地区存在明显的浓集中心,异常强度高,范围较大;Cd 在预测区南部存在明显的局部异常;Cu、Mo、Pb、Zn 在预测区多呈高背景分布,存在明显的浓度分带和浓集中心;W 元素在中央林场北西存在一条明显的浓度分带,异常强度高,呈北西向带状分布;Sb 在预测区呈背景、高背景分布,存在局部异常。

预测区上元素异常套合较好的编号为 AS1、AS2 和 AS3,AS1 的异常元素为 Au、As、Sb、Cu、Pb、Zn、Ag、Cd,Au 元素浓集中心明显,异常强度高,具明显的异常分带,As、Sb 呈同心环状分布,与 Au 异常套合好;AS2 的异常元素有 Au、As、Cu、Pb、Zn、Ag、Cd,Au 元素浓集中心明显,异常强度高,具明显的异常分带,Au、As、Cu、Pb、Zn、Ag、Cd 异常套合较好;AS3 的异常元素有 Au、As、Sb、Ag,Au 元素浓集中心明显,异常强度高,范围较大,具明显的异常分带,与 As、Sb、Ag 异常套合较好。

四、区域遥感影像及解译特征

本预测工作区构造主要以断裂构造和火山构造为主。断裂构造以北西向和北东向断裂为主，其次为近东西向断裂。其中北西向断裂为控矿构造。火山构造表现为环状和放射状构造。其中燕山晚期火山活动与成矿关系密切。断裂构造主要为北西向、北东向和近东西向3种，其中北西向断裂为正断层，为成矿前构造。近东西向断裂控制变质岩与白云母二长花岗岩接触带，北东向断裂为控矿构造。

环要素(火山机构)主要为爆破角砾岩筒及其周围的放射性构造和弧形构造。而目前发现的矿体多赋存于爆破角砾岩筒的周边及其外围的弧形构造中。

图19-6中蓝色区是我们圈出的带要素，这里指侏罗系白音高老组的角闪安山岩、含砾安山岩、凝灰岩及安山质英安岩、英安岩、英安质凝灰岩等和光华组流纹岩、流纹质角砾熔岩、含砾流纹质凝灰岩。

本区内岩浆活动频繁，主要为新元古代—加里东期和燕山晚期，尤其是燕山期火山活动极为频繁。矿区内侵入岩有新元古代—早寒武世白云二长花岗岩、燕山晚期次火岩-爆破角砾岩体、燕山晚期浅成-超浅成的次英安岩。

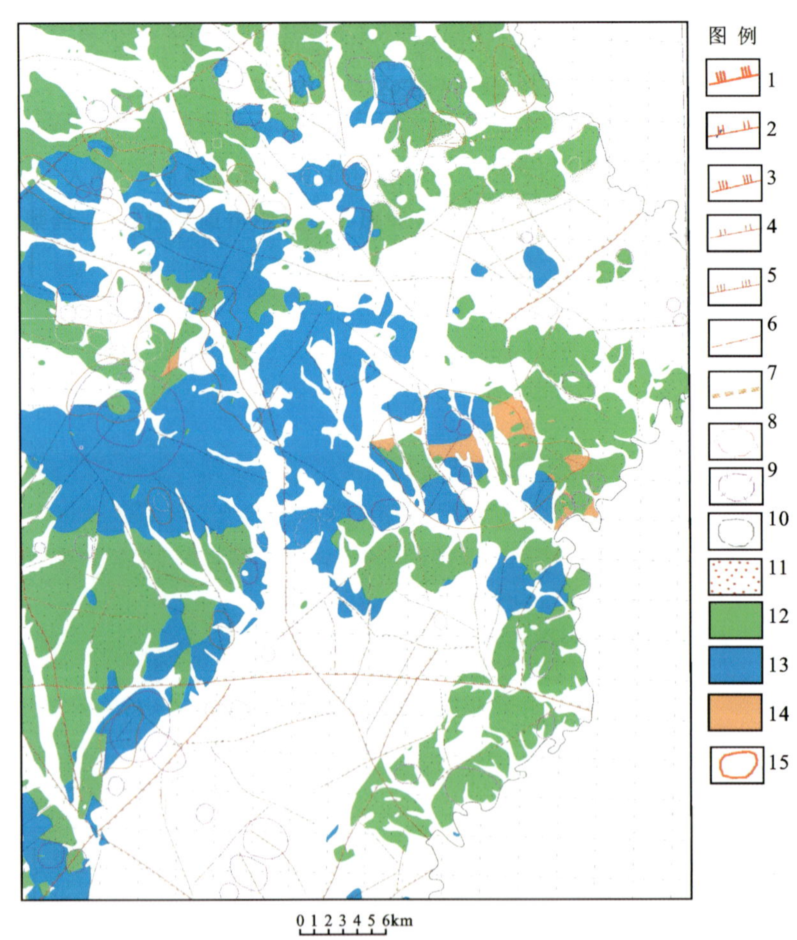

图19-6　古利库式金矿预测工作区遥感地质解译图

1.大型逆断层；2.中型正断层；3.中型逆断层；4.小型正断层；5.小型逆断层；6.小型性质不明断层；7.花岗岩类岩体侵位引发的边缘韧性构造；8.中生代花岗岩类引起的环形构造；9.与隐伏岩体有关的环形构造；10.火山机构或通道；11.角岩化；12.中生界(金矿含矿层位)；13.侏罗系(金矿含矿层位)；14.南华系佳疙瘩组(金矿含矿层位)；15.最小预测区范围

五、区域自然重砂特征

古利库金矿自然重砂预测工作区6个。

成矿类型为古利库式火山岩型金矿。该预测区分布以火山沉积岩为主，分布有中上奥陶统裸河组、多宝山组安山质凝灰岩、安山玢岩、流纹斑岩；下泥盆统泥鳅河组酸性、中酸性火山岩；上侏罗统甘河组黑色、紫色玄武岩。出露岩体主要为燕山期花岗闪长岩和海西期花岗岩。预测区内有东西向、北东向几组大断裂。火山岩地层与岩体接触带形成较多的矿产，如铜、铁、金等矿产。海西中期花岗闪长岩中取人工重砂，次要副矿物中也含有少量金。

六、区域预测模型

根据预测工作区区域成矿要素和航磁、重力、遥感、化探及自然重砂等特征，建立了本预测区的区域预测要素，并编制预测工作区预测要素表和预测模型图。

区域预测要素图以区域成矿要素图为基础，综合研究重力、航磁、化探、遥感、自然重砂等综合致矿信息，总结区域预测要素(表19-3)，并将综合信息各专题异常曲线或区全部叠加在成矿要素图上，在表达时可以出单独预测要素如航磁的预测要素图。预测模型图的编制，以地质剖面图为基础，叠加区域航磁及重力剖面图而形成，简要表示预测要素内容及其相互关系，以及时空展布特征(图19-7)。

表19-3　古利库式火山岩型金矿古利库预测工作区预测要素表

成矿要素		描述内容	要素类别
地质环境	大地构造位置	Ⅰ天山-兴蒙造山系，Ⅰ-Ⅰ大兴安岭狐盆系，Ⅰ-Ⅰ-3海拉尔-呼玛孤后盆地(Pz)，Ⅰ-Ⅰ-4扎兰屯-多宝山岛弧(Pz_2)	必要
	成矿区(带)	Ⅰ-4滨太平洋成矿域，Ⅱ-13大兴安岭成矿省，Ⅲ-48东乌珠穆沁旗-嫩江(中强挤压区)Cu-Mo-Pb-Zn-Au-W-Sn-Cr成矿带(Pt_3、Vm-l、Ye-m)，IV_{48}^{1}朝不楞-博克图W-Fe-Zn-Pb成矿亚带(V、Y)、IV_{48}^{2}奥尤特-古利库W-Mo-Au-Cu-Bi成矿亚带(V、Y、Q)，IV_{48}^{2-1}古利库金矿集区(Yl、Q)	必要
	区域成矿类型及成矿期	火山岩型，燕山期	必要
控矿地质条件	赋矿地质体	中侏罗世—早白垩世熔岩、火山碎屑岩、次火山岩、浅成侵入岩及与元古宙围岩外接触带破碎岩	必要
	控矿侵入岩	中侏罗世—早白垩世次火山岩、浅成侵入岩	重要
	控矿构造	北东向大断裂及其次级的断裂或破碎带，火山口及其环状、放射状断裂	重要
区内相同类型矿产		中型金矿床1个	重要
地球物理特征	重力异常	布格重力$(-30\sim-24)\times10^{-5}m/s^2$，呈北东—北北东向展布	次要
	磁法异常	航磁化极：北东向或北西向正磁异常(250～600nT)与低-负磁异常线状梯度带是成矿有利地段	次要
地球化学特征		具Au、Ag异常及Au、Ag、Sb、As、Cu、Pb等元素组合异常	重要
遥感特征		遥感解译线状，环状构造，蚀变羟基最小预测区	次要

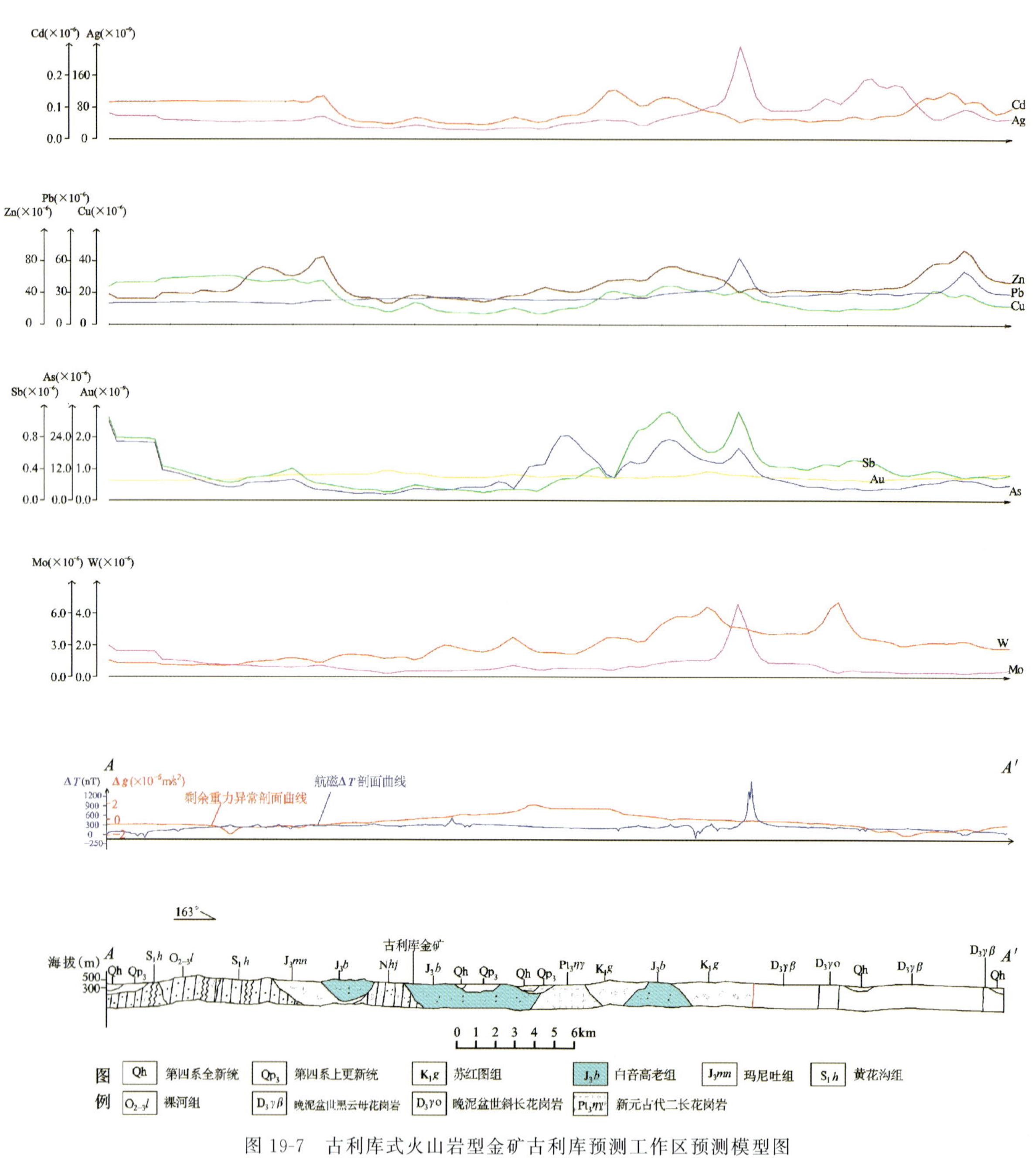

图 19-7　古利库式火山岩型金矿古利库预测工作区预测模型图

第三节　矿产预测

一、综合地质信息定位预测

（一）变量提取及优选

根据典型矿床及预测工作区研究成果，进行综合信息预测要素提取，采用网格单元法设置预测单元，网格单元范围为预测工作区范围，根据预测底图比例尺确定网格间距为1000m×1000m，图面为10mm×10mm。

地质体、断层、遥感要素，化探综合异常进行单元赋值时采用区的存在标志；Au元素异常、布格重力、航磁化极则求起始值、求起始值的加权平均值，进行原始变量构置。

（二）最小预测区圈定及优选

选择古利库典型矿床所在的最小预测区为模型区，模型区内出露的地质体主要为新太古代二长花岗岩、晚侏罗世次火山岩及佳疙疸组变质岩，Au元素化探异常起始值$>3.5\times10^{-9}$，模型区内有2个遥感最小预测区、隐伏岩体，具化探综合异常、重砂异常。

由于预测工作区内只有1个矿床，故采用少模型预测工程进行预测，预测过程中先后采用了数量化理论Ⅲ、聚类分析、神经网络分析等方法进行空间评价，形成色块图，叠加各预测要素，对色块图进行人工筛选，圈定最小预测区分布图。

（三）最小预测区圈定结果

本次工作共圈定最小预测区27个，其中A级2个，总面积90.47km²；B级56个，总面积128.84km²；C级20个，总面积282.21km²（图19-8）。

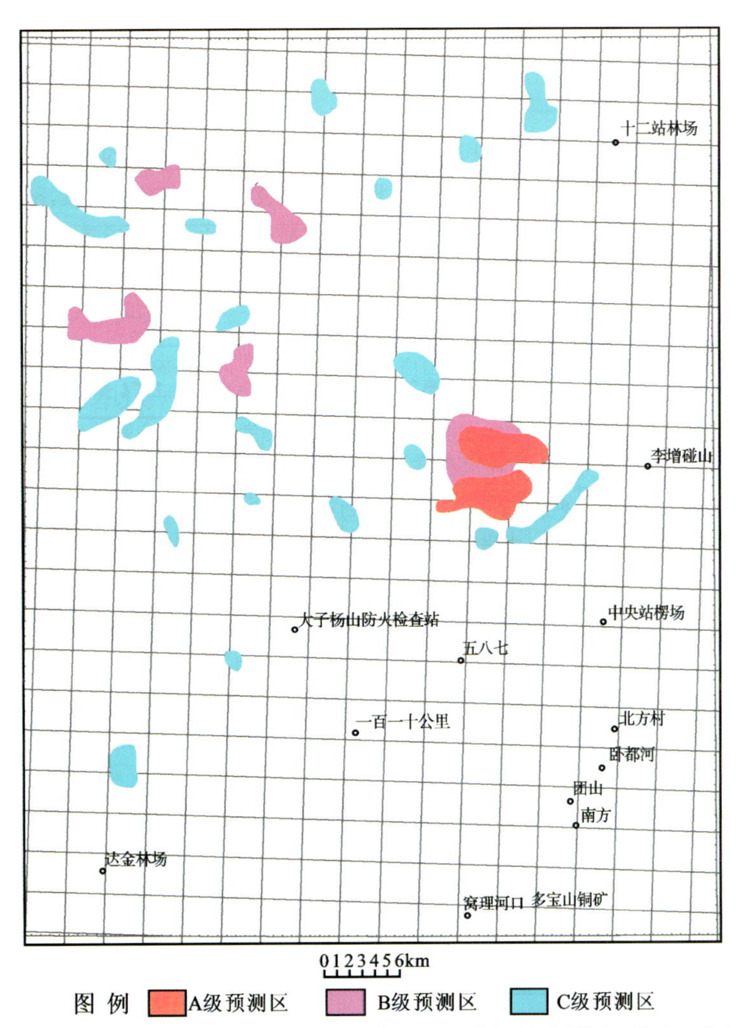

图19-8　古利库式火山岩型金矿古利库预测工作区最小预测区优选分布图

古利库预测工作区预测底图精度为 1∶5 万，并根据成矿有利度[含矿地质体、控矿构造、矿(化)点、找矿线索及物化探异常]、地理交通及开发条件和其他相关条件，将工作区内最小预测区级别分为 A、B、C 3 个等级。各级别面积分布合理，且已知矿床(点)分布在 A 级预测区内，说明预测区优选分级原则较为合理。最小预测区圈定结果表明，预测区总体与区域成矿地质背景和物化探异常等吻合程度较好。

(四)最小预测区地质评价

本次预测对全区 27 个最小预测区分别进行了评述，各最小预测区成矿条件及找矿潜力见表 19-4。

表 19-4　火山岩型金矿古利库预测工作区成矿条件及找矿潜力一览表

编号	名称	成矿条件及找矿潜力
A1511402001	古利库金矿	位于火山盆地边，有一个中型金矿床，出露佳疙瘩组、白音高老组、新太古代二长花岗岩，Au 元素化探异常起始值＞2.9×10^{-9}，具化探综合异常，1 个隐伏岩体、2 个遥感异常，1 个重砂异常。找矿潜力巨大
A1511402002	古利库金矿北	位于模型区北侧，火山盆地边，出露佳疙瘩组、玛尼吐组、新太古代二长花岗岩，具 Au 元素化探异常，化探综合异常、2 个隐伏岩体、2 个遥感异常。具有很大找矿潜力
B1511402001	古利库金矿北	位于模型区外围，火山盆地边，出露佳疙瘩组、玛尼吐组，具 Au 元素化探异常，化探综合异常。具有较好找矿潜力
B1511402002	古利库金矿北西 590 高地西	位于火山盆地边，出露兴华渡口岩群、白音高老组、早白垩世花岗斑岩，具 Au 元素化探异常、化探综合异常，1 个隐伏岩体、3 个遥感异常。具有较好的找矿潜力
B1511402003	古利库金矿北西 702 高地东	位于火山盆地边，出露兴华渡口岩群、白音高老组、玛尼吐组、早白垩世花岗斑岩，具 Au 元素化探异常、化探综合异常，1 个隐伏岩体、1 个遥感异常。具有较好的找矿潜力
B1511402004	十二站林场西 571 高地	位于火山盆地边，具 Au 元素化探异常、化探综合异常，2 个隐伏岩体、1 个遥感异常。具有较好的找矿潜力
B1511402005	十二站林场西 632 高地西	位于火山盆地边，出露玛尼吐组、二叠纪石英闪长岩、早白垩世花岗斑岩，具 Au 元素化探异常、化探综合异常，1 个隐伏岩体、1 个遥感异常。具有较好的找矿潜力
C1511402001	十二站林场西 536 高地	出露白音高老组、早白垩世花岗斑岩，为一遥感异常。找矿潜力一般
C1511402002	十二站林场西 557 高地	Au 元素化探异常、化探综合异常。具有一定的找矿潜力
C1511402003	十二站林场西 492 高地	Au 元素化探异常、化探综合异常。具有一定的找矿潜力
C1511402004	十二站林场西 816 高地南	位于火山盆地边，出露玛尼吐组、白音高老组、兴华渡口岩群、二叠纪石英闪长岩、早白垩世闪长岩，具 1 个 Au 重砂异常。找矿潜力一般
C1511402005	十二站林场西 697 高地西南	位于火山盆地边，出露玛尼吐组、早白垩世花岗岩，具 Au 元素化探异常、化探综合异常。具有一定的找矿潜力
C1511402006	十二站林场西 632 高地南	位于火山盆地边，出露白音高老组，有 1 个遥感异常。找矿潜力一般
C1511402007	十二站林场西 546 高地西	位于火山盆地边，出露玛尼吐组，有 1 个隐伏岩体、1 个遥感异常。
C1511402008	古利库金矿北西 762 高地南	具一定的找矿潜力，位于火山盆地边，出露玛尼吐组、白音高老组和白垩纪闪长玢岩、花岗斑岩，具 Au 元素化探异常、化探综合异常。找矿潜力一般

续表 19-4

编号	名称	成矿条件及找矿潜力
C1511402009	古利库金矿北西533高地	位于火山盆地边，出露兴华渡口岩群，具化探综合异常及隐伏岩体。具一定的找矿潜力
C1511402010	古利库金矿北西615高地	位于火山盆地边，出露兴华渡口岩群、早白垩世花岗斑岩，具化探综合异常、隐伏岩体及遥感异常。具一定的找矿潜力
C1511402011	古利库金矿北西525高地西	位于火山盆地内，出露白音高老组，具化探综合异常及遥感，有一个火山口。找矿潜力一般
C1511402012	古利库金矿北西627高地北	位于火山盆地边，出露白音高老组及闪长玢岩小岩株，具Au元素化探异常、化探综合异常。具一定的找矿潜力
C1511402013	古利库金矿北西	出露佳疙瘩组，具Au元素化探异常、化探综合异常，有北东向及北西向断层。找矿潜力一般
C1511402014	古利库金矿西703高地	位于火山盆地内，出露白音高老组，有1个隐伏岩体、1个火山口。找矿潜力一般
C1511402015	古利库金矿西629高地	位于火山盆地内，出露白音高老组，具化探综合异常，有1个火山口。找矿潜力一般
C1511402016	古利库金矿西553高地	位于火山盆地内，出露白音高老组、玛尼吐组，具Au元素化探异常、化探综合异常，有1个火山口。具一定的找矿潜力
C1511402017	古利库金矿南	位于火山盆地边、模型区南东侧，出露白音高老组，具Au元素化探异常、化探综合异常，有1个隐伏岩体。具一定的找矿潜力
C1511402018	古利库金矿南东	位于模型区南东侧，呈北东向带状，具化探综合异常、北东向断层、遥感。具一定的找矿潜力
C1511402019	大子杨山防火检查站南西	位于火山盆地边，出露玛尼吐组，具Au元素化探异常、北东向大断裂。具一定的找矿潜力
C1511402020	达金林场北	位于火山盆地边，出露玛尼吐组，具Au元素化探异常、化探综合异常、隐伏岩体。具一定的找矿潜力

二、综合信息地质体积法估算资源量

（一）典型矿床深部及外围资源量估算

古利库金矿典型矿床查明资源量、品位均来源于截至2009年全国矿产地数据库，矿石体重参照相同成因类型的陈巴尔虎旗四五牧场金矿，矿床面积($S_{典}$)是根据论文《大兴安岭地区古利库金（银）矿床成因探讨》（时永明等，2006）1∶1万矿区综合地质图确定的，根据论文《古利库金（银）矿床的稳定同位素地球化学特征》（朱群等，2004）中论述，古利库金矿矿体延深一般小于100m，矿体延深($H_{典}$)确定为100m。古利库金矿典型矿床深部资源量估算结果见表19-5。

表 19-5　古利库金矿典型矿床深部资源量估算一览表

典型矿床		深部及外围		
已查明资源量	5000kg	深部	面积	2 045 297m^2
面积	2 045 297m^2		深度	50m
深度	100m	外围	面积	—
品位	3.14×10^{-6}		深度	—
密度	2.49kg/m^3	预测资源量		2500kg
体积含矿率	0.000 024 446kg/m^3	典型矿床资源总量		7500kg

（二）模型区的确定、资源量及估算参数

模型区为典型矿床所在的最小预测区。古利库典型矿床查明资源量 5000kg，按本次预测技术要求计算模型区资源总量为 7500kg。模型区内无其他已知储量矿点存在，则模型区总资源量＝典型矿床总资源量，模型区面积为依托 MRAS 软件采用有模型工程特征分析法优选后圈定，延深根据典型矿床最大预测深度确定。模型区圈定时参照了含矿建造地质体，因此含矿地质体面积参数为 1（表 19-6）。

表 19-6　古利库式火山岩型金矿模型区预测资源量及其估算参数表

编号	名称	模型区资源量（kg）	模型区面积（m^2）	延深（m）	含矿地质体面积（m^2）	含矿地质体面积参数
A1511401001	古利库金矿	7500	46 310 700	150	46 310 700	1

（三）最小预测区预测资源量

古利库式火山岩型金矿预测工作区最小预测区资源量定量估算采用地质体积法进行估算。

1. 估算参数的确定

最小预测区面积是依据综合地质信息定位优选的结果；延深是根据模型区古利库金矿钻孔，以及最小预测区含矿地质体产状、含矿地质体的地表是否出露来确定的；相似系数，主要依据最小预测区内含矿地质体本身出露的大小、地质构造发育程度不同、磁异常特征、重力异常特征、金元素化探异常、矿化蚀变发育程度及矿（化）点的多少等因素，由专家确定。

2. 最小预测区预测资源量估算结果

本次预测资源总量为 14 991kg，其中不包括预测工作区已查明资源总量 5000kg，详见表 19-7。

表 19-7　古利库式火山岩型金矿预测工作区最小预测区估算成果表

最小预测区编号	最小预测区名称	$S_{预}$ (m^2)	$H_{预}$ (m)	K_S	K ($\times10^{-6}kg/m^3$)	α	$Z_{预}$ (kg)	资源量级别
A1511402001	古利库金矿	46 310 700	150	1	1.079 7	1.00	2500	334-1
A1511402002	古利库金矿北	44 155 663	150	1	1.079 7	0.30	2145	334-3
B1511402001	古利库金矿北	32 502 288	150	1	1.079 7	0.25	1316	334-3
B1511402002	古利库金矿北西 590 高地西	38 249 249	150	1	1.079 7	0.20	1239	334-3
B1511402003	古利库金矿北西 702 高地东	19 027 905	150	1	1.079 7	0.20	616	334-3
B1511402004	十二站林场西 571 高地	23 711 302	150	1	1.079 7	0.20	768	334-3
B1511402005	十二站林场西 632 高地西	15 346 302	150	1	1.079 7	0.20	497	334-3
C1511402001	十二站林场西 536 高地	11 098 293	150	1	1.079 7	0.15	270	334-3
C1511402002	十二站林场西 557 高地	7 956 043	150	1	1.079 7	0.10	129	334-3
C1511402003	十二站林场西 492 高地	21 843 295	150	1	1.079 7	0.10	354	334-3
C1511402004	十二站林场西 816 高地南	36 565 262	150	1	1.079 7	0.15	888	334-3
C1511402005	十二站林场西 697 高地西南	4 163 426	150	1	1.079 7	0.10	67	334-3
C1511402006	十二站林场西 632 高地南	6 697 262	150	1	1.079 7	0.15	163	334-3
C1511402007	十二站林场西 546 高地西	5 087 206	150	1	1.079 7	0.10	82	334-3
C1511402008	古利库金矿北西 762 高地南	9 197 792	150	1	1.079 7	0.15	223	334-3
C1511402009	古利库金矿北西 533 高地	30 435 987	150	1	1.079 7	0.10	493	334-3
C1511402010	古利库金矿北西 615 高地	39 124 795	150	1	1.079 7	0.15	950	334-3
C1511402011	古利库金矿北西 525 高地西	10 128 833	150	1	1.079 7	0.15	246	334-3
C1511402012	古利库金矿北西 627 高地北	20 938 016	150	1	1.079 7	0.15	509	334-3
C1511402013	古利库金矿北西	6 711 751	150	1	1.079 7	0.15	163	334-3
C1511402014	古利库金矿西 703 高地	5 036 569	150	1	1.079 7	0.15	122	334-3
C1511402015	古利库金矿西 629 高地	2 551 589	150	1	1.079 7	0.15	62	334-3
C1511402016	古利库金矿西 553 高地	11 008 801	150	1	1.079 7	0.15	267	334-3
C1511402017	古利库金矿南	6 631 311	150	1	1.079 7	0.15	161	334-3
C1511402018	古利库金矿南东	26 253 105	150	1	1.079 7	0.10	425	334-3
C1511402019	大子杨山防火检查站南西	4 413 844	150	1	1.079 7	0.10	71	334-3
C1511402020	达金林场北	16 367 059	150	1	1.079 7	0.10	265	334-3
合计							14 991	

(四)预测工作区预测成果汇总

古利库式火山岩型金矿预测工作区地质体积法预测资源量,依据资源量级别划分标准,可划分为334-1、334-2和334-3三个资源量精度级别;古利库式火山岩型金矿预测工作区中,根据各最小预测区内含矿地质体(地层、侵入岩及构造)特征,预测深度为150m。

根据矿产潜力评价预测资源量汇总标准,古利库式火山岩型金矿预测工作区按精度、预测深度、可利用性、可信度统计分析结果见表19-8。

表19-8　古利库式火山岩型金矿预测工作区资源量估算汇总表　　单位:kg

深度	精度	可利用性		可信度			合计
		可利用	暂不可利用	≥0.75	≥0.5	≥0.25	
500m以浅	334-1	2500	—	2500	2500	2500	2500
	334-2	—	—	—	—	—	—
	334-3	12 491	—	—	7938	12 491	12 491
合计							14 991

第二十章　陈家杖子式火山隐爆角砾岩型金矿预测成果

第一节　典型矿床特征

一、典型矿床地质特征及成矿模式

（一）典型矿床特征

1. 矿区地质

矿区内出露的地层分别为太古宇建平群，新生界第四系。太古宇建平群，分布在测区的西北角，园宝沟两侧及大南沟东坡，被花岗岩侵入，呈残留体形式出露。岩石蚀变、混合岩化均较强。金含量的平均值为 7.25×10^{-9}，为地壳克拉克值 2～3 倍。地层总体走向近东西，倾向北西，倾角 65°～80°，该套地层构成本区基底层，为本区矿源层之一。新生界第四系，主要以残坡积腐殖土（厚 4～5m）为主，少量冲洪积层。

区内未见大的岩体，但脉岩较发育，有石英斑岩、流纹岩、英安斑岩、闪长玢岩等岩脉或岩株。燕山晚期隐爆角砾岩体的形成，对本区金矿化的形成和富集有重要作用，它们在空间上与含金矿脉或矿化体密切伴生，表明金矿化与上述岩浆活动有着不可分割的内在联系，它们不仅为金矿的形成提供充足的热能，而且也是本区成矿的重要物质来源（图 20-1）。

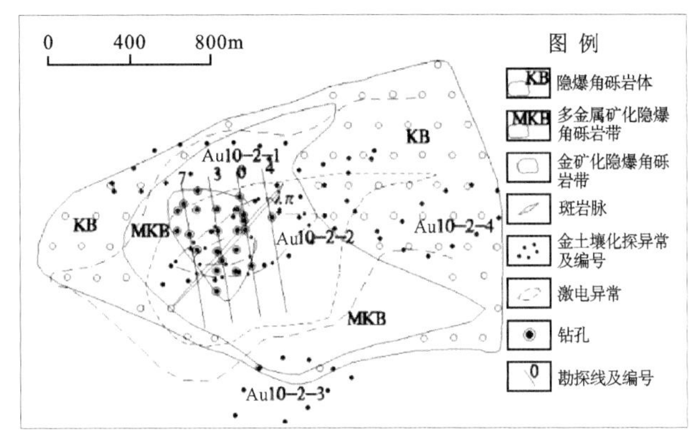

图 20-1　陈家杖子隐爆角砾岩型金矿地质简图

（据《内蒙古自治区宁城县陈家杖子矿区金矿详查报告》，内蒙古赤峰地质矿产勘查开发院，2007 修编）

区内北东向断裂构造较发育，其中北东向断裂裂隙系统对金矿体的分布起着一定的控制作用。地表矿体形态总体呈北东向带状分布，穿切角砾岩筒的酸性脉岩也多呈北东向展布，说明矿区北东向断裂活动较频繁。

2. 矿床特征

矿区已发现2个北东向金矿化带，近20个工业金矿体(图20-2)。矿化带分布于隐爆角砾岩体中西部，石英斑岩脉两侧，矿化带与地表圈定的北东向石英斑岩脉走向一致，其中Ⅰ号矿化带位于岩筒中心东南侧，现控制矿化带长360m，宽约140m；Ⅱ号矿化带位于岩筒中心北西侧，现控制矿化带长320m，宽约160m，矿化带与矿体产状一致，走向40°左右，倾向南东，倾角50°～60°，单一矿体厚0.41～15.86m，延长几十米至百米不等，延深几十米至160m，呈脉状、透镜状，部分变厚加富部位呈囊状，部分矿体沿走向具分支复合收缩膨胀的现象，金品位一般为$(1.5\sim22.5)\times10^{-6}$，最高可达$55.4\times10^{-6}$。金矿体除受硅化-冰长石化带、泥化-绢云母化带控制外，还严格受裂隙密集程度控制，往往裂隙密集区与超浅成斑岩脉接触地段，矿体品位高。

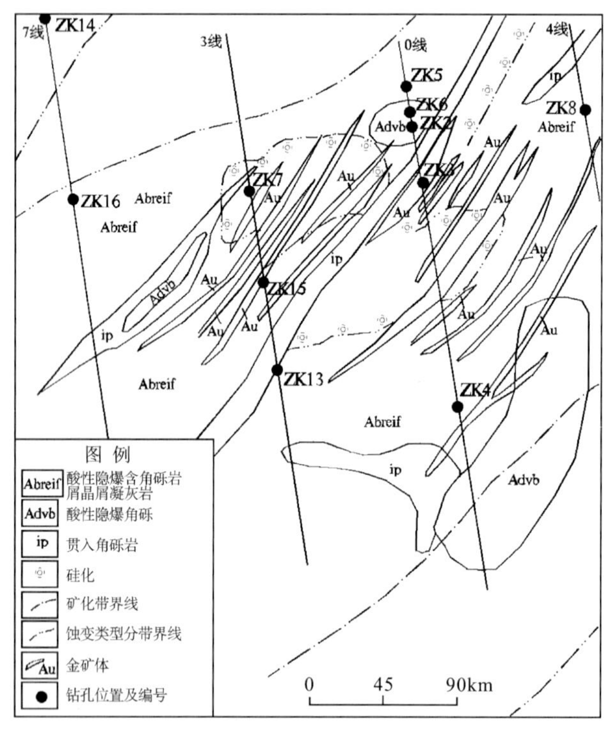

图20-2　陈家杖子金矿矿体分布图

(据《内蒙古自治区宁城县陈家杖子矿区金矿详查报告》，内蒙古赤峰地质矿产勘查开发院，2007修编)

3. 矿石特征

矿石主要为自形、半自形、他形粒状结构，乳滴状结构，交代残余结构，压碎结构；浸染状、裂隙充填、块状、胶结角砾状及团块状、细脉-网脉状构造，矿石类型比较简单，有热液充填交代型、热液网脉型，后者为主要矿石类型。

4. 矿体围岩蚀变

矿体围岩与蚀变特征：矿体主要赋存于隐爆含角砾岩屑晶屑凝灰岩、贯入角砾凝灰岩、超浅成斑岩中，但矿体与围岩为渐变关系。本区围岩蚀变强烈，近矿围岩蚀变主要为硅化、冰长石化、碳酸盐化、黄铁矿化、绢云母化、泥化等；远矿围岩蚀变有绿泥石化、绿帘石化、方解石化，局部重结晶石化等，地表普遍褐铁矿化，次为黄钾铁矾化。

5. 矿床成因及成矿时代

陈家杖子金矿床主要赋存于隐爆角砾岩筒中，矿体严格受角砾岩体控制，呈脉状、透镜状、囊状产出，与围岩呈渐变关系。矿体上下盘围岩以中低温热液蚀变为主，矿石矿物表现为中低温热液矿床的矿物组合特征。矿石常具浸染状、裂隙充填、块状、胶结角砾状、团块状、细脉-网脉状构造，反映出成矿热液沿角砾岩体渗透、扩散、交代成矿或沿裂隙充填成矿，常见冰长石-绢云母化，属于典型的热液低硫型矿床，同时对比金矿床实例，初步认为该矿床应属浅成低温热液隐爆角砾岩型金矿床。成矿时期为燕山期。

（二）矿床成矿模式

通过对陈家杖子矿床地质特征、地球物理、地球化学特征、成矿条件和物质来源的分析研究，我们认为该矿床应是斑岩成矿系统的一部分，矿床本身与隐爆角砾岩体关系密切，应为隐爆角砾岩型金矿床，成矿在空间上、时间上受隐爆角砾岩、石英斑岩的制约。矿床总体应构成一斑岩型金（铜）矿床系列，初步预测总结矿床成因模型。陈家杖子隐爆角砾岩型金矿位于该成矿系统顶部，矿床深部斑岩体的内外接触带附近应是主要的金（铜）矿化部位。

其成矿机制应为：在岩浆活动晚期，气液组分在岩体顶部聚集形成强大的内压，经地质作用诱导，气液流体沿上覆岩石的构造裂隙或脆弱带急剧释放能量，将通道上的岩石爆裂形成角砾，然后晚期的热液携带含矿物质并溶解围岩矿质上升，在隐爆形成的裂隙中充填成矿，并将角砾胶结形成角砾岩（图 20-3）。

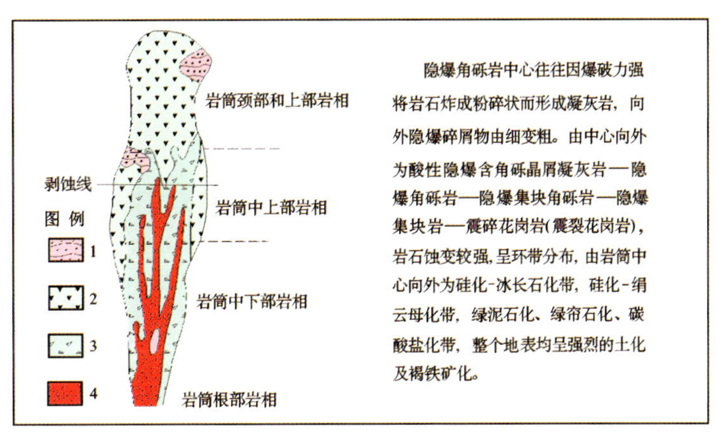

图 20-3　陈家杖子隐爆角砾岩型金矿成矿模式图

（据《内蒙古自治区宁城县陈家杖子矿区金矿详查报告》，内蒙古赤峰地质矿产勘查开发院，2007 修编）

1. 片麻岩；2. 震碎岩；3. 隐爆角砾岩；4. 流纹斑岩

从区域地质环境和矿床地质特征分析，成矿物质的来源具有多元的特点，一部分来源于火山、次火山热液，一部分来源于基底变质岩。燕山晚期火山岩浆活动的期后残余熔融体，富含挥发分与矿质并熔融淬取围岩的成矿物质，形成富含 Au、Cu 的热水溶液，从下往上推移，在隐爆角砾岩体裂隙中沉淀堆积，形成矿体。

二、典型矿床地球物理特征

（一）矿床所在位置航磁特征

据 1∶5 万航磁平面等值线图显示（图 20-4），矿床所在位置由南北两条正异常带组成，呈条带状，极值达 800nT;矿点所处的中间地段属负异常,极值达−450nT。

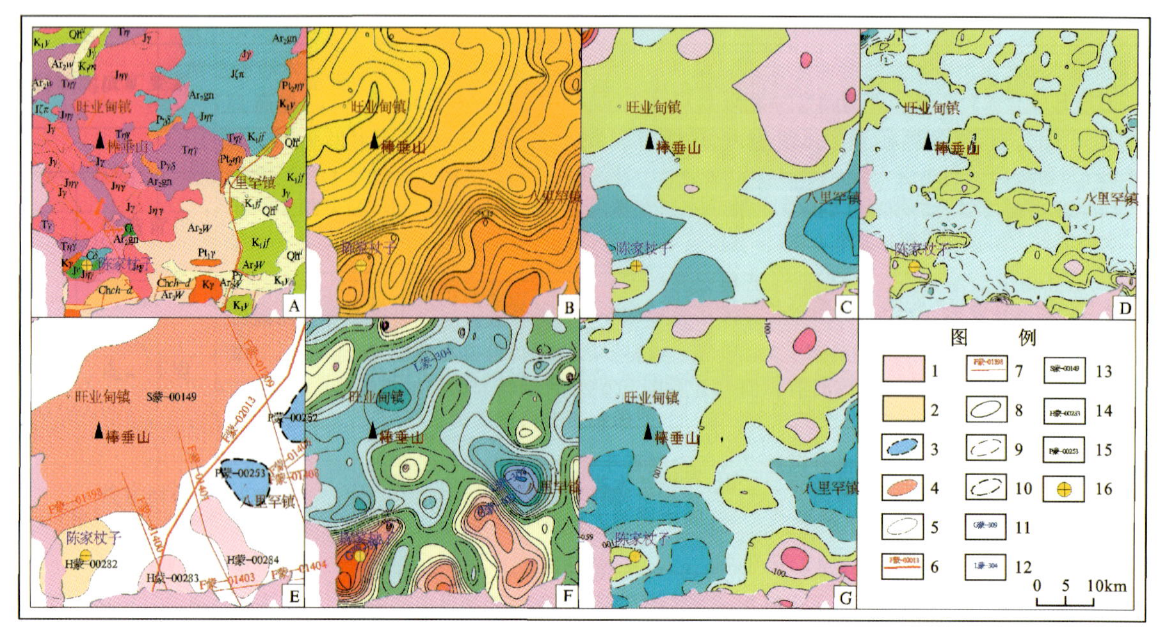

图 20-4　陈家杖子式金矿典型矿床所在区域地质矿产及物探剖析图

A. 地质矿产图;B. 布格重力异常图;C. 航磁 ΔT 等值线平面图;D. 航磁 ΔT 化极垂向一阶导数等值线平面图;E. 重力推断地质构造图;F. 剩余重力异常图;G. 航磁 ΔT 化极等值线平面图。

1. 太古宙地层;2. 元古宙地层;3. 盆地及边界;4. 酸性—中酸性岩体;5 出露岩体边界;6 重力推断二级断裂构造及编号;7. 重力推断三级断裂构造及编号;8. 航磁正等值线;9. 航磁负等值线;10. 零等值线;11. 剩余重力正异常编号;12. 剩余重力负异常编号;13. 酸性—中酸性岩体编号;14. 地层编号;15. 盆地编号;16. 金矿点

(二)矿床所在区域重力特征

布格重力异常图上,陈家杖子金矿位于区域布格重力异常相对高值区,$\Delta g-100\times10^{-5}\,m/s^2\sim-85\times10^{-5}\,m/s^2$,金矿位于北东向突出的异常等值线上。其附近重力值 $\Delta g-90\times10^{-5}\,m/s^2\sim-85\times10^{-5}\,m/s^2$,金矿北侧重力值较低,南侧重力高。

剩余重力异常图上,陈家杖子金矿位于 G 蒙-308 正异常区内,$\Delta g1\times10^{-5}\,m/s^2\sim10.55\times10^{-5}\,m/s^2$,该异常为近南北转为北东向的正异常,由多个椭圆局部异常组成,金矿附近剩余重力异常值约为 $\Delta g7\times10^{-5}\,m/s^2\sim10\times10^{-5}\,m/s^2$,异常区出露元古代地层,故认为 G 蒙-308 号正异常主要是元古宙基底隆起所致。在金矿北部存在区域性面状分布的负异常,极值 $\Delta g-5.6\times10^{-5}\,m/s^2$,这一带地表出露有酸性岩体,所以认为这一区域的负异常主要是酸性侵入岩体引起。

三、典型矿床地球化学特征

Ag、Au、Cd、Cu 等元素组成的高背景区带中有以 Ag、Au、Cd、Cu 为主的多元素局部异常(图 20-5)。

四、典型矿床预测模型

在典型矿床成矿要素研究的基础上,根据矿区大比例尺化探异常、地磁资料及矿床所在区域的航磁

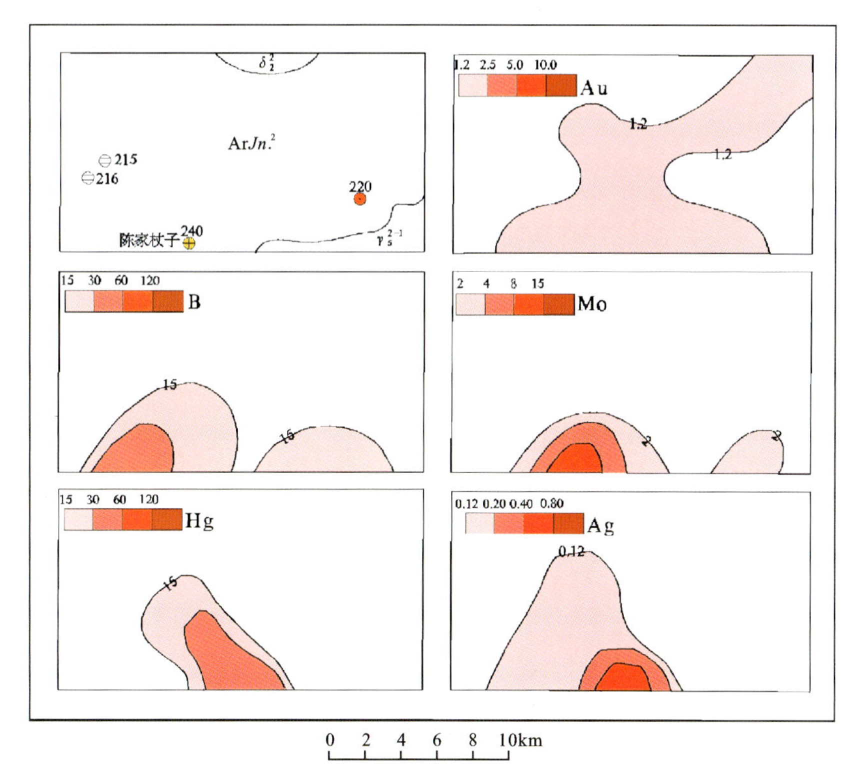

图 20-5　陈家杖子式金矿综合异常剖析图

重力资料，建立典型矿床的预测要素。在成矿要素图上叠加大比例尺地磁等值线形成预测要素图，同时以典型矿床所在区域的地球化探异常、航磁重力资料作系列图，以角图形式表达，反映其所在位置的物化探特征。

以典型矿床成矿要素图为基础，综合研究重力、航磁、化探、遥感、自然重砂等综合致矿信息，总结典型矿床预测要素(表 20-1)。

表 20-1　陈家杖子式金矿典型矿床预测要素表

成矿要素		描述内容				要素类别
		储量	大型，Au:1 000.65kg； 新增，Au:903.88t	平均品位	Au:5.53×10^{-6}	
		特征描述	浅成-超浅成中-低温热液隐爆角砾岩型金矿床			
地质环境	构造背景	华北地台北缘，内蒙地轴东段，马鞍山隆断带南段，东西向隆化-黑里河-叶柏寿大断裂与北东向红山-八里罕大断裂交会部位西侧				重要
	成矿环境	1. 新太古界中深变质岩系；中元古界长城系变质细碎屑岩-碳酸盐岩系。 2. 矿区内未见大的侵入岩体，但发现 2 个具有一定规模的隐爆角砾凝灰岩体。 3. 矿区为东西向断裂构造，北东向黑里河是本区重要的控岩控矿构造，隐爆角砾岩体内部发育北东向岩脉或含金石英-硫化物矿脉。 4. 含矿隐爆角砾岩体主要是角砾凝灰岩，次为石英斑岩，矿体与围岩为渐变关系				必要
	成矿时代	含矿角砾岩的 Rb-Sr 同位素等时线年龄为 191Ma，二长花岗斑岩脉的等时线年龄为 177Ma。金矿床为与早燕山期隐爆角砾岩有关的浅成中-低温热液型金矿床				重要

续表 20-1

<table>
<tr><td colspan="2" rowspan="3">成矿要素</td><td colspan="4">描述内容</td><td rowspan="3">要素类别</td></tr>
<tr><td>储量</td><td>大型,Au:1 000.65kg;
新增 Au:903.88t</td><td>平均品位</td><td>Au:5.53×10⁻⁶</td></tr>
<tr><td>特征描述</td><td colspan="3">浅成—超浅成中—低温热液隐爆角砾岩型金矿床</td></tr>
<tr><td rowspan="6">矿床特征</td><td>岩石类型</td><td colspan="4">含矿隐爆角砾岩体主要是隐爆含角砾晶屑岩屑凝灰岩,次为石英斑岩</td><td>必要</td></tr>
<tr><td>岩石结构</td><td colspan="4">细粒,斑状结构</td><td>次要</td></tr>
<tr><td>矿物组合</td><td colspan="4">黄铁矿、毒砂、铁闪锌矿、白铁矿,其次为银金矿、黄铜矿、方铅矿、黝铜矿。氧化带可见硫化物氧化形成的褐铁矿、黄钾铁钒、自然铜等氧化物</td><td>重要</td></tr>
<tr><td>结构构造</td><td colspan="4">自形—半自形—他形晶粒状结构、乳滴状结构、交代残余结构、残余-骸晶结构、压碎结构;稀疏-稠密浸染状构造、裂隙充填构造、块状构造、胶结角砾状构造</td><td>次要</td></tr>
<tr><td>蚀变特征</td><td colspan="4">隐爆角砾岩石普遍遭受强烈的热液蚀变作用,常见有绢云母化、碳酸盐化、硅化、泥化,其次为冰长石化、绿泥石化、绿帘石化、青磐岩化,早期冰长石化-硅化阶段和晚期硅化-黄铁矿化阶段是金沉淀主要时期</td><td>重要</td></tr>
<tr><td>控矿条件</td><td colspan="4">1.新太古界中深变质岩系,中元古界长城系变质细碎屑岩-碳酸盐岩系。
2.未见大的侵入岩体,发现两个具有一定规模的隐爆角砾岩体。
3.北东向黑里河断裂是本区重要的控岩控矿构造,并常发育北东向岩脉或含金石英-硫化物矿脉</td><td>必要</td></tr>
<tr><td rowspan="3">区域物探异常特征</td><td>航磁</td><td colspan="4">矿床所在位置由南北两条正异常带组成,呈条带状,极值达 800nT;矿点所处的中间地段属负异常,极值达−450nT</td><td>必要</td></tr>
<tr><td>重力</td><td colspan="4">金矿附近剩余重力异常值约为 $\Delta g 7\times10^{-5}\ m/s^2 \sim 10\times10^{-5}\ m/s^2$,异常区出露元古宙地层</td><td>必要</td></tr>
<tr><td>化探异常特征</td><td colspan="4">1.覆盖严重的化探异常区应用常规土壤测量来确定近地表矿体位置简便、有效。
2.化探的 Cu、Pb、Ni、Co、As、V、Ti、Mn、Ba 异常和磁力异常均反映出挤压破碎蚀变带及岩体与地层的接触带。
3.根据 1∶5 万水系沉积物金化探异常,Au、Ag、Cu、Pb、Zn、As、Sb、Sn、Bi 等元素异常套合好,浓集中心明显,浓度分带清楚</td><td>必要</td></tr>
</table>

第二节 预测工作区研究

一、区域地质特征

(一)成矿地质背景

预测区位于华北地台北缘,内蒙地轴东段,马鞍山隆断带南段,东西向隆化-黑里河-叶柏寿大断裂与北东向红山-八里罕大断裂交会部位西侧。地层区划为华北地层大区、晋冀鲁豫地层区。

预测区内金矿化主要分布在如下地层中,新太古界中深变质岩系、中元古界长城系变质细碎屑岩-碳酸盐岩系、第四系。

矿区主要为断裂构造,东西向断裂形成最早,在变质岩区发育;北东向断裂最为发育,黑里河断裂从矿区北侧通过,是本区重要的控岩控矿构造,隐爆角砾岩体内部发育北东走向裂隙,并常发育岩脉或含金石英一硫化物矿脉，成为矿区主要容矿构造。

区内岩浆活动频繁，岩浆岩十分发育，分布面积广。有新太古代变质深成侵入岩体、中元古代糜棱岩化中细粒英云闪长岩、早二叠世糜棱岩化中细粒黑云母二长花岗岩、中三叠世基性杂岩、早侏罗世中细粒不等粒黑云母花岗岩、中侏罗世细中粒黑云母花岗岩等。脉岩主要为石英脉、花岗岩脉、黑云母花岗岩脉、闪长岩脉等。呈北东向、南北向、北西向分布。矿区内未见大的侵入岩体出露，但发现2个具有一定规模的隐爆角砾凝灰岩体，其西山隐爆角砾岩体内有金矿体，形态近半椭圆形，在角砾岩体内呈北东向分布的石英斑岩脉在空间上与含金矿脉或矿体密切伴生。

燕山晚期隐爆角砾岩体的形成，对本区金矿化的形成和富集有重要作用，它们在空间上与含金矿脉或矿化体密切伴生，表明金矿化与上述岩浆活动有着不可分割的内在联系，它们不仅为金矿的形成提供充足的热能，而且也是本区成矿的重要物质来源。

（二）区域成矿模式

陈家杖子金矿目前已控制的资源量已达中型规模。矿体在倾向上，随着矿体延深增加，矿体具有厚度增大、品位变富的趋势。钻探工程显示，在标高800m以上见到金矿体，在标高800m以下铜含量逐渐增高，并发育铅、锌多金属矿化，见到了Cu品位为4.08%的矿体及3条铅锌矿体，显示出上金下铜的特点。对矿床的DPEM视电阻率一阻抗测量及激电测量显示，在矿床深部存在有低阻体，推测为斑岩体的主要矿化部位。据此，我们初步认为，目前查明的陈家杖子金矿床为斑岩成矿系统的顶部部分，推测其深部赋存有金、铜多金属矿体，应具有大型以上矿床的资源潜力。区域上，赤峰南部地区，位于华北地台北缘东西向构造与北东向大兴安岭火山岩带的交会部位，前寒武系结晶基底被中生代岩浆火山岩带侵入和覆盖，形成了一套广泛分布的火山、次火山岩系，成矿地质条件优越，该区属于多伦-赤峰斑岩铜钼成矿带，是寻找斑岩型矿床的有利地区。陈家杖子金矿外围已发现有多处类似的热液隐爆角砾岩筒，这些隐爆角砾岩筒一般均伴有地球化学异常，有成群、成带分布的特点，显示良好的找矿信息。因此，在区域上应以物化遥手段为先导寻找以隐爆角砾岩筒为标志的斑岩（潜火山岩）型金铜多金属矿床（图20-6）。

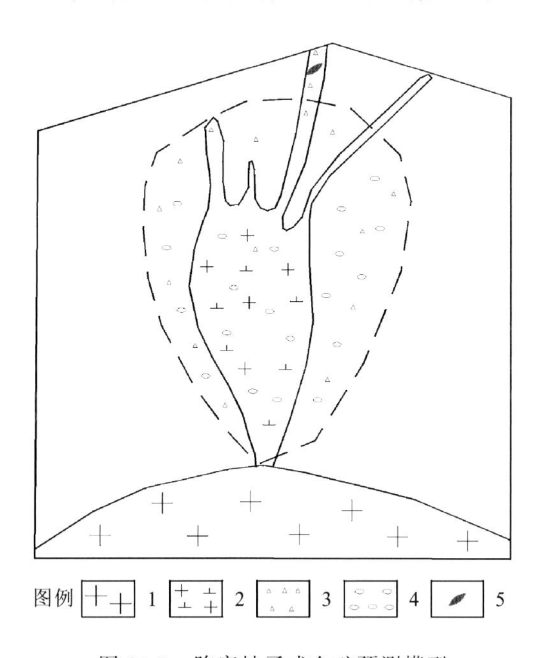

图20-6　陈家杖子式金矿预测模型

1.花岗岩基；2.中酸性斑岩体；3.隐爆角砾岩体；4.铜多金属矿化；5.金矿体

二、区域地球物理特征

（一）重力

该区布格重力异常等值线呈北东向展布。金矿位于区域上呈北东向展布的重力梯级带的南西段，其值北西低，南东高，变化范围 $\Delta g-120\times10^{-5}\mathrm{m/s^2}\sim-67.71\times10^{-5}\mathrm{m/s^2}$，该梯级带是北东向展布的区域深大断裂黄岗梁-乌兰浩特 F 蒙-2013 断裂引起。对应与北侧的低值区形成面状分布的剩余重力负异常区，即陈家杖子金矿北侧的负异常区，由前述知是酸性侵入岩引起。在该异常区的东侧形成的形态较规则的剩余重力负异常 L 蒙-307 是盆地引起。在断裂带南侧相对高异常区，形成 3 处剩余重力正异常，其中陈家杖子金矿位于 G 蒙-308 异常区，是元古宙地层出露区。东侧为 G 蒙-284 剩余重力正异常，为 $\Delta g10.03\times10^{-5}\mathrm{m/s^2}$，预测区内出露太古宙地层，推断该异常主要是太古宙基底隆起所致。另一处剩余重力正异常与 G 蒙-284 属于同一性质的异常。

另外，G 蒙-309 号正剩余重力异常边部多处分布有金矿点，且 G 蒙-309 剩余重力正异常与地球化学金异常高值区相对应，所以选择 G 蒙-309 剩余重力正异常区为金矿靶区。

（二）磁法

据 1∶20 万剩余重力异常图显示，正负异常变化凌乱，局部正异常相对比较明显；据1∶50万航磁化极平面等值线图显示，磁场变化范围为－100～100nT，异常特征不明显。

三、区域地球化学特征

预测区上分布有 Ag、Au、Cd、Cu 等元素组成的高背景区带，在高背景区带中有以 Ag、Au、Cd、Cu 为主的多元素局部异常。预测区内共有 3 个 Ag 异常，7 个 Au 异常，11 个 Cd 异常，7 个 Cu 异常，4 个 Mo 异常，4 个 Pb 异常，5 个 W 异常，As、Sb、Zn 在预测区上无异常。

四、区域遥感影像及解译特征

嫩江-青龙河深大断裂带呈北东方向贯穿本预测工作区。这条断裂带是大兴安岭隆起带与松辽断陷盆地界线，在影像图上非常清晰(图 20-7)。

该区内其他断裂构造，东西向断裂形成最早，在变质岩区发育；北东向断裂最为发育，黑里河断裂从矿区北侧通过，是本区重要的控岩控矿构造，隐爆角砾岩体内部发育北东走向裂隙，并常发育岩脉或含金石英-硫化物矿脉，成为矿区主要容矿构造。

2 个具有一定规模的隐爆角砾岩体，其西山隐爆角砾岩体内有金矿体，形态近半椭圆形，北东-南西向展布，长轴约 1000m，短轴约 800m，出露面积约 0.7km^2，呈筒状向下延深，已控制延深大于 720m，岩筒南东倾，倾角陡，倾角 70°～80°，剖面略呈上大下小的漏斗状。角砾岩筒内岩性主要为灰白色隐爆含角砾岩屑晶屑凝灰岩、黑色贯入角砾凝灰岩和脉状石英斑岩。岩筒四周断续出现震碎角砾岩或震裂片麻岩(花岗岩)带，在角砾岩体内呈北东向分布的石英斑岩脉在空间上与含金矿脉或矿体密切伴生。矿体围岩主要是隐爆角砾凝灰岩，次为石英斑岩、贯入角砾凝灰岩。矿体与围岩为渐变关系，矿体靠品位圈定。图中粉红色区是我们圈出的带要素，这里指新太古界中深变质岩系：岩石组合为斜长角闪片岩、石英长石变粒岩、含残斑石榴斜长变粒岩夹磁铁石英岩、不等粒大理岩等；中元古界长城系变质细碎屑岩-碳酸盐岩系：岩石组合为硅质板岩、结晶灰岩、硅质细砂岩、变质细砂质粉砂岩、钙质板岩、石英岩、绢云母板岩等；第四系：亚砂土、砂砾石等。

本区内岩浆活动频繁，岩浆岩十分发育，分布面积广。有新太古代变质深成侵入岩体，体现在解译图中，是环形构造。其岩性为角闪斜长片麻岩、角闪二长片麻岩，少量黑云斜长片麻岩以及眼球状花岗片麻岩；中元古代糜棱岩化中细粒英云闪长岩；早二叠世糜棱岩化中细粒黑云母二长花岗岩；中三叠世基性杂岩：斜长岩、苏长岩、辉长岩、橄榄辉石岩等，中细粒石英闪长岩、黑云母二长花岗岩；早侏罗世中细粒不等粒黑云母花岗岩；中侏罗世细中粒黑云母花岗岩等。矿区内未见大的侵入岩体出露，但发现两个具有一定规模的隐爆角砾凝灰岩体，其西山隐爆角砾岩体内有金矿体，形态近半椭圆形，在角砾岩体内呈北东向分布的石英斑岩脉在空间上与含金矿脉或矿体密切伴生。

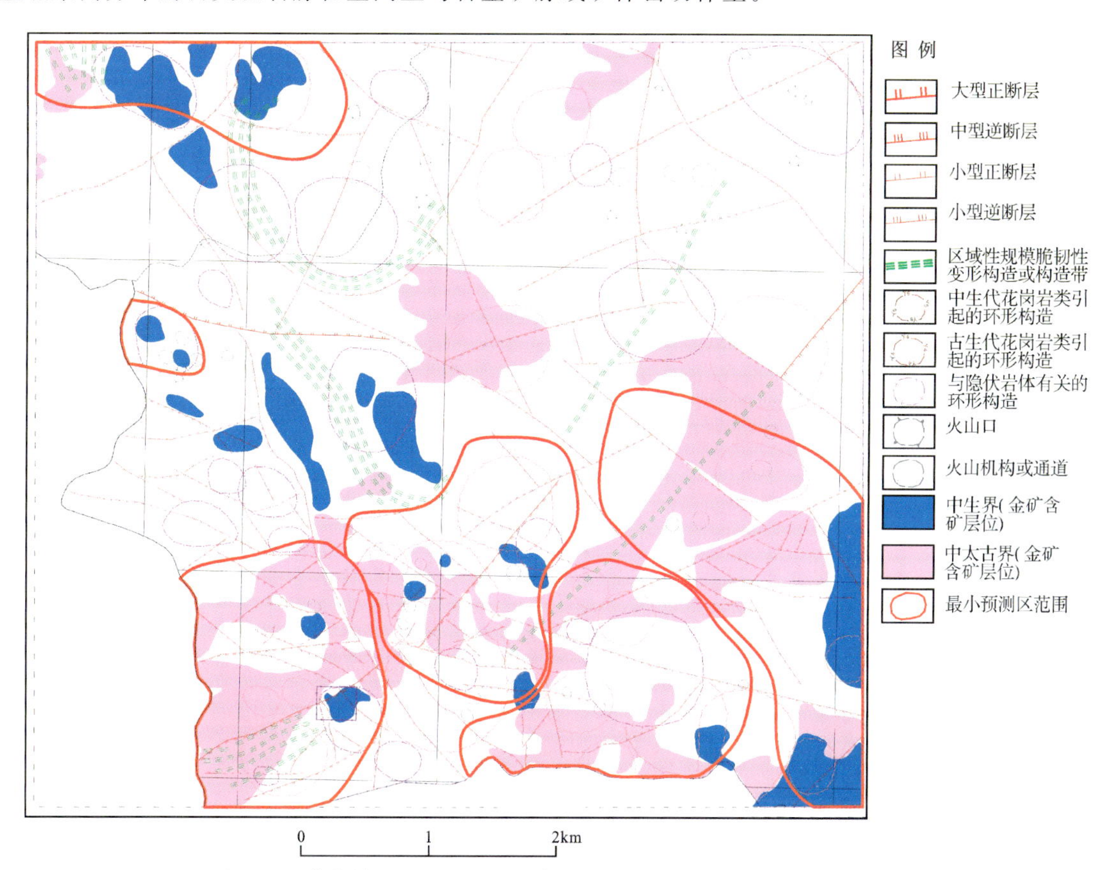

图 20-7　陈家杖子金矿所在地区断裂带格架及最小预测区分布示意图

五、区域预测模型

根据预测工作区区域成矿要素和化探、航磁、重力、遥感及自然重砂等特征，建立了本预测区的区域预测要素(表 20-2)，编制预测工作区预测要素图和预测模型图。

预测要素图以综合信息预测要素为基础，将化探、物探、遥感及自然重砂等值线或区全部叠加在成矿要素图上，在表达时可以出单独预测要素如航磁的预测要素图。

预测模型图的编制，以地质剖面图为基础，叠加区域航磁及重力剖面图而形成(图 20-8)。

表 20-2　陈家杖子式火山岩型金矿预测工作区预测要素表

区域成矿要素		描述内容	要素类别
地质环境	大地构造位置	华北地台北缘，内蒙地轴东段，马鞍山隆断带南段，东西向隆化-黑里河-叶柏寿大断裂与北东向红山-八里罕大断裂交会部位西侧	重要
	成矿区(带)	Ⅰ-4 滨太平洋成矿域(叠加在古亚洲成矿域之上)，Ⅱ-14 华北成矿省，Ⅲ-57 华北地台北缘东段 Fe-Cu-Mo-Pb-Zn-Au-Ag-Mn-磷-煤-膨润土成矿带，IV_{57}^{3}陈家杖子金成矿亚带(Y)，$\mathrm{V}_{57}^{3\text{-}1}$陈家杖子金矿集区(Yl)	必要
	区域成矿类型及成矿期	金矿床为与早燕山期隐爆角砾岩有关的火山岩体型	重要
控矿地质条件	赋矿地质体	新太古界中深变质岩系，中元古界长城系变质细碎屑岩-碳酸盐岩系	必要
	控矿侵入岩	未见大的侵入岩体，发现两个具有一定规模的隐爆角砾岩体	重要
	主要控矿构造	北东向黑里河断裂是本区重要的控岩控矿构造，并常发育北东向岩脉或含金石英-硫化物矿脉	必要
区内相同类型矿产		10 个矿点	必要
物探异常特征	重力异常	本区位于八里罕幔坳向南东突起转折处，西侧为大营子重力布格低异常，走向北东，布格值最高为$-78\times10^{-6}\mathrm{m/s^2}$	必要
	航磁异常	1∶20 万航磁显示测区处于区域强正场与火山跳跃场的交会处	必要
遥感	遥感影像特征	依据线性影像，环形影像	必要
	异常信息特征	局部有一级铁染和羟基异常	必要
化探异常特征		1∶5 万水系沉积物测量，异常位于大营子南西约 2.5km 的陈家杖子村南侧，形态近椭圆形，长轴近东西向，面积 $2\mathrm{km^2}$，Au、Ag、Cu、Pb、Zn、As、Sb、Sn、Bi 等元素异常套合好，浓集中心明显，浓度分带清楚。其中 Au 峰值为 12×10^{-9}，均值 7.52×10^{-9}，衬度 2.507	重要

第三节　矿产预测

一、综合地质信息定位预测

(一)变量提取及优选

根据典型矿床成矿要素及预测要素研究，本次选择网格单元法作为预测单元。根据预测底图比例尺确定网格间距为 1000m×1000m，图面为 20mm×20mm。

在 MRAS 软件中，对揭盖后的地质体、遥感、火山机构求区的存在标志，对化探、航磁化极、剩余重力求起始值的加权平均值，并进行以上原始变量的构置，对地质单元进行赋值，形成原始数据专题。

根据已知矿床所在地区的航磁化极值、剩余重力值对原始数据专题中的航磁化极、剩余重力起始值的加权平均值进行二值化处理，形成定位数据转换专题。

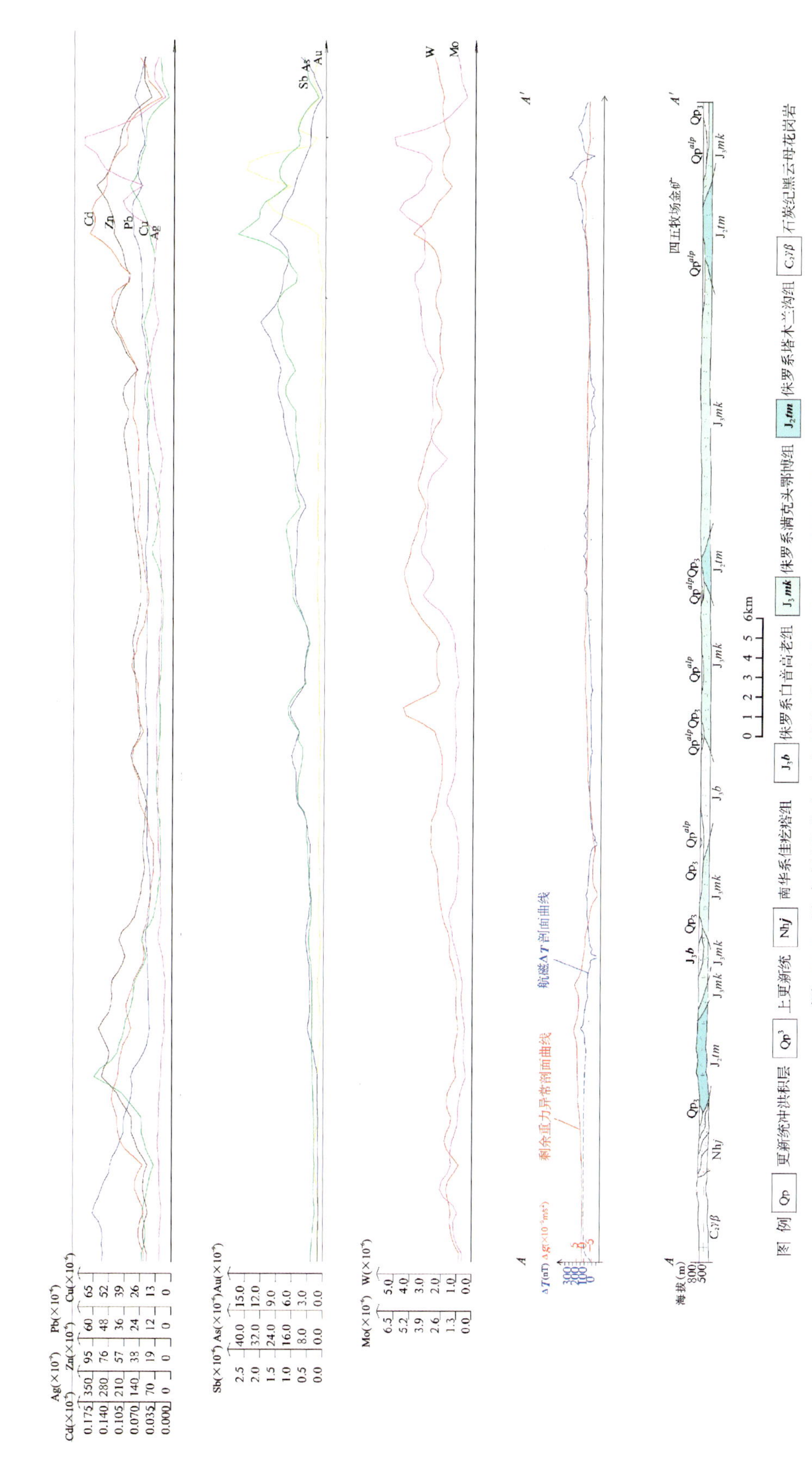

图 20-8　陈家杖子式火山岩型金矿预测工作区预测模型图

进行定位预测变量选取，所选取变量与成矿关系较为密切。

(二)最小预测区圈定及优选

根据圈定的最小预测区范围，选择陈家杖子典型矿床所在的最小预测区为模型区。由于预测工作区内有 10 个同预测类型的矿床，故采用有模型预测工程进行预测，预测过程中先后采用了证据权重法、特征分析法等方法进行空间评价，并采用人工对比预测要素，比照形成的色块图，对色块图进行人工筛选，圈定最小预测区分布图。

(三)最小预测区圈定结果

叠加所有成矿要素及预测要素，根据各要素边界圈定最小预测区，共圈定各级异常区 8 个，其中 A 级 2 个(含已知矿点)，总面积 98.98km^2；B 级 4 个，总面积 416.72km^2；C 级 2 个，总面积 86.46km^2(图 20-9)。

陈家杖子预测工作区预测底图精度为 1∶5 万，并根据成矿有利度、地理交通及开发条件和其他相关条件，将工作区内最小预测区级别分为 A、B、C 3 个等级。各级别面积分布合理，且已知矿床(点)分布在 A 级预测区内，说明预测区优选分级原则较为合理。最小预测区圈定结果表明，预测区总体与区域成矿地质背景和物化探异常等吻合程度较好。

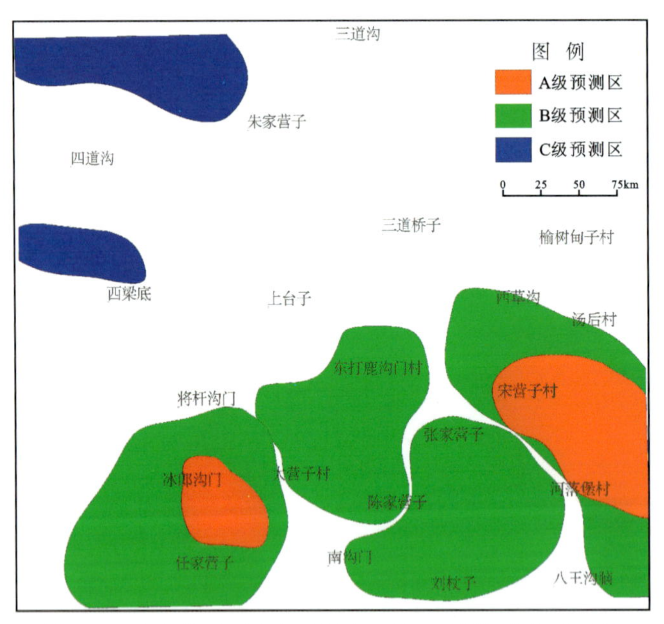

图 20-9　陈家杖子式火山岩型金矿最小预测区优选分布图

(四)最小预测区地质评价

陈家杖子金多金属矿区位于内蒙古自治区赤峰市宁城县黑里河乡陈家杖子自然村南侧。该区为中低山林区，地势西高东低。主要河流有黑里河，呈东西向横贯全区。海拔 1100m 左右，相对高差在 300m 以下，植被覆盖率达 80%以上。气候属温带半干旱大陆性气候，四季明显，年平均气温 7.3℃，年均降水量 350～500mm。无霜期 100～140 天，区内以林业、农业为主，剩余劳动力充足。电力、交通、通信方便。各最小预测区成矿条件及找矿潜力见表 20-3。

表 20-3　宁城县陈家杖子金矿预测区成矿条件及找矿潜力评价表

编号	名称	成矿条件及找矿潜力
A1511405001	石门	出露地层主要为中太古界建平岩群片麻岩和下白垩统义县组，北部、西部均为白垩纪岩体，南侧局部为二叠纪闪长岩，在建平岩群内部局部见中元古代超基性岩体分布。断裂构造以北东向为主，次为北西向、近南北向断裂，北东向为长期多次活动的区域性断裂，该断裂控制了燕山早期侵入岩的侵位及其展布方向。化探金异常规模大、强度高，各元素套合好，航磁异常低缓，重力为高值区。找矿潜力较大
A1511405002	陈家杖子	出露地层主要为中太古界建平岩群片麻岩，局部见零星侏罗纪火山岩、角砾岩等，三叠纪二长花岗岩、闪长岩和侏罗纪二长花岗岩、白垩纪正长花岗岩等，发现矿床 2 处，主构造线为北东向，控制着本区中生代火山岩浆活动，矿体主要分布在隐爆角砾岩筒内部，与火山活动密切相关，卫片上可见较为明显的环形影像，化探异常较弱，重力为西高东低，矿化点主要分布在重力梯度带上。成矿条件非常有利，找矿潜力较大
B1511405001	喇嘛洞	出露地层主要为中太古界建平岩群片麻岩和下白垩统义县组，北部岩体主要为中元古代二长花岗岩、西部均为白垩纪岩体，南侧局部见二叠纪闪长岩。断裂构造以北东向为主，次之为北西向、近南北向断裂。化探金异常仅分布在南侧，各元素套合好，航磁异常低缓，重力为高值区或正负值转换的梯度带。找矿潜力大
B1511405002	农科队	出露地层主要为中太古界建平岩群片麻岩和第四系，北部岩体主要为中元古代二长花岗岩、西部均为侏罗纪、白垩纪岩体。主构造线近东西向，后期被近南北向断裂切割。化探金异常不明显，航磁异常低缓，重力为南西高北东低，矿化主要分布在正负值转换的梯度带上。找矿潜力大
B1511405003	大西沟	出露地层主要为中太古界乌拉山岩群片麻岩和第四系，北部局部出露中元古代二长花岗岩、三叠纪基性岩，东部、西部可见为侏罗纪、白垩纪岩体。主构造线北东向为主。化探金异常不明显，航磁异常低缓，重力为正负值转换的梯度带。找矿潜力大
B1511405004	任家营子	出露地层主要为中太古界建平岩群片麻岩，局部见零星侏罗纪火山岩、火山角砾岩等，三叠纪二长花岗岩、闪长岩和侏罗纪二长花岗岩、白垩纪正长花岗岩和元古代花岗闪长岩等。主构造线为北东向，控制着本区中生代火山岩浆活动，次之为北西西向韧性剪切带，矿化主要分布在中生代隐爆角砾岩筒内部，与火山活动密切相关，卫片上可见较为明显的环形影像，化探异常较弱，重力为高值区，矿化点主要分布在重力梯度带上。有一定的找矿潜力
C1511405001	西梁底	出露地层主要为上侏罗统白音高老组，但分布零星，发育两个火山机构，大面积出露的是三叠纪、侏罗纪二长花岗岩，化探异常不明显，重力为梯度带，可作为找矿线索。有一定的找矿潜力
C1511405002	旺业甸镇	出露地层主要为中太古界乌拉山岩群片麻岩，但分布零星，大面积出露的是二叠纪、侏罗纪二长花岗岩，化探异常不明显，航磁为低缓异常，重力为梯度带，可作为找矿线索。有一定的找矿潜力

二、综合信息地质体积法估算资源量

（一）典型矿床深部及外围资源量估算

陈家杖子金矿典型矿床查明资源储量、延深、品位、体重等数据来源于 2007 年 10 月内蒙古赤峰地质矿产勘查开发院编写的《内蒙古自治区宁城县陈家杖子矿区金矿详查报告》；典型矿床面积根据《陈家杖子矿区地形地质工程分布图》1∶2000 矿区地形地质图圈定；典型矿床预测资源量的品位、体重等数据来源于 2007 年 10 月内蒙古赤峰地质矿产勘查开发院编写的《内蒙古自治区宁城县陈家杖子矿区金矿详查报告》。

延深分两个部分，一部分是已查明矿体的下延部分，已查明矿体的最大延深为 500m，结合磁异常，向下预测 200m，另一部分是已知矿体附近含矿建造区预测部分，用已查明延深＋预测深度确定该延深为 700m（＝500m＋200m），矿体延深约等于垂深。

预测面积分两个部分，一部分为该矿点各矿体、矿脉聚积区边界范围的下延面积，采用内蒙古赤峰地质矿产勘查开发院编制的《陈家杖子矿区地形地质工程分布图》（比例尺 1∶2000）在 MapGIS 软件下读取数据，然后依据比例尺计算出实际平面积 117 579m^2（按上下面积基本一致），另一部分为已知矿体附近含矿建造区预测部分，在 MapGIS 软件下读取数据，然后依据比例尺计算出实际平面积[172 277－117 579＝54 698（m^2）]。

陈家杖子金矿典型矿床深部及外围资源量估算结果见表 20-4。

表 20-4　陈家杖子式火山岩型金矿典型矿床深部及外围资源量估算一览表

典型矿床		深部及外围		
已查明资源量	11 324.01kg	深部	面积	117 579m^2
面积	117 579m^2		深度	200m
深度	500m	外围	面积	54 698m^2
品位	5.53×10^{-6}		深度	700m
密度	2.7g/cm^3	预测资源量		11 904.72kg
体积含矿率	0.000 192 6kg/m^3	典型矿床资源总量		23 228.73kg

（二）模型区的确定、资源量及估算参数

模型区为典型矿床所在的最小预测区。陈家杖子典型矿床查明资源量 11 324.01kg，按本次预测技术要求计算模型区资源总量为 23 228.73kg。模型区内无其他已知储量矿点存在，则模型区总资源量＝典型矿床总资源量，模型区面积为依托 MRAS 软件采用有模型工程特征分析法优选后圈定，延深根据典型矿床最大预测深度确定。模型区圈定时参照了含矿建造地质体，因此含矿地质体面积参数为 1（表 20-5）。

表 20-5　陈家杖子式火山岩型金矿预测工作区模型区总资源量表

编号	名称	模型区资源量（kg）	模型区面积（m^2）	延深（m）	含矿地质体面积（m^2）	含矿地质体面积参数
A1511405001	陈家杖子	23 228.73	172 277	700	26 697 163	1

（三）最小预测区预测资源量

陈家杖子式火山岩型金矿预测工作区最小预测区资源量定量估算采用地质体积法进行估算。

1. 估算参数的确定

最小预测区面积是依据综合地质信息定位优选的结果；延深的确定是在研究最小预测区含矿地质体地质特征、岩体的形成深度、矿化蚀变、矿化类型的基础上，对比典型矿床特征的基础上综合确定的，部分由成矿带模型类比或专家估计给出；相似系数的确定，主要依据最小预测区内含矿地质体本身出露的大小、地质构造发育程度不同、化探异常强度、矿化蚀变发育程度及矿（化）点的多少等因素，由专家确定。

2. 最小预测区预测资源量估算结果

本次预测资源总量为 34 338.44kg，其中不包括预测工作区已查明资源总量 11 324.01kg，详见表 20-6。

表 20-6　陈家杖子式火山岩型金矿预测工作区最小预测区估算成果表

最小预测区编号	最小预测区名称	$S_{预}$ (km^2)	$H_{预}$ (m)	K_S	K (kg/m^3)	α	$Z_{预}$ (kg)	资源量级别
A1511405001	石门	72.28	600	0.5	0.000 001	0.8	13 879.47	334-1
A1511405002	陈杖子	26.70	700	1	0.000 001	1	7 364.00	334-1
B1511405001	喇嘛洞	77.09	300	0.2	0.000 001	0.5	2 312.67	334-2
B1511405002	农科队	116.07	300	0.2	0.000 001	0.5	3 733.41	334-3
B1511405003	大西沟	99.11	300	0.2	0.000 001	0.5	3 482.10	334-3
B1511405004	任家营子	124.45	300	0.2	0.000 001	0.5	2 973.37	334-2
C1511405001	西梁底	24.89	300	0.1	0.000 001	0.3	223.98	334-3
C1511405002	旺业甸镇	61.57	200	0.1	0.000 001	0.3	369.44	334-3
合计							34 338.44	

（四）预测工作区预测成果汇总

陈家杖子式火山岩型金矿预测工作区地质体积法预测资源量，依据资源量级别划分标准，根据现有资料的精度，可划分为 334-1、334-2 和 334-3 三个资源量精度级别；陈家杖子式火山岩型金矿预测工作区中，根据各最小预测区内含矿地质体（地层、侵入岩及构造）特征，预测深度在 200～700m 之间。

根据矿产潜力评价预测资源量汇总标准，陈家杖子式火山岩型金矿预测工作区按精度、预测深度、可利用性、可信度统计分析结果见表 20-7。

表 20-7　陈家杖子式火山岩型金矿预测工作区资源量估算汇总表　　单位:kg

精度	深度		可利用性		可信度			合计
	500m 以浅	1000m 以浅	可利用	暂不可利用	≥0.75	≥0.5	≥0.25	
334-1	4 913.13	16 330.35	21 243.47	—	21 243.47	—	—	21 243.47
334-2	6 046.08	—	—	6 046.08	6 046.08	—	—	6 046.08
334-3	7 048.89	—	—	7 048.89	—	—	7 048.89	7 048.89
合计								34 338.44

注:表中数据不含已查明资源量。1000m 以浅预测资源量含 500m 以浅预测资源量。

第二十一章　内蒙古自治区金单矿种资源总量潜力分析

第一节　金单矿种预测资源量与资源现状对比

内蒙古自治区金矿共划分了 18 个矿产预测类型，确定 5 种预测方法类型：层控内生型、复合内生型、侵入岩型、变质型、火山岩型。根据矿产预测类型及预测方法类型共划分了 22 个预测工作区，共圈定金矿最小预测区 515 个，预测区面积 7 028.68km^2，其他矿种共伴生金最小预测区 281 个，预测资源总量 911.6t（表 21-1）。根据《内蒙古自治区矿产资源储量表》（截至 2009 年底），岩金矿床已探明储量 466.8t，已探明资源量与预测资源量比率为 1∶1.95（表 21-2，图 21-1）。其中复合内生型金矿预测资源量占总预测资源量的 41.70%，层控型内生型金矿预测资源量占总预测资源量的 26.50%，是今后寻找金矿床的主要矿床类型。

表 21-1　内蒙古自治区金矿预测资源量汇总表

预测方法类型	矿床式及矿产预测类型	预测工作区	预测资源量(t)			
			A 级	B 级	C 级	合计
层控内生型	朱拉扎嘎式沉积-热液改造型金矿	朱拉扎嘎预测工作区	3.077 07	17.583 51	39.438 7	60.099 28
	浩尧尔忽洞式热液型金矿	浩尧尔忽洞预测工作区	49.903 54	36.493 56	44.322 15	130.719 25
	赛乌素式热液型金矿	赛乌素预测工作区	16.245 13	9.068 07	1.018 15	26.331 35
	十八顷壕式破碎-蚀变岩型金矿	十八顷壕预测工作区	0.934 75	2.741 61	0.636 32	4.312 68
	老硐沟式热液-氧化淋滤型金矿	老硐沟预测工作区	6.260 48	7.086 8	5.551 47	18.898 75
复合内生型	乌拉山式热液型金矿	乌拉山预测工作区	51.708	108.282	41.646	201.636
		卓资县预测工作区	3.622	3.556	13.261	20.439
	巴音温都尔式热液型金矿	巴音温都尔预测工作区	11.277	14.750 8	6.193 19	32.220 99
		红格尔预测工作区	2.270 65	2.490 14	0.695 92	5.456 71
	白乃庙式热液型金矿	白乃庙预测工作区	4.304 13	9.103 47	10.348 89	23.756 49
	金厂沟梁式热液型金矿	金厂沟梁预测工作区	34.746	22.42	39.426	96.592

续表 21-1

预测方法类型	矿床式及矿产预测类型	预测工作区	预测资源量(t)			
			A级	B级	C级	合计
侵入岩体型	毕力赫式斑岩型金矿	毕力赫预测工作区	26.346	22.677	20.749	69.772
	小伊诺盖沟式热液型金矿	小伊诺盖沟预测工作区	0.484 34	1.494 31	0.177 4	2.156 05
		八道卡预测工作区	0.351 68	1.331 4	0.767 91	2.450 99
		兴安屯预测工作区	2.957 02	1.072 31	0.156 89	4.186 22
	碱泉子式热液型金矿	碱泉子预测工作区	2.187 62	9.587 01	3.959 28	15.733 91
	巴音杭盖式热液型金矿	巴音杭盖预测工作区	8.444	5.234	4.552	18.23
	三个井式热液型金矿	三个井预测工作区	6.202	3.119	1.542	10.863
变质型	新地沟式变质热液(绿岩)型金矿	新地沟预测工作区	2.714 66	0.996 93	2.310 59	6.022 18
火山岩型	四五牧场式隐爆角砾岩型金矿	四五牧场预测工作区	0.84	2.047	1.359	4.246
	古利库式火山岩型金矿	古利库预测工作区	4.645	4.436	5.91	14.991
	陈家杖子式火山隐爆角砾岩型金矿	陈家杖子预测工作区	21.243 47	12.501 55	0.593 42	34.338 44
合计			260.764 54	298.072 47	244.615 28	803.452 29

表 21-2　内蒙古自治区金矿种资源现状统计表

预测方法类型	已探明资源量(t)	预测资源量(t)	已探明资源量与预测资源量对比
层控内生型	107.8	241.6	1∶2.24
复合内生型	246.7	380.1	1∶1.54
侵入岩体型	50.6	123.4	1∶2.44
变质型	2.2	6.0	1∶2.71
火山岩型	20.2	53.6	1∶2.65
共伴生金矿	39.3	106.9	1∶2.72
合计	466.8	911.6	1∶1.95

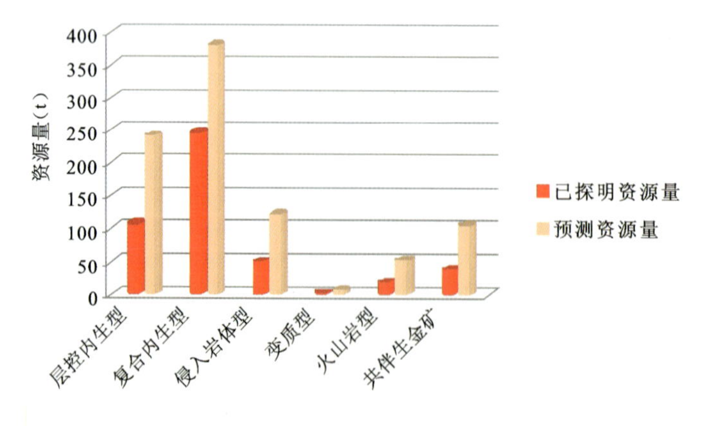

图 21-1　内蒙古自治区金矿已探明资源量与预测资源量对比图

第二节 预测资源量潜力分析

按照最小预测区类别，即成矿条件有利程度及资源潜力的大小，共圈定最小预测区 515 个，其中 A 级预测区 86 个，预测资源量 326.03t；B 级预测区 175 个，预测资源量 324.47t；C 级预测区 254 个，预测资源量 261.04t（表 21-3，图 21-2）。

表 21-3 金矿预测资源量统计表

单位：t

最小预测区级别		深度		精度		可利用性	
						可利用	暂不可利用
A 级	326.03	500m 以浅	822.82	334-1	226.21	233.01	16.14
B 级	324.47	1000m 以浅	88.72	334-2	281.02	98.96	144.93
C 级	261.04	2000m 以浅	0	334-3	404.31	217.38	199.87
合计	911.54						

注：表中数据不含已查明资源量。1000m 以浅预测资源量不含 500m 以浅预测资源量；2000m 以浅预测资源量不含 1000m 以浅预测资源量。

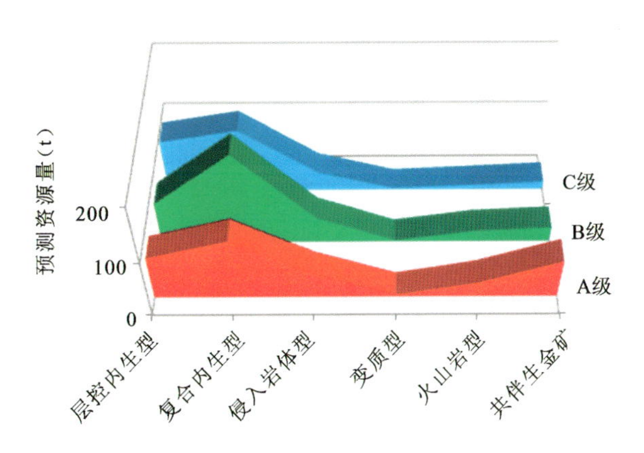

图 21-2 内蒙古自治区金矿预测资源量按最小预测区类别统计图

根据预测精度确定预测资源量级别，共获得 334-1 级资源量 226.21t，占预测资源总量的 24.82%，334-2 级资源量 281.02t，占预测资源总量的 30.83%，334-3 级资源量 404.31t，占预测资源总量的 44.35%（图 21-3）。

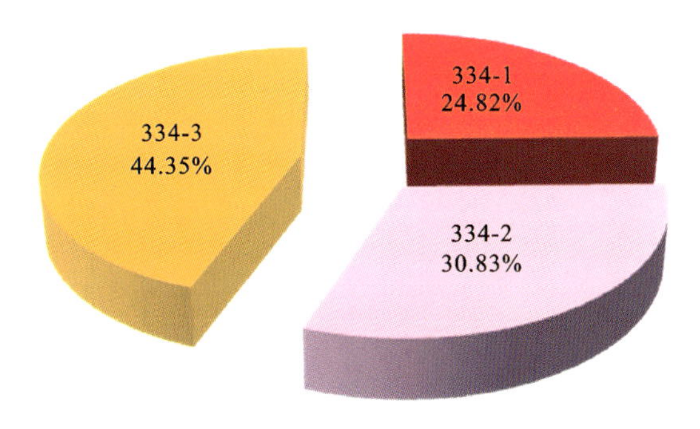

图 21-3 内蒙古自治区金矿预测资源量按预测精度统计图

500m以浅各精度预测资源量822.82t，占总预测资源量的90.27%，500～1000m以浅预测资源量69.48t，占总预测资源量的7.62%，1000～2000m预测资源量15.25t，占总预测资源量的2.11%(图21-4)。根据深度、当前开采经济条件、矿石可选性、外部交通水电环境等条件的可利用性，内蒙古自治区金矿预测资源量中可利用约549.35t，占预测资源量的60%，不可利用约360.94t(图21-5)。

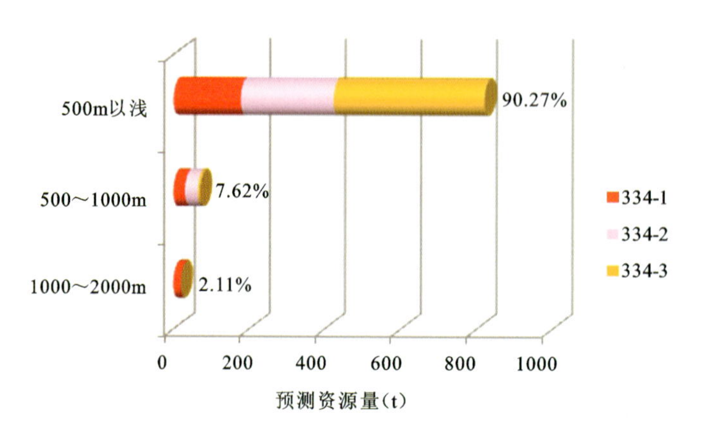

图21-4　内蒙古自治区金矿预测深度-精度统计图

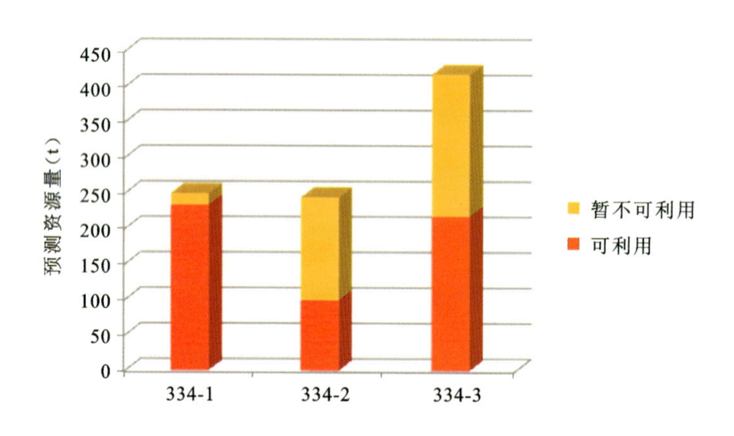

图21-5　内蒙古自治区金矿预测精度-可利用性统计图

第三节　勘查部署建议

一、部署原则

以Au为主，兼顾与其共伴生金属，以探求新的矿产地及新增资源储量为目标，开展区域矿产资源预测综合研究、重要找矿远景区矿产普查工作。

(1)开展矿产预测综合研究。以本次金矿预测成果为基础，进一步综合区域地球化学、区域地球物理和区域遥感资料，应用成矿系列理论，进行成矿规律、矿产预测等综合研究，圈定一批找矿远景区，为矿产勘查部署提供依据。

(2)开展矿产勘查工作。依据本次金矿预测结果，结合已发现铁矿床，进行矿产勘查工作部署。在已知矿区的外围及深部部署矿产勘探工作，在矿点和本次预测成果中的A、B级优选区相对集中的地区部署矿产详查工作，在找矿远景区内部署矿产普查工作。

二、主攻矿床类型

不同成矿区带有不同的成矿环境和不同主攻矿床。

(1)准噶尔成矿省觉罗塔格-黑鹰山成矿带主攻矿床类型为晚古生代岩浆热液型(三个井式)金矿。

(2)塔里木成矿省磁海-公婆泉成矿带阿木乌苏-老硐沟成矿亚带主攻矿床类型为晚古生代热液-氧化淋滤型(老硐沟式)金矿。

(3)华北(地台)成矿省阿拉善(台隆)成矿亚带古生代岩浆热液型(碱泉子式、朱拉扎嘎式)金矿。

(4)大兴安岭成矿省新巴尔虎右旗(拉张区)成矿带主攻矿床类型为燕山期岩浆热液型(小伊诺盖沟式)金矿及火山岩型(四五牧场式)金矿。

(5)东乌珠穆沁旗-嫩江(中强挤压区)成矿带加格达奇-古利库成矿亚带燕山期火山岩型(古利库式)金矿。

(6)东乌珠穆沁旗-嫩江(中强挤压区)成矿带朝不楞-博克图成矿亚带主攻矿床类型为燕山期岩浆热液型(小伊诺盖沟式)金矿。

(7)阿巴嘎-霍林河成矿带查干此老-巴音杭盖金成矿亚带主攻矿床类型为海西期岩浆热液型(巴音杭盖式)金矿。

(8)阿巴嘎-霍林河成矿带温都尔庙-红格尔庙成矿亚带海西期岩浆热液型(巴音温都尔式)金矿。

(9)阿巴嘎-霍林河成矿带白乃庙-哈达庙成矿亚带海西期岩浆热型(白乃庙式)金矿、燕山期斑岩型(毕力赫式)金矿。

(10)林西-孙吴成矿带卯都房子-毫义哈达成矿亚带为燕山期斑岩型(毕力赫式)金矿。

(11)松辽盆地成矿区库里吐-汤家杖子成矿亚带主攻矿床类型为燕山期火山热液型、岩浆热液型(金厂沟梁式)金矿。

(12)华北地台北缘东段成矿带主攻矿床类型为燕山期火山岩型(陈家杖子式)、燕山期岩浆热液型(金厂沟梁式)金矿。

(13)华北地台北缘西段成矿带白云鄂博-商都成矿亚带主攻矿床类型为变质热液(绿岩型)型(新地沟式)金矿、海西期岩浆热液型(浩尧尔忽洞式、赛乌素式)金矿。

(14)华北地台北缘西段成矿带狼山-渣尔泰山成矿亚带主攻矿床类型为印支期热液破碎-蚀变岩型(十八顷壕式)金矿。

(15)华北地台北缘西段成矿带乌拉山-集宁成矿亚带主攻矿床类型为印支期岩浆热液型(乌拉山式)金矿。

三、找矿远景区工作部署建议

按照勘查工作部署原则及不同成矿带的主攻矿床类型，在预测工作的基础上，共圈定找矿远景区12处(图21-6)。

1. 兴安屯-八道卡金矿找矿远景区

该远景区位于德尔布干成矿带的北西段，是前中生代地层和岩浆岩的隆起区，滨太平洋活动大陆边缘构造发育阶段，北东向展布的德尔布干断裂控制了该区的构造、岩浆活动，成矿与燕山期岩浆岩的侵

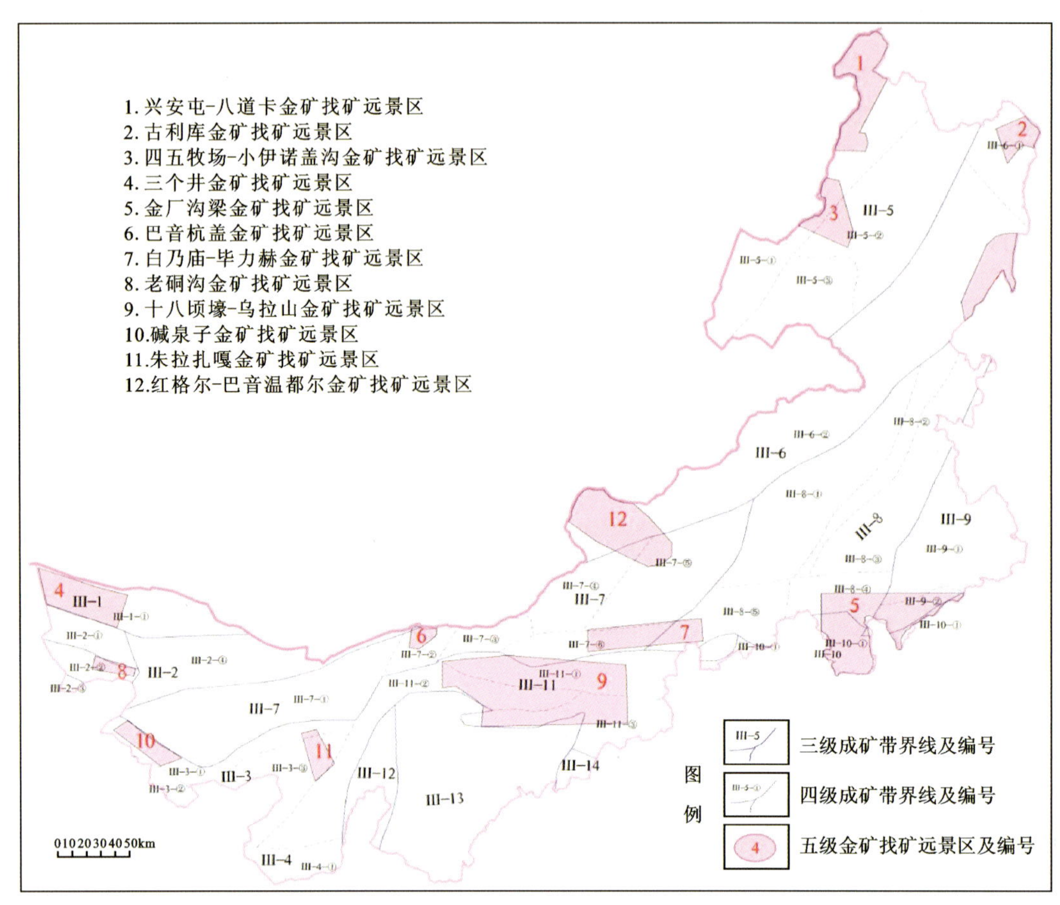

图 21-6　内蒙古自治区金矿找矿远景区分布示意图

入密切相关，具有良好的金矿成矿地质条件。该远景区由于地处边境地区，地质勘查程度较低，共部署普查区 3 处，详查区 2 处（表 21-4）。

2. 古利库金矿找矿远景区

该远景区位于嫩江深断裂西侧，是大杨树中生代断陷盆地与落马湖隆起过渡区。已知的古利库金矿赋存于早白垩世安山岩和英安岩内，受火山机构和断裂构造控制，高钾富碱的中酸性火山岩为容矿岩石。地球物理资料表明，该区位于西倾的幔坡带中的局部变异扭曲部位，是金成矿的有利地区。该远景区部署普查区 1 处，详查区 2 处，勘探区 1 处（表 21-4）。

3. 四五牧场-小伊诺盖沟金矿找矿远景区

该远景区内金矿的成因类型分为岩浆热液型和火山-次火山岩型，金矿床的形成严格受区域性断裂构造（带）控制，成矿物质主要来源于地壳深部或上地幔，成矿流体主要由岩浆热液、火山-次火山热液以及大气降水演化而成。前寒武纪变质岩系在岩浆作用（侵入和重熔）过程中部分成矿物质被带入热液系统，为热液矿化提供了部分成矿物质；燕山期以幔源为主的多期次岩浆活动在进一步活化、迁移了成矿物质的同时，带来了大量的幔源成矿物质；含有丰富成矿物质的岩浆热液岩浆侵入过程中，在构造有利部位（韧性剪切带、接触带、断裂或断裂交会处等）形成岩浆热液型矿床，而在岩浆喷发过程中在构造有利部位（断裂或断裂交会处）形成火山-次火山岩型矿床。该远景区部署普查区 3 处，详查区 2 处，勘探区 1 处（表 21-4）。

4. 三个井金矿找矿远景区

该远景区在晚古生代为火山岛弧构造环境。主要出露要石炭纪基性—中酸性火山岩及其碎屑岩，海西晚期花岗岩广泛分布。以往矿床地质勘查工作程度较低，根据 1∶20 万区域化探资料反映的地球化学特征及地球化学块体特征，表明该区是今后值得开展矿产地质勘查、寻找金矿的远景区，该远景区部署普查区 1 处(表 21-4)。

5. 金厂沟梁金矿找矿远景区

该远景区位于华北陆块北缘内蒙地轴马鞍山断块南部近东西向黑里河韧性剪切带南侧，出露地层主要为太古宙变质岩系，其原岩为基性—中酸性火山岩及其碎屑岩；中元古代长城系细碎屑岩。岩浆活动频繁，但燕山晚期岩浆活动最为强烈，其岩石以花岗岩为主，次为石英闪长岩、石英二长闪长岩及少量中酸性潜火山岩。该区内有一个长 7km、宽 2km 以 Au 为主的 1∶20 万综合异常，该异常分解成 9 个异常，其中 3 个异常已经查证，并发现了一些有进一步工作意义的金矿床(点)。在该远景区部署普查区 7 个，详查区 9 个，勘探区 6 个(表 21-4)。

6. 巴音杭盖金矿找矿远景区

该远景区位于中蒙边境，狼山北东向构造带的北东端，是古亚洲洋中的一个由古元古代宝音图岩群组成的一个古地块，在北端有中元古代温都尔庙群浅变质岩系及古生代奥陶纪和志留纪地层分布。该区在中生代经历了滨太平洋活动大陆边缘构造发育阶段，而形成了一批海西期成矿的金矿床及金矿点。目前已知有 3 个热液型金矿床，并求得 4472kg 工业储量。由于地处边境，缺乏地球化学资料，但以地质构造演化历史分析，该区可作为一个今后金勘查的远景区，除石英脉型金矿以外，应该还注重寻找其他类型的金矿。该远景区部署普查区 1 个，勘探区 2 个(表 21-4)。

7. 白乃庙-毕力赫金矿找矿远景区

该远景区位于华北陆块北缘深断裂北侧，出露地层有古元古代片麻岩、变粒岩；中元古代白乃庙群基性—中酸性火山岩及其碎屑岩；早古生代中—晚志留世地层和晚古生代、晚石炭世基性—中酸性火山岩及二叠纪火山岩及碎屑岩；中生代晚侏罗世酸性火山岩及其碎屑岩。岩浆活动强烈，而与金成矿有关的岩浆岩为海西晚期花岗岩和燕山早期超浅成花岗斑岩。该区构造呈东西向展布，而控制该区成矿的断裂构造为白乃庙-镶黄旗断裂，其与北东向断裂交会处往往是金矿床成矿的有利部位。在该远景区部署普查区 3 个，详查区 2 个，勘探区 1 个(表 21-4)。

8. 老硐沟金矿找矿远景区

该远景区位于天山-兴蒙造山系，额济纳旗-北山弧盆系，公婆泉岛弧。出露地层为中、新元古代碳酸盐岩和细碎屑岩，早古生代寒武纪、奥陶纪地层及晚古生代石炭纪和二叠纪地层。岩浆活动频繁，而与成矿有关的为海西晚期的中酸性岩浆岩，主要岩浆岩为闪长岩、花岗闪长岩等。化探资料显示该区有 Au、Pb、Zn、Mo、W 多元素组合异常，是今后寻找金等多金属矿的远景区。在该远景区部署普查区 1 个，详查区 1 个，勘探区 3 个(表 21-4)。

9. 十八顷壕-乌拉山金矿找矿远景区

该远景区的北部位于华北陆块北缘深断裂南侧的中元古代白云鄂博裂谷带，并可能为该裂谷中一个次级深断陷盆地发育地段。出露地层为中元古代白云鄂博群浅变质细碎屑岩、碳酸岩。白云鄂博群金背景较高的尖山组、比鲁特组在该区广泛分布。岩浆岩主要为海西期辉长岩、花岗闪长岩和花岗岩及中生代花岗岩。1∶20万区域化探资料表明，该区有较多的Au异常，并且具有一定的规模。

该远景区的南部广泛分布有呈东西向的长条状展布的太古宇乌拉山岩群、色尔腾山岩群，由于印支期岩体的侵入，使得乌拉山岩群强烈的混合岩化作用、动力变质作用和热液交代作用为金元素进一步富集提供了有利的条件，在不同部位形成破碎蚀变岩型及热液型金矿。在该远景区部署普查区7个，详查区6个，勘探区1个（表21-4）。

10. 碱泉子金矿找矿远景区

该远景区大地构造位置属天山-兴蒙造山系，额济纳旗-北山弧盆系，哈特布其岩浆弧，位于恩格尔乌苏蛇绿混杂岩带之南。石炭纪本区发育了岛弧型以安山岩为主的安山岩、英安岩、流纹岩岩石构造组合的火山岩和火山碎屑岩建造，石炭纪—二叠纪为俯冲型岩浆杂岩大面积侵入，在侵入的石英闪长岩、花岗斑岩内形成碱泉子式岩浆热液型金矿。在该远景区部署普查区1个，详查区2个，勘探区1个（表21-4）。

11. 朱拉扎嘎金矿找矿远景区

该远景区大地构造属华北陆块区阿拉善陆块迭布斯格-阿拉善右旗陆缘岩浆弧，其基底为太古宙变质岩系片麻岩、混合片麻岩等。中元古代渣尔泰山群阿古鲁沟组为容矿层位，其由基性—中酸性火山岩及其碎屑岩、陆源细碎屑岩、碳酸盐岩组成；晚元古代中酸性岩浆岩发育；北西西向重力梯度带与狼山-贺兰山重力梯级带相会向北延伸，并局部向西扭曲，是金矿成矿的有利地区。在该远景区部署详查区1个，勘探区1个（表21-4）。

12. 红格尔-巴音温都尔金矿找矿远景区

该远景区大地构造位置属大兴安岭弧盆系二连-贺根山蛇绿混杂岩带及其两侧的扎兰屯-多宝山岛弧、锡林浩特岩浆弧。含金剪切带是由韧性剪切带和脆性-韧性剪切带组成，矿床受控于韧性剪切带和由之产生的次级断裂。韧性剪切带提供了良好的流体通道，是金的运移、沉淀、富集的有利空间。同时矿体又受到这些韧性剪切带再活动的改造，岩浆作用或变质作用产生的流体为本区矿床的物质来源和热源（海西期、印支期花岗岩体）。区域构造活动强烈，挤压应力较强，尤其是韧性剪切带的形成使地层、岩体变形、变质，对金的活化和富集起着热力和动力作用，由于断裂长期多次活动伴随岩浆上侵，金在断裂中运移、富集、沉积成矿。在该远景区部署普查区2个，详查区3个，勘探区1个（表21-4）。

表21-4　金矿找矿远景区工作部署建议表

序号	远景区名称	勘查类别	名称	编号	面积（km^2）	主攻矿床类型	说明
1	兴安屯-八道卡金矿找矿远景区	普查	八道卡地区	150001	238.05	燕山期岩浆热液型金矿（小伊诺盖沟式）	包含5个最小预测区，其中B级区2个，C级区3个
		详查	太平林场地区	150002	211.35		包含7个最小预测区，其中A级区4个，B级区3个
		普查	莫尔道嘎地区	150003	91.94		包含3个最小预测区，其中A级区2个，B级区1个
		详查	瓜地地区	150004	310.9		包含8个最小预测区，其中A级区3个，B级区4个，C级区1个
		普查	兴安屯地区	150005	115.01		包含6个最小预测区，其中A级区1个，B级区2个，C级区3个

续表 21-4

序号	远景区名称	勘查类别	名称	编号	面积（km^2）	主攻矿床类型	说明
2	古利库金矿找矿远景区	普查	加格达奇地区	150079	4 860.64	燕山期火山岩型金矿（古利库式）	包含7个最小预测区，均为C级区
		详查	劲松地区	150080	767.44		包含7个最小预测区，其中B级区2个，C级区5个
		详查	大扬气地区	150081	434.58		包含6个最小预测区，其中B级区2个，C级区4个
		勘探	古利库地区	150082	233.7		包含6个最小预测区，其中A级区2个，B级区1个，C级区3个
3	四五牧场-小伊诺盖沟金矿找矿远景区	详查	小伊诺盖沟地区	150006	153.38	燕山期岩浆热液型金矿（小伊诺盖沟式），燕山期火山岩型金矿（四五牧场式）	包含10个最小预测区，其中A级区2个，B级区4个，C级区4个
		普查	恩河地区	150007	4.3		包括1个C级区
		普查	三河地区	150008	28.09		包括1个C级区
		勘探	五卡地区	150009	136.72		包含11个最小预测区，其中B级区3个，C级区8个
		普查	八大关牧场地区	150077	3101.14		包含10个最小预测区，其中A级区1个，C级区10个
		详查	四五牧场地区	150078	828.27		包含7个最小预测区，其中A级区1个，B级区4个，C级区2个
4	三个井金矿找矿远景区	普查	三个井地区	150016	13 384.7	海西期岩浆热液型金矿（三个井式）	包含13个最小预测区，其中B级区6个，C级区7个
5	金厂沟梁金矿找矿远景区	普查	敖音勿苏乡地区	150017	41.24	燕山期岩浆热液型金矿（金厂沟梁式），燕山期火山隐爆角砾岩型金矿（陈家杖子式）	包含1个C级最小预测区
		普查	水泉村地区	150018	46.87		包含2个C级最小预测区
		普查	撰山子地区	150019	63.9		包含2个最小预测区，其中B级区1个，C级区1个
		详查	黄土沟地区	150020	38.51		包含1个C级最小预测区
		详查	莲花山地区	150021	136.01		包含4个最小预测区，其中A级区2个，C级区2个
		详查	克力代乡西地区	150022	40.79		包含1个C级最小预测区
		普查	毛代沟村地区	150024	110.46		包含3个C级最小预测区
		勘探	金厂沟梁地区	150028	95.46		包含3个最小预测区，其中A级区1个，B级区1个，C级区1个
		详查	红花沟镇地区	150026	93.39		包含2个最小预测区，其中A级区1个，C级区1个
		勘探	老府地区	150030	315.27		包含5个最小预测区，其中A级区1个，B级区2个，C级区2个
		详查	卧牛沟地区	150031	78.71		包含2个最小预测区，其中B级区1个，C级区1个

续表 21-4

序号	远景区名称	勘查类别	名称	编号	面积(km²)	主攻矿床类型	说明
5	金厂沟梁金矿找矿远景区	普查	富裕沟村地区	150038	14.3	燕山期岩浆热液型金矿(金厂沟梁式),燕山期火山隐爆角砾岩型金矿(陈家杖子式)	包含1个C级最小预测区
		普查	旺业甸地区	150040	60.87		包含1个C级最小预测区
		详查	刘家店地区	150073	55.32		包含1个C级最小预测区
		勘探	喀喇沁地区	150074	225.36		包含3个最小预测区,其中A级区1个,B级区1个,C级区1个
		普查	宁城县地区	150071	2 513.02		包含13个C级最小预测区
		勘探	南沟地区	150075	42.06		包含2个最小预测区,其中B级区1个,C级区1个
		详查	舒板窝铺地区	150076	28.76		包含1个C级最小预测区
		勘探	石门地区	150050	120.41		包含3个最小预测区,其中A级区2个,B级区1个
		勘探	陈家杖子地区	150047	50.58		包含2个最小预测区,其中B级区1个,C级区1个
		详查	大西沟地区	150045	83.53		包含1个B级最小预测区
		详查	任家营子地区	150048	75.25		包含2个最小预测区,其中A级区1个,B级区1个
6	巴音杭盖金矿找矿远景区	普查	巴音查干地区	150029	97.78	海西期岩浆热液型金矿(巴音杭盖式)	包含19个最小预测区,其中A级区6个,B级区5个,C级区8个
		勘探	图古日格嘎查地区	150037	884.88		包含20个最小预测区,其中A级区5个,B级区5个,C级区10个
		勘探	哈能地区	150070	209.54		均为B级区
7	白乃庙-毕力赫金矿找矿远景区	普查	额日和音陶勒盖地区	150023	95.55	海西期岩浆热液型金矿(白乃庙式),燕山期斑岩型金矿(毕力赫式)	包含1个C级最小预测区
		详查	毕力赫地区	150027	548.06		包含8个最小预测区,其中A级区2个,B级区3个,C级区3个
		普查	正镶白旗地区	150032	65.22		包含2个最小预测区,其中B级区1个,C级区1个
		详查	朱日和地区	150033	148.14		包含8个最小预测区,其中A级区2个,B级区1个,C级区5个
		普查	镶黄旗地区	150034	39.03		包含2个C级最小预测区
		勘探	补力太地区	150035	201.41		包含12个最小预测区,其中A级区3个,B级区2个,C级区7个
8	老硐沟金矿找矿远景区	普查	老硐沟地区	150063	1861.43	海西期岩浆热液型金矿(老硐沟式)	由于工作程度较低,需对该区进行普查工作
		勘探	炮台山西1558高地地区	150064	408.92		包含9个最小预测区,其中B级区4个,C级区5个
		详查	炮台山西1440高地地区	150065	202.81		包含5个最小预测区,其中B级区4个,C级区1个
		勘探	古硐井地区	150066	93.89		包含6个最小预测区,其中A级区1个,B级区2个,C级区3个
		勘探	大王山南地区	150067	126.51		包含5个最小预测区,其中A级区1个,B级区2个,C级区2个

续表 21-4

序号	远景区名称	勘查类别	名称	编号	面积（km^2）	主攻矿床类型	说明
9	十八顷壕-乌拉山金矿找矿远景区	详查	赛乌素地区	150041	72.46	海西期岩浆热液型金矿（浩尧尔忽洞式、赛乌素式），印支期岩浆热液型金矿（乌拉山式、十八顷壕式）	包含 17 个最小预测区，其中 A 级区 4 个，B 级区 7 个，C 级区 6 个
		普查	浩尧尔忽洞地区	150042	92.53		包含 3 个最小预测区，其中 A 级区 1 个，B 级区 1 个，C 级区 1 个
		详查	达茂旗地区	150043	39.97		包含 7 个最小预测区，其中 A 级区 1 个，B 级区 5 个，C 级区 1 个
		普查	乌拉特中旗地区	150044	71.44		包含 1 个 C 级最小预测区
		普查	呼热图地区	150046	121.94		包含 3 个最小预测区，其中 A 级区 1 个，B 级区 1 个，C 级区 1 个
		详查	浩雅尔嘎查地区	150049	133.12		包含 3 个最小预测区，其中 A 级区 1 个，B 级区 1 个，C 级区 1 个
		普查	瓦窑地区	150051	23.85		包含 3 个最小预测区，其中 B 级区 2 个，C 级区 1 个
		详查	察哈尔右翼中旗地区	150052	298.01		包含 6 个最小预测区，其中 A 级区 1 个，B 级区 1 个，C 级区 4 个
		详查	卓资县地区	150053	1116.73		包含 17 个最小预测区，其中 A 级区 3 个，B 级区 3 个，C 级区 11 个
		详查	营盘湾地区	150054	681.62		包含 9 个最小预测区，其中 A 级区 4 个，B 级区 4 个，C 级区 1 个
		普查	土默特左旗地区	150055	366.94		包含 7 个最小预测区，其中 A 级区 3 个，B 级区 3 个，C 级区 1 个
		普查	呼和浩特地区	150056	1585.94		包含 7 个最小预测区，其中 A 级区 3 个，B 级区 3 个，C 级区 1 个
		勘探	巴音花地区	150057	580.08		包含 11 个最小预测区，其中 A 级区 3 个，B 级区 3 个，C 级区 5 个
		普查	包头地区	150058	208.35		包含 1 个 C 级最小预测区
10	碱泉子金矿找矿远景区	详查	大红山地区	150061	554.56	海西期岩浆热液型金矿（碱泉子式）	包含 5 个最小预测区，其中 B 级区 2 个，C 级区 3 个
		勘探	特拜地区	150062	789.81		包含 8 个最小预测区，其中 A 级区 1 个，B 级区 4 个，C 级区 3 个
		普查	碱泉子地区	150068	990.18		包含 3 个最小预测区，其中 A 级区 1 个，B 级区 1 个，C 级区 1 个
		详查	呼和乌拉嘎查东地区	150069	287.82		包含 3 个最小预测区，其中 A 级区 1 个，B 级区 1 个，C 级区 1 个
11	朱拉扎嘎金矿找矿远景区	详查	朱拉扎嘎地区	150059	10.32	加里东期沉积-热液改造型金矿（朱拉扎嘎式）	包含 1 个 C 级最小预测区
		勘探	呼布和特地区	150060	65.47		包含 9 个最小预测区，其中 A 级区 1 个，B 级区 3 个，C 级区 5 个

续表 21-4

序号	远景区名称	勘查类别	名称	编号	面积（km^2）	主攻矿床类型	说明
12	红格尔-巴音温都尔金矿找矿远景区	详查	红格尔地区	150010	838.31	海西期岩浆热液型金矿（巴音温都尔式）	包含12个最小预测区，其中A级区1个，B级区7个，C级区4个
		普查	满都拉图地区	150011	36.97		包含2个最小预测区，其中B级区1个，C级区1个
		普查	红格勒地区	150012	52.74		包含2个最小预测区，均为B级区
		勘探	苏左旗地区	150013	474.21		包含13个最小预测区，其中A级区4个，B级区4个，C级区5个
		详查	查干诺尔碱矿地区	150014	107.46		包含1个最小预测区，为A级区
		详查	赛音呼都嘎地区	150015	107.75		包含1个最小预测区，为C级区

第二十二章 结　　论

项目开展的研究工作都严格遵循全国项目组下发的相关的技术要求和技术流程，经过项目组成员的共同努力，金矿单矿种预测取得了以下成果：

（1）开展了成矿地质背景的综合研究，编制了预测工作区的地质构造专题底图。

（2）开展了金矿单矿种成矿规律研究工作，进行了矿产预测类型、预测方法类型的划分，圈定了预测工作区的范围。填写了典型矿床卡片，编制了典型矿床成矿要素图、成矿模式图、预测要素图和预测模型图。进行了预测工作区的成矿规律研究，编制了预测工作区的区域成矿要素图、区域成矿模式图、区域预测要素图和区域预测模型图。

（3）对全区的重力、航磁、化探、遥感、重砂资料进行了全面系统的收集整理，并在前人资料的基础上通过重新分析和地质、物探、化探、遥感综合研究，进行了较细致的解释推断工作。

（4）对22个金矿预测工作区进行了最小预测区的圈定和优选工作，并对每个最小预测区金矿的资源量进行了估算。

（5）对全区的单矿种金及其他矿伴生金的资源量进行了估算，并按精度、深度、预测方法类型、可信度、资源量级别分别进行汇总，共圈定金单矿种最小预测区515个，预测资源量804 705kg，其中A级最小预测区86个，预测资源量258 436kg，B级最小预测区175个，预测资源量299 306kg，C级最小预测区254个，预测资源量246 963kg。

本次工作获得金单矿种及其他矿种共伴生金预测资源量共911 538kg。

（6）物探、重、磁专题完成了22个金矿预测工作区各类成果图件的编制。包括：磁法工作程度，航磁ΔT剖面平面图，ΔT等值线平面图，ΔT化极等值线平面图，推断地质构造图，磁异常分布图，地磁剖面平面图，地磁等值线平面图，推断磁性矿体预测类型预测成果图，布格重力异常平面等值线平面图，剩余重力异常平面等值线图，重力推断地质构造图，并完成了以上各类成果图件的数据库建设。

（7）物探、重、磁专题完成了18个典型矿床所在位置地磁剖面平面图、等值线平面图；典型矿床所在地区航磁ΔT化极等值线平面图、ΔT化极垂向一阶导数等值线平面图；典型矿床所在区域地质矿产及物探剖析图；典型矿床概念模型图。

（8）通过对重、磁资料的综合研究，总结了内蒙古自治区的重磁场分布特征，对全区重磁异常进行了重新筛选、编号和解释推断。筛选航磁异常6550个，剩余重力异常885个，并建立异常登记卡。

（9）总结了预测工作区重磁场分布特征，推断了预测区地质构造，包括断裂、地层、岩体、岩浆岩带、盆地等地质体。并指出了找矿靶区或成矿有利地区。

（10）遥感专题组对金矿预测工作区进行了遥感影像图制作，遥感矿产地质特征与金矿找矿标志解译，遥感羟基异常、遥感铁染异常提取，并圈定了成矿预测区。

（11）遥感专题完成了22个预测工作区的各类基础图件编制和数据库建设，包括：遥感影像图、遥感地质特征及近况找矿标志解译图、遥感羟基异常分布图、遥感铁染异常分布图；并完成了相应区域1∶25万标准分幅的影像图、解译图、羟基铁染异常图4类图件。

（12）开展了基础数据维护工作和成果数据库建库工作。

主要参考文献

Bonnemaison M,曹新志.某些剪切带内的金矿化——一个成矿的三阶段模式[J].黄金科学技术,1991(8):14-20.

陈洪新,孟宪刚,王建平.内蒙古韧性剪切带型金矿——十八顷壕矿区$^{40}Ar/^{39}Ar$坪年龄特征及其地质意义[J].矿物学报,1996(1):58-61.

陈伟军,刘红涛.赤峰-朝阳金矿化集中区主要金矿类型及地质特征研究[J].黄金科学技术,2006(5):1-7.

郭利军,董福辰,蔡红军,等.内蒙古宁城县陈家杖子隐爆角砾岩型金多金属矿床地质特征[J].矿床地质,2002(S1):594-597.

郝百武,蒋杰.内蒙古镶黄旗哈达庙金矿杂岩体年代学、地球化学及其形成机制[J].岩矿物学,2010,29(6):750-762.

郝百武.内蒙古哈达庙地区构造-岩浆演化与金成矿作用研究[D].昆明:昆明理工大学,2011.

侯万荣.内蒙古哈达门沟金矿床与金厂沟梁金矿床对比研究[D].北京:中国地质科学院,2011:1-224.

胡朋.北山南带构造岩浆演化与金的成矿作用[D].北京:中国地质科学院,2007:1-167.

江思宏,聂凤军,陈伟十,等.北山地区南金山金矿床的$^{40}Ar-^{39}Ar$同位素年代学及其流体包裹体特征[J].地质论评,2006(2):266-275.

江思宏.北山地区岩浆活动与金的成矿作用[D].北京:中国地质科学院,2004:1-186.

况锅明,杨少龙,王国伟.内蒙古喀喇沁旗安家营子金矿区地质特征及其成因分析[J].科技与企业,2012(3):97-98.

雷万杉.内蒙古赤峰南部地区金矿综合信息矿产预测[D].长春:吉林大学,2009:1-177.

李俊建,骆辉,周红英,等.内蒙古阿拉善地区朱拉扎嘎金矿的成矿时代[J].地球化学,2004,33(6):663-669.

李俊建,骆辉,周学武,等.内蒙古阿拉善呼伦西白金矿的成矿时代[J].现代地质,2004,18(2):193-196.

李俊建,翟裕生,桑海清,等.内蒙古阿拉善欧布拉格铜-金矿床的成矿时代[J].矿物岩石地球化学通报,2010(4):323-327.

李俊建,翟裕生,杨永强,等.再论内蒙古阿拉善朱拉扎嘎金矿的成矿时代来自SHRIMP锆石U-Pb年龄的新证据[J].地学前缘,2010,17(2):178-184.

李首汐,王怀楚.内蒙古赤峰市红花沟金矿床地质特征[J].世界有色金属,2017(18):152-155.

李文博,陈衍景,赖勇,等.内蒙古白乃庙铜金矿床的成矿时代和成矿构造背景[J].岩石学报,2008(4):890-898.

李永刚,翟明国,杨进辉,等.内蒙古赤峰安家营子金矿成矿时代以及对华北中生代爆发成矿的意义[J].中国科学,2003,33(10):456-462.

李智，俞波，裴翔，等. 内蒙古赤峰市喀喇沁旗金蟾山金矿床成矿特征及找矿标志分析[J]. 西部资源，2012(5)：64-68.

鲁颖淮，李文博，赖勇. 内蒙古镶黄旗哈达庙金矿床含矿斑岩体形成时代和成矿构造背景[J]. 岩石学报，2009(10)：2615-2620.

罗镇宽，苗来成，关康. 华北地台北缘金矿床成矿时代讨论[J]. 黄金地质，2000(2)：65-71.

苗来成，Qiu Y M，关康，等. 哈达门沟金矿床地质特征及其形成时代研究[J]. 地质找矿论丛，1999 14(4)：71-82.

苗来成，Qiu Y M，关康，等. 哈达门沟金矿床成岩成矿时代的定点定年研究[J]. 矿床地质，2000 (2)：182-190.

苗来成，范蔚茗，翟明国，等. 金厂沟梁-二道沟金矿田内花岗岩类侵入体锆石的离子探针 U-Pb 年代学及意义[J]. 岩石学报，2003(1)：71-80.

聂凤军，江思宏，刘妍，等. 再论内蒙古哈达门沟金矿床的成矿时限问题[J]. 岩石学报，2005，1719 (28)：1719-1728.

卿敏，葛良胜，唐明国，等. 内蒙古苏尼特右旗毕力赫大型斑岩型金矿床辉钼矿 Re-Os 同位素年龄及其地质意义[J]. 矿床地质，2011，30(1)：11-19.

佘宏全，徐贵忠，周瑞，等. 内蒙东部红花沟金矿田早中生代构造-岩浆活动及对金成矿的控制作用[J]. 现代地质，2000(4)：408-416.

石准立，谢广东. 内蒙古东伙房金矿床矿物包裹体研究和矿床成因[J]. 现代地质，1998(4)：22-29.

双宝. 满洲里-新巴尔虎右旗有色、贵金属矿床成矿系列与成矿预测[D]. 长春：吉林大学，2012：1-163.

王长明，邓军，张寿庭，等. 内蒙古小坝梁铜金矿床的地质特征与喷流沉积成因[J]. 黄金，2007(6)：9-12.

王成辉，王登红，黄凡，等. 中国金矿集区及其资源潜力探讨[J]. 中国地质，2012(5)：1125-1142.

王登红，应立娟，王成辉，等. 中国贵金属矿床的基本成矿规律与找矿方向[J]. 地学前缘，2007(5)：71-81.

王建平，刘家军，江向东，等. 内蒙古浩尧尔忽洞金矿床黑云母氩氩年龄及其地质意义[J]. 矿物学报，2011(增刊)：643-644.

王科强，董建乐，付国立. 中国金矿床成矿时代及其特征[J]. 黄金地质，2000(1)：74-78.

王明燕. 大西沟金矿地质特征及成矿规律研究[D]. 北京：中国地质大学(北京)，2008：1-77.

武广. 大兴安岭北部区域成矿背景与有色、贵金属矿床成矿作用[D]. 长春：吉林大学，2006：1-221.

肖伟，聂凤军，刘翼飞，等. 内蒙古长山壕金矿区花岗岩同位素年代学研究及地质意义[J]. 岩石学报，2012(2)：535-543.

谢广东. 东伙房金矿中黄铁矿和石英的某些标型特征及其找矿意义[J]. 地球科学，1995(2)：221-224.

徐贵忠，佘宏全，杨忆，等. 赤峰西部地区金矿床成矿时代及其成矿机制的新认识[J]. 矿床地质，2001(2)：99-106.

徐九华，谢玉玲，钱大益. 内蒙古大青山地区主要金矿床矿化特征及成因[J]. 地质与勘探，1998(6)：16-22.

徐旭升. 试析月牙山铜金矿普查区地质特征[J]. 内蒙古科技与经济，2011(3)：47-49.

薛建玲，庞振山，叶天竺，等. 中国金矿床成矿规律与找矿预测研究[J]. 地学前缘，2017(6)：119-132.

杨亮，杨富林，汤超. 内蒙古额济纳旗呼伦西白隐爆角砾岩型金矿地质特征[J]. 地质调查与研究，2006(2)：100-106.

张文钊.内蒙古毕力赫大型斑岩型金矿床:地质特征、发现过程与启示意义[D].北京:中国地质大学(北京),2010:1-207.

张振强.内蒙古呼伦贝尔盟北部砂金矿成矿规律[J].地质找矿论丛,2001,16(3):192-196.

章永梅,顾雪祥,程文斌,等.内蒙古柳坝沟金矿床$^{40}Ar-^{39}Ar$年代学及铅同位素[J].吉林大学学报(地球科学版),2011(5):1407-1422.

章永梅,顾雪祥,程文斌,等.内蒙古柳坝沟金矿床同位素年代学研究[J].矿床地质,2010(S1):551-552.

赵存祥.东伙房金矿床成矿构造条件及成矿时代讨论[J].内蒙古地质,1994(C1):16-23.

周乃武.金厂沟梁金(铜)矿田成矿时代的理顺[J].黄金学报,2000(3):180-185.

主要内部资料

华北冶金地质勘探公司511队.内蒙霍各乞多金属矿区一号矿床1968年度总结报告[R].1968.

内蒙古自治区地质局205地质队.内蒙古自治区昭乌达盟敖汉旗金厂沟梁金矿区26号矿脉地质勘探报告[R].1966.

内蒙古自治区地质局203队.内蒙昭乌达盟敖汗旗金厂沟梁金矿区15号矿脉地质勘探报告[R].1968.

内蒙古自治区地质局203队.内蒙敖汉旗金厂沟金矿区35号脉勘探报告[R].1968.

内蒙古自治区地质局昭乌达盟地质队.内蒙昭盟敖汉旗金厂沟梁金矿普查勘探报告[R].1958.

内蒙古自治区地质局昭盟地质队.内蒙昭乌达盟敖汉旗金厂沟梁金矿地质简报[R].1962.

内蒙古103地质队.内蒙古自治区四子王旗白乃庙金矿26号脉勘探地质报告[R].1981.

中国人民解放军基建工程兵00525部队.内蒙古达茂旗赛乌素金矿32号脉群初步勘探地质报告[R].1984.

内蒙古自治区第三地质大队.内蒙古自治区敖汉旗金厂沟梁金矿区57号矿脉勘探地质报告[R].1984.

核工业部西北地勘局212队.内蒙古自治区阿拉善右旗碱泉子2号岩金矿床详查报告[R].1988.

内蒙古自治区地矿局103地质队.内蒙古温都尔庙—白乃庙地区绿片岩系含金性研究[R].1986.

甘肃地矿局第四地质队.内蒙古自治区额济纳旗老硐沟金铅矿区详细普查地质报告[R].1984.

内蒙古自治区第三地质大队.内蒙古自治区敖汉旗金厂沟梁金矿区56号脉带勘探地质报告[R].1987.

内蒙古自治区地矿局第三地质队.内蒙古自治区敖汉旗金厂沟梁金矿区26号脉带8号矿脉详细普查地质报告[R].1988.

内蒙古自治区103地质队.内蒙古四子王旗白乃庙金矿Ⅴ级成矿预测说明书[R].1980.

内蒙古自治区第一地质队.内蒙古自治区固阳县十八顷壕矿区金矿勘探地质报告[R].1987.

地矿部矿床所.内蒙古包头市赛音乌苏-老羊壕-十八顷壕地区与金矿有关的花岗岩地质特征研究[R].1991.

内蒙古自治区地矿局第三地质大队.内蒙古自治区敖汉旗金厂沟梁西矿区金矿详查总结地质报告[R].1990.

内蒙古自治区地矿局103地质队.内蒙古自治区四子王旗白乃庙金矿21号脉详查及外围普查地质报告[R].1990.

中科院地质力学研究所.内蒙古赤峰市金厂沟梁金矿成矿规律、构造控矿模式及矿脉预测研究[R].1991.

内蒙古自治区地矿局108地质队.内蒙古自治区额济纳旗老硐沟矿区及外围黄金普查地质报告[R].1991.

内蒙古自治区地矿局 113 探矿工程队. 内蒙古敖汉旗金厂沟梁金矿区钻探工程技术报告[R]. 1993.

中国人民武装警察部队黄金第十一支队. 内蒙古乌拉特中旗巴音杭盖金矿区岩金地质普查报告[R]. 1996.

内蒙古自治区第五地质勘察院. 内蒙古自治区包头市乌拉山金矿 12 号脉普查地质报告[R]. 1998.

内蒙古自治区地矿局 105 地质队. 内蒙古自治区包头市郊区乌拉山金矿区 113 号脉中矿段详查地质报告[R]. 1993.

内蒙古自治区第五地质矿产勘查开发院二分队. 内蒙古自治区包头市乌拉山金矿 78 号脉、14 号脉、121 号脉普查地质报告[R]. 1995.

中国人民武装警察部队黄金第 11 支队. 内蒙古自治区乌拉特中旗巴音杭盖金矿区 2 号脉群岩金详查报告[R]. 1999.

核工业西北地质局 217 大队. 内蒙古自治区乌拉特中旗浩尧尔忽洞矿区东矿带金矿详查报告[R]. 2002.

中国非金属工业协会矿物加工利用技术专业委. 内蒙古敖汉旗金厂沟梁金矿区金矿资源储量核实报告[R]. 2002.

内蒙古自治区国土资源勘查开发院. 内蒙古阿拉善左旗白音乌拉山金多金属矿普查工作总结[R]. 2003.

内蒙古自治区地质调查院. 内蒙古自治区阿拉善左旗朱拉扎嘎及外围金矿评价报告[R]. 2001.

内蒙古自治区矿产实验研究所. 内蒙古自治区察右中旗新地沟矿区上半沟矿段金矿普查报告[R]. 2003.

内蒙古自治区第十地质矿产勘查开发院. 内蒙古自治区额尔古纳市小伊诺盖沟金矿普查地质报告[R]. 1999.

内蒙古自治区国土资源勘查开发院. 内蒙古自治区阿拉善左旗朱拉扎嘎金矿区地质普查报告[R]. 1999.

内蒙古自治区地质调查院、内蒙古自治区第六地质矿产勘查开发院. 内蒙古东北部四五牧场及外围金铜矿评价地质报告[R]. 2002.

武警黄金二支队. 内蒙古自治区达茂旗赛乌素矿区 32 号脉群金矿资源储量核实报告[R]. 2004.

内蒙古自治区第一地质矿产勘查开发院. 内蒙古自治区固阳县十八顷壕金矿储量核实报告[R]. 2005.

内蒙古自治区金陶股份有限公司. 内蒙古自治区敖汉旗金厂沟梁金矿区金矿资源储量核实报告[R]. 2005.

宁夏核工业地质勘查院. 内蒙古自治区乌拉特中旗浩尧尔忽洞金矿床详查报告[R]. 2005.

内蒙古自治区赤峰地质矿产勘查开发院. 内蒙古自治区宁城县陈家杖子矿区金矿及外围普查报告[R]. 2006.

核工业部西北地勘局 212 队. 内蒙古自治区阿拉善右旗碱泉子 2 号岩金矿床详查报告[R]. 1988.

内蒙古自治区 103 地质队. 内蒙古自治区镶黄旗哈达庙斑岩金矿详细普查地质报告[R]. 1988.

内蒙古自治区地质局 109 队. 内蒙古锡林郭勒盟北部多金属普查报告[R]. 1964.

内蒙古自治区重工业厅地勘公司第五地勘队. 内蒙古敖汉旗撰山子金矿普查找矿报告[R]. 1963.

内蒙古自治区 105 地质队. 内蒙古狼山—渣尔泰山一带渣尔泰群矿产资源概况及其找矿远景(多金属矿Ⅲ级成矿带成矿预测图)[R]. 1980.

核工业部西北地勘局 208 大队. 内蒙古达茂旗乌花敖包地区 9071 金矿产地报告[R]. 1990.

内蒙古自治区地矿局. 内蒙古白乃庙-镶黄旗绿片岩-斑岩型铜、钼、金成矿机制及隐伏矿床预测[R]. 1990.

内蒙古自治区地矿局第二物化探勘查院.内蒙古自治区东乌珠穆沁旗迪彦钦阿木矿区多金属矿地质普查报告[R].1993.

武警黄金第三支队.内蒙古额尔古纳右旗恩和哈达河砂金矿区勘探地质报告[R].1991.

核工业西北地勘局208大队.内蒙古自治区达茂旗乌花敖包金矿床21号、4号、3号脉勘探报告[R].1993.

中国非金属工业协会矿物加工利用技术专业委.内蒙古自治区敖汉旗撰山子金矿外围26、26-1、26-2、100、104号脉普查报告[R].2003.

甘肃省核工业地质212大队.内蒙古自治区阿拉善右旗碱泉东南金矿普查报告[R].2003.

巴彦淖尔市岭原地质矿产勘查有限责任公司.内蒙古自治区乌拉特后旗善代庙铜金矿普查总结报告[R].2005.

中国冶金地质勘查工程总局第一地质勘查院.内蒙古自治区阿鲁科尔沁旗龙头山矿区Ⅰ号带银多金属矿详查报告[R].2005.

内蒙古自治区物华天宝矿物资源有限公司.内蒙古自治区敖汉旗撰山子矿区撰山子金(岩金)矿资源储量核实报告[R].2005.

核工业208大队.内蒙古自治区达尔罕茂明安联合旗乌花朝鲁矿区岩金矿普查报告[R].2005.

内蒙古自治区天信地质勘查开发有限责任公司.内蒙古自治区敖汉旗东对面沟矿区金矿补充详查报告[R].2008.

山东省第五地质矿产勘查院.内蒙古自治区阿拉善左旗珠拉扎噶矿区金矿资源储量核实报告[R].2008.

赤峰市兴源矿业技术咨询服务有限责任公司.内蒙古自治区赤峰市元宝山区元宝山矿区金矿资源储量核实报告[R].2008.

核工业208大队.内蒙古自治区固阳县上十二份子矿区金矿详查报告[R].2008.

内蒙古自治区环地勘查测绘科技有限公司.内蒙古自治区察哈尔右翼中旗公忽洞矿区金矿详查报告[R].2008.

中国人民解放军00525部队.内蒙古自治区察右中旗金盆金矿白银河矿段第四系砂金矿勘探地质报告[R].1981.

中国人民武装警察部队黄金第11支队.内蒙古察右中旗金盆砂金矿大西沟矿段初步地质勘探报告[R].1985.

中国有色总公司内蒙古地勘公司第八队.内蒙古自治区赤峰市敖汉旗撰山子金矿找矿评价报告[R].1984.